JN441597

소방전기공학

| 이종호 저 |

지우북스

머리말

산업사회의 발전과 환경의 다변화로 인하여 화재가 대형화·복합화 되면서 재난위험요인도 증가하고 있다. 특히 초고층 건축물의 증가, 기후 및 재난환경 변화에 따른 복합재난 그리고 위험물질 누출사고 등 특수재난이 발생되면서, 현 상황을 극복하기 위해 방재시스템 구축, 안전복지 및 안전관리 강화 등 국민의 안전을 위해 소방산업의 융복합 발전과 기술기준의 강화가 진행되고 있다.

본 교재는 소방시설공사의 설계도면 작성, 시공 및 관리, 소방시설 점검 및 정비 등 소방시설 전반에 걸친 주요 소방전기시설에 대한 정보를 제공함으로써 소방전기시설의 구조와 원리를 쉽게 이해하고 학습할 수 있도록 집필하였다. 교재는 소방 관련법 개정안 내용에 맞추어 소방전기시설에 필요한 경보설비, 피난설비, 소화활동설비, 소화설비, 전기배선으로 구성하였으며, 또한 소방시설에 대한 관련 법령의 이해를 돕고자 소방 관련법(건축법, 전기사업법 등)의 내용을 추가하였다.

소방산업의 기술개발과 성장으로 인해 고도의 기술이 요구되는 시점에서 소방전기시설의 기초와 실무에 필요하다고 판단되는 내용으로 집필하였지만 다소 부족하고 미비한 부분이 있을 것으로 생각된다. 이런 부분은 앞으로 수정 및 보완하여 소방전기분야 필수도서가 되도록 노력하겠다.

본 교재 집필에 많은 도움을 주신 도서출판 지우북스 관계자분들께 감사드린다.

2018.3

이종호

차례

제 3 부 | 소화활동설비 _ 259

제 4 부 | 소화설비 _ 315

제 5 부 | 전기배선 _ 379

PART
01
경보설비

Fire Alarm Facility

화재의 발생을 통보하는 기계·기구 또는 설비로서 비상벨설비 및 자동식사이렌설비(이하 "비상경보설비"라 함), 단독경보형 감지기, 비상방송설비, 누전경보기, 자동화재탐지설비 및 시각경보기, 자동화재속보설비, 가스누설경보기, 통합감시시설 등이 있다.

CHAPTER 01

자동화재탐지설비

Fire Alarm Facility

자동화재탐지설비(및 시각경보장치)는 화재에 의해 발생되는 열, 연기 또는 화염(불꽃)을 자동으로 초기에 감지하고 관계자[1]에게 벨, 사이렌 등의 음향장치로 화재발생을 통보할 수 있는 경보설비이다. 또한 자동 소화설비를 연동하게 하며, 제연설비의 기동, 방화셔터 및 방화문의 폐쇄 등의 신호를 발생시킨다.

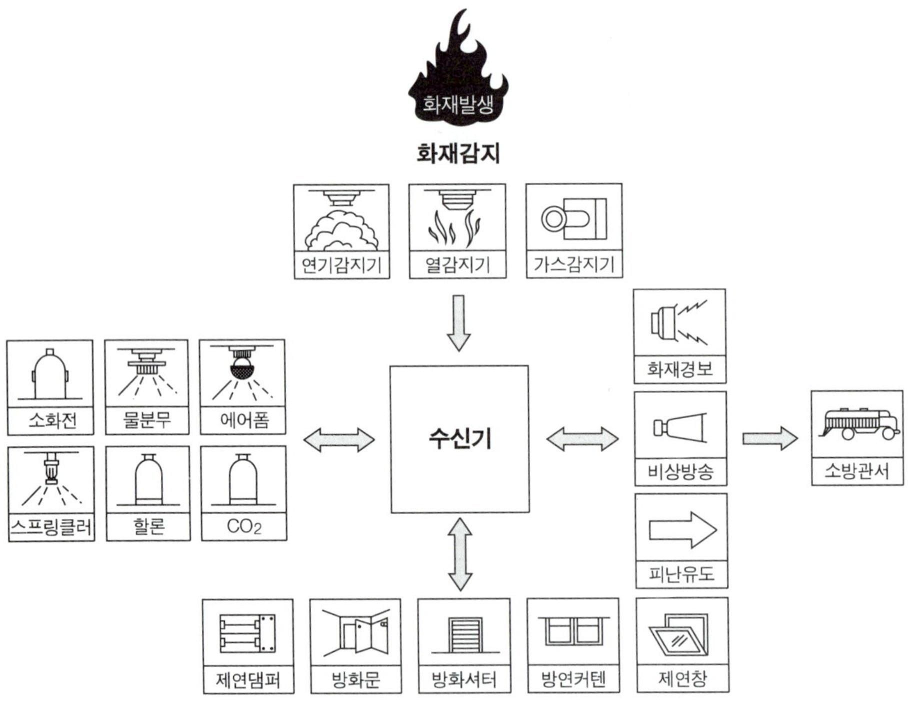

그림 1-1 경보설비, 피난설비, 소화활동설비의 연계

1) 관계자는 소유자, 관리자, 점유자를 말한다.

① 구성

자동화재탐지설비는 화재발생을 자동적으로 감지하여 해당 소방대상물의 화재발생을 소방대상물의 관계자에게 통보할 수 있는 설비로서 화재발생 후의 동작흐름은 <그림 1-2>에서 나타내고 있으며, 감지기, 발신기, 수신기, 경종 또는 중계기 등으로 구성된다.

가. 감지기

화재시에 발생하는 열, 화염 또는 연소생성물(연기 등)로 인하여 화재발생을 자동적으로 감지하여 그 자체에 부착된 음향장치로 경보를 발하거나 이를 수신기에 발신하는 것을 말한다.

나. 발신기

화재발생 신호를 수신기에 수동으로 발신하는 것을 말한다.

다. 중계기

감지기 또는 발신기의 작동에 의한 신호 또는 가스누설경보기의 탐지부에서 발하여진 가스누설신호를 받아 이를 수신기, 가스누설경보기, 자동소화설비의 제어반에 발신하며 소화설비, 제연설비 그밖에 이와 유사한 방재설비에 제어신호를 발하는 것을 말한다.

라. 경보기구

자동화재탐지설비, 비상경보설비의 축전지, 화재속보설비, 누전경보기, 가스누설경보기 등 화재의 발생 또는 화재의 발생이 예상되는 상황에 대하여 경보를 발하여 주는 설비를 말한다.

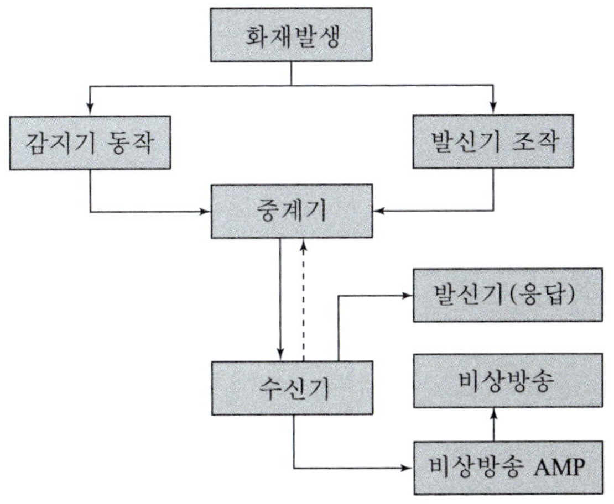

그림 1-2 자동화재탐지설비의 동작

마. 경종

경보기구 또는 비상경보설비에 사용하는 사이렌, 벨 등의 음향장치를 말한다.

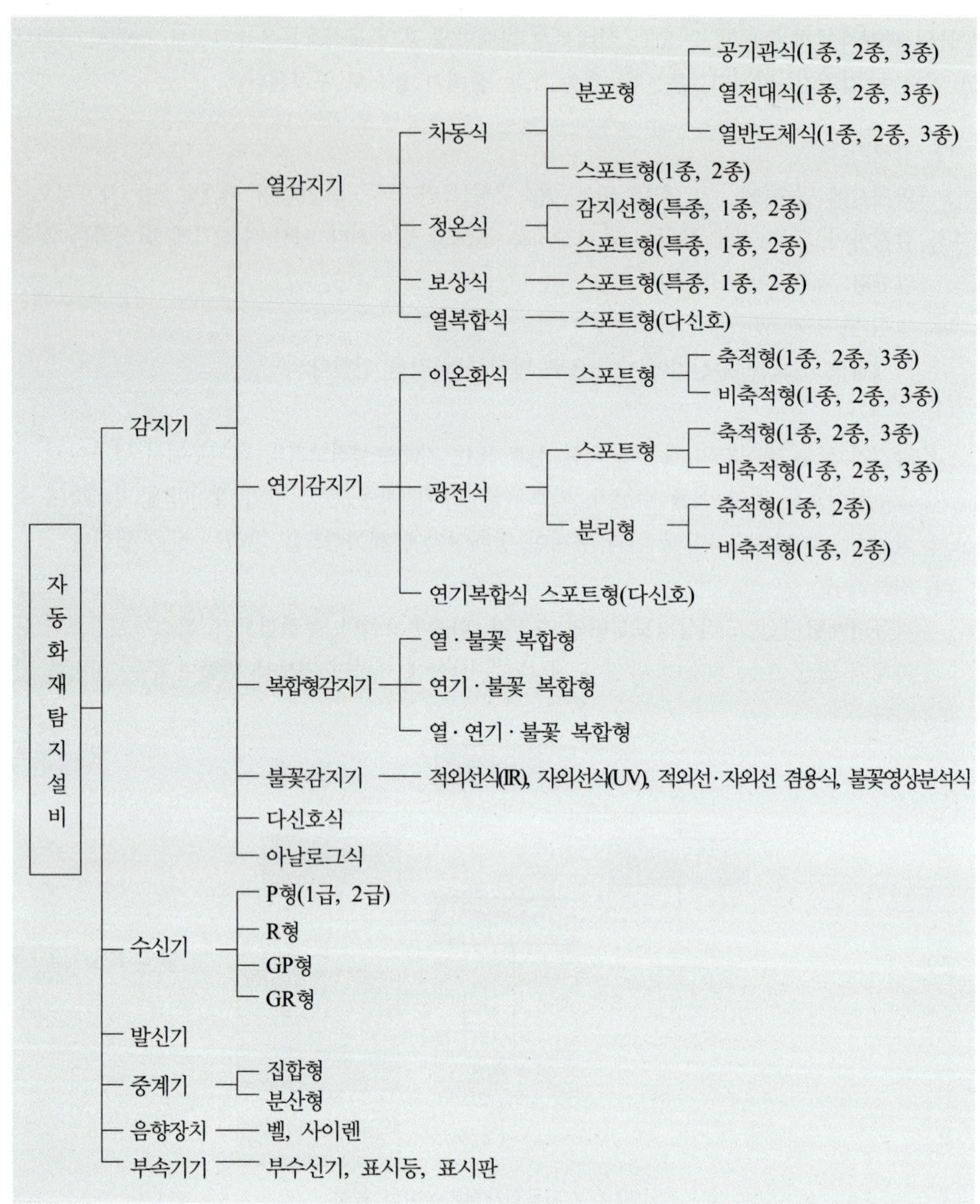

그림 1-3 자동화재탐지설비의 구성

② 특정소방대상물[2)]

자동화재탐지설비를 설치해야 하는 특정소방대상물은 다음과 같다.

가. 근린생활시설(목욕장 제외), 의료시설(정신의료기관 또는 요양병원 제외), 숙박시설, 위락시설, 장례식장 및 복합건축물로서 연면적[3)] 600m^2 이상

나. 공동주택, 근린생활시설 중 목욕장, 문화 및 집회시설, 종교시설, 판매시설, 운수시설, 운동시설, 업무시설, 공장, 창고시설, 위험물 저장 및 처리 시설, 항공기 및 자동차 관련 시설, 교정 및 군사시설 중 국방·군사시설, 방송통신시설, 발전시설, 관광 휴게시설, 지하가(터널 제외)로서 연면적 1,000m^2 이상

다. 교육연구시설(교육시설 내에 있는 기숙사 및 합숙소 포함), 수련시설(수련시설 내에 있는 기숙사 및 합숙소를 포함하며, 숙박시설이 있는 수련시설은 제외), 동물 및 식물 관련 시설(기둥과 지붕만으로 구성되어 외부와 기류가 통하는 장소는 제외), 분뇨 및 쓰레기 처리시설, 교정 및 군사시설(국방·군사시설은 제외) 또는 묘지 관련 시설로서 연면적 2,000m^2 이상

라. 지하구[4)]

마. 지하가 중 터널로서 길이가 1,000m 이상

바. 노유자 생활시설

---

2) 소방시설을 설치하여야 하는 소방대상물을 말한다.
- 특정소방대상물의 관계인은 대통령령으로 정하는 소방시설을 소방청장이 정하여 고시하는 화재안전기준에 따라 설치 또는 유지·관리하여야 한다. 이 경우 「장애인·노인·임산부 등의 편의증진 보장에 관한 법률」에 따른 장애인등이 사용하는 소방시설(경보설비 및 피난설비)은 대통령령으로 정하는 바에 따라 장애인등에 적합하게 설치 또는 유지·관리하여야 한다.
- 소방본부장이나 소방서장은 소방시설이 화재안전기준에 따라 설치 또는 유지·관리되어 있지 않을 때에는 해당 특정소방대상물의 관계인에게 필요한 조치를 명할 수 있다.
- 특정소방대상물의 관계인은 제1항에 따라 소방시설을 유지·관리할 때 소방시설의 기능과 성능에 지장을 줄 수 있는 폐쇄(잠금을 포함)·차단 등의 행위를 하여서는 안 된다. 다만, 소방시설의 점검·정비를 위한 폐쇄·차단은 할 수 있다.

3) 연면적은 하나의 건축물 각 층의 바닥면적의 합계를 말한다.

4) 지하구는 전력·통신용의 전선이나 가스·냉난방용의 배관 또는 이와 비슷한 것을 집합수용하기 위하여 설치한 지하공작물을 말한다.

사. 노유자 생활시설에 해당하지 않는 노유자시설로서 연면적 400m^2 이상인 노유자 시설 및 숙박시설이 있는 수련시설로서 수용인원[5] 100인 이상

아. '나'에 해당하지 않는 공장 및 창고시설로서 <표 1-1>에서 정하는 수량의 500배 이상의 특수가연물을 저장·취급하는 것

자. 의료시설 중 정신의료기관 또는 요양병원으로서 다음의 어느 하나에 해당하는 시설

가) 요양병원(정신병원과 의료재활시설은 제외)

나) 정신의료기관 또는 의료재활시설로 사용되는 바닥면적의 합계가 300m^2 이상인 시설

다) 정신의료기관 또는 의료재활시설로 사용되는 바닥면적의 합계가 300m^2 미만이고, 창살(철재·플라스틱 또는 목재 등으로 사람의 탈출 등을 막기 위하여 설치한 것을 말하며, 화재 시 자동으로 열리는 구조로 되어 있는 창살은 제외)이 설치된 시설

표 1-1 특수가연물(소방기본법 시행령 별표 2)

품 명	수 량	품 명		수 량
면화류	200kg 이상	석탄·목탄류		10,000kg 이상
나무껍질 및 대팻밥	400kg 이상	가연성 액체류		2m^3 이상
넝마 및 종이부스러기, 사류 絲類, 볏짚류	1,000kg 이상	목재가공품 및 나무부스러기		10m^3 이상
		합성수지류	발포시킨 것	20m^3 이상
가연성 고체류	3,000kg 이상		그 밖의 것	3,000kg 이상

5) • 숙박시설
- 침대가 있는 경우 : 특정소방대상물의 종사자 수 + 침대 수(2인용 침대는 2인으로 산정)
- 침대가 없는 경우 : 특정소방대상물의 종사자 수 + 숙박시설의 바닥면적 합계/3m^2

• 숙박시설 이외의 대상물
- 강의실·교무실·상담실·실습실·휴게실용도 : 바닥면적 합계/1.9m^2
- 강당·문화 및 집회시설, 운동시설, 종교시설 : 바닥면적 합계/4.6m^2 (관람석이 있는 경우 고정식 의자의 의자 수, 긴 의자의 경우 의자의 정면너비/0.45m)
- 그 밖의 특정소방대상물 : 바닥면적 합계/3m^2
- 바닥면적을 산정할 때에는 복도(「건축법 시행령」 준불연재료 이상의 것을 사용하여 바닥에서 천장까지 벽으로 구획한 것), 계단 및 화장실의 바닥면적을 포함하지 않는다.

※ 바닥면적과 연면적(건축법 시행령)

바닥면적	건축물의 각 층 또는 그 일부로서 벽, 기둥, 그 밖에 이와 비슷한 구획의 중심선으로 둘러싸인 부분의 수평투영면적으로 한다.
연면적	하나의 건축물 각 층의 바닥면적의 합계로 하되, 용적률을 산정할 때에는 다음 각 목에 해당하는 면적은 제외한다. • 지하층의 면적 • 지상층의 주차용(해당 건축물의 부속용도인 경우만 해당) 면적 • 공동주택에 설치하는 주민공동시설의 면적 • 상업지역에 건축하는 200세대 이상 300세대 미만인 공동주택에 설치하는 주민공동시설(주택소유자가 공유하는 시설로서 영리를 목적으로 하지 않고 주택의 부속용도로 사용하는 시설만 해당)의 면적 • 초고층 건축물의 피난안전구역의 면적

비고)

☑ 대지면적은 대지의 수평 투영면적을 말하며, 건축면적은 건축물의 외벽 중심선으로부터 둘러싸인 부분의 수평 투영면적을 말한다.

☑ 주민공동시설 : 공동주택의 거주자가 공동으로 관리하는 시설로서 주민운동시설, 주민교육시설(영리를 목적이 아닌 공동주택의 거주자를 위한 교육장소로 이용되는 시설), 청소년수련시설, 주민휴게시설, 도서실, 독서실, 입주자집회소, 경로당, 어린이집, 보금자리주택의 단지 내에 설치하는 사회복지지설, 원룸형 주택에 설치하는 공용취사장, 공용세탁실, 그 밖에 거주자의 취미활동이나 가정의례 또는 주민봉사활동 등에 사용할 수 있는 시설을 말한다. [주택건설기준 등에 관한 규정]

③ 경계구역

경계구역은 화재가 발생한 구역을 다른 구역과 구별해서 식별할 수 있도록 만든 최소 단위의 구역을 말하며, 소방대상물의 평면, 수직부 별로 일정 범위를 정한 장소에서 화재 시 발생되는 열, 연기, 화염, 기타 가스 등에 의하여 감지기가 작동할 때 화재(경계)구역이 수신기에 표시등, 숫자, 문자 및 기호로 표시되어 건물 관계자가 화재의 발생위치를 쉽게 확인할 수 있도록 한다.

3.1 경계구역의 경계

(1) 일반적으로 경계구역의 경계선은 복도, 통로, 방호벽 등으로 설정하며, 화재발생장소를 쉽게 확인할 수 있도록 경계구역마다 번호를 부여하는 데 저층에서 고층으로 그리고 수신기에 가까운 장소에서 먼 장소의 순으로 한다.

(2) 경계구역 면적은 감지기의 설치 면제 장소(세면장, 화장실 등)를 포함하여 산출한다.

(3) 계단, 경사로 등 별도의 경계구역으로 하는 곳은 경계구역 면적에서 제외한다.

(4) 공동주택[6])의 경계구역 설정시 발코니가 있는 아파트의 경우에는 경계구역의 면적에 삽입하지 않지만, 발코니를 확장하는 경우에는 경계구역의 면적에 삽입하여 거실부분과 발코니부분을 합하여 설정한다.

(5) 용도상 관련이 있는 장소는 동일 경계구역을 설정한다. 예를 들어, 주방과 식당이 있는 경우 분리하지 않고 동일 경계구역으로 적용한다.

(6) 경계구역은 가능한 동일 방화구획 내에 있도록 선정한다.

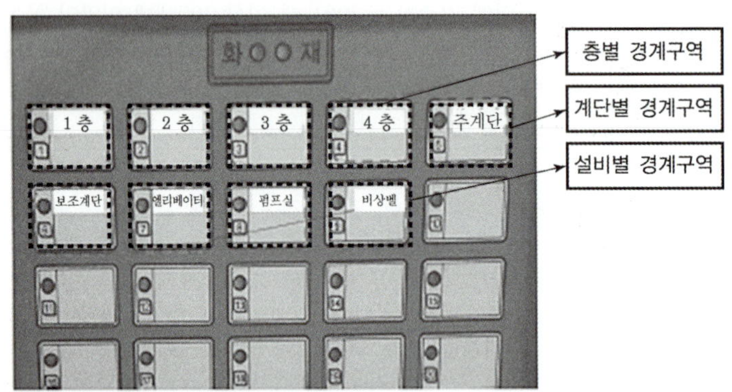

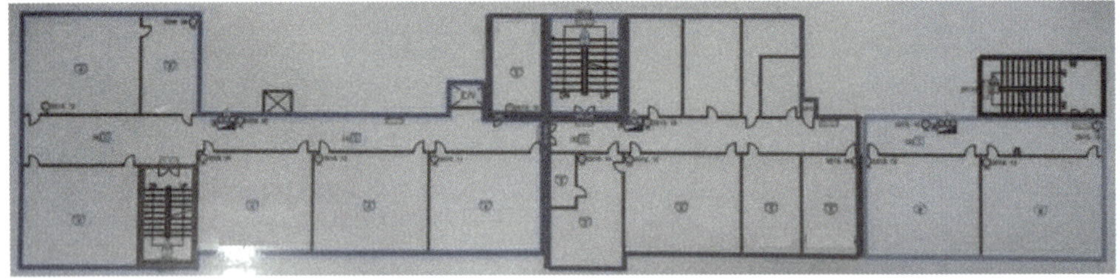

그림 1-4 경계구역의 예시

6) 여러 세대가 한 건축물 안에서 독립된 생활을 할 수 있는 구조로 건축물의 벽, 복도, 계단, 그 밖의 설비 등을 공동으로 사용하는 주택을 말한다.
- 아파트 : 주택으로 쓰는 층수가 5개 층 이상인 주택
- 연립주택 : 주택으로 쓰는 1개 동의 바닥면적(지하주차장 면적은 제외한다) 합계가 660m^{2}를 초과하고, 층수가 4개 층 이하인 주택
- 다세대주택 : 주택으로 쓰는 1개 동의 바닥면적 합계가 660m^2 이하이고, 층수가 4개 층 이하인 주택(2개 이상의 동을 지하주차장으로 연결하는 경우에는 각각의 동으로 보며, 지하주차장 면적은 바닥면적에서 제외)
- 기숙사 : 학교 또는 공장 등의 학생 또는 종업원 등을 위하여 쓰는 것으로서 공동취사 등을 할 수 있는 구조를 갖추되, 독립된 주거의 형태를 갖추지 아니한 것

3.2 경계구역의 설정기준

자동화재탐지설비의 경계구역은 다음 기준에 따라 설정해야 한다. 다만, 감지기의 형식승인 시 감지거리, 감지면적 등에 대한 성능을 별도로 인정받은 경우에는 그 성능인정범위를 경계구역으로 할 수 있다.

(1) 하나의 경계구역이 2개 이상의 건축물에 미치지 않아야 한다.

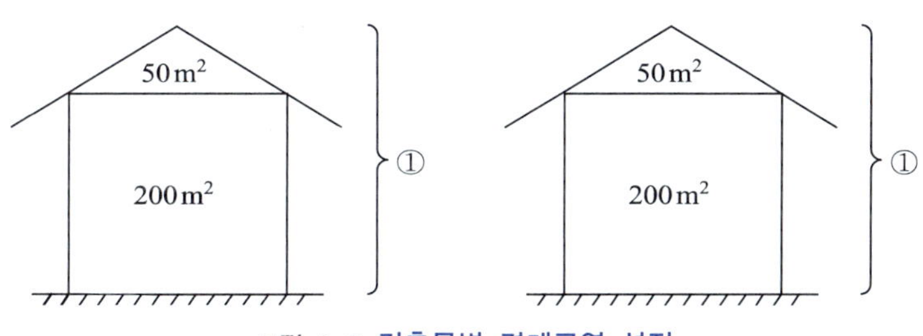

그림 1-5 건축물별 경계구역 설정

(2) 하나의 경계구역이 2개 이상의 층에 미치지 않아야 한다. 다만, 500m^2 이하의 범위 안에서는 2개의 층을 하나의 경계구역으로 설정 가능하다(※ 지하층은 별도의 경계구역으로 설정한다).

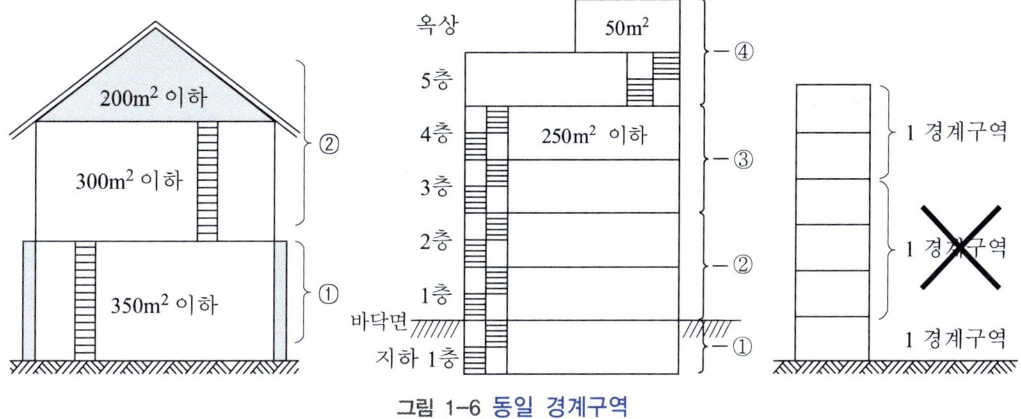

그림 1-6 동일 경계구역

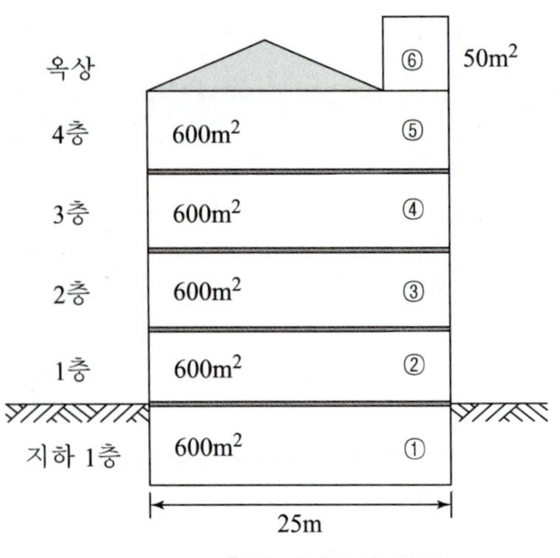

그림 1-7 층별 경계구역 설정

(3) 하나의 경계구역의 면적7)은 600m² 이하로 하고 한 변의 길이는 50m 이하로 한다. 다만, 해당 소방대상물의 주된 출입구에서 그 내부 전체가 보이는 것(강당, 옥내경기장, 체육관, 집회장, 관람장, 극장 등)에 있어서는 한 변의 길이가 50m의 범위 내에서 1,000m² 이하로 설정 가능(예외 : 사무실, 창고, 공장)하다.

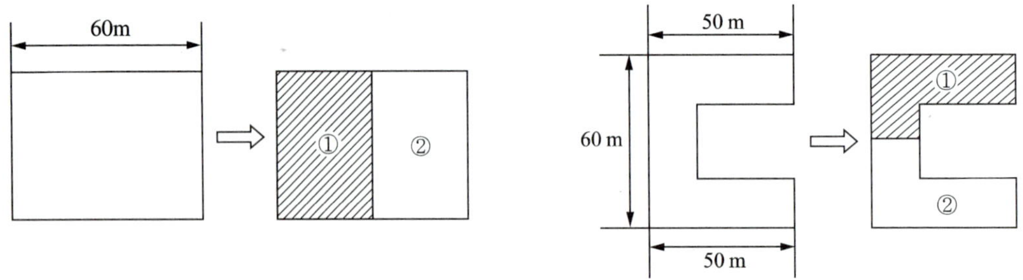

그림 1-8 한 변의 길이에 의한 경계구역 설정

7) 연면적에서 옥탑층 및 필로티 구조의 1층 주차장 등은 제외한다.

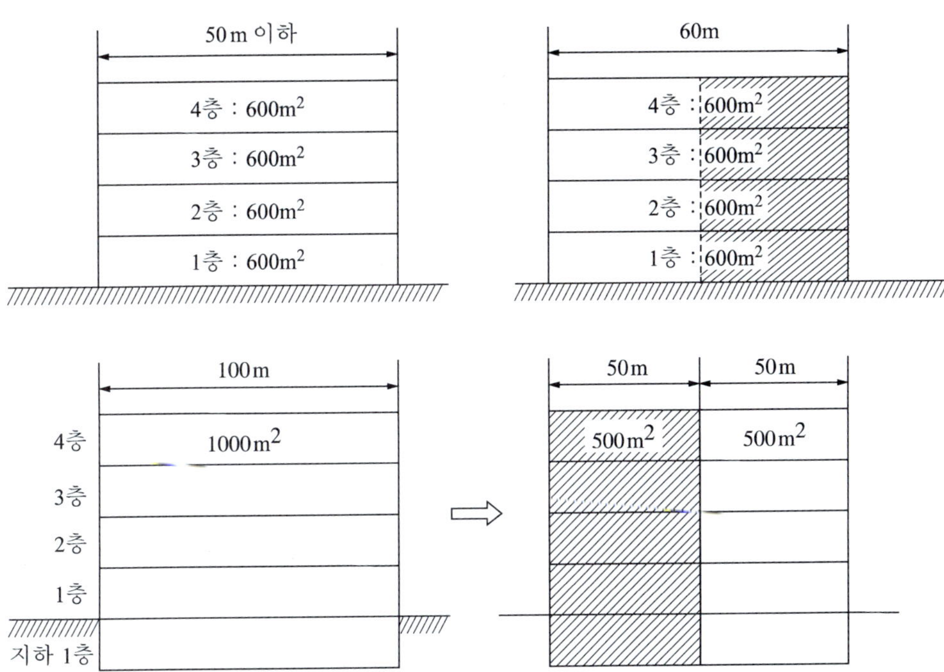

그림 1-9 한 변의 길이와 면적에 의한 경계구역 설정

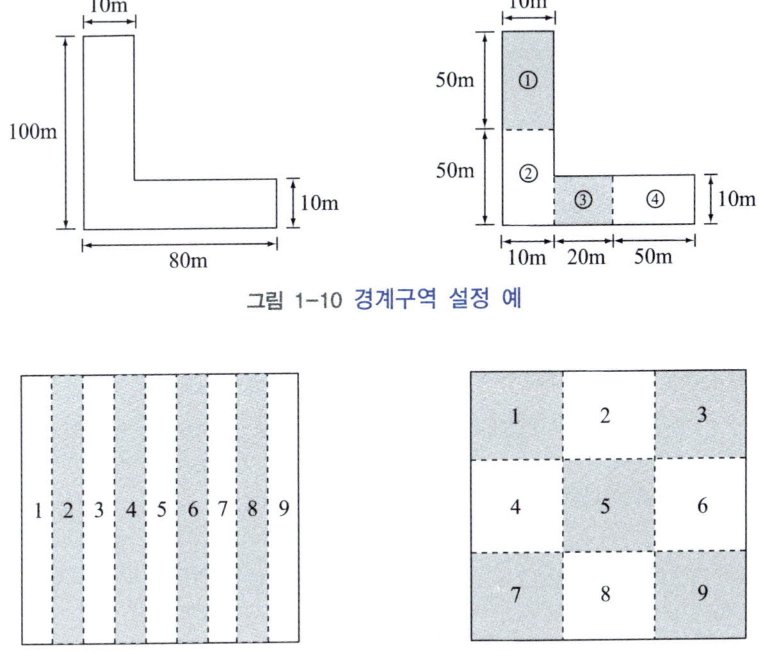

그림 1-10 경계구역 설정 예

그림 1-11 넓은 장소(창고 등)의 경계구역 분할 예

(4) 지하구의 경우 하나의 경계구역의 길이는 700m 이하로 한다.

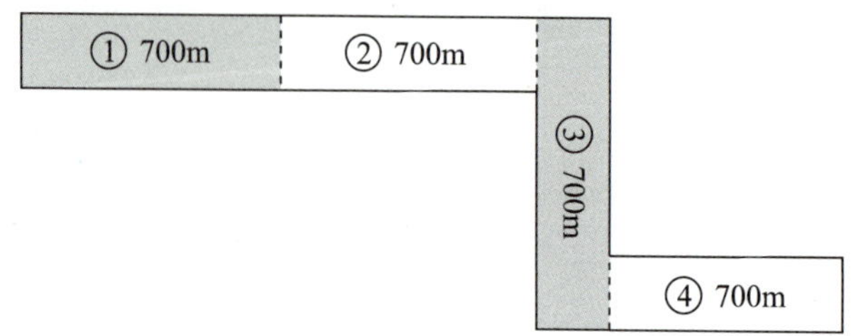

그림 1-12 지하구의 적용 예

※ 지하가, 지하구 및 공동구의 차이

구분	내용
지하가 (소방법)	지하의 공작물 안에 설치되어 있는 점포·사무실 그 밖에 이와 비슷한 시설로서 연속하여 지하도에 면하여 설치된 것과 그 지하도를 합한 것 • 지하상가 • 터널(지하·해저 또는 산을 뚫어서 차량(궤도차량용 제외) 등의 통행을 목적으로 만든 것)
지하구 (소방법)	전력·통신용의 전선이나 가스·냉난방용의 배관 또는 이와 비슷한 것을 집합수용하기 위하여 설치한 지하공작물로서 사람이 점검 또는 보수하기 위하여 출입이 가능한 것 중 폭 1.8m 이상이고 높이가 2m 이상이며 50m 이상(전력 또는 통신사업용인 것은 500m 이상)인 것
공동구 (국토의 계획 및 이용에 관한 법률)	전기·가스·수도 등의 공급설비, 통신시설, 하수도시설 등 지하매설물을 공동 수용함으로써 미관의 개선, 도로 구조의 보전 및 교통의 원활한 소통을 위하여 지하에 설치하는 시설물

층수(건축법 시행령)

- 승강기탑, 계단탑, 망루, 장식탑, 옥탑, 그 밖에 이와 비슷한 건축물의 옥상 부분으로서 그 수평투영면적의 합계가 해당 건축물 건축면적의 1/8 이하인 것(주택법 제16조 제1항에 따른 사업계획승인 대상인 공동주택 중 세대별 전용면적이 85m^2 이하인 경우에는 1/6 이하)과 지하층은 건축물의 층수에 산입하지 아니하고,
- 층의 구분이 명확하지 아니한 건축물은 그 건축물의 높이 4m마다 하나의 층으로 보고 그 층수를 산정하며,
- 건축물이 부분에 따라 그 층수가 다른 경우에는 그 중 가장 많은 층수를 그 건축물의 층수로 본다.

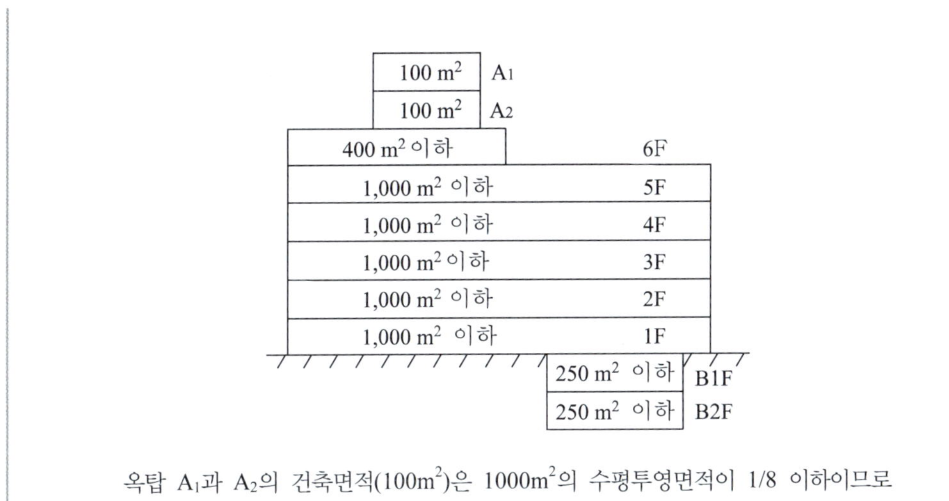

옥탑 A_1과 A_2의 건축면적($100m^2$)은 $1000m^2$의 수평투영면적이 1/8 이하이므로 층수로 산정하지 않으며 A_1, A_2, 6층을 하나의 경계구역으로 설정할 수 있다.

3.3 별도(수직적)의 경계구역 설정 등

계단(직통계단 외의 것은 떨어져 있는 상하계단의 상호간의 수평거리[8])가 5m 이하로서 서로 간에 구획되지 않은 것에 한한다) · 경사로[9])(에스컬레이터 경사로 포함) · 엘리베이터승강로(권상기실이 있는 경우에는 권상기실)[10]) · 린넨슈트[11]) · 파이프 피트 및 덕트[12]) 기타 이와 유사한 부분의 경우에는 별도의 경계구역을

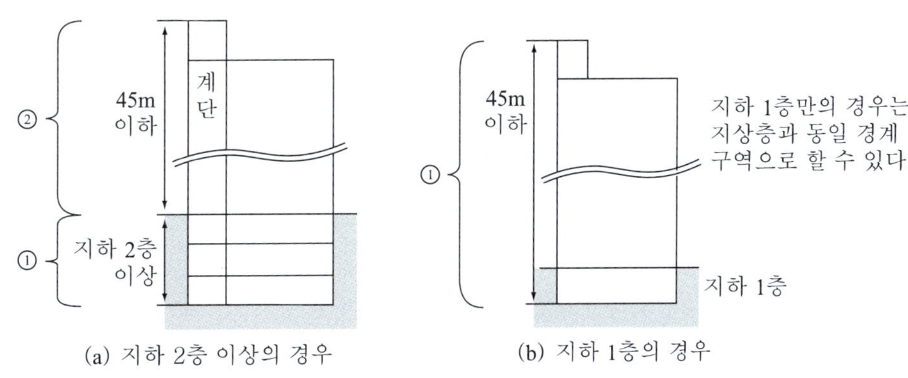

(a) 지하 2층 이상의 경우 (b) 지하 1층의 경우

8) 수평거리는 평면상의 거리를 말하며, 창고는 내부에 구획된 벽이나 장애물이 없으므로 보행거리와 같다.
9) 상하층 사이를 이동하는 통로로서 계단이 아닌 경사진 통로를 말한다.
10) 엘리베이터승강로는 엘리베이터가 이동하는 공간을 말한다.
11) 병원, 호텔 등에서 세탁물 등을 지하로 보내기 위해 각 층별 복도 등에 설치한 덕트를 말한다.
12) 건물 내의 파이프, 전선 등을 각 층별 상호간 또는 층의 수평이동을 위해 별도의 공간을 만든 것이다.

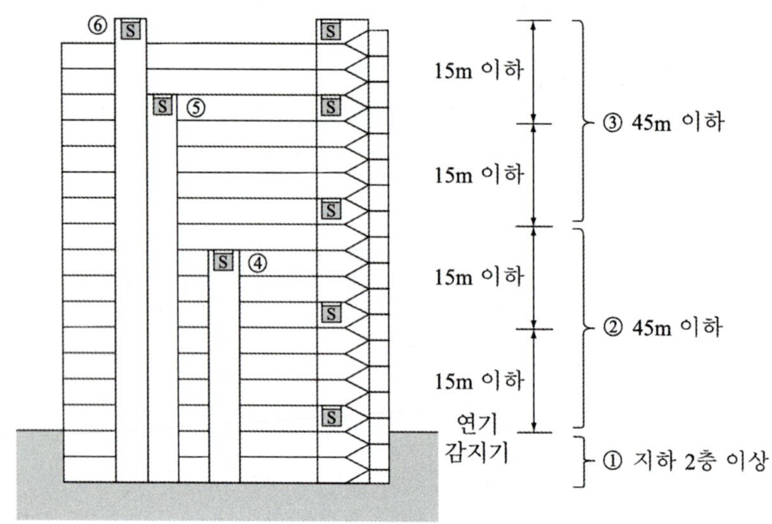

(c) 수직적 경계구역 설정

그림 1-13 수직적(계단 및 경사로) 경계구역 설정

설정하되, 하나의 경계구역은 높이 45m 이하(계단 및 경사로에 한함)로 설정하고, 지하층의 계단 및 경사로(지하층의 층수가 1일 경우 제외)는 별도로 하나의 경계구역으로 설정한다.

또한 외기에 면하여 상시 개방된 부분이 있는 차고·주차장·창고 등 외기에 면하는 각 부분으로부터 5m 미만의 범위 안에 있는 부분은 경계구역의 면적에서 제외한다. 그리고 스프링클러 설비·물분무 등의 소화설비 또는 제연설비의 화재감지장치로서 화재감지기를 설치한 경우, 경계구역은 해당 소화설비의 방사구역[13] 또는 제연구역과 동일하게 설정할 수 있다.

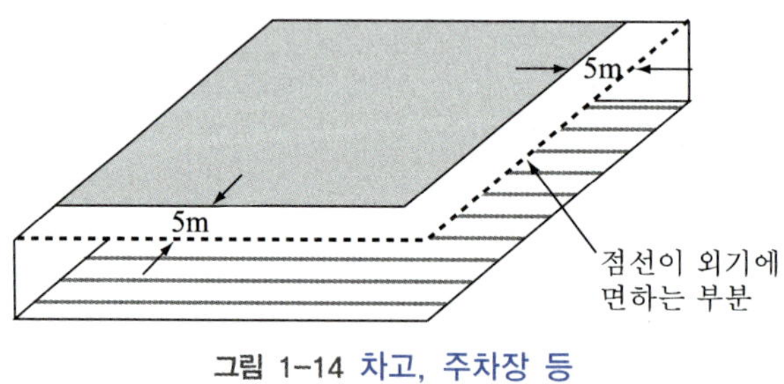

그림 1-14 차고, 주차장 등

13) 화재 진압 등을 효율적으로 수행하기 위하여 소방대상물의 면적, 건축물의 층별, 스프링클러 헤드 수를 고려하여 소방시설별로 적합한 구역을 말한다.

④ 구성요소

4.1 수신기

수신기는 각 경계구역별로 설치된 감지기, 발신기에서 발생되는 신호를 직접 수신하거나 중계기를 통하여 수신하여 화재가 발생된 구역을 판별하고 소방대상물의 관계자에게 경보하거나 소방관서에 통보하는 장치를 말한다. 감지기나 발신기 등과 전선에 의해 직접 연결되거나 또는 중계기를 사이에 두고 연결되어 있으며, 감지기, 중계기 또는 발신기가 작동했을 때 그 장소를 기록, 표시하는 것이다. 필요에 따라 소화전 펌프의 기동장치나 부수신기, 비상경보설비, 방화댐퍼, 제연설비 등을 제어할 수 있도록 연동하여 사용할 수 있다.

자동화재탐지설비의 수신기는 수신방식에 따라 P형, R형으로 구분되며, P형은 성능에 따라 1급, 2급으로 나누어진다.

가. 수신기의 선정기준

(1) 소방대상물의 경계구역을 각각 표시할 수 있는 회선 수 이상의 수신기를 설치한다.

(2) 4층 이상의 소방대상물에는 발신기와 전화통화가 가능한 수신기를 설치한다.

(3) 소방대상물에 가스누설탐지설비가 설치된 경우에는 가스누설탐지설비로부터 가스누설신호를 수신하여 가스누설경보를 할 수 있는 수신기(GP형 또는 GR형 수신기)를 설치한다(가스누설탐지설비의 수신부를 별도로 설치한 경우에는 제외).

표 1-2 수신기의 종류

종 류	
P형 수신기	감지기 또는 발신기로부터 발하여지는 신호를 직접 또는 중계기를 통하여 공통신호로서 수신하여 화재의 발생을 해당 소방대상물의 관계자에게 경보하여 주는 것
R형 수신기	감지기 또는 발신기로부터 발하여지는 신호를 직접 또는 중계기를 통하여 고유신호로서 수신하여 화재의 발생을 해당 소방대상물의 관계자에게 경보하여 주는 것
GP형 수신기	P형 수신기의 기능과 가스누설경보기의 수신부 기능을 겸한 것
GR형 수신기	R형 수신기의 기능과 가스누설경보기의 수신부 기능을 겸한 것
P형 복합식 수신기	P형 수신기에 옥내・외소화전설비, 스프링클러설비, 물분무소화설비, 포소화설비, 이산화탄소소화설비, 할로겐화물소화설비, 분말소화설비, 배연설비 등의 가압송수장치 또는 기동장치 등을 제어하는 것(제어기능)

R형 복합식 수신기	R형 수신기에 제어기능을 수행하는 것
GP형 복합식 수신기	P형 복합식수신기와 가스누설경보기의 수신부 기능을 겸한 것
GR형 복합식 수신기	R형 복합식수신기와 가스누설경보기의 수신부 기능을 겸한 것
간이형 수신기	수신기 또는 가스누설경보기의 구조 및 기능을 단순화시켜 "수신부 · 감지부", "수신부 · 탐지부", "수신부 · 감지부 · 탐지부" 등으로 각각 구성되거나 여기에 중계부가 함께 구성되어 화재발생 또는 가연성가스가 누설되는 것을 자동적으로 탐지하여 관계자 등에게 경보하여 주는 기능 또는 도난경보, 원격제어 기능 등이 복합적으로 구성된 제품

나. 수신기의 축적기능 설치장소

일시적으로 발생한 열·연기 또는 먼지 등으로 인하여 감지기가 화재신호를 발신할 우려가 있는 때에는 축적기능 등이 있는 것(축적형 감지기가 설치된 장소에는 감지기회로의 감시전류를 단속적斷續的으로 차단시켜 화재를 판단하는 방식 이외의 것)을 설치한다. 다만, 감지기의 부착높이에 따라 감지기를 설치한 경우(표 1-10)에는 제외한다.

(1) 소방대상물 또는 그 부분이 지하층·무창층[14] 등으로 환기가 잘되지 않는 곳
(2) 실내면적이 $40m^2$ 미만인 장소
(3) 감지기의 부착면과 실내바닥과의 거리가 2.3m 이하인 장소

다. 수신기의 설치기준

(1) 수위실 등 상시 사람이 근무하는 장소에 설치한다. 다만, 사람이 상시 근무하는 장소가 없는 경우에는 관계인이 쉽게 접근할 수 있고 관리가 용이한 장소에 설치한다.
(2) 수신기가 설치된 장소에는 경계구역 일람도를 비치한다. 다만, 모든 수신기와 연결되어 각 수신기의 상황을 감시하고 제어할 수 있는 수신기(주수신기)를 설치하는 경우에는 주수신기를 제외한 기타 수신기는 경계구역 일람도를 비치하지 않아도 된다.
(3) 수신기의 음향기구는 음량 및 음색이 다른 기기의 소음 등과 명확히 구별될 수 있는 것으로 한다.

14) 무창층無窓層은 지상층 중 다음 요건을 모두 갖춘 개구부(건축물에서 채광 · 환기 · 통풍 또는 출입 등을 위하여 만든 창 · 출입구 그 밖에 이와 비슷한 것을 말한다)의 면적의 합계가 해당 층의 바닥면적(건축법 시행령 제119조 제1항 제3호)의 1/30 이하가 되는 층을 말한다.
- 개구부의 크기가 지름 50cm 이상의 원이 내접할 수 있을 것
- 해당 층의 바닥면으로부터 개구부 밑부분까지의 높이가 1.2m 이내일 것
- 개구부는 도로 또는 차량이 진입할 수 있는 빈 터를 향할 것
- 화재시 건축물로부터 쉽게 피난할 수 있도록 개구부에 창살 그 밖의 장애물이 설치되지 않을 것
- 내부 또는 외부에서 쉽게 파괴 또는 개방할 수 있을 것

(4) 수신기는 감지기·중계기 또는 발신기가 작동하는 경계구역을 표시할 수 있는 것으로 한다.
(5) 화재·가스·전기 등에 대한 종합방재반을 설치한 경우에는 해당 조작반에 수신기의 작동과 연동하여 감지기·중계기 또는 발신기가 작동하는 경계구역을 표시할 수 있는 것으로 한다.
(6) 하나의 경계구역은 하나의 표시등 또는 하나의 문자로 표시되도록 한다.
(7) 수신기의 조작 스위치는 바닥으로부터의 높이가 0.8m 이상 1.5m 이하인 장소에 설치한다.
(8) 하나의 소방대상물에 2 이상의 수신기를 설치하는 경우에는 수신기를 상호간 연동하여 화재발생 상황을 각 수신기마다 확인할 수 있도록 한다.

라. 수신기 종류 및 기능

수신기는 화재신호를 수신하는 경우 적색의 화재표시등에 의하여 화재의 발생을 자동적으로 표시함과 동시에, 지구표시장치에 의하여 화재가 발생한 당해 경계구역을 자동적으로 표시해야 한다. 이때 주음향장치 및 지구음향장치가 울리도록 되어야 하며, 주음향장치는 스위치에 의하여 주음향장치의 울림이 정지된 상태에서도 새로운 경계구역의 화재신호를 수신하는 경우에는 자동적으로 주음향장치의 울림정지 기능을 해제하고 주음향장치가 울려야 한다. 다만, P형 및 P형복합식의 수신기로서 접속되는 회선수가 1인 것은 화재표시등 및 지구표시장치는 설치하지 않을 수 있다.

(1) P형(Proprietary type) 수신기

가장 기본이 되는 형태의 P형 수신기는 감지기 또는 발신기로부터 발하여지는 신호를 직접 또는 중계기를 통하여 각 경계구역별로 개별 신호선에 의하여 공통신호로서 수신하여 화재의 발생을 해당 소방대상물의 관계자에게 경보하는 것을 말한다.

일반적으로 각 경계구역을 각각 1조의 표시회로로 되어 있는 P형 수신기는 시스템 구성이 간단하여 전압강하나 간선수 증가에 지장이 없는 소규모 근린생활빌딩이나 아파트, 소규모 공장에 적합하며, R형 수신기에 비하여 저가이다. P형 수신기의 기본 기능은 다음과 같다.

(가) 화재표시 작동시험을 할 수 있는 장치가 있어야 하며, 접속가능 중계기가 있는 경우 수신기에서 중계기까지의 단락을 검출할 수 있는 장치가 있어야 한다. 이 경우 이들 장치의 조작 중에 다른 회선으로부터 화재신호를 수신하는 경우 화재표시가 될 수 있어야 한다.
(나) 주전원이 정지한 경우에는 자동적으로 예비전원으로 전환되고, 주전원이 정상상태로 복귀한 경우에는 자동적으로 예비전원으로부터 주전원으로 전환되는 장치가 있어야 한다.
(다) 중계기로부터 외부부하에 직접 전력을 공급하는 회로에는 퓨즈 또는 브레이커 등을

설치하여 퓨즈가 녹아 끊어지거나 브레이커 등이 차단되는 경우에는 자동적으로 수신기에 퓨즈의 끊어짐이나 브레이커의 차단 등에 대한 신호를 보내는 경우, 전원입력회로 및 외부부하에 직접 전력을 공급하는 회로에는 퓨즈 또는 브레이커 등을 설치하여 주전원의 정지, 퓨즈의 끊어짐, 브레이커의 차단 등에 대한 신호를 보내는 경우, 중계기로부터 외부부하에 직접 전력을 공급하는 회로에는 퓨즈 또는 브레이커 등을 설치하여 퓨즈의 끊어짐, 브레이커의 차단 등에 대한 신호를 보내는 경우에는 자동적으로 음향신호 또는 표시등에 의하여 지시되는 고장신호 표시장치가 있어야 한다.

※ (가)~(다)는 P형복합식, GP형 및 GP형복합식에도 적용된다.

(라) 수신기 내부에 예비전원을 설치하여야 한다. 방화상 유효한 조치를 강구한 것은 제외된다.

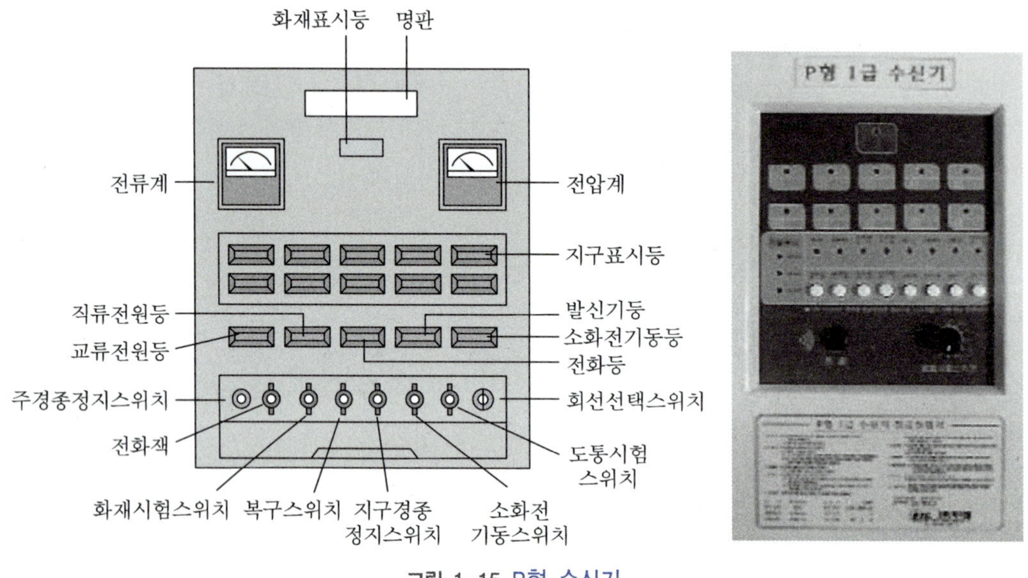

그림 1-15 P형 수신기

⑤ 수신기는 발신기와 화재신호 전달에 지장이 없다면 상호 연락을 위한 전화를 선택적으로 설치 할 수 있다.

P형 수신기 점검시 주의사항

P형 수신기는 정전, 퓨즈 단선, 입력전원 전원선 불량, 전원회로부 훼손 등이 발생되면 상용전원 감시등이 소등될 수 있는 데 이를 점검하기 위해서는 먼저 상용전원 확인, 퓨즈 교체, 외부전원선의 점검, 트랜스 2차측 AC 24V 및 다이오드 출력 DC 24V를 확인해야 한다. 또한 퓨즈 단선, 충전불량, 배터리소켓의 접속불량, 장기간 정전으로 인해 배터리의 완전방전 등이 발생되면 예비전원 감시등의 소등될 수 있으며 이를 점검하기 위해서는 퓨즈를 확인한 후 교체, 충전전압 확인, 배터리 감시 표시등의 점등확인 그리고 소켓단자 확인을 해야 한다.

화재표시사항

- 화재표시는 수동으로 복귀시키지 않는 한 그 화재의 표시를 계속 유지하는 것이어야 한다.
- GP형, GP형복합식, GR형 및 GR복합식의 수신기는 가스누설신호를 수신하는 경우 황색의 가스누설등 및 주음향장치에 의하여 가스누설의 발생을 자동적으로 표시해야 하며, 지구표시장치에 의하여 가스누설이 발생한 당해 경계구역을 자동적으로 표시해야 한다.
- GP형, GP형복합식, GR형 및 GR복합식의 수신기의 지구표시장치는 화재가 발생한 경계구역과 가스누설이 발생한 경계구역을 명확히 구분하여 식별할 수 있도록 표시해야 한다.

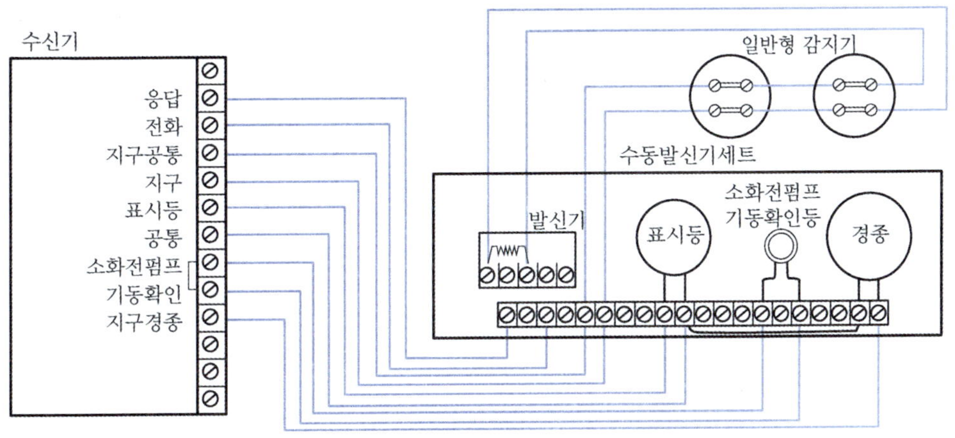

그림 1-16 수신기와 자동화재탐지설비의 결선

(2) R형(Record type) 수신기

R형 수신기는 감지기 또는 발신기로부터 발하여지는 신호를 직접 또는 중계기를 통해서 각 회선마다 고유의 신호로 수신하여 화재의 발생을 해당 소방대상물의 관계자에게 경보하는 설비이다.

R형 수신기는 2본本의 신호선으로 중계기 100개분의 신호를 선택 및 수신할 수 있는 기능을

갖고 있으며, 신호전달이 확실하고 회로의 증설이나 이설이 용이하여 회로를 간편하게 추가시킬 수 있는 장점이 있다. 따라서 전압강하나 간선수가 대폭 증가하는 초고층 빌딩, 대단지 아파트, 대규모 공장에 적합하다.

(가) R형 수신기의 구조와 기능

① 화재표시 작동시험을 할 수 있는 장치와 수신기에서부터 각 중계기까지의 단락을 검출할 수 있는 장치가 있어야 하며, 이들 장치의 조작 중에 다른 회선으로부터 화재신호를 수신하는 경우 화재표시가 될 수 있어야 한다.

② 주전원이 정지한 경우에는 자동적으로 예비전원[15)]으로 전환되고, 주전원이 정상상태로 복귀한 경우에는 자동적으로 예비전원으로 부터 주전원으로 전환되는 장치를 가져야 한다.

③ 중계기로부터 외부부하에 직접 전력을 공급하는 회로에는 퓨즈 또는 브레이커 등을 설치하여 퓨즈가 녹아 끊어지거나 브레이커 등이 차단되는 경우에는 자동적으로 수신기에 퓨즈의 끊어짐이나 브레이커의 차단 등에 대한 신호를 보내는 경우, 전원입력회로 및 외부부하에 직접 전력을 공급하는 회로에는 퓨즈 또는 브레이커 등을 설치하여 주전원의 정지, 퓨즈의 끊어짐, 브레이커의 차단 등에 대한 신호를 보내는 경우, 중계기로부터 외부부하에 직접 전력을 공급하는 회로에는 퓨즈 또는 브레이커 등을 설치하여 퓨즈의 끊어짐, 브레이커의 차단 등에 대한 신호를 보내는 경우에는 자동적으로 음향신호 또는 표시등에 의하여 지시되는 고장신호 표시장치가 있어야 한다.

※ ①~③은 R형복합식, GR형 및 GR형복합식에도 적용된다.

④ 예비전원의 양부[良否]를 시험할 수 있는 장치를 가지고 있어야 한다.

(나) R형 수신기의 특징

① 전선의 가닥수가 적게 들어 경제적이다.

② 전선의 길이를 길게 할 수 있다.

③ 증설 또는 이설이 용이하다.

④ 화재발생 지구를 숫자로 표시할 수 있다.

⑤ 신호의 전달이 용이하다.

⑥ 중계기가 필요하다.

⑦ 자체 고장 진단 및 이상 경보를 발할 수 있다.

⑧ 구조원리가 복잡하여 수리 및 보수가 어렵다.

⑨ 제품이 고가이다.

---

15) 상용전원이 고장나거나 용량 부족 시 최소한의 기능을 유지하기 위한 전원을 말하며, 비상전원은 상용전원(평상시 주전원) 정전 시에 사용된다.

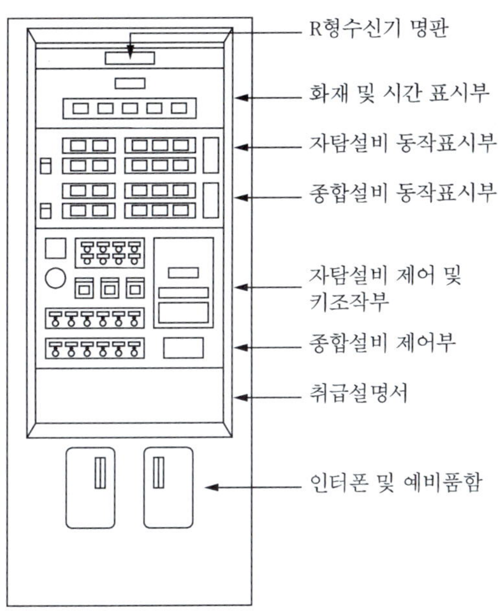

그림 1-17 R형 수신기

표 1-3 P형 수신기와 R형 수신기 비교

구분 종류	P형 수신기	R형 수신기
화재표시	화재 표시창에 램프 점등	액정 표시창(LCD)에 문자 표시
기기작동 상황	소방기기별 표시창에 램프 점등	소방기기 작동을 시간별로 자동 기록, 프린터 출력 가능
신호 종류	전회선 공통신호	전용 신호선
신호전달방식	1 : 1 접점의 개별신호방식	다중전송방식
자기진단	없음	CPU에 의해 자동 진단
중계기	불필요	필요
설치공간	많이 필요	적게 필요
보수 유지	선로수가 많아 공사가 복잡하고 수신기에 자기 진단 기능이 없어 보수 유지가 어렵다.	선로수가 적어 공사가 간단하고 자기 진단 기능에 의해 고장 발생을 자동 표시 및 경보하므로 유지 관리에 편리하다.

표 1-4 Analog와 Digital

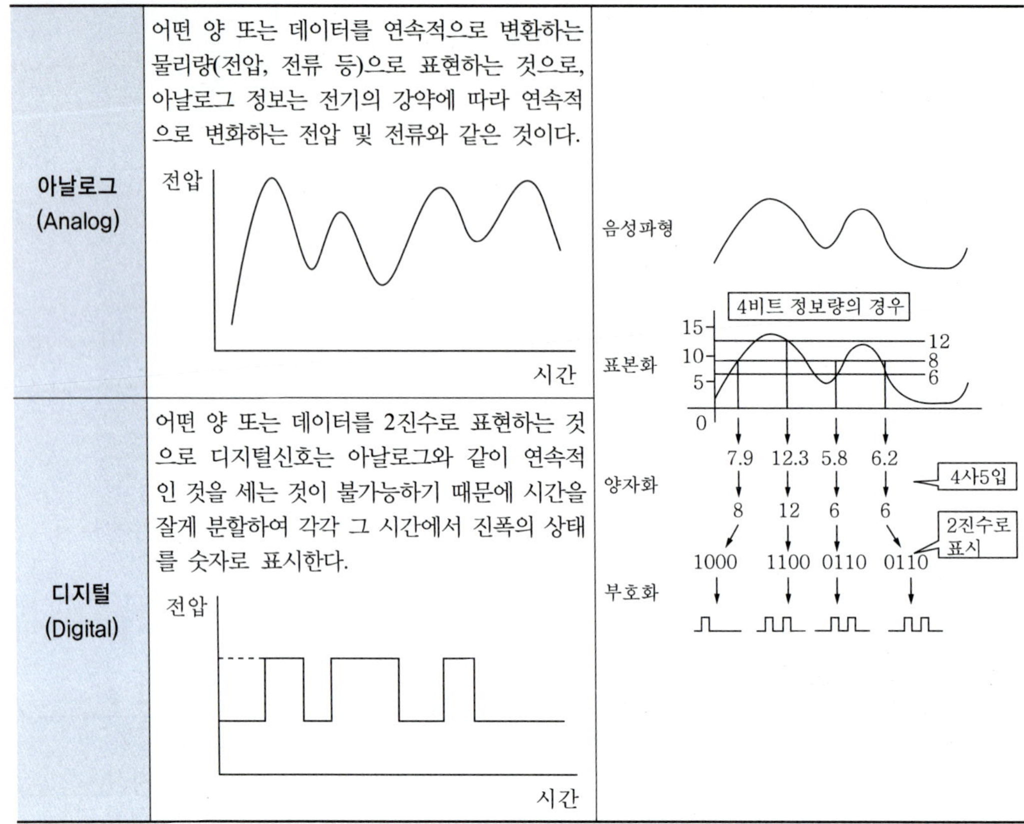

구분	내용
아날로그 (Analog)	어떤 양 또는 데이터를 연속적으로 변환하는 물리량(전압, 전류 등)으로 표현하는 것으로, 아날로그 정보는 전기의 강약에 따라 연속적으로 변화하는 전압 및 전류와 같은 것이다.
디지털 (Digital)	어떤 양 또는 데이터를 2진수로 표현하는 것으로 디지털신호는 아날로그와 같이 연속적인 것을 세는 것이 불가능하기 때문에 시간을 잘게 분할하여 각각 그 시간에서 진폭의 상태를 숫자로 표시한다.

(다) R형 수신기의 신호전송 방법

R형 수신기의 신호전송은 하나의 전송선로에 2개 이상의 정보를 실어 동시에 신호를 전송하는 통신 방식인 다중 전송방식(Multiplexing Communication)을 사용하는데, 이에는 시분할 다중방식과 주파수 분할 다중방식이 많이 사용된다. 다중화(Multiplexing)는 두 개 혹은 그 이상의 신호를 결합하여 하나의 물리적 회선을 통하여 전송할 수 있도록 하는 것을 말한다.

① 주파수 분할 다중방식[16](FDM ; Frequency division multiplexing)

아날로그 전송에서 채용된 다중화 기술이 주파수 분할 다중방식이며, 이는 전화 회선을 다중화하기 위해 개발된 기술이다. 한 전송로의 대역폭을 여러 개의 작은 대역폭으로 나누어 단말 장치들이 동시에 이용할 수 있도록 한다. <그림 1-18>에서와 같이 3개의 신호들이 다중화 장치에 입력되고 이 신호들은 서로 다른 반송주파수로 변조된

16) 다중화란 1개의 전송로로 복수의 데이터 신호를 중복시켜 전송하는 것을 말한다.

다. 변조[17])되는데 있어 각 신호의 대역폭[18])이 서로 중첩되지 않도록 반송주파수를 충분히 떨어뜨림으로써 신호들이 동시에 전송될 수 있도록 해야 한다.

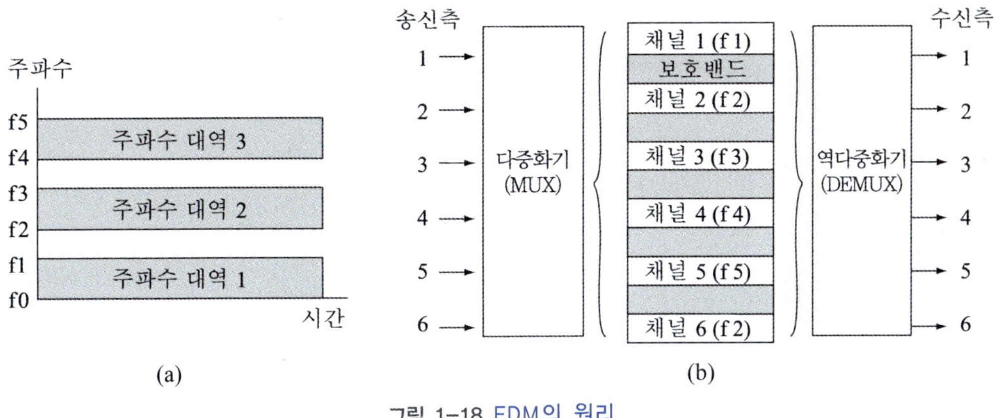

그림 1-18 FDM의 원리

이렇게 변조된 신호들은 반송주파수를 중심으로 대역폭을 필요로 하게 되는 이 대역폭들을 채널이라 하며 채널간의 상호 간섭을 막기 위해 완충지역으로 보호밴드(Guard band)가 필요하다. 보호밴드는 대역폭을 낭비하는 결과를 가져와 채널의 이용률을 낮추게 된다. FDM은 TDM에 비해 비교적 간단한 구조를 갖고 있어 경제적이며 주파수 분할다중화기 자체가 주파수 분할 편이 변복조기의 역할을 수행하므로 별도의 변복조기가 필요 없는 특징이 있다.

② 시분할 다중방식(TDM ; Time division multiplexing)

여러 회선으로부터 받은 디지털 신호를 한 가닥의 전송로 위에 조금씩 간격을 두고 싣는 방식이다. 즉, 한 전송로의 대역폭을 일정한 주기적 시간간격(Time slot)으로 나누어 각 채널에 할당함으로써 몇 개의 채널들이 한 전송로를 나누어 사용할 수 있도록 하는 것이다. TDM을 사용하는 전송로는 음성, 화상 그리고 데이터를 혼합하여 전송할 수 있는 특징이 있다.

---

17) 주파수가 높은 일정 진폭의 반송파搬送波를 주파수가 낮은 신호파에 따라, 그 진폭·주파수 또는 위상 등을 변화시키는 것을 말한다.

18) 신호를 전달하기 위해 사용하는 주파수 대역으로 대역폭이 넓을수록 정보량을 같은 시간에 많이 보낼 수 있다.

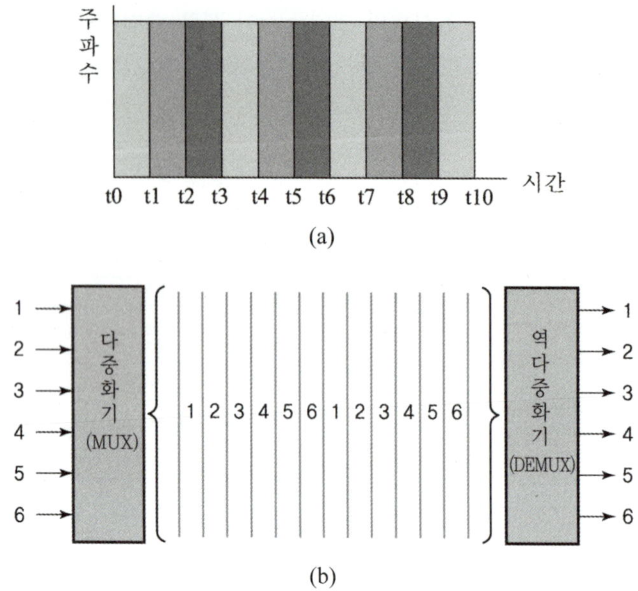

그림 1-19 TDM의 기본적 개념과 원리

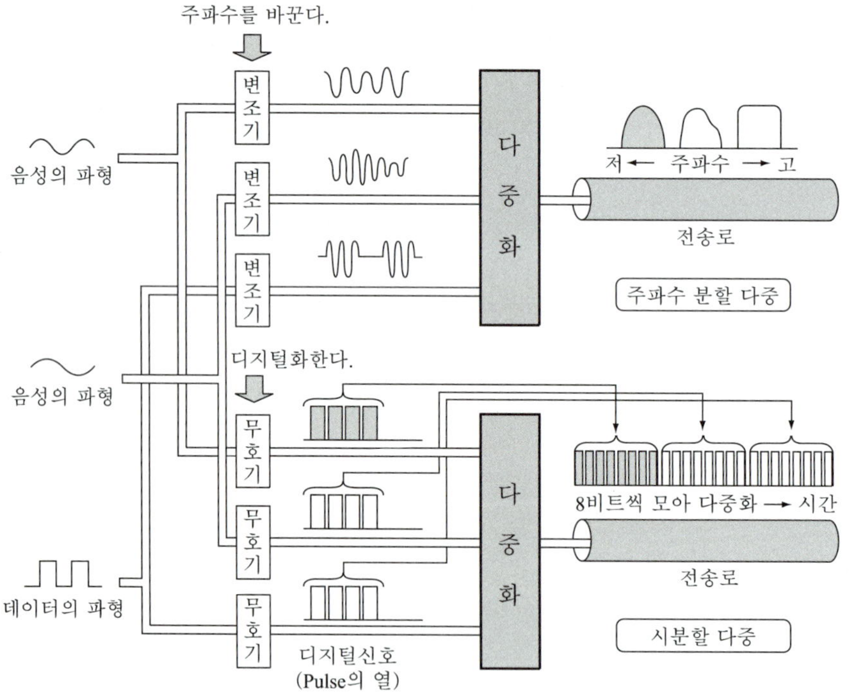

그림 1-20 주파수 분할과 시분할의 비교

표 1-5 수신기 비교

수신기	신호전달방식	신 호	수신소요시간
P형	개별 신호방식	전회로 공통신호	5초
R형	다중 전송방식	회로별 고유신호	

[비고] P형, R형 축적형수신기의 경우 수신소요시간은 60초 이내이다.

(3) 축적형 수신기

P형 및 R형 수신기는 화재신호를 수신하는 경우 5초 이내에 적색의 화재표시등[19]에 의하여 화재의 발생을 자동적으로 표시함과 동시에, 지구표시장치에 의하여 화재가 발생한 해당 경계구역을 자동적으로 표시하고 주음향장치 및 지구음향장치가 울리도록 되어야 한다. 주음향장치는 스위치에 의하여 주음향장치의 울림이 정지된 상태에서 새로운 경계구역의 화재신호를 수신하는 경우에는 자동적으로 주음향장치의 울림정지 기능을 해제하고 주음향장치가 울려야 한다.

그러나 비화재보[20]의 문제가 발생되면서 화재신호를 수신한 후 곧바로 수신을 개시하는 것이 아니라 축적시간 내에 화재신호를 지속적으로 받고 있는 것을 확인한 이후에 지구경종 동작 및 화재 표시를 나타내는 수신기이다. 수신기는 축적시간 동안 지구표시장치의 점등 및 주음향장치(경종)를 명동시킬 수 있으며 화재신호의 축적시간은 5초 이상 60초 이내 여야 하고, 공칭축적시간은 10초 이상 60초 이내에서 10초 간격으로 한다. 또한 축적 기능의 수신기에는 축적형 감지기를 설치하지 않는 것이 원칙이다. <그림 1-21>에서 축적형 수신기의 축적시간을 나타내고 있다.

발신기로부터 신호가 수신되어 화재신호를 수신할 경우 그 기능이 자동적으로 해제되는 기능이 있어야 한다. 축적시간의 결정은 비화재보의 발생비율, 화재 발생에 대한 인식 시간, 그리고 재실자의 대피 등을 고려하기 때문에 일과성 비화재보의 제거에 효과를 줄 수 있다.

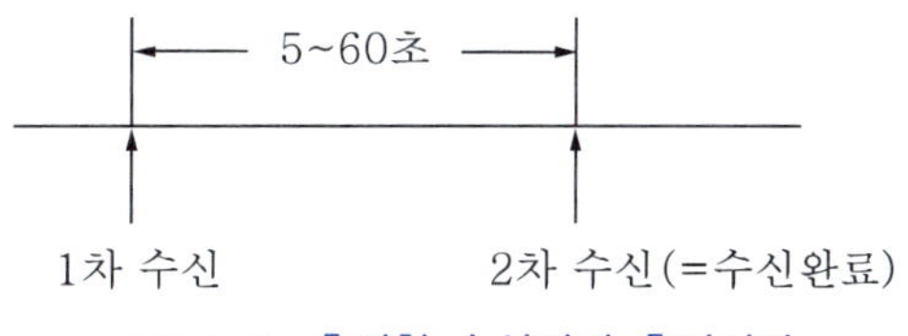

그림 1-21 축적형 수신기의 축적시간

19) 수신기의 표시장치로 적색등으로만 점등한다.

20) 화재요인 이외의 요인으로 자동화재탐지설비가 작동하는 것을 말한다.

(4) 다신호식 수신기

감지기에 의해 화재신호를 수신할 경우 P형 및 R형 수신기는 즉시 화재등, 주음향장치 및 지구음향장치가 동작하여 화재의 발생을 소방대상물 전역에 경보하도록 되어 있다.

그러나 다신호식 수신기는 <그림 1-22>에서와 같이 화재신호를 한번 수신하면 주음향장치 및 지구표시장치를 작동시켜 수신기가 설치되어 있는 장소의 관계자에게만 우선 알리고, 두 번째 화재신호가 수신될 때에는 실제 화재로 판단하여 소방대상물 전역에 통보하도록 한 것이다.

다신호식 수신기는 감지기로부터 최초의 화재신호를 수신하는 경우 지구음향장치는 작동하지 않고, 주음향장치 또는 부음향장치의 명동 및 지구표시장치에 의한 경계구역을 각각 자동적으로 표시하여 줌으로써 초기 소화활동에 대응하도록 하여 비화재보에 의한 혼란을 일으키지 않도록 한다. 그리고 화재표시 중에 동일 경계구역의 감지기로부터 두 번째 화재신호 이상을 수신하는 경우 첫 번째 화재표시 상태를 계속함과 동시에 화재등 및 지구음향장치가 자동적으로 작동되어 경계구역 전체에 경보해야 한다. 다신호식 수신기는 화재감지기로부터의 신호에만 해당되며, 발신기로부터의 신호가 수신되면 그 기능이 자동적으로 해제되어야 한다.

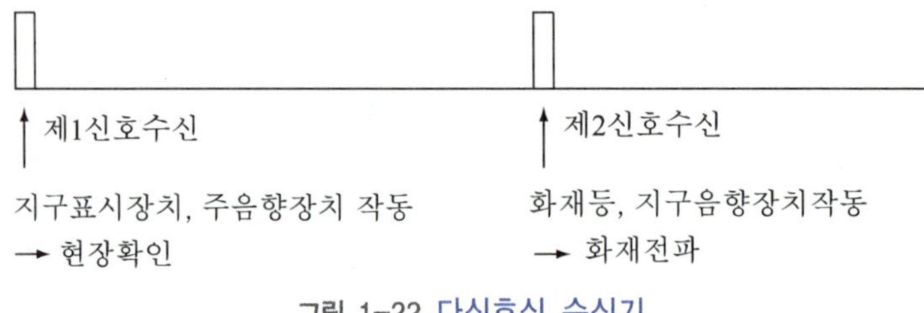

그림 1-22 다신호식 수신기

(5) 아날로그 수신기

감지기로부터 화재 여부를 나타내는 신호만을 수신하는 것이 아니라 온도 또는 연기의 농도 등을 지속적으로 수신하여 그 신호가 주의표시를 할 정도에 도달하게 되면 주의등 및 주음향장치로 이상의 발생을 알리고, 화재가 발생한 경계구역은 지구표시장치에 의해 자동적으로 표시하도록 한다. 화재신호 또는 화재표시를 할 정도에 도달한 신호를 수신하면 화재등 및 지구음향장치를 작동시키도록 한 것이다. 즉, 감지기는 화재여부를 판단하는 것이 아니라, 단순히 시간에 따라 변화하는 온도 또는 연기의 농도만을 수신기에 송신하면 아날로그 수신기가 이 신호를 수신하여 화재여부를 판단하도록 하는 것이다.

아날로그 수신기는 아날로그 감지기로부터 출력된 신호를 수신한 경우 예비표시 및 화재표시를 표시함과 동시에 입력신호량을 표시할 수 있어야 하며, 작동수준을 설정할 수 있는 조정장치가 있어야 한다.

P형 및 R형 수신기의 화재표시는 수동으로 복귀시키지 않는 한 그 화재 표시를 계속 유지하

여야 하지만, 축적형, 다신호식 및 아날로그식인 수신기의 예비표시신호(화재표시를 할 때까지의 사이에 보조적으로 표시되는 지구표시등 및 주음향장치 등)는 제외한다.

마. 수신기의 구조 및 일반기능

(1) 작동이 확실하고, 취급 · 점검이 쉬워야 하며, 현저한 잡음이나 장해전파를 발하지 않아야 한다. 또한 먼지, 습기, 곤충 등에 의하여 기능에 영향을 받지 않아야 한다.
(2) 보수 및 부속품의 교체가 쉬워야 한다. 다만, 방수형 및 방폭형은 그러하지 아니하다.
(3) 부식에 의하여 기계적 기능에 영향을 초래할 우려가 있는 부분은 칠, 도금 등으로 유효하게 내식가공을 하거나 방청가공을 하여야 하며, 전기적 기능에 영향이 있는 단자, 나사 및 와셔 등은 동합금이나 이와 동등이상의 내식성능이 있는 재질을 사용한다.
(4) 외함은 불연성 또는 난연성 재질로 만들어져야 하며 다음과 같아야 한다.
  (가) 외함에 강판을 사용하는 경우에는 다음의 두께 이상의 강판을 사용한다. 다만, 합성수지를 사용하는 경우에는 강판의 2.5배 이상의 두께로 한다.
    ① 1회선용은 1.0mm 이상
    ② 1회선을 초과하는 것은 1.2mm 이상
    ③ 직접 벽면에 접하며 벽속에 매립되는 외함의 부분은 1.6mm 이상
  (나) 외함(화재표시창, 지구창, 지도판, 전화기, 조작부 수납용뚜껑, 스위치의 손잡이, 발광다이오드, 지시전기계기, 각종 표시명판 등은 제외)에 합성수지를 사용하는 경우에는 80±2℃의 온도에서 열로 인한 변형이 생기지 아니하여야 하며 UL94[21] 규정에 의한 V-2 이상의 난연성능이 있는 재료로 한다.
(5) 기기 내의 배선은 충분한 전류용량을 갖는 것으로 하여야 하며, 배선의 접속이 정확하고 확실해야 한다.
(6) 극성이 있는 경우에는 오접속을 방지하기 위하여 필요한 조치를 해야 한다.
(7) 부품의 부착은 기능에 이상을 일으키지 않고 쉽게 풀리지 않도록 해야 한다.
(8) 전선 이외의 전류가 흐르는 부분과 가동축 부분의 접촉력이 충분하지 아니한 곳에는 접촉부의 접촉불량을 방지하기 위한 적당한 조치를 해야 한다.
(9) 외부에서 쉽게 사람이 접촉할 우려가 있는 충전부는 충분히 보호되어야 한다.
(10) 정격전압이 60V를 넘는 기구의 금속제 외함에는 접지단자를 설치해야 한다.

---

21) 플라스틱의 난연성 시험방법으로 수평연소(Horizontal burning test, HB), 수직연소(Vertical burning test, Vx), 판형(Plague type, 5V)이 있다.

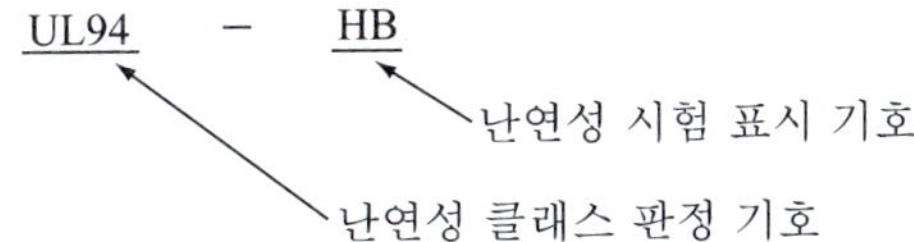

(11) 예비전원회로에는 단락사고 등으로부터 보호하기 위한 퓨즈 등 과전류 보호장치를 설치해야 한다.

(12) 내부의 부품 등에서 발생되는 열에 의하여 구조 및 기능에 이상이 생길 우려가 있는 것은 방열판 또는 방열공 등에 의하여 보호조치를 해야 한다. 다만, 방수형 또는 방폭형의 것은 방열공을 설치하지 않을 수 있다.

(13) 방폭형수신기의 방폭구조는 산업안전보건법령에 의하여 정하는 규격에 적합해야 한다.

(14) 수신기(접속되는 회선수가 1회선인 것은 제외한다)는 발신기가 작동하는 경우 그 표시를 할 수 있어야 한다. 수신기(1회선용 제외)는 2회선이 동시에 작동하여도 화재표시가 되어야 하며, 감지기의 감지 또는 발신기의 발신개시로부터 P형, P형 복합식, GP형, GP형 복합식, R형, R형 복합식, GR형 또는 GR형 복합식 수신기의 수신완료까지의 소요시간은 5초(축적형의 경우에는 60초) 이내이어야 한다.

(15) 화재신호를 수신하는 경우 P형, P형 복합식, GP형, GP형 복합식, R형, R형 복합식, GR형 또는 GR형 복합식의 수신기에 있어서는 2 이상의 지구표시장치에 의하여, 각각 화재를 표시할 수 있어야 한다.

(16) 내부에 주전원의 양극을 동시에 개폐할 수 있는 전원스위치를 설치할 수 있다.

(17) 전원입력(1회선용은 1선 이상) 및 외부부하에 직접 전원을 송출하도록 구성된 회로에는 퓨즈 또는 브레이커 등을 설치해야 한다.

(18) 전면에는 예비전원[22)]의 상태를 감시할 수 있는 감시장치가 있어야 한다.

(19) 전면에는 주전원[23)]을 감시하는 장치를 설치해야 한다.

(20) 복귀스위치의 작동 또는 음향장치의 울림을 정지시키는 스위치를 설치하는 경우에는 그 목적에만 사용되는 것이어야 한다.

(21) 자동적으로 정위치에 복귀하지 아니하는 스위치를 설치하는 경우에는 음신호장치 또는 점멸하는 주의등을 설치해야 한다.

(22) 수신기의 외부배선 연결용 단자에 있어서 공통신호선용 단자는 7개 회로마다 1개 이상 설치해야 한다.

(23) 제어기능 수동조작 스위치는 부주의로 인한 작동을 방지할 수 있는 구조로 한다.

(24) 무선식 수신기 중 전파를 직접 발신하는 수신기는 다음에 적합해야 한다.

(가) 전파에 의한 감지기·발신기·중계기·수신기간의 화재신호 또는 화재정보신호는 「신고하지 않고 개설할 수 있는 무선국용 무선설비의 기술기준」 특정소출력무선국용 무선설비의 도난, 화재경보장치 등의 안전시스템용 주파수를 적용해야 한다.

(나) 방송통신기자재등의 적합성평가(「전파법」)에 적합해야 한다.

---

22) 비상시, 즉 정전, 계획작업 등에 사용하기 위해 비상발전기, 축전지 등의 예비전원을 확보해야 한다.

23) 상용전원을 말한다.

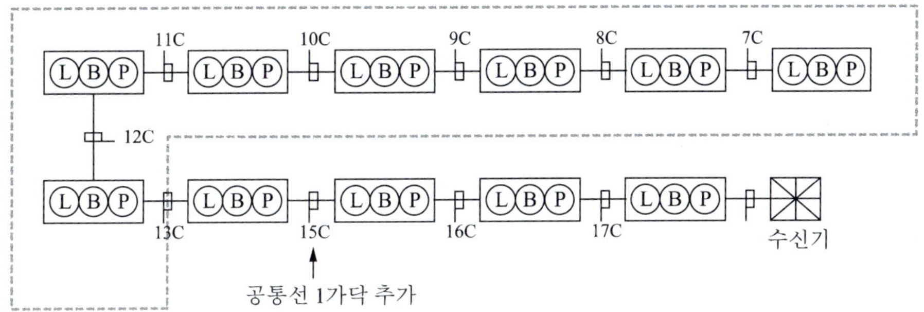

그림 1-23 경계구역에 따른 공통선 추가

바. 수신기 제어기능

(1) 제어기능은 각 설비의 전용으로 해야 한다.

(2) 옥내 · 외소화전설비, 물분무소화설비 및 포소화설비의 제어기능은 다음과 같다.

(가) 각 펌프의 작동여부를 확인할 수 있는 표시등 및 음향경보기능이 있어야 한다.

(나) 각 펌프를 자동 및 수동으로 작동시키거나 작동을 중단시킬 수 있어야 한다.

(다) 수조 또는 물올림탱크가 저수위로 될 때 표시등 및 음향으로 경보되어야 한다.

(3) 스프링클러설비의 제어기능은 다음과 같다.

(가) 각 유수검지장치, 일제개방밸브 및 펌프의 작동여부를 확인할 수 있는 표시기능이 있어야 한다.

(나) 수원 또는 물올림탱크의 저수위 감시 표시기능이 있어야 한다.

(다) 일제개방밸브를 개방시킬 수 있는 스위치를 설치해야 한다.

(라) 각 펌프를 수동으로 작동 또는 중단시킬 수 있는 스위치를 설치해야 한다.

(마) 일제개방밸브를 사용하는 설비의 화재감지를 화재감지기에 의하는 경우에는 경계회로 별로 화재표시를 할 수 있어야 한다.

(4) 이산화탄소소화설비, 할로겐화물소화설비 및 분말소화설비의 제어기능은 다음과 같다.

(가) 수동기동장치 또는 감지기에서의 신호를 수신하여 음향경보장치를 작동, 소화약제의 방출 또는 지연 등의 제어기능을 가져야 한다. 다만, 약제방출 지연시간은 경보음을 발한 후 30초 이내로 하며, 지연시간을 조정할 수 있는 장치는 조정된 시간의 표시가 쉽게 판별될 수 있어야 한다.

(나) 각 방호구역마다 음향경보장치의 조작 및 감지기의 작동을 명시하는 표시등과 이와 연동하여 작동하는 벨, 부저 등의 경보장치를 부착해야 한다. 이 경우 음향장치의 조작 및 감지기의 작동을 명시하는 표시등을 겸용할 수 있다.

(다) 수동식 기동장치에 있어서는 그 방출용 스위치와 작동을 명시하는 표시등을 설치해야 한다.

(라) 소화약제의 방출을 명시하는 표시등을 설치해야 한다.

(마) 자동식기동장치에 있어 자동, 수동의 전환을 명시하는 표시등을 설치해야 한다.

(5) 기동식의 벽, 배연경계벽, 댐퍼 및 배출기의 작동은 감지기와 연동되어야 하며, 수동으로 기동이 가능해야 한다.

사. 수신기 기능 검사

(1) 회로도통시험

감지기 회로의 단선 유무와 기기 등의 접속 상황을 확인하기 위한 시험이다.

(가) 시험방법

① 도통시험의 절환切換스위치를 도통시험 스위치에 넣는다(전압계 0V가 정상이다).

② 회로 선택스위치를 차례로 회전시킨다(경계구역별로 지시전압이 20～24V의 정상범위에 있는지 확인한다).

③ 각 회선의 시험용 계기로 지시등 및 각 회로의 단선유무를 확인한다.(발광다이오드를 사용하는 경우에는 발광다이오드의 점등유무를 확인한다.)

④ 종단저항 등의 접속상황을 조사한다(종단저항 10kΩ).

(나) 가부판정기준

각 회선의 시험용 계기의 지시치 또는 발광다이오드의 점등유무를 확인할 것. 즉 문자함에 적정치가 식별되어 있는 상황이 지정대로 일 것[단선은 0V(적색등), 정상은 2～6V(녹색등), 단락상태(22~26[V])]

(2) 화재표시작동시험

화재가 발생하여 감지기나 발신기 작동 시 수신기의 지구표시등, 화재표시등 및 음향장치의 명동을 확인하기 위한 시험이다.

(가) 시험방법

화재표시 작동시험스위치를 화재시험측에 놓고 스위치 주의등의 점등을 확인한 후 회로 선택스위치를 순차적으로 회전시켜 1회로마다 화재시의 작동시험을 실시한다. 또한 감지기나 발신기의 작동시험과 함께 실행하는 경우 감지기나 발신기를 차례로 작동시켜 경계구역과 지구표시등과의 접속상태를 확인한다.

(나) 가부판정기준

각 릴레이(계전기)의 작동, 화재표시등, 지구표시등 그 밖의 표시장치의 점등 및 음향장치가 정상으로 작동하고, 감지기회로 또는 부속기기회로와의 연결접속이 정상일 것

(3) 공통선시험

공통선이 담당하고 있는 경계구역의 적정 여부를 확인하기 위한 시험으로 7회선 이하는 제외한다.

(가) 시험방법

① 수신기 내의 접속단자의 공통선 1선을 제거한 후 회로선택스위치를 차례로 회전시킨다.

② 시험용 계기의 지시등 또는 발광다이오드를 확인하여 "단선"을 지시한 경계구역의 회선수를 조사한다.

(나) 가부판정기준

하나의 공통선이 담당하고 있는 경계구역의 수가 7 이하일 것

(4) 예비전원시험

상용전원 및 비상전원[24]이 정전된 경우 자동적으로 예비전원으로 절환되고, 정전복구 시 자동적으로 일반 상용전원으로 절환되는 지를 확인하기 위한 시험이다.

(가) 시험방법

① 예비전원 시험스위치를 시험 위치에 놓는다(보통 2분간 누른다).

② 전압계의 지시치가 지정된 값의 범위 내에 있어야 한다(발광다이오드를 사용하는 경우에는 발광다이오드의 점등유무를 확인한다.)

③ 수신반의 전원스위치 교류전원을 개로(Off)하고 자동절환릴레이의 작동상황 조사한다.

(나) 가부판정기준

예비전원의 전압, 용량, 절환상황 및 복구작동이 정상으로 될 것

(5) 동시작동시험(1회선의 것은 제외)

감지기가 동시에 수 회선이 작동하더라도 수신기의 기능에 이상이 없는지를 확인하기 위한 시험이다.

(가) 시험방법

① 수신기의 화재표시작동시험 스위치를 시험 측에 넣는다.

② 각 회선의 화재작동을 복구시키지 않고 5회선(5회선 미만은 전 회선)을 동시에 작동시킨다.

③ 주음향장치 및 지구음향장치를 작동시킨다.

④ 부수신기와 표시기를 함께 하는 것은 이 모두를 작동상태로 하고 실행한다.

24) 비상시 최소한의 전원을 확보하여 안전을 확보하고 피해를 최소화 하기 위한 것이다.

(나) 가부판정기준

각 회선을 동시에 작동시켰을 때 수신기, 부수신기, 표시기가 정상작동하고, 주음향장치 및 지구음향장치의 전부 또는 해당 5회선에 접속되어 있는 음향장치 기능에 이상이 없을 것

(6) 회로저항시험

감지기 1회선[25)]의 선로 저항치가 수신기 기능에 이상을 주지 않는 것을 확인하기 위한 시험이다.

(가) 시험방법

① 전원 Off 상태에서 회로시험기 위치를 저항에 위치시킨다.

② 저항계를 사용하여 감지기 회로의 공통선과 표시선 사이의 전로저항을 측정한다.

③ 항상 개로식은 회로의 말단을 도통 상태로 측정한다.

(나) 가부판정기준

한 개의 감지기 회로의 합성저항치가 50Ω 이하로 할 것

(7) 비상전원시험

상용전원이 정전되었을 경우 자동적으로 비상전원(비상전원 전용수전설비 제외)으로 절환되고, 정전 복구시 자동적으로 상용전원으로 절환하는지를 확인하기 위한 시험이다.

(가) 시험방법

① 비상전원으로 축전지설비를 사용하는 것에 한하여 행한다.

② 충전용전원을 개로(Off) 상태로 하고 전압계 지시치의 적정 여부를 확인한다.

③ 화재표시작동시험에 준하여 실시하고, 전압계의 지시치가 정격전압의 80% 이상 인지를 확인한다.

(나) 가부판정기준

비상전원의 전압, 용량, 절환상황, 복구 작동이 정상일 것

(8) 저전압시험

전원전압이 저하된 경우 기능이 충분히 유지되는가를 시험하기 위한 시험이다.

(가) 시험방법

① 자동화재탐지설비용 시험용 저전압시험기 또는 가변저항기[26)]를 사용하여 교류전원 전압을 정격전압의 80% 이하로 한다.

---

25) 보통 연기감지기 10개, 차동식 감지기 30개 정도이며, 수신기의 회로당 사용전류치 이하로 사용한다.

26) 저항값을 연속적으로 또는 단계적으로 바꿀 수 있는 저항기

② 축전지 설비인 경우에는 축전지 단자를 절환하여 정격전압의 80% 이하로 한다.

(나) 가부판정기준

화재신호를 정상적으로 수신할 수 있는 것으로 할 것

(9) 지구음향장치 작동시험

감지기 작동과 연동하여 해당 지구음향장치가 정상 작동하는지를 확인하는 시험이다.

(가) 시험방법

임의의 감지기, 발신기를 작동시키고 접속된 지구음향장치가 작동되는지 확인한다.

(나) 가부판정기준

① 감지기 작동시 수신기에 접속된 지구음향장치가 작동하고 음량이 정상일 것

② 음량은 음향장치의 중심에서 1m 떨어진 위치에서 90dB 이상일 것

수신기의 스위치 주의등 점멸하는 경우

- 주(지구)경종 정지 스위치 ON인 경우
- 자동복구 스위치 ON인 경우
- 도통시험 스위치 ON인 경우 등

아. 수신기 부품의 구조 및 기능

(1) 스위치는 각 접점의 최대사용전압으로 최대사용전류의 200%인 전류를 저항부하를 통하여 흘리는 작동을 10,000회(전원스위치의 경우에는 5,000회) 반복하는 경우 그 구조 또는 기능에 이상이 생기지 않아야 한다.

(2) 표시등의 전구는 사용전압의 130%인 교류전압을 20시간 연속하여 가하는 경우 단선, 현저한 광속변화, 흑화, 전류의 저하 등이 발생하지 않아야 한다.

(가) 표시등의 전구는 2개 이상을 병렬로 접속하여야 한다. 다만, 방전등 또는 발광다이오드의 경우에는 그러하지 아니한다.

(나) 표시등은 주위의 밝기가 300 lx인 장소에서 측정하여 앞면으로 부터 3m 떨어진 곳에서 켜진 등이 확실히 식별되어야 한다.

(다) 전구에는 적당한 보호카바를 설치해야 한다. 다만, 발광다이오드의 경우에는 제외한다.

(라) 화재의 발생을 표시하는 표시등(화재등)은 등이 켜질때 적색으로 표시되어야 하며, 화재가 발생한 경계구역의 위치를 표시하는 표시등(지구등)과 기타의 표시등은 다음과 같아야 한다.

① 지구등은 적색으로 표시되어야 한다. 이 경우 화재등이 설치된 수신기의 지구등은 적색외의 색으로도 표시할 수 있다.

② 기타의 표시등은 적색외의 색으로 표시되어야 한다. 다만, 화재등 및 지구등과 쉽게 구별할 수 있도록 부착된 기타의 표시등은 적색으로도 표시할 수 있다.

(3) 전압 지시전기계기의 최대눈금은 사용하는 회로의 정격전압의 140% 이상 200% 이하이어야 한다.

(4) 수신기에 내장하는 음향장치는 사용전압의 80%인 전압에서 소리를 내어야 하고, 사용전압에서의 음압은 무향실내에서 정위치에 부착된 음향장치의 중심으로부터 1m 떨어진 지점에서 주음향장치용의 것은 90dB 이상이어야 한다. 다만, 전화용부저 및 고장표시장치용 등의 음압은 60dB 이상이어야 한다.

(5) 예비전원

(가) 축전지를 직렬 또는 병렬로 사용하는 경우에는 용량(전압, 전류)이 균일한 축전지를 사용해야 한다.

(나) 축전지의 충전시험 및 방전시험은 방전종지전압을 기준하여 시작한다. 이 경우 방전종지전압이라 함은 원통형 니켈카드뮴 축전지는 셀당 1.0V의 상태를, 무보수밀폐형 연축전지는 단전지당 1.75V의 상태를 말한다.

(다) 원통형 니켈카드뮴 축전지의 상온 충·방전시험은 방전종지전압 상태의 축전지를 상온에서 1/20C의 전류로 48시간 충전하고, 무보수밀폐형 연축전지의 상온 충·방전시험은 방전종지전압까지 방전시킨 다음 0.1C로 48시간 충전하여, 1C의 전류로 방전시킬 때 니켈카드뮴축전지는 48분 이상, 연축전지는 45분 이상 지속 방전되어야 한다.

(라) 원통형 니켈카드뮴 축전지의 주위온도 충·방전시험은 방전종지전압 상태의 축전지를 주위온도 -10 ± 2℃ 및 50 ± 2℃의 조건에서 1/20C의 전류로 48시간 충전한 다음 1C로 방전하는 충방전을 3회 반복하는 경우 방전종지전압이 되는 시간이 25분 이상이어야 하며 외관이 부풀어 오르거나 누액 등이 생기지 않아야 한다.

(마) 무보수 밀폐형 연축전지의 주위온도 충·방전시험은 방전종지전압 상태의 축전지를 -10 ± 2℃ 및 50 ± 2℃의 조건에서 0.1C로 48시간 충전한 다음 1시간 방치하여 0.05C로 방전시킬 때 정격용량의 95% 용량이 되는 시간이 30분 이상이어야 한다.

(바) 예비전원의 안전장치시험은 1/5C 이상 1C 이하의 전류로 역충전 하는 경우 5시간 이내에 안전장치가 작동하여야 하며, 외관이 부풀어 오르거나 누액 등이 생기지 않아야 한다.

자. 무선식 감지기·무선식 중계기·무선식 발신기와 접속되는 수신기 기능

(1) 화재발생을 경보하고 있는 수신기 및 작동상태를 지속되고 있는 무선식 감지기·무선식 중계기를 화재감시 정상상태로 전환시킬 수 있는 수동 복귀스위치를 설치하여야 한다.

(2) 수신기는 다음의 어느 하나에 해당되는 신호 발신개시로부터 200초 이내에 표시등 및 음

향으로 경보되어야 한다.

(가) 무선식감지기 기능(감지기의 형식승인 및 제품검사의 기술기준)

건전지를 주전원으로 하는 감지기는 건전지의 성능이 저하되어 건전지의 교체가 필요한 경우에는 무선식 수신기 또는 간이형수신기의 무선식 수신부에 자동적으로 당해 신호를 발신하여야 하고 표시등에 의하여 72시간 이상 표시하여야 한다.

(나) 무선식 발신기 기능(발신기의 형식승인 및 제품검사의 기술기준)

건전지를 주전원으로 하는 발신기는 건전지의 성능이 저하되어 건전지의 교체가 필요한 경우에는 무선식 수신기에 자동적으로 당해 신호를 발신하여야 하고 표시등에 의하여 72시간 이상 표시해야 한다.

(다) 무선식 중계기의 기능(중계기의 형식승인 및 제품검사의 기술기준)

건전지의 성능이 저하되어 건전지의 교체가 필요한 경우에는 무선식 수신기에 자동적으로 당해 신호를 발신하여야 하고 표시등에 의하여 72시간 이상 표시하여야 한다.

(3) 통신점검(무선식 감지기·무선식 중계기·무선식 발신기와 접속되는 수신기) 개시로부터 다음의 어느 하나에 해당되는 경우에 의해 발신된 확인신호를 수신하는 소요시간은 200초 이내여야 하며, 수신 소요시간을 초과할 경우 표시등 및 음향으로 경보하여야 한다.

(가) 무선통신 점검신호를 수신하는 경우 무선식 수신기, 무선식 중계기, 간이형수신기의 무선식 수신부 또는 무선식 중계부에 자동으로 확인신호를 발신해야 한다.(감지기의 형식승인 및 제품검사의 기술기준)

(나) 무선통신 점검신호를 수신하는 경우 무선식 수신기 또는 무선식 중계기에 자동으로 확인신호를 발신해야 한다.(발신기의 형식승인 및 제품검사의 기술기준)

(다) 무선통신 점검신호를 수신하는 경우 무선식 감지기, 무선식 발신기 또는 다른 중계기에 점검신호를 중계 전송하여야 하며(수신기의 형식승인 및 제품검사의 기술기준), 확인신호를 수신하는 경우 무선식 수신기 또는 무선식 중계기에 자동으로 해당 확인신호를 중계 전송하여야 한다.(감지기/발신기의 형식승인 및 제품검사의 기술기준)

무선통신 점검신호를 수신하는 경우 무선식 수신기 또는 무선식 중계기에 자동으로 확인신호를 발신하여야 한다.

(4) 통신점검시험(무선식 감지기·무선식 중계기·무선식 발신기와 접속되는 수신기) 중에도 다른 회선의 감지기, 발신기, 중계기로부터 화재신호를 수신하는 경우 화재표시가 되어야 한다.

차. 수신기의 절연저항시험

(1) 수신기의 절연된 충전부와 외함간의 절연저항은 직류 500V의 절연저항계로 측정한 값이 5MΩ(교류입력측과 외함간에는 20MΩ) 이상이어야 한다. 다만, P형, P형 복합식, GP형 및 GP형 복합식의 수신기로서 접속되는 회선수가 10 이상인 것, R형, R형 복합식, GR형

및 GR형 복합식의 수신기로서 접속되는 중계기가 10 이상인 것은 교류입력측과 외함간을 제외하고 1회선당 50MΩ 이상이어야 한다.

(2) 절연된 선로간의 절연저항은 직류 500V의 절연저항계로 측정한 값이 20MΩ 이상이어야 한다.

카. 절연내력시험

절연저항시험 규정에 의한 시험부위의 절연내력은 60Hz 정현파에 가까운 실효전압 500V(정격전압이 60V를 초과하고 150V 이하인 것은 1000V, 정격전압이 150V를 초과하는 것은 그 정격전압에 2를 곱하여 1,000을 더한 값)의 교류전압을 가하는 시험에서 1분간 견디는 것이어야 한다.

타. 수신기의 기능시험장치는 다음에 적합해야 한다.

(1) 수신기의 앞면에서 쉽게 시험을 할 수 있어야 한다.

(2) 외부배선(지구음향장치용의 배선, 확인장치용의 배선 및 전화장치용의 배선을 제외)의 도통시험 및 회로저항등의 측정은 지시전기계기에 의하는 등 적합한 방법에 의하여 회로마다 할 수 있어야 하며, 도통상태를 확인할 수 있는 장치가 있어야 한다. 또한 무선식 수신기는 중계기(감지기와 배선으로 연결되는 무선식 중계기만 해당)의 배선회로 마다 도통상태를 확인 할 수 있는 장치를 설치하여야 한다.

(3) (2)의 장치를 조작 중에 다른 회선으로부터 화재신호를 수신하는 경우 화재표시가 될 수 있어야 한다.

(4) 화재등 및 주음향장치의 시험을 제외하고는 회선의 단락 및 단선사고중에도 다른 회선의 시험을 할 수 있어야 한다.

(5) 정류기의 직류측에 자동복귀형스위치를 설치하고 그 스위치의 조작에 의하여 전류가 흐르도록 부하를 가하는 경우 그 단자전압을 측정할 수 있는 장치를 설치하거나 예비전원의 저전압(제조사 설계 값) 상태를 자동적으로 확인할 수 있는 장치를 설치해야 한다.

(6) 무선식 감지기·무선식 중계기·무선식 발신기와 접속되는 수신기는 다음에 적합한 통신점검시험을 할 수 있는 장치를 설치하여야 한다.

(가) 수동으로 무선식 감지기, 무선식 발신기, 무선식 중계기로 통신점검 신호를 발신하는 장치가 있어야 한다.

(나) 자동적으로 무선식 감지기, 무선식 발신기, 무선식 중계기에 168시간 이내 주기마다 통신점검 신호를 발신할 수 있는 장치가 있어야 한다.

(다) (가) 및 (나)의 장치를 시험하는 중에도 다른 회선으로부터 화재신호를 수신하는 경우 화재표시가 되어야 한다.

4.2 중계기

중계기는 감지기 또는 발신기의 작동에 의한 화재신호 또는 가스누설경보기의 탐지부에서 발하여진 가스누설신호를 받아 이를 수신기, 가스누설경보기, 자동소화설비의 제어반에 발신하며 소화설비, 제연설비 그밖에 이와 유사한 방재설비에 제어신호를 발하는 것을 말한다. 근래 기술의 발달과 시스템의 첨단화로 R형 중계기를 많이 사용하고 있으며, 여기에 각종 감지기를 비롯하여 발신기, 경종, Door release, Alarm valve, 프리액션 밸브(Preaction valve), Damper, 저수위감시, 할로겐화합물소화설비 그리고 방재설비에 관한 시설물 일체를 접속시킬 수 있다.

가. 집합형 및 분산형 중계기

집합형과 분산형 중계기의 비교를 <표 1-6>에서 나타내고 있으며, 중계기 간선 계통도는 <그림 1-24>에서 나타내고 있다.

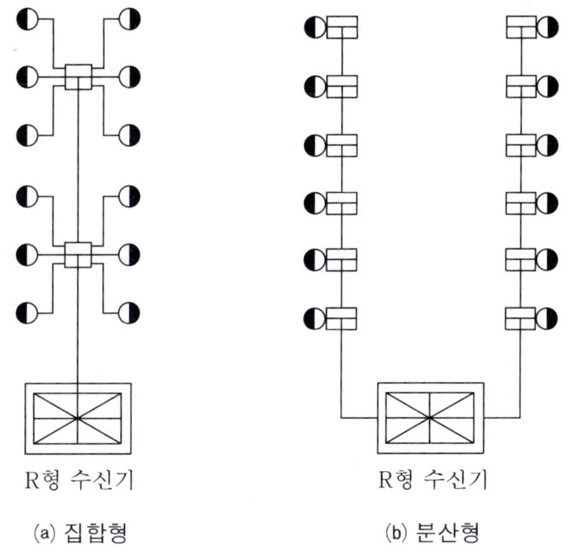

그림 1-24 중계기 및 결선도

표 1-6 집합형 및 분산형 중계기의 비교

구 분	집합형	분산형
전원장치 및 공급원	• 내장형, AC 110/220V • 외부전원 이용 • 정류기를 설치	• 비내장형, DC 24V • 수신기 전원 이용 • 별도의 정류 장치 없음
예비전원	• 배터리 자체 내장	• R형 수신기에 내장
회로	• 대용량(30～40회로)	• 소용량(5회로 미만)
외형 크기	• 대형	• 소형
설치방식	• 전기 Pit실 등에 벽걸이형으로 설치 • 1～3개 층당 1대씩 설치	• 발신기함 등에 내장하거나 별도의 수용함(격납함) 내부에 설치 • 각 local 기기별 1개씩 설치
전원공급 사고시	• 내장된 예비전원에 의해 정상적인 동작을 수행	• 중계기 전원 선로의 사고시 해당 계통 전체 시스템 마비
설치적용	• 전압 강하가 예상되는 대단위 공장, 비행장 등의 장소 • 수신기와 거리가 먼 초고층 빌딩	• 전기 피트가 좁은 건축물 • 객실별로 설치하는 호텔

나. 중계기의 설치기준

(1) 수신기에서 직접 감지기회로의 도통시험을 행하지 않는 것에 있어서는 수신기와 감지기 사이에 설치한다.

(2) 조작 및 점검에 편리하고 화재 및 침수 등의 재해로 인한 피해를 받을 우려가 없는 장소에 설치한다.

(3) 수신기에 따라 감시되지 않는 배선을 통하여 전력을 공급받는 것에 있어서는 전원입력측의 배선에 과전류 차단기를 설치하고 해당 전원의 정전 시 즉시 수신기에 표시되는 것으로 하며, 상용전원 및 예비전원의 시험을 할 수 있도록 한다.

다. 중계기의 구조 및 기능

(1) 수신기, 가스누설경보기의 탐지부 및 수신부, 자동소화설비의 제어반 또는 다른 중계기로부터 전력을 공급받는 방식은

(가) 중계기로부터 외부부하에 직접 전력을 공급하는 회로에는 퓨즈 또는 브레이커 등을 설치하여 퓨즈가 녹아 끊어지거나 브레이커 등이 차단되는 경우에는 자동적으로 수신기에 퓨즈의 끊어짐이나 브레이커의 차단 등에 대한 신호를 보낼 수 있어야 한다.

(나) 지구음향장치를 울리게 하는 것은 수신기에서 조작하지 않는 한 울림을 계속할 수

있어야 한다.

(다) 화재신호에 영향을 미칠 염려가 있는 조작부를 설치하지 않아야 한다.

(2) 수신기, 가스누설경보기의 탐지부 및 수신부, 자동소화설비의 제어반 또는 다른 중계기로부터 전력을 공급받지 않는 방식인 중계기는 (1)의 (나) 및 (다)와 다음에 적합해야 한다. 다만, 주전원이 건전지인 무선식 중계기는 제외한다.

(가) 전원입력회로 및 외부부하에 직접 전력을 공급하는 회로에는 퓨즈 또는 브레이커 등을 설치하여 주전원의 정지, 퓨즈의 끊어짐, 브레이커의 차단 등에 대한 신호를 보낼 수 있어야 한다.

(나) 내부에 예비전원이 있어야 한다. 다만, 방화상 유효한 조치를 강구한 것은 그러하지 아니하다.

(다) 중계기는 최대부하에 연속하여 견딜 수 있는 용량을 가져야 한다.

(라) 주전원이 정지한 경우에는 자동적으로 예비전원으로 전환되고, 주전원이 정상상태로 복귀한 경우에는 예비전원으로부터 주전원으로 전환되는 장치가 설치되어야 한다.

(마) 정류기의 직류측에 자동복귀형스위치를 설치하고 그 스위치의 조작에 의하여 전류가 흐르도록 부하를 가하는 경우 그 단자전압을 측정할 수 있는 장치를 설치하거나 예비전원의 저전압(제조사 설계 값) 상태를 자동적으로 확인할 수 있는 장치를 설치해야 한다.

(바) 내부에 주전원의 양극을 동시에 개폐할 수 있는 전원스위치를 설치할 수 있다.

(3) 수신개시로부터 발신개시까지의 시간은 5초 이내로 한다.

(4) 화재의 발생을 표시하는 표시등("화재등")은 등이 켜질 때 적색으로 표시되어야 하며, 화재가 발생한 경계구역의 위치를 표시하는 표시등("지구등")과 기타의 표시등은 다음과 같아야 한다.

(가) 지구등은 적색으로 표시되어야 한다. 이 경우 화재등이 설치된 중계기의 지구등은 적색 외의 색으로도 표시할 수 있다.

(나) 기타의 표시등은 적색 외의 색으로 표시되어야 한다. 다만, 화재등 및 지구등과 쉽게 구별할 수 있도록 부착된 기타의 표시등은 적색으로도 표시할 수 있다.

(5) 수신기, 가스누설경보기의 탐지부 및 수신부, 자동소화설비의 제어반 또는 다른 중계기로부터 전력을 공급받지 않는 방식인 중계기 중 주전원이 건전지인 무선식 중계기의 경우 다음에 적합하여야 한다.

(가) 중계기로부터 외부부하에 직접 전력을 공급하는 회로에는 퓨즈 또는 브레이커 등을 설치하여 퓨즈의 끊어짐, 브레이커의 차단 등에 대한 신호를 보낼 수 있어야 한다.

(나) 중계기는 최대부하에 연속하여 견딜 수 있는 용량을 가져야 한다.

(다) 화재신호에 영향을 미칠 염려가 있는 조작부를 설치하지 않아야 한다.

(6) 예비전원은 다음에 적합하게 설치해야 한다.

(가) 중계기의 주전원으로 사용해서는 안 된다.

(나) 인출선은 적당한 색깔에 의하여 쉽게 구분할 수 있어야 한다.

(다) 중계기의 예비전원은 원통밀폐형 니켈카드뮴축전지 또는 무보수밀폐형 연축전지로서 그 용량은 감시상태를 60분간 계속한 후, 자동화재탐지설비용은 최대소비전류로 10분간 계속 흘릴 수 있는 용량 가스누설경보기용은 가스누설경보기의 기준에 규정된 용량, GP형, GP형복합식, GR형, GR형복합식의 수신기에 사용되는 중계기는 각각 그 용량을 합한 용량이어야 한다.

(라) 자동충전장치 및 전기적기구에 의한 자동과충전방지장치를 설치하여야 한다. 다만, 과충전상태가 되어도 성능 또는 구조에 이상이 생기지 않는 축전지를 설치하는 경우에는 자동과충전방지장치를 설치하지 않을 수 있다.

(마) 전기적 기구에 의한 자동과방전방지장치를 설치해야 한다. 다만, 과방전의 우려가 없는 경우 또는 과방전의 상태가 되어도 성능이나 구조에 이상이 생기지 않는 축전지를 설치하는 경우에는 제외된다.

(바) 예비전원을 병렬로 접속하는 경우는 역충전 방지 등의 조치를 강구하여야 한다.

(7) 무선식 중계기 중 배선에 의해 화재신호 또는 화재 정보신호 등을 수신하여 수신기·다른 중계기 등에 해당 신호를 무선으로 발신하는 것은 작동표시장치를 설치하여야 한다.

(8) 무선식 중계기는 다음에 적합해야 한다.

(가) 전파에 의한 감지기·중계기·수신기·발신기 간의 화재신호 또는 화재정보신호는 특정소출력무선국용 무선설비의 도난, 화재경보장치 등의 안전시스템용 주파수(신고하지 아니하고 개설할 수 있는 무선국용 무선설비의 기술기준)를 적용해야 한다.

(나) 방송통신기자재등의 적합성평가(전파법)에 적합해야 한다.

라. 회로방식의 제한(※수신기와 같음)

중계기는 다음의 회로방식을 사용하지 않아야 한다.

(1) 접지전극에 직류전류를 통하는 회로방식

(2) 중계기에 접속되는 외부배선과 다른 설비의 외부배선을 공용하는 회로방식으로서 다만, 화재신호, 가스누설신호 및 제어신호의 전달에 영향을 미치지 않는 것은 제외한다.

마. 중계기의 시험

중계기의 시험은 실온이 5℃ 이상 35℃ 이하이고, 상대습도가 45% 이상 85% 이하의 상태에서 실시한다.

(1) 반복시험

중계기는 정격전압에서 정격전류를 흘리고 2,000회의 작동을 반복하는 시험을 하는 경우, 그 구조 또는 기능에 이상이 생기지 않아야 한다.

(2) 절연저항시험

중계기의 절연된 충전부와 외함간 및 절연된 선로간의 절연저항은 직류 500V의 절연저항계로 측정하는 경우 20MΩ 이상이어야 한다.

바. 무선식 중계기의 기능

(1) 무선식 중계기 중 전파에 의해 화재신호 또는 화재 정보신호 등을 수신하여 수신기·다른 중계기 등에 해당 신호를 배선 또는 전파에 의해 발신하는 것은 다음에 적합해야 한다.
  (가) 작동한 감지기는 화재신호를 수신기 또는 중계기에 60초 이내 주기마다(감지기의 형식승인 및 제품검사의 기술기준), 작동한 발신기는 화재신호를 수신기 또는 중계기에 60초 이내 주기마다(발신기의 형식승인 및 제품검사의 기술기준) 발신된 작동신호를 수신기에 중계 전송하여야 한다.
  (나) 수동 복귀스위치에 의한 복귀 신호를 수신 하는 경우(수신기 형식승인 및 제품검사의 기술기준) 무선식감지기 또는 다른 중계기에 복귀신호를 중계 전송하여야 한다.
  (다) 무선통신 점검신호를 수신하는 경우(수신기 형식승인 및 제품검사의 기술기준) 무선식 감지기, 무선식 발신기 또는 다른 중계기에 점검신호를 중계 전송하여야 하며, 확인신호를 수신하는 경우(감지기/발신기의 형식승인 및 제품검사의 기술기준) 무선식 수신기 또는 무선식 중계기에 자동으로 해당 확인신호를 중계 전송하여야 한다.

(2) 무선식 중계기 중 배선에 의해 화재신호 또는 화재 정보신호 등을 수신하여 수신기·다른 중계기 등에 해당 신호를 무선으로 발신하는 것은 다음에 적합해야 한다.
  (가) 감지기, 발신기에 의해 발신된 작동신호를 수신한 중계기는 화재신호를 수신기 또는 다른 중계기에 60초 이내 주기마다 중계 전송하여야 한다.
  (나) 작동한 중계기는 수동 복귀스위치에 의한 복귀 신호를 수신하는 경우(수신기 형식승인 및 제품검사의 기술기준) 작동표시장치의 작동표시는 복귀되어야 하고 감지기 또는 다른 중계기에 복귀신호를 중계 전송하여야 한다.
  (다) 무선통신 점검신호를 수신하는 경우(수신기 형식승인 및 제품검사의 기술기준) 무선식 수신기 또는 무선식 중계기에 자동으로 확인신호를 발신하여야 한다.
  (라) 배선회로 마다 도통상태를 확인할 수 있는 장치에 의한 신호를 수신하는 경우(수신기 형식승인 및 제품검사의 기술기준) 배선별 도통상태를 무선식 수신기에 발신하여야 한다.

(3) 건전지를 주전원으로 하는 중계기는 다음에 적합해야 한다.

(가) 건전지는 리튬전지 또는 이와 동등 이상의 지속적인 사용이 가능한 성능의 것이어야 하며, 건전지의 용량산정 시에는 다음 사항이 고려되어야 한다.

① 감시상태의 소비전류

② 수신기의 수동 통신점검에 따른 소비전류

③ 수신기의 자동 통신점검에 따른 소비전류

④ 건전지의 자연방전전류

⑤ 건전지 교체 표시에 따른 소비전류

⑥ 부가장치가 설치된 경우에는 부가장치의 작동에 따른 소비전류

⑦ 기타 전류를 소모하는 기능에 대한 소비전류

⑧ 안전 여유율

(나) 건전지의 성능이 저하되어 건전지의 교체가 필요한 경우에는 무선식 수신기에 자동적으로 당해 신호를 발신하여야 하고 표시등에 의하여 72시간 이상 표시해야 한다.

4.3 발신기

화재발생 신호를 수신기 또는 중계기에 수동으로 발신하는 것을 말하며, 화재발생시 사람이 직접 누름버튼스위치(Push button switch)의 보호판을 눌러 화재를 수신기 또는 중계기에 전달하기 때문에 신뢰성이 높다.

가. 구성

외함, 보호판, 누름버튼스위치[27) 등으로 구성되며 경종이나 표시등과 함께 벽에 설치되고 외부색은 적색으로 한다.

27) 발신기의 누름버튼스위치는 한번 누르면 자동으로 복귀되지 않고 걸려서 나오지 않는 잠김형으로 동작시킨 후 인위적으로 복구(비복귀형)시켜야 한다.

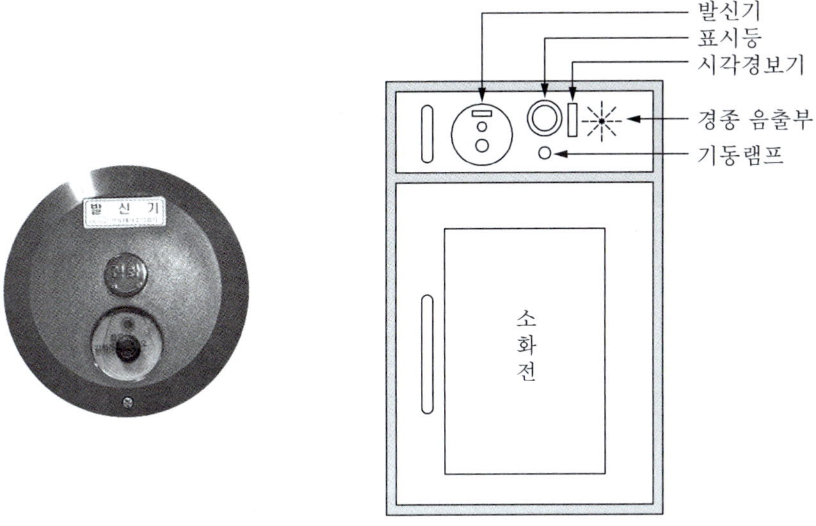

그림 1-25 발신기 구성

나. 분류

(1) **설치장소에 따라 :** 옥외형과 옥내형

(2) **방폭구조 여부에 따라 :** 방폭형[28] 및 비방폭형

(3) **방수성유무에 따라 :** 방수형[29] 및 비방수형

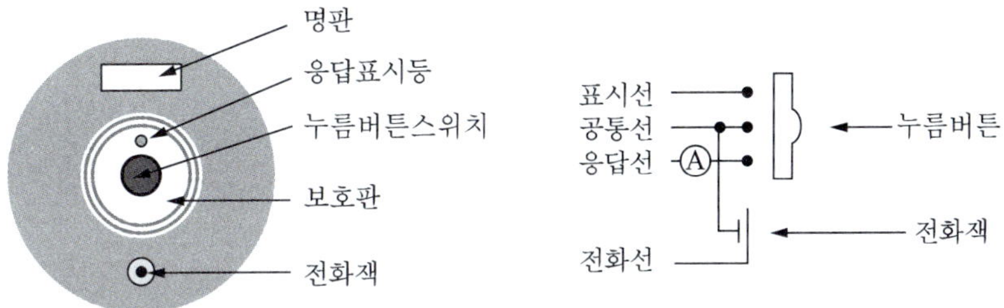

그림 1-26 발신기의 구조

다. 발신기의 구조 및 일반기능

(1) 작동이 확실하고, 취급·점검이 쉬어야 하며, 현저한 잡음이나 장해전파를 발하지 않아야 한다. 또한 먼지, 습기, 곤충 등에 의하여 기능에 영향을 받지 않아야 한다.

---

28) 폭발성가스가 용기내부에서 폭발하였을 때 용기가 그 압력에 견디거나 또는 외부의 폭발성가스에 인화될 우려가 없도록 만들어진 형태의 제품을 말한다.

29) 구조가 방수구조로 되어 있는 것을 말한다.

(2) 보수 및 부속품의 교체가 쉬어야 한다. 다만, 방수형 및 방폭형은 제외된다.

(3) 부식에 의하여 기계적기능에 영향을 초래할 우려가 있는 부분은 칠, 도금 등으로 유효하게 내식가공을 하거나 방청가공을 하여야 하며, 전기적기능에 영향이 있는 단자, 나사 및 와셔 등은 동합금이나 이와 동등이상의 내식성능이 있는 재질을 사용해야 한다.

(4) 외함은 불연성 또는 난연성 재질로 만들어져야 하며 다음과 같아야 한다.

(가) 발신기의 외함에 강판을 사용하는 경우에는 다음에 기재된 두께 이상의 강판을 사용하여야 한다. 다만, 합성수지를 사용하는 경우에는 강판의 2.5배 이상의 두께이어야 한다.

① 외함 1.2mm 이상

② 직접 벽면에 접하여 벽속에 매립되는 외함의 부분은 1.6mm 이상

(5) 기기내의 배선은 충분한 전류용량을 갖는 것으로 해야 하며, 배선의 접속이 정확하고 확실해야 한다.

(6) 극성이 있는 경우에는 오접속을 방지하기 위하여 필요한 조치를 해야 한다.

(7) 부품의 부착은 기능에 이상을 일으키지 않고 쉽게 풀리지 않도록 해야 한다.

(8) 전선 이외의 전류가 흐르는 부분과 가동축부분의 접촉력이 충분하지 않은 곳에는 접촉부의 접촉불량을 방지하기 위한 적당한 조치를 해야 한다.

(9) 외부에서 쉽게 사람이 접촉할 우려가 있는 충전부는 충분히 보호되어야 한다.

(10) 내부의 부품 등에서 발생되는 열에 의하여 구조 및 기능에 이상이 생길 우려가 있는 것은 방열판 또는 방열공 등에 의하여 보호조치를 해야 한다. 다만, 방수형 또는 방폭형의 것은 방열공을 설치하지 않을 수 있다.

(11) 방폭형발신기의 다음에서 정하는 방폭구조에 적합하여야 한다.

(가) 한국산업표준

(나) 가스관계법령(고압가스안전관리법, 액화석유가스의안전및사업관리법, 도시가스사업법)에 의하여 정하는 규격

(다) 산업안전보건법령에 의하여 정하는 규격

(12) 발신기의 조작부는 다음에 적합해야 한다.

(가) 손끝으로 눌러 작동하는 방식의 발신기는 손끝이 접하는 면에 지름 20mm 이상의 투명 유기질 유리를 사용한 누름판을 설치해야 한다.

(나) 발신기에는 작동스위치를 보호할 수 있는 보호장치를 설치할 수 있으며 보호장치는 쉽게 해제하거나 파손할 수 있는 구조여야 하고 해제된 보호장치는 쉽게 복구될 수 있어야 하며 파손부품은 교체할 수 있는 구조여야 한다.

(13) 작동한 후에 정위치로 복귀시키는 조작을 하여야 하는 발신기는 정위치에 복귀시키는 조작을 잊지 않도록 하는 적당한 방법을 강구해야 한다.

(14) 무선식 발신기는 다음에 적합하여야 한다.

(가) 전파에 의한 발신기·중계기·수신기간의 화재신호는 특정소출력무선국용 무선설비의 도난, 화재경보장치 등의 안전시스템용 주파수(신고하지 아니하고 개설할 수 있는 무선국용 무선설비의 기술기준)를 적용하여야 한다.

(나) 방송통신기자재등의 적합성평가(전파법)에 적합하여야 한다.

라. 발신기 설치기준

지하구의 경우에는 발신기를 설치하지 않을 수 있다.

(1) 조작이 쉬운 장소에 설치하고, 스위치는 바닥으로부터 0.8m 이상 1.5m 이하의 높이에 설치한다.

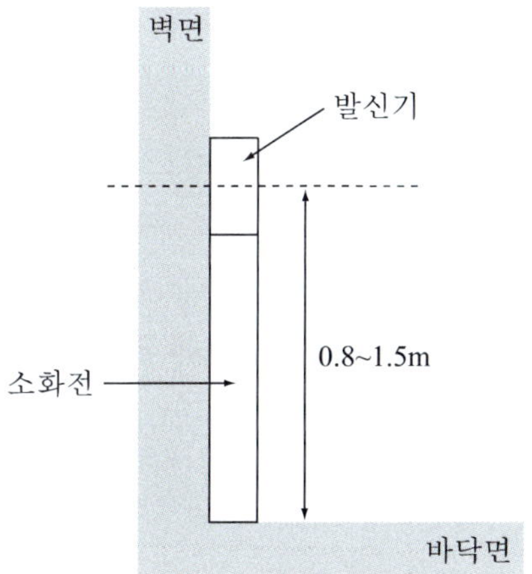

그림 1-27 발신기 설치 높이

(2) 소방대상물의 층마다 설치하되, 해당 소방대상물의 각 부분으로부터 하나의 발신기까지의 수평거리가 25m 이하가 되도록 한다. 다만, 복도 또는 별도로 구획된 실로서 보행거리[30]가 40m 이상일 경우에는 추가로 설치해야 한다.

(3) (2)의 기준을 초과하는 경우로서 기둥 또는 벽이 설치되지 않은 대형공간의 경우, 발신기는 설치 대상 장소의 가장 가까운 장소의 벽 또는 기둥 등에 설치한다.

30) 건축물의 어느 부분에서 다른 부분까지 실제로 보행할 수 있는 경로로 잰 거리이다.

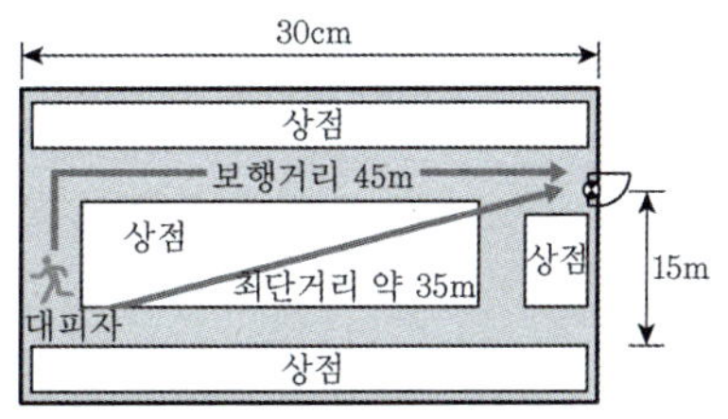

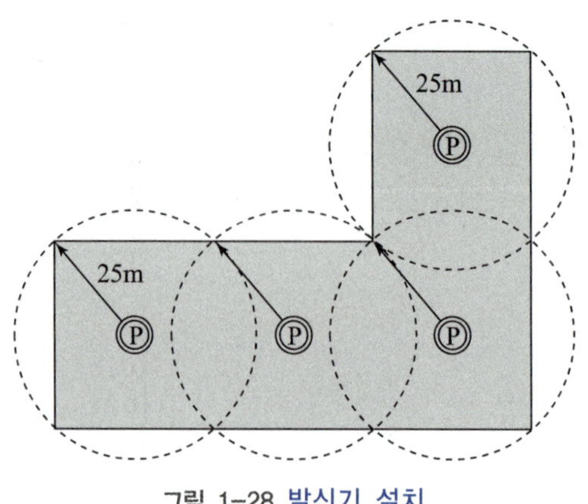

그림 1-28 발신기 설치

마. 발신기의 위치를 표시하는 표시등

표시등은 함의 상부에 설치하되, 그 불빛은 부착면으로부터 15° 이상의 범위 안에서 부착지점으로부터 10m 이내의 어느 곳에서도 쉽게 식별할 수 있는 적색등으로 해야 한다.

(1) 전구는 사용전압의 130%인 교류전압을 20시간 연속하여 가하는 경우 단선, 현저한 광속변화, 흑화, 전류의 저하 등이 발생하지 않아야 한다.

(2) 소켓은 접촉이 확실하여야 하며 쉽게 전구를 교체할 수 있도록 부착해야 한다.

(3) 전구는 2개 이상을 병렬로 접속하여야 한다. 다만, 방전등 또는 발광다이오드의 경우에는 그러하지 아니하다.

(4) 전구에는 적당한 보호커버를 설치하여야 한다. 다만, 발광다이오드의 경우에는 그러하지 아니하다.

(5) 발신기의 작동표시등은 등이 켜질 때 적색으로 표시되어야 한다.

(6) 주위의 밝기가 300 lx인 장소에서 측정하여 앞면으로부터 3m 떨어진 곳에서 켜진 등이 확실히 식별되어야 한다.

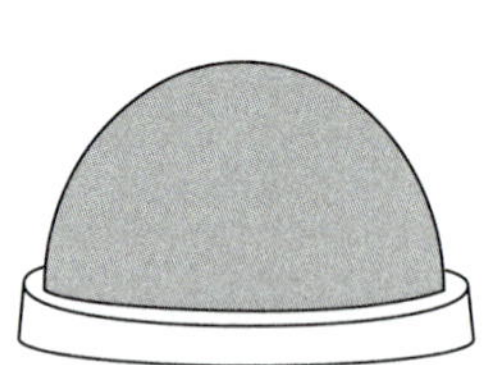

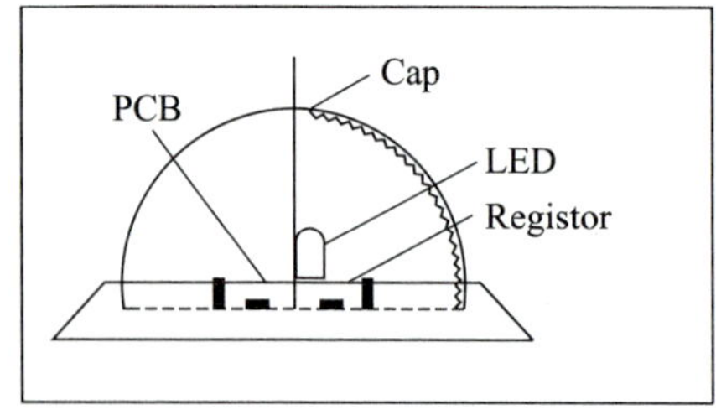

(a) 표시등의 외관 및 내부구조

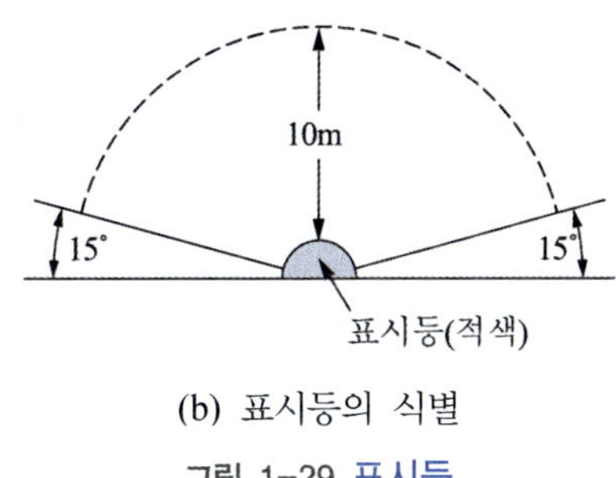

(b) 표시등의 식별

그림 1-29 표시등

바. 발신기의 작동기능

(1) 발신기의 조작부는 작동스위치의 동작방향으로 가하는 힘이 2kg을 초과하고 8kg 이하인 범위에서 확실하게 동작되어야 하며, 2kg의 힘을 가하는 경우 동작되지 않아야 한다. 이 경우 누름판이 있는 구조로서 손끝으로 눌러 작동하는 방식의 작동스위치는 누름판을 포함한다.

(2) 발신기는 조작부의 작동스위치가 작동되는 경우 화재신호를 전송해야 하며, 발신기는 발신기의 확인장치에 화재신호가 전송되었음을 표기해야 한다.

(3) 발신기는 수신기와 통화가 가능한 장치를 설치할 수 있다. 이 경우 화재신호의 전송에 지장을 주지 않아야 한다.

사. 무선식발신기의 기능

(1) 작동한 발신기는 화재신호를 수신기 또는 중계기에 60초 이내 주기마다 발신하여야 한다.

(2) 무선통신 점검신호를 수신하는 경우(수신기 형식승인 및 제품검사의 기술기준) 무선식 수신기 또는 무선식 중계기에 자동으로 확인신호를 발신해야 한다.

(3) 건전지를 주전원으로 하는 발신기는 무선식 중계기의 기능을 준용한다.

아. 발신기 시험

(1) 반복시험

발신기는 정격전압에서 정격전류를 흘려 5,000회의 작동 반복시험을 하는 경우 그 구조 기능에 이상이 생기지 않아야 한다.

(2) 절연저항시험

발신기의 절연된 단자간의 절연저항 및 단자와 외함(누름스위치의 머리 부분 포함)간의 절연저항은 직류 500V의 절연저항계로 측정하는 경우 20MΩ 이상이어야 한다.

4.4 음향장치 및 시각경보장치

가. 음향장치

화재의 발생을 알리는 방법은 발신기, 감지기 등의 작동으로 연동連動되어 명동하는 경종(벨)[31] 또는 사이렌 등이 사용되지만, 주로 경종이 사용된다. 자동화재탐지설비의 음향장치에는 수신기 내부 또는 그 직근에 설치하여 건물 관리자에게 통보하는 주음향장치와 소방대상물의 구내, 즉 계단, 복도, 통로 등 각 구역에 설치하여 건물 내에 수용된 사람들에게 통보하는 지구음향장치가 있다.

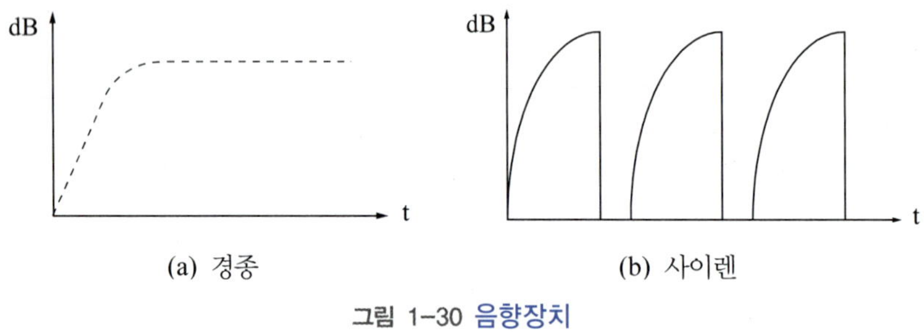

(a) 경종 (b) 사이렌

그림 1-30 음향장치

(1) 음향장치의 설치기준

(가) 주음향장치는 수신기의 내부 또는 그 직근에 설치한다.

(나) 층수가 5층(지하층 제외) 이상으로서 연면적이 3,000m^{2}를 초과하는 소방대상물은 2층 이상의 층에서 발화한 때에는 발화층 및 그 직상층에 한하여, 1층에서 발화한 때에는 발화층·그 직상층 및 지하층에 한하여, 지하층에서 발화한 때에는 발화층·그 직상층 및 기타의 지하층에 한하여 경보를 발할 수 있도록 한다.

(다) 지구음향장치는 소방대상물의 층마다 설치하되, 해당소방대상물의 각 부분으로부터 하나의 음향장치까지의 수평거리가 25m 이하가 되도록 하고, 해당층의 각 부분에 유효하게 경보를 발할 수 있도록 설치한다. 다만, '비상방송설비의 화재안전기준'에 적합한 방송설비를 자동화재탐지설비의 감지기와 연동하여 작동하도록 설치한 경우에는 지구음향장치를 설치하지 않을 수 있다.

(라) 음향장치의 구조 및 성능

① 정격전압의 80% 전압에서 음향을 발할 수 있는 것으로 한다.

② 음량은 부착된 음향장치의 중심으로부터 1m 떨어진 위치에서 90dB 이상이 되는 것으로 한다.

③ 감지기 및 발신기의 작동과 연동하여 작동할 수 있는 것으로 한다.

31) 경보기구 또는 비상경보설비에 사용하는 벨 등의 음향장치를 말한다.

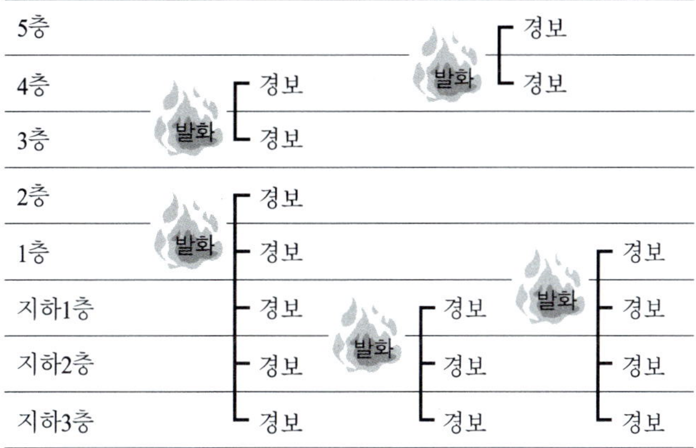

(a) 일반적인 우선경보방식

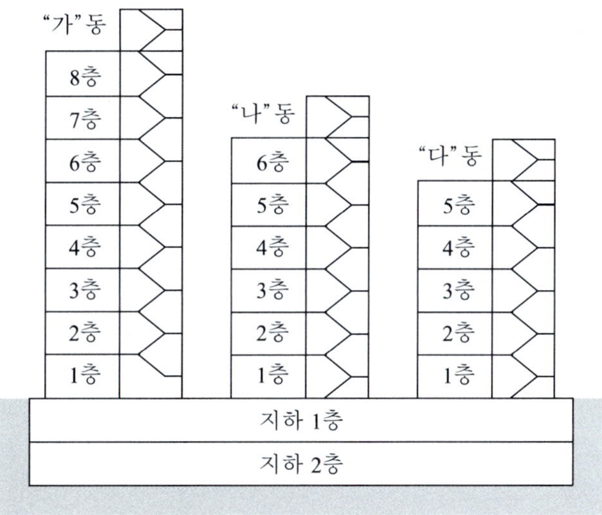

(b) 각 건물 지하층이 연결된 경우

그림 1-31 우선경보방식

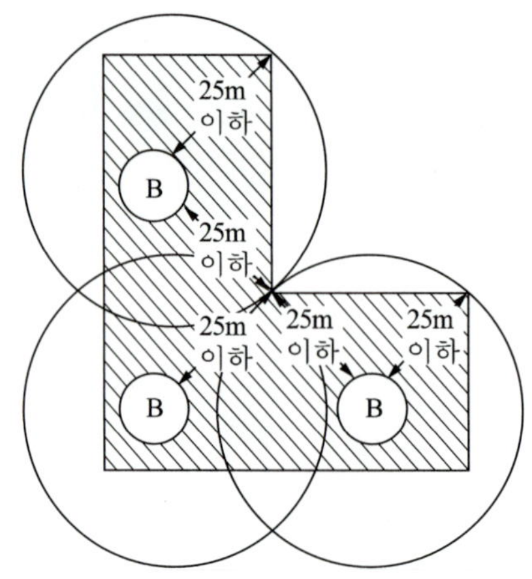

그림 1-32 음향장치 설치

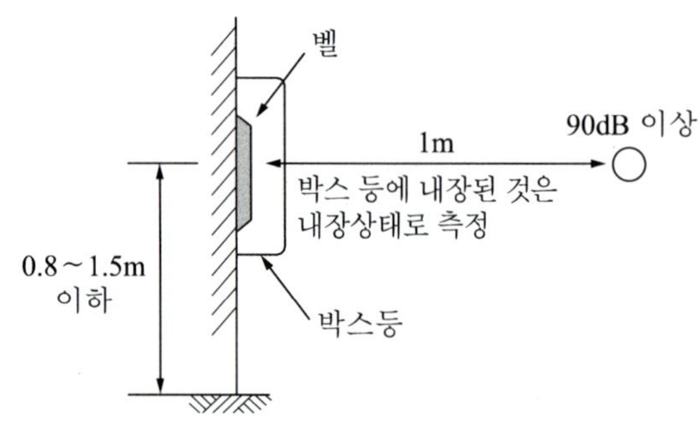

그림 1-33 음량 측정

(마) (다)의 기준을 초과하는 경우로서 기둥 또는 벽이 설치되지 아니한 대형공간의 경우, 지구음향장치는 설치 대상 장소의 가장 가까운 장소의 벽 또는 기둥 등에 설치할 수 있다.

(2) 경종의 검정기술기준

(가) 정격전압을 인가하는 경우 경종의 소비전류는 50mA 이하이어야 한다.

(나) 경종의 절연된 단자간 및 단자와 외함간의 절연저항은 DC 500V의 절연저항계로 측정하는 경우 20MΩ 이상이어야 한다.

(다) 전원전압이 정격전압의 ±20% 범위에서 변동하는 경우 기능에 이상이 생기지 않아야 한다.

나. 청각장애인용 시각경보장치

(1) 시각경보기를 설치해야 하는 특정소방대상물은 자동화재탐지설비를 설치하여야 하는 특정소방대상물 중 다음의 어느 하나에 해당한다.

(가) 근린생활시설, 문화 및 집회시설, 종교시설, 판매시설, 운수시설, 운동시설, 위락시설, 창고시설 중 물류터미널

(나) 의료시설, 노유자시설, 업무시설, 숙박시설, 발전시설 및 장례식장
(다) 교육연구시설 중 도서관, 방송통신시설 중 방송국
(라) 지하가 중 지하상가

(2) 시각경보장치의 기능

(가) 시각경보장치의 전원 입력 단자에 사용정격전압을 인가한 뒤, 신호장치에서 작동신호를 보내어 약 1분간 점멸회수를 측정하는 경우 점멸주기는 매 초당 1회 이상 3회 이내이어야 한다.

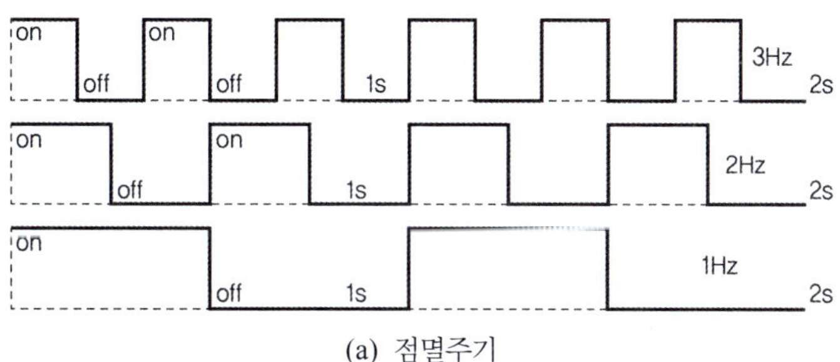

(a) 점멸주기

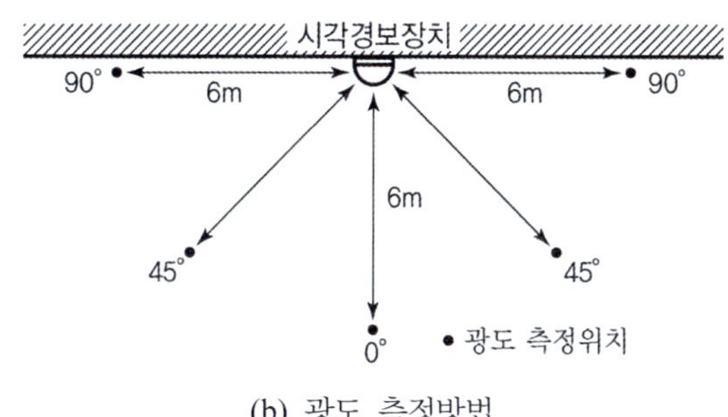

(b) 광도 측정방법

그림 1-34 점멸주기 및 광도 측정방법

(나) 시각경보장치의 전원 입력 단자에 사용정격전압을 인가한 후 KS C 1601(조도계)에 정한 일반용 AA급의 조도계로 광도측정 위치(광원으로부터 수평거리 6m)에서 조도[32]를 측정하는 경우 측정위치에 따른 유효광도(cd)는 <표 1-7>의 광도기준에 적합해야 한다.

표 1-7 측정위치에 따른 광도기준

광도 측정위치	0°	45°	90°
광도[33] 기준	15cd 이상	11.25cd 이상	3.75cd 이상

32) 어떤 면에 투사投射되는 광속을 면의 면적으로 나눈 것으로 어느 면 위의 한 점의 밝기를 나타내며, 단위는 룩스(lux, 기호는 lx)이다.

(다) 광원은 투명 또는 흰색이어야 하며 최대 1,000cd를 초과하지 않아야 한다.
(라) 시각경보장치의 전원 입력 단자에 사용정격전압을 인가하여 동작시킨 각도 범위 내 12.5m 떨어진 임의지점에서 점멸상태를 확인하는 경우 수평 180°와 수직 90° 이내의 어느 지점에서도 빛이 보일 수 있어야 한다.
(마) 동작신호를 받은 시각경보장치는 3초 이내 경보를 발하여야 하며, 정지신호를 받았을 경우에는 3초 이내 정지되어야 한다.
(바) 시각경보장치의 전원부 양단자 또는 양선을 단락시킨 부분과 비충전부를 DC 500V의 절연저항계로 측정하는 경우 절연저항이 5MΩ 이상이어야 한다.

(3) 설치기준

(가) 복도·통로·청각장애인용 객실 및 공용으로 사용하는 거실(로비, 회의실, 강의실, 식당, 휴게실, 오락실, 대기실, 체력단련실, 접객실, 안내실, 전시실, 기타 이와 유사한 장소)에 설치하며, 각 부분으로부터 유효하게 경보를 발할 수 있는 위치에 설치한다.
(나) 공연장·집회장·관람장 또는 이와 유사한 장소에 설치하는 경우에는 시선이 집중되는 무대부 부분 등에 설치한다.
(다) 설치높이는 바닥으로부터 2m 이상 2.5m 이하의 장소에 설치한다. 다만, 천장의 높이가 2m 이하인 경우에는 천장으로부터 0.15m 이내의 장소에 설치해야 한다.
(라) 시각경보장치의 광원은 전용의 축전지설비 또는 전기저장장치(외부 전기에너지를 저장해 두었다가 필요한 때 전기를 공급하는 장치)에 의하여 점등되도록 할 것. 다만, 시각경보기에 작동전원을 공급할 수 있도록 형식승인을 얻은 수신기를 설치 한 경우에는 제외된다.

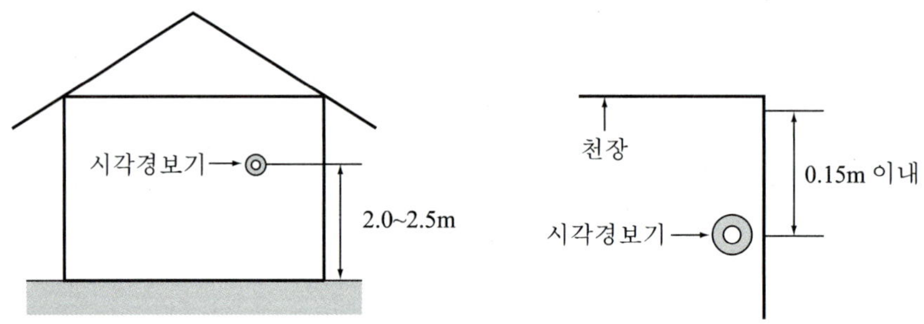

그림 1-35 시각경보장치의 설치

33) 빛의 강도를 나타내는 정도를 나타내며, 단위는 칸델라(cd)이다.

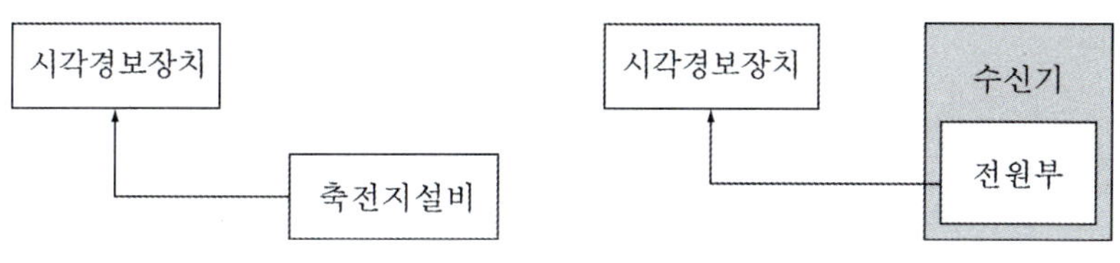

그림 1-36 시각경보장치의 전원

다. 하나의 소방대상물에 2 이상의 수신기가 설치된 경우

어느 수신기에서도 지구음향장치 및 시각경보장치를 작동할 수 있도록 한다.

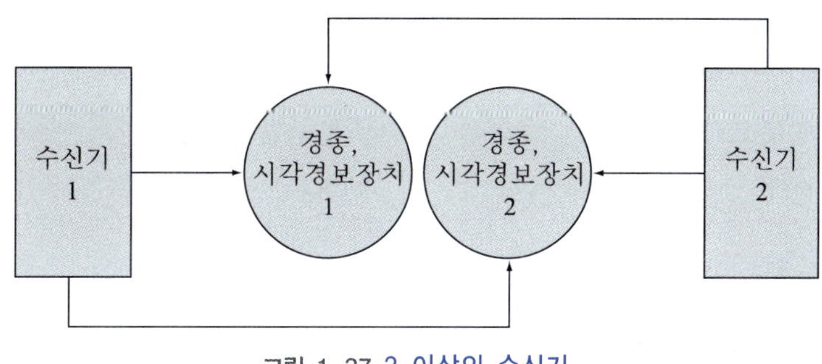

그림 1-37 2 이상의 수신기

4.5 자동화재탐지설비 전원 및 배선

가. 상용전원 설치기준

(1) 전원은 전기가 정상적으로 공급되는 축전지, 전기저장장치 또는 교류전압의 옥내 간선으로 하고, 전원까지의 배선은 전용으로 한다.

(2) 개폐기에는 "자동화재탐지설비용"이라고 표시한 표지를 한다.

(3) 자동화재탐지설비에는 그 설비에 대한 감시상태를 60분간 지속한 후 유효하게 10분 이상 경보할 수 있는 축전지설비(수신기에 내장하는 경우를 포함) 또는 전기저장장치를 설치하여야 한다. 다만, 상용전원이 축전지설비인 경우에는 제외된다.

나. 배선 설치기준

배선은 전기사업법 67조에 따른 기술기준에서 정한 것 외에 다음 기준에 따라 설치해야 한다.

(1) 전원회로의 배선은 '옥내소화전설비의 화재안전기준' [별표 1]에 따른 내화배선에 따르고, 그 밖의 배선(감지기 상호간 또는 감지기로부터 수신기에 이르는 감지기회로의 배선을 제외)은 '옥내소화전설비의 화재안전기준' [별표 1]에 따른 내화배선 또는 내열배선에 따라

설치한다.

(2) 감지기 상호간 또는 감지기로부터 수신기에 이르는 감지기회로의 배선은 다음 기준에 따라 설치한다.

(가) 아날로그식, 다신호식 감지기나 R형 수신기용으로 사용되는 것은 전자파 방해를 받지 않는 쉴드선(Shield wire)을 사용해야 하며, 광케이블의 경우에는 전자파 방해를 받지 않고 내열성능이 있는 경우 사용할 수 있다. 다만, 전자파 방해를 받지 않는 방식의 경우에는 제외된다.

(나) (가) 이외의 일반배선을 사용할 때는 '옥내소화전설비의 화재안전기준' [별표 1]의 규정에 따른 내화배선 또는 내열배선으로 사용한다.

표 1-8 배선에 사용되는 전선의 종류 [옥내소화전설비의 화재안전기준 별표 1]

사용전선의 종류(내화배선 및 내열배선)	
1. 450/750V 저독성 난연 가교 폴리올레핀 절연전선 2. 0.6/1kV 가교 폴리에틸렌 절연 저독성 난연 폴리올레핀 시스 전력 케이블 3. 6/10kV 가교 폴리에틸렌 절연 저독성 난연 폴리올레핀 시스 전력용 케이블 4. 가교 폴리에틸렌 절연 비닐시스 트레이용 난연 전력 케이블 5. 0.6/1kV EP 고무절연 클로로프렌 시스 케이블	6. 300/500V 내열성 실리콘 고무 절연전선(180℃) 7. 내열성 에틸렌-비닐 아세테이트 고무 절연케이블 8. 버스덕트(Bus Duct) 9. 기타 전기용품안전관리법 및 전기설비기술기준에 따라 동등 이상의 내화·내열성능이 있다고 주무부장관이 인정하는 것

(3) 감지기회로의 도통시험을 위한 종단저항[34)]은 다음의 기준에 따라야 한다.

(가) 점검 및 관리가 쉬운 장소에 설치한다.

(나) 전용함을 설치하는 경우 그 설치 높이는 바닥으로부터 1.5m 이내로 한다.

(다) 감지기 회로의 끝부분에 설치하며, 종단감지기에 설치할 경우에는 구별이 쉽도록 해당감지기의 기판 및 감지기 외부 등에 별도의 표시를 한다.

(4) 감지기 사이의 회로의 배선은 송배전식으로 해야 한다.

(5) 전원회로의 전로와 대지 사이 및 배선 상호간의 절연저항은 전기사업법 제67조의 규정에 따른 기술기준이 정하는 바에 의하고, 감지기회로 및 부속회로의 전로와 대지 사이 및 배선 상호간의 절연저항은 1경계구역마다 직류 250V의 절연저항측정기를 사용하여 측정한 절연저항이 0.1MΩ 이상이 되도록 해야 한다.

(6) 자동화재탐지설비의 배선은 다른 전선과 별도의 관·덕트(절연효력이 있는 것으로 구획한

34) 수신기와 감지기는 접점방식으로 작동되고, P형 수신기는 전류 크기에 따라 화재를 인식하기 때문에 정상상태를 확인하기 위해 필요한 저항을 말한다.

때에는 그 구획된 부분은 별개의 덕트로 본다)·몰드 또는 풀박스 등에 설치한다. 다만, 60V 미만의 약 전류회로에 사용하는 전선으로서 각각의 전압이 같을 때에는 제외된다.

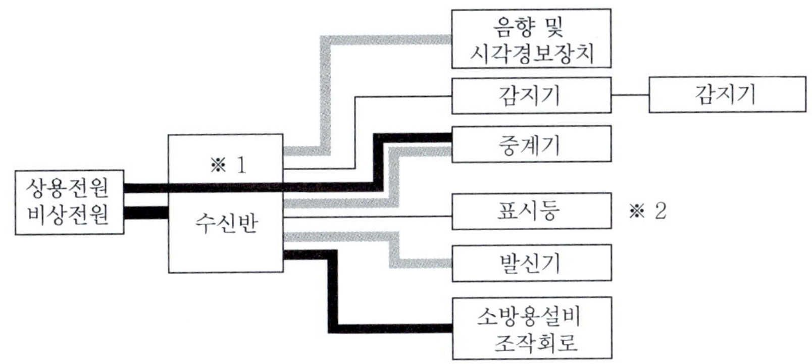

※ 1. 중계기의 비상전원회로
※ 2. 발신기를 다른 소방용설비등의 기동장치와 겸용할 경우 발신기 상부표시등의 회로는 비상전원에 연결된 내열배선으로 한다.
(내화배선, 내열배선, —— 일반배선)

그림 1-38 자동화재탐지설비의 배선

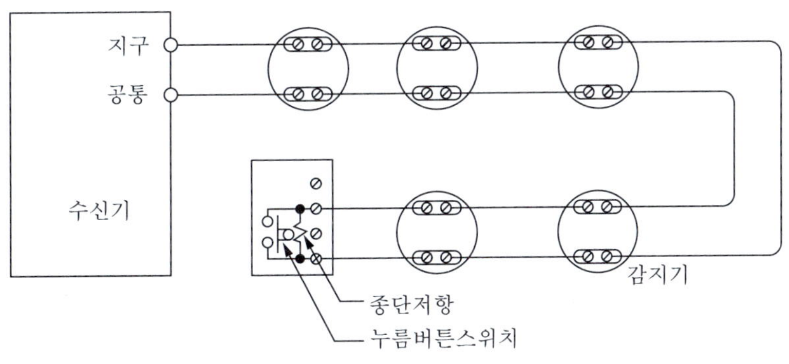

그림 1-39 종단저항 설치

(7) P형 수신기 및 GP형 수신기의 감지기 회로의 배선에 있어서 하나의 공통선에 접속할 수 있는 경계구역은 7개 이하로 한다.

(8) 자동화재탐지설비의 감지기회로의 전로저항은 50Ω 이하가 되도록 하여야 하며, 수신기의 각 회로별 종단에 설치되는 감지기에 접속되는 배선의 전압은 감지기 정격전압의 80% 이상이어야 한다.

다. 감지기의 배선

(1) 송배전 방식(보내기 방식)

(가) 송배전 방식이란 도통시험을 용이하게 하기 위하여 배선 도중에서 분기하지 않는 방식을 말하며, 감지기 사이의 회로 배선에 적용된다.

(나) 적응설비는 자동화재탐지설비, 제연설비 등이 있다.

(다) 감지기의 +, − 단자에 2개씩 총 4개의 단자를 이용하여 배선을 한다. 아날로그 감지기를 사용하는 경우 송배전식으로 하지 않아도 된다.

(라) 수신기에서 2차측 외부배선을 도중에 분기하지 않아야 배선 시작점에서 종점까지 도통시험을 용이하게 할 수 있다.

(마) NFPA Code 72에서는 Class A와 Class B가 있는데, Class A는 감지기 결선에 4가닥을 사용하는 방식으로 감지기 배선이 폐루프를 구성하고, Class B는 감지기 결선에 2가닥만을 사용하는 방식이다.

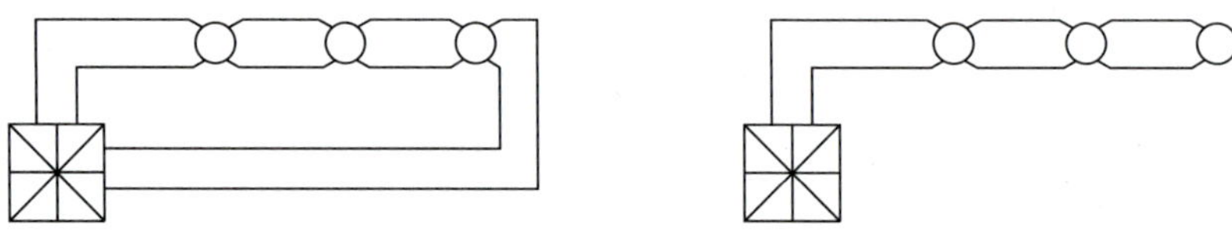

그림 1-40 NFPA Code 72 배선방식

(바) 감지기 배선은 최소 굵기 1.2mm, 전원선의 최소 굵기는 1.6mm 이상으로 한다.

(사) 감지기 배선은 1.8km까지는 전압강하와 관계없이 1.2mm 전선을 사용할 수 있으며, 배선저항에 따른 전압강하 때문에 최저 인가전압 이하로 되지 않도록 설계해야 한다.

전압강하 $e = \dfrac{35.6\,L\,I}{1000\,A}$

여기서, A : 전선의 단면적(mm^2), L : 전선의 길이(m), I : 전류(A)

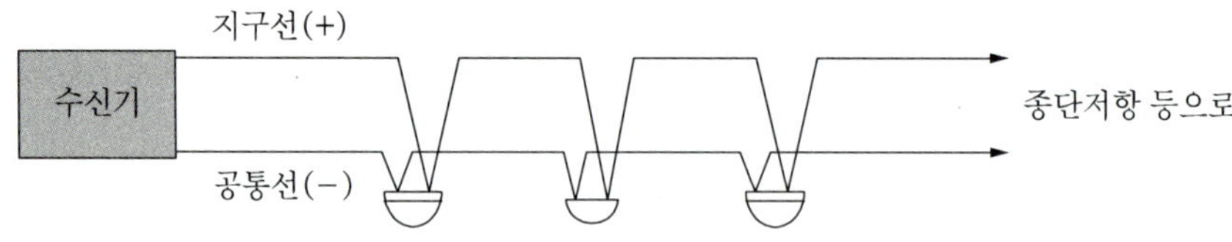

(a) 감지기 배선

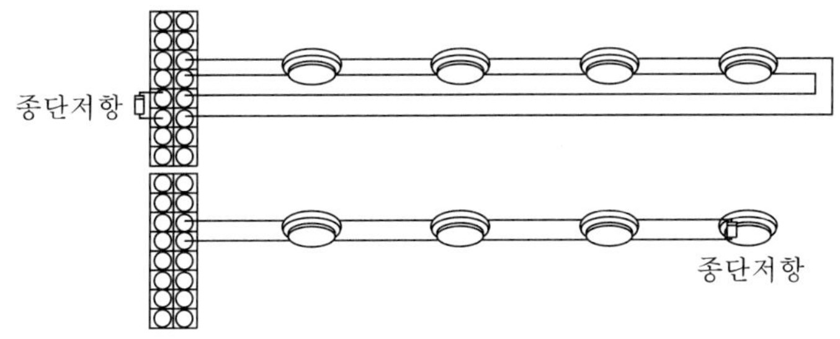

(b) 종단저항과 감지기 결선

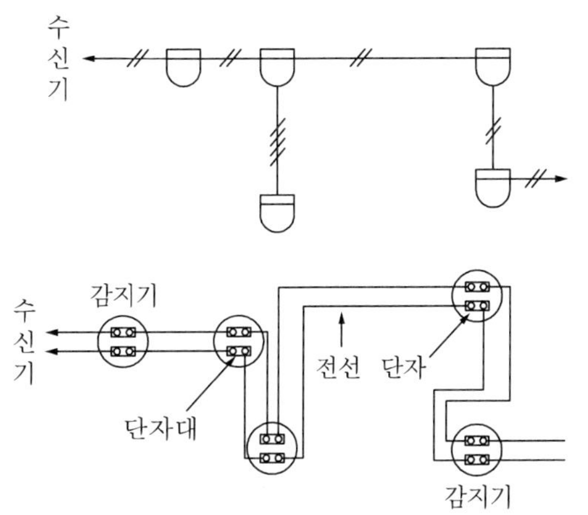

(c) 감지기 결선 및 표시 1

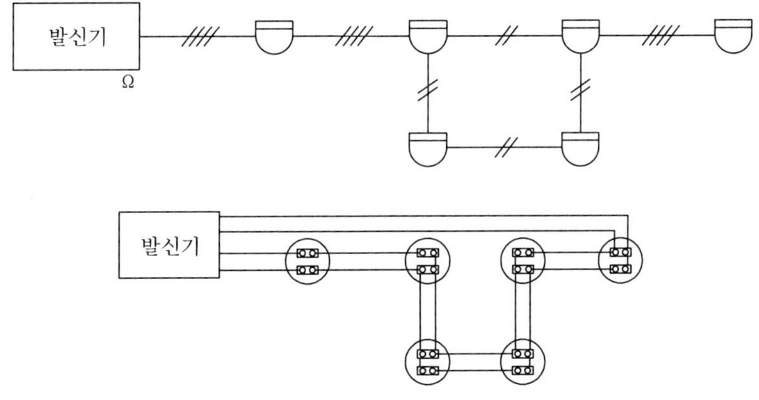

(d) 감지기 결선 및 표시 2

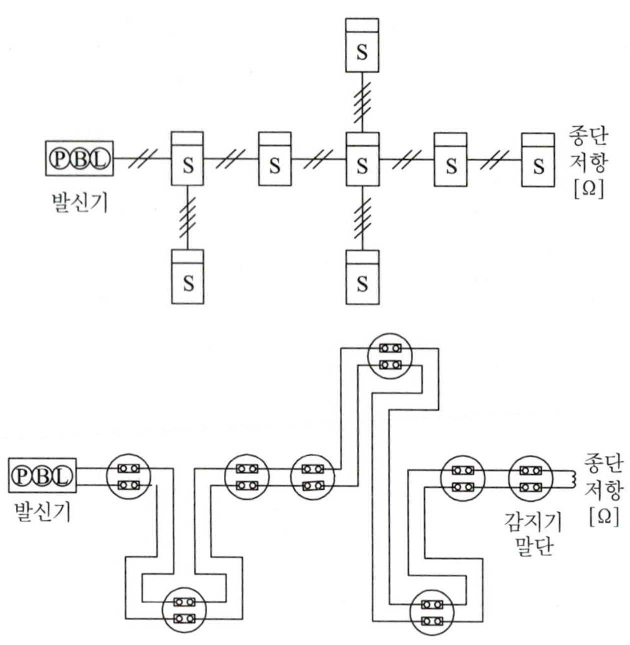

(e) 감지기 결선 및 표시 3

그림 1-41 송배전 방식

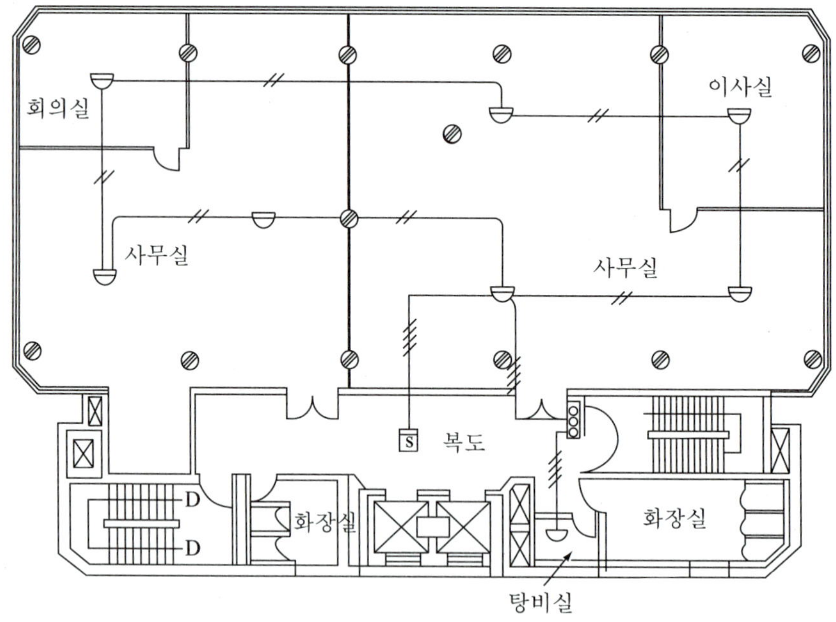

그림 1-42 감지기 배선 평면도 예시

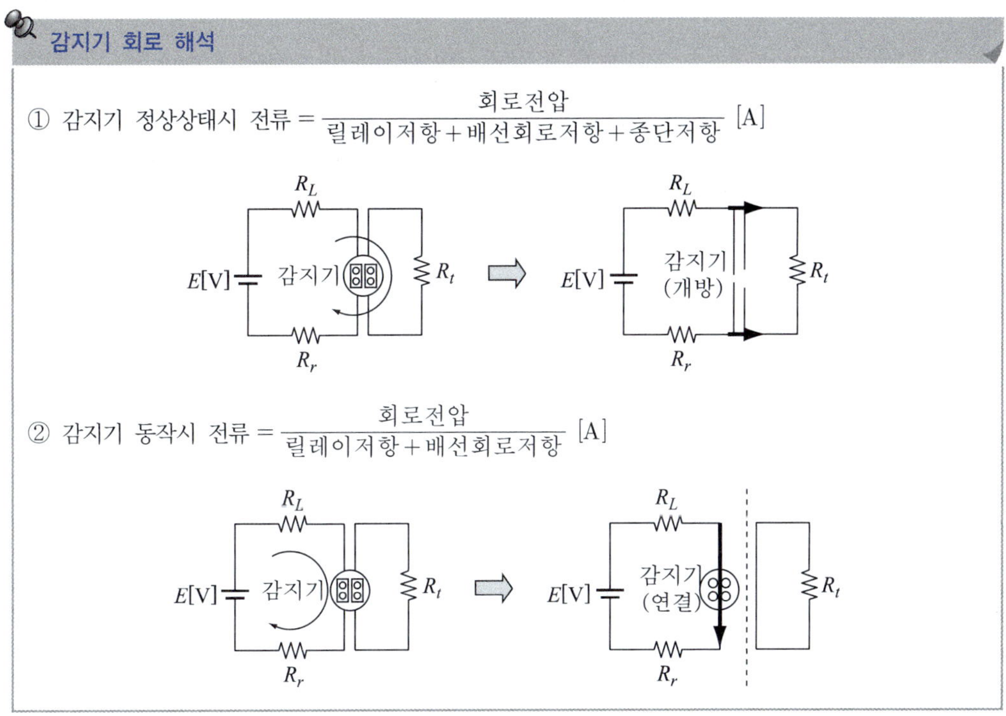

감지기 회로 해석

① 감지기 정상상태시 전류 $= \dfrac{\text{회로전압}}{\text{릴레이저항} + \text{배선회로저항} + \text{종단저항}}$ [A]

② 감지기 동작시 전류 $= \dfrac{\text{회로전압}}{\text{릴레이저항} + \text{배선회로저항}}$ [A]

(2) 교차회로 방식

교차회로 방식이란 하나의 방호구역 내에 2 이상의 화재감지기 회로를 설치하고 인접한 2 이상의 화재감지기가 동시에 감지될 때에만 소화설비가 작동하여 소화약제가 방출되는 방식으로 오동작을 방지하기 위하여 사용한다. 적응설비는 할론소화설비, 분말소화설비, 이산화탄소소화설비, 스프링클러소화설비(준비작동식, 일제살수식), 청정소화약제 등이 있다.

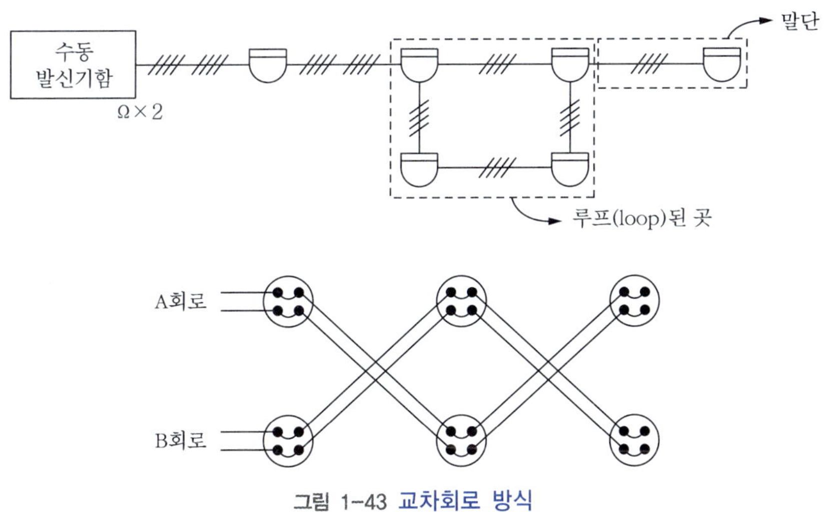

그림 1-43 교차회로 방식

교차회로방식을 사용하지 않아도 되는 감지기

① 불꽃감지기	② 정온식 감지선형 감지기
③ 분포형 감지기	④ 복합형 감지기
⑤ 광전식 분리형 감지기	⑥ 아날로그방식의 감지기
⑦ 다신호방식의 감지기	⑧ 축적방식의 감지기

(3) NFPA 72 배선방식

4회로 배선방식(Style 7 배선방식)은 4가지의 전송선, 즉 신호선, 전원선, 전화선, 표시등에 각각 2회선씩의 회로가 설치되며 다중 전송방식을 채용한 것이다. 이는 증설 또는 개수 등의 경우에 간선의 전선수를 변경하지 않고 중계기 증설이 가능하여 간단히 처리되며 보수, 점검은 더욱 간편하다.

폐회로 배선방식 혹은 Loop 배선방식은 주로 네트워크 통신에 사용되며, 신호선로회로(Signaling line circuit : SLC)는 한 가닥의 선로를 통하여 기기들 간에 대량의 데이터 통신이 이루어지는 배선 방식이다.

Style 7 방식(4선식)의 특징은 선로고장이 발생할 경우 다른 방향의 통신으로 정상적인 네트워크통신을 계속적으로 할 수 있는 배선방식으로 Loop 배선방식과 Bus 배선방식이 있으며, 수신기와 수신기 사이, 수신기와 중계기 사이의 배선에 사용된다. 반면 Style 4 방식(일반배선방식, 2선식)은 선로고장이 발생하면 통신이 단절되고, Bus 배선방식과 분기배선(Star 배선방식)이 가능하여 캠퍼스와 같은 넓은 현장에서 네트워크 구성이 유리한 특징이 있다.

표 1-9 고장에 따른 화재신호 발생

Class	Style	구 분	고장 종류(Abnormal Condition)					
			지락	단락	단선	지락단락	단락단선	지락단선
B	4 (일반)	고장표시	○	○	○	○	○	○
		고장 중 경보능력			○			
A	6 (Loop)	고장표시	○	○	○	○	○	○
		고장 중 경보능력		○	○			○
	7 (Network)	고장표시	○	○	○	○	○	○
		고장 중 경보능력	○	○	○			○

라. 발신기와 수신기의 결선

발신기와 수신기간의 결선도는 <그림 1-44>, 수신기와 음향장치의 배선은 <그림 1-45>에서 나타내고 있다.

P형 발신기와 수신기 간의 결선은 <그림 1-46>에서 나타내고 있으며, 기본적인 전선 가닥수인 7가닥으로 배선을 한다. 음향장치의 경보방식에 따라 일제경보방식의 경우 각층마다 (1)번선을 추가하고, 우선경보방식인 경우 (1), (5)배선이 추가된다. 회로선은 종단저항, 경계구역, 발신기세트의 수에 따라 각 층마다 다르게 할 수 있으며, 공통선은 회로선이 7회선을 초과할 때마다 1선을 추가한다. 또한 지하층은 피난을 원활하게 하기 위하여 일제경보방식을 한다. 자동화재탐지설비의 수신기, 발신기, 감지기 등에 사용되는 명칭과 기호는 다음과 같다.

명칭	회로선	공통선	응답선	전화선	경종선	표시등선	경종공통선
기호	L(Line) N(Number)	C (Common)	A (Answer)	T (Telephone)	B (Bell)	PL (Pilot Lamp)	BC (Bell Common)

(1) 회로선 (신호선, 지구선, 표시선, 지구회로선, 지구표시선, 감지기선)
(2) (회로)공통선 (신호공통선, 지구공통선, 발신기공통선, 감지기공통선)
(3) 응답선 (발신기 응답선, 확인선, 발신기선)
(4) 전화선
(5) 경종선(벨선)
(6) 표시등선
(7) 경종・표시등 공통선 (벨・표시등 공통선)

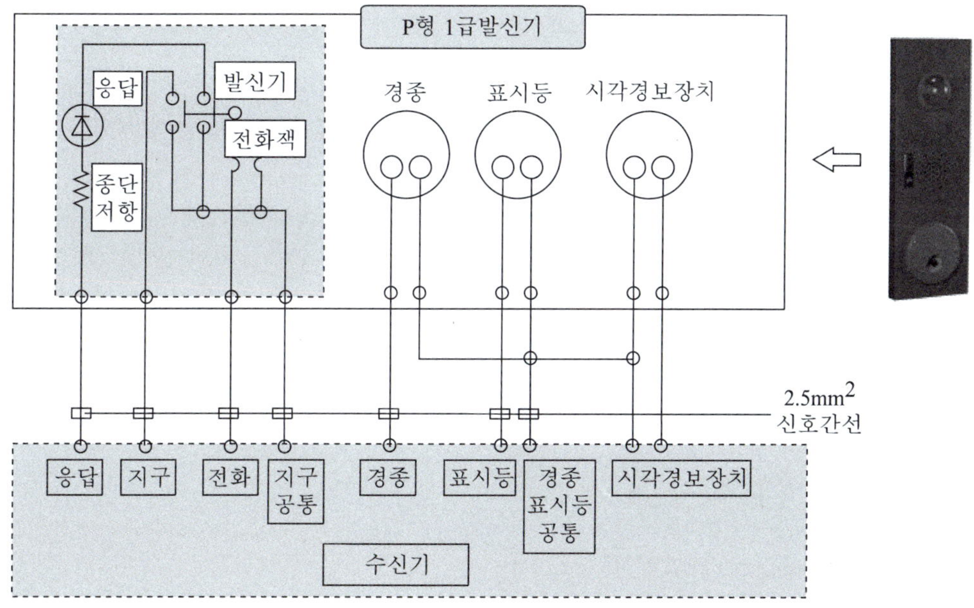

그림 1-44 발신기 결선도(시각경보장치)

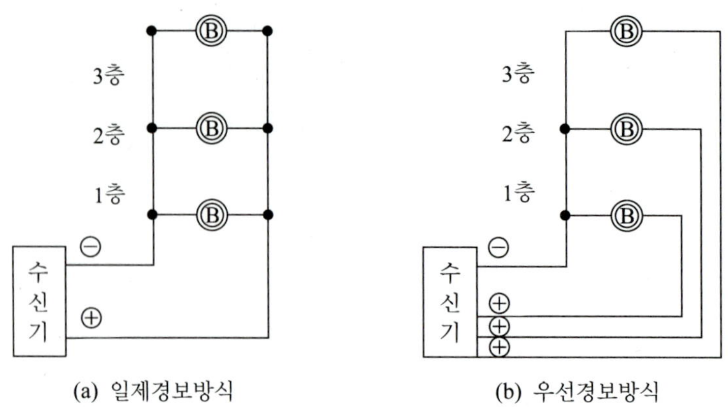

그림 1-45 수신기와 음향장치의 배선

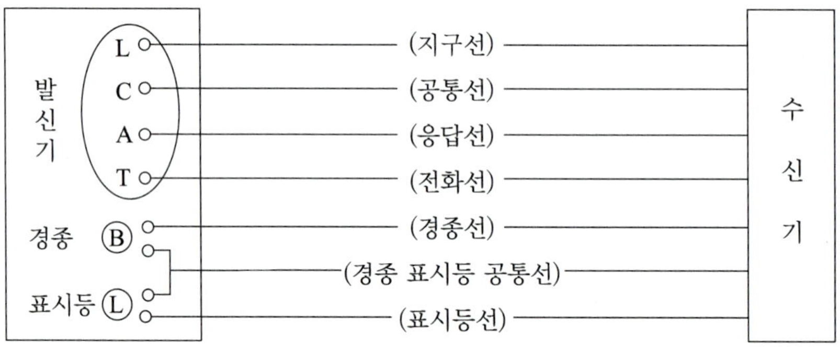

그림 1-46 P형 발신기와 수신기 간의 결선

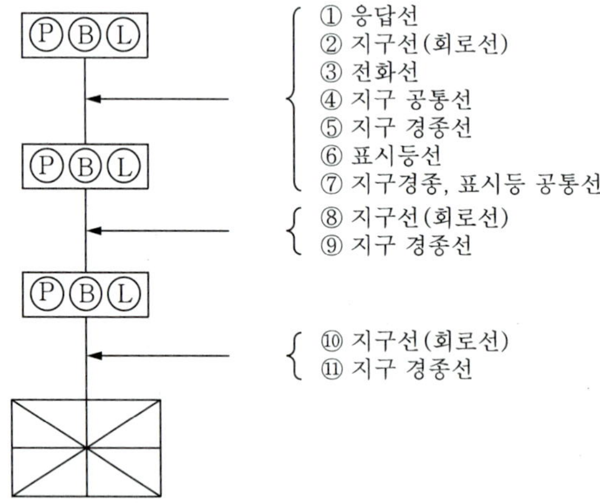

그림 1-47 우선경보방식 계통도

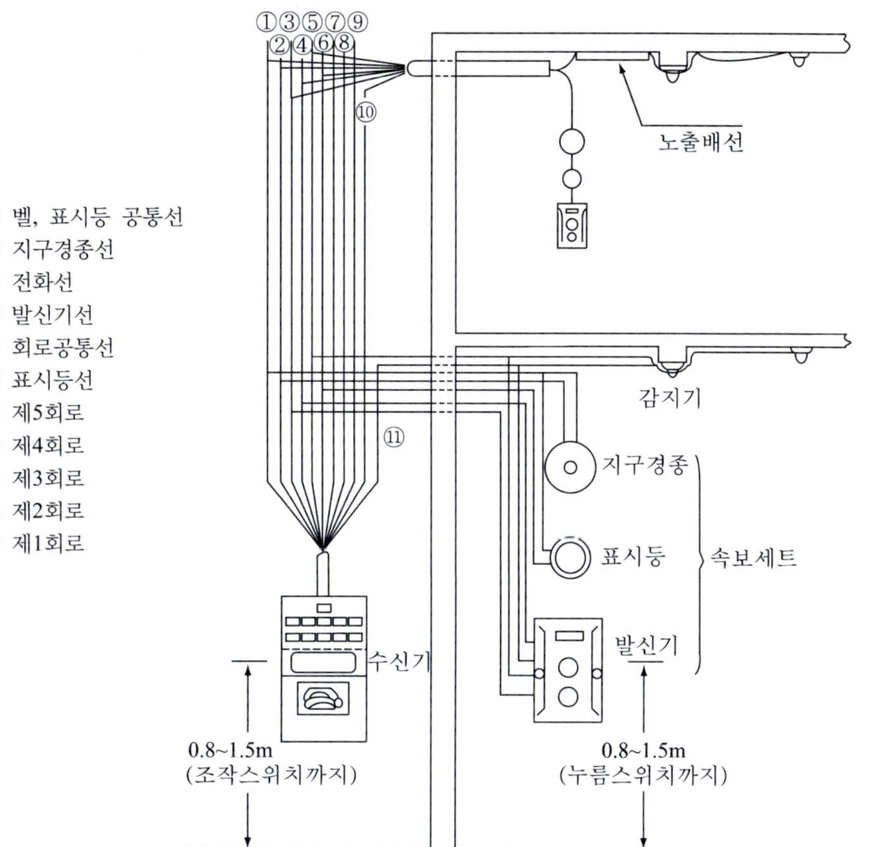

그림 1-48 수신기, 발신기 및 감지기 결선도

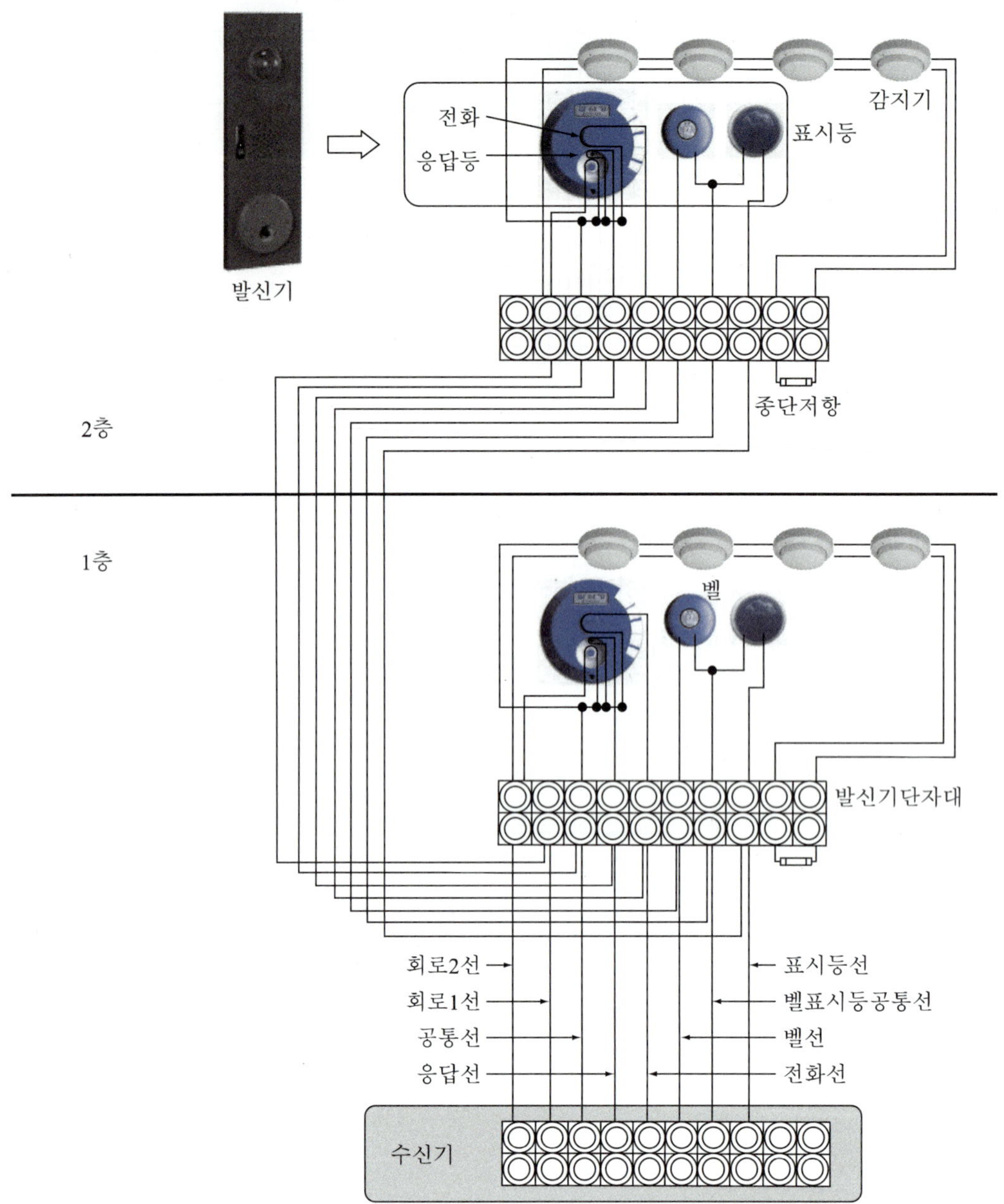

그림 1-49 자동화재탐지설비(P형) 배선도

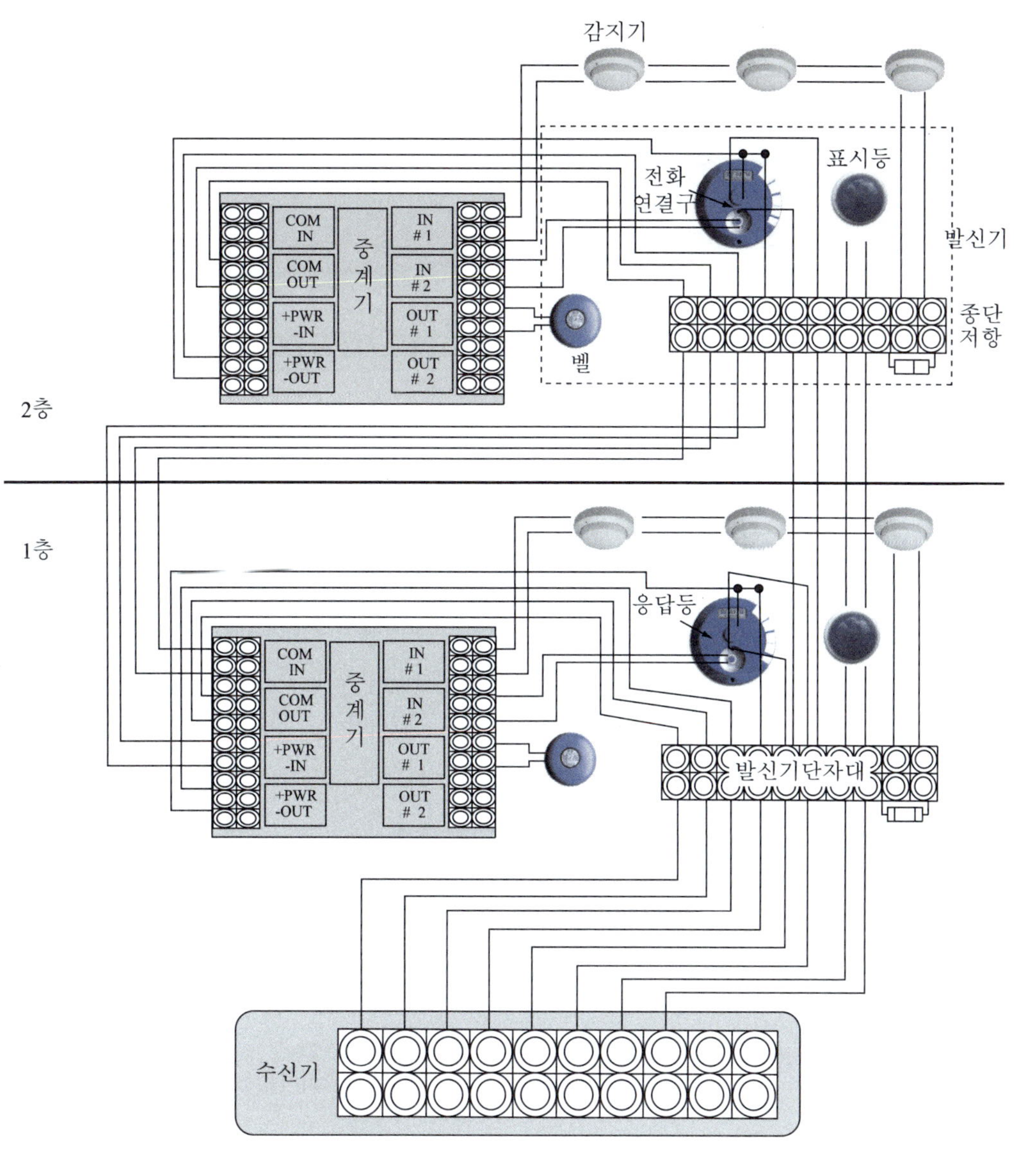

그림 1-50 자동화재탐지설비(R형) 배선도

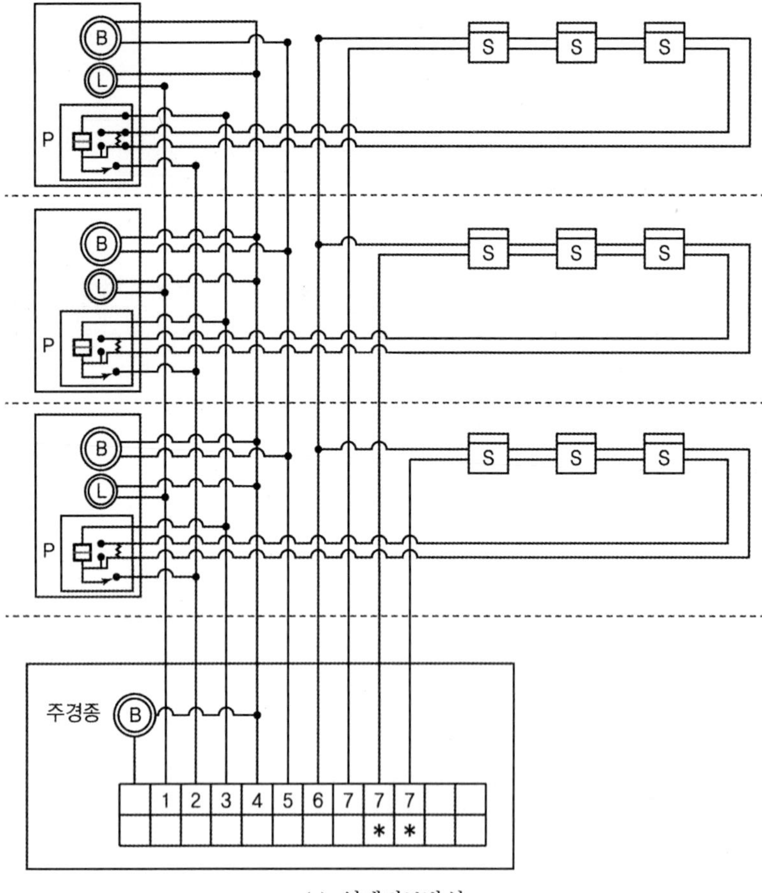

(a) 일제경보방식

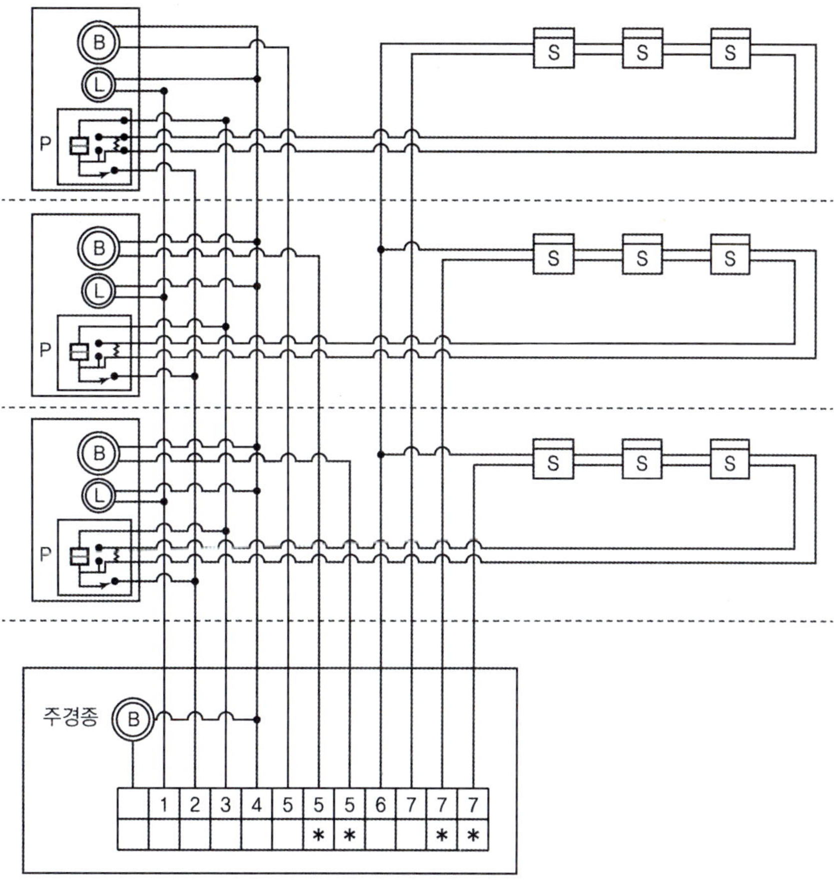

(b) 우선경보방식

그림 1-51 경보방식에 따른 배선도

4.6 감지기

화재시에 발생하는 열, 화염 또는 연소생성물(연기)로 인하여 화재발생을 자동적으로 감지하여 그 자체에 부착된 음향장치로 경보를 발하거나 이를 수신기에 발신하는 것을 말한다. 이 경우 감지기를 부착할 때에 전용기판을 필요로 하는 것에 있어서는 그 기판을 포함한다.

가. 감지기 분류

(1) 감지기 형식에 따른 분류

(가) 방수형
방수형[35], 비방수형

(나) 내식성
내산형, 내알칼리형, 보통형

(다) 재용성
재용형[36], 비재용형

(라) 연기축적
축적형[37], 비축적형

(마) 방폭구조
방폭형[38], 비방폭형

(바) 화재신호 발신방법
단신호식[39], 다신호식[40], 아날로그식[41]

(사) 설치장소(불꽃감지기)
옥내형, 옥내 · 옥외형, 도로형

(아) 화재신호 전달방법
무선식[42], 유선식

---

35) 구조가 방수구조로 되어 있는 감지기를 말한다.

36) 다시 사용할 수 있는 성능을 가진 감지기를 말한다.

37) 일정농도 이상의 연기가 일정시간(공칭축적시간) 연속하는 것을 전기적으로 검출함으로써 작동하는 감지기를 말한다. 다만, 단순히 작동시간만을 지연시키는 것은 제외한다.

38) 폭발성가스가 용기 내부에서 폭발하였을 때 용기가 그 압력에 견디거나 또는 외부의 폭발성가스에 인화될 우려가 없도록 만들어진 형태의 감지기를 말한다.

39) 1개의 감지기 내에 서로 다른 종별 또는 감도 등의 기능을 갖춘 것으로서 일정시간 간격을 두고 각각 다른 2개 이상의 화재신호를 발하는 감지기를 말한다.

40) 1개의 감지기내에 서로 다른 종별 또는 감도 등의 기능을 갖춘 것으로서 일정시간 간격을 두고 각각 다른 2개 이상의 화재신호를 발하는 감지기를 말한다.

41) 주위의 온도 또는 연기량의 변화에 따라 각각 다른 전류치 또는 전압치 등의 출력을 발하는 방식의 감지기를 말한다.

42) 전파에 의해 신호를 송·수신하는 방식의 것을 말한다.

(2) 검출원리에 따른 분류

감지기의 검출원리에 따른 종류는 <그림 1-52>과 같다.

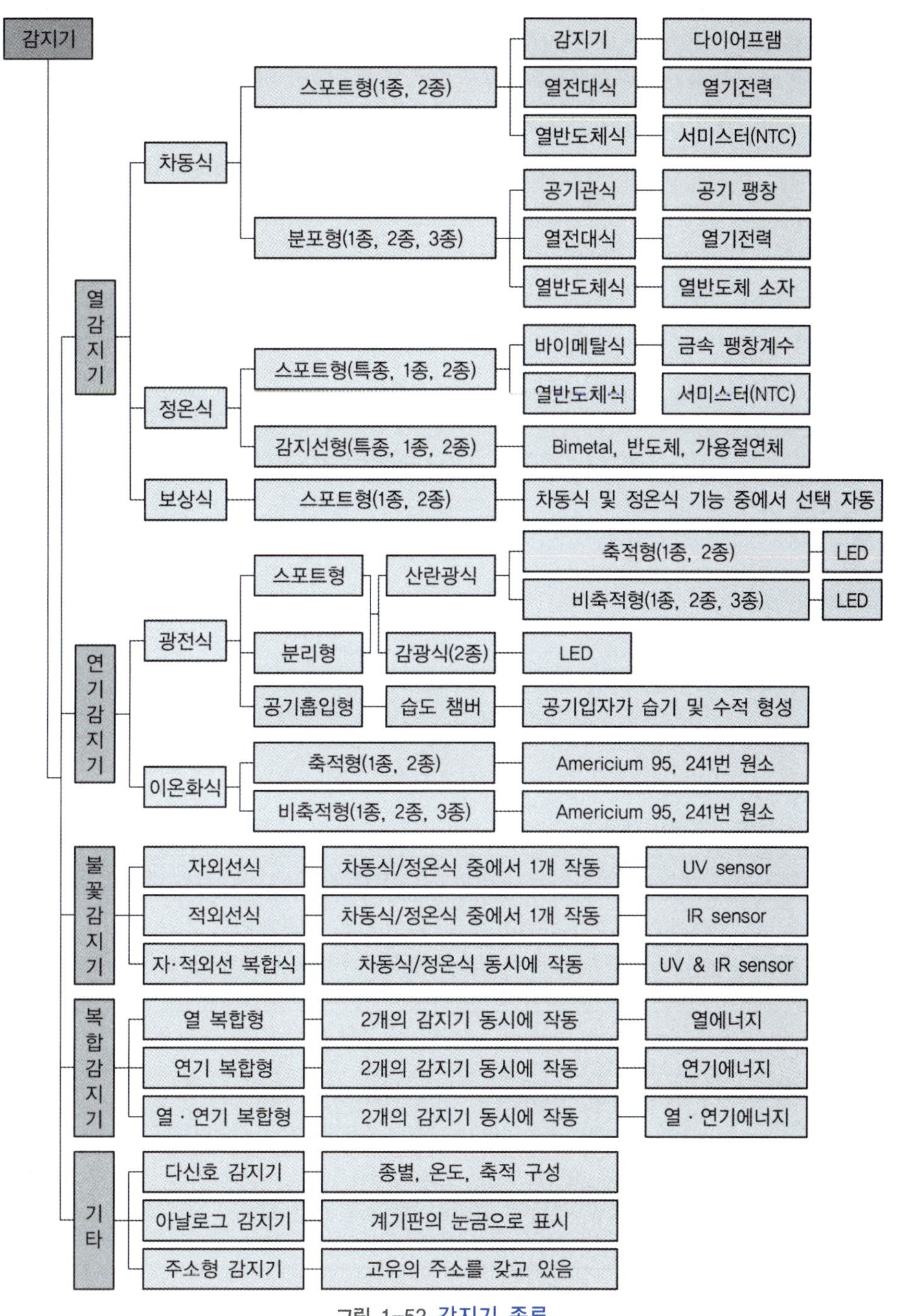

그림 1-52 감지기 종류

나. 부착높이에 따른 감지기 설치기준

감지기는 환경조건 등을 검토하여 부착높이에 따라 사용할 수 있는 감지기를 선정해야 한다. 부착높이 4m 이하의 낮은 곳은 열, 연기, 불꽃 등 모든 감지기를 사용할 수 있으나 높은 곳은 감지기까지 열전달이 어려우므로 연기감지기나 불꽃감지기 등을 설치해야 한다. 또한 일시적인 환경변화에 감지기가 민감하게 반응할 수 있으므로 비화재보의 발생우려가 높은 지역에 비화재보 발생률이 낮은 감지기를 설치해야 한다.

다만, 지하층·무창층 등으로서 환기가 잘되지 않거나 실내면적이 40m^2 미만인 장소, 감지기의 부착면과 실내바닥과의 거리가 2.3m 이하인 곳으로서 일시적으로 발생한 열·연기 또는 먼지 등으로 인하여 화재신호를 발신할 우려가 있는 장소('축적형 수신기 선정' 규정에 따라 수신기를 설치한 장소는 제외)에는 다음 감지기 중 적응성 있는 감지기를 설치하여야 한다.

천장구조가 평면형 이외의 장소인 경우 감지기 부착높이는 둥근 지붕이나 톱날지붕 등 천장높이가 서로 다른 모양인 경우에는 평균높이로 선정한다.

(1) 불꽃감지기

(2) 정온식 감지선형 감지기

(3) 분포형 감지기

(4) 복합형 감지기

(5) 광전식 분리형 감지기

(6) 아날로그방식의 감지기

(7) 다신호방식의 감지기

(8) 축적방식의 감지기

표 1-10 감지기 부착높이별 종류

부착높이	감지기의 종류
4m 미만	• 차동식(스포트형, 분포형), 정온식(스포트형, 감지선형) • 보상식 스포트형, 이온화식 또는 광전식(스포트형, 분리형, 공기흡입형) • 열복합형, 연기복합형, 열연기복합형, 불꽃감지기
4m 이상 8m 미만	• 차동식(스포트형, 분포형), 정온식(스포트형, 감지선형) 특종 또는 1종 • 보상식스포트형, 이온화식 1종 또는 2종 • 광전식(스포트형, 분리형, 공기흡입형) 1종 또는 2종 • 열복합형, 연기복합형, 열연기복합형, 불꽃감지기
8m 이상 15m 미만	• 차동식 분포형, 이온화식 1종 또는 2종 • 광전식(스포트형, 분리형, 공기흡입형) 1종 또는 2종 • 연기복합형, 불꽃감지기

15m 이상 20m 미만	• 이온화식 1종, 광전식(스포트형, 분리형, 공기흡입형) 1종 • 연기복합형, 불꽃감지기
20m 이상	• 불꽃감지기, 광전식(분리형, 공기흡입형) 중 아날로그방식

[비고]
- 감지기별 부착높이 등에 대하여 별도로 형식승인 받은 경우에는 그 성능 인정범위 내에서 사용할 수 있다
- 부착높이 20m 이상에 설치되는 광전식 중 아날로그방식의 감지기는 공칭감지농도 하한값이 감광률 5%/m 미만인 것으로 한다.

다. 감지기 설치기준

교차회로방식에 사용되는 감지기, 급속한 연소 확대가 우려되는 장소에 사용되는 감지기 및 축적기능이 있는 수신기에 연결하여 사용하는 감지기는 축적기능이 없는 것으로 설치하여야 한다. 또한 급속한 연소확대가 우려되는 장소에 사용되는 감지기나 교차회로 방식에 사용되는 감지기는 축적기능이 없는 감지기를 사용해야 한다.

(1) 감지기(차동식 분포형의 것은 제외)는 실내로의 공기유입구로부터 1.5m 이상 떨어진 위치에 설치한다.

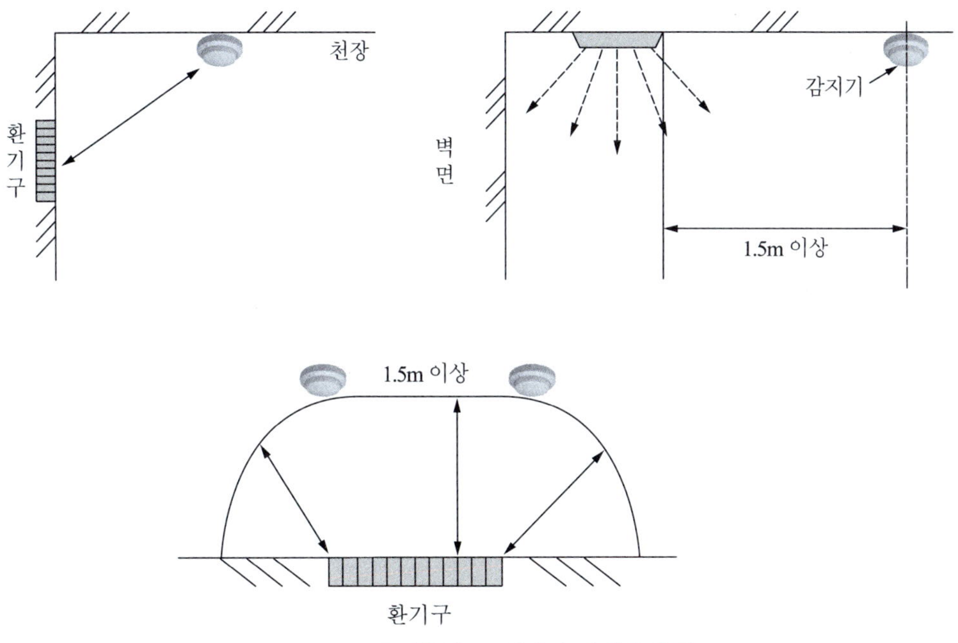

그림 1-53 공기유입구로부터의 감지기 위치

(2) 감지기는 천장 또는 반자의 옥내에 면하는 부분에 설치한다.[43)]

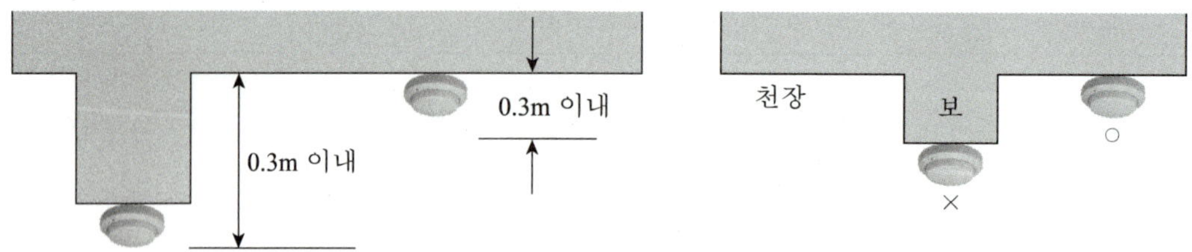

그림 1-54 천장 또는 반자의 감지기 위치

(3) 보상식 스포트형 감지기는 정온점이 감지기 주위의 평상시 최고온도보다 20℃ 이상 높은 것으로 설치한다.

(4) 정온식 감지기는 주방·보일러실 등으로서 다량의 화기를 취급하는 장소에 설치하되, 공칭작동온도[44)]가 최고주위온도보다 20℃ 이상 높은 것으로 설치한다.

(5) 차동식 스포트형·보상식 스포트형 및 정온식 스포트형 감지기는 그 부착 높이 및 소방대상물에 따라 다음 표에 따른 바닥면적마다 1개 이상을 설치한다.

표 1-11 감지기 설치면적

부착높이 및 소방대상물의 구분		감지기 종류(단위 : m^2)						
		차동식 스포트형		보상식 스포트형		정온식 스포트형		
		1종	2종	1종	2종	특종	1종	2종
4m 미만	주요구조부[45)]를 내화구조로 한 소방대상물 또는 그 부분	90	70	90	70	70	60	20
	기타 구조의 소방대상물 또는 그 부분	50	40	50	40	40	30	15
4m 이상 8m 미만	주요구조부를 내화구조로 한 소방대상물 또는 그 부분	45	35	45	35	35	30	
	기타 구조의 소방대상물 또는 그 부분	30	25	30	25	25	15	

43) 평천장은 수평이거나 100mm/m 미만의 구배勾配인 경우를 말한다.

44) 감지기 제조사에서 정한 감지기의 작동온도를 말한다.

45) 건축물의 구조상 중요한 부분 중 건축물의 외형을 구성하는 벽, 기둥, 보, 바닥, 지붕 및 계단을 말하며, 칸막이벽, 샛기둥, 최하층의 바닥, 옥외계단 등은 제외한다.

(6) 스포트형 감지기는 45° 이상 경사되지 않도록 부착한다.

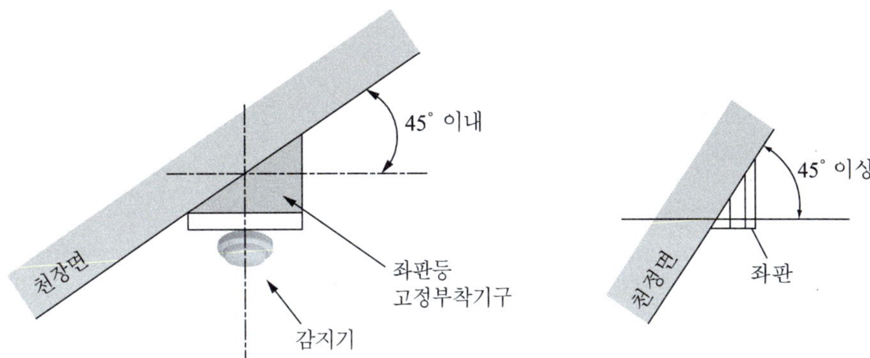

그림 1-55 감지기 설치시 경사

라. 광전식 분리형 감지기 또는 불꽃감지기, 광전식 공기흡입형 감지기 설치가능 장소

(1) 화학공장·격납고·제련소 등 : 광전식 분리형 감지기 또는 불꽃감지기. 이 경우 각 감지기의 공칭감시거리 및 공칭시야각 등 감지기의 성능을 고려해야 한다.

(2) 전산실 또는 반도체공장 등 : 광전식 공기흡입형 감지기. 이 경우 설치장소·감지면적 및 공기흡입관의 이격거리 등은 형식승인 내용에 따르며 형식승인 사항이 아닌 것은 제조사의 시방에 따라 설치해야 한다.

마. 감지기 설치제외 장소

(1) 천장 또는 반자46)의 높이가 20m 이상인 장소. 다만, 부착높이에 따라 적응성이 있는 장소는 제외한다.

(2) 헛간 등 외부와 기류가 통하는 장소로서 감지기에 따라 화재발생을 유효하게 감지할 수 없는 장소

(3) 부식성가스가 체류하고 있는 장소(전기설비기술기준 제62조, 산류, 알칼리류, 염소산칼리, 표백분, 염료 혹은 인조비료의 제조공장, 동·아연 등의 제련소, 전기분동소, 전기도금공장, 개방형축전지를 설치한 축전지실 또는 이에 준하는 장소)

(4) 고온도 및 저온도로서 감지기의 기능이 정지되기 쉽거나 감지기의 유지관리가 어려운 장소

(5) 목욕실·욕조나 샤워시설이 있는 화장실·기타 이와 유사한 장소(화장실에 감지기 설치가 가능하지만, 욕조나 샤워시설이 있는 화장실에는 수증기에 의한 감지기 오동작 우려가 있

46) 천장은 옥내의 상부면으로서 구조체를 감추어 별도의 의장을 할 수 있고, 벽, 바닥과 같이 외부로부터의 영향을 차단할 수 있는 부분이며, 반자는 천장을 가려서 만든 구조체로서 미관의 목적 외에 각종 설비관계의 배선·배관을 감추어 실내환경을 좋게 하기 위해 만드는 부분이다.

기 때문에 면제)

(6) 파이프덕트 등 그 밖의 이와 비슷한 것으로서 2개 층마다 방화구획된 것이나 수평단면적이 $5m^2$ 이하인 것

(7) 먼지·가루 또는 수증기가 다량으로 체류하는 장소 또는 주방 등 평시에 연기가 발생하는 장소(연기감지기에 한한다)

(8) 프레스공장·주조공장 등 화재발생의 위험이 적은 장소로서 감지기의 유지관리가 어려운 장소

바. 지하구에 설치하는 감지기

불꽃감지기, 정온식 감지선형 감지기, 분포형 감지기, 복합형 감지기, 광전식 분리형 감지기, 아날로그방식의 감지기, 다신호방식의 감지기, 축적방식의 감지기로서 먼지·습기 등의 영향을 받지 않고 발화지점을 확인할 수 있는 감지기를 설치해야 한다.

사. 일시적으로 발생한 열·연기 또는 먼지 등으로 인하여 화재신호를 발신할 우려가 있는 장소

<표 1-12> 및 <표 1-13>에 따라 그 장소에 적응성 있는 감지기를 설치할 수 있으며, 연기감지기를 설치할 수 없는 장소에는 <표 1-12>를 적용하여 설치할 수 있다.

표 1-12 연기감지기를 설치할 수 없는 설치장소별 감지기 적응성

설치장소			먼지 또는 미분 등이 다량으로 체류하는 장소	수증기가 다량으로 머무는 장소
설치장소	적응장소		쓰레기장, 하역장, 도장실, 섬유·목재·석재 등 가공 공장	증기세정실, 탕비실, 소독실 등
적응열감지기	차동식 스포트형	1종	○	×
		2종	○	×
	차동식 분포형	1종	○	×
		2종	○	○
	보상식 스포트형	1종	○	×
		2종	○	○
	정온식	특종	○	○
		1종	○	○
	열 아날로그식		○	○
불꽃감지기			○	○
비 고			1. 불꽃감지기에 따라 감시가 곤란한 장소는 적응성이 있는 열감지기를 설치할 것 2. 차동식 분포형 감지기를 설치하는 경우에는 검출부에 먼지, 미분 등이 침입하지 않도록 조치할 것 3. 차동식 스포트형 감지기 또는 보상식 스포트형 감지기를 설치하는 경우에는 검출부에 먼지, 미분 등이 침입하지 않도록 조치할 것 4. 정온식 감지기를 설치하는 경우에는 특종으로 설치할 것 5. 섬유, 목재가공 공장 등 화재확대가 급속하게 진행될 우려가 있는 장소에 설치하는 경우 정온식 감지기는 특종으로 설치할 것, 공칭작동 온도 75℃ 이하, 열아날로그식 스포트형 감지기는 화재표시 설정은 80℃ 이하가 되도록 할 것	1. 차동식 분포형 감지기 또는 보상식 스포트형 감지기는 급격한 온도변화가 없는 장소에 한하여 사용할 것 2. 차동식 분포형 감지기를 설치하는 경우에는 검출부에 수증기가 침입하지 않도록 조치할 것 3. 보상식 스포트형 감지기, 정온식감지기 또는 열아날로그식 감지기를 설치하는 경우에는 방수형으로 설치할 것 4. 불꽃감지기를 설치할 경우 방수형으로 할 것

표 1-12 (계속)

구분						
설치장소	환경상태		부식성가스가 발생할 우려가 있는 장소	주방, 기타 평상시에 연기가 체류하는 장소	현저하게 고온으로 되는 장소	배기가스가 다량으로 체류하는 장소
	적응장소		도금공장, 축전지실, 오수처리장 등	주방, 조리실, 용접작업장 등	건조실, 살균실, 보일러실, 주조실, 영사실, 스튜디오	주차장, 차고, 화물취급소 차로, 자가발전실, 트럭 터미널, 엔진시험실
적응열감지기	차동식 스포트형	1종	×	×	×	○
		2종	×	×	×	○
	차동식 분포형	1종	○	×	×	○
		2종	○	×	×	○
	보상식 스포트형	1종	○	×	×	○
		2종	○	×	×	○
	정온식	특종	○	○	○	×
		1종	○	○	○	×
	열아날로그식		○	○	○	○
불꽃감지기			○	○	×	○
비 고			1. 차동식 분포형 감지기를 설치하는 경우에는 감지부가 피복되어 있고 검출부가 부식성가스에 영향을 받지 않는 것 또는 검출부에 부식성가스가 침입하지 않도록 조치할 것 2. 보상식 스포트형 감지기, 정온식 감지기 또는 열아날로그식 스포트형 감지기를 설치하는 경우에는 부식성가스의 성상에 반응하지 않는 내산형 또는 내알칼리형으로 설치할 것 3. 정온식 감지기를 설치하는 경우에는 특종으로 설치할 것	1. 주방, 조리실 등 습도가 많은 장소에는 방수형 감지기를 설치할 것 2. 불꽃감지기는 UV/IR형을 설치할 것		1. 불꽃감지기에 따라 감시가 곤란한 장소는 적응성이 있는 열감지기를 설치할 것 2. 열아날로그식 스포트형 감지기는 화재표시 설정이 60℃ 이하가 바람직하다.

표 1-12 (계속)

구분					
설치장소	환경상태		연기가 다량으로 유입할 우려가 있는 장소	물방울이 발생하는 장소	불을 사용하는 설비로서 불꽃이 노출되는 장소
	적응장소		음식물배급실, 주방전실, 주방내 식품저장실, 음식물운반용엘리베이터, 주방주변의 복도 및 통로, 식당 등	스레트 또는 철판으로 설치한 지붕 창고·공장, 패키지형냉각기전용수납실, 밀폐된 지하창고, 냉동실 주변 등	유리공장, 용선로가 있는 장소, 용접실, 주방, 작업장, 주방, 주조실 등
적응열감지기	차동식 스포트형	1종	○	×	×
		2종	○	×	×
	차동식 분포형	1종	○	○	×
		2종	○	○	×
	보상식 스포트형	1종	○	○	×
		2종	○	○	×
	정온식	특종	○	○	○
		1종	○	○	○
	열아날로그식		○	○	○
불꽃감지기			×	○	×
비 고			1. 고체연료 등 가연물이 수납되어 있는 음식물배급실, 주방전실에 설치하는 정온식 감지기는 특종으로 설치할 것 2. 주방주변의 복도 및 통로, 식당 등에는 정온식감지기를 설치하지 말 것 3. 제1호 및 제2호의 장소에 열아날로그식 스포트형 감지기를 설치하는 경우에는 화재표시 설정을 60℃ 이하로 할 것	1. 보상식 스포트형 감지기, 정온식 감지기 또는 열아날로그식 스포트형 감지기를 설치하는 경우에는 방수형으로 설치할 것 2. 보상식 스포트형 감지기는 급격한 온도변화가 없는 장소에 한하여 설치할 것 3. 불꽃감지기를 설치하는 경우에는 방수형으로 설치할 것	

주) 1. “○”는 해당 설치장소에 적응하는 것을 표시, “×”는 해당 설치장소에 적응하지 않는 것을 표시
2. 차동식 스포트형, 차동식 분포형 및 보상식 스포트형 1종은 감도가 예민하기 때문에 비화재보 발생은 2종에 비해 불리한 조건이라는 것을 유의할 것
3. 차동식 분포형 3종 및 정온식 2종은 소화설비와 연동하는 경우에 한해서 사용할 것
4. 다신호식 감지기는 그 감지기가 가지고 있는 종별, 공칭작동온도별로 따르지 말고 상기 표에 따른 적응성이 있는 감지기로 할 것

표 1-13 설치장소별 감지기 적응성

설치장소		적응열감지기					적응연기감지기						불꽃감지기	비 고
환경상태	적응장소	차동식스포트형	차동식분포형	보상식스포트형	정온식	열아날로그식	이온화식스포트	광전식스포트형	이온아날로그식스포트형	광전아날로그식스포트형	광전식분리형	광전아날로그식분리형		
1. 흡연에 의해 연기가 체류하며 환기가 되지 않는 장소	회의실, 응접실, 휴게실, 노래연습실, 오락실, 다방, 음식점, 대합실, 카바레 등의 객실, 집회장, 연회장 등	○	○	○				◎		◎	○	○		
2. 취침시설로 사용하는 장소	호텔 객실, 여관, 수면실 등						◎	◎	◎	◎	○	○		
3. 연기 이외의 미분이 떠다니는 장소	복도, 통로 등						◎	◎	◎	◎	○	○	○	
4. 바람에 영향을 받기 쉬운 장소	로비, 교회, 관람장, 옥탑에 있는 기계실		○					◎		◎	○	○	○	
5. 연기가 멀리 이동해서 감지기에 도달하는 장소	계단, 경사로							○		○	○	○		광전식 스포트형 감지기 또는 광전아날로그식 스포트형 감지기를 설치하는 경우에는 해당 감지기회로에 축적기능을 갖지 않는 것으로 할 것
6. 훈소화재의 우려가 있는 장소	전화기기실, 통신기기실, 전산실, 기계제어실							○		○	○	○		
7. 넓은 공간으로 천장이 높아 열 및 연기가 확산하는 장소	체육관, 항공기 격납고, 높은 천장의 창고·공장, 관람석 상부 등 감지기 부착 높이가 8m 이상의 장소		○								○	○	○	

주) 1. “○”는 해당 설치장소에 적응하는 것을 표시
2. “◎” 해당 설치장소에 연감지기를 설치하는 경우에는 해당 감지회로에 축적기능을 갖는 것을 표시
3. 차동식 스포트형, 차동식 분포형, 보상식 스포트형 및 연기식(해당 감지기회로에 축적기능을 갖지 않는 것) 1종은 감도가 예민하기 때문에 비화재보 발생은 2종에 비해 불리한 조건이라는 것을 유의하여 따를 것
4. 차동식 분포형 3종 및 정온식 2종은 소화설비와 연동하는 경우에 한해서 사용할 것
5. 광전식 분리형 감지기는 평상시 연기가 발생하는 장소 또는 공간이 협소한 경우에는 적응성이 없음
6. 넓은 공간으로 천장이 높아 열 및 연기가 확산하는 장소로서 차동식 분포형 또는 광전식 분리형 2종을 설치하는 경우에는 제조사의 사양에 따를 것
7. 다신호식 감지기는 그 감지기가 가지고 있는 종별, 공칭작동온도별로 따르고 표에 따른 적응성이 있는 감지기로 할 것
8. 축적형 감지기 또는 축적형 중계기 혹은 축적형 수신기를 설치하는 경우에는 제7조에 따를 것

아. 감지기 구조 및 동작원리

(a) 본체

(b) 베이스

(c) 표시

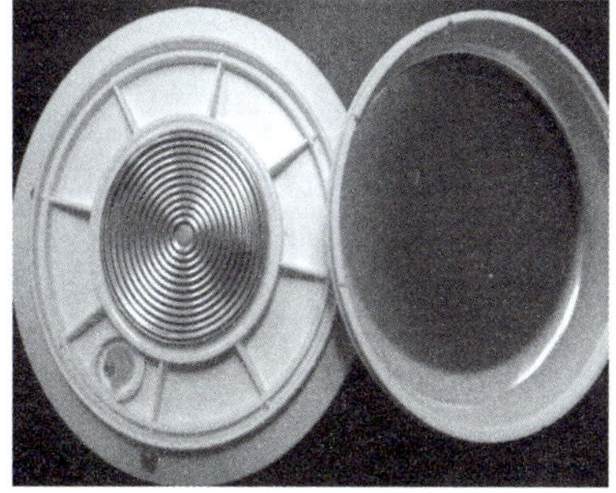
(d) 감열실 내부

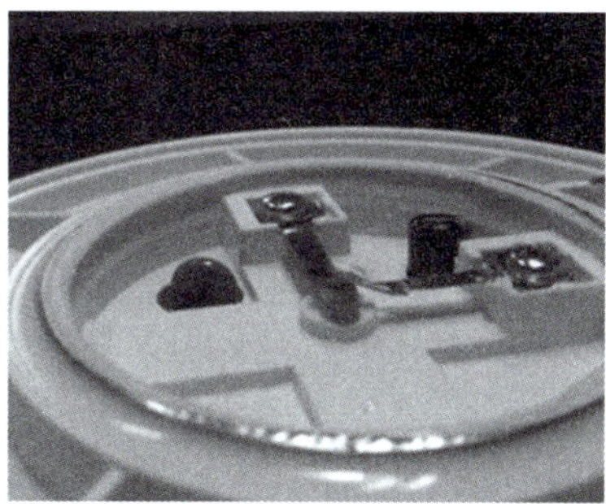
(e) 내부접점

그림 1-56 감지기 외형 및 내부

(1) 열감지기

화재시 발생되는 열을 감지하여 화재신호를 발신하는 감지기를 말하며, 차동식, 정온식, 보상식 등 3가지가 있으며 이들의 구조와 동작원리는 다음과 같다.

(가) 차동식 열감지기(Rate of rise type detector)

실내의 온도 상승률(Δ온도/Δ시간)[47], 즉 온도의 상승속도가 일정한 값을 초과했을 때 동작하는 것이다. 이는 시간에 대하여 온도가 직선 또는 계단식으로 상승하는 경우 일정한 상승속도를 초과하면 동작하고 정해진 속도 이하에서는 동작하지 않게 된다. 현재의 실온보다 일정온도 높은 온도차가 어느 정해진 시간 내에 발생되면 동작하게 되므로 차동식이라 한다.

① 차동식 스포트형 감지기

주위온도가 일정 상승률 이상이 되는 경우에 작동하는 것으로서 일국소에서의 열 효과에 의하여 작동되는 것을 말한다. 화재의 발생을 알려주기 위한 신호의 송신은 공기(팽창)식, 열전대식 그리고 열반도체식이 있다.

감도에 따라 1종은 실온보다 20℃ 높은 온도이고 풍속이 70cm/s인 수직기류에 투입하는 경우 30초 이내에 작동하여야 하고, 실온에서부터 10℃/min의 직선적인 비율로 상승하는 수평기류에 투입하는 경우 4.5분 이내로 작동하여야 한다. 부작동시험은 <표 1-14>에 나와 있는 조건에서 작동하지 않아야 한다.

㉠ 공기팽창식 감지기

공기팽창식은 열에 의한 공기의 팽창을 이용한 것으로 구조는 <그림 1-57>와 같으며, 열을 유효하게 받을 수 있는 감열실(0.8mm 정도의 황동판으로 약 45~75cc의 용적), 신축성 있는 금속판의 다이어프램(Diaphragm, 0.03~0.04mm의 황동판 또는 인청동판, 직경 35~45mm), 완만한 온도상승시 압력을 조절할 수 있는 리크구멍[48](Leak

표 1-14 차동식 스포트형 감지기의 감도시험

<table>
<tr><th rowspan="3">종별</th><th colspan="5">작동시험</th><th colspan="5">부작동시험</th></tr>
<tr><th colspan="3">계단상승</th><th colspan="2">직선상승</th><th colspan="3">계단상승</th><th colspan="2">직선상승</th></tr>
<tr><th>온도 [℃]</th><th>풍속 [cm/s]</th><th>시간 [sec]</th><th>온도상승 [℃/min]</th><th>시간 [min]</th><th>온도 [℃]</th><th>풍속 [cm/s]</th><th>시간 [min]</th><th>온도상승 [℃/min]</th><th>시간 [min]</th></tr>
<tr><td>1종</td><td>20</td><td>70</td><td rowspan="2">30</td><td>10</td><td rowspan="2">4.5</td><td>10</td><td>50</td><td rowspan="2">1</td><td>2</td><td rowspan="2">15</td></tr>
<tr><td>2종</td><td>30</td><td>85</td><td>15</td><td>15</td><td>60</td><td>3</td></tr>
</table>

47) 어떤 단위시간(sec)에 온도(℃)가 몇 도의 비율로 상승하는가를 말한다.

48) 감열실 내의 공기압력을 조절하여 비화재보를 방지한다.

hole, 유리섬유나 유리모세관 재질), 전기신호를 전송하는 데 필요한 접점(PGS합금, 가동접점과 고정접점으로 분리) 및 배선으로 구성된다.

가장 일반적인 작동방식으로 동작원리는 화재가 발생하여 감지기에 급격한 온도 상승을 받으면 감열실 내의 온도가 일정 온도상승률 이상으로 상승하여 공기가 팽창되면 다이어프램을 밀어 올리게 되고 가동접점이 고정접점에 접촉하여 신호를 수신기로 발신하게 한다. 그러나 실내난방 등에 따른 온도가 완만하게 변화할 경우에는 리크구멍의 공기압력조절을 통하여 팽창된 공기가 빠져나가 외부압력과 평형을 유지하기 때문에 접점이 닿지 않아 화재신호를 발신하지 않는다.

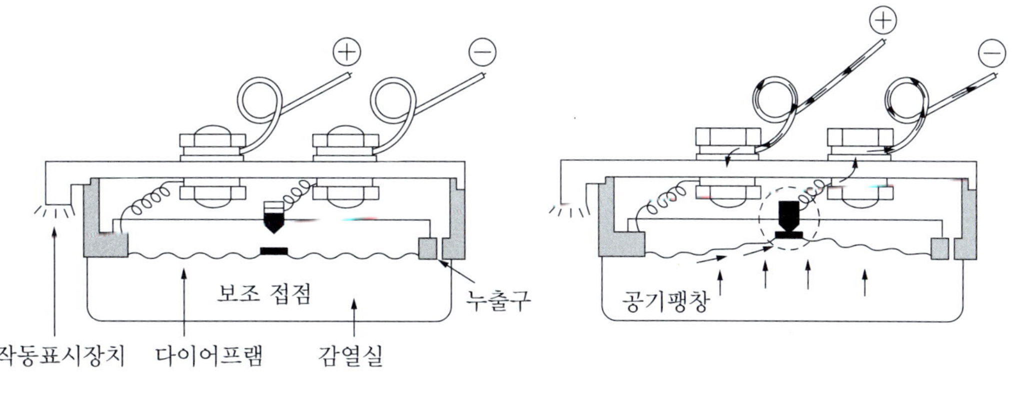

(a) 정상의 경우　　(b) 화재발생의 경우

그림 1-57 공기팽창식 감지기 구조

㉡ 열기전력식 감지기

반도체의 P형과 N형이 결합되어 열기전력을 발생시키는 반도체 열전대(냉접점과 온접점으로 구성), 가동선륜형 계전기(미소 전압으로 동작하는 고감도 릴레이), 열을 유효하게 받을 수 있는 챔버(Chamber, 알루미늄판)로 구성되어 있다. 열전대는 열전효과를 이용하여 온도를 측정하도록 만든 것을 말하며, 열전대에 사용되는 금속은 철-콘스턴트(Cu+Ni), 금-은, 백금-양은(Cu+Ni+Zn), 비스무스-안티몬 등이 있다.

동작원리는 화재에 의한 온도상승으로 챔버(감열실) 내의 반도체 열전대의 온접점에 열을 받게 되면 열기전력이 일정값에 도달하게 되고, 계전기가 이를 감지하여 접점을 닫아 화재신호를 수신기에 보낸다. 실내난방 등에 의해서 온도가 서서히 상승할 경우, 냉접점에서 발생하는 역열기전력이 온접점의 열기전력과 서로 상쇄되어 계전기가 작동되지 않으므로 접점이 닫히지 않게 된다.

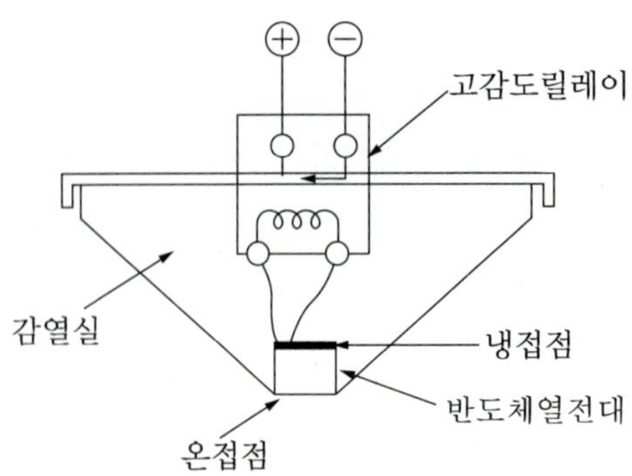

그림 1-58 열기전력식 감지기 구조

열전효과(Thermo-couple effect)

두 종류의 서로 다른 금속을 연결하여 한쪽은 온도를 일정하게 유지하고 다른 쪽의 접점은 온도를 변화시키면 양 접점의 온도차에 비례하는 열기전력이 발생되는 현상으로서, 열전대의 조건은 내식성이 좋고, 가스 등에 대해 견고하여야 하며, 열기전력이 크고, 내열성이 좋고, 고온에서도 기계적 강도가 보호되어야 한다. 또한 장기간 사용해도 열기전력이 안정되고 열전대의 손모가 적어야 한다. 열전대에는 귀금속열전대(B, R, S)와 비금속열전대(K, E, J, T)가 있다.

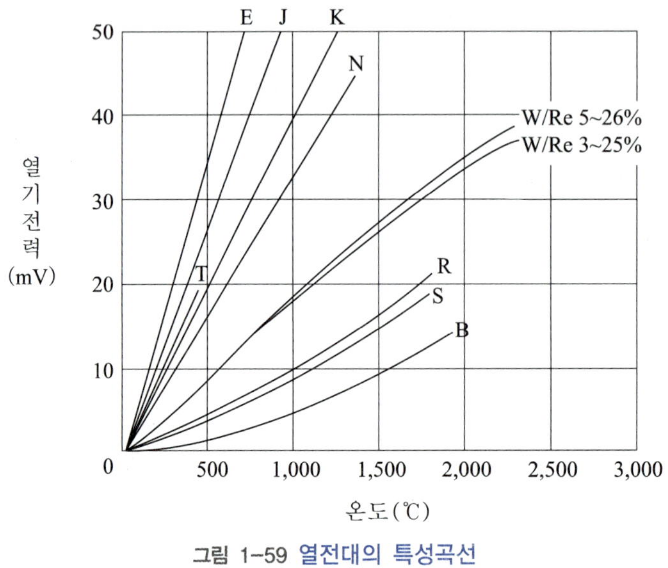

그림 1-59 열전대의 특성곡선

㉢ 반도체식 감지기

온도에 따라 저항이 변하는 반도체나 니켈, 구리, 망간, 몰리브덴 등의 산화물을 소결燒結하여 만든 서미스터(Thermistor)를 이용한다. 일반적으로 서미스터의 사용영역은 －50～350℃까지이며, 사용 온도에 따라 민감하게 저항 변화율이 커서 미소 온도변화를 측정하는 데 사용된다. 저항변화 특성에 따라 사용되는 서미스터에는 금속선에 비해 온도에 따른 저항 변화가 크고 소형 제작이 가능한 부(－)의 온도계수를 갖는 NTC(Negative temperature coefficient), 직진성이 좋고 정밀한 온도측정이 가능하며 내환경성이 좋은 양(＋)의 온도계수를 갖는 PTC(Positive temperature coefficient), 어느 온도에서 급격히 저항값이 감소하는 CTC(Critical temperature coefficient)가 있으며, 이들 각 서미스터의 온도와 저항 특성은 <그림 1-67>와 같다.

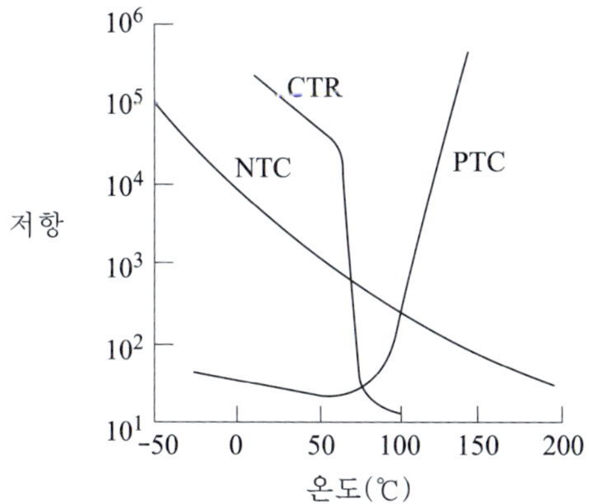

그림 1-60 서미스터의 온도와 저항 특성

동작원리는 두 개의 서미스터 중 TH_1은 감지기 외부에 부착하고, TH_2는 내부에 부착하여 열의 전달이 빠르게(TH_1) 그리고 늦게(TH_2) 전달되는 것을 이용하여 온도가 두 서미스터에 전달되는 시간차를 주어 동작하게 된다. <그림 1-61>의 브리지 회로에서 저항 R_1과 저항 R_2는 같고, 정상상태(화재 전)에서 TH_1과 TH_2가 같으면 릴레이 R에는 전류가 흐르지 않는다. 그러나 화재가 발생된 경우 외부서미스터(TH_1)가 먼저 열을 받아서 저항치가 감소하게 되면 B점의 전위가 A점의 전위보다 높아져서 B에서 A로 전류가 흐르게 되어 화재신호를 수신기에 보낸다. 이때 고감도 릴레이의 감도를 조정하여 원하는 온도차에서 릴레이가 동작하도록 할 수 있다.

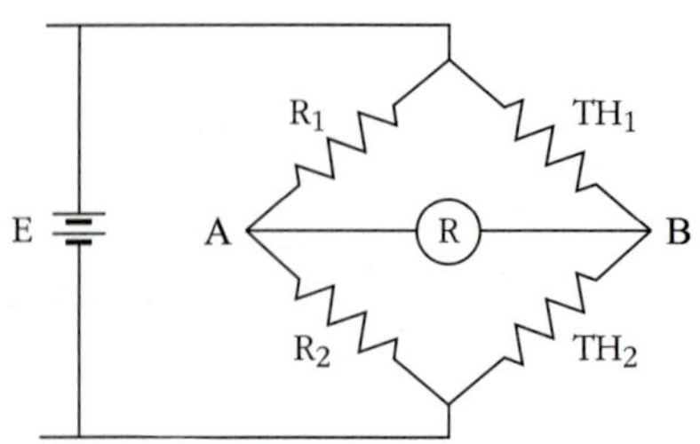

그림 1-61 서미스터를 이용한 감지기

② 차동식 분포형 감지기

주위온도가 일정 상승률 이상이 되는 경우에 작동하는 것으로서 넓은 범위 내에서의 열효과의 누적에 의하여 작동되는 것을 말하며, 감도에 따라 1종, 2종, 3종이 있다. 공기관 중 검출부로부터 가장 먼 거리에 있는 20m 부분이 7.5℃/min의 직선적인 비율로 상승하는 경우 1분 이내에 작동하게 되고, 공기관 전체가 1℃/min의 직선적인 비율로 상승하는 경우 15분 이내에 작동하지 않으면 1종 감지기가 된다.

㉠ 공기관식 감지기

열을 감지하는 감열부(수열부)는 외경 1.9mm 이상, 두께 0.3mm 이상의 중공동관으로 된 공기관이 있으며, 이것은 경계구역 전체를 일정간격으로 둘러싸서 검출부에 연결하게 된다. 감열부에서 전해진 공기 팽창을 감지하는 검출부는 신축성 금속판인 다이어프램, 압력조절을 하는 리크구멍 및 접점기구가 있다.

화재가 발생하지 않았거나 난방 등의 완만한 온도 상승시에는 공기관 내부의 공기가 서서히 팽창하여 검출부 내의 리크구멍을 통하여 외부로 유출되기 때문에 화재경보가 발하지 않으며, 사용장소에 따라 조정나사를 조절하여 감도를 설정할 수 있다. 화재가 발생하면 천장면에 설치된 공기관 내의 공기가 팽창되면서 다이어프램을 밀어 올려 접점이 닿아 수신기에 화재신호를 발신한다. 공기관식 감지기의 검출부 구조와 동작은 <그림 1-62>에서 나타내고 있다.

공기관식 감지기의 리크저항이 기준치 이하이거나 검출부 내의 다이어프램 표면에 부식 등에 의한 구멍이 발생할 경우 작동개시시간이 허용범위보다 늦게 되고, 리크저항이 기준치 이상이거나 리크구멍에 이물질 등에 의해 막힐 경우 작동개시시간이 허용범위보다 빠르게 된다.

공기관은 화재 발생을 검출하는 데 있어 매우 중요하기 때문에 검출부 내에는 접점接點 수고를 쉽게 시험할 수 있어야 하고, 공기관의 누출 및 폐쇄여부를 쉽게 시험할 수 있는 양부시험良否試驗 기구를 설치하여야 한다. 또한 공기관은 하나의 길이(이음매가 없는 것)가 20m 이상의 것으로 안지름 및 관의 두께가 일정하고 홈, 갈라짐 및 변형 등이 없어야 하며 부식되지 않아야 한다.

표 1-15 차동식 분포형 감지기의 감도시험

종별	작동시험시 온도상승률(℃/min)	부작동시험시 온도상승률(℃/min)
1종	7.5	1
2종	15	2
3종	30	4

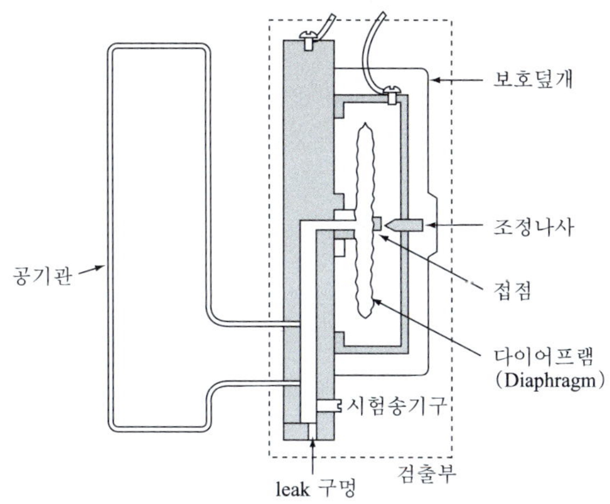

(a) 검출부 구조

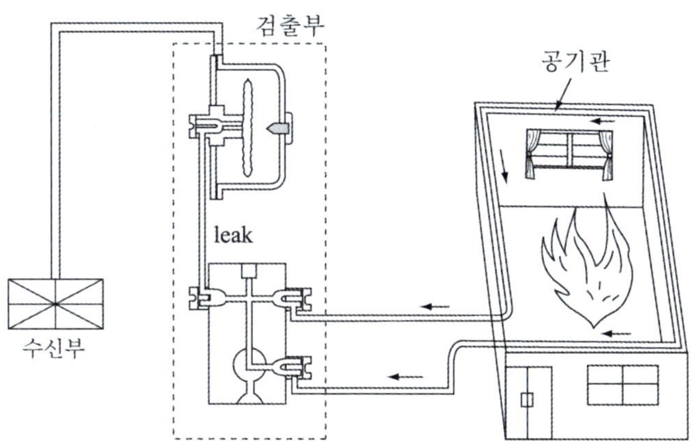

(b) 감지기 동작

그림 1-62 차동식 분포형 공기관식 감지기

차동식 분포형 공기관식 감지기의 설치기준은 다음과 같다.

ⓐ 공기관의 노출부분은 감지구역마다 20m 이상이 되도록 한다.

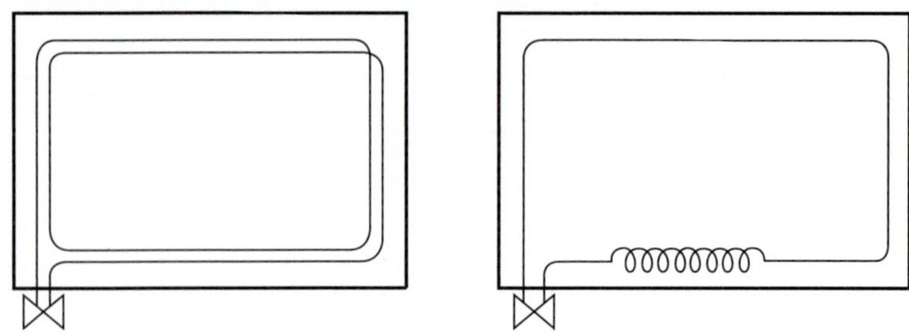

그림 1-63 공기관의 이중감기 및 코일감기

ⓑ 공기관과 감지구역의 각 변과의 수평거리는 1.5m 이하가 되도록 하고, 공기관 상호간의 거리는 6m(주요 구조부를 내화구조로 한 소방대상물 또는 그 부분에 있어서는 9m) 이하가 되도록 한다.

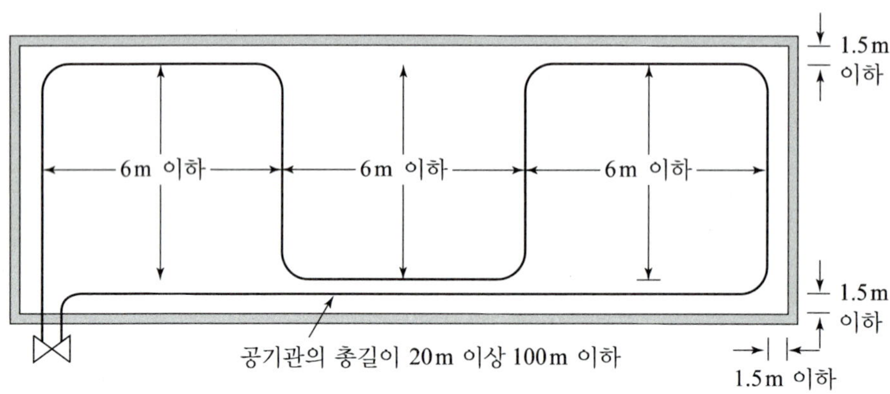

(a) 공기관 설치

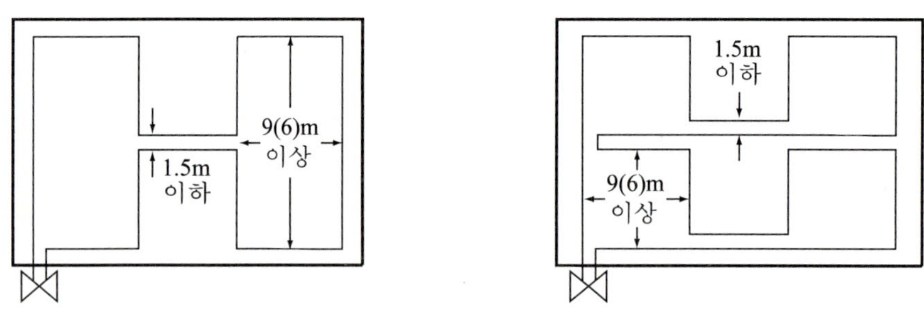

(b) 불량 및 양호한 설치방법 예

그림 1-64 공기관의 설치방법

ⓒ 공기관은 도중에서 분기하지 않도록 한다.

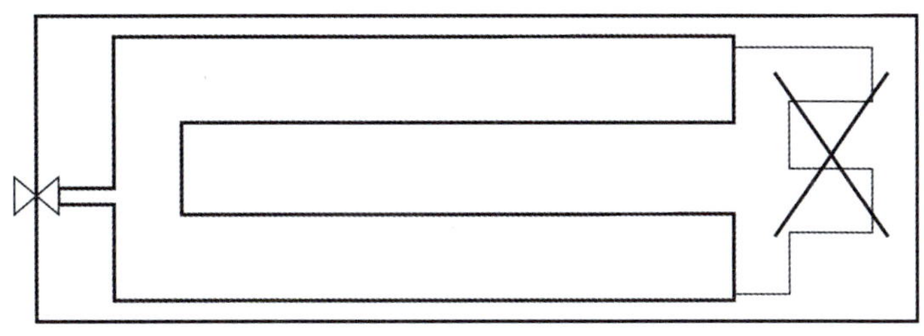

그림 1-65 공기관의 분기

ⓓ 하나의 검출부분에 접속하는 공기관의 길이는 100m 이하로 한다.
ⓔ 검출부는 5° 이상 경사되지 않도록 부착한다.

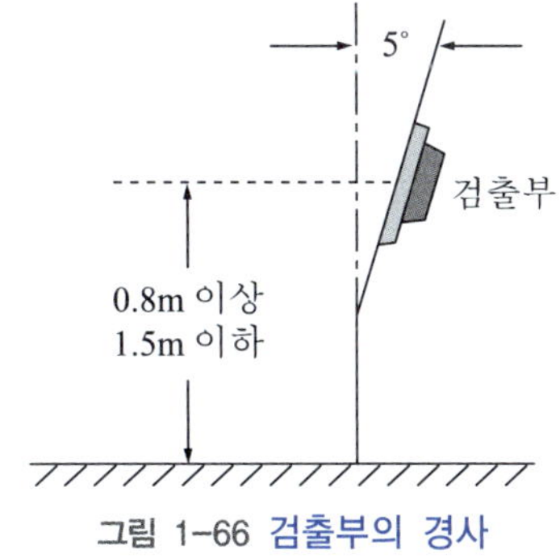

그림 1-66 검출부의 경사

ⓕ 검출부는 바닥으로부터 0.8m 이상 1.5m 이하의 위치에 설치한다.

공기관을 천장면에 고정할 경우 설치기준은 다음과 같다.
ⓐ 직선부분의 고정은 지지 금속기구의 간격을 35cm 이내에 할 것

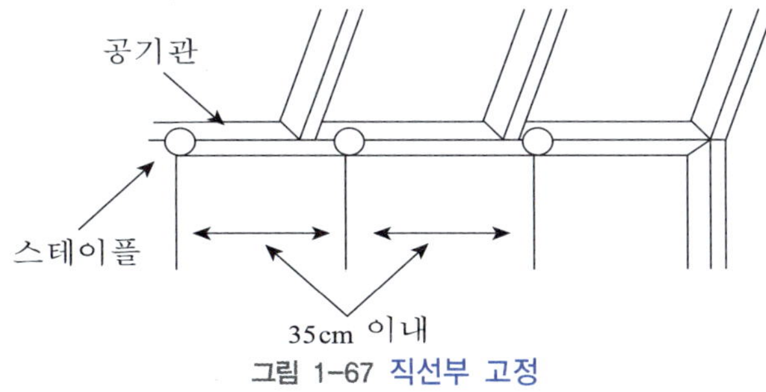

그림 1-67 직선부 고정

ⓑ 굴곡부는 5cm 이내에 고정시키고 굴곡부의 반경은 5mm 이상으로 할 것

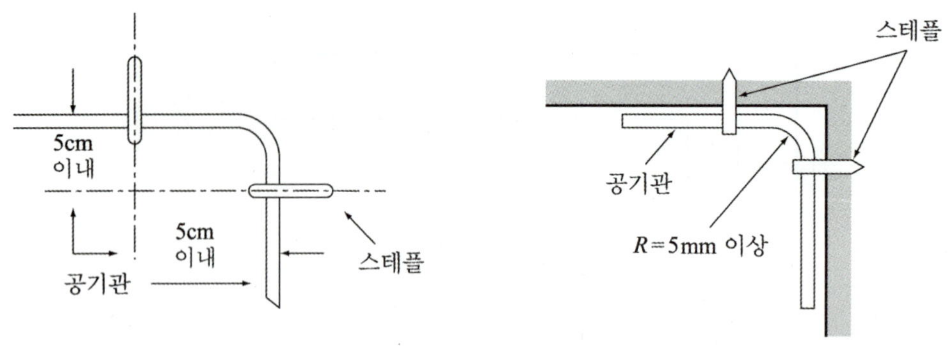

그림 1-68 굴곡부 반경

ⓒ 공기관의 접속은 금속 슬리브[49] 양쪽으로 공기관을 끼우고 공기가 새지 않도록 접속부분에 납땜할 것

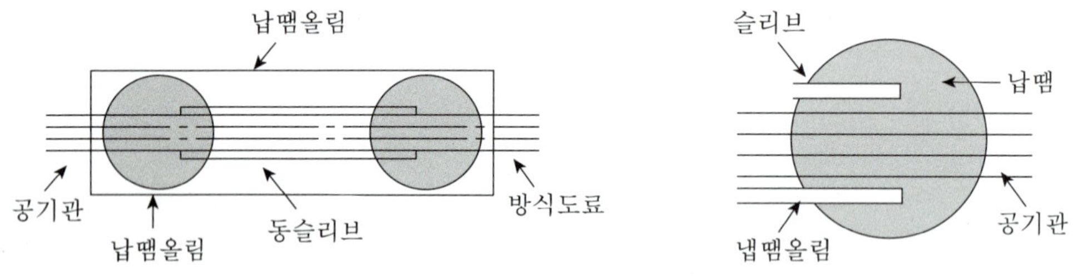

그림 1-69 공기관의 접속

공기관식 감지기의 작동시험에는 다음과 같은 시험이 있다.

ⓐ 접점수고시험 : 마노미터[50] 물의 높이로 접점 간격을 알아보는 것으로 접점수고치가 낮은 경우(감도가 예민)에는 비화재의 원인이 되고, 접점수고치가 높은 경우(감도가 둔감)에는 경보지연(실보)의 원인이 된다.

ⓑ 유통시험 : 공기관에 공기를 유입시켜 공기관의 누설, 변형, 폐쇄 등 공기관의 상태와 공기관의 길이의 적정성 여부를 확인한다.

49) 배관 등의 접속시 사용되는 신축 관이다.

50) 압력(또는 압력차)을 측정하는 기구로서, 관 또는 용기 내의 압력의 강도는 그 속에 V자형의 관을 세우고 그 관을 상승하는 액液의 높이로 측정한다.

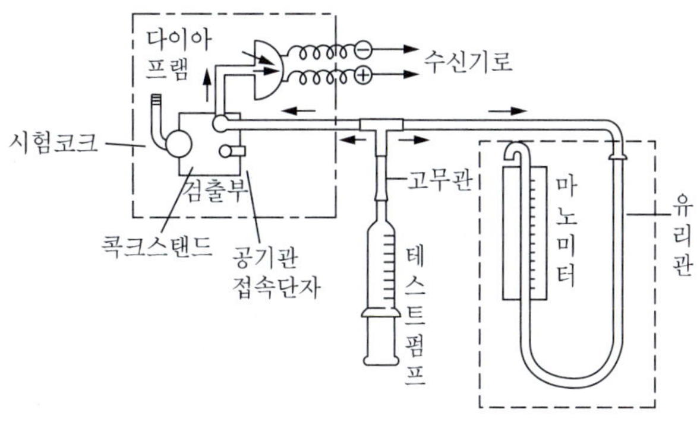

그림 1-70 접점수고시험

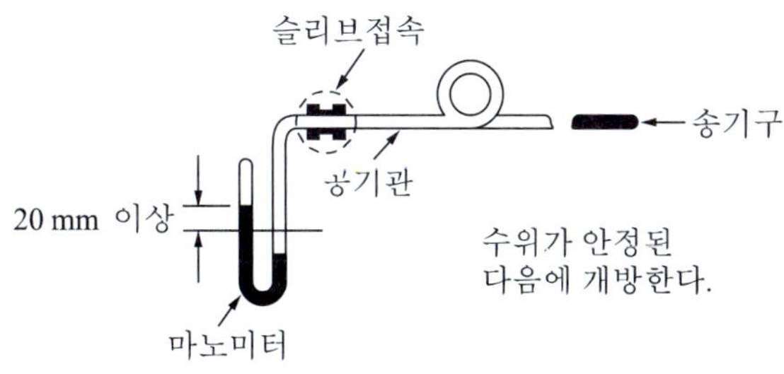

그림 1-71 유통시험

ⓒ 작동계속시험 : 감지기가 작동을 개시한 때부터 정지할 때까지의 시간을 측정하여 감지기 작동이 정상인가를 확인하는 방법이다.

ⓓ 펌프시험(화재작동시험) : 감지기의 작동 공기압에 상당하는 공기량을 테스트 펌프에 의해 공기를 불어넣어 작동할 때까지 시간이 설정된 값인가를 확인하기 위한 시험이다.

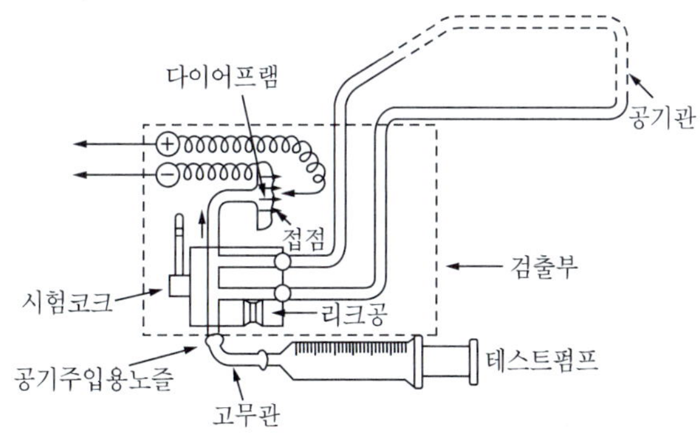

그림 1-72 펌프시험

㉡ 열전대식 감지기

두 종류가 다른 금속을 접합하여 한 쪽의 온도를 일정하게 유지하면서 다른 쪽 접점의 온도를 변화시켜 접합점의 온도차에 비례하는 열기전력이 발생(Seebeck effect)하도록 하는 열전대[콘스탄탄, Cu(56%)·Ni(45%) 합금]를 감열부에 사용하고, 발생된 열기전력을 미터릴레이(전압계가 부착되어 있는 릴레이)를 통하여 수신기에 신호를 보내는 검출부가 있다(그림 1-73 참조).

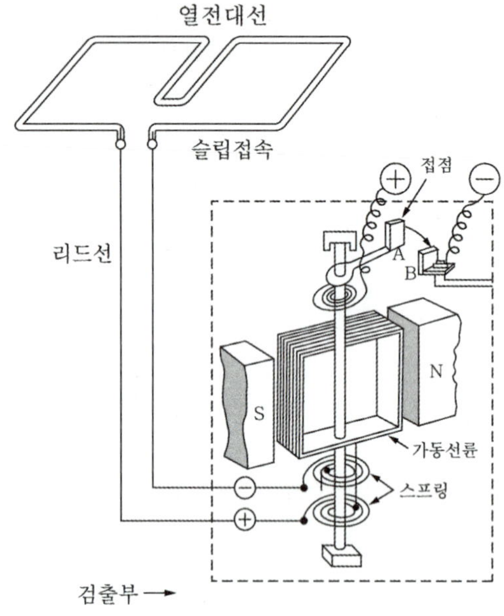

그림 1-73 열전대식 감지기의 구조

<그림 1-74>는 열전대의 구조를 나타내며, 열전대부의 접속은 슬리부에 삽입한 후 압착 등의 방법을 사용하며, 메신저와이어[51]를 사용하여 고정할 경우 30cm 이내로 고정한다. 차동식 분포형 열전대식 또는 열반도체식 감지기는 검출기의 작동전압이나 열전대부의 단선여부 및 도체저항을 쉽게 시험할 수 있어야 한다.

51) 가공 케이블을 매달아 지지할 때 사용하는 것으로, 아연 도금이 된 강철재로 되어 있다.

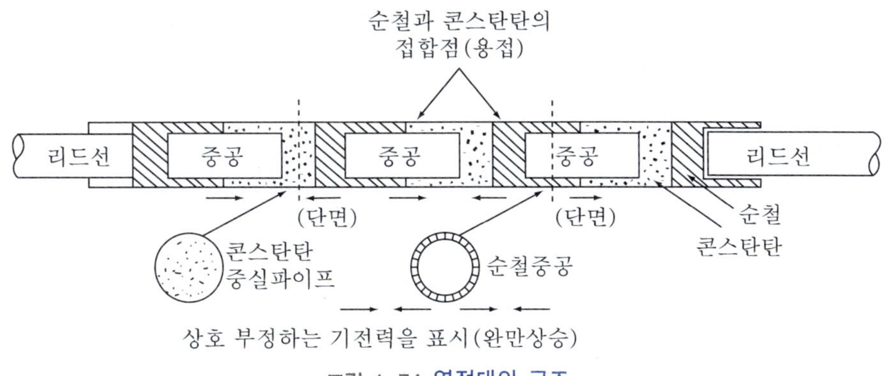

그림 1-74 열전대의 구조

동작원리는 발생된 화재에 의해 온도가 상승되면 열전대 부분의 접합점 사이의 온도 차가 발생되어 제벡효과에 따른 열기전력이 발생되고 미터릴레이에 전류가 흐르게 되면서 검출부를 작동시켜 수신기에 신호를 발신하게 된다. 실내난방 등에 의한 완만한 온도상승이 있는 경우에는 온도차이가 거의 없기 때문에 열기전력이 작아 작동하지 않는다.

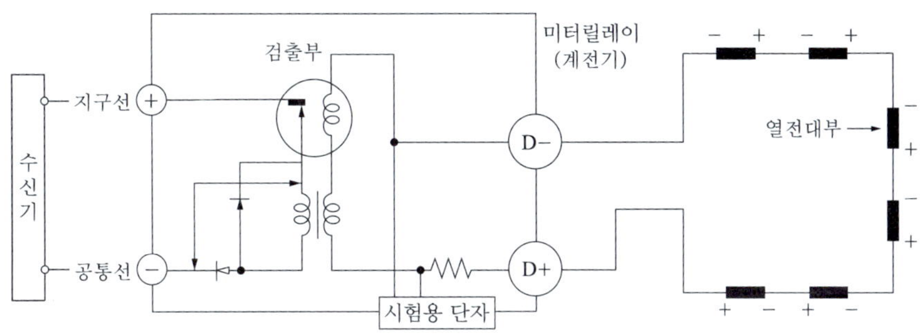

그림 1-75 열전대식 감지기의 회로

열전대식 감지기는 다음의 기준을 따라야 한다.

ⓐ 열전대부는 감지구역의 바닥면적 $18m^2$(주요구조부가 내화구조로 된 소방대상물에 있어서는 $22m^2$)마다 1개 이상으로 한다. 다만, 바닥면적이 $72m^2$(주요구조부가 내화구조로 된 소방대상물에 있어서는 $88m^2$) 이하인 소방대상물에 있어서는 4개 이상으로 하여야 한다.

ⓑ 하나의 검출부에 접속하는 열전대부는 20개 이하로 한다. 다만, 각각의 열전대부에 대한 작동여부를 검출부에서 표시할 수 있는 것(주소형)은 형식승인 받은 성능 인정범위내의 수량으로 설치할 수 있다.

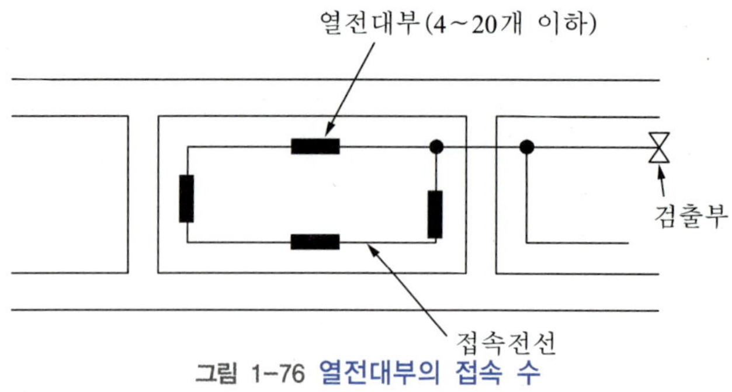

그림 1-76 열전대부의 접속 수

㉢ 열반도체식 감지기

감열부에는 열기전력을 발생시키기 위한 열반도체 소자(Bi-Sb-Te계 화합물)와 수열판을 사용하고 있으며, 단자와 열반도체 소자를 접속하는 동니켈선은 열반도체 소자와 역방향의 열기전력을 발생시키는 것으로 차동식 스포트형 감지기의 리크 구멍과 유사한 역할을 한다.

동작원리는 화재가 발생되어 온도상승할 경우 전기저항이 작아지는 열반도체 소자의 특성(열에너지를 전기적 에너지로 변환하는 제벡효과)에 의하여 발생된 열기전력이 미터릴레이를 작동시켜 수신기에 신호를 발신하게 된다. 그러나 실내난방 등에 의한 완만한 온도상승에 있는 경우에는 동니켈선에 반도체와 역방향의 열기전력이 발생하여 반도체소자에서 발생되는 열기전력을 억제하므로 감지기의 출력전압을 작아지게 한다. 온도상승률(또는 온도차)에 따라 발생되는 열기전력의 크기가 결정된다.

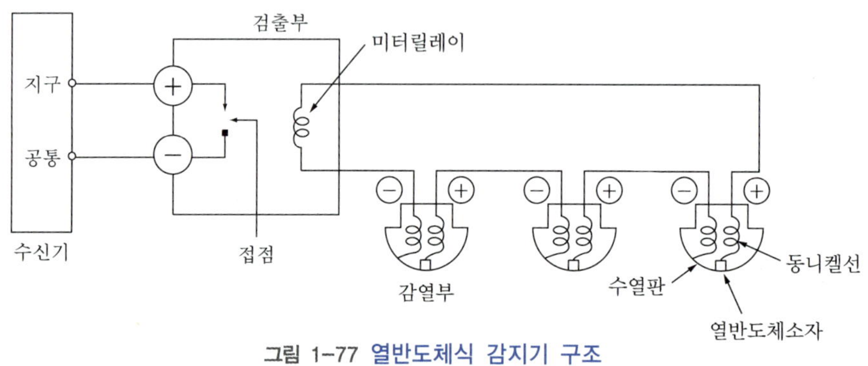

그림 1-77 열반도체식 감지기 구조

열반도체식 감지기는 설치기준은 다음과 같다.

ⓐ 감지부는 그 부착높이 및 소방대상물에 따라 <표 1-16>에 따른 바닥면적마다 1개 이상으로 할 것. 다만, 바닥면적이 다음 표에 따른 면적의 2배 이하인 경우에는 2개(부착높이가 8m 미만이고, 바닥면적이 <표 1-16>의 면적 이하인 경우에는 1개)

이상으로 하여야 한다.

ⓑ 하나의 검출기에 접속하는 감지부는 2개 이상 15개 이하가 되도록 할 것. 다만, 각각의 감지부에 대한 작동여부를 검출기에서 표시할 수 있는 것(주소형)은 형식승인 받은 성능인정범위 내의 수량으로 설치할 수 있다.

표 1-16 반도체식 차동식 분포형 감지기 설치면적

부착높이 및 소방대상물의 구분		감지기의 종류(단위 : m^2)	
		1종	2종
8m 미만	주요구조부가 내화구조로 된 소방대상물 또는 그 부분	65	36
	기타 구조의 소방대상물 또는 그 부분	40	23
8m 이상 15m 미만	주요구조부가 내화구조로 된 소방대상물 또는 그 부분	50	36
	기타 구조의 소방대상물 또는 그 부분	30	23

열전효과(Thermoelectric effect)

종 류	설 명
Seebeck effect	• 열전류 특성이 다른 이종 금속을 접합(열전대)하고 접합부에 열을 가하면 두 금속 양단에 온도상승이 달라지면서 열기전력이 발생(구리－비스무스, 비스무스－안티몬) ex) 온도계, 계측기 등 • 감지기사용 : 철－콘스탄탄 : 54μV, 동－콘스탄탄 : 42μV
Peltier effect	• Seebeck effect의 반대 ex) 냉각장치, 전자 냉동 등 • 두 종류의 서로 다른 금속으로 폐회로를 구성하여 전류를 흘려주면 금속 접속부에 한 부분은 온도상승(가열), 다른 부분은 온도가 하강(냉각)하는 현상
Tomsom effect	• 한 개의 금속도선의 각부에 온도차가 있을 때 전류를 흘리면 온도가 변화하는 곳에서 줄열 이외의 열이 발생(발열작용)하거나 흡수(흡열작용)되는 현상
Pyroelectric effect	• 자발분극을 가지는 결정에 온도변화를 주면 이 온도변화에 대응하여 결정의 표면에 전하가 유기되는 현상

(나) 정온식 열감지기(Rate of rise type detector)

감지기의 주위 온도가 일정온도(즉, 공칭작동온도) 이상이 되면 동작하는 감지기로 실내온도가 높거나 낮을 경우 일정온도에 도달하는 시간이 더 소요될 수 있다. 정온식 감지기는 다량의 화기를 취급하는 장소에 설치하되, 공칭작동온도가 최고주위온도보다 20℃ 이상 높은 것으로 설치해야 한다. 정온식 감지기(아날로그식 제외)의 공칭작동온도는 60℃에서 150℃까지의 범위로 하되, 60℃에서 80℃인 것은 5℃ 간격으로, 80℃ 이상인 것은 10℃ 간격으로 한다.

정온식 감지기에는 스포트형과 감지선형이 있으며, 감도에 따라 특종, 1종, 2종으로 구분하는데, 공칭작동온도의 125%가 되는 온도이고 풍속이 1m/s인 수직기류에 투입하는 경우, 그 종별에 따라 <표 1-17>에 정하는 시간 이내에 작동하여야 하고, 공칭작동온도보다 10℃ 낮은 온도이고 풍속이 1m/s인 수직기류에 투입하는 경우 10분 이내에 작동하지 않아야 한다.

감지기에는 감지기의 보기 쉬운 부분에 쉽게 지워지지 않도록 표시해야 하는 사항 중 정온식 기능을 가진 감지기에는 공칭작동온도, 보상식감지기에는 정온점, 정온식 감지선형 감지기에는 외피에 다음의 구분에 의한 공칭작동온도(60～150℃)의 색상을 표시한다.

- 공칭작동온도가 80℃ 이하인 것은 백색
- 공칭작동온도가 80℃ 이상 120℃ 이하인 것은 청색
- 공칭작동온도가 120℃ 이상인 것은 적색

① 정온식 스포트형 감지기

일국소의 주위온도가 일정한 온도 이상이 되는 경우에 작동하는 것으로서 외관이 전선으로 되어 있지 않은 것을 말한다.

㉠ 바이메탈을 이용

대부분의 금속은 온도가 상승함에 따라 팽창을 하는 데 바이메탈은 금속의 열팽창계수가 다른 두 금속을 용착이나 납땜한 것을 말한다. 화재로 인하여 바이메탈이 열을 받아 온도가 상승하면 열팽창계수가 작은 금속쪽으로 휘게 되고 바이메탈 끝부분에

표 1-17 정온식 열감지기의 동작시간

종별	실온	
	0℃	0℃ 이외
특종	40초 이하	$t = \dfrac{t_0 \times \log_{10}\left(1 + \dfrac{\theta - \theta_r}{\delta}\right)}{\log_{10}\left(1 + \dfrac{\theta}{\delta}\right)}$
1종	40초 초과 120초 이하	
2종	120초 초과 300초 이하	

주) t_0 : 실온이 0℃인 경우의 작동시간(초), θ : 공칭작동온도(℃), δ : 공칭작동온도와 작동시험온도와의 차

있는 접점에 닿게 되어 화재신호를 수신기에 발신하게 된다. 그리고 온도가 상온으로 되면 처음 상태로 복귀된다. 바이메탈은 직선적인 변형이나 원형(만곡) 형태의 변형을 이용하고, 주재료로 사용되는 고팽창 금속은 황동, 저팽창 금속은 철-니켈이 사용되며, 접점은 PGS 합금이 사용된다.

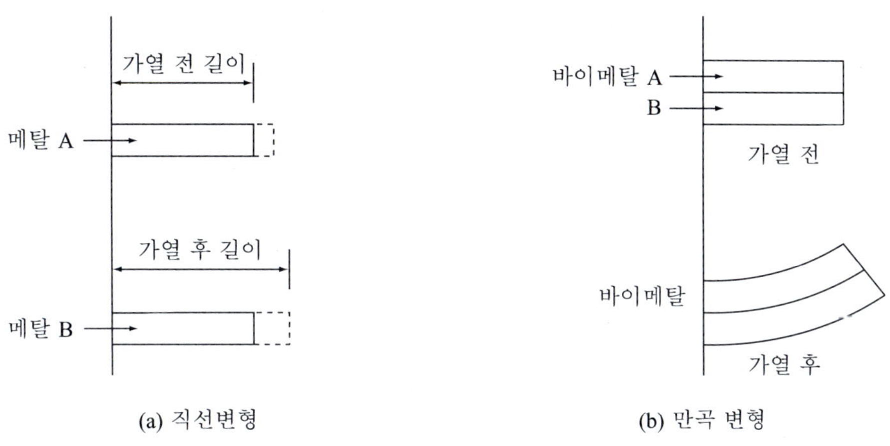

그림 1-78 바이메탈의 변형

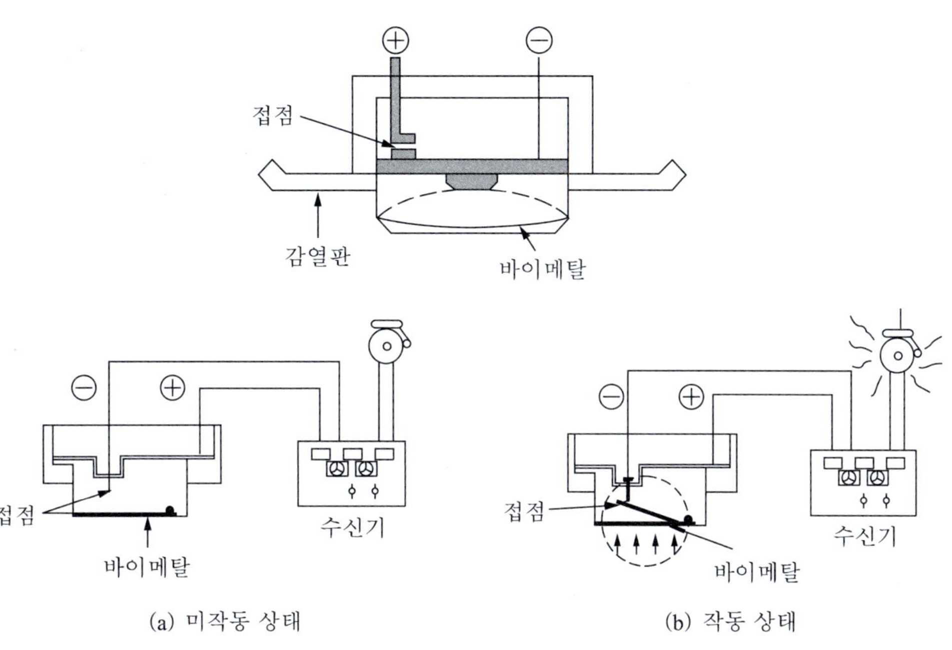

그림 1-79 바이메탈에 의한 작동

㉡ 금속 팽창계수를 이용

금속의 팽창계수가 큰 것은 외부에 적은 금속은 내부에 고정시켜 조합한 것으로 화재가 발생되면 내부의 저팽창금속은 고정되어 있고 외부의 고팽창금속이 팽창하면서 내부로 잡아당기는 직선적인 팽창에 의해 접점을 붙게 하여 화재신호를 발신하게 된다.

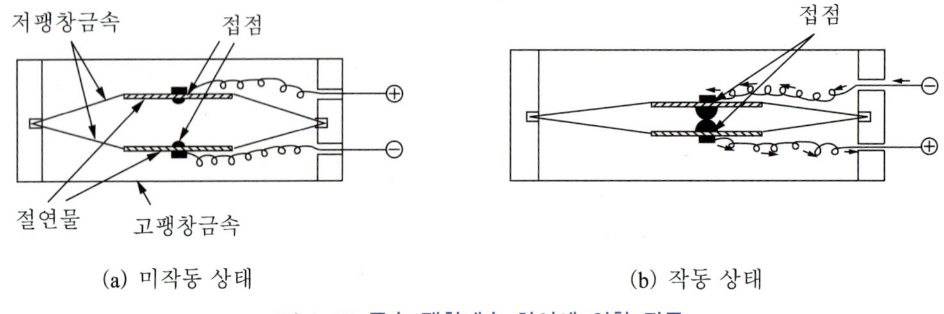

그림 1-80 금속 팽창계수 차이에 의한 작동

㉢ 액체의 팽창을 이용

<그림 1-81>의 구조에서와 같이 액체나 기체를 봉입하는 수열체, 반전판, 접점으로 구성되어 있으며, 화재로 인하여 수열체에 열을 받으면 수열체 내부의 액체가 기화하면서 팽창하게 되고 이 압력에 의하여 반전판이 반전하면서 접점이 붙어 화재신호를 발신하게 된다. 일반적으로 알코올이 사용되고 있지만 국내에서는 사용하지 않는다.

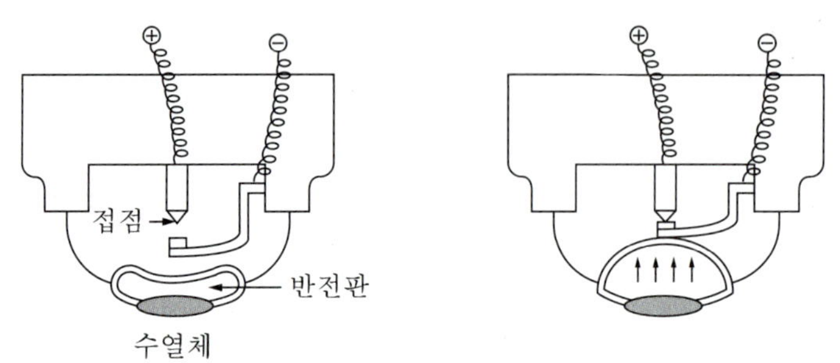

그림 1-81 액체 팽창에 의한 작동

㉣ 가용절연물을 이용

정온식 감지선형 감지기의 점재되어 있는 감열부를 분리한 것으로 <그림 1-82>에서와 같이 스프링접점과 외통사이에 가용절연물을 놓고 주의 온도가 일정온도 이상 상승하면 가용절연물이 녹아 2개의 전선이 접촉되어 신호를 발신하게 된다. 한 번 작동하면 재사용할 수 없는 비재용형非再用型으로 현재는 사용하지 않는다. 비재용형의 감지기는 가용절연물을 이용한 정온식 스포트형과 정온식 감지선형 감지기가 있다.

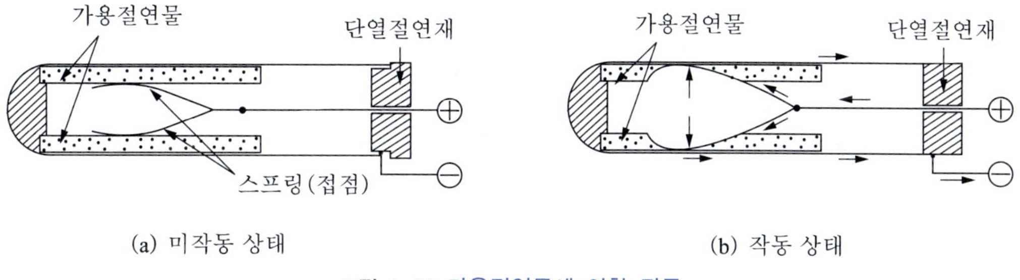

(a) 미작동 상태 (b) 작동 상태

그림 1-82 가용절연물에 의한 작동

㉤ 반도체를 이용

차동식 스포트형 감지기의 반도체를 이용한 것으로 차이점은 서미스터 1개를 사용한다는 것이다. 서미스터는 감지기 외부에 노출시켜 주위온도 변화를 감지시키고 공칭 작동온도 이상이 되면 동작한다. <그림 1-83>의 회로도에서 화재가 발생되면 서미스터가 감지하고 A점의 전압이 B점 전압보다 커지게 되므로 C점의 출력은 Vcc가 된다. 이때 SCR이 트리거(Trigger)되면서 SCR을 동작시키고 LED가 점등되어 화재신호를 발신한다.

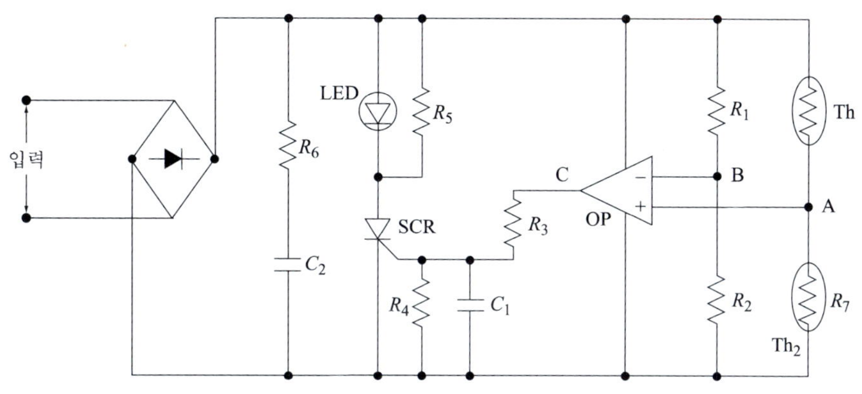

그림 1-83 정온식 스포트형 반도체식 감지기의 회로도

감열 반도체소자는 화재로 열을 받아 온도가 상승하면 전기저항이 작아지고 정상상태의 경우에는 저항이 커지는 부(−)온도 특성을 이용한다. 감열 반도체소자(CRT, Critical Temperature Resistor)는 특정한 온도영역에서 온도가 상승함에 따라 급격히 전기저항이 감소되는 저항체로서 VO_2계, Ag_2S계 및 금속 염화물계의 CRT가 있다. VO_2계는 V, P 및 Ba, Sr, Ca 등의 혼합산화물을 약환원성 분위기에서 소결한 것으로서 20~80℃에 급변온도가 있고, 10℃의 온도상승으로 $10^{2\sim3}$의 저항값이 급격히 감소한다. 감지기 외에 일정한 온도의 온도조절장치, 온도경보장치의 온도센서로 사용된다.

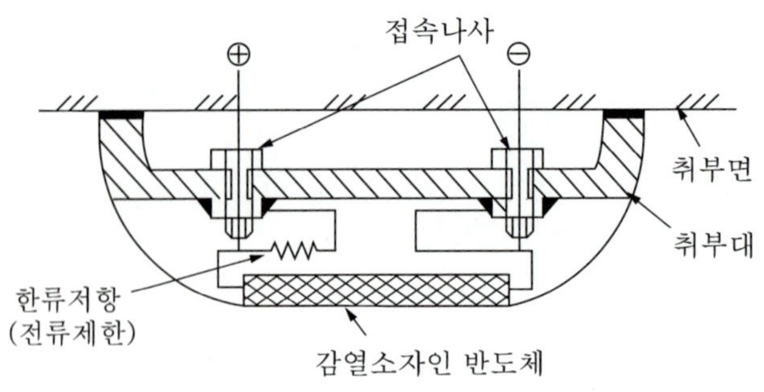

그림 1-84 감열반도체에 의한 작동

② 정온식 감지선형 감지기

일국소의 주위온도가 일정한 온도 이상이 되는 경우에 작동하는 것으로서 외관이 전선으로 되어 있는 것을 말하며, 일정 온도 이상이 되면 가용절연물로 되어 있는 2가닥의 전선이 녹아 접촉하여 화재신호를 수신기로 발신한다. 전선 전체가 감열부로 되어 있는 것과 부분적으로 점재하여 있는 것이 있으며, 특종, 1종, 2종으로 구분된다.

구조는 <그림 1-85>에서 (a)는 전선 전체가 감열부로 되어 있는 것으로 2가닥의 피아노선에 일정 온도 이상이 되면 용해되는 물질로 전기적으로 절연시켜 꼬아 놓았으며, (b)는 감열부가 점재되어 있는 것으로 단심의 실드선[52]에 일정한 간격으로 접점부를 설치하고 심선으로 되어 있는 도체에 U자형 금속성 스프링을 관통시켜 이 용수철이 외부의 짧은 금속판에 접촉하지 않도록 가용절연물로 심선과 실드선 사이에 절연을 유지한다.

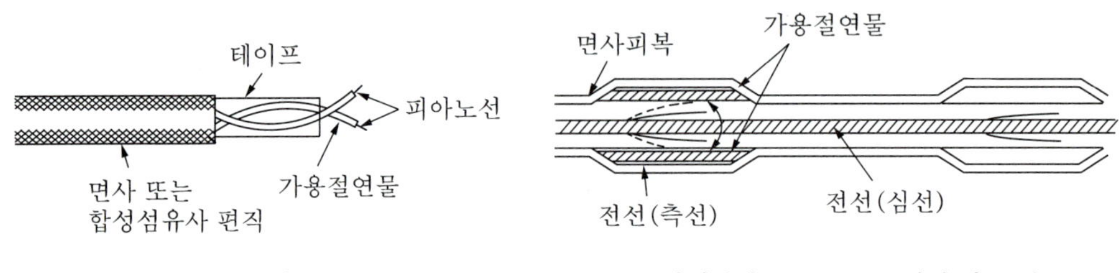

(a) 선전체가 감열부분인 것 (b) 감열부가 드문드문 존재해 있는 것

그림 1-85 감지선형 감지기의 구조

52) 전송하는 신호를 외부 노이즈로부터 보호하기 위해 신호선의 주변을 실드 도체로 감싸주는 구조의 케이블이다.

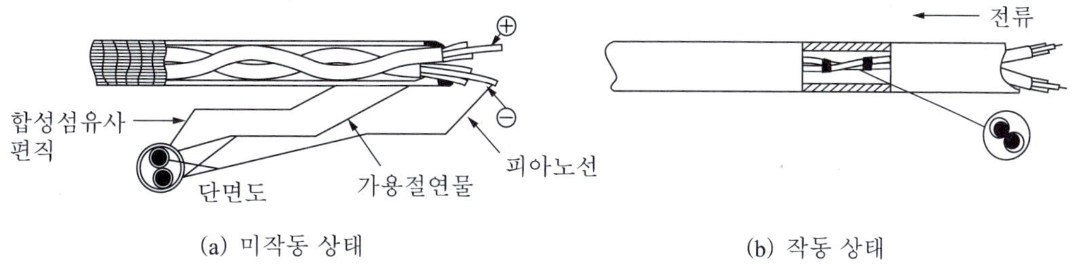

그림 1-86 감지선형 감지기의 작동

정온식 감지선형 감지기는 설치 기준은 다음과 같다.

㉠ 보조선이나 고정금구를 사용하여 감지선이 늘어지지 않도록 설치한다.

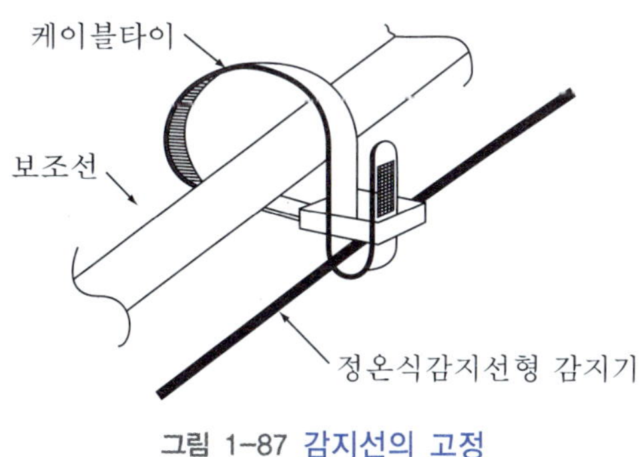

그림 1-87 감지선의 고정

㉡ 단자부와 마감 고정금구와의 설치간격은 10cm 이내로 설치한다.

㉢ 감지선형 감지기의 굴곡반경은 5cm 이상으로 한다.

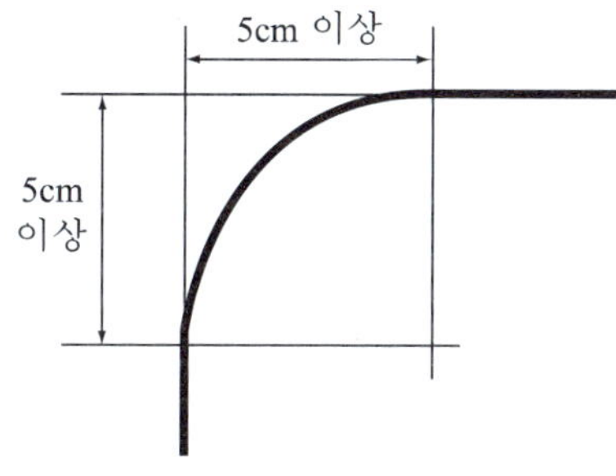

그림 1-88 감지선형 감지기의 굴곡반경

㉣ 감지기와 감지구역의 각 부분과의 수평거리가 내화구조의 경우 1종 4.5m 이하, 2종 3m 이하로 하고, 기타 구조의 경우 1종 3m 이하, 2종 1m 이하로 한다.

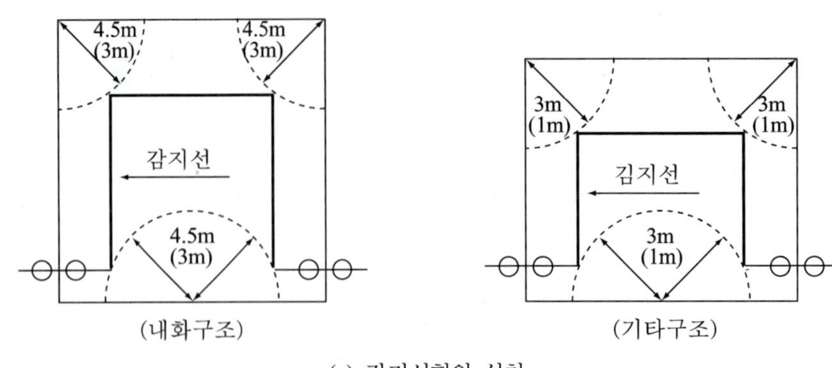

(a) 감지선형의 설치

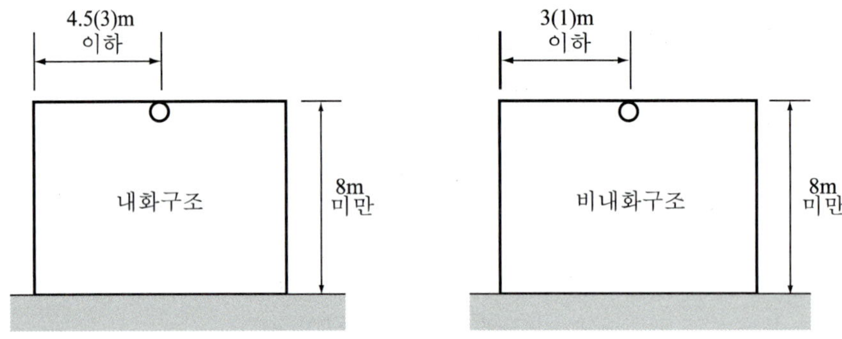

(b) 감지선의 지하구 설치

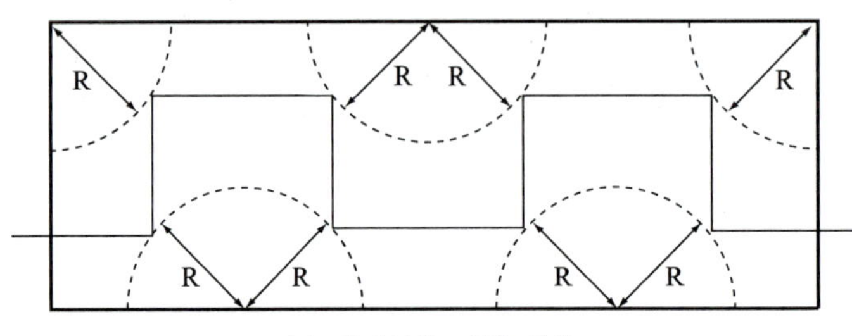

(c) 감지선의 거실 설치

그림 1-89 감지선형 감지기의 수평거리

㉤ 케이블트레이에 감지기를 설치하는 경우에는 케이블트레이 받침대에 마감금구를 사용하여 설치한다.

㉥ 지하구나 창고의 천장 등에 지지물이 적당하지 않는 장소에서는 보조선을 설치하고 그 보조선에 설치한다.

㉦ 분전반 내부에 설치하는 경우 접착제를 이용하여 돌기를 바닥에 고정시키고 그 곳에 감지기를 설치한다.

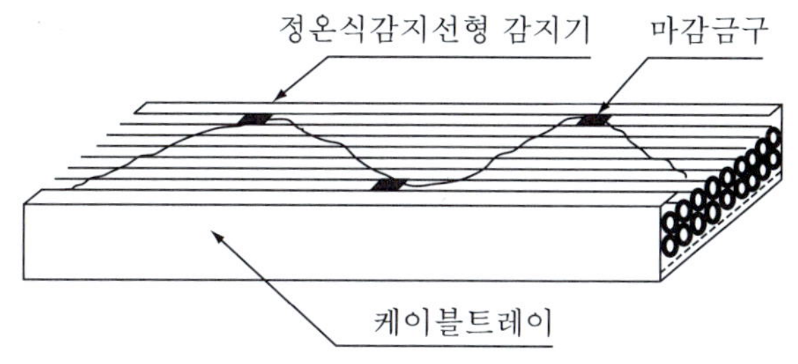

그림 1-90 감지선형의 케이블트레이 설치

◎ 그 밖의 설치방법은 형식승인 내용에 따르며 형식승인 사항이 아닌 것은 제조사의 시방示方에 따라 설치한다.

(다) 보상식 스포트형 열감지기

화재 초기의 무염연소無炎燃燒처럼 화염 없이 연기만 발생하거나 자연발화시 주위의 온도가 완만하게 상승하는 경우에 차동식 열감지방식은 감지하기가 곤란하다는 단점을 극복하기 위하여 주위 온도가 정해진 일정온도에 도달하면 정온식 열감지방식이 동작하도록 한 감지기이다(차동식 기능과 정온식 기능을 혼합). 차동식 열감지기가 동작하지 않는 온도상승속도에 대하여 일정 온도가 되면 반드시 동작할 수 있는 정온특성기능을 보상하여 차동식 기능과 정온식 기능 중

표 1-18 보상식 스포트형 감지기의 감도시험

종별	작동시험							부작동시험			
	계단상승			직선상승		정온점		계단상승		직선상승	
	온도 (℃)	풍속 (cm/s)	시간 (sec)	온도상승 (℃/min)	시간 (min)	온도 (℃)	온도 (℃)	풍속 (cm/s)	시간 (min)	온도상승 (℃/min)	시간 (min)
1종	20	70	30	10	4.5	60 이상 150 이하	10	50	1	2	15
2종	30	85		15			15	60		3	

어느 한 기능이 작동되면 신호를 발신하는 감지기이다.

보상식 스포트형 감지기의 정온점은 60~150℃까지의 범위로 하되, 60~80℃까지의 것은 5℃ 간격으로, 80℃를 넘는 것은 10℃ 간격으로 하며, 감도는 종별에 따라 1종, 2종으로 구분된다. 1종은 실온보다 20℃ 높은 온도이고 풍속이 70cm/s인 수직기류에 투입하는 경우 30초 이내에 작동해야 하고, 실온에서부터 10℃/min의 직선적인 비율로 상승하는 수평기류에서 투입하는 경우 4.5분 이내에 작동해야 하며, 실온에서부터 1℃/min의 직선적인 비율로 상승하는 수평기류를 가하는 경우 60℃ 이상 150℃ 이하보다 10℃의 낮은 온도에서부터 60℃ 이상 150℃ 이하보다 10℃ 높은 온도까지의 온도범위에서 작동하여야 한다.

보상식 감지기의 동작원리는 <그림 1-91>과 같이 우선 화재로 인하여 온도가 상승할 경우 차동식 스포트형 감지기의 원리에 따라 일정한 온도상승률 이상으로 되었을 때 다이어프램을 밀어 올려 접점을 닫아 신호를 수신기에 보낸다. 그리고 온도가 완만하게 상승할 때에는 리크구멍으로 기류가 유출되어 작동하지 않지만, 일정온도(즉, 공칭작동온도)에 도달하면 정온식 감지기의 원리에 따라 저팽창금속과 고팽창금속 사이에 팽창률이 큰 금속편이 휘어지면서 접점을 닫게 하게 하여 신호를 발신하게 된다.

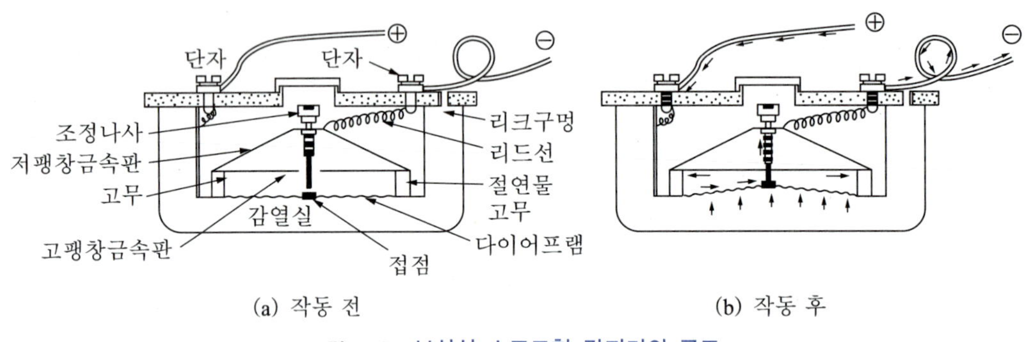

그림 1-91 보상식 스포트형 감지기의 구조

(2) 연기감지기

연소시 열분해속도가 빠른 재료(플라스틱류 등)를 건축물 내장재나 가구 등에 사용하게 되는데, 이것이 불완전연소하면 많은 연기가 발생된다. 화재시 인명피해의 주원인은 연기에 의한 질식으로 연기의 온도가 높고 유독한 성질을 갖고 있기 때문에 이를 흡입하게 되면 인체에 큰 영향을 준다.

연기는 가연물(고체 및 액체)의 불완전연소에 의해 생성된 액체 또는 기체의 미립자로 대략 0.1～10μm 크기이다. 연기의 유동속도는 주위 환경에 큰 영향을 받지만, 보통 수평방향으로 0.5～1m/s, 수직방향으로 2～3m/s의 속도로 이동하며 실내에서는 벽이나 천장을 따라 이동하고 수직 또는 수평 관통부가 있으면 순식간에 전파되는 특성이 있다.

연기감지기는 화재의 조기발견이 가능하여 초기 피난을 유도할 수 있고, 발생되는 연기색에 대하여 감도의 영향을 받지 않지만, 입자 크기에 영향을 받는다. 또한 다시 사용하여도 감도를 재조정할 필요가 없으며, 감지기 1개당 경계할 수 있는 면적이 넓고, 8m 이상의 높은 천장에 설치할 수 있는 특징이 있다. 이러한 연기감지기는 연소 생성입자를 이온 전류의 변화로 감지하는 이온화식 스포트형, 일정한 농도의 연기를 포함하게 되는 경우 작동하는 광전식 스포트형 및 분리형, 공기 중의 연기가 포함된 경우 작동하는 공기흡입형이 있다. <그림 1-92>는 이온화식과 광전식의 반응감도를 나타내고 있다.

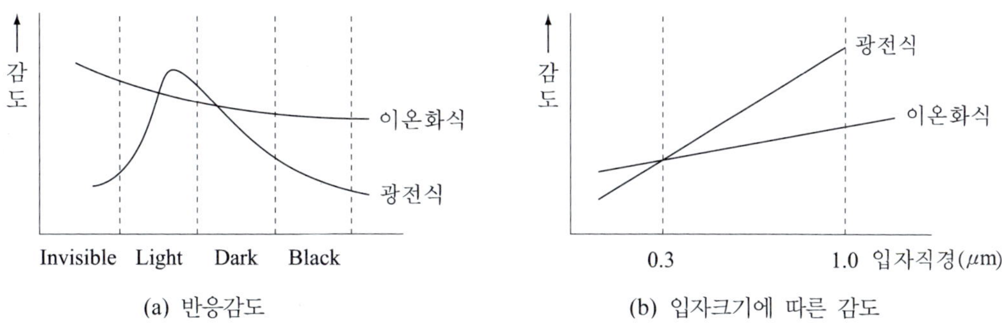

(a) 반응감도 (b) 입자크기에 따른 감도

그림 1-92 연기감지기의 반응감도

연기농도의 광학적 표시는 투과율, 감광률, 감광계수 등으로 표현된다.

- 투과율 $= \dfrac{I}{I_0} \times 100(\%)$
  - I_0 : 연기가 없을 때의 빛의 투과정도(연기가 없는 상태에서의 빛의 강도)
  - I : 연기기 있을 때의 빛의 투과정도
- 감광률(%) = 100 − 투과율

  표시방법이 간단하고 편리하지만 투과거리를 똑같이 하지 않으면 비교가 불가능하며, 연기 농도를 객관적으로 표현하기가 어려운 단점
- 감광계수(C) $= \dfrac{1}{L} \times \ln\dfrac{I_0}{I}$
  - L : 투과거리(연기층 두께)
  - Lamver-Beer 법칙에서 유도한 것으로 연기의 농도를 표현하는데 적합함

  ex) 감광계수(C)

  0.1(20 − 30m) : 연기감지기 작동, 내부에 익숙지 않은 사람이 피난에 지장

  0.3(5m) : 내부에 익숙한 사람도 피난에 지장

  0.5(3m) : 어둠침침한 정도

  1.0(1 − 2m) : 거의 앞이 안보일 정도

  10(0.2 − 0.5m) : 화재 최성기 때의 농도로 유도등이 안보일 정도

  30 : 출화실에서 연기가 불출될 때의 농도

(가) 연기감지기 설치장소는 다음과 같다. 다만, 교차회로방식에 따른 감지기가 설치된 장소 또는 적응성 감지기가 설치된 장소는 제외된다.

① 계단·경사로 및 에스컬레이터 경사로

② 복도(30m 미만의 것은 제외)

③ 엘리베이터 승강로(권상기실이 있는 경우에는 권상기실)·린넨슈트·파이프 피트 및 덕트 기타 이와 유사한 장소

④ 천장 또는 반자의 높이가 15m 이상 20m 미만의 장소

⑤ 다음의 어느 하나에 해당하는 특정소방대상물의 취침·숙박·입원 등 이와 유사한 용도로 사용되는 거실

㉮ 공동주택·오피스텔·숙박시설·노유자시설·수련시설

㉯ 교육연구시설 중 합숙소

㉰ 의료시설, 근린생활시설 중 입원실이 있는 의원·조산원

㉱ 교정 및 군사시설

㉲ 근린생활시설 중 고시원

(나) 연기감지기의 설치기준은 다음과 같다.

① 감지기의 부착높이에 따라 <표 1-19>에 따른 바닥면적마다 1개 이상으로 한다.

② 감지기는 복도 및 통로에 있어서는 보행거리 30m(3종에 있어서는 20m)마다, 계단 및 경사로에 있어서는 수직거리 15m(3종에 있어서는 10m)마다 1개 이상으로 한다.

③ 천장 또는 반자가 낮은 실내 또는 좁은 실내에 있어서는 출입구의 가까운 부분에 설치한다.

표 1-19 연기감지기 설치면적

부착높이	감지기의 종류(단위 : m^2)	
	1종 및 2종	3종
4m 미만	150	50
4m 이상 20m 미만	75	

④ 천장 또는 반자부근에 배기구가 있는 경우에는 그 부근에 설치한다.

⑤ 감지기는 벽 또는 보로부터 0.6m 이상 떨어진 곳에 설치한다.

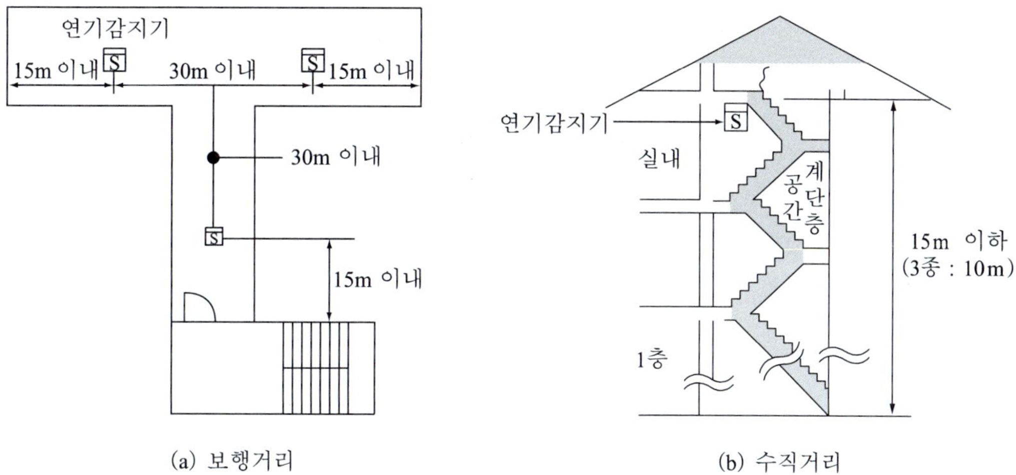

그림 1-93 연기감지기의 설치

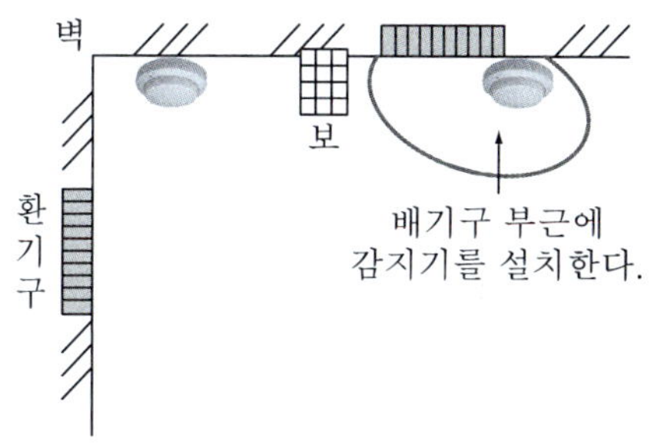

그림 1-94 배기구가 있는 경우

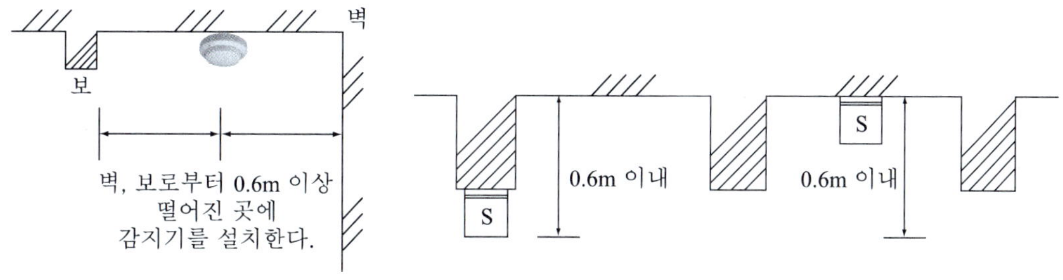

그림 1-95 벽 또는 보로부터의 이격거리

(다) 연기감지기 종류 및 구조

① 이온화식 연기감지기(Ionization smoke detector)

이온화식 스포트형 연기감지기는 주위의 공기가 일정한 농도의 연기를 포함하게 되는 경우에 작동하는 것으로서 일국소의 연기에 의하여 이온전류가 변화하여 작동하는 것을 말한다. 이온화식 감지기의 감도는 전리전류(이온화전류[53])의 변화율 1.35K인 농도의 연기를 포함하는 풍속이 20～40cm/s의 기류에 투입하는 경우 비축적형은 30초 이내에서 작동하고, 축적형은 30초 이내에서 감지한 후 공칭축적시간 ±5초 범위에서 화재신호를 발신하여야 한다.

표 1-20 이온화식 감지기의 감도(아날로그식 제외)

종별	공칭작동 전리전류변화율(K)	풍속(cm/s)	작동시간(sec)	부작동시간(min)
1종 2종 3종	0.19 0.24 0.28	20 이상 40 이하	30	5

(주) K는 공칭작동 전리전류변화율로서 평행판전극(전극간의 간격이 2cm이고 한쪽의 전극이 직경 5cm의 원형인 금속판에 3.034×10^{5}Bq (8.2μCi)의 아메리슘 241을 부착한 것을 말함) 사이에 20V의 직류전압을 가하는 경우 연기에 의한 전리전류의 변화율을 말한다.

연기감지기에는 외부 공기의 유통이 쉬운 구조로 연기가 들어가는 외부이온실에는 벌레나 먼지 등이 침입하지 못하도록 철망을 씌우고, 밀폐된 내부이온실은 이온전류가 외부이온실과 같이 흐르기 때문에 절연시켜야 한다. 각 이온실 내부에는 미량의 방사선원(α선)이 봉입되어 있으며 각 이온실의 공기분자는 방사되는 α선에 의해 이온전류가 흐르게 된다. 사용되는 방사선원은 Am^{95}, Am^{241}, Ra 등이 있으며 1.5～5μcurie[54])의 선량이 사용되고 있다. 방사성물질을 사용하는 감지기는 그 방사성물질을 밀봉선원으로 하여 외부에서 직접 접촉할 수 없도록 하여야 하며, 화재시 쉽게 파괴되지 않아야 한다.

<그림 1-96>에서와 같이 이온실 내부의 전극사이에 방사선을 조사照射하면 전극간의 이온은 +이온과 −이온으로 전리電離되어 전도성을 갖게 되며 각 이온이 상대 전극으로 이동하면서 이온전류가 흐르게 된다. 즉, 연기가 없는 상태에서는 각 이온실에 흐르는 전류가 같으므로 외부이온실 전압(V_1)과 내부이온실 전압(V_2)이 같게 된다.

53) 기체를 전리함으로써 생긴 이온에 전계를 작용시킴으로써 흐르는 이온전류이다.

54) 방사능의 강도 또는 방사성 물질의 양을 나타내는 단위로 기호는 Ci [1Ci = 3.7×10^{10}[Bq](베크렐)]이다. 1초간에 3.7×10^{10}(370억)개의 원자핵이 붕괴하는 것과 같은 방사능이다.

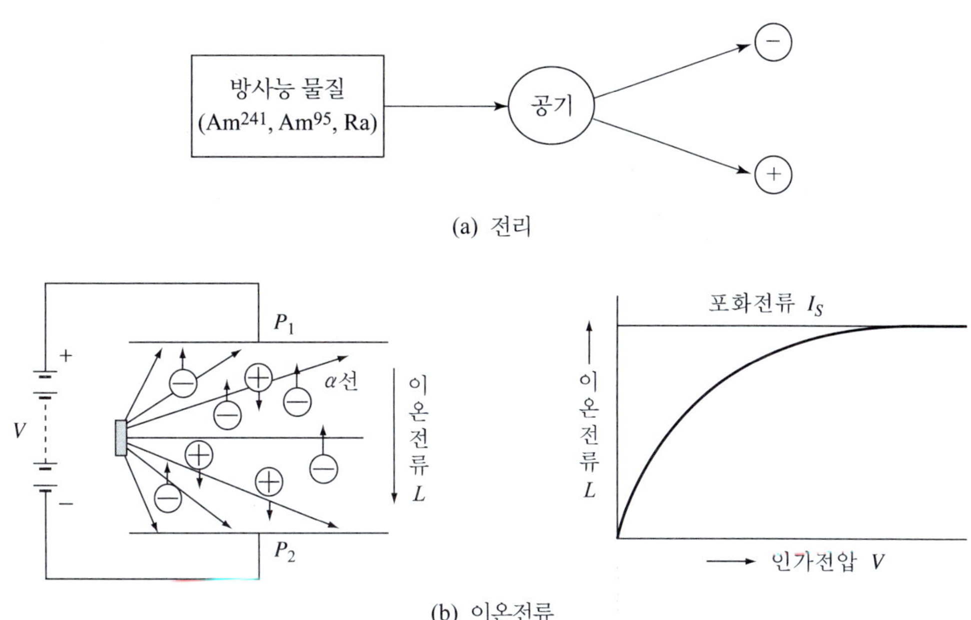

그림 1-96 이온화식 연기감지기의 이온전류

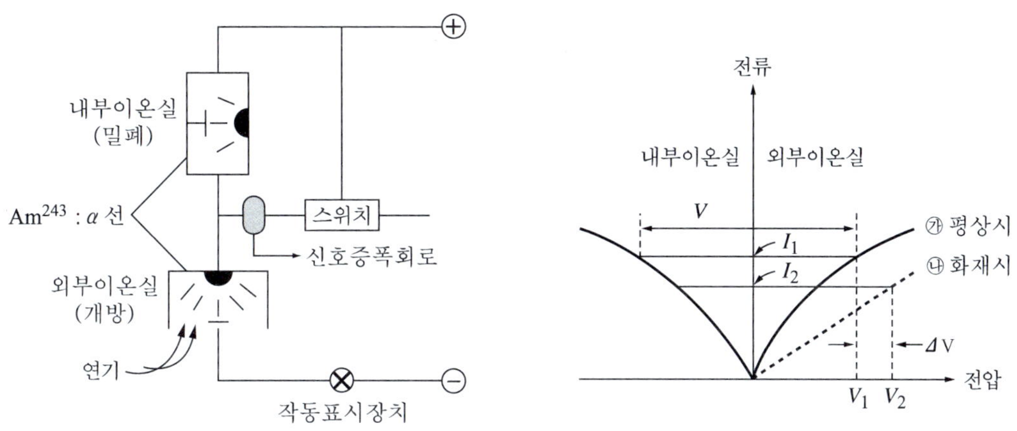

그림 1-97 이온화식 연기감지기의 동작원리

그러나 화재가 발생되어 연기감지기의 외부이온실에 연기가 유입되면 연기 중에 포함된 미립자에 이온화된 공기분자가 흡착되면서 이동속도가 늦어지고 α선도 이온화 작용이 방해를 받으면서 외부이온실에 항상 흐르는 이온전류가 감소하게 된다. 이는 옴의 법칙($V = IR$)에 따라 이온실의 내부저항을 증가시키고 결국에는 감지기 양단 전압이 상승하면서 규정값보다 클 경우 감지기에서 신호를 보내게 된다. 이 신호는 아주 적은 값이기 때문에 신호증폭회로를 이용하여 미소전압변화를 증폭시키고 스위칭회로(증폭된 신호를 받아 폐회로를 구성하여 화재신호를 발신하는 역할)를 동작시켜 수신기에 신호를 보내 경보를 울리게 한다. <그림 1-97>은 이온화식 연기감지기의 동작원리를 나타낸다.

② 광전식 연기감지기(Photo-electronic smoke detector)

외부의 빛에 영향을 받지 않는 암실형태의 챔버(Chamber) 속에 광원과 수광소자를 설치해 놓고 일정한 농도 이상의 연기가 검지부에 유입되면 평상시 광전소자에 의해 일정하게 흐르던 전류값의 변화에 의해 화재를 감지하여 동작하는 것으로 스포트형과 분리형이 있다.

㉠ 광전식 스포트형 감지기

공기 중에 일정한 농도의 연기를 포함되는 경우에 작동하는 것으로서 일국소의 연기에 의하여 광전소자에 접하는 광량의 변화로 작동하는 것을 말하며, 광전식 스포트형은 발광소자의 빛이 수광소자에 받는 방법에 따라 산란광식과 감광식으로 구분된다. 광전식 스포트형 감지기는 자연광이나 조명 등이 감지기 내부로 조사[照射]될 수 없도록 래비린스(Labyrinth) 기능이 있으며, 일반적으로 산란광식이 사용된다.

광전식 스포트형 감지기는 1m당 감광률 1.5K인 농도의 연기를 포함하는 풍속이 20～40cm/s의 기류에 투입하는 경우 비축적형인 것은 30초 이내에서 작동하고, 축적형은 30초 이내에서 감지한 후 공칭축적시간 ±5 범위에서 화재신호를 발신하여야 한다.

표 1-21 광전식 스포트형 감지기의 감도

종별	감광률(K)	풍속(cm/s)	작동시간(sec)	부작동시간(min)
1종 2종 3종	5 10 15	20 이상 40 이하	30	5

(주) K는 공칭작동농도로서 감광률로 나타낸다. 이 경우 감광률은 광원을 색온도 2800°인 백열전구로 하고 수광부는 시감도에 비슷한 것으로 한다.

ⓐ 산란광식 연기감지기(Light scattering type)

감지기 내부에 연기가 유입될 경우 발광부[55] (Si, Ge, GaAs, InGaAs 등)로부터 방사되는 빛에 의해 산란 반사되어 수광부(CdS 반도체)에 빛이 전달되면 수광부의 출력전압이 높아지고 일정한 값에 도달하면 신호를 발하게 된다. 수광부는 발광부의 빛이 들어가지 않도록 하거나 화재가 발생하지 않았을 경우

55) 발광부 광원으로 피크파장 940nm의 발광다이오드를 사용한다.

(연기가 없을 경우)에는 산란 반사가 발생되지 않도록 하여 아무런 변화가 없도록 해야 한다.

암실형태의 챔버 속에 연기가 들어오면 연기에 포함된 미립자에 의하여 빛은 산란 반사되기 때문에 연기농도가 커질수록 광원전소자의 전기저항이 감소하게 된다. 이러한 전기저항의 감소에 따라 전류의 흐름 증가를 스위칭 회로로 검출하여 수신기에 신호를 보낸다.

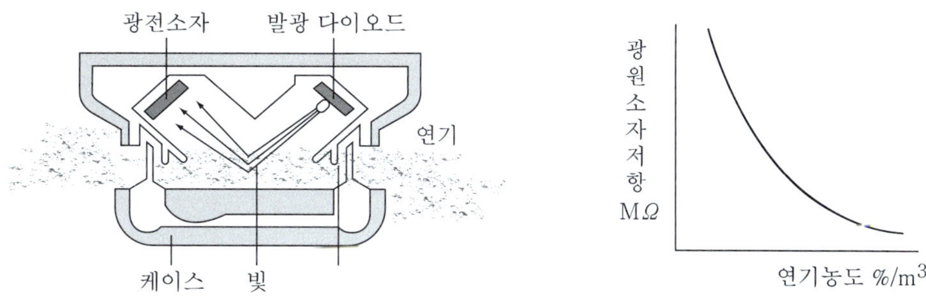

그림 1-98 광전식 연기감지기

ⓑ 감광식 연기감지기(Light obscuration type)

발광부에서 방사되는 빛이 수광부에 직접 조사되는 구조로 되어 있으며, 감지기 내부에 연기가 유입되면 연기에 포함된 미립자에 의해 빛의 양이 감소하고 수광부의 출력전압이 감소한다. 이때 출력전압의 감소량이 기준값 이하로 되면 스위칭회로에 화재신호를 발신한다.

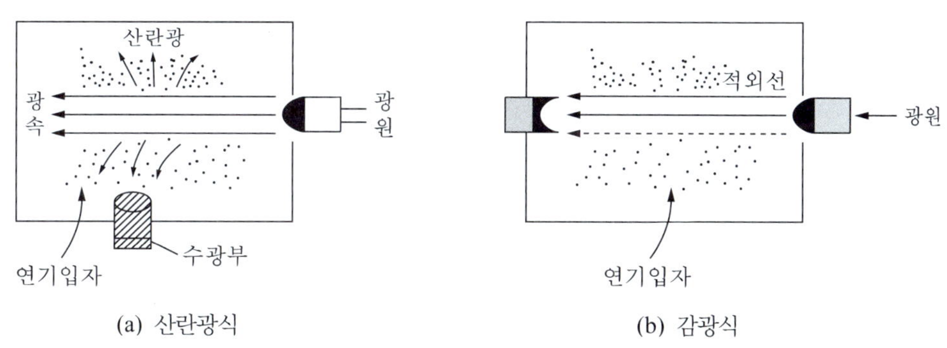

(a) 산란광식　(b) 감광식

그림 1-99 산란광식 및 감광식 연기감지기

ⓛ 광전식 분리형 감지기

발광부와 수광부로 구성된 구조로 발광부와 수광부 사이의 공간에 일정한 농도의 연기를 포함하게 되는 경우 작동하는 것을 말하며, 광전식 스포트형 감지기의 발광부와 수광부를 분리한 것과 같은 것으로 넓은 지역에서의 연기 누적에 의한 수광량의 변화에 의해 동작한다. 발광부에서는 수광부로 빛을 항상 조사하고 있어 화재에 의해 발생된 연기가 광축상의 빛의 진행을 방해하면 수광부의 광량이 감소되면서 변화된 광량을 검출하여 일정량을 초과하면 화재신호를 보내게 된다. <그림 1-100>에서 광로 축의 길이(공칭감시거리)는 5m 이상 100m 이하로 하고 5m 간격으로 규정하고 있어 체육관, 홀, 아트리움, 대규모 창고·공장 등과 같이 넓은 장소에 유용하다. 광전식 스포트형보다 감지농도를 크게 하여도 화재 감지성능이 떨어지지 않고 국소의 연기 체류나 일시적인 연기 통과에도 작동하지 않으며 신호 대 잡음비(S/N비)도 크게 얻을 수 있어 비화재보의 방지에 효과적이다.

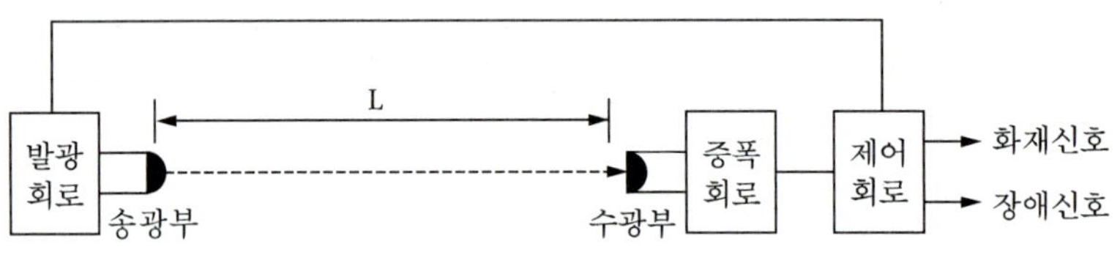

그림 1-100 광전식 분리형 감지기의 구조

광전식 분리형 감지기는 다음의 기준에 따라 설치해야 한다.

ⓐ 감지기의 수광면은 햇빛을 직접 받지 않도록 설치한다.

ⓑ 광축(발광면과 수광면의 중심을 연결한 선)은 나란한 벽으로부터 0.6m 이상 이격하여 설치한다.

ⓒ 감지기의 발광부와 수광부는 설치된 뒷벽으로부터 1m 이내 위치에 설치한다.

ⓓ 광축의 높이는 천장 등(천장의 실내에 면한 부분 또는 상층의 바닥 하부면) 높이의 80% 이상이어야 한다.

ⓔ 감지기의 광축의 길이는 공칭감시거리 범위 이내이어야 한다.

ⓕ 그 밖의 설치기준은 형식승인 내용에 따르며 형식승인 사항이 아닌 것은 제조사의 시방에 따라 설치한다.

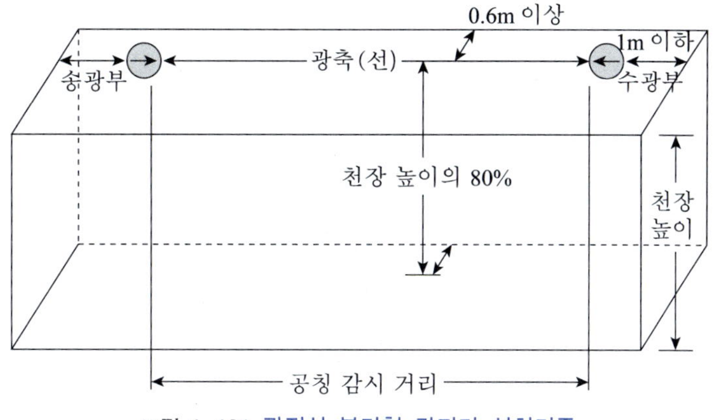

그림 1-101 광전식 분리형 감지기 설치기준

③ 공기흡입형 연기감지기(Air sampling detector)

감지기 내부에 장착된 공기흡입장치로 감지하고자 하는 위치의 공기를 흡입하고 흡입된 공기에 일정한 농도의 연기가 포함된 경우 작동하는 것을 말한다. 일반적으로 연기감지기는 공기의 유속이 빠른 장소나 연기 입자가 극히 작을 경우 실보失報하거나 동작해도 응답시간이 지연되는 등의 문제를 갖고 있으며, 이를 해결하기 위하여 화재의 극초기 단계에서 생성되는 0.005～0.02μm 정도 크기의 미립자를 검출하는 초미립자 감지기가 있다. 클린 룸(Clean room)이나 컴퓨터실 등과 대규모 공간의 화재조기 감시시스템에 사용되며, 검출하는 방법에는 습도 챔버형(Cloud chamber)과 고광도 크세논 램프형(Xenon lamp) 등이 있다.

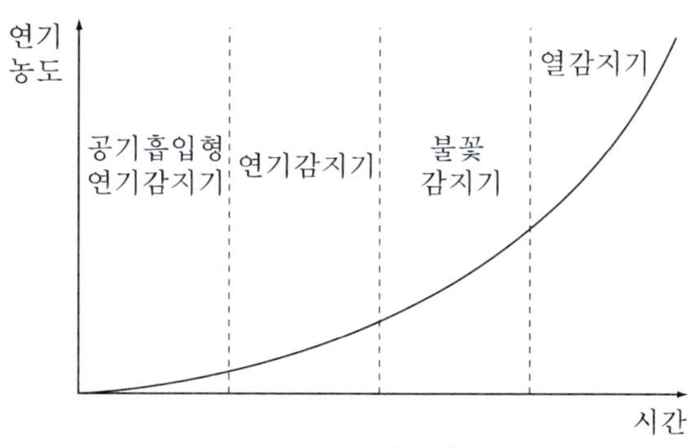

그림 1-102 연기감지기 성능

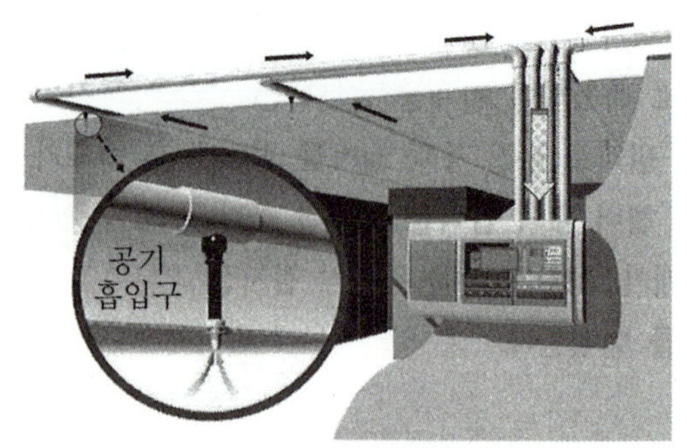

(a) 공기흡입형

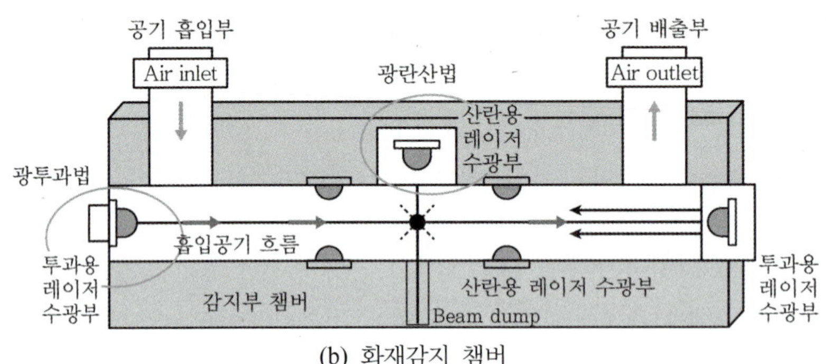

(b) 화재감지 챔버

그림 1-103 공기흡입형 감지기

㉠ 습도 챔버형

미립자는 습도가 높은 공기 중에 존재하면 입자들이 공기 중의 수증기가 응축하기 위한 핵으로 작용하기 때문에 수적(Water droplet)을 형성하는 성질이 있다. 이러한 성질을 이용해서 인공적으로 안개를 만드는 장치를 습도 챔버라 하며, 미세한 입자들을 습도가 높은 챔버 안에서 응축시켜 육안으로도 볼 수 있는 정도의 큰 입자(원래 입자의 크기에 관계없이 거의 20μm 정도로 일정하다)로 만드는 것을 <그림 1-104>에서 나타내고 있다.

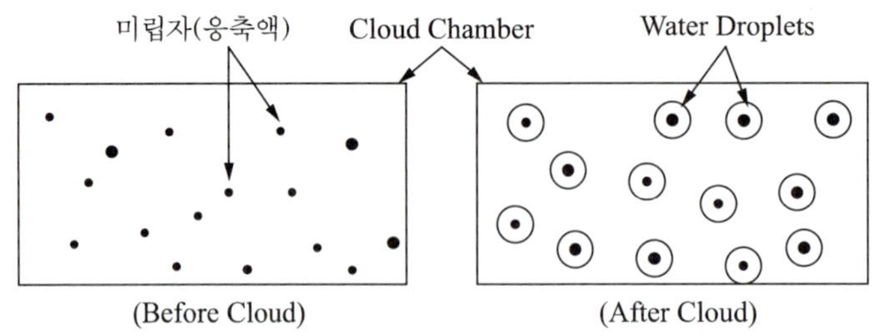

그림 1-104 습도 챔버의 원리

습도 챔버형 초미립자 검출 연기감지기는 습도 챔버를 이용해서 수적을 형성시키고 이 수적을 광전원리로 측정하여 화재를 감지하는 것으로 동작원리는 먼저 공기펌프로 공기표본을 채취하고, 필터로 분진 등의 입자를 걸러낸 후 습도가 거의 100%인 습도 챔버로 유입시킨다. 이때 챔버 내의 압력을 낮추면 공기 중의 수증기가 연기입자에 달라붙어 응축되면서 연무형태가 된다. 이것을 광전식 검지장치로 측정하여 수적의 밀도가 설정값 이상이면 화재신호를 발신한다.

㉡ 크세논 램프형

습도 챔버형과 유사하지만 습도 챔버 없이 화재초기에 생성되는 연소 생성물 미립자를 검출한다. Air sampling tube로 흡입된 공기를 암실(산란챔버)로 유도하면 강력한 고광도 크세논 램프가 빛을 조사하고 공기 중에 부유하고 있는 미립자에 의해 반사하는 산란광을 측정하여 수광량이 설정값 이상이면 화재신호를 발신한다.

(3) 복합형 감지기

화재시 감지기 주위온도는 높지만, 연기를 발생하지 않는 장소에 연기감지기를 설치하거나, 연기는 많이 발생되지만 온도가 낮은 장소에 열감지기를 설치하는 것은 의미가 없다. 이러한 화재 장소별 적합한 감지기를 선정하는 데 어려움이 있으므로 열(온도)과 연기의 발생을 모두 감지하여 화재 발생을 쉽게 확인할 수 있는 감지기가 필요하다. 따라서 비화재의 극소화 및 실보방지를 위해서 여러 감지기의 다양한 동작 원리 중 하나의 감지기에 두 가지의 감지원리를 조합하여 화재를 감지하도록 한 것이 복합형 감지기이다. 복합형 감지기는 화재시 발생하는 열, 연기, 불꽃을 자동적으로 감지하는 기능 중 두 가지 이상의 성능(동일 생성물이나 다른 연소생성물의 감지 기능)을 가진 것으로서 열복합형, 연복합형, 열연기복합형 등이 있으며, 두 가지 성능의 감지기능이 함께 작동될 때(단신호식) 화재신호를 발신하거나 두 개의 화재신호를 각각 발신(다신호식)한다.

(가) 열복합형 감지기

차동식 스포트형과 정온식 스포트형의 성능이 있는 것으로서 두 가지 성능의 감지기능이 함께 작동될 때 화재신호를 발신하거나 또는 두 개의 화재신호를 각각 발신하는 것을 말한다.

(나) 연복합형 감지기

이온화식 스포트형과 광전식 스포트형의 성능이 있는 것으로서 두 가지 성능의 감지기능이 함께 작동될 때 화재신호를 발신하거나 또는 두 개의 화재신호를 각각 발신하는 것을 말한다.

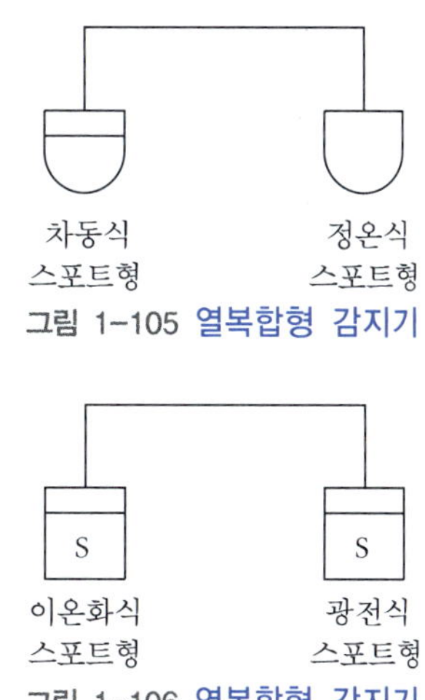

그림 1-105 열복합형 감지기

그림 1-106 연복합형 감지기

(다) 열연기 복합형

열감지기 및 연기감지기(차동식 스포트형과 이온화식 스포트형, 차동식 스포트형과 광전식 스포트형, 정온식 스포트형과 이온화식 스포트형 또는 정온식 스포트형과 광전식 스포트형)의 성능이 있는 것으로서 두 가지 성능의 감지기능이 함께 작동될 때 화재신호를 발신하거나 또는 두 개의 화재신호를 각각 발신하는 것을 말한다.

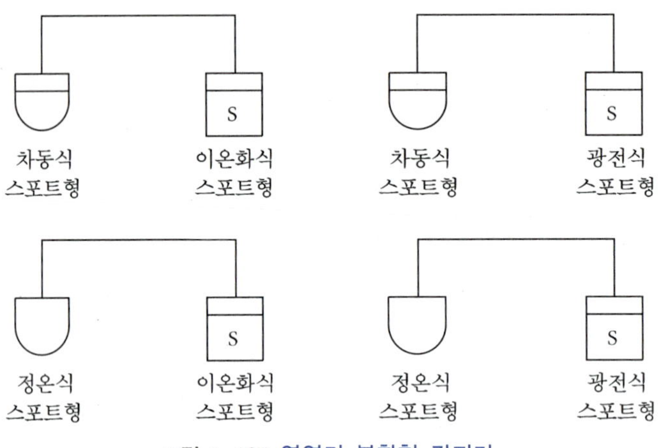

그림 1-107 열연기 복합형 감지기

열복합형 감지기의 설치에 관하여는 '보상식 스포트형 감지기의 정온점' 내지 '열반도체식 차동식 분포형 감지기' 규정을, 연복합형 감지기의 설치에 관하여는 '연기감지기 설치기준' 규정을, 열연기 복합형 감지기의 설치에 관하여는 '<표 1-11> 감지기 부착높이별 기준' 및 '연기감지기 설치기준' 규정을 준용하여 설치해야 한다.

표 1-22 연기감지기 설치기준

구 분	1종 · 2종	3종
복도 및 통로(보행거리)	30m	20m
계단 및 경사로(수직거리)	15m	10m
벽 또는 보	0.6m 이상 이격	

(4) 다신호식 감지기

한 개의 감지기 내에 서로 다른 종별 또는 감도 등의 기능을 갖춘 것으로서 일정시간 간격을 두고 각각 다른 2개 이상의 화재신호를 발하는 감지기를 말한다. 다신호식 감지기는 오보를 방지하기 위한 것으로 검출된 신호를 단계적으로, 즉 1단계는 경계신호, 2단계는 화재경보신호로 수신기에 송신하며 이러한 방식의 감지기로부터 화재신호를 수신하기 위해서는 다신호식 수신기를 사용해야 한다.

다신호식 감지기의 조합은 <그림 1-108>와 같으며, 복합식 감지기와의 차이는 <표 1-23>에서 나타내고 있다.

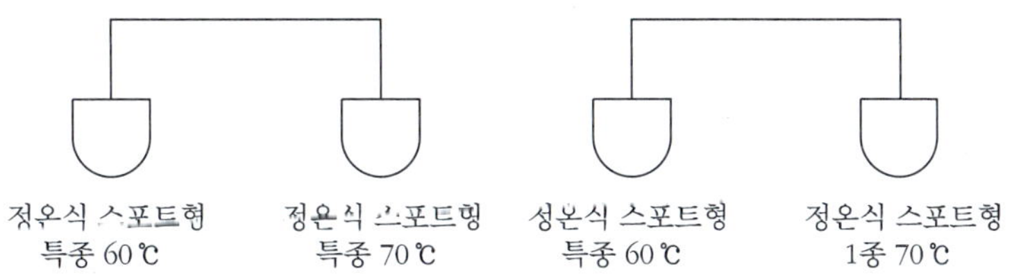

(a) 감도 또는 공칭 작동온도가 다른 것의 조합

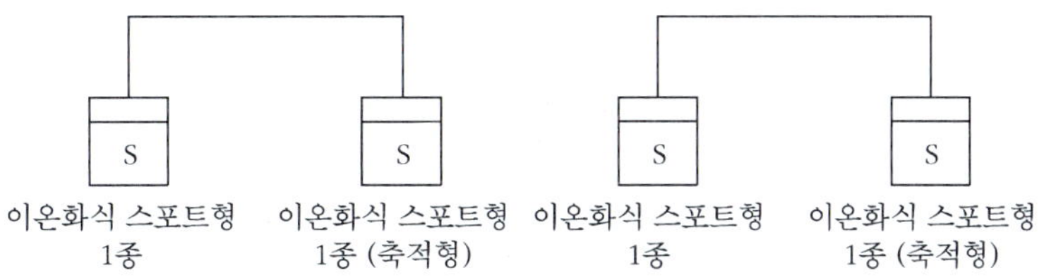

(b) 비축적형과 축적형의 조합

그림 1-108 다신호식 감지기

표 1-23 다신호식과 복합식 감지기의 비교

구분	다신호식 감지기	복합형 감지기
감지소자	감지원리는 같지만, 종별 및 감도 등이 다른 감지소자의 조합	감지원리가 다른 감지소자의 조합
화재신호발신	각 감지소자가 작동할 경우	두 기능이 모두 작동될 경우 또는 각 기능이 작동될 경우

(5) 불꽃감지기

(가) 특징

불꽃감지기는 화재시 발생되는 화염, 불꽃, 잔화 등에서 발생하거나 특정한 파장 또는 깜빡거림을 감지하여 작동하는데 그 종류는 적외선, 자외선 그리고 이 두 가지 기능이 혼합되어 있는 감지기 등이 있다. 불꽃감지기의 장·단점은 <표 1-24>에서 보여주고 있다.

표 1-24 불꽃감지기의 장 · 단점 비교

장점	• 제한이 없는 부착높이 • 제한이 없는 설치위치(모서리나 벽 등에 설치 가능) • 넓은 감지면적(감지기 수량 감소) • 열발생, 분진, 바람, 부식성 가스 등 환경적 요인에 장애를 받지 않음
단점	• 불꽃이 없는 화재(훈소화재)에 대한 낮은 적응성 • 늦은 화재 감지 • 기둥이나 보 등의 시야가 확보되지 못하는 지역은 감지 불가능 • 비싼 가격

불꽃감지기는 항상 감시지역 전체가 가시범위에 포함되도록 설치되어야 하기 때문에 실내의 높은 모퉁이 위치에 설치하는 것이 유효하다. 공칭감시거리는 감지기의 유효 감시거리를 말하는 것으로 <그림 1-109>처럼 원추형의 형태를 구성하여야 하며, 20m 미만의 장소에 적합한 것은 1m 간격으로 20m 이상의 장소에 적합한 것은 5m 간격으로 분할하고, 복수의 유효감지거리 및 유효감지거리 범위는 다수의 단계로 분할하여 설정할 수 있다. 시야각은 감지기의 유효 감시각도로서 5° 간격으로 하여 감도시험을 실시한다.

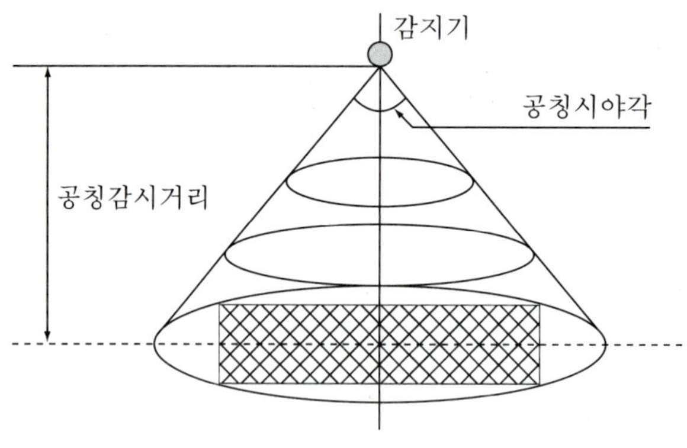

그림 1-109 공칭감시거리와 시야각

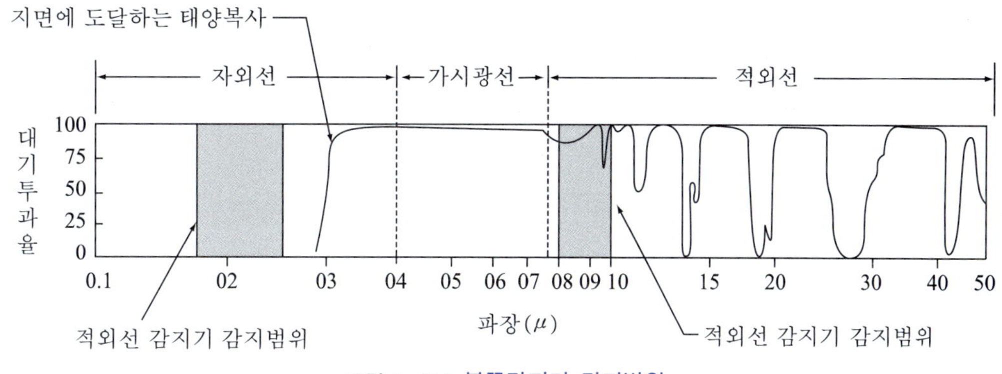

그림 1-110 불꽃감지기 감지범위

물질이 불꽃을 내며 연소할 때 발생하는 스펙트럼[56]은 연소물질에 따라 다르지만 일반적으로 <그림 1-110>처럼 자외선은 0.4μm보다 짧은 파장의 영역, 가시광선은 0.4～0.8μm의 영역, 적외선은 0.8μm보다 긴 파장의 영역에 존재한다.

연소물질이나 온도에 따른 분광분포[57]의 특성은 <그림 1-111>에서 나타내고 있다. (a), (b)는 오렌지색의 불꽃을 내는 촛불과 가솔린의 연소 시 나타나는 분광분포로서 2μm, 4.4μm 부근에서 최대값이 나타나고 있으며 (c)는 청백색 불꽃의 완전연소에 가까운 도시 가스의 분광분포로

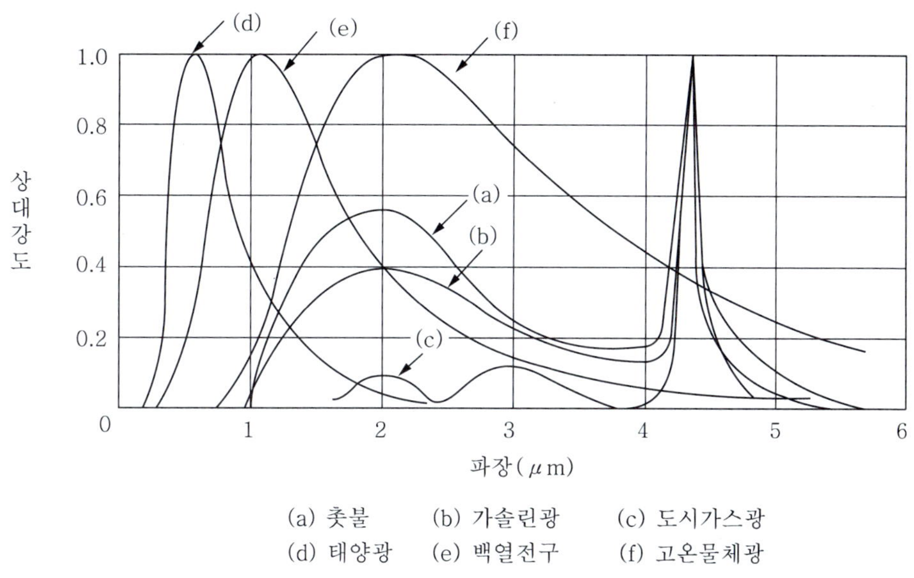

그림 1-111 분광분포 특성

56) 빛을 분광기나 프리즘 등으로 굴절시켜 분해했을 때 각 파장성분의 세기 분포를 말한다.

57) 각 파장에 대해 단위 파장당의 방사량과 파장과의 관계를 나타낸다.

2μm, 3μm, 4.4μm 부근에서 최대값이 나타나고 있다. (a), (b), (c)의 분광분포는 모두 4.4μm 부근에서 최대 분광 에너지를 방사하고 있으나 이것은 연소에 의해 발생되는 CO_2에 의한 공명 방사에너지로 다른 고온물체에서는 볼 수 없는 특징을 보여주고 있다. (d)는 6000°K의 태양광, (e)는 2850°K의 백열전구, (f)는 2μm 부근에서 최대값을 갖는 1400°K의 고온물체들의 분광분포로 Flank 법칙[58]에 의하여 구한 것이다.

(나) 불꽃감지기의 설치기준은 다음과 같다.

① 공칭감시거리 및 공칭시야각은 형식승인 내용을 따른다.
② 감지기는 공칭감시거리와 공칭시야각을 기준으로 감시구역이 모두 포용될 수 있도록 설치한다.
③ 감지기는 화재감지를 유효하게 감지할 수 있는 모서리 또는 벽 등에 설치한다.
④ 감지기를 천장에 설치하는 경우에는 감지기는 바닥을 향하여 설치한다.
⑤ 수분이 많이 발생할 우려가 있는 장소에는 방수형으로 설치한다.
⑥ 그 밖의 설치기준은 형식승인 내용에 따르며 형식승인 사항이 아닌 것은 제조사의 시방에 따라 설치한다.

(다) 불꽃감지기의 종류

불꽃감지기에서는 불꽃의 방사에너지를 전기에너지로 변환(광전효과[59])시키는 소자(검출소자)가 필요하며 원리에 따라 광전자 방출효과, 광기전력 효과, 광도전 효과가 있다.

광전자 방출효과는 빛이 광전음극에 입사하면 광전음극에서 방출된 2차 전자가 음극에서 증폭되어 양극에 도달하게 되면 10^5배 이상까지 증폭된다. 이와 같이 빛이 조사照射될 때 고체 내의 여기勵起(Excitation)[60] 전자가 진공 중에 방출시키는 광전자 방사를 이용한 것으로 UV Tron 등이 있다.

광기전력 효과는 반도체에 있어서 PN 접합이나 Schottky barrier[61] 등에 의하여 공핍층[62]이 형성되어 있을 때, 그 내부 또는 아주 근방에서 빛에 의하여 전자・정공쌍이 발생하면 공핍층 내에 전계 때문에 전자는 n형 영역으로, 정공은 p형 영역으로 이동한다. 이렇게 이동한 전자・

58) 어떤 온도에서 최대 온도복사를 하는 완전복사체(흑체)의 분광복사속도 발산도를 표시한다.
59) 물질이 빛을 흡수하면 광전자를 방출하여 기전력을 발생시키는 현상을 말한다.
60) 외부에서 에너지를 가함으로써 원자나 분자의 가장 바깥쪽에 있는 전자가 높은 에너지 상태로 이동하는 것을 말한다.
61) 금속과 반도체를 접촉시키면 두 물체의 페르미 준위가 일치하도록 캐리어가 이동하고, 반도체 표면에 생기는 공간전하층이 전위장벽(에너지 장벽)을 구성하는 것을 말한다.
62) PN 접합, 반도체와 금속의 접촉에 있어 캐리어가 희박해지고 공간전하가 있는 영역이다.

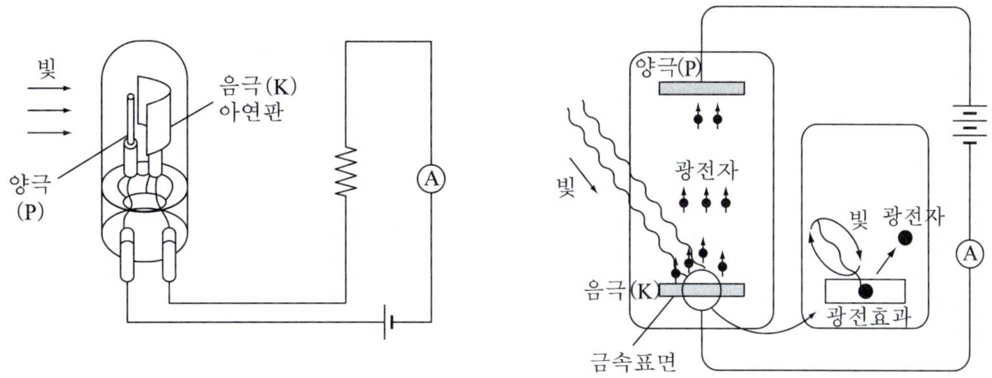

그림 1-112 광전자 방출

정공 때문에 열평형상태에 비해서 캐리어 농도가 높아져서 p형 반도체와 n형 반도체 사이에 농도의 차이에 따른 기전력이 발생하는 효과이다. 즉, PN 접합의 반도체에 빛이 조사되면 전극간에 기전력이 발생되는 것을 이용한 것으로 인가전압印加電壓이 필요 없다. 검출소자는 광 다이오드, 실리콘 태양전지(SPD), 포토트랜지스터 등이 있다.

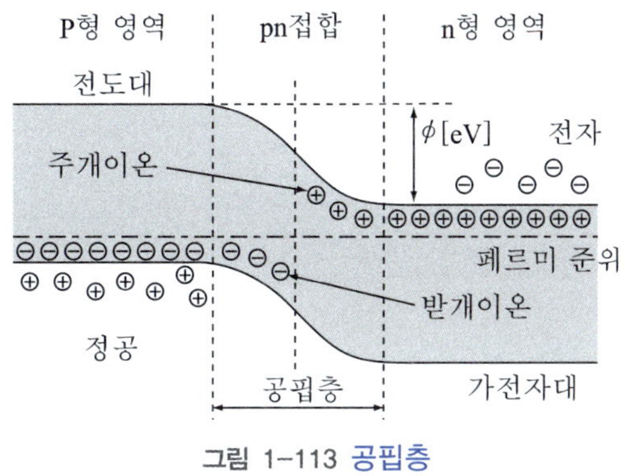

그림 1-113 공핍층

광도전 효과는 반도체에 빛이 닿으면 자유전자와 정공이 증가하고 광량에 비례하는 전류의 증가로 반도체의 저항 변화가 일어나게 되는 광도전 효과를 이용한 것으로 검출소자로는 PbS, PbSe 등이 있다.

① 자외선식 불꽃감지기

불꽃에서 방사되는 자외선의 변화가 일정량 이상 되었을 때 작동하는 것으로서 일국소의 자외선에 의하여 수광소자의 수광량 변화에 의해 작동하는 것을 말한다. 동작원리는 감지기가 감지상태에서 자외선이 방전관에 입사되면 음극(Cathode)으로부터 방출된 광전자가 양극과 음극 사이의 고전압에 의해 이동될 때 방전관에 봉입된 가스

(Ar 등)와 충돌하면서 많은 전자를 발생시키고 결국 방전현상이 일어난다. 이때 발생되는 펄스의 수와 지속시간을 검출하여 자외선의 강도를 평가한다.

불꽃의 자외선 영역 중 강한 에너지 레벨의 감지파장이 검출되는 0.18~0.26μm 범위의 협소한 파장영역에서 검출하여 그 검출신호를 화재신호로 발신하게 되며, 사용되는 검출소자는 보통 UV Tron(방전관)을 사용한다. 감지파장과 감지영역은 <그림 1-114>에서 나타내고 있다. UV파를 이용하므로 검출영역이 좁고 방전관에 분진 등이 부착되면 검출감도가 급격히 떨어지게 되어 신뢰성이 저하된다. 또한 아크용접, 형광등, X선 등에서 자외선이 발생되어 오보가 많으며, 보수유지 공간이 필요하다. 하지만 감도가 높고, 가격이 안정적이어서 많이 사용되고 있으며, 옥외형에 사용된다. 적응장소는 석유관련 시설, Gas 연료 관련 시설, 고체 위험물 취급 시설, 화학공업, 석유화학제품, 제조시설 등에 사용된다.

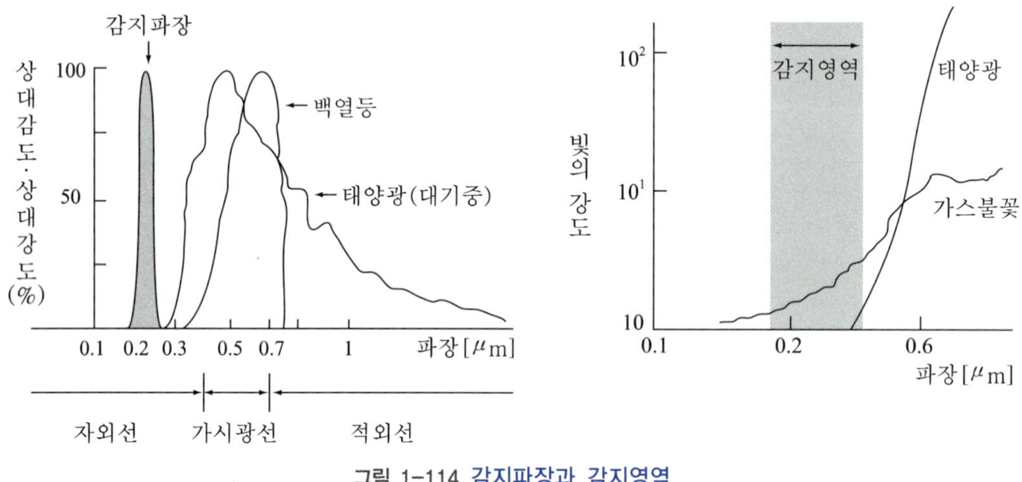

그림 1-114 감지파장과 감지영역

② 적외선식 불꽃감지기

불꽃에서 방사되는 적외선의 변화가 일정량 이상 되었을 때 작동하는 것으로서 일국소의 적외선에 의하여 수광소자의 수광량 변화에 의해 작동하는 것을 말한다. 물체의 온도변화에 따라 방사에너지의 파장분포는 온도가 높아짐에 따라 복사광 강도가 짧은 파장쪽으로 이동하기 때문에 적외선 중 온도가 높은 것은 파장이 짧은 적외선을 방출하고 온도가 낮은 것은 파장이 긴 적외선을 방출한다. 이러한 특성을 바탕으로 적외선 방사에너지의 흡수에 따른 소자의 온도변화를 감지하거나 반도체(PbS 등)의 광전효과에 의한 기전력 등으로 검출한다. 적외선식 불꽃감지기는 연기, 에어로졸 등에는 강하지만 감도가 늦고, 고가인 단점이 있으며, 태양광의 간섭 때문에 창고, 지하가 등의 폐쇄 공간(옥내용)에 이용된다. 하지만, 검출영역이 넓고 감도저하가 적으며, 분진의 영향이 적어 비화재보의 우려가 낮은 장점이 있다.

화재의 불꽃에서 방사되는 적외선 영역 내의 파장성분, 방사량을 감지하는 방법에는 탄산가스 공명방사방식, 2파장 검출방식, 정방사 검출방식, 플리커 검출방식 등이 있다.

㉠ 탄산가스 공명방사방식

원자나 분자가 중간전이[轉移] 없이 여기(들뜬)상태에서 기저(바닥)상태로 직접 전이할 때 내는 빛을 공명방사(Resonance radiation)라 하는데 UV의 결점을 보완하기 위해 연소시 발생되는 탄산가스(CO_2) 분자의 강한 공명반사 에너지를 이용한다. 이것은 탄산가스가 연소열에 의해 열을 받으면 생기는 탄산가스 특유의 분광특성(CO_2의 공명방사) 중 약 4.3μm의 파장에서 최대에너지 강도를 갖기 때문에 이 파장을 검출하여 화재로 판단한다. 검출소자는 PbSe를 사용한다.

㉡ 2파장 검출방식

연소시 불꽃의 온도는 일반 조명이나 태양광 보다 낮기 때문에 분광특성이 서로 다르며 이루 인하여 공명방시 스펙드림의 파상과 다른 파장의 에너지 차이나 대비를 검출할 수 있다. 즉, 태양광은 최대파장이 0.45μm이고 백열등은 1μm을 보이지만, 불꽃에서는 2μm 부근과 4.4μm 정도에서 상대적으로 높은 분광특성을 나타난다. 이러한 두 개의 파장을 동시에 검출하는 방식이 2파장 검출방식이다. 따라서 일반 조명광, 자연광 등의 환경적인 빛의 영향을 받지 않아 화재검출감도가 매우 뛰어나다.

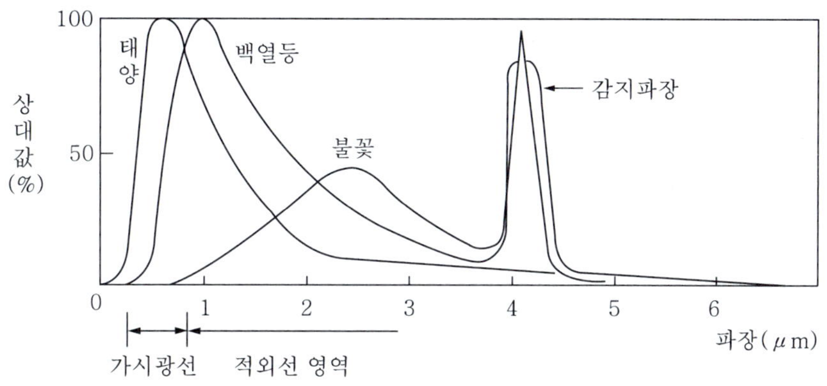

그림 1-115 적외선 스펙트럼

㉢ 플리커 검출방식

연소시 발생되는 불꽃에서 방사되는 적외선 영역의 깜박거림(Flicker) 현상을 감지하는 방식이다. 일반적으로 태양광이나 조명의 파장은 2～3μm에서 시간에 따른 변화가 거의 없거나 그 변화속도가 매우 느린 완만한 파형을 나타내다가 약 4.3μm 파장에서 최대값을 갖는다. 이는 탄산가스 공명방사의 특성에 의한 것이지만, 연소상태에서의 불꽃은 주위 산소를 흡수하면서 흔들리게 되며 이를 검출 소자인 적외선 센서를 사용하여 불꽃의 흔들림의 변화량을 검출한다. 가솔린 연소 시 발생하는 화염의 경우 정방사량의 약 6.5%의 플리커 성분(2～50Hz)을 포함하고 있으며, 난반용 난로, 전기스토브 등의 열원이 적외선 감지기의 감시각 내에 있지 않아야 한다.

㉣ 정방사 검출방식

조명광 등의 영향을 방지하기 위해 0.76μm 이하의 가시광선을 차단하는 적외선 필터를 사용하여 적외선의 파장 내에서 일정한 방사량을 실리콘 포토다이오드(Silicon photo diode)나 포토트랜지스터(Photo transistor) 등의 검출소자를 사용하여 검출한다. 그러나 긴 파장을 차단할 수 있는 적외선 필터의 사용이 어려운 검출소자의 특성 때문에 밝은 장소에서는 사용하지 않고 가솔린 화재가 예상되는 터널 등에서 사용된다.

③ 자외선 · 적외선 겸용식 불꽃감지기

불꽃에서 방사되는 불꽃의 변화가 일정량 이상 되었을 때 작동하는 것으로서 자외선 또는 적외선에 의한 수광소자의 수광량 변화에 의하여 1개의 화재신호를 발신하는 것을 말한다.

④ 영상분석식 불꽃감지기

불꽃의 실시간 영상이미지를 자동 분석하여 화재신호를 발신하는 것을 말한다.

⑤ 복합형 불꽃감지기

자외선식, 적외선식 및 영상분석식의 성능 중 두 가지 이상 성능을 가진 것으로서 두 가지 이상의 감지기능이 함께 작동될 때 화재신호를 발신하거나 또는 두개의 화재신호를 각각 발신하는 것을 말한다.

이외에도 연기감지기 및 불꽃감지기의 성능이 있는 것으로 두 가지 성능의 감지기능이 함께 작동될 때 화재신호를 발신하거나 또는 두 개의 화재신호를 각각 발신하는 연기·불꽃 복합형, 열감지기 및 불꽃감지기의 성능이 있는 것으로 두 가지 성능의 감지기능이 함께 작동될 때 화재신호를 발신하거나 또는 두 개의 화재신호를 각각 발신하는 열·불꽃 복합형, 열감지기, 연기감지기 및 불꽃감지기의 성능이 있는 것으로 세 가지 성능의 감지기능이 함께 작동될 때 화재신호를 발신하거나 또는 세 개의 화재신호를 각각 발신하는 열·연기·불꽃 복합형이 있다.

⑥ Spark/Ember 불꽃감지기

Spark나 Ember를 감지하기 위한 복사에너지 감지기로 통상 밀폐된 어두운 환경에 설치되고 스펙트럼상 적외선 부분을 감지한다. 고체물질 입자의 표면 연소과정이나 고체물질의 고온에 의해 복사에너지를 방출하는 것을 Ember라고 한다.

⑦ IR/IR형

UV/IR을 보완하기 위한 감지기로 검지소자(PbSe)의 제작이 어렵고 고가의 감지기이지만, 오보가 거의 없고 사용 중 검사가 자동 방식으로 성능이 우수하다.

⑧ 도로형 불꽃감지기

불꽃의 검출범위는 최대 시야각이 180° 이상으로 도로에 제한적으로 사용한다.

(6) 아날로그 감지기

(가) 특징

주위의 온도 또는 연기량의 변화에 따라 각각 다른 전류값 또는 전압값 등의 출력을 발하는 방식의 감지기이다. 종래의 감지기는 화재여부를 판단하여 수신기에 발신하였지만, 아날로그 감지기는 온도 또는 연기량에 대한 정보만을 수신기에 발신하는 감지기이다. 즉, 아날로그 감지기에서는 온도 또는 연기량 등의 변화에 대한 정보를 상시 검지하여 수신기로 보내주면 수신기에서는 감시조건과 비교하여 단계별(예비경보, 화재경보, 소화설비 연동 등)로 경보를 수행하게 된다. 또한 감지기는 감지기마다 고유의 주소가 있어 수신기에서 보낸 신호와 일치할 경우에만 호출된 감지기만 응답하게 된다. 이는 감지기의 오손, 불량, 저감도 등의 상태를 감지하고 그 상태를 고유의 번지(주소, address)를 이용하여 수신기에 발신하기 때문에 감지기의 이상 유무에 대하여 교환 등의 적절한 대응이 가능하며 시스템의 신뢰도도 매우 높다. 하지만 일반적인 다른 수신기(P형 수신기 등)와는 호환성이 없는 단점이 있다.

그림 1-116 아날로그 감지기

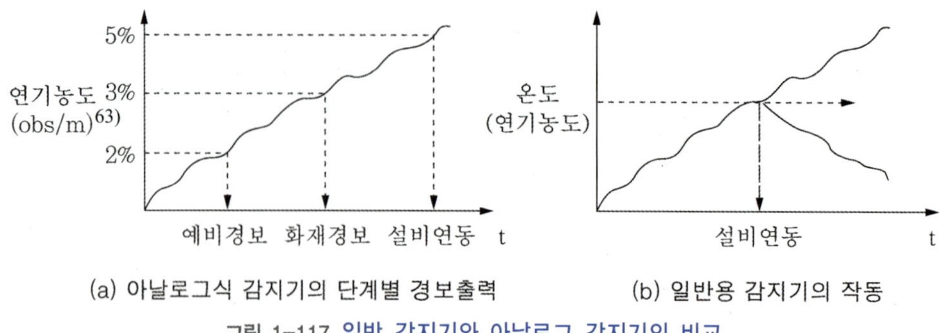

(a) 아날로그식 감지기의 단계별 경보출력 (b) 일반용 감지기의 작동

그림 1-117 일반 감지기와 아날로그 감지기의 비교

표 1-25 아날로그 감지기의 특징

특 징
• R형 수신기에 국한하여 적용가능 • 감지기의 주소화 기능 • 감지기 동작시 신호는 다중통신에 의한 디지털 데이터 신호를 사용 • 감지기의 감지레벨을 수신기에서 조정가능 • 감지기는 자기진단(Self diagnostics) 기능(오염시 장해신호, 탈락시 이상경보신호, 고장시 고장신호)

아날로그 감지기는 감지기의 탈락 및 고장 표시 기능, 영점 조정 기능 등의 자기 보상기능이 있으며, 환경보상, 기준농도 설정에 따라 변화율 표시, 오염농도에 따라 필요한 조치의 표시 기능 등의 오염표시기능을 갖고 있다. 아날로그 감지기는 공칭감지온도범위 및 공칭감지농도범위에 적합한 장소, 다신호방식의 감지기는 화재신호를 발신하는 감도에 적합한 장소에 설치해야 한다. 다만, 이 기준에서 정하지 않는 설치방법에 대하여는 형식승인 사항이나 제조사의 시방에 따라 설치할 수 있다. 아날로그 감지기의 특징은 <표 1-25>에 나타내고 있다.

(나) 아날로그 감지기의 종류 및 형식승인

① 아날로그 정온식 감지기

공칭감지온도범위(설계치)의 각 온도에서 2℃/min 이하로 일정하게 직선적으로 상승하는 풍속 1m/s의 수평기류를 공칭감지온도의 최저온도에서 최고온도까지 가하는 경우 온도에 대응하는 화재정보신호를 발신해야 하고, 공칭감지온도범위의 임의의 온도에서 특종의 작동시험에 적합해야 한다.

② 연기 아날로그 감지기

㉠ 아날로그 이온화식 스포트형 감지기의 공칭감지농도범위(설계치)는 1m에 해당하

63) 연기농도계측기준으로 발광부에서 나오는 빛이 암흑 상자 속 1m 거리에 설치된 수광부에 도달하는 광량을 계측하여 연기에 의해 산란되어 손실된 광량비율을 말한다(obscuration). 연기가 없는 공기는 0[obs/m], 심한 경우는 100[obs/m]이다.

는 환산감광률로 하며, 풍속을 20～40cm/s 이하로 하여 공칭감지농도의 최저농도값에 해당하는 전리전류변화율에서 최고농도값에 해당하는 전리전류변화율까지 매분 0.12의 일정한 간격으로 직선상승하는 연기기류에 투입하였을 때 연기농도에 대응하는 화재정보신호를 발신해야 한다. 또한 공칭감지농도범위의 임의의 농도에서 이온화식 감지기 작동시험규정에 준한 시험을 실시하는 경우 30초 이내에 작동해야 한다.

㉡ 아날로그 광전식 스포트형 감지기의 공칭감지농도범위(설계치)는 1m에 해당하는 환산감광률로 하며, 풍속을 20～40cm/s 이하로 하여 공칭감지농도의 최저농도값에서 최고농도값에 도달할 때까지 1m 감광률로 분당 2.5% 이하의 일정한 간격으로 직선상승하는 연기기류를 가할 때 연기농도에 대응하는 화재정보신호를 발신해야 한다. 또한 공칭감지농도범위의 임의의 농도에서 광전식 스포트형 감지기의 작동시험을 실시하는 경우 30초 이내에 작동해야 한다.

㉢ 아날로그 광전식 분리형 감지기의 공칭감시거리는 5m 이상 100m 이하로 하여 5m 간격으로 하고, 송광부와 수광부 사이에 감광필터를 설치할 때 공칭감지농도범위(설계치)의 최저농도값에 해당하는 감광률에서 최고농도값에 해당하는 감광률에 도달할 때까지 공칭감시거리의 최대값까지 분당 30% 이하로 일정하게 분할한 감광필터를 직선상승하도록 설치할 경우 각 감광필터값의 변화에 대응하는 화재정보신호를 발신해야 한다. 또한 공칭감지농도범위의 임의의 농도에서 작동시험을 실시하는 경우 30초 이내에 작동해야 한다.

감지기의 작동표시장치 설치 유무

감지기에는 작동표시장치를 설치하여야 한다. 다만, 방폭구조인 감지기, 수신기에 작동한 내용이 표시되는 감지기(무선식 감지기는 제외), 차동식 분포형 감지기 및 정온식 감지선형 감지기는 작동표시장치를 설치하지 않을 수 있다.

자. 감지기 시험

(1) 반복시험

감지기(비재용형 제외)는 감지기가 작동하는 경우에 단자접점에 저항부하를 연결하고 정격전압전류를 가한 상태에서 1,000회 반복할 경우 그 구조 또는 기능에 이상이 생기지 않아야 한다.

(2) 절연저항시험

감지기의 절연된 단지간의 절연저항 및 단자와 외함간의 절연저항은 직류 500V의 절연저항계로 측정한 값이 50MΩ(정온식 감지선형 감지기는 선간에서 1m당 1,000MΩ) 이상이어야 한다.

차. 감지기(단독경보형감지기 중 연동식감지기는 제외)의 무선기능

(1) 화재신호는 다음에 적합해야 한다.

(가) 작동한 감지기는 화재신호를 수신기 또는 중계기에 60초 이내 주기마다 발신해야 한다.

(나) 작동한 감지기는 수동 복귀스위치에 의한 복귀 신호를 수신하는 경우 감지기는 정상 상태로 복귀되어야 한다.(수신기 형식승인 및 제품검사의 기술기준)

(2) 무선통신 점검신호를 수신하는 경우 무선식 수신기, 무선식 중계기, 간이형수신기의 무선식 수신부 또는 무선식 중계부에 자동으로 확인신호를 발신해야 한다.(수신기 형식승인 및 제품검사의 기술기준)

(3) 건전지를 주전원으로 하는 감지기의 경우에는 건전지가 리튬전지 또는 이와 동등 이상의 지속적인 사용이 가능한 성능의 것이어야 하며, 건전지의 용량산정 시에는 다음 사항이 고려되어야 한다.

(가) 감시상태의 소비전류

(나) 수신기의 수동 통신점검에 따른 소비전류

(다) 수신기의 자동 통신점검에 따른 소비전류

(라) 건전지의 자연방전전류

(마) 건전지 교체 표시에 따른 소비전류

(바) 부가장치가 설치된 경우에는 부가장치의 작동에 따른 소비전류

(사) 기타 전류를 소모하는 기능에 대한 소비전류

(아) 안전 여유율

(4) 건전지를 주전원으로 하는 감지기는 건전지의 성능이 저하되어 건전지의 교체가 필요한 경우에는 무선식 수신기 또는 간이형수신기의 무선식 수신부에 자동적으로 당해 신호를 발신하여야 하고 표시등에 의하여 72시간 이상 표시해야 한다.

5 비화재보(Unwanted alarm)

비화재보非火災報는 열, 연기 또는 화염 이외의 요인에 의하여 자동화재탐지설비가 작동하여 화재가 발생한 것으로 잘못 경보하는 것을 말한다. 즉, 자동화재탐지설비가 정상적으로 작동하더라도 화재가 아닌 것을 말하며, 이와 반대로 화재가 발생하였더라도 경보가 발하지 않는 것을 실보失報(False)라고 한다. 비화재보시에는 주위 상황이 대부분 순간적으로 화재와 같은 상태로 되었다가 정상상태로 복귀하는 경우가 많은데 이를 일과성 비화재보(Nuisance alarm)라고 한다.

가. 비화재보의 발생

자동화재탐지설비는 정상이지만 주위환경이 화재시와 유사하게 변하는 경우에 발생하거나 주위환경은 정상이지만 기기의 고장 등으로 인하여 발생하는 경우가 있다. 비화재보가 잦은 경우에는 자동화재탐지설비의 신뢰성을 떨어뜨리고 결국은 설비 본연의 기능을 상실할 수 있다. 즉, 비화재보가 잦게 되면 화재경보가 울려도 재실자들은 대피할 생각을 하지 않고 고장 정도로만 생각하고, 관리자들은 경종스위치를 정지시키고 심하면 수신기의 전원을 차단시키는 결과를 초래한다.

나. 비화재보의 발생

(1) 인위적인 요인

공사 중의 분진, 공조기의 바람, 자동차 등의 배기가스, 조리에 의한 열 또는 연기, 끽연에 의한 연기, 보수공사 중의 실수로 인한 전선의 합선・단선・누전 또는 감지기의 파손 등

(2) 기능상의 요인

모래, 면사 등의 먼지, 조리실・탕비실・기계실로부터 유출한 증기, 회로불량, 해충 또는 쥐 등에 의한 설비의 고장, 감도의 변화, 결로현상, 부품불량, 경년열화에 따른 감도 변화 등

(3) 환경적인 요인

풍압・온도・연기・습기・빛・기압의 이상 변화, 연기・먼지・분진의 변화 등

(4) 유지관리상의 요인

청소 및 관리불량, 건축물의 갈라진 틈에 의한 침수, 감지기 주위의 부적정한 환경의 미제거 등

(5) 설치상의 요인

배선의 접속불량, 부착불량 등 공사의 부적절, 감지기 설치 후 설치장소의 환경변화, 감지의 부적정한 선정(설치장소의 부적합) 등

다. 비화재보의 방지대책

(1) 적응성 대책

감지기의 동작특성 및 설치장소에 적응성 있는 적절한 감지기를 선택하여 설치한다.

(2) 감지기 수의 제한 대책

감지기 수가 많으면 비화재보의 발생확률도 증가하기 때문에 가능한 한 감시범위가 넓은 감지기를 사용하여 수를 줄여야 한다.

(3) 일과성 비화재보 대책

(가) 감지기에 의한 대책
축적형 감지기, 복합형 감지기, 다신호식 감지기, 광전식 분리형 감지기 등을 설치한다.

(나) 수신기에 의한 대책
다신호식 수신기 또는 축적방식의 수신기를 사용하거나, 기존에 설치된 수신기에 축적기능을 부가하는 장치를 부착한다.

(4) 감지기의 구조적인 대책

연기감지기는 벌레의 침입 방지, 방수시험 강화 등이 있다.

(5) 유지관리상의 대책

감지기 설치장소의 주위환경 개선, 이온화식 감지기 내부의 먼지 청소 등이 있다.

(6) 경년 변화에 따른 유지보수

오래 전에 설치된 감지기는 불량률이 증가하므로 주기적인 점검, 청소 및 교체 등의 유지보수를 철저히 함으로써 비화재보 뿐만 아니라 실보도 방지할 수 있다.

연습문제 exercise

1. 자동화재탐지설비 수신기의 스위치 주의등이 어떤 경우에 점멸하는지 그 원인을 쓰시오.

2. 자동화재탐지설비의 감지기 설치기준 중 축적기능이 없는 감지기를 사용해야 하는 경우는?

3. 자동화재탐지설비의 수신기에서 공통선을 시험하는 목적과 그 시험방법에 대해 쓰시오.

4. 자동화재탐지설비의 구성기기에 관한 설명이다. 괄호 안을 채우시오.

(1) (　　)라 함은 감지기 또는 발신기로부터 발하여지는 신호를 직접 또는 중계기를 통하여 공통신호로서 수신하여 화재의 발생을 해당 소방대상물의 관계자에게 경보하여 주는 것을 말한다.

(2) (　　)라 함은 감지기 또는 발신기로부터 발하여지는 신호를 직접 또는 중계기를 통하여 고유신호로서 수신하여 화재의 발생을 해당 소방대상물의 관계자에게 경보하여 주는 것을 말한다.

(3) (　　)라 함은 감지기 또는 발신기 등으로부터 발하여지는 신호를 직접 또는 중계기를 통하여 고유신호로서 수신하여 화재의 발생을 해당 소방대상물의 관계자에게 경보하여 주고 제어기능을 수행하는 것을 말한다.

(4) (　　)는 축적시간동안 지구표시장치의 점등 및 주음향장치를 명동시킬 수 있으며 화재신호 축적시간은 5초 이상 60초 이내이어야 하고, 공칭 축적시간은 10초 이상 60초 이내에서 10초 간격으로 한다.

(5) (　　)는 아날로그식감지기로부터 출력된 신호를 수신한 경우 예비표시 및 화재표시를 표시함과 동시에 입력신호량을 표시할 수 있어야 하며 또한 작동레벨을 설정할 수 있는 조정장치가 있어야 한다.

(6) (　　)라 함은 수신기 및 가스누설경보기의 기능을 각각 또는 함께 가지고 있는 제품으로 수신기 및 가스누설경보기의 검정기술기준에서 규정한 수신기 또는 가스누설경보기의 구조 및 기능을 단순화시켜 "수신부・감지부", "수신부・탐지부", "수신부・감지부・탐지부" 등으로 각각 구성되거나 여기에 중계부가 함께 구성되어 화재발생 또는 가연성가스가 누설되는 것을 자동적으로 탐지하여 관계자 등에게 경보하여 주는 기능 또는 도난경보, 원격제어기능 등이 복합적으로 구성된 제품을 말한다.

5. 지상 15층, 지하 5층 건물에 자동화재탐지설비를 우선경보방식으로 설치할 경우 화재발생시 우선경보할 층을 쓰시오.

(1) 지상 11층 화재시 :

(2) 지상 1층 화재시 :

(3) 지하 1층 화재시 :

6. 자동화재탐지설비 공사완공시 현장시험방법 중 배선의 기능시험 종류는 무엇이 있는가?

7. 자동화재탐지설비의 화재안전기준에서 배선과 관련하여 다음 질문에 답하시오.

(1) 자동화재탐지설비의 GP형 수신기의 감지기회로의 배선에 있어서 하나의 공통선에 접속할 수 있는 경계구역의 수는?

(2) 자동화재탐지설비의 감지기회로의 전로저항(Ω)은?

(3) 수신기의 각 회로별 종단에 설치되는 감지기에 접속되는 배선의 전압은 감지기 정격전압의 몇 % 이상이어야 하는가?

8. 자동화재탐지설비의 공통선 시험에 대한 목적과 방법을 쓰시오.

9. 도면은 지하 1층, 지상 9층으로 연면적이 4,500m^{2}인 건물에 설치된 자동화재탐지설비의 계통도이다. 간선의 전선 가닥수와 각 전선의 용도 및 가닥수를 작성하시오.

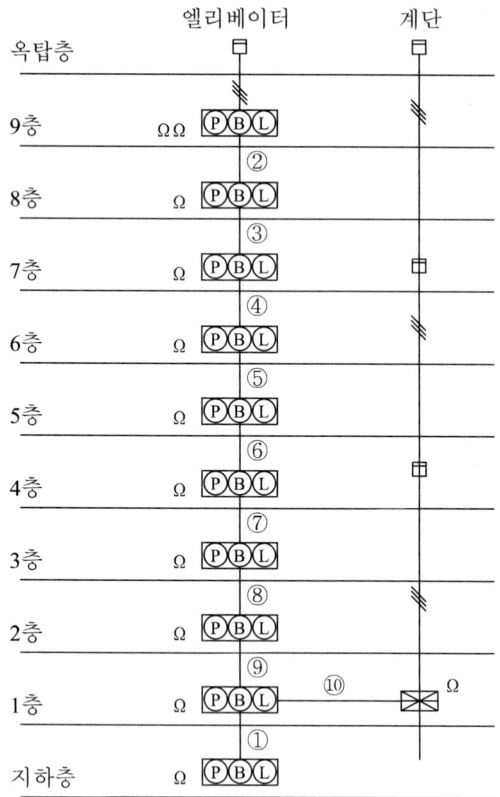

10. 지상 3층 사무실 건물의 1층 자동화재탐지설비의 평면도는 다음과 같다. 각 층의 평면은 1층과 동일하며 주어진 조건을 이용하여 다음 질문에 답하시오.

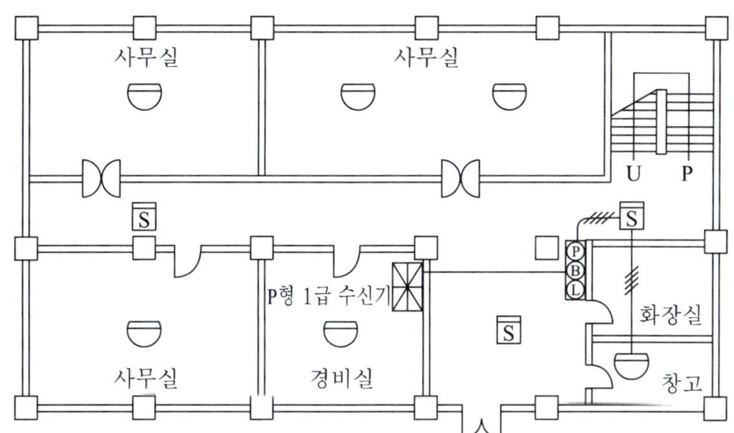

조 건

- 계통도 작성시 각층 수동발신기는 1개씩 설치하는 것으로 한다.
- 계단실의 감지기는 설치를 제외한다.
- 간선의 사용전선은 HIV 1.6mm이며, 공통선은 발신기 공통 1선, 경종・표시등 공통 1선을 각각 사용한다.
- 계통도 작성시 선수는 최소로 한다.
- 전선관 공사는 후강전선관으로 콘크리트 내에 매입 시공한다.
- 각 실은 이중천장이 없는 구조이며, 천장에 감지기를 바로 취부한다.
- 각 실의 바닥에서 천장까지 높이는 2.8m이다.
- 후강전선관의 굵기 표는 다음과 같다.

전선 굵기		전선본수									
단선	연선	1	2	3	4	5	6	7	8	9	10
(mm)	(mm^2)	전선관의 최소굵기(mm)									
1.6		16	16	16	16	22	22	22	28	28	28
2.0		16	16	16	22	22	22	28	28	28	28
2.6	5.5	16	16	22	22	28	28	28	36	36	36
3.2	8	16	22	28	28	28	36	36	36	36	42

(1) 도면의 P형 1급 수신기는 최소 몇 회로용을 사용하여야 하는가?

(2) 수신기에서 발신기세트까지의 배선가닥수와 여기에 사용되는 후강전선관은 몇 mm를 사용하는가?

(3) 연기감지기를 매입인 것으로 사용한다고 하면 그림기호는 어떻게 표시하는가?

(4) 배관 및 배선을 하여 자동화재탐지설비의 도면을 완성하고 배선가닥수를 표기하시오.

11. 다음 도면을 보고 질문에 답하시오.

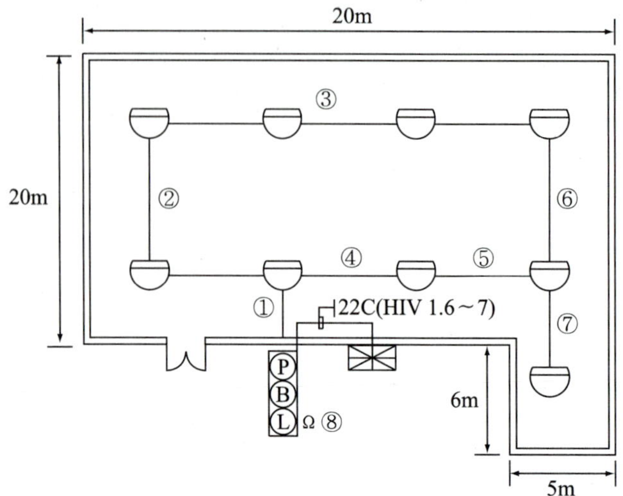

조 건
본 도면은 1층 사무실의 내화구조로서 천장높이는 3.6m, 전선관은 금속관으로서 후강전선관을 사용하며 콘크리트 매입배관을 한다. 또한 자동화재탐지설비는 P형 1급을 설치한다.

(1) ①~⑦에 해당되는 곳의 전선가닥수를 쓰시오.

(2) ⑧에 사용되는 종단저항수는?

(3) ①에 사용되는 후강전선관의 최소굵기는?

12. 일제명동방식의 경계구역이 5회로인 자동화재탐지설비의 간선계통도를 그리고 간선 계통도상에 최소 전선수를 표기하시오(단, 수신기는 P형 1급 5회로 수신기이다).

13. 자동화재탐지설비의 부대전기 설비계통도의 일부분이고, 다음 조건을 보고 ①~⑦까지의 최소가닥수를 산정하시오.

조 건
① 선로의 수는 최소로 하고 발신기공통선 1선, 경종표시등공통선 1선으로 한다. ② 건물의 규모는 지하 3층, 지상 5층이며, 연면적은 5,000m^{2}인 공장이다. ③ 옥내소화전함은 자동기동방식이다.

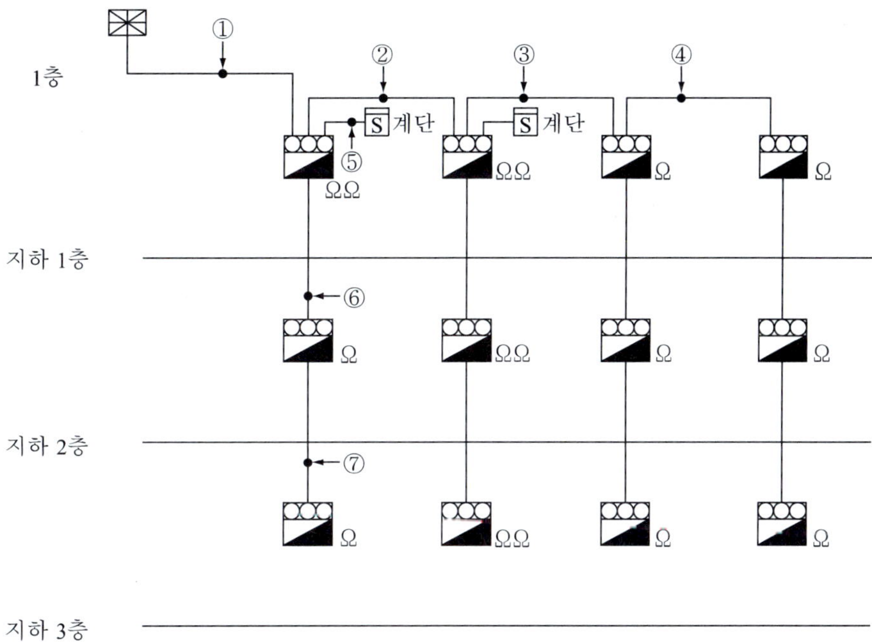

14. 내화구조의 건축물에 자동화재탐지설비를 설치하고자 하는 데 다음 조건을 참조하여 질문에 답하시오.

조 건

① 지상 1층, 지하 1층, 지하 2층의 층고는 4.5m이고 지상 2~6층은 3.5m이다.
② 2~6층의 직통계단은 1개소이다.
③ 각 층의 반자는 고려하지 않는다.
④ 각 층은 차동식 스포트형(1종) 감지기를 설치한다.
⑤ 각 층의 복도는 없다.
⑥ 각 층별 면적의 경우는 6층은 150m², 나머지 모든 층의 면적은 각각 750m²이다. 단, 각 층의 면적에는 화장실 면적이 포함되어 있다.
⑦ 각 층에는 화장실이 50m²의 면적(6층은 제외)을 갖는다.

계단
6층
5층
4층
3층
2층
1층
지하 1층
지하 2층

(1) 도면의 전체 경계구역수는?

(2) 차동식 감지기의 설치시 전체 개수는?

(3) 계단에 연기감지기(2종)의 설치시 전체개수와 설치장소를 표현하시오.

15. 수위실에서 460m 떨어진 지하 1층, 지상 7층에 연면적 5,000m^2의 공장에 자동화재탐지설비를 설치하였는데 발신기, 표시등이 각 층에 2회로(전체 16회로)일 때 다음 질문에 답하시오.
(단, 표시등 30mA/개, 발신기 50mA/개를 소모하고, 전선은 HIV 1.6mm를 사용한다. 전선의 단면적은 2mm^2이다)

(1) 표시등의 총 소모전류(A)는?

(2) 지상1층에서 발화되었을 때 경종의 소모전류(A)는?

(3) 지상1층에서 발화되었을 때 수위실과 공장 간의 전압강하는?

(4) 성능기준상 음향장치는 정격전압의 80%에서 동작해야 하는데, 이때 (3)에서 계산한 내용으로 음향장치는 동작할 수 있는가?

16. 자동화재탐지설비의 수신기와 수동발신기세트함 간의 결선을 나타낸 평면도와 간선계통도를 보고 다음 질문에 답하시오.

조 건
• 건물은 지상 6층, 지하 1층인 건물이다. • 배선은 최소 선수로 표시한다. • 수동발신기 및 경종표시등 공통선은 6경계구역 초과시 별도로 결선한다. • 수신기는 P형 1급 30회로이며, 지상 1층에 설치한다.

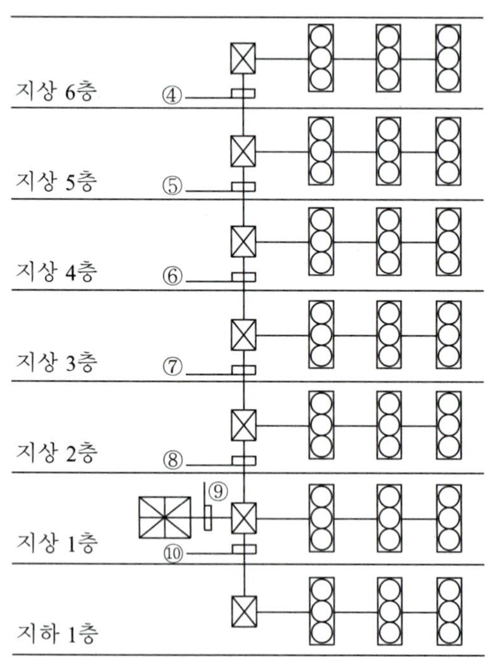

[간선계통도]

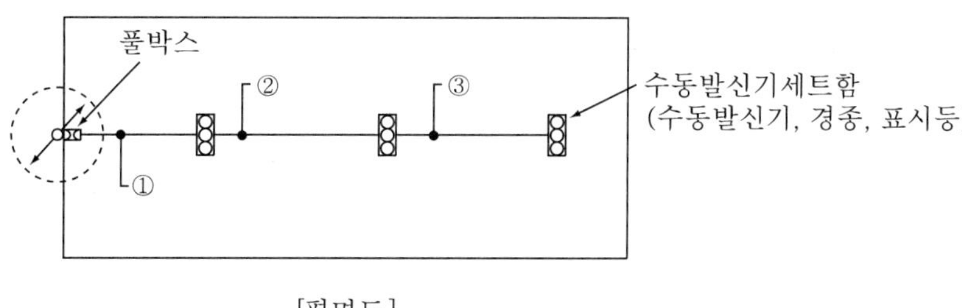

[평면도]

(1) 발화직상 경보를 할 수 있도록 하기 위한 평면도의 ①~③에 배선되어야 할 전선가닥수는?

(2) 간선계통도(④~⑩)를 보고 입상입하 하는 간선수 및 전선의 용도를 쓰시오.

17. 자동화재탐지설비의 감시상내시 감지기회로를 등가회로에서 감시상태시 감시전류(mA)와 감지기가 작동시 작동전류(mA)를 구하시오.

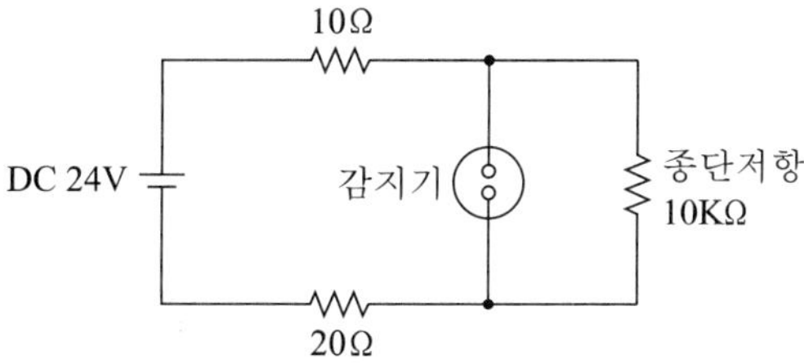

18. 가압송수장치를 기동용 수압개폐방식으로 사용하는 1, 2, 3동 공장 내부에 옥내소화전함과 자동화재탐지설비용 발신기를 다음과 같이 설치하였다. 다음 질문에 답하시오.

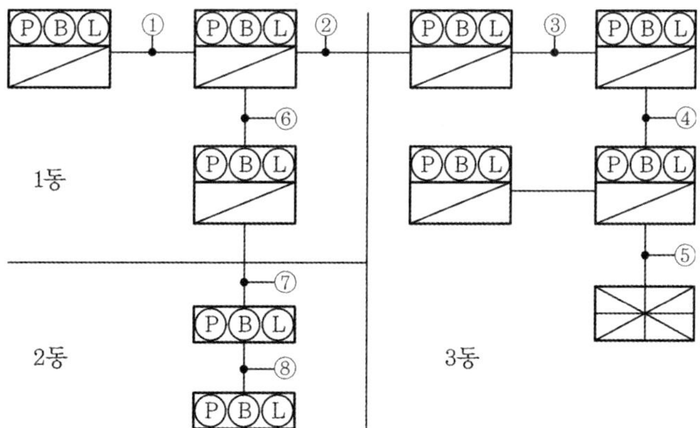

(1) ①~⑧의 전선 가닥수를 표시한 표 안에 숫자로 쓰시오.

기호	회로선	회로공통선	경종선	경종표시등공통선	표시등선	응답선	전화선	기동확인표시등	합계
①									
②									
③									
④									
⑤									
⑥									
⑦									
⑧									

(2) 도면의 P형 1급 수신기는 최소 몇 회로용을 사용하여야 하는가? (단, 회로수 산정시 10%의 여유를 둔다)

(3) 상시 사람이 근무하는 장소가 없는 경우 수신기는 어디에 설치하여야 하는가?

(4) 수신기가 설치된 장소에는 무엇을 비치하여야 하는가?

19. 자동화재탐지설비 계통도를 보고 다음 질문에 답하시오.
(단, 설치대상 건물의 연면적은 5,000m^{2}이다.)

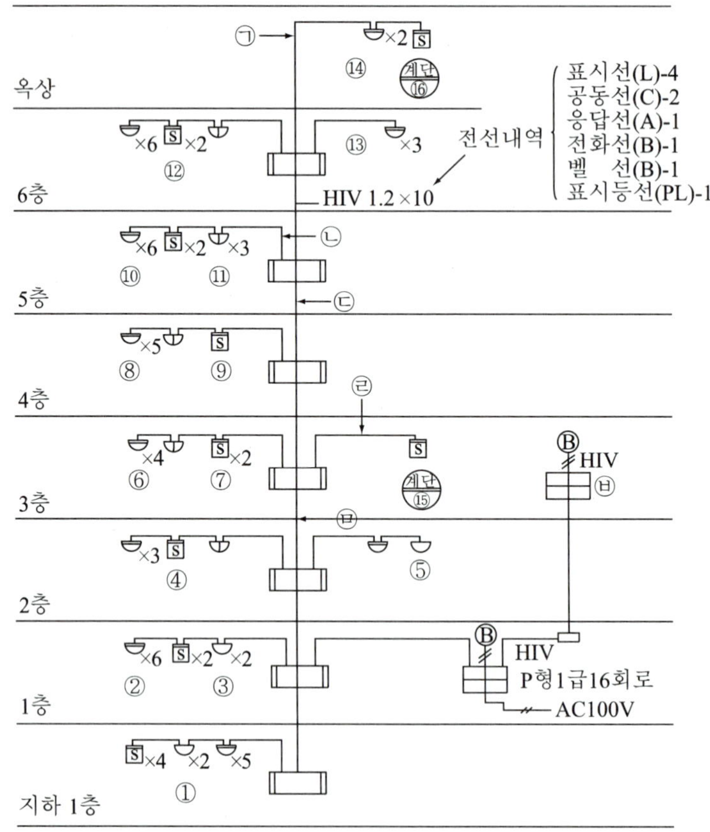

(1) ㉠~㉤의 전선가닥수는? (단, 종단저항은 감지기 말단에 설치한다).

(2) ㉥의 명칭은 무엇인가?

(3) 계통도상에 주어져 있는 전선내역을 참조하여 ㉤전선의 내역을 쓰시오.

(4) 계통도상에 주어져 있는 전선내역을 참조하여 ㉠전선의 내역을 쓰시오.

20. 어떤 12층 건물에 대한 자동화재탐지설비의 평면도를 보고 다음 질문에 답하시오.

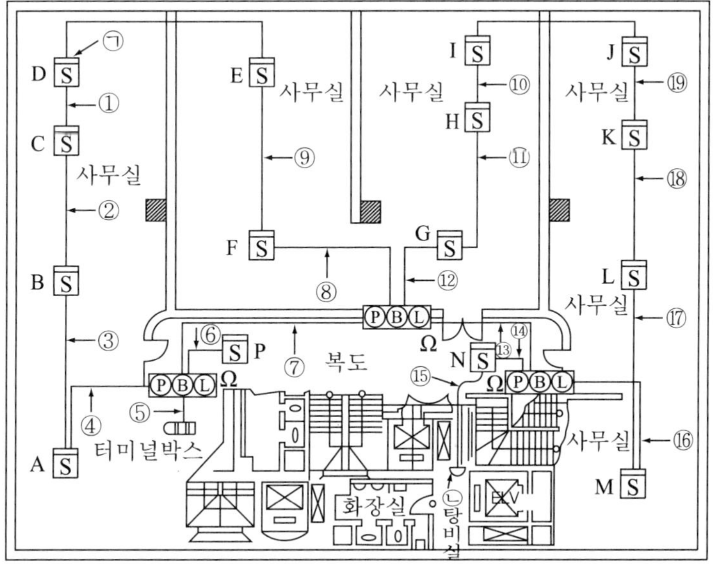

(1) 도면의 배관 배선이 잘못된 곳이 3개소(누락 또는 연결오류) 있다. 이곳을 지적하여 올바른 방법을 설명하시오(단, 감지기 기호를 이용하여 답을 할 것).

(2) ①~⑲까지는 최소 몇 가닥의 전선이 필요한가? (단, 수동 발신기간배선은 처음 7선으로부터 결선을 시작하는 것으로 한다)

(3) 소요되는 부싱은 최소 몇 개가 필요한가? (단, 크기에 관계없이 개수만 답하도록 한다)

(4) 도면에서 ㉠, ㉡은 어떤 감지기의 그림기호인가?

21. 자동화재탐지설비의 간선계통도 및 평면도와 유의사항을 보고 다음 질문에 답하시오.

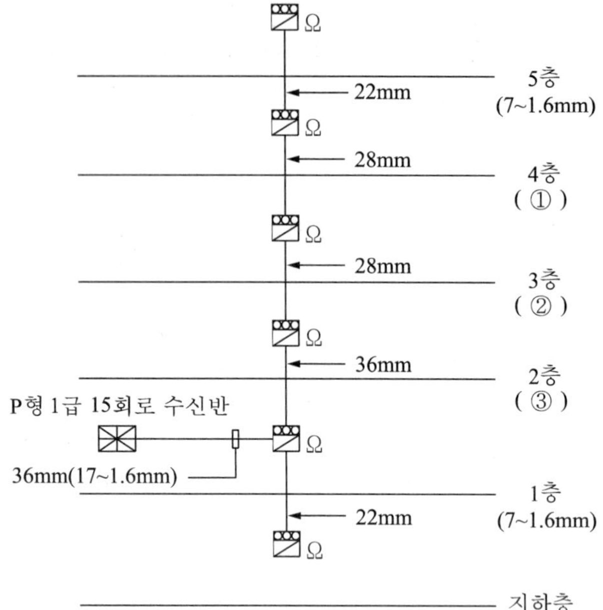

[간선계통도]

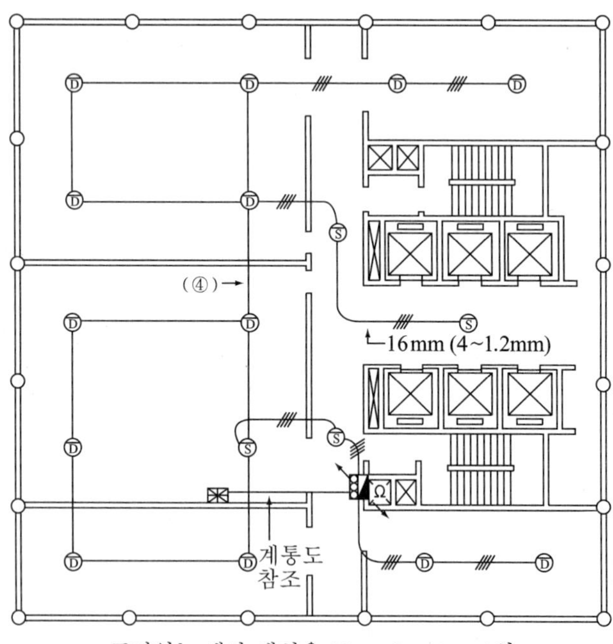

표기없는 배관 배선은 16mm(2~1.2mm)임

[평면도]

유 의 사 항
• 지하 1층, 지상 5층의 건물로서 전층이 기준층이며, 층고는 3m, 이중천장은 천장면으로부터 0.5m 이다. • 모든 파이프는 후강전선관이며, 천장슬래브 및 벽체 매입배관이다. • 주수신반 및 소화전함은 바닥으로부터 상단까지 1.8m이며, 벽체 매입으로 한다. • 발신기, 표시등, 경종은 소화전 위의 상단에 설치한다. • 3방출 이상은 4각 박스를 사용한다.

(1) 도면의 ①~④에 필요한 최소 전선수는?

(2) 본 공사에 소요되는 물량을 산출하여 답안지의 빈 칸 ①~⑮를 채우시오.

종 류	수량	종 류	수량
차동식 스포트형 감지기	(①)	부싱(28mm)	(⑨)
연기감지기	(②)	부싱(36mm)	(⑩)
로크너트(16mm)	(③)	노멀밴드(36mm)	(⑪)
로그너트(22mm)	(④)	수신기	(⑫)
로그너트(28mm)	(⑤)	발신기	(⑬)
로그너트(36mm)	(⑥)	4각 박스	(⑭)
부싱(16mm)	(⑦)	8각 박스	(⑮)
부싱(22mm)	(⑧)		

22. 지하공동구에 설치가능한 감지기의 종류 3가지를 쓰시오.

23. 아래 그림은 차동식, 보상식, 정온식 감지기의 동작특성 그래프이다. 그래프를 보고 ①, ②, ③에 표시하는 감지기를 쓰시오(단, OA = 급격한 온도상승, OB = 보통의 온도상승, OC = 완만한 온도상승).

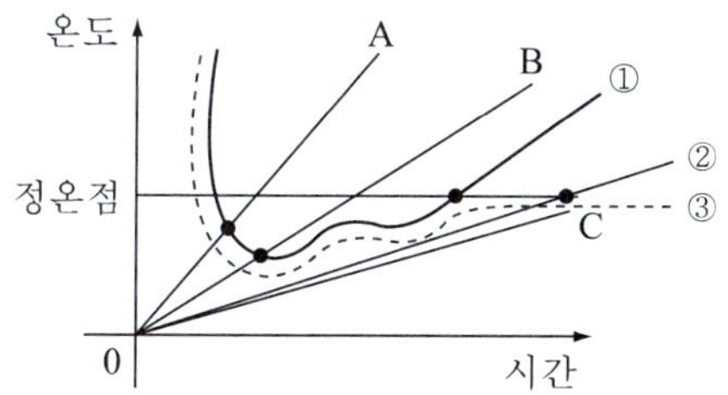

24. 콘크리트 라멘조(Concrete rahmen)로 된 어느 빌딩의 사무실 면적이 1,000m^2이고, 천장높이가 5m이다. 이 사무실에 차동식 스포트형 감지기를 설치할 경우 몇 개가 필요한가? 아래 표를 이용하여 구하시오.

감지기 1개당 최대 경계면적			
종별 ＼ 구분	최부면의 높이(m)	구조물의 종류	최대경계면적(m^2)
차동식 스포트형	4m 미만	내화구조 기타구조	70 40
	4～8m 미만	내화구조 기타구조	35 25

25. 감지기회로의 종단저항의 설치이유와 송배전방식으로 하는 이유를 설명하시오.

26. 감지기의 설치 제외장소를 4가지만 쓰시오.

27. 감지기의 부착높이가 바닥으로부터 7.5m, 바닥면적이 1,200m^2인 내화구조로 된 보일러실에 자동화재탐지설비용으로 정온식 스포트형 1종 감지기를 설치할 때 필요한 감지기 수는?

28. 연기감지기의 설치기준에 대한 다음 질문에 답하시오.

(1) 감지기의 부착 높이에 따라 다음 표에 의한 바닥면적보다 1개 이상으로 하여야 한다. ①~③에 해당되는 면적은 몇 m^2인가?

부착높이	감지기의 종류	
	1종 및 2종	3종
4m 미만	①	②
4m 이상 20m 미만	③	

(2) 감지기는 벽 또는 보로부터 몇 m 이상 떨어진 곳에 설치하여야 하는가?

(3) 감지기 3종은 복도 및 통로에 있어서는 보행거리 몇 m마다 1개 이상 설치하여야 하는가?

29. 감지기회로에 대한 다음 질문에 답하시오.

(1) 자동화재탐지설비의 감지기회로의 전로저항[Ω]은?

(2) 감지기회로 사이의 배선방식은?

(3) 수신기에서 100m 떨어진 장소의 감지기가 작동하였다. 이때 감지기회로(전선, 벨, 수신기 램프 등)에 소비된 전류가 500mA라고 하면 이 경우의 전압강하(V)는?
(단, 전선의 굵기는 1.2mm이고, 전류감소계수 등 기타 주어지지 않은 조건은 무시한다.)

30. 주요 구조부를 내화구조로 한 소방대상물에 자동화재탐지설비용 공기관식 자동식 분포형 감지기를 설치하려고 한다. 다음 질문에 답하시오.

(1) 공기관의 노출부분은 감지구역마다 몇 m 이상이어야 하는가?

(2) 공기관과 감지구역의 각 변과의 수평거리는 몇 m 이하이어야 하는가?

(3) 하나의 검출부분에 접속하는 공기관의 길이(m)는?

(4) 공기관 상호간의 거리(m)는?

(5) 검출부는 경사각도는?

31. 차동식 분포형 열전대식 감지기에 대한 결선도면을 보고 다음 질문에 답하시오.

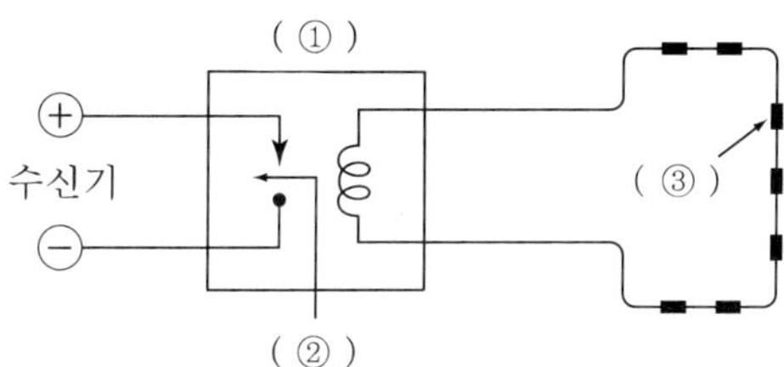

(1) ①에 해당되는 곳은 무슨 부분인가?

(2) ②, ③에 해당되는 곳의 명칭은?

(3) 하나의 검출부에 접속하는 열전대부는 몇 개 이하로 하여야 하는가?

(4) 열전대부는 감지구역의 바닥면적이 몇 m^2마다 1개 이상으로 하여야 하는가?

32. P형 1급 수신기와 감지기와의 배선회로에서 P형 1급 수신기의 종단저항은 10kΩ, 감시전류는 2.2mA, 릴레이 저항은 950Ω, 전원은 DC 24V일 때 감지기가 동작할 때의 전류(동작전류)는 몇 mA인가?

33. 차동식 분포형 공기관식 감지기의 공기관 길이가 270m일 경우 검출부의 수량을 구하시오. (단, 하나의 검출부에 접속하는 공기관의 길이는 최대길이를 적용한다)

34. 광전식 분리형 감지기에 대한 도면을 참고하여 다음 질문에 답하시오.

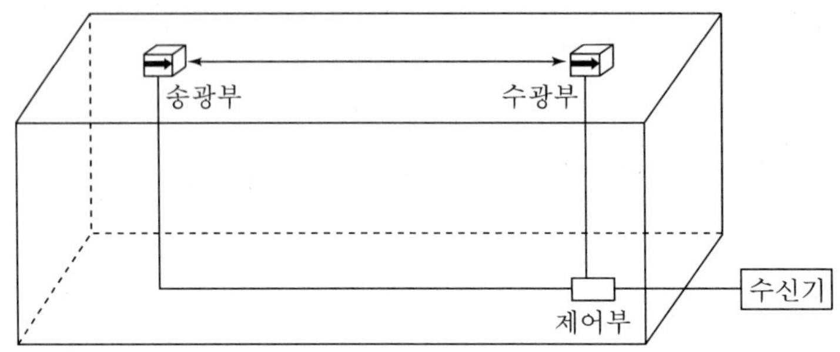

(1) 감지기의 송광부는 설치된 뒷벽으로부터 (　　)m 이내 위치에 설치할 것
(2) 감지기의 광축길이는 (　　) 범위 이내일 것
(3) 감지기의 수광부는 설치된 뒷벽으로부터 (　　)m 이내 위치에 설치할 것
(4) 광축의 높이는 천장 등 높이의 (　　)% 이상일 것
(5) 광축은 나란한 벽으로부터 (　　)m 이상 이격하여 설치할 것

35. 지상 1층에서 7층까지의 사무실용 건축물에 있는 계단은 각 층에 1개 장소에 있고 각 층의 높이는 3m이다. 1층에 수신기를 설치할 경우 다음 질문에 답하시오.
(1) 계단에 설치하는 감지기의 종류를 쓰시오 .
(2) (1)에서 감지기는 몇 개가 필요한지 그 근거를 제시하시오.
(3) 계통도를 그리고 각 간선의 전선수량을 표현하시오.

36. 수신기의 공통선을 시험하는 주된 목적을 설명하시오.

37. P형 수신기와 R형 수신기의 신호전달방식의 차이점을 설명하시오.

38. 자동화재탐지설비의 R형 수신기에 대한 각 질문에 답하시오.

(1) 실드선을 사용하는 목적을 쓰시오.

(2) 실드선을 서로 꼬아서 사용하는 이유를 쓰시오.

(3) 실드선의 종류 2가지를 쓰시오.

(4) R형 수신기에서 사용하는 통신방식 중 PCM 변조방식에 대해서 쓰시오.

39. 수신기로부터 배선거리 100m의 위치에 모터사이렌이 접속되어 있다. 사이렌이 명동될 때의 사이렌의 단자전압을 구하시오(단, 수신기는 정전압 출력이라고 하고 전선은 1.6mm HIV전선이며, 사이렌의 정격전력은 48W이다. 전압변동에 의한 부하전류의 변동은 무시한다. 1.6mm 동선의 km당 전기저항은 8.75Ω 이다).

40. P형수신기 및 GP형수신기의 감지기회로의 배선에 있어서 하나의 공통선이 담당하는 구역은 몇 개 이하로 하여야 하는가?

41. 주어진 조건을 이용하여 자동화재탐지설비의 수동발신기간 연결간선수를 구하고 각 선로의 용도를 표시하시오.

조 건
• 선로의 수는 최소로 하고 발신기 공통선은 1선, 경종 및 표시등 공통선을 1선으로 하고 7경계구역이 넘을 시 발신기 공통선, 경종 및 표시등 공통선은 각각 1선씩 추가하는 것으로 한다. • 건물의 규모는 지상 6층, 지하 2층으로 연면적은 3,500m²인 것으로 한다.

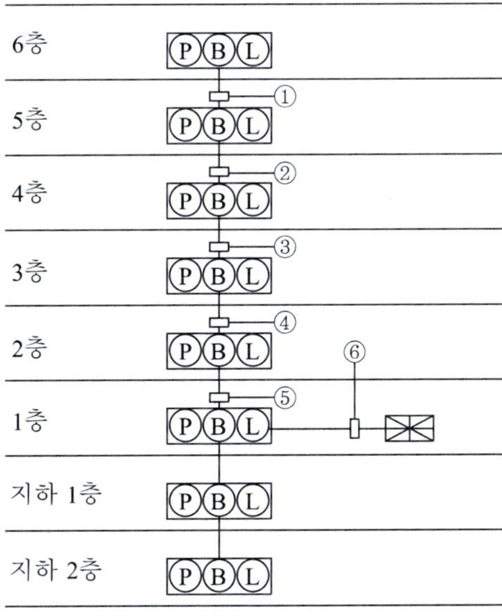

42. 중계기의 설치기준 3가지를 쓰시오

43. 경보기구의 표시등에 대한 설명이다. 괄호 안을 채우시오.

(1) 전구는 사용전압의 ( )%인 교류전압을 ( )시간 연속하여 가했을 경우, 단선이나 현저한 광속변화, 흑화, 전류의 저하 등이 발생하지 않아야 한다.

(2) 전구는 2개 이상을 ( )로 접속하여야 한다. 다만, ( ) 또는 ( )를 사용하는 것은 그러하지 아니하다.

(3) 주위의 밝기가 ( )lx이고 전면으로부터 ( )m 떨어진 곳에서 점등이 확실히 식별되도록 부착하여야 한다.

44. P형 1급 수동발신기에서 주어진 단자의 명칭을 쓰고 내부결선을 완성하여 각 단자와 연결하시오. 또한 LED, 푸시버튼(Push button), 전화잭의 기능을 간략하게 설명하시오.

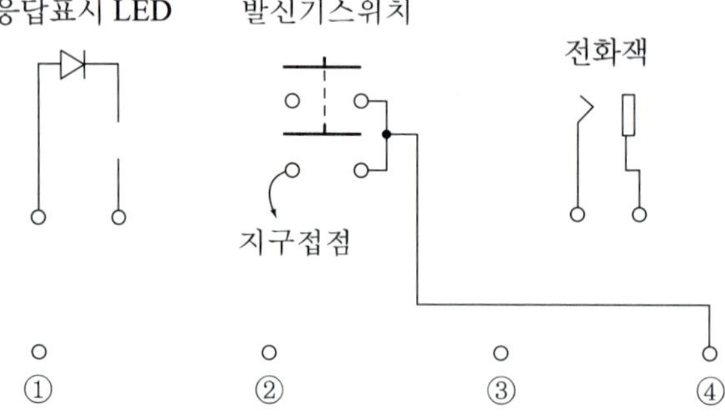

45. 화재에 의한 열, 연기 또는 불꽃(화염) 이외의 요인에 의하여 자동화재탐지설비가 작동하여 화재경보를 발하는 것을 비화재보(Unwanted Alarm)라 한다. 즉, 자동화재탐지설비가 정상적으로 작동하였다고 하더라도 화재가 아닌 경우의 경보를 "비화재보"라 하며, 비화재보의 종류는 다음과 같이 구분할 수 있다. 다음 설명 중 (2)항의 일관성 비화재보로 볼 수 있는 Nuisance Alarm에 대한 방지책을 5가지만 쓰시오.

조 건
(1) 설비자체의 결함이나 오동작 등에 의한 경우(False Alarm) ① 설비자체의 기능상 결함 ② 설비의 유지관리 불량 ③ 실수나 고의적인 행위가 있을 때 (2) 주위상황이 대부분 순간적으로 화재와 같은 상태(실제 화재와 유사한 환경이나 상황)로 되었다가 정상상태로 복귀하는 경우(일관성 비화재보 : Nuisance Alarm)

CHAPTER 02

비상경보설비

Fire Alarm Facility

자동화재탐비설비에 의해서 감지된 화재나 발신기에 의해 화재발생 사실을 신속하게 소방대상물 내에 있는 사람에게 벨 또는 사이렌으로 경보하여 피난시키고, 초기 소화활동을 용이하게 하기 위해 설치하는 설비로 비상벨설비, 자동식사이렌설비 및 단독경보형 감지기가 있다.

1 특정소방대상물

가. 비상경보설비

지하구, 모래·석재 등 불연재료 창고 및 위험물 저장·처리시설[64] 중 가스시설은 제외한다.

(1) 연면적 400m^2(지하가 중 터널 또는 사람이 거주하지 않거나 벽이 없는 축사 등 동·식물 관련시설은 제외) 이상이거나 지하층 또는 무창층의 바닥면적이 150m^2(공연장의 경우 100m^2) 이상인 것

(2) 지하가 중 터널로서 길이가 500m 이상인 것

(3) 50명 이상의 근로자가 작업하는 옥내작업장

나. 단독경보형 감지기

(1) 연면적 1,000m^2 미만의 아파트 등, 기숙사

(2) 교육연구시설 또는 수련시설 내에 있는 합숙소 또는 기숙사로 연면적 2,000m^2 미만인 것

(3) 연면적 600m^2 미만의 숙박시설

(4) 숙박시설이 있는 수련시설로 수용인원 100명 미만인 수련시설(숙박시설이 있는 것만 해당)

64) 주유소(기계식 세차설비 포함) 및 석유판매소, 액화석유가스충전소·판매소·저장소(기계식 세차설비 포함), 위험물제조소·저장소·취급소, 액화가스취급소·판매소, 유독물보관·저장·판매시설, 고압가스충전소·판매소·저장소, 도료류 판매소, 도시가스 제조시설, 화약류 저장소 등

② 비상벨설비 또는 자동식사이렌설비

가. 구성

화재발생 사실을 경종(벨)이나 사이렌으로 경보하는 설비로 비상벨설비와 자동식사이렌설비가 있으며, 비상경보설비의 일반적인 구성은 <그림 2-1>과 같다. 비상벨은 누름버튼스위치(기동장치), 경종, 위치・동작표시등, 전원, 배선 등으로 구성되고, 사이렌은 누름버튼스위치나 전자개폐기를 기동장치로 사용하고, 다른 구성은 비상벨과 유사하다.

발신기는 화재발생 신호를 수신기에 전달하는 것으로 화재 발생을 건물에 경보하기 위하여 복도 등에 설치하여 손가락으로 스위치를 누르도록 한 장치이다. 수신기는 발신기에서 보내진 화재신호를 수신하여 화재 표시 및 경보를 하는 설비로 발신기 작동시 수신기에 화재표시등과 지구표시등이 점등된다.

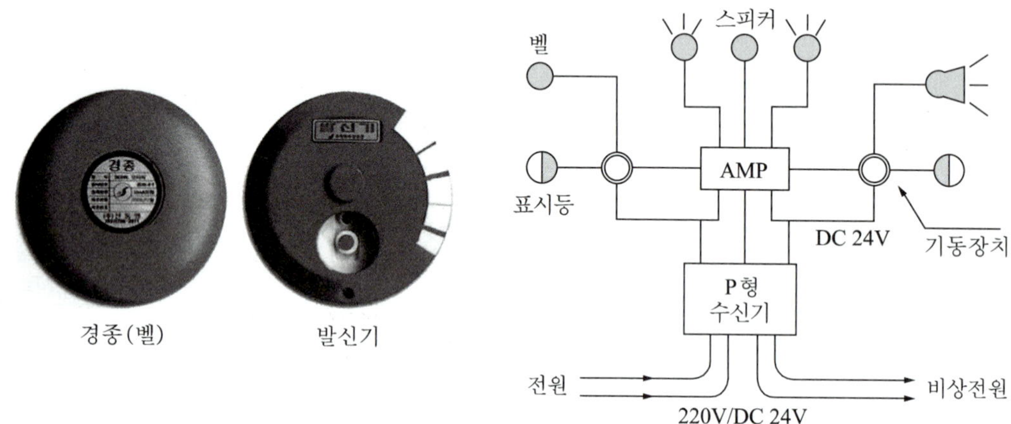

그림 2-1 비상경보설비의 구성

나. 설치기준

(1) 비상벨설비 또는 자동식사이렌설비는 부식성가스 또는 습기 등으로 인하여 부식의 우려가 없는 장소에 설치해야 한다.

(2) 지구음향장치는 소방대상물의 층마다 설치하되, 해당 소방대상물의 각 부분으로부터 하나의 음향장치까지의 수평거리가 25m 이하가 되도록 하고, 해당층의 각 부분에 유효하게 경보를 발할 수 있도록 설치해야 한다. 다만, '비상방송설비의 화재안전기준(NFSC 202)'에 적합한 방송설비를 비상벨설비 또는 자동식사이렌설비와 연동하여 작동하도록 설치한 경우에는 지구음향장치를 설치하지 않을 수 있다.

(3) 음향장치는 정격전압의 80% 전압에서 음향을 발할 수 있어야 한다.

(4) 음향장치의 음량은 부착된 음향장치의 중심으로부터 1m 떨어진 위치에서 90dB 이상이어야 한다.

다. 발신기의 설치기준

발신기는 다음 기준에 따라 설치한다. 다만, 지하구의 경우에는 발신기를 설치하지 않을 수 있다.

(1) 조작이 쉬운 장소에 설치하고, 조작스위치는 바닥으로부터 0.8m 이상 1.5m 이하의 높이에 설치한다.
(2) 소방대상물의 층마다 설치하되, 해당 소방대상물의 각 부분으로부터 하나의 발신기까지의 수평거리가 25m 이하가 되도록 한다. 다만, 복도 또는 별도로 구획된 실로서 보행거리가 40m 이상일 경우에는 추가로 설치한다.
(3) 발신기의 위치표시등은 함의 상부에 설치하되, 그 불빛은 부착 면으로부터 15° 이상의 범위 안에서 부착지점으로부터 10m 이내의 어느 곳에서도 쉽게 식별할 수 있는 적색등으로 한다.

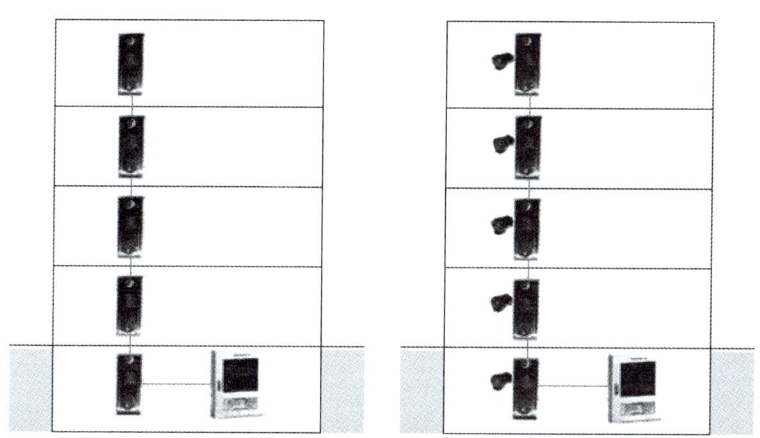

그림 2-2 비상벨설비 및 자동식사이렌설비의 설치

라. 비상벨설비 또는 자동식사이렌설비의 상용전원 설치기준

(1) 전원은 전기가 정상적으로 공급되는 축전지, 전기저장장치 또는 교류전압의 옥내 간선으로 하고, 전원까지의 배선은 전용으로 한다.
(2) 개폐기에는 “비상벨설비 또는 자동식사이렌설비용”이라고 표시한 표지를 한다.

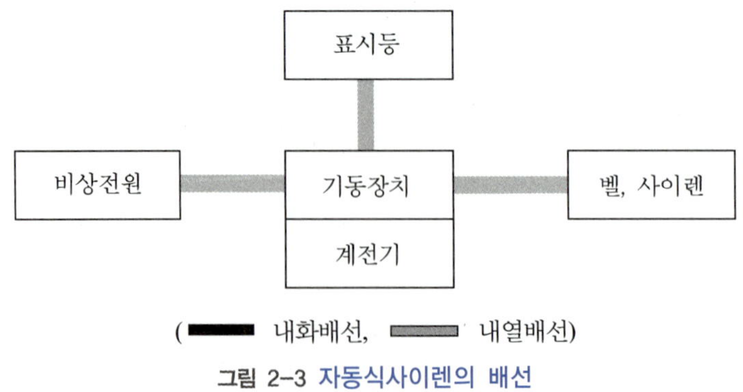

그림 2-3 자동식사이렌의 배선

마. 비상벨설비 또는 자동식사이렌설비의 축전지설비

비상벨설비 또는 자동식사이렌설비에는 그 설비에 대한 감시상태를 60분간 지속한 후 유효하게 10분 이상 경보할 수 있는 축전지설비(수신기에 내장하는 경우를 포함) 또는 전기저장장치를 설치해야 한다.

(1) 축전지설비용 예비전원은 감시상태를 60분간 계속할 수 있는 용량이어야 한다.
(2) 주전원이 정지된 경우 자동적으로 예비전원으로 전환되고, 주전원이 정상상태로 복귀된 경우 자동적으로 주전원으로 전환되어야 한다.
(3) 예비전원은 자동적으로 충전되어야 하며 자동과충전방지장치가 있어야 한다.

바. 비상벨설비 또는 자동식사이렌설비의 배선

전기사업법 제67조의 규정에 따른 기술기준에서 정한 것 외에 다음 기준에 따라 설치한다.

(1) 전원회로의 배선은 '옥내소화전설비의 화재안전기준(NFSC 102)' 별표 1에 따른 내화배선에 의하고 그 밖의 배선은 '옥내소화전설비의 화재안전기준(NFSC 102)' 별표 1에 따른 내화배선 또는 내열배선에 따라야 한다.
(2) 전원회로의 전로와 대지 사이 및 배선상호간의 절연저항은 전기사업법 제67조의 규정에 따른 기술기준이 정하는 바에 의하고, 부속회로의 전로와 대지 사이 및 배선 상호간의 절연저항은 1경계구역마다 직류 250V의 절연저항측정기를 사용하여 측정한 절연저항이 0.1MΩ 이상이 되도록 한다.
(3) 배선은 다른 전선과 별도의 관 · 덕트(절연효력이 있는 것으로 구획한 때에는 그 구획된 부분은 별개의 덕트로 본다) · 몰드 또는 풀박스 등에 설치할 것. 다만, 60V 미만의 약전류회로에 사용하는 전선으로서 각각의 전압이 같을 때에는 제외된다.

전기사업법 제67조의 규정에 따른 전기설비기술기준

제52조(저압전로의 절연성능) 전기사용 장소의 사용전압이 저압인 전로의 전선 상호간 및 전로와 대지 사이의 절연저항은 개폐기 또는 과전류차단기로 구분할 수 있는 전로마다 다음 표에서 정한 값 이상이어야 한다. 다만, 전동기 등 기계기구를 쉽게 분리하기 곤란한 분기회로의 경우 전로의 전선 상호간의 절연저항에 대해서는 기기 접속 전에 측정한다.

전로 사용전압의 구분		절연저항치(MΩ)
400V 이하 기타 경우	대지전압 150V 이하 대지전압 150～300V 대지전압 300～400V	0.1 0.2 0.3
400V 초과		0.4

③ 단독경보형 감지기

단독경보형 감지기는 감지기에 음향장치가 내장된 일체형으로 수신기에서 전원을 공급받는 방식이 아니라 감지기 내부에 9V 전지로 전원을 공급받아 화재가 발생하면 자체 음향장치에 의해 발신한다. 대부분 연기감지기를 사용하고 있으며 단독으로 설치되기 때문에 설치가 용이하고 배선이 필요 없다. 또한 시험버튼이 있어 이상 유무를 수시로 점검할 수 있는 장점이 있다. 단독주택, 공동주택(아파트 및 기숙사 제외)에는 소화기구 및 단독경보형 감지기를 설치하여 사용하고, 비상경보설비를 설치해야 하는 장소에도 단독경보형 감지기를 대체 및 혼합하여 사용할 수 있다.

가. 설치기준

(1) 각 실(이웃하는 실내의 바닥면적이 각각 $30m^2$ 미만이고 벽체의 상부의 전부 또는 일부가 개방되어 이웃하는 실내와 공기가 상호유통되는 경우에는 이를 1개의 실로 본다)마다 설치하되, 바닥면적이 $150m^2$를 초과하는 경우에는 $150m^2$마다 1개 이상 설치한다.

(2) 최상층의 계단실의 천장(외기가 상통하는 계단실의 경우를 제외)에 설치한다.

(3) 건전지를 주전원으로 사용하는 단독경보형 감지기는 정상적인 작동상태를 유지할 수 있도록 건전지를 교환한다.

(4) 상용전원을 주전원으로 사용하는 단독경보형 감지기의 2차 전지는 제품검사에 합격한 것(성능인증)을 사용한다.

※ 단독경보형 감지기의 복도 설치에 관한 기준은 없음

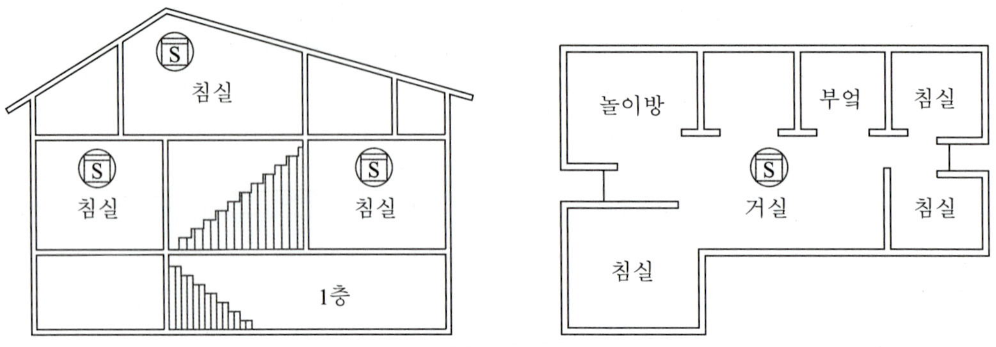

그림 2-4 단독경보형 감지기의 설치

나. 단독경보형 감지기의 일반기능

단독경보형 감지기의 주전원이 교류전원 또는 건전지인 것을 포함한다.

(1) 자동복귀형 스위치(자동적으로 정위치에 복귀될 수 있는 스위치)에 의하여 수동으로 작동시험을 할 수 있는 기능이 있어야 한다.

(2) 작동되는 경우 작동표시등의 점등에 의하여 화재의 발생을 표시하고, 내장된 음향장치의 명동에 의하여 화재경보음을 발할 수 있는 기능이 있어야 한다.

(3) 주기적으로 섬광하는 전원표시등에 의하여 전원의 정상 여부를 감시할 수 있는 기능이 있어야 하며, 전원의 정상상태를 표시하는 전원표시등의 섬광주기는 1초 이내의 점등과 30초에서 60초 이내의 소등으로 이루어져야 한다.

(4) 화재경보음은 감지기로부터 1m 떨어진 위치에서 85dB 이상으로 10분 이상 계속하여 경보할 수 있어야 하며 화재경보음이 단속음인 경우에는 단속주기가 <그림 2-5>에 적합해야 한다.

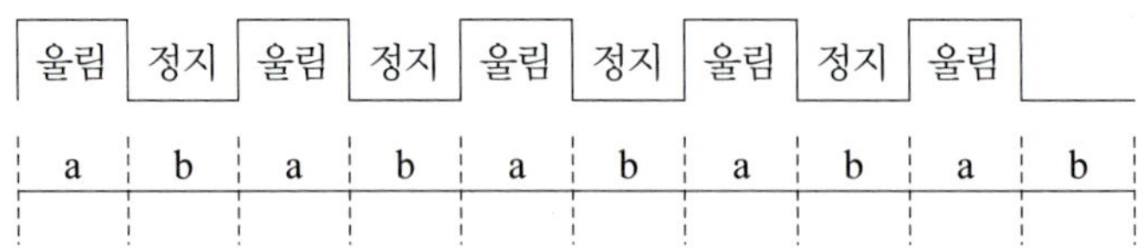

• a : b의 비율은 2 : 1에서 1 : 1까지
• b는 2초 이하

(a) 단속주기 1

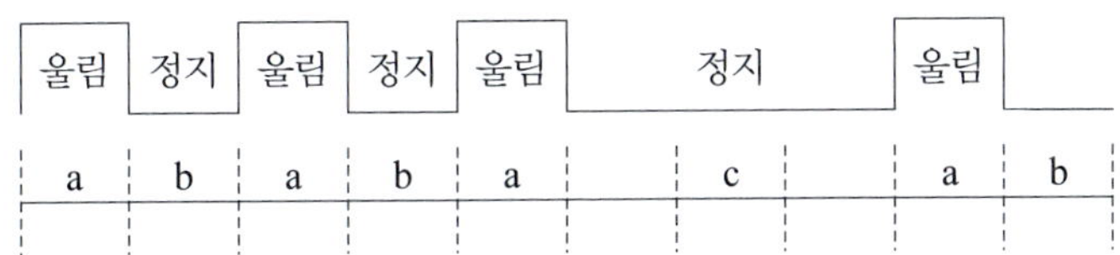

• a 및 b는 0.5초, c는 1.5초
• 반복주기(a+b+a+b+a+b+c) : 4초

(b) 단속주기 2

그림 2-5 화재경보음 단속주기

(5) 건전지를 주전원으로 하는 감지기는 건전지의 성능이 저하되어 건전지의 교체가 필요한 경우에는 음성안내를 포함한 음향 및 표시등에 의하여 72시간 이상 경보할 수 있어야 한다. 이 경우 음향경보는 1m 떨어진 거리에서 70dB(음성안내는 60dB) 이상이어야 한다.

(6) 건전지를 주전원으로 하는 감지기의 경우에는 선전지가 리튬전지 또는 이와 동등 이상의 지속적인 사용이 가능한 성능의 것으로 설계해야 하며, 건전지의 용량산정 설계 시에는 다음 사항이 고려되어야 한다.

(가) 감시상태의 소비전류
(나) 점검 등에 따른 소비전류
(다) 건전지의 자연방전전류
(라) 건전지 교체 경보에 따른 소비전류
(마) 부가장치가 설치된 경우에는 부가장치의 작동에 따른 소비전류
(바) 기타 전류를 소모하는 기능에 대한 소비전류
(사) 안전 여유율

(7) 단독경보형 감지기에는 스위치 조작에 의하여 화재경보를 정지시킬 수 있는 기능을 설치할 수 있다. 이 경우 화재경보 정지기능은 다음에 적합하여야 한다.

(가) 화재경보 정지 후 15분 이내에 화재경보 정지기능이 자동적으로 해제되어 단독경보형 감지기가 정상상태로 복귀되어야 한다.
(나) 화재경보 정지 표시등에 의하여 화재경보가 정지 상태임을 경고 할 수 있어야 하며, 화재경보 정지기능이 해제된 경우에는 표시등의 경고도 함께 해제되어야 한다.
(다) (나)에 의한 표시등을 (2)에 의한 작동표시등과 겸용하고자 하는 경우에는 작동표시와 화재경보음 정지 표시가 표시등 색상에 의하여 구분될 수 있도록 하고 표시등 부근에 작동표시와 화재경보음 정지표시를 구분할 수 있는 안내표시를 해야 한다.
(라) 화재경보 정지 스위치는 전용으로 하거나 (2)에 의한 작동시험 스위치와 겸용하여 사용할 수 있다. 이 경우 스위치 부근에 스위치의 용도를 표시해야 한다.

다. 단독경보형감지기 중 연동식[65]감지기의 무선기능

(1) 화재신호는 다음에 적합해야 한다.

(가) 작동한 단독경보형감지기는 화재경보가 정지하기 전까지 60초 이내 주기마다 화재신호를 발신해야 한다.

(나) 화재신호를 수신한 단독경보형감지기는 10초 이내에 경보를 발해야 한다.

(2) 화재신호의 발신을 쉽게 확인할 수 있는 장치를 설치해야 하고 화재신호를 수신하면 내장된 음향장치에 의하여 나(4)의 화재경보를 해야 한다.

(3) 통신점검기능이 있어야 하며 다음에 적합하여야 한다.

(가) 무선통신 점검은 168시간 이내에 자동으로 실시하고 이때 통신이상이 발생하는 경우에는 200초 이내에 통신이상 상태의 단독경보형감지기를 확인할 수 있도록 표시 및 경보를 해야 한다.

(나) 무선통신 점검은 단독경보형감지기가 서로 송수신하는 방식으로 한다.

65) 단독경보형감지기가 작동할 때 화재를 경보하며 유 · 무선으로 주위의 다른 감지기에 신호를 발신하고 신호를 수신한 감지기도 화재를 경보하며 다른 감지기에 신호를 발신하는 방식의 것을 말한다

연습문제 exercise

1. 화재발생 상황을 단독으로 감지하여 자체에 내장된 음향장치로 경보하는 감지기는?

2. 비상경보설비의 지구음향장치는 소방대상물의 층마다 설치하되, 해당 소방대상물의 각 부분으로부터 하나의 음향장치까지의 수평거리는?

3. 비상벨설비 또는 자동식사이렌설비 음향장치의 음량(dB)은?

4. 비상경보설비의 발신기를 설치하지 않아도 되는 곳은?

5. 비상벨설비 또는 자동식사이렌설비의 상용전원에 대한 설치기준이다. 괄호 안을 채우시오.

조 건
• 전원은 전기가 정상적으로 공급되는 축전지 또는 교류전압의 (　　)으로 하고, 전원까지의 배선은 (　　)으로 할 것 • (　　)에는 "비상벨설비 또는 자동식사이렌설비용"이라고 표시한 표지를 할 것

6. 비상경보설비의 축전지설비의 용량은?

7. 부속회로의 전로와 대지 사이 및 배선 상호간의 절연저항은?

8. 비상경보설비 및 비상방송설비에 대한 다음 질문에 답하시오.

(1) 비상벨설비 또는 자동식 사이렌설비는 부식성 가스 또는 습기 등으로 인하여 부식의 우려가 없는 장소에 설치하되, 발신기의 스위치는 바닥으로부터 몇 m 이상 몇 m 이하의 높이에 설치해야 하는가?

(2) 단독경보형 감지기는 소방대상물의 각 실마다 설치하여야 한다. 바닥면적이 600m^{2}인 경우에는 최소 몇 개를 설치해야 하는가?

CHAPTER 03

비상방송설비

Fire Alarm Facility

화재 발생시 수동으로 발신기(기동장치)를 조작하거나 감지기 작동으로 수신된 화재신호를 자동화재탐지설비의 수신기가 받아 비상방송설비로 발신하여 건물에 설치된 확성기(스피커)로 비상경보 방송을 하는 방송설비이다. 이는 소화활동이나 피난을 원활하게 하기 위한 목적으로 설치된다.

1 특정소방대상물

위험물 저장 및 처리 시설 중 가스시설, 사람이 거주하지 않는 동물 및 식물 관련 시설, 지하가 중 터널, 축사 및 지하구는 제외한다.

가. 연면적 3500m^2 이상인 것

나. 지하층을 제외한 층수가 11층 이상인 것

다. 지하층의 층수가 3층 이상인 것

2 구성

비상방송설비의 구성은 기동장치(발신기), 표시등(위치 및 동작표시등), 확성기, 음량조절기, 증폭기, 입력장치(앰프, 마이크, 테이프, 사이렌 등), 전원장치, 조작장치, 배선 등이 있다. <그림 3-1>의 계통도를 보면 우선 감지기, 발신기 또는 중계기가 화재로 인하여 작동하면 수신기에서 화재신호를 수신하여 방송앰프로 출력신호를 보낸다. 그리고 방송앰프가 작동하면서 스피커로 비상방송이 나오게 된다.

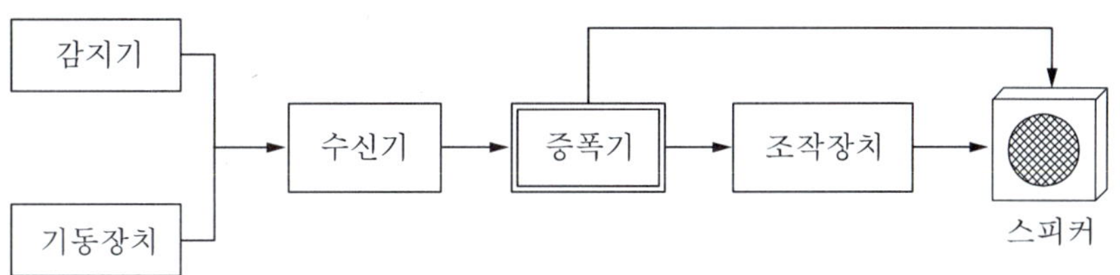

그림 3-1 비상방송설비 계통도

자동화재탐지설비에 의해 기동할 경우 감지기 작동과 함께 방송이 가능한 상태가 되어야 하며, 발신기에 의해 기동할 경우 비상벨 또는 자동식사이렌에 준하는 조작 후 방송이 가능해야 하고 동시에 음향장치가 작동해야 한다. 또한 비상전화와 연동하여 기동할 수 있어야 한다. 자동화재탐지설비가 설치된 장소에는 비상방송설비 작동용 감지기를 별도로 설치할 필요가 없으며, 감지기가 작동하여 비상방송설비가 작동하는 방식이 적합하다. 그리고 비상방송설비의 감지기에 대한 구체적 설계기준은 없다.

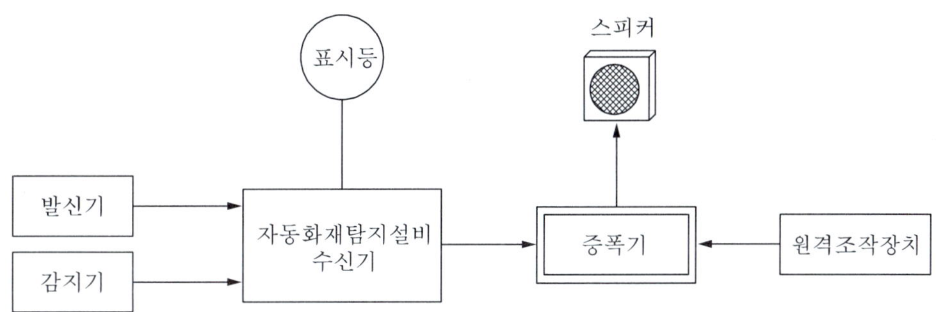

그림 3-2 자동화재탐지설비와 기동시 계통도

3 설치기준

가. 음향장치

엘리베이터 내부에는 별도의 음향장치를 설치할 수 있다.

(1) 확성기의 음성입력은 3W(실내에 설치하는 것은 1W) 이상이어야 한다.

(2) 확성기는 각층마다 설치하되, 그 층의 각 부분으로부터 하나의 확성기까지의 수평거리가 25m 이하가 되도록 하고, 해당층의 각 부분에 유효하게 경보를 발할 수 있도록 설치한다.

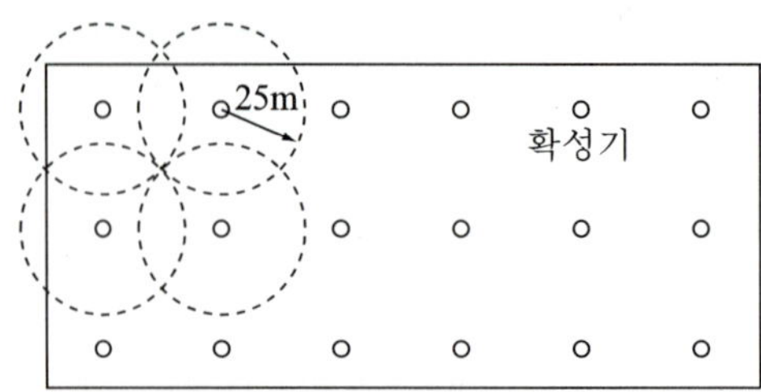

그림 3-3 확성기(음향장치)

(3) 음량조정기를 설치하는 경우 음량조정기의 배선은 3선식으로 한다(업무용배선, 긴급용배선, 공통선).

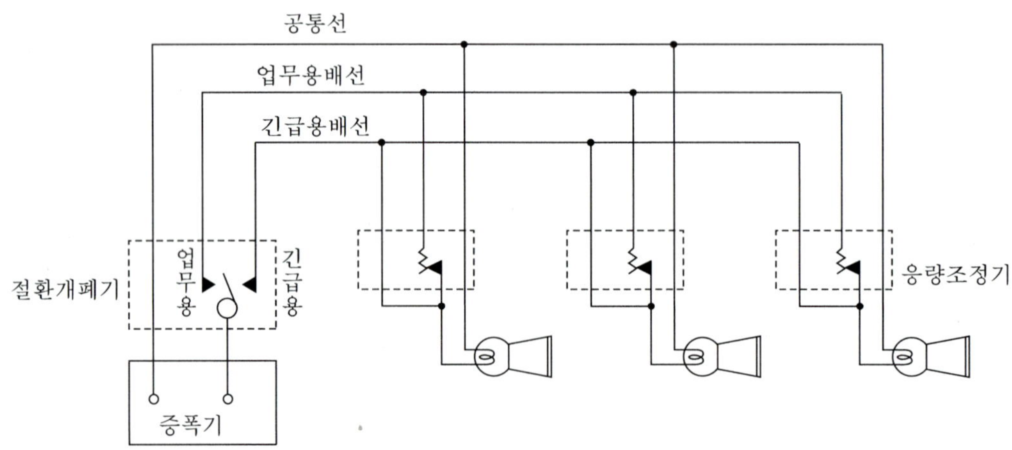

그림 3-4 3선식 배선도

(4) 조작부의 조작스위치는 바닥으로부터 0.8m 이상 1.5m 이하의 높이에 설치해야 한다.

(5) 조작부는 기동장치의 작동과 연동하여 해당 기동장치가 작동한 층 또는 구역을 표시할 수 있는 것으로 한다.

(6) 증폭기 및 조작부는 수위실 등 상시 사람이 근무하는 장소로서 점검이 편리하고 방화상 유효한 곳에 설치한다.

(7) 층수가 5층 이상으로서 연면적이 3,000m^2를 초과하는 특정소방대상물은 다음에 따라 경보를 발할 수 있어야 한다.

(가) 2층 이상의 층에서 발화한 때에는 발화층 및 그 직상층에 경보

(나) 1층에서 발화한 때에는 발화층·그 직상층 및 지하층에 경보
(다) 지하층에서 발화한 때에는 발화층·그 직상층 및 기타의 지하층에 우선 경보

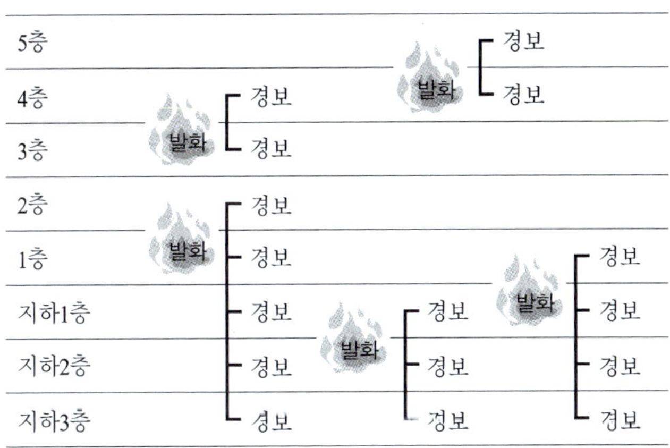

그림 3-5 우선경보방식

(8) 다른 방송설비와 공용하는 것에 있어서는 화재 시 비상경보 외의 방송을 차단할 수 있는 구조로 한다.
(9) 다른 전기회로에 따라 유도장애가 생기지 않도록 한다.
(10) 하나의 소방대상물에 2 이상의 조작부가 설치되어 있는 때에는 각각의 조작부가 있는 장소 상호간에 동시통화가 가능한 설비를 설치하고, 어느 조작부에서도 해당 소방대상물의 전 구역에 방송을 할 수 있도록 한다.
(11) 기동장치에 따른 화재신고를 수신한 후 필요한 음량으로 화재발생 상황 및 피난에 유효한 방송이 자동으로 개시될 때까지의 소요시간은 10초 이하로 한다.
(12) 음향장치의 구조 및 성능은 다음과 같다.
(가) 정격전압의 80% 전압에서 음향을 발할 수 있는 것
(나) 자동화재탐지설비의 작동과 연동하여 작동할 수 있는 것

나. 배선

비상방송설비의 배선은 '전기사업법' 제67조의 규정에 따른 기술기준에서 정한 것 이외에 다음 기준에 따라 설치한다.

(1) 화재로 인하여 하나의 층의 확성기 또는 배선이 단락 또는 단선되어도 다른 층의 화재통보에 지장이 없도록 한다.
(2) 전원회로의 배선은 '옥내소화전설비의 화재안전기준(NFSC 102)' 별표 1에 따른 내화배선에 따르고, 그 밖의 배선은 '옥내소화전설비의 화재안전기준(NFSC 102)' 별표 1에 따

른 내화배선 또는 내열배선에 따라 설치해야 한다.

(3) 전원회로의 전로와 대지 사이 및 배선상호간의 절연저항은 전기사업법 제67조의 규정에 따른 기술기준이 정하는 바에 따르고, 부속회로의 전로와 대지 사이 및 배선 상호간의 절연저항은 1경계구역마다 직류 250V의 절연저항측정기를 사용하여 측정한 절연저항이 0.1MΩ 이상이 되도록 한다.

(4) 비상방송설비의 배선은 다른 전선과 별도의 관·덕트(절연효력이 있는 것으로 구획한 때에는 그 구획된 부분은 별개의 덕트로 본다) 몰드 또는 풀박스 등에 설치한다. 다만, 60V 미만의 약전류회로[66]에 사용하는 전선으로서 각각의 전압이 같을 때에는 제외된다.

비상방송설비의 2선식 배선과 3선식 배선

- 2선식 배선 : 비상방송설비의 앰프와 스피커를 연결하는 선은 2선(+선, −선)으로 설치한다.
- 3선식 배선 : 음량조정기(볼륨)의 조정과 상관없이 비상방송이 언제나 정상적인 음량으로 방송(출력)이 되도록 앰프와 스피커선을 3선[+선, −선, 긴급용 배선(+선)]으로 설치한다. 구내방송은 공통선(−선)과 업무용 배선(+선)을 사용하고, 비상방송은 공통선(−선)과 긴급용 배선(+선)을 사용한다.

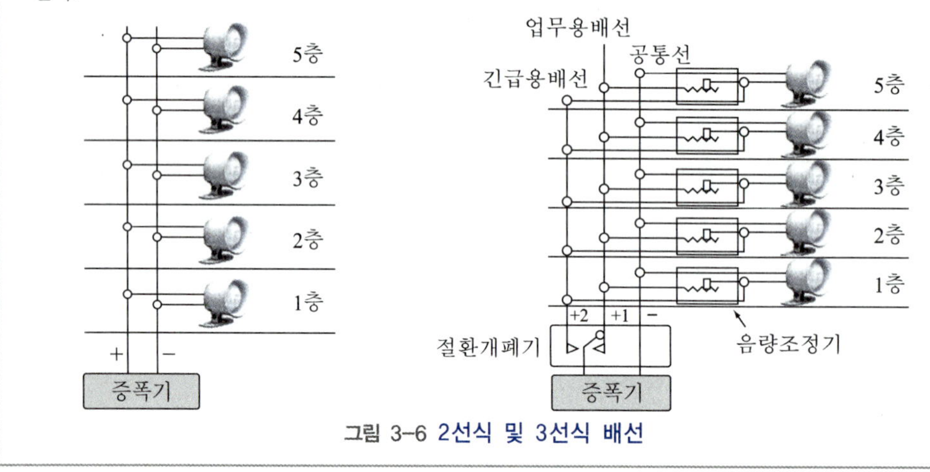

그림 3-6 2선식 및 3선식 배선

66) 전신·전화용 회로·화재경보설비의 회로, 라디오·텔레비전 등의 시청회로 기타 이와 유사한 회로, 인터폰·보청기 등의 전용 음성회로, 고주파 또는 펄스에 의한 신호의 전용전송회로, 1차전지에서 공급되는 사용전압 30V 이하의 회로, 1차 전지(30V 이하의 것 제외) 및 2차 전지, 전용의 발전기 등에서 공급되는 60V 이하의 회로에서 소세력회로의 시설의 규정에 따라 과전류보호 또는 전류제한이 행하여지는 것을 말한다.

다. 전원

(1) 비상방송설비의 상용전원

(가) 전원은 전기가 정상적으로 공급되는 축전지, 전기저장장치 또는 교류전압의 옥내 간선으로 하고, 전원까지의 배선은 전용으로 한다.

(나) 개폐기에는 "비상방송설비용"이라고 표시한 표지를 한다.

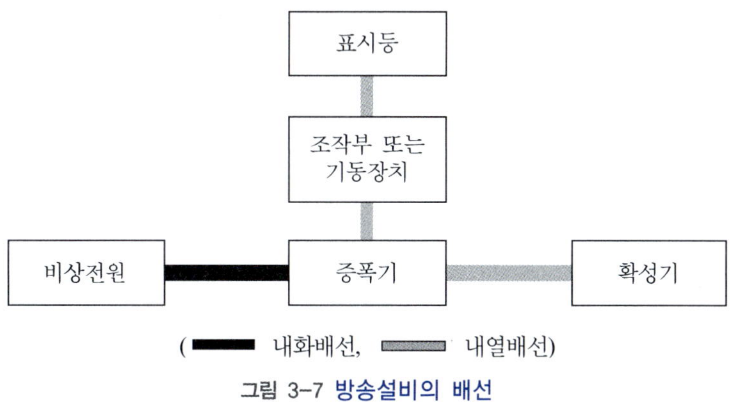

그림 3-7 방송설비의 배선

(2) 비상방송설비에는 그 설비에 대한 감시상태를 60분간 지속한 후 유효하게 10분 이상 경보할 수 있는 축전지설비(수신기에 내장하는 경우를 포함) 또는 전기저장장치를 설치해야 한다.

연습문제 exercise

1. 비상방송설비에 대한 다음 질문에 답하시오.

(1) 확성기를 실내에 설치할 때 그 음성입력은 몇 W 이상인가?

(2) 음량조정기를 설치하는 경우 음량조정기의 배선은?

(2) 확성기는 각 층마다 설치하되 그 층의 각 부분으로부터 하나의 확성기까지의 수평거리(m)는?

2. 비상방송설비에 대한 다음 질문에 답하시오.

(1) 1층에서 화재가 발생할 때에 우선적으로 경보를 발하여야 할 층은?

(2) 비상방송설비의 계통도를 완성하시오.

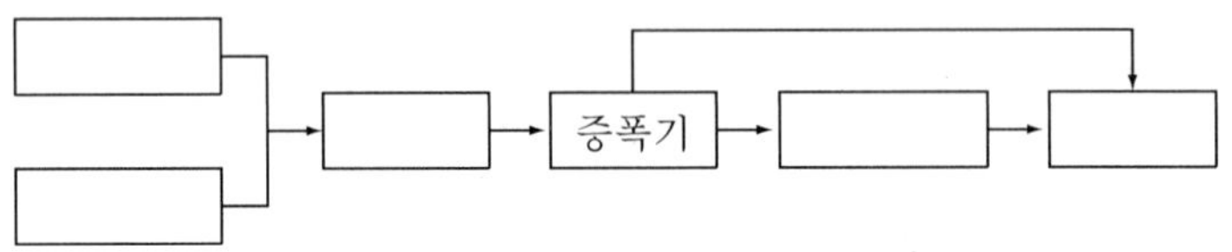

3. 비상방송설비의 확성기(Speaker) 회로에 음량조정기를 설치하고자 한다. 결선도를 그리시오.

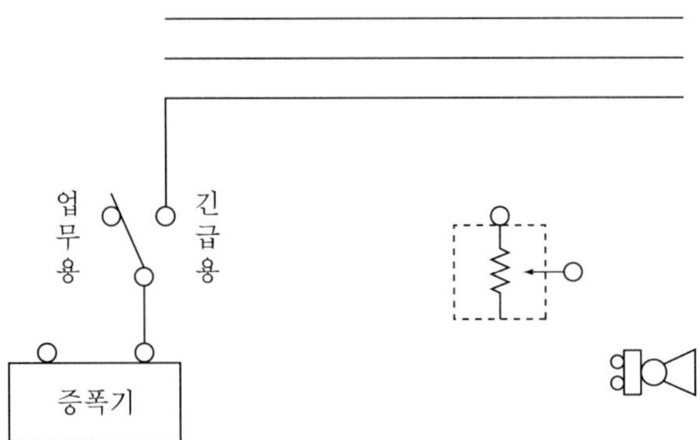

4. 지상 7층 건물의 5층에서 화재가 발생하였을 경우 우선경보되어야 할 층을 쓰시오.
(단, 연면적은 3,500m^{2}이다)

5. 다음은 비상방송설비에 대한 기준이다. 괄호 안을 채우시오.

조 건
• 조작부의 조작 스위치는 바닥으로부터 (　　)의 높이에 설치할 것 • 증폭기 및 (　　)는 수위실 등 상시 사람이 근무하는 장소로서 점검이 편리하고 방화상 유효한 곳에 설치할 것 • 기동장치에 따른 화재신고를 수신한 후 필요한 음량으로 화재발생 상황 및 피난에 유효한 방송이 자동으로 개시될 때까지의 소요시간은 (　　) 이하로 할 것

6. 어떤 고층건축물(연면적 3,500m^2)에 설치하려고 하는 비상방송설비의 설치기준에 대한 질문에 답하시오.

(가) 경보방식은 어떤 방식으로 하여야 하는지 그 방식을 쓰고, 그 방식의 발화층에 대한 경보층의 구체적인 경우를 3가지로 구분하여 설명하시오.

(나) 확성기의 설치층과 그 설치위치에 대한 기준을 쓰시오.

(다) 조작부의 조작스위치는 어느 위치에 설치하여야 하는가?

CHAPTER 04

자동화재속보설비

Fire Alarm Facility

자동화재속보설비는 수동작동 및 자동화재탐지설비 수신기의 화재신호와 연동으로 작동하여 관계인에게 화재발생을 경보함과 동시에 소방관서(119 상황실)에 자동적으로 통신망을 통한 당해 화재발생 및 당해 소방대상물의 위치 등을 음성으로 통보하여 주는 것이다.

1 특정소방대상물

가. 업무시설, 공장, 창고시설, 교정 및 군사시설 중 국방・군사시설, 발전시설(사람이 근무하지 않는 시간에는 무인경비시스템으로 관리하는 시설만 해당)로서 바닥면적이 1,500m^2 이상인 층이 있는 것. 다만, 사람이 24시간 상시 근무하고 있는 경우에는 자동화재속보설비를 설치하지 않을 수 있다.

나. 노유자 생활시설

다. 노유자 생활시설에 해당하지 않는 노유자시설로서 바닥면적이 500m^2 이상인 층이 있는 것. 다만, 사람이 24시간 상시 근무하고 있는 경우에는 자동화재속보설비를 설치하지 않을 수 있다.

라, 수련시설(숙박시설이 있는 건축물만 해당)로서 바닥면적이 500m^2 이상인 층이 있는 것. 다만, 사람이 24시간 상시 근무하고 있는 경우에는 자동화재속보설비를 설치하지 않을 수 있다.

마. '문화재보호법' 제23조(보물 및 국보의 지정)에 따라 국보 또는 보물로 지정된 목조건축물. 다만, 사람이 24시간 상시 근무하고 있는 경우에는 자동화재속보설비를 설치하지 않을 수 있다.

바. 위에 해당하지 않는 특정소방대상물 중 층수가 30층 이상인 것

사. 의료시설 중 요양병원으로서 다음의 어느 하나에 해당하는 시설

(1) 요양병원(정신병원과 의료재활시설은 제외)

(2) 정신병원과 의료재활시설로 사용되는 바닥면적의 합계가 500m^2 이상인 층이 있는 것

② 종류

자동화재속보설비의 구성은 <그림 4-1>에서 보여주고 있으며 종류에는 A형 속보기와 B형 속보기가 있다.

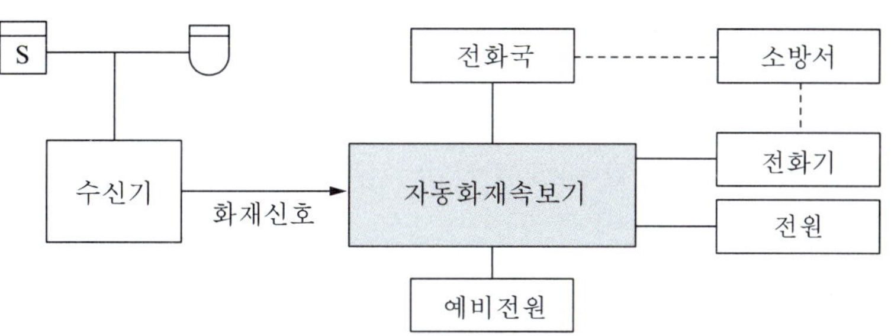

그림 4-1 자동화재속보설비의 계략도

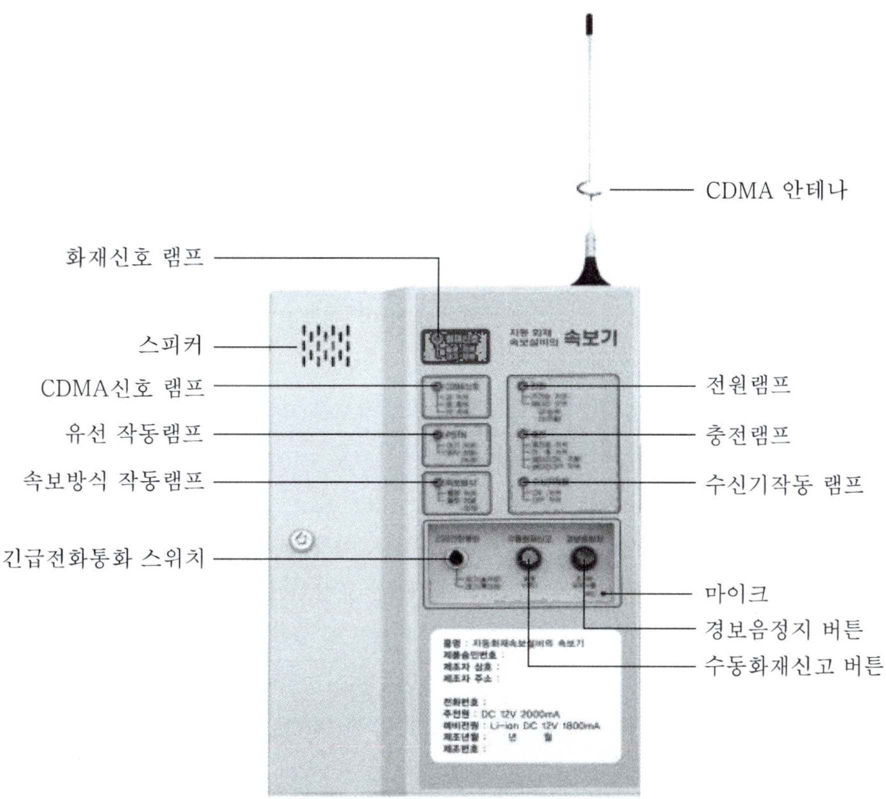

그림 4-2 자동화재속보설비의 예

③ 특징 및 기능

가. 특징

(1) 사람이 없어도 화재발생의 신속한 속보가 가능하다.
(2) 정확한 녹음테이프를 사용하므로 인위적 사고 시 당황하지 않으며 신고가 정확하다.
(3) 잘못 감지한 오보의 신고를 제어하는 회로가 구성되어 있어 오보의 우려가 없다.
(4) 일반 전화에 연결하여 설치할 수 있다.
(5) 종합방재센터가 설치되어 있더라도 감시인의 상주하지 않을 경우 자동화재속보설비를 설치해야 한다.
(6) 대형건물도 1대의 자동화재속보설비로 대응할 수 있다.
(7) 일반 전화사용 중 일반전화를 차단시키고 자동으로 소방관서에 연결된다.

나. 기능

(1) 자동화재탐지설비로부터 작동신호를 수신하거나 수동으로 동작시키는 경우 20초 이내에 소방관서에 자동적으로 신호를 발하여 통보하되, 3회 이상 속보해야 한다.
(2) 주전원이 정지한 경우에는 자동적으로 예비전원으로 전환되고, 주전원이 정상상태로 복귀한 경우에는 자동적으로 예비전원에서 주전원으로 전환되어야 한다.
(3) 예비전원은 자동적으로 충전되어야 하며 자동과충전방지장치가 있어야 한다.
(4) 화재신호를 수신하거나 속보기를 수동으로 동작시키는 경우 자동적으로 적색 화재표시등이 점등되고 음향장치로 화재를 경보하여야 하며 화재표시 및 경보는 수동으로 복구 및 정지시키지 않는 한 지속되어야 한다.
(5) 연동 또는 수동으로 소방관서에 화재발생 음성정보를 속보 중인 경우에도 송수화장치를 이용한 통화가 우선적으로 가능해야 한다.
(6) 예비전원을 병렬로 접속하는 경우에는 역충전방지 등의 조치를 해야 한다.
(7) 예비전원은 감시상태를 60분간 지속한 후 10분 이상 동작(즉, 화재속보 후 화재표시 및 경보를 10분간 유지하는 것)이 지속될 수 있는 용량이어야 한다.
(8) 속보기는 연동 또는 수동 작동에 의한 다이얼링 후 소방관서와 전화접속이 이루어지지 않는 경우에는 최초 다이얼링을 포함하여 10회 이상 반복적으로 접속을 위한 다이얼링이 이루어져야 한다. 이 경우 매회 다이얼링 완료 후 호출은 30초 이상 지속되어야 한다.
(9) 속보기의 송수화장치가 정상위치가 아닌 경우에도 연동 또는 수동으로 속보가 가능해야 한다.
(10) 음성으로 통보되는 속보내용을 통하여 해당 소방대상물의 위치, 화재발생 및 속보기에 의한 신고임을 확인할 수 있어야 한다.

(11) 속보기는 음성속보방식 외에 데이터 또는 코드전송방식 등을 이용한 속보기능을 설치할 수 있다.

4 설치기준

가. 자동화재탐지설비와 연동으로 작동하여 자동적으로 화재발생 상황을 소방관서에 전달되는 것으로 한다. 이 경우 부가적으로 특정소방대상물의 관계인에게 화재발생상황을 전달되도록 할 수 있다.

나. 조작스위치는 바닥으로부터 0.8m 이상 1.5m 이하의 높이에 설치한다.

다. 속보기는 소방관서에 통신망으로 통보하도록 하며, 데이터 또는 코드전송방식을 부가적으로 설치할 수 있다. 단, 데이터 및 코드전송방식의 기준은 자동화재속보설비의 속보기의 성능인증 및 제품검사의 기술기준을 따른다.

라. 문화재에 설치하는 자동화재속보설비는 속보기에 감지기를 직접 연결하는 방식(자동화재탐지설비 1개의 경계구역에 한한다)으로 할 수 있다

마. 속보기는 자동화재속보설비의 속보기의 성능인증 및 제품검사의 기술기준에 적합한 것으로 설치해야 한다.

5 속보기의 구조

가. 부식에 의하여 기계적 기능에 영향을 초래할 우려가 있는 부분은 칠, 도금 등으로 기계적 내식가공을 하거나 방청가공을 해야 하며, 전기적 기능에 영향이 있는 단자 등은 동합금이나 이와 동등이상의 내식성능이 있는 재질을 사용한다.

나. 외부에서 쉽게 사람이 접촉할 우려가 있는 충전부는 충분히 보호되어야 하며 정격전압이 60V를 넘고 금속제 외함을 사용하는 경우에는 외함에 접지단자를 설치한다.

다. 극성이 있는 배선을 접속하는 경우에는 오접속 방지를 위한 필요한 조치를 하여야 하고, 커넥터로 접속하는 방식은 구조적으로 오접속이 되지 않는 형태이어야 한다.

라. 내부에는 예비전원(원통형니켈카드뮴축전지 또는 무보수밀폐형연축전지)을 설치해야 하며 예비전원의 인출선 또는 접속단자는 오접속을 방지하기 위하여 적당한 색상에 의하여 극성을 구분할 수 있도록 한다.

마. 예비전원회로에는 단락사고 등을 방지하기 위한 퓨즈, 차단기 등과 같은 보호장치를 해야 한다.

바. 전면에는 주전원 및 예비전원의 상태를 표시할 수 있는 장치와 작동시 작동여부를 표시하는 장치를 해야 한다.

사. 화재표시 복구스위치 및 음향장치의 울림을 정지시킬 수 있는 스위치를 설치한다.

아. 작동시 그 작동시간과 작동회수를 표시할 수 있는 장치를 해야 한다.

자. 수동통화용 송수화기를 설치해야 한다.

차. 표시등에 전구를 사용하는 경우에는 2개를 병렬로 설치한다. 다만, 발광다이오드의 경우에는 제외된다.

카. 속보기는 다음의 회로방식을 사용하지 않아야 한다.

(1) 접지전극에 직류전류를 통하는 회로방식

(2) 수신기에 접속되는 외부배선과 다른 설비(화재신호의 전달에 영향을 미치지 않는 것은 제외)의 외부배선을 공용으로 하는 회로방식

타. 속보기의 기능에 유해한 영향을 미치는 부속장치는 설치하지 않는다.

⑥ 시험

가. 반복시험

속보기는 정격전압에서 1,000회의 화재작동을 반복 실시하는 경우 그 구조 또는 기능에 이상이 생기지 않아야 한다.

나. 절연저항시험

(1) 절연된 충전부와 외함간의 절연저항은 직류 500V의 절연저항계로 측정한 값이 5MΩ(교류입력측과 외함간에는 20MΩ) 이상이어야 한다.

(2) 절연된 선로간의 절연저항은 직류 500V의 절연저항계로 측정한 값이 20MΩ 이상이어야 한다.

연습문제 exercise

1. 관계인이 24시간 상시 근무하고 있는 경우 자동화재속보설비를 설치해야 하는 조건은?

2. 다음은 자동화재속보설비의 설치기준이다. 괄호 안을 채우시오.

(1) 자동화재탐지설비와 연동으로 작동하여 자동적으로 화재발생 상황을 (　　)에 전달되는 것으로 할 것

(2) 스위치는 바닥으로부터 (　　) 이상 (　　) 이하의 높이에 설치하고, 그 보기 쉬운 곳에 스위치임을 표시한 표지를 할 것

(3) (　　)는 소방관서에 통신망으로 통보하도록 하며, 데이터 또는 코드전송방식을 부가적으로 설치할 수 있다.

(4) 문화재에 설치하는 자동화재속보설비는 제1호의 기준에도 불구하고 속보기에 (　　)를 직접 연결하는 방식(자동화재탐지설비 1개의 경계구역에 한한다)으로 할 수 있다

3. 화재신호를 통신망을 통하여 음성 등의 방법으로 소방관서에 통보하는 장치는?

CHAPTER 05

누전경보기

Fire Alarm Facility

누전경보기는 사용전압 600V 이하인 경계전로의 누설전류를 검출하여 해당 소방 대상물의 관계자에게 경보를 발하는 설비로서 전기배선과 전기기기의 부하측으로부터 절연파괴 또는 단락 등에 의해 전류가 누설되어 재해(화재 및 감전)를 일으키기 때문에 부하측에 설치하여 전기에 의한 재해를 방지하기 위한 설비이다.

1 특정소방대상물

누전경보기는 계약전류용량(같은 건축물에 계약종별이 다른 전기가 공급되는 경우에는 그 중 최대계약전류용량)이 100A를 초과하는 특정소방대상물(내화구조가 아닌 건축물로서 벽・바닥 또는 반자의 전부나 일부를 불연재료 또는 준불연재료가 아닌 재료에 철망을 넣어 만든 것만 해당)에 설치한다. 다만, 위험물 저장 및 처리 시설 중 가스시설, 지하가 중 터널 또는 지하구의 경우에는 제외하며, 기준면적에 대한 기준은 없다.

2 구성

누전경보기는 경계전로의 누설전류를 자동적으로 검출하여 경보기의 수신부에 송신하는 변류기와 그 전류를 증폭하는 증폭기, 변류기로부터 검출된 신호를 수신하여 누전의 발생을 해당 소방대상물의 관계자에게 경보하는 수신부(차단기구를 갖는 것을 포함) 및 경보를 발하는 음향장치로 구성되어 있다. 누전경보기의 구조는 <그림 5-1>에서 나타내고 있다.

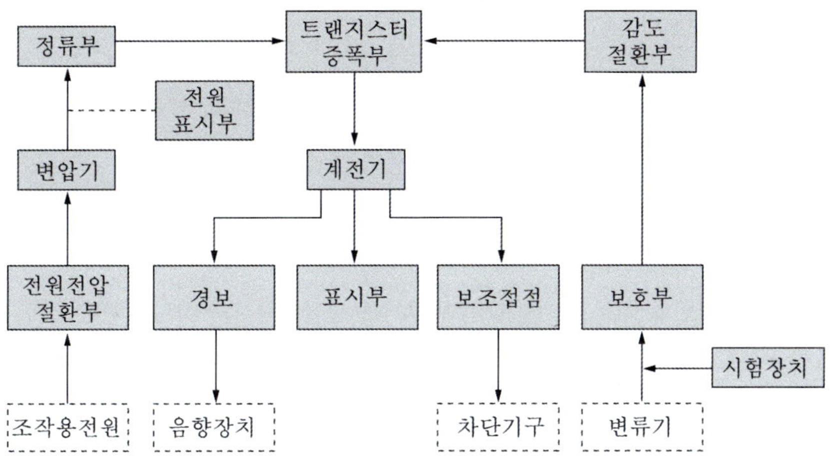

그림 5-1 누전경보기의 구조

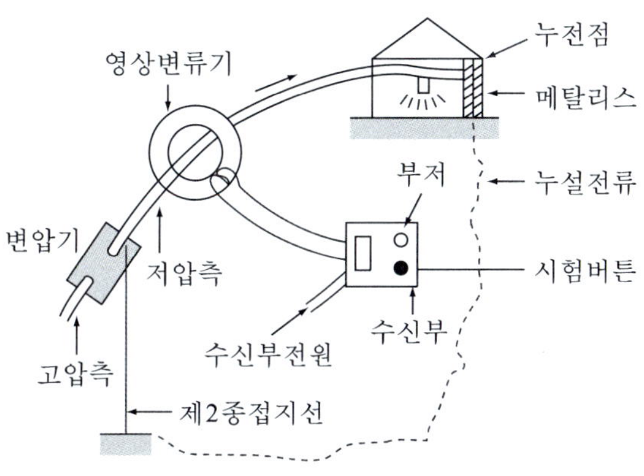

(a) 누전경보기 설치

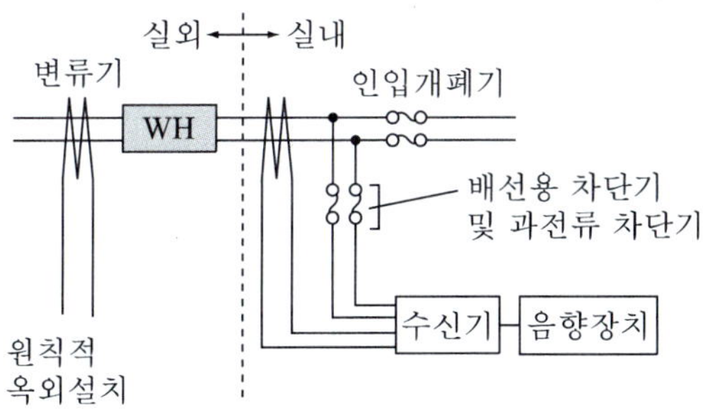

(b) 누전경보기 구성

그림 5-2 누전경보기 설치

2.1 수신부의 종류

변류기로부터 검출된 신호를 수신하여 누전의 발생을 해당 소방대상물의 관계인에게 경보를 통보하는 장치로 그 종류는 정격전류에 따라 다음과 같이 분류한다.

(1) 1급 : 정격전류가 60A 초과의 경계전로에 한하여 사용하는 것

(2) 2급 : 정격전류가 60A 이하의 경계전로에 한하여 사용하는 것

집합형 누전경보기의 수신부는 2개이상의 변류기를 연결하여 사용하는 수신부로서 하나의 전원장치 및 음향장치 등으로 구성된 것을 말하는 것으로 그 결선도는 다음과 같다.

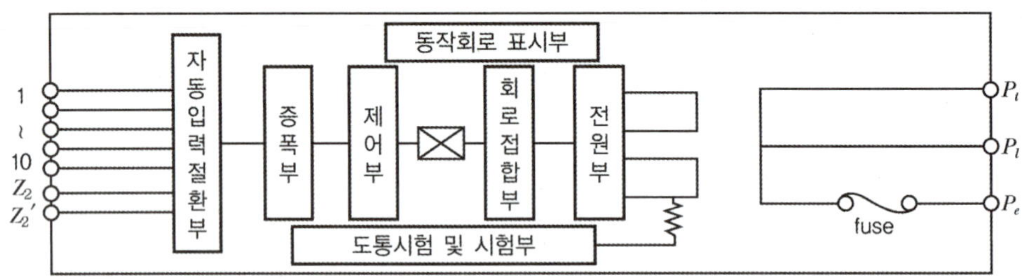

그림 5-3 집합형 수신부

수신기 증폭부의 동작방식 종류는 다음과 같은 3가지가 있다.

(1) 트랜지스터나 매칭트랜스를 조합하여 계전기를 동작시키는 방식

(2) 트랜지스터나 I.C로 증폭하여 계전기를 동작시키는 방식

(3) 트랜지스터 또는 I.C나 미터릴레이를 증폭하여 계전기를 동작시키는 방식

2.2 변류기의 종류

(1) 구조에 따라 옥외형과 옥내형으로 구분

(2) 수신부와의 상호호환성 유무에 따라 호환성형 및 비호환성형으로 구분

(3) 권선형태에 따라 권선형과 관통형으로 구분

  (가) 권선형 : 철심에 1차 및 2차 권선 모두를 감은 것으로 필요에 따라 1차 권선을 2개 이상으로 감을 수 있으며, 저전류 특성을 좋게 만든 변류기이다.

  (나) 관통형 : 1차 도체를 변류기의 1차 권선으로 사용하는 것으로 1차 권선은 하나이다. 즉, 2차 권선이 감겨진 환상철심의 중심부를 1차 도체 또는 케이블이 통과하는 형태의 변류기이다. 공장의 배선계통 등 많은 케이블 계통에 사용된다.

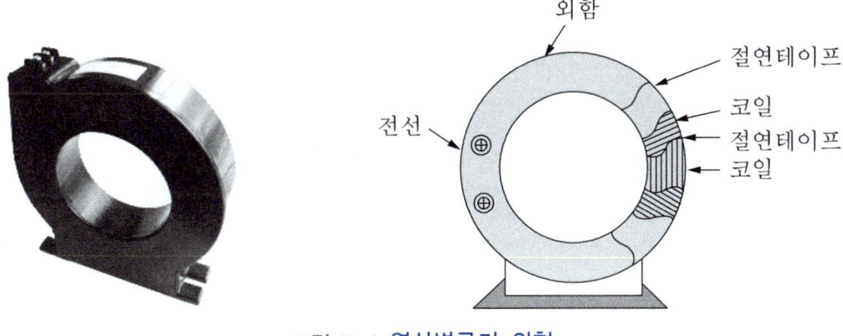

그림 5-4 영상변류기 외형

표 5-1 영상변류기와 변류기 기호

구 분	영상변류기(ZCT)	변류기(CT)
기 능	누설전류를 검출	일반 전류를 검출
기 호		

③ 설치방법 및 기준

3.1 누전경보기의 설치방법

(1) 경계전로의 정격전류가 60A를 초과하는 전로에 있어서는 1급 누전경보기를, 60A 이하의 전로에 있어서는 1급 또는 2급 누전경보기를 설치해야 한다. 다만, 정격전류가 60A를 초과하는 경계전로가 분기되어 각 분기회로의 정격전류가 60A 이하로 되는 경우 해당 분기회로마다 2급 누전경보기를 설치한 때에는 해당 경계전로에 1급 누전경보기를 설치한 것으로 본다.

(2) 변류기는 소방대상물의 형태, 인입선의 시설방법 등에 따라 옥외 인입선의 제1지점의 부하측 또는 제2종 접지선측의 점검이 쉬운 위치에 설치한다. 다만, 인입선의 형태 또는 소방대상물의 구조상 부득이한 경우에 있어서는 인입구에 근접한 옥내에 설치할 수 있다.

(3) 변류기를 옥외의 전로에 설치하는 경우에는 옥외형의 것을 설치해야 한다.

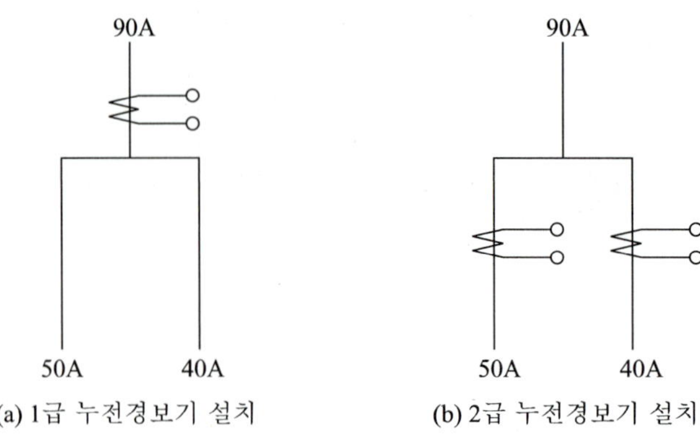

(a) 1급 누전경보기 설치 (b) 2급 누전경보기 설치

그림 5-5 누전경보기 설치

전기계통의 인입선

배전선이 수요되는 장소에 있는 건물에 도입하는 경우, 배전선의 간선幹線과 건물 내벽內壁면 등을 관통해서 수요가需要家의 시설 내의 수전受電점과의 사이를 연결하는 전선을 말한다. 일반적으로 케이블을 사용하는 경우와 가공선을 사용하는 경우 등이 있다. 케이블을 사용하는 경우, 지중地中을 통과할 때와 가공架空할 때가 있지만, 케이블 외관상의 안전에 과대한 신뢰를 유지하다가 사고를 초래하는 경우가 많다. 즉, 지중地中에 부설할 때는 최대한의 중량물이 케이블 위를 통과할 때나 부근에서 공사 등에 의해서 케이블의 손상이 발생되기 쉽기 때문에, 그 보호대책으로 기계적 방호에 노력해야 한다. 가공전선을 사용할 때는 인입선이 늘어지는 상태에 의해 전선의 접촉, 인입선 밑을 높게 적재한 짐이 통과할 때, 적재한 짐과 전선의 접촉, 인입선이 벽면을 관통하는 부분에서 전기절연의 손상에 의한 누전사고 등이 있을 수 있기 때문에 이런 점에 유의할 필요가 있다.

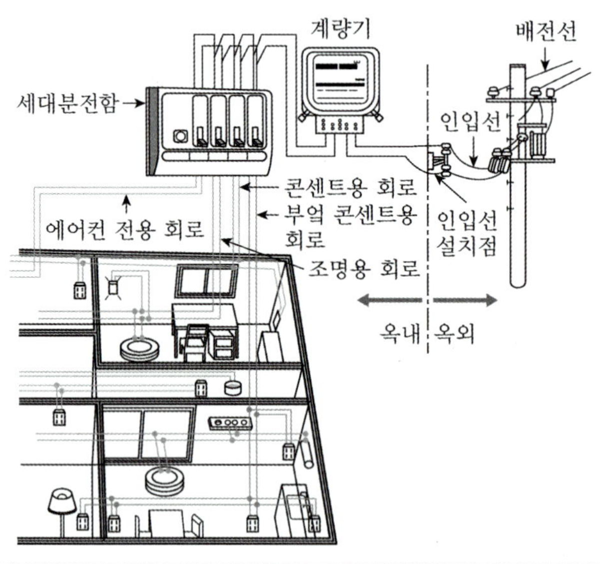

3.2 수신부의 설치

(1) 누전경보기의 수신부는 옥내의 점검에 편리한 장소에 설치하되, 가연성의 증기·먼지 등이 체류할 우려가 있는 장소의 전기회로에는 해당 부분의 전기회로를 차단할 수 있는 차단기구를 가진 수신부를 설치해야 한다. 이 경우 차단기구의 부분은 해당 장소 외의 안전한 장소에 설치해야 한다.

(2) 누전경보기의 수신부는 다음 장소 외의 장소에 설치해야 한다. 다만, 해당 누전경보기에 대하여 방폭·방식·방습·방온·방진 및 정전기 차폐 등의 방호조치를 한 것에 있어서는 제외된다.

(가) 가연성의 증기·먼지·가스 등이나 부식성의 증기·가스 등이 다량으로 체류하는 장소

(나) 화약류를 제조하거나 저장 또는 취급하는 장소

(다) 습도가 높은 장소

(라) 온도의 변화가 급격한 장소

(마) 대전류회로·고주파 발생회로 등에 따른 영향을 받을 우려가 있는 장소

(3) 음향장치는 수위실 등 상시 사람이 근무하는 장소에 설치하여야 하며, 그 음량 및 음색은 다른 기기의 소음 등과 명확히 구별할 수 있는 것으로 한다.

3.3 전원

전기사업법 제67조의 규정에 따른 기술기준에서 정한 것 외에 다음 기준에 따라야 한다.

(1) 전원은 분전반으로부터 전용회로로 하고, 각극에 개폐기 및 15A 이하의 과전류차단기(배선용 차단기에 있어서는 20A 이하의 것으로 각극을 개폐할 수 있는 것)를 설치해야 한다.

(2) 전원을 분기할 때에는 다른 차단기에 따라 전원이 차단되지 않도록 한다.

(3) 전원의 개폐기에는 누전경보기용임을 표시한 표지를 한다.

차단기 종류

- 개폐기 : 옥내 배선의 전기회로의 개폐를 실행하는 것으로 일명 스위치라고 한다.
- 과전류차단기 : 규정된 용량을 초과하여 전류(사고전류)가 흐를 경우 차단하는 장치이다.
- 배선용차단기 : 저압 간선 분기회로의 전원차단 개폐기(부하전류 개폐, 사고전류 차단)로서 수동조작되며, 과전류, 단락보호, 자동차단의 기능이 있다.

④ 구조 및 기능

가. 공칭작동전류치

(1) 누전경보기의 공칭작동전류치[67]는 200mA 이하여야 한다.
(2) 감도조정장치를 가지고 있는 누전경보기에 있어서도 그 조정범위의 최소치에 대하여 이를 적용한다.

나. 감도조정장치

감도조정장치를 갖는 누전경보기의 조정범위는 최대치가 1A 이어야 한다.

다. 수신부의 구조 및 기능

수신부는 변류기로부터 송신된 신호를 수신하는 경우 적색표시 및 음향신호에 의하여 누전을 자동적으로 표시할 수 있어야 하며, 이 경우 차단기구가 있는 것은 차단 후에도 누전되고 있음을 적색표시로 계속 표시되어야 한다.

(1) 전원을 표시하는 장치를 설치해야 한다. 다만, 2급에서는 제외된다.
(2) 수신부는 다음 회로에 단락이 생기는 경우에는 유효하게 보호되는 조치를 강구해야 한다.
  (가) 전원 입력측의 회로(다만, 2급수신부에는 적용하지 않는다)
  (나) 수신부에서 외부의 음향장치와 표시등에 대하여 직접 전력을 공급하도록 구성된 외부회로
(3) 감도조정장치를 제외하고 감도조정부는 외함의 바깥쪽에 노출되지 않아야 한다.
(4) 주전원의 양극을 동시에 개폐할 수 있는 전원스위치를 설치해야 한다. 다만, 보수시에 전원공급이 자동적으로 중단되는 방식은 제외된다.
(5) 전원입력측의 양선(1회선용은 1선 이상) 및 외부부하에 직접 전원을 송출하도록 구성된 회로에는 퓨즈 또는 브레이커 등을 설치해야 한다.

집합형 누전경보기의 수신부는 다음에 적합해야 한다.

(1) 누설전류가 발생한 경계전로를 명확히 표시하는 장치가 있어야 한다.
(2) 표시장치는 경계전로를 차단하는 경우 누설전류가 발생한 경계전로의 표시가 계속되어 있어야 한다.
(3) 2개의 경계전로에서 누선전류가 동시에 발생하는 경우 기능에 이상이 생기지 않아야 한다.
(4) 2개 이상의 경계전로에서 누설전류가 계속하여 발생하는 경우 최대부하에 견디는 용량을 갖는 것이어야 한다.

---

67) 누전경보기를 작동시키기 위하여 필요한 누설전류의 값이다(제조자에 의하여 표시된 값).

라. 변류기 기능

(1) 호환성형 변류기는 경계전로에 전류를 흘리지 않는 상태에서 또는 경계전로에 해당 변류기의 정격주파수로 해당 변류기의 정격전류를 흘린 상태에서, 시험전류를 0mA에서 1A로 흘리는 경우, 그 출력전압치는 시험전류치에 비례하여 변화하고, 그 변동범위는 설계출력전압치의 75% 이상 125% 이하이어야 한다. 이 경우 해당 변류기의 출력단자에는 해당 변류기에 접속되는 수신부의 입력임피던스에 상당하는 임피던스(부하저항)를 접속한다.
(2) 비호환성형 변류기는 경계전로에 전류를 흘리지 않는 상태에서 또는 경계전로에 해당 변류기의 정격주파수로 정격전류를 흘린 상태에서 공칭작동전류치에 상당하는 시험전류를 흘리는 경우 그 출력전압치는 공칭작동전류치에 대응하는 설계출력전압치 이상이어야 하며, 또한 공칭작동전류치의 42%인 시험전류를 흘리는 경우, 그 출력전압치는 공칭작동전류치의 42%에 대응하는 설계출력전압치 이하여야 한다.
(3) 변류기 중 경계전로의 전선을 변류기에 관통시키는 것은 경계전로의 각 전선을 그 전선의 변류기에 대한 전자결합력이 평형이 되지 않는 방법으로 변류기에 관통시킨 상태에서 (1) 또는 (2)의 기능을 가져야 한다.

마. 경보기구에 내장하는 음향장치

(1) 사용전압의 80%인 전압에서 소리를 내어야 한다.
(2) 사용전압에서의 음압은 무향실내에서 정위치에 부착된 음향장치의 중심으로부터 1m 떨어진 지점에서 누전경보기는 70dB 이상이어야 한다. 다만, 고장표시장치용 등의 음압은 60dB 이상이어야 한다.
(3) 사용전압으로 8시간 연속하여 울리게 하는 시험, 또는 정격전압에서 3분 20초 동안 울리고 6분 40초 동안 정지하는 작동을 반복하여 통산한 울림시간이 20시간이 되도록 시험하는 경우 그 구조 또는 기능에 이상이 생기지 않아야 한다.

바. 변압기

(1) 변압기는 KS C 6308(전자기기용 소형전원변압기) 또는 이와 동등 이상의 성능이 있어야 한다.
(2) 정격1차 전압은 300V 이하로 한다.
(3) 변압기의 외함에는 접지단자를 설치해야 한다.
(4) 용량은 최대사용전류에 연속하여 견딜 수 있는 크기 이상이어야 한다.

사. 표시등

누전화재의 발생을 표시하는 표시등(누전등)이 설치된 것은 등이 켜질 때 적색으로 표시되어야 하며, 누전화재가 발생한 경계전로의 위치를 표시하는 표시등(지구등)과 기타의 표시등은 다음과 같아야 한다.

(1) 지구등은 적색으로 표시되어야 한다. 이 경우 누전등이 설치된 수신부의 지구등은 적색 외의 색으로도 표시할 수 있다.

(2) 기타의 표시등은 적색 외의 색으로 표시되어야 한다. 다만, 누전등 및 지구등과 쉽게 구별할 수 있도록 부착된 기타의 표시등은 적색으로도 표시할 수 있다.

5 작동원리

건축물의 전선로 인입선[68]이 인입되는 것과 함께 누전경보기를 설치해야 하는데 <그림 5-6>에 나타내고 있다. 건축물 내의 전기배선이 공사 결함, 노후화로 인한 열화(Degradation), 부주의에 의한 손상 등으로 인하여 누전이 발생되고 건축물의 천장, 바닥, 벽 등의 보강재로 상용하고 있는 금속류 등이 누전의 경로가 되어 화재를 발생시키기 쉬우므로 이것을 방지하기 위하여 누설전류가 흐르면 자동적으로 누전경로를 발견하여 경보해야 한다. 누전경보기는 접속단자의 접속불량, PBS(Push Button Switch, 누름단추스위치)의 접촉불량, 회로 또는 수신기 전원 퓨즈의 단선 등으로 작동하지 않는 경우가 있다. <그림 5-7>은 누전 발생 시의 누전회로를 나타내고 있다.

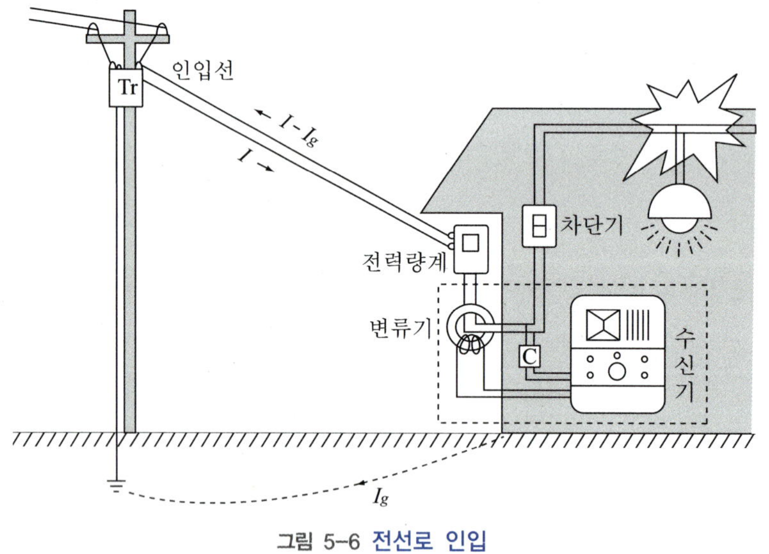

그림 5-6 전선로 인입

68) 배전선로에서 갈라져서 직접 수요장소의 인입구에 이르는 부분의 전선을 말한다.

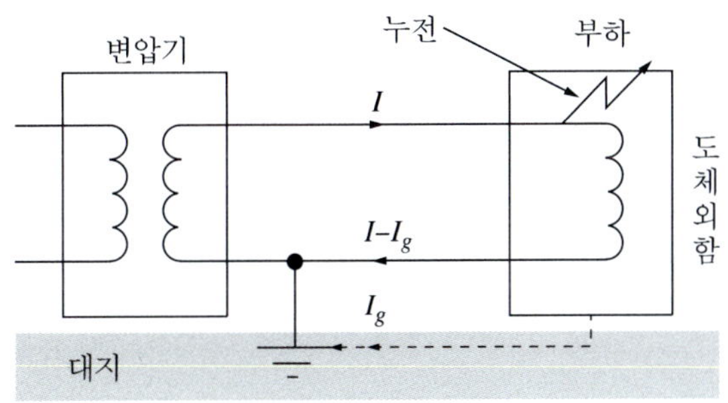

그림 5-7 누전회로

5.1 단락전류 및 지락전류

전기회로에서 전원을 기점으로 폐회로가 구성되어야 전류가 흐르게 된다. 그러나 전원에 부하가 접속되어 있지 않고(무부하) 폐회로를 구성할 경우(단락), 이 회로의 전류(단락전류)는 다음과 같이 무한대가 된다. 전기회로에서 단락이 발생되면 큰 전력을 소비하므로 위험하게 된다.

$$I = \frac{V}{R} = \frac{V}{0} = \infty$$

따라서, 단락전류는 전원의 단자를 단락했을 때 흐르는 전류로, 그 크기는 무부하일 때 단자 전압을 전원의 내부 임피던스(직류일 때는 내부 저항)로 나눈 값으로, 매우 큰 전류가 되어 전원이 소손燒損될 염려가 있다. 그래서 만일 단락이 발생해도 전원을 보호하기 위해 차단기나 퓨즈를 전원 회로에 넣는 것이 보통이다.

두 전선 중 하나의 전선 또는 두 전선 모두가 대지에 닿을 경우를 지락이라고 한다. 즉, 절연되어 있는 충전부가 어떤 원인에 의하여 대지와 접촉되어 사고가 발생하는 것을 말한다. 전로電路와 대지사이에 절연성이 낮아져서 전로 또는 기계기구 케이스에 위험한 전압 또는 전류가 흐르는 상태를 말하며 이때 흐르는 전류를 지락전류라 한다.

제2종 접지공사를 시행한 전로 중에 한 전선의 절연저항이 감소하거나 절연피복이 벗겨져서 대지 또는 대지와 전기적으로 접촉되어 있는 금속체, 도체 등과 접촉하게 되면 규정된 전로를 이탈하여 누설전류가 흐르고 이러한 상태를 누전사고 또는 지락사고 한다. 이러한 사고 상태가 지속되면 전기화재의 원인이 된다.

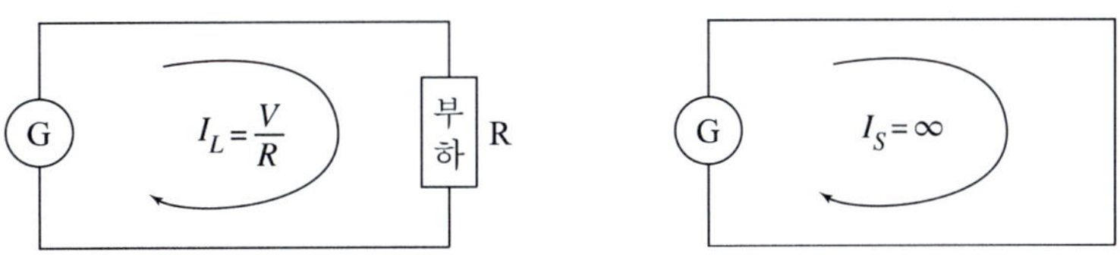

그림 5-8 단락회로

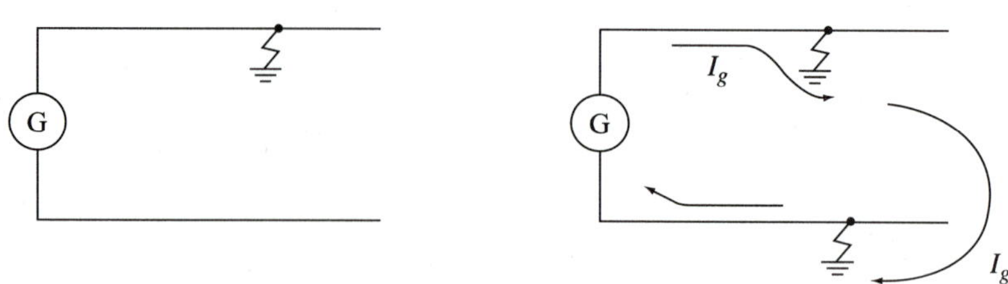

그림 5-9 지락회로

5.2 누설전류의 검출

누설전류의 검출은 전류가 예정된 전류치에 도달하면 동작하도록 하는 전류계전기(Current realy)[69]가 있지만, 선로에 대전류가 흐를 경우 선로에 직접 연결할 수 없으므로 변류기(CT, Current transformer)를 통하여 전류를 측정한다.

가. 단상 2선식

전원에 부하를 접속한 상태에서 누설전류가 없으면[그림 5-10 (a)] 전원에서 부하측으로 흐르는 전류 I_1과 부하에서 전원측으로 흐르는 전류 I_2는 같다. 즉, 전류 I_1에 의해 발생되는 자계 ϕ_1과 전류 I_2에 의해 발생되는 자계 ϕ_2는 크기는 같으나 전류 방향이 반대가 되므로 변류기 2차측에는 출력이 발생되지 않는다.

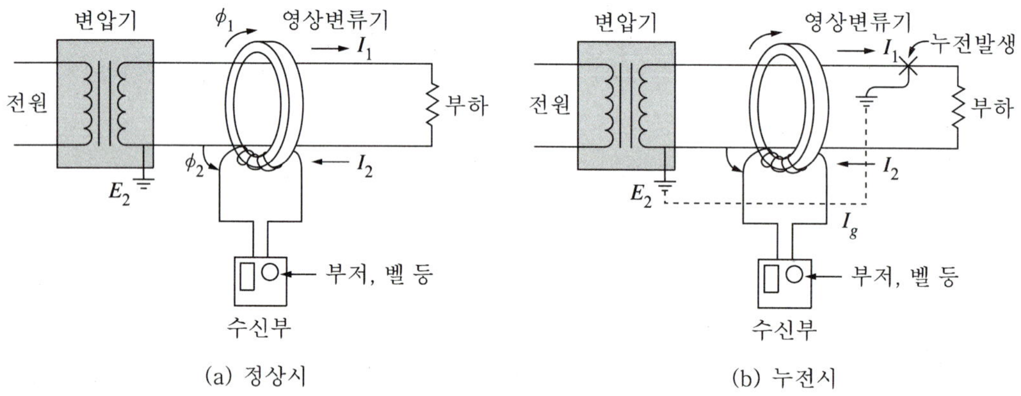

그림 5-10 단상 2선식회로의 누설전류

69) 과전류계전기는 설정값 이상이 될 때 동작하고 부족전류계전기는 설정값 이하로 떨어졌을 때 동작하여 신호를 발한다.

부하측 전선로 중에 누전이나 지락이 발생되면서 누설전류 I_g가 흐르게 되면[그림 5-10 (b)] 전원에서 부하측으로 공급되는 전류는 I_1이지만, 부하에서 전원측으로 돌아오는 전류는 I_2는 $I_1 - I_g$이 되므로 자속의 차이가 발생된다. 즉, 전류 I_1에 의한 자속 ϕ_1은 누설전류에 의한 전류 I_g에 의하여 전원으로 돌아오는 자속은 $\phi_1 - \phi_g$이 되고 누설자속 ϕ_g의 차이가 발생된다. 이 자속으로부터 영상변류기(ZCT, Zero-phase-sequence current-transformer)의 2차측에 기전력이 유기되며 다음과 같다. 이 유기기전력을 검출하여 경보를 울리게 된다.

$$e = 4.44 \times f \times \phi_g \times N_2 \, [\mathrm{V}]$$

여기서, f : 주파수(Hz)

ϕ_g : 누설전류에 의한 자속(Wb)

N_2 : 변류기 2차 권선수

나. 3상 3선식

정상상태의 3상 3선식 교류회로[그림 5-11 (a)]에서 부하의 a, b, c점에 대해 키르히호프 전류법칙을 적용하면 각 선전류는 다음 식과 같다.

$$a : I_1 = I_b - I_a \qquad b : I_2 = I_c - I_b \qquad c : I_3 = I_a - I_c$$

이들 각 선전류의 벡터의 합은 $I_1 + I_2 + I_3 = 0$이 되고 각 선전류는 평형을 이루게 되어 영상변류기의 2차측에는 출력이 나타나지 않는다.

그러나 <그림 5-11 (b)>와 같이 c점에서 누전이 발생하여 누설전류 I_g가 흐르게 되면 부하의 a, b, c점에 키르히호프 전류법칙을 적용하면 각 선전류는 다음과 같다.

$$a : I_1 = I_b - I_a \qquad b : I_2 = I_c - I_b \qquad c : I_3 = I_a - I_c + I_g$$

이들 각 점에서 선전류를 합하면 $I_1 + I_2 + I_3 = I_g$가 되므로 영상변류기에 누설전류에 의한 자속 ϕ_g가 발생되고 이 자속에 의하여 변류기 2차측에 기전력이 유기되며, 이 전압을 증폭시켜 수신기에 신호를 보내 경보를 발하게 된다.

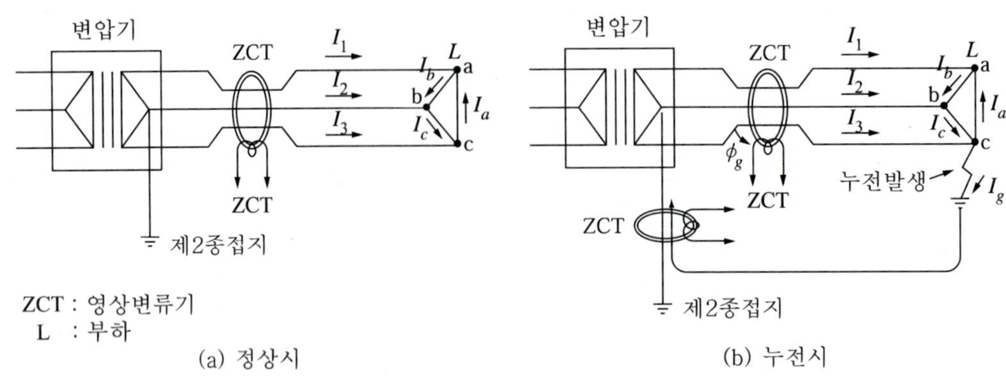

그림 5-11 3상식회로의 누설전류

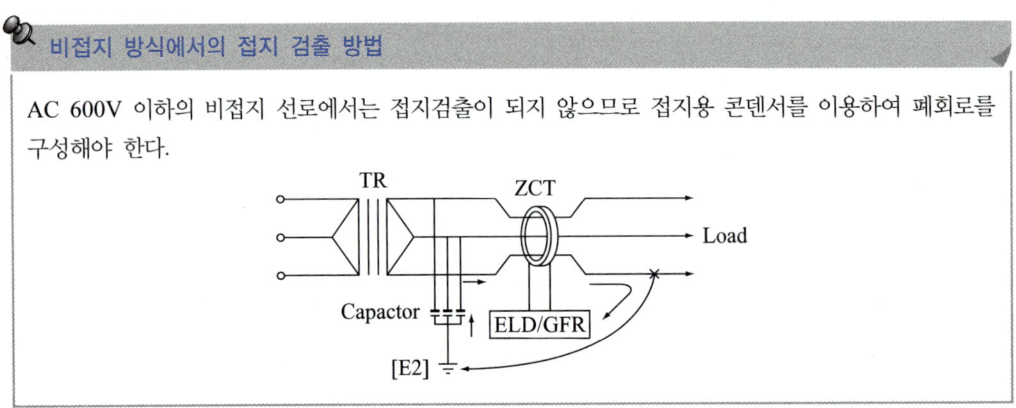

6 변류기의 결선

6.1 결선방법

(1) 상용전원은 분전반의 전용회로에 연결해야 한다.

(2) 모든 전선을 변류기에 관통시켜 설치해야 한다. 즉, 단상 2선식은 2선 모두, 3상 3선식은 3선 모두, 3상 4선식은 4선 모두(중성선 포함)를 변류기 안에 넣어야 한다.

(3) 설치 후 모든 기능이 정상상태로 동작되는지 확인해야 한다.

(4) 변류기 2차 단자선은 대전력선과 10cm 이상 이격시켜야 한다. 또한 노이즈가 심한 선로의 경우 변류기 2차선은 실드 케이블 사용한다.

6.2 변류기 결선

회로의 누설전류를 검출하기 위해 설치하는 영상변류기는 전선의 관통 유무, 결선의 형태, 접지선의 위치 등에 따라 특성이 다르게 나타나기 때문에 설비의 특성을 고려하여 설비의 안전도를 향상시켜야 한다.

가. 전선의 변류기 관통 유무

<그림 5-12 (a)>는 변류기에 중성선만 관통시켰으므로 중성선의 부하전류가 오동작을 하게 된다. 따라서 <그림 5-12 (b)>와 같이 변류기에 전선의 3가닥을 모두 관통시켜 선로의 전류변화가 발생하더라도 불평형 상태를 검지하여 그 결과를 수신기에 전송함으로써 경보 또는 차단할 수 있도록 해야 한다.

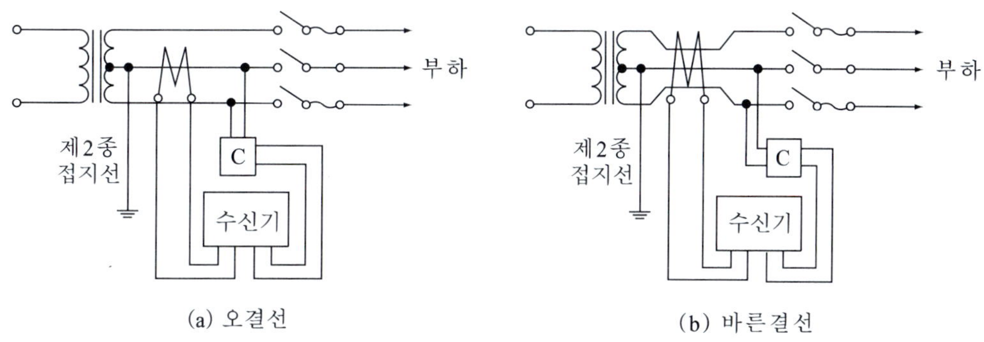

그림 5-12 전선관통 유무

<그림 5-13>와 같은 분기된 선로에 변류기를 관통시킬 경우, 정확한 누설전류를 판단할 수 없어 동작하지 않을 수 있다.

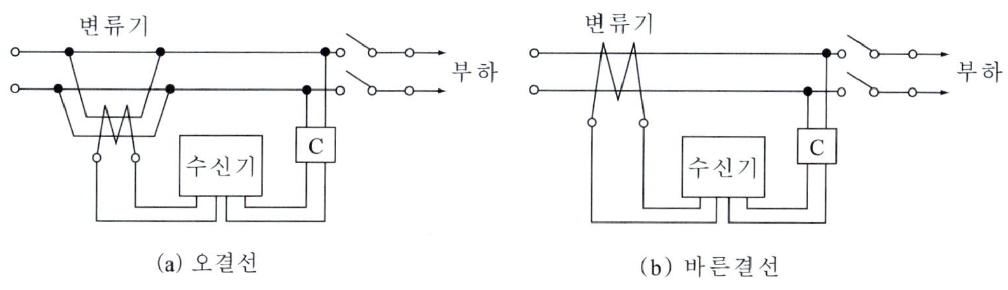

그림 5-13 분기된 선로

나. 접지와 접지선에 관계된 경우

(1) 접지선 위치의 적정 유무

부하전류가 접지선 A에 의해 B 접지선이 분류되어 누전이 없을 경우에도 오동작 하므로 <그림 5-14 (b)>와 같이 B 접지선은 변류기 전원측에 접속해야 한다.

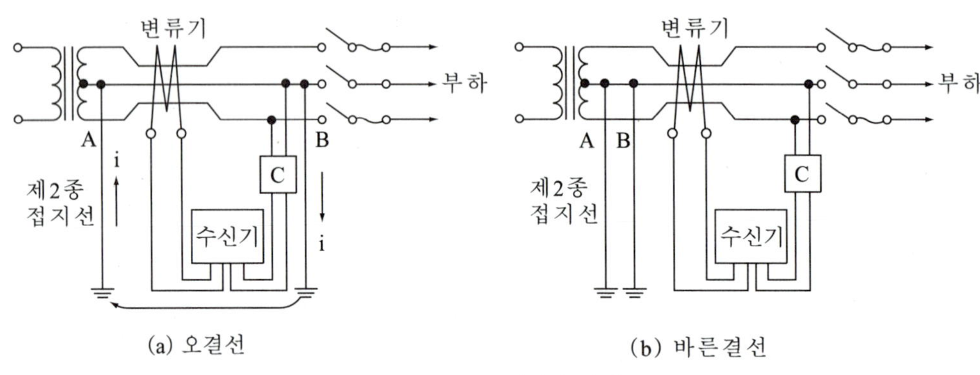

그림 5-14 접지선의 위치

(2) 접지선에 변류기를 설치하는 경우

<그림 5-15 (a)>와 같이 한 쪽 접지선에만 변류기를 설치하게 되면 중성선의 부하전류에서 A, B간의 전류가 분류되어 오동작하게 되며 누전이 발생되어도 동작하지 않으므로 A 접지선을 제거해야 한다.

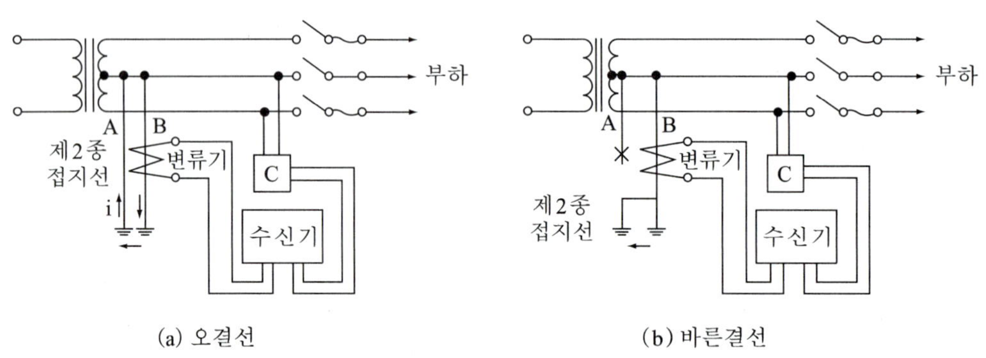

그림 5-15 접지선에 변류기를 설치

시험용으로 쓰이는 외함의 접지선에 변류기를 설치할 경우 <그림 5-16 (a)>와 같이 설치하면 직접 변압기에 접지되어 누전이 되어도 동작하지 않으므로 외함접지를 변류기 설치점이 아닌 접지측에 접속시켜야 한다.

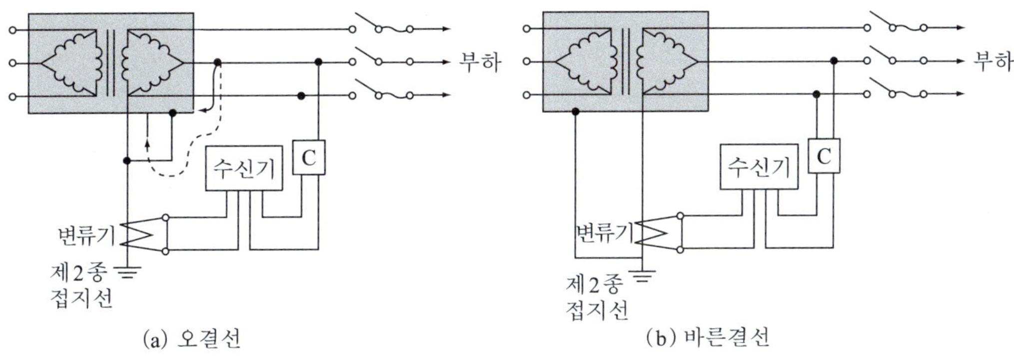

그림 5-16 외함 접지선에 변류기 설치

다. 접지종류가 다른 경우

제3종 접지를 하는 분점반 외함에 <그림 5-17 (a)>와 같이 제2종 집지선의 한 전을 접속하게 되면 영상회로가 구성되어 누전이 없어도 오동작하므로 분전반 외함과 중성선(Neutral line)인 제2종 접지선을 분리하여 누전 이외에는 영상회로가 되지 않도록 제3종 접지선과 분리시켜야

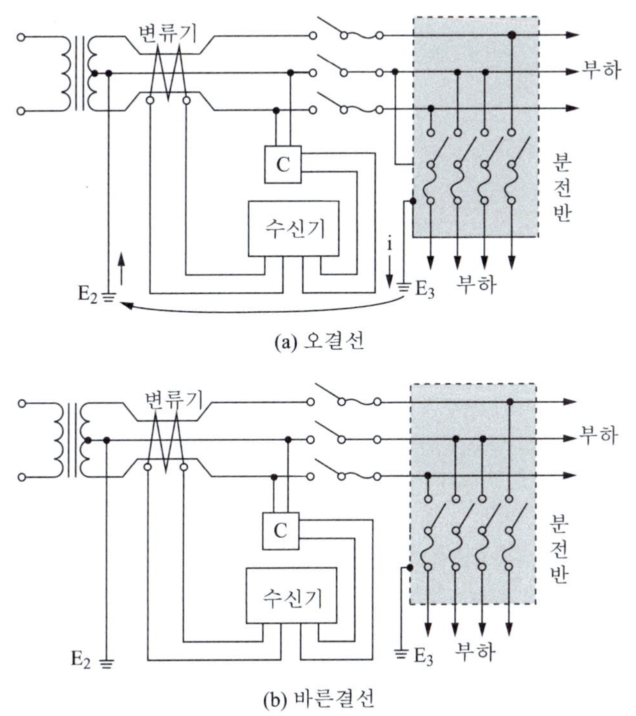

그림 5-17 접지종류가 다른 경우

한다. 단상 3선식 중선선에 퓨즈와 같은 과전류차단장치를 설치한 후 단선이 되면 부하에 이상전압(Abnormal voltage)에 의해 기기 소손이 우려되기 때문에 퓨즈를 설치하지 않고 동선(구리

선)으로 직결해야 한다.

7 시험

가. 절연저항시험

수신부와 변류기는 DC 500V의 절연저항계로 다음 시험을 하는 경우 5MΩ 이상이어야 한다.

수신부는

(1) 절연된 충전부와 외함간

(2) 차단기구의 개폐부(개방 상태에서는 같은 극의 전원단자와 부하측 단자와의 사이, 닫힌 상태에서는 충전부와 손잡이 사이에서 측정)

변류기는

(1) 절연된 1차권선과 2차권선간의 절연저항

(2) 절연된 1차권선과 외부금속부간의 절연저항

(3) 절연된 2차권선과 외부금속부간의 절연저항

나. 전압강하방지시험

변류기(경계전로의 전선을 그 변류기에 관통시키는 것은 제외)는 경계전로에 정격전류를 흘리는 경우, 그 경계전로의 전압강하는 0.5V 이하여야 한다.

연습문제 exercise

1. 누전경보기의 정비점검시에 행하는 점검사항 중 다음 시험에 필요한 시험기 또는 측정기를 쓰시오.

(1) 누전전류의 검출시험

(2) 배선 및 충전부와 대지간의 절연상태의 측정

(3) 경보 부저(Buzzer)의 음압시험

(4) 수신기에 의한 외부배선 및 fuse, 표시등, 외부 부저(Buzzer) 등의 도통시험

2. 누전경보기에 대한 아래 그림을 보고 질문에 답하시오.

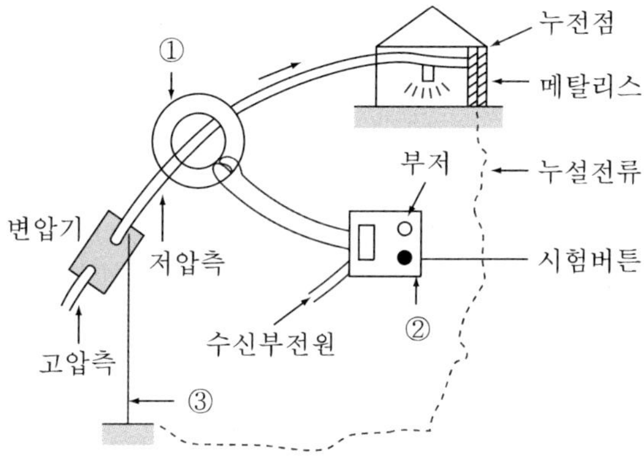

(1) ①~③에 대한 명칭을 쓰되 ③은 종별까지 상세히 쓰시오.

(2) 누전경보기는 사용전압 몇 V 이하인 경계전로의 누설전류를 검출하는가?

(3) 누전경보기의 공칭작동전류치[mA]는?

(4) 전원은 각 극에 개폐기 및 몇 A 이하의 과전류차단기를 설치하여야 하는가? 또한 배선용 차단기로 할 경우 몇 A 이하의 것으로 각 극의 개폐가 가능하여야 하는가?

3. 다음은 누전경보기의 수신기 구조에 대한 그림이다. 빈 곳을 완성하시오.

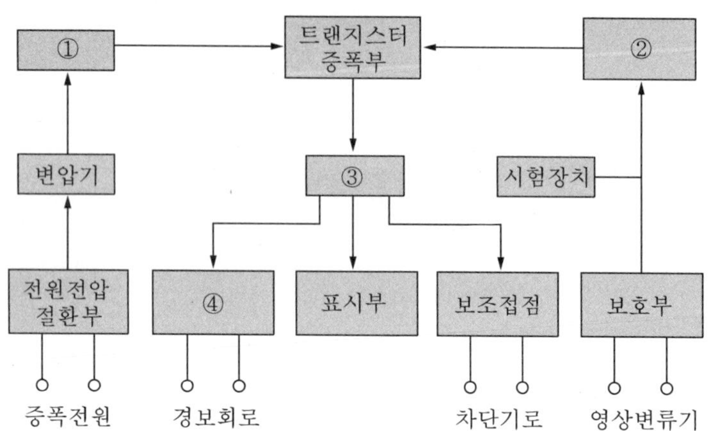

4. 단상 3선식 전기회로에 누전경보기를 설치한 예를 보고 다음 질문에 답하시오.

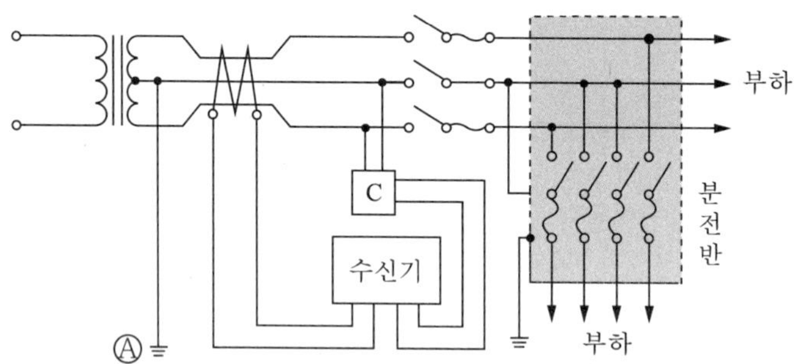

(1) 잘못 도해된 부분을 2가지만 지적하고 잘못된 사유를 설명하시오.

(2) Ⓐ부분의 접지공사 종류와 접지 저항값[Ω]은?

(3) 단상 3선식의 중성선에서 퓨즈를 설치하지 않고 동선으로 직결한다. 그 이유를 쓰시오.

5. 다음 누전경보기 구성도의 각부(①~⑤)의 명칭을 쓰시오.

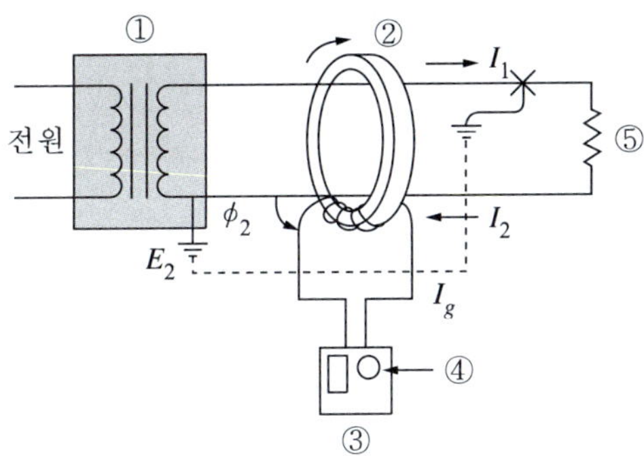

6. 누전경보기에 대한 다음 질문에 답하시오.

(1) 1급과 2급 누전경보기를 구분사용하는 경계전로의 정격전류[A]는?

(2) 전원은 분전반으로부터 전용회로로 한다. 각 극에는 무엇을 설치해야 하는가?

(3) CT의 명칭은 무엇이며 이것을 점검하고자 할 때 2차측은 어떻게 해야 하는가?

7. 누전경보기의 수신기 증폭부의 방식 3가지를 쓰시오.

8. 누전경보기의 설치 회로도를 보고 다음 질문에 답하시오.

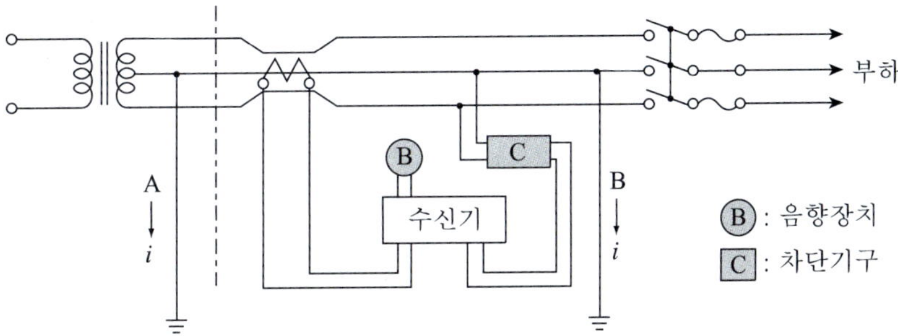

(1) 회로의 음향장치에서 음량은 장치의 중심으로부터 1m 떨어진 위치에서 몇 dB 이상이 되어야 하는가?

(2) 회로의 음향장치는 정격전압의 몇 % 전압에서 음향을 발할 수 있어야 하는가?

(3) 회로에서 변류기의 절연저항을 측정하였을 경우 절연저항값[MΩ]은? (단, 1차 코일 또는 2차 코일과 외부 금속부와의 사이로 차단기의 개폐부에 DC 500V메거를 사용한다)

9. 누전 경보기에서 CT 100/5, 50VA라고 쓰여 있다. 이 때 각 질문에 답하시오.

(1) CT의 우리말 명칭을 쓰시오.

(2) 100/5에서 100의 의미와 5의 의미를 쓰시오.

(3) 50VA는 CT에서 어떤 것을 의미하는지 설명하시오.

10. 변류기는 소방대상물의 형태, 인입선의 시설방법 등에 따라 옥외 인입선의 제1지점의 부하측에 설치하거나 또는 접지선측의 점검이 쉬운 위치에 설치하는데 이는 제 몇 종 접지선측의 점검이 쉬운 위치를 말하는가?

11. 누전경보기 수신기 전원부의 회로구성은 그림과 같다. 다음 질문에 답하시오.

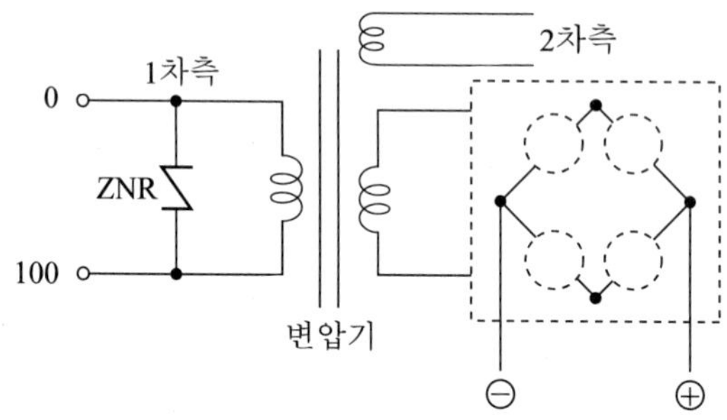

(1) 전류가 흐를 수 있도록 ◌ 에 Diode를 사용하여 접속하시오.

(2) 1차측에 설치된 ZNR의 목적은 무엇인가?

CHAPTER 06

가스누설경보기

Fire Alarm Facility

가스누설경보기는 가연성가스 또는 불완전연소가스가 누설되는 것을 탐지하여 관계자나 이용자에게 경보하여 주는 것으로 가연성가스의 폭발사고나 독성가스 유출로 인한 중독, 사망사고 등을 미연에 방지하기 위한 것이다. 다만, 탐지소자 외의 방법에 의하여 가스가 새는 것을 탐지하는 것, 점검용으로 만들어진 휴대용검지기 또는 연동기기에 의하여 경보를 발하는 것은 제외한다.

1 특정소방대상물

가스누설경보기를 설치하여야 하는 특정소방대상물은 가스시설이 설치된 경우만 해당된다. 기체연료를 사용하는 보일러가 설치된 장소(소방기본법), 차량충전소, 용기충전소, 중앙공급실 등에 설치대상이 된다.

가. 판매시설, 운수시설, 노유자시설, 숙박시설, 창고시설 중 물류터미널

나. 문화 및 집회시설, 종교시설, 의료시설, 수련시설, 운동시설, 장례식장

2 종류와 구성

2.1 종류

가. 구조에 따라

(1) 단독형

탐지부와 수신부가 1개의 상자에 넣어 일체로 되어 있는 형태로서 음향장치, 신호발생부, 전원부가 하나의 함에 있어 가스 발생장소에 가장 간편하게 설치할 수 있는 형태이다. 대형저장소, 소음이 많은 곳에는 부적합하다.

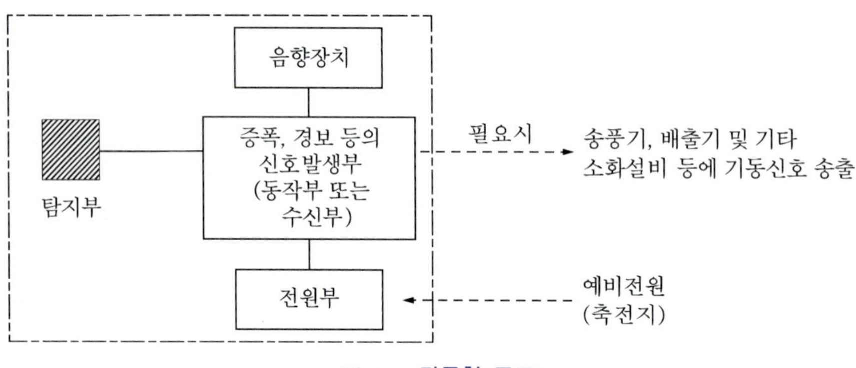

그림 6-1 단독형 구조

(2) 분리형

탐지부와 수신부가 분리되어 있는 형태로 탐지부는 가스 발생장소에 설치하고, 수신부는 가스 발생이 없는 곳에 설치하여 원거리에서 저장실의 가스누설 상태를 쉽게 감지할 수 있는 형태이다. 특히 분리형의 탐지부는 방폭구조[70] 또는 아크 발생이 되는 접점이 없는 구조여야 하며, 보통 공업용으로 많이 사용한다.

---

70) 방폭지역의 구분(Classes of hazardous location)
Zone 0 (0종 장소) : 위험분위기가 지속적으로 또는 장기간 존재하는 곳. 용기 내부, 장치 및 배관 내부 등의 인화성 또는 가연성 액체가 존재하는 Pit의 내부
Zone 1 (1종 장소) : 상용의 상태에서 위험분위기가 존재하기 쉬운 장소. 0종 장소의 근접주변, 송급통구, 연결부, 배기관의 유출구 근접주변, 환기가 불충분한 장소에서 설치된 배관계통, 가스나 증기가 체류될 수 있는 곳, 상용의 상태에서 위험분위기가 주기적 또는 간헐적으로 존재하는 곳
Zone 2 (2종 장소) : 통상적인 운전, 관리상태를 벗어난 상태에서 위험분위기가 단시간 동안 존재할 수 있는 장소

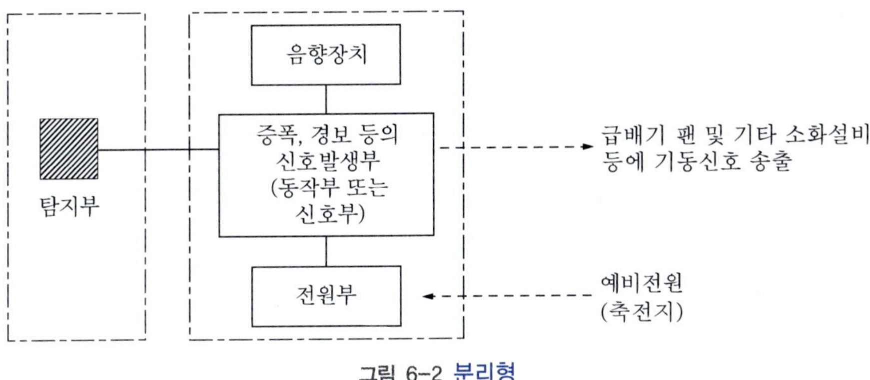

그림 6-2 분리형

나. 용도에 따라

(1) 단독형은 가정용으로 사용한다.

(2) 분리형은 영업용과 공업용으로 구분하며, 영업용은 1회로용으로 하고 공업용은 1회로 이상의 용도로 한다.

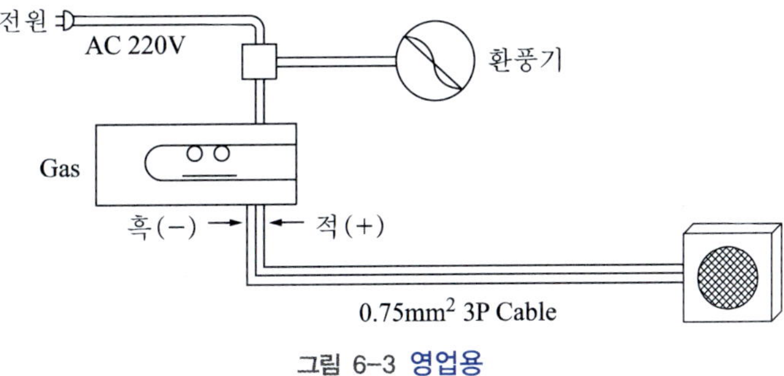

그림 6-3 영업용

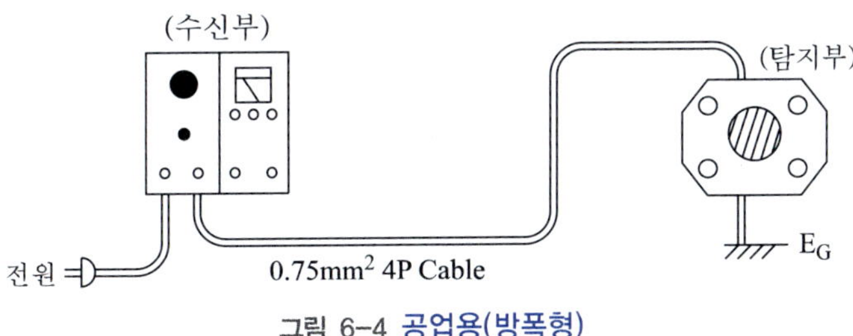

그림 6-4 공업용(방폭형)

2.2 구성

가스누설경보기는 가스누설을 검지하여 중계기 또는 수신부에 가스누설의 신호를 발신하는 부분 또는 가스누설을 검지하여 이를 음향으로 경보하고 동시에 중계기 또는 수신부에 가스누설의 신호를 발신하는 탐지부, 탐지부에서 발하여진 가스누설신호를 직접 또는 중계기를 통하여 수신하고 이를 관계자에게 음향으로서 경보하여 주는 수신부, 감지기 또는 발신기(M형 발신기 제외)의 작동에 의한 신호 또는 탐지부에서 발하여진 가스누설신호를 받아 이를 수신기(M형 수신기 제외) 또는 수신부에 발신하여, 소화설비·제연설비 그밖에 이와 유사한 방재설비에 제어 또는 누설신호를 발신 또는 신호증폭을 하여 발신하는 중계기, 경보기에 연결하여 사용되는 환풍기 또는 지구경보부 등에 작동신호원을 공급시켜 주기 위하여 경보기에 부수적으로 설치되는 부속장치로 구성되어 있다. 지구경보부는 경보기의 수신부로부터 발하여진 신호를 받아 경보음을 발하는 것으로서 경보기에 추가로 부착하여 사용되는 것이다.

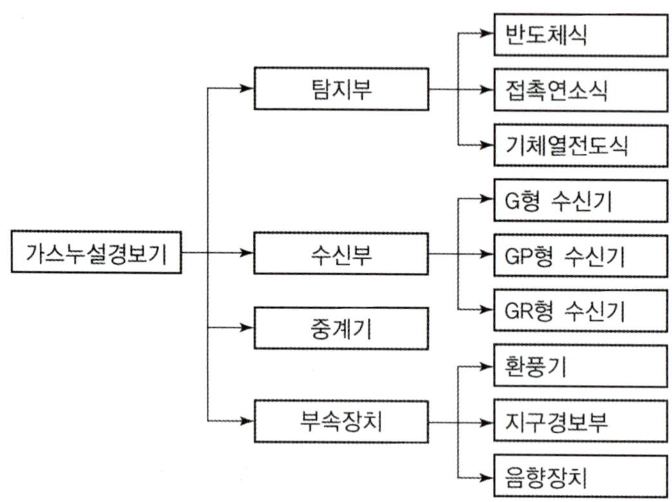

그림 6-5 가스누설경보기의 구성

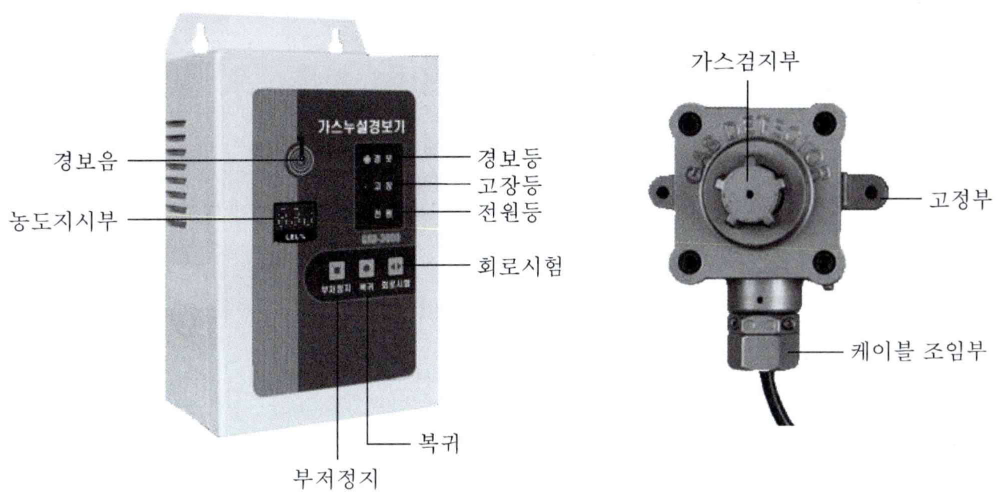

그림 6-6 가스누설경보기의 수신부와 탐지부

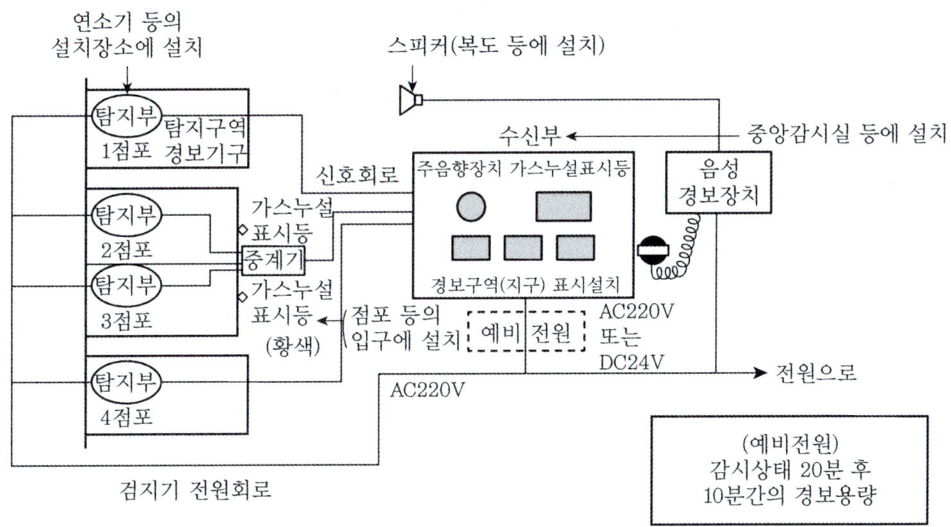

그림 6-7 가스누설경보기의 구조

표 6-1 액화천연가스, 액화석유가스 및 도시가스

종류	설 명
액화천연가스 (Liquefied Natural Gas)	• 가스전에서 채취한 천연가스를 액화시킨 것으로 메탄(CH_4)이 주성분 • 무색 투명한 액체로 공해 물질이 거의 없고 열량이 매우 높아 주로 도시가스로 사용 • 압력을 가해 액화시키면 부피가 약 1/600로 감소하지만, 비점이 영하 162℃로 낮아 운송 및 저장시에는 특수하게 단열된 탱크나 용기에 충전시켜 온도를 비점 이하로 유지시켜야 함 • 도시가스로 사용시 열을 가해 기화시켜 기체상태로 공급 • 주성인 메탄은 공기보다 가벼워 누출되면 높은 곳에 체류하며 공기중으로 빠르게 확산(공기에 대한 비중 : 0.6)
액화석유가스 (Liquefied Petroleum Gas)	• 유전에서 원유를 채취하거나 원유 정제시 나오는 탄화수소를 비교적 낮은 압력(6～7kg/cm^2)을 가하여 냉각, 액화시킨 것 • 액화시 부피가 약 1/250로 줄어들어 저장과 운송이 편리 • 주성분은 프로판(C_3H_8), 부탄(C_4H_{10})이고, 소량의 프로필렌(C_3H_6), 부틸렌(C_4H_8) 등이 포함 • 발열량이 24,000kcal/h로 다른 연료에 비해 높은 열량 • 순수한 LPG는 냄새나 색깔이 없으나 공업용을 제외한 가정이나 영업소에서 사용하는 LPG는 누출될 때 쉽게 감지하여 사고를 예방할 수 있도록 불쾌한 냄새가 나는 메르캅탄류[71]의 화학물질(부취제)을 섞어 공급 • 공기보다 무거워 누출되면 낮은 곳에 머물게 되고 연소범위도 낮아 조금만 누출되어도 화재 폭발의 위험이 있음(공기에 대한 비중 : 1.5)
도시가스	• 파이프라인을 통해 수요자에게 공급하는 연료가스로 석유 정제시에 나오는 납사를 분해시킨 것이나 LNG, LPG를 원료로 사용 • 국내 거의 모든 지역에서 도시가스를 천연가스로 공급하고 있으나 일부지역(강원도, 호남 해안지역 등)에서는 LPG+Air 방식의 도시가스를 공급

71) 메르캅탄(mercaptan)은 휘발성의 무색 액체로 부추, 마늘과 같은 불쾌한 냄새가 나며, 도시가스에 냄새를 내는 부취제로 사용된다. 물에 녹지 않고 유기용제에 잘 녹는 성질이 있다.

③ 경보방식 및 경보농도

가. 즉시 경보형

가스 농도가 경보설정값으로 누출된 직후에 경보를 발한다.

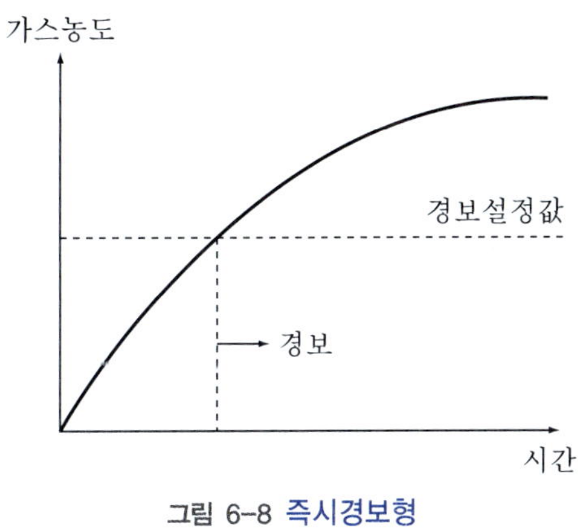

그림 6-8 즉시경보형

나. 경보 지연형

가스 농도가 경보설정값으로 누출된 후 그 농도가 지속적으로 존재할 경우 일정시간(20~60초)이 지난 후 경보를 발한다.

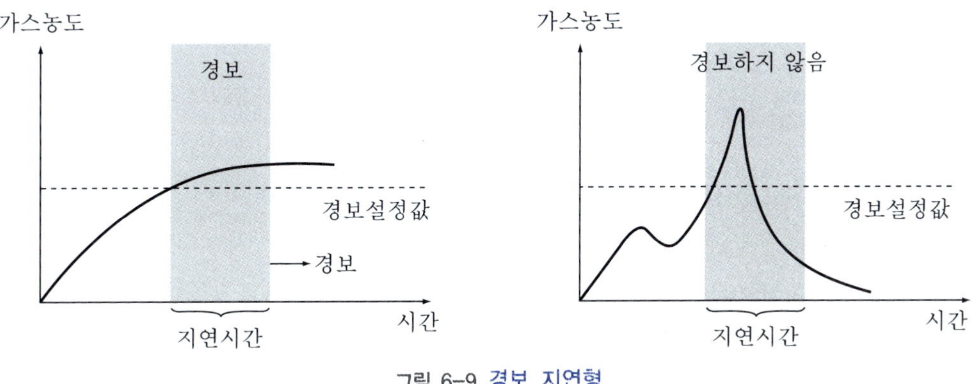

그림 6-9 경보 지연형

다. 반한시 경보형

가스 농도가 경보설정값으로 누출된 후 그 농도가 지속적으로 존재할 겨우 가스농도가 높을 수록 경보지연시간이 짧아진다.

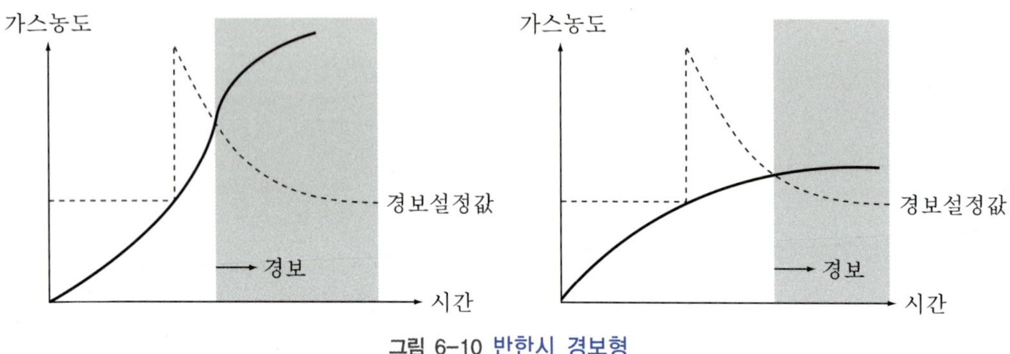

그림 6-10 반한시 경보형

라. 경보농도

도시가스용 탐지부의 탐지농도는 폭발하한계의 1/200～1/4 정도로 되어 있으며, 누출된 가스가 위험한 농도에 도달하기 전에 환기조치를 하거나 가스를 차단하기 위한 시간적 여유가 필요하기 때문에 1/4 이하의 농도로 경보를 한다. 메탄의 경보농도는 폭발하한계의 1/25～1/10에 상당하는 0.2～0.5%를 많이 사용하고 액화석유가스(LPG)용 탐지부의 탐지농도는 폭발하한계의 1/5 이하에서 경보를 발한다. 하지만 전혀 위험이 없는 경우에도 경보가 발하는 것을 방지하기 위하여 1/200 미만의 농도에서는 동작하지 않아야 한다.

④ 탐지부의 동작원리와 설치위치

4.1 탐지부 동작원리

가스누설경보기 중 가스누설을 검지하여 중계기 또는 수신부에 가스누설의 신호를 발신하는 부분 또는 가스누설을 검지하여 이를 음향으로 경보하고 동시에 중계기 또는 수신부에 가스누설의 신호를 발신하는 부분으로 반도체식, 접촉연소식, 기체열전도식이 있다.

가. 반도체식

반도체식에 사용되는 반도체 크기는 2 × 4mm 정도이고, 산화주석(SnO_2)이나 산화철(Fe_2O_3) 등을 사용하며, 이것을 히터로 350℃까지 가열한 후 가연성가스를 접촉시키면 반도체 표면에 가스가 흡착되면서 반도체의 저항값이 가연성가스의 양에 따라 감소하는 성질을 이용하여 가스 누설을 검출한다.

반도체 소자의 출력은 가스농도에 따라 약 40～80V의 고출력을 얻을 수 있으므로 증폭기를 사용하지 않아도 소형 벨을 울릴 수가 있다. 반도체식은 가스에 의한 변화가 비교적 안정적이며 큰 출력을 얻을 수 있지만, 일산화탄소(CO)는 검지하지 못하는 특징이 있다.

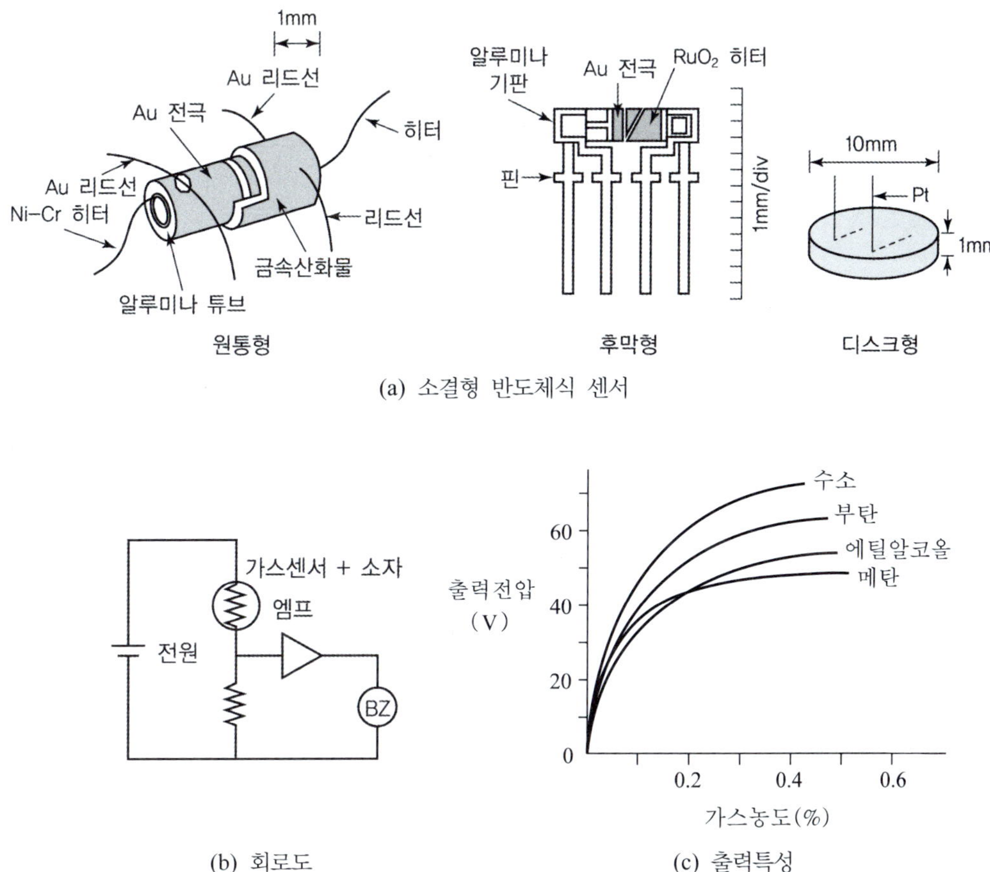

그림 6-11 반도체식의 기본회로도 및 출력특성

나. 접촉연소식

접촉연소식은 가스를 검출하기 위한 소자로 백금선에 알루미나 촉매를 도포한 검출소자와 보상소자를 사용하며, 길이는 약 1mm 정도이다. 코일상태로 감은 백금(Pt)선의 표면에 알루미나를 소결시켜 만든 검출소자를 약 500℃ 정도로 가열한 후 가연성가스가 표면에 접촉하면 연소현상이 발생되는데 이때 온도가 상승하면서 전기저항이 커짐에 따라 접촉된 가스의 농도 변화를 검출한다. 검출소자의 온도상승에 따른 전기저항 변화를 이용하여 모든 가연성 가스를 검지하고 그 가스의 농도까지 검출할 수 있다. 그러나 출력이 최대 50mV 정도로 미약하므로 경보기를 동작시키기 위해서는 증폭기(AMP)가 필요하다.

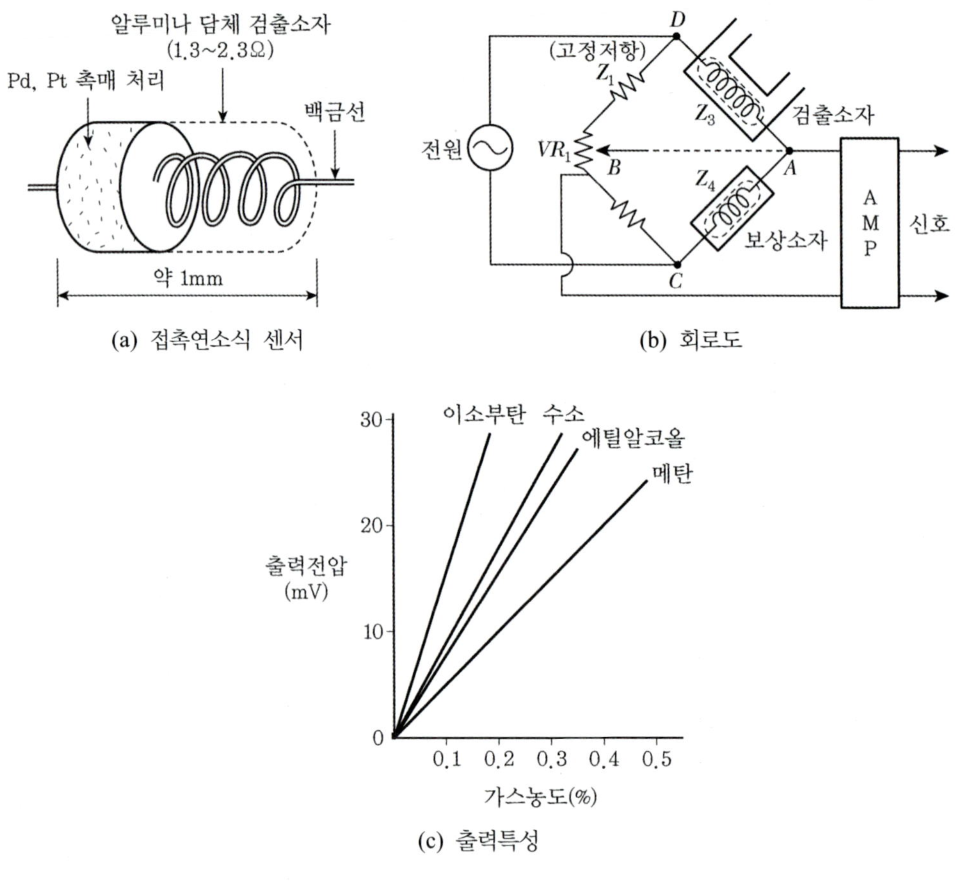

(a) 접촉연소식 센서

(b) 회로도

(c) 출력특성

그림 6-12 접촉연소식의 기본회로 및 출력특성

다. 기체열전도식

기체열전도식은 접촉연소식과 같이 백금선 코일을 사용하면서 검출소자로 반도체식의 산화주석(SnO_2) 등을 사용하고, 소자의 길이는 약 0.5mm 정도이다. 코일형태로 감겨진 백금선에 도포된 반도체가 공기와 가연성가스에 대한 열전도도가 다르다는 원리를 이용한 것으로 가연성가스가 검출소자에 접촉하면 백금선의 온도가 변화하고 이에 따라 전기저항도 변화하는 특성을 이용하여 가스를 검출한다. 기체열전도식의 동작원리나 특징은 접촉연소식과 동일하며, 모든 가연성 가스를 검지하고 그 농도도 검출할 수 있다. 그러나 출력이 약하여 경보장치를 구동시키기 위한 증폭기가 필요하다.

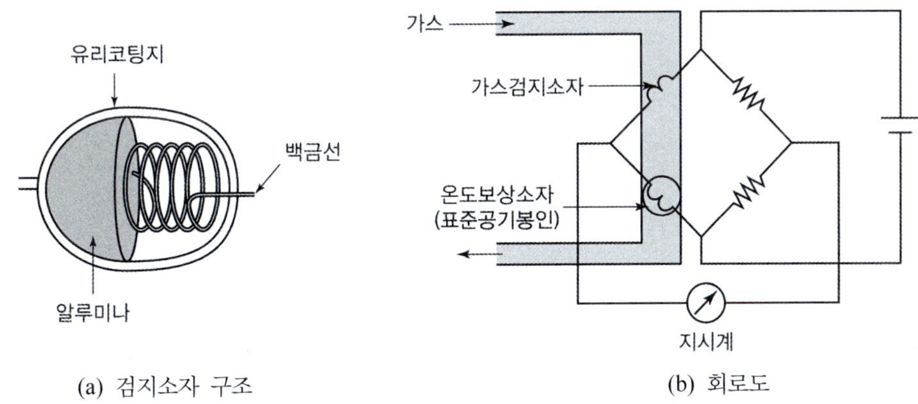

그림 6-13 기체열전도식 회로도

4.2 설치하지 않아야 하는 장소

(1) 출입구 부근 등과 같이 외기가 빈번히 유통하는 장소
(2) 환기구의 공기 흡출구로부터 1.5m 이내의 장소
(3) 가스연소기의 폐가스에 접하기 쉬운 장소
(4) 검지기의 기능유지가 매우 곤란한 장소

4.3 설치 위치

가. 공기보다 가벼운 경우(공기에 대한 가스비중이 1 미만)

(1) 연소기 또는 관통부[72]로부터는 <그림 6-14 (a)>처럼 수평거리 8m 이내에 설치하고, <그

72) 연소용 가스를 공급하는 도관이 방화대상물 또는 그 부분의 외벽을 관통하는 장소를 말한다.

림 6-14 (b)>처럼 천장에서 0.3m 이내로 탐지부를 설치하며 그 설치 가능여부를 확인한다. 그리고 천장면에서 0.6m 이상 돌출된 보 등이 있을 경우에는 그 보 등의 내측(연소기구 등이 있는 쪽) 또는 관통부측에 <그림 6-14 (c)>와 같이 설치한다.

(2) 천장면에 흡기구가 있는 경우에는 누설된 가스가 흡기구로 빠져나가므로 연소기구로부터 가장 가까운 흡기구 바로 앞에 설치해야 한다.

(3) <그림 6-15>와 같이 연소기가 사용되는 실내 천장면 등의 부근에 흡기구가 있는 경우 흡기구 부근에 설치하고, 해당 연소기와 천장면에서 0.6m 이상 돌출된 보 등에 의하여 구획되어 있지 않는 흡기구가 있는 경우에는 연소기에서 가장 가까운 부근에 설치해야 한다.

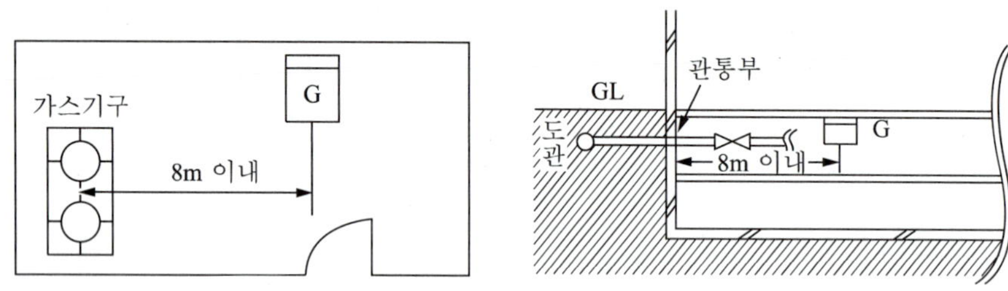

(a) 연소기 또는 관통부

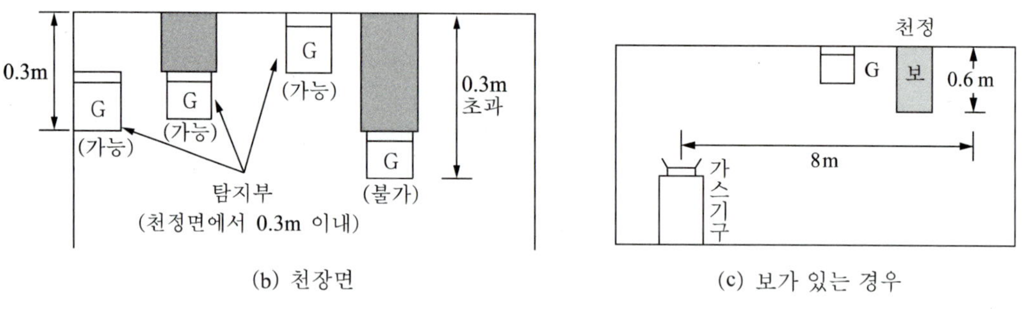

(b) 천장면

(c) 보가 있는 경우

그림 6-14 연소기 또는 관통부가 있는 경우

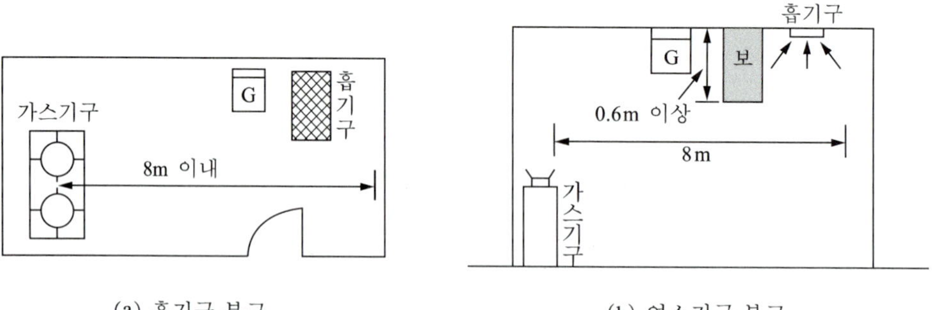

(a) 흡기구 부근

(b) 연소기구 부근

그림 6-15 흡기구가 있는 경우

나. 공기보다 무거운 경우(공기에 대한 가스비중이 1을 초과)

연소기 또는 관통부로부터 4m 이내에 설치하고, 탐지부의 상단은 바닥면으로부터 0.3m 이내에 설치해야 한다.

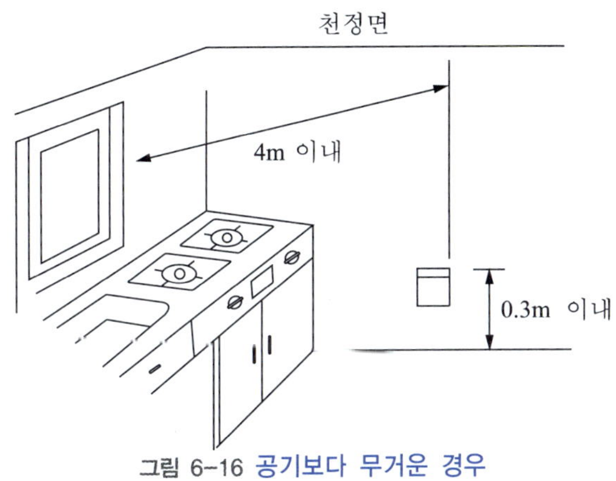

그림 6-16 공기보다 무거운 경우

4.4 수신부의 구조 및 기능

경보기 중 탐지부에서 발하여진 가스누설신호를 직접 또는 중계기를 통하여 수신하고 이를 관계자에게 음향으로서 경보하여 주는 것을 말한다.

가. 분리형수신부의 구조

영업용은 (1), (3), (4) 및 (6)의 규정을 적용하지 않는다.

(1) 내부에 주전원의 양쪽극을 동시에 개폐할 수 있는 전원스위치를 설치해야 한다.

(2) 주전원의 양선(영업용은 1선 이상) 및 예비전원회로(예비전원을 설치하는 경우에 한한다)의 1선과 수신부에서 외부부하에 전력을 공급하는 회로에는 퓨즈, 브레이커 등의 보호장치를 설치해야 한다.

(3) 앞면에 주회로의 전압을 감시할 수 있도록 전압계를 설치할 수 있으며 전원전환계전기 및 복귀스위치 등은 부하측에 설치해야 한다.

(4) 복귀스위치의 작동 또는 음향장치의 울림을 정지시키는 스위치를 설치하며, 그 목적에만 사용되어야 한다. 다만, 1회로용인 것은 제외된다.

(5) 자동적으로 정위치에 복귀하지 않는 스위치를 설치하는 경우에는 음신호장치 또는 점멸하는 주의등을 설치해야 한다.

(6) 앞면에 탐지부 주위의 가스농도를 감시할 수 있는 장치, 가스누설표시 작동시험장치 및 도통시험장치를 설치해야 한다. 다만, 접속할 수 있는 회선수가 1인 것 및 탐지부의 전원의 정지를 경음부측에서 알 수 있는 장치를 가진 것에 있어서는 도통시험장치를 설치하지 않을 수 있다.

나. 분리형수신부의 기능

영업용에 있어서는 (1), (2) 및 (4)의 규정을 적용하지 않을 수 있다.

(1) 가스누설표시 작동시험장치의 조작 중에 다른 회선으로부터 가스누설신호를 수신하는 경우 가스누설표시가 될 수 있어야 한다.

(2) 2회선에서 가스누설신호를 동시에 수신하는 경우 가스누설표시를 해야 한다.

(3) 도통시험장치의 조작 중에 다른 회선으로부터 누설신호를 수신하는 경우 가스누설표시를 해야 한다. 다만, 접속할 수 있는 회선수가 1인 것 및 탐지부의 전원의 정지를 경음부측에서 알 수 있는 장치를 가진 것에 있어서는 제외된다.

(4) 다음 경우에 발하여지는 신호를 수신하는 때에는 음향장치 및 고장표시등이 자동으로 작동해야 한다.

① 탐지부, 수신부 또는 다른 중계기로부터 전력을 공급받는 방식의 중계기에서 외부부하에 전력을 공급하는 회로의 퓨즈, 브레이커, 그 밖의 보호장치가 작동하는 경우

② 탐지부, 수신부 또는 다른 중계기에서 전력을 공급받지 않는 방식의 중계기의 전원이 정지한 경우 및 그 중계기에서 외부부하에 전력을 공급하는 회로의 퓨즈, 브레이커 등의 보호장치가 작동하는 경우

(5) 수신개시부터 가스누설표시까지 소요시간은 60초 이내이어야 한다.

(6) 다음 규정에 의한 신호를 수신하는 경우 자동적으로 음신호 또는 표시등에 의하여 지시되는 고장신호 표시장치가 있어야 한다.

① 중계기로부터 외부부하에 직접 전력을 공급하는 회로에는 퓨즈 또는 브레이커 등을 설치하여 퓨즈가 녹아 끊어지거나 브레이커 등이 차단되는 경우에는 자동적으로 수신기에 퓨즈의 끊어짐이나 브레이커의 차단 등에 대한 신호를 보낼 수 있어야 한다.

② 전원입력측의 양쪽선 및 외부부하에 직접 전력을 공급하는 회로에는 퓨즈 또는 브레이커 등을 설치하여 주전원의 정지, 퓨즈의 끊어짐, 브레이커의 차단 등에 대한 신호를 보낼 수 있어야 한다.

5 구조 및 기능

5.1 일반구조

(1) 경보기의 수신부 및 분리형의 탐지부 외함은 불연성 또는 난연성의 재질로 만들어야 하며, 강판을 사용하는 경우에는 두께 1.0mm 이상인 것, 합성수지를 사용하는 경우에는 두께가 강판의 2.5배(단독형 및 분리형 중 영업용인 경우에는 1.5배) 이상인 것을 사용한다.

(2) 경보기의 수신부 및 분리형의 탐지부 외함(지구창, 지도판, 수납용뚜껑, 스위치손잡이, 발광다이오드, 지시전기계기 및 표시명판 제외)에 합성수지를 사용하는 경우 80±2℃의 온도에서 열로 인한 변형이 생기지 않아야 하며 자기소화성이 있어야 한다.

(3) 건물 등에 부착하도록 되어있는 것은 나사, 못 등에 의하여 쉽게 고정시킬 수 있는 구조이어야 하며, 접착테이프 등을 사용하는 구조가 아니어야 한다.

(4) 전원공급의 상태를 쉽게 확인할 수 있는 표시등이 있어야 한다.

(5) 단독형 및 분리형의 탐지부 등 가스가 머무를 수 있는 장소에 설치되는 부분은 보통의 상태에서 불꽃을 발생하지 않는 구조이고, 분리형 중 공업용의 탐지부는 한국산업규격, 가스관계법령(고압가스 안전관리법, 액화석유가스의 안전 및 사업관리법, 도시가스사업법)에 의하여 정하는 규격, 산업안전보건법령에 의하여 정하는 방폭규정에 적합해야 한다.

(6) 전원개폐스위치나 경보농도조정부 등이 노출되지 않아야 한다.

(7) 전원의 전압을 일정하게 하기 위하여 정전압회로 또는 정전류회로를 설치하여야 하며, 온도에 영향을 받지 않도록 조치를 해야 한다.

(8) 작동이 확실하며 취급, 보수, 점검 및 부속품의 교체가 쉽고 내구성이 있어야 하며, 현저한 잡음이나 장해전파를 발하지 않아야 한다.

(9) 먼지, 습기, 곤충 등에 의하여 기능에 영향을 받지 않아야 한다.

(10) 부식에 의하여 기계적 기능 또는 전기적 기능에 영향을 받을 우려가 있는 부분은 칠, 도금 등으로 유효하게 내식가공을 하거나 방청가공을 해야 하며, 전기적 기능에 영향이 있는 단자, 나사 및 와셔(Washer)[73] 등은 동합금이나 이와 동등 이상의 내식성이 있는 재질을 사용한다.

(11) 기기 내의 배선은 충분한 전류용량을 갖는 것으로 하여야 하며, 배선의 접속이 정확하고 확실해야 한다.

(12) 극성이 있는 경우에는 오접속을 방지하기 위하여 필요한 조치를 한다.

(13) 부품의 부착은 기능에 이상을 일으키지 않고 쉽게 풀리지 않도록 한다.

(14) 전선 외의 전류가 흐르는 부분과 가동축부분의 접촉력이 충분하지 아니한 곳에는 접촉부의 접촉불량을 방지하기 위하여 필요한 조치를 한다.

73) 작은 나사, 볼트, 너트 등의 자리와 체결부와의 사이에 넣는 부품을 말한다.

(15) 외부에서 쉽게 사람이 접촉할 우려가 있는 충전부는 충분히 보호되어야 한다.

(16) 정격전압이 60V를 초과하는 기구의 금속제 외함에는 접지단자를 설치해야 한다.

(17) 경보기에는 예비전원을 설치할 수 있으며 예비전원을 설치할 경우에는 다음에 적합해야 한다.

① 예비전원을 경보기의 주전원으로 사용하여서는 안 된다.

② 예비전원을 단락사고 등으로부터 보호하기 위한 퓨즈 등 과전류 보호장치를 설치해야 한다.

③ 주전원이 정지한 경우에는 자동적으로 예비전원으로 전환되고, 주전원이 정상상태로 복귀한 경우에는 자동적으로 예비전원으로부터 주전원으로 전환되어야 한다.

④ 앞면에 예비전원의 상태를 감시할 수 있는 장치를 해야 한다.

⑤ 자동충전장치 및 전기적 기구에 의한 자동과충전방지장치를 설치해야 한다. 다만, 과충전 상태가 되어도 성능 또는 구조에 이상이 생기지 아니하는 축전지를 설치하는 경우에는 자동과충전방지장치를 설치하지 않을 수 있다.

⑥ 축전지를 병렬로 접속하는 경우에는 역충전 방지 등의 조치를 강구해야 한다.

⑦ 축전지를 직렬 또는 병렬로 사용하는 경우에는 용량(전압, 전류 등)이 균일한 축전지를 사용해야 한다.

⑧ 예비전원은 원통밀폐형 니켈카드뮴축전지 또는 무보수밀폐형 연축전지로서 그 용량은 1회선용(단독형 포함)의 경우 감시상태를 20분간 계속한 후 유효하게 작동되어 10분간 경보를 발할 수 있어야 하며, 2회로 이상인 경보기의 경우에는 연결된 모든 회로에 대하여 감시상태를 10분간 계속한 후 2회선을 유효하게 작동시키고 10분간 경보를 발할 수 있는 용량이어야 한다.

(18) 내부의 부품 등에서 발산되는 열에 의하여 기능에 이상이 생길 우려가 있는 것은 방열판 또는 방열공 등에 의하여 보호조치를 해야 한다.

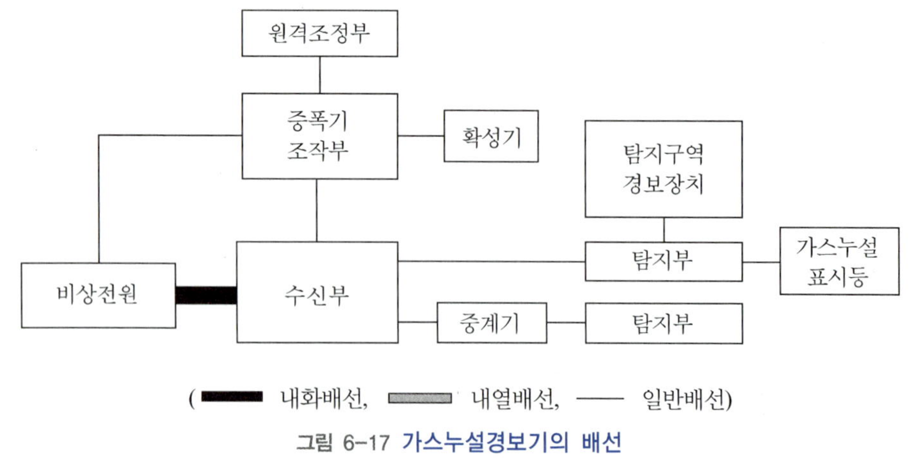

(내화배선, 내열배선, —— 일반배선)

그림 6-17 가스누설경보기의 배선

5.2 경보기의 적합한 수신표시

(1) 경보기는 가스누설신호를 수신한 경우 황색의 누설등 및 주음향장치에 의하여 가스의 발생을 자동적으로 표시하고 동시에 지구등에 의하여 해당 가스누설이 발생한 경계구역을 자동적으로 표시해야 한다. 다만, 단독형 및 1회로용인 것은 누설등 및 지구등을 생략할 수 있다.

(2) (1)의 표시는 수동으로 복귀하지 않는 한 표시상태를 계속 유지해야 한다. 다만, 단독형 및 분리형 중 영업용은 그렇지 않을 수 있다.

6 시험

가. 반복시험

분리형경보기의 수신부는 가스누설표시의 작동을 정격전압에서 10,000회를 반복하여 실시하는 경우 그 구조 또는 기능에 이상이 생기지 않아야 한다.

나. 음량시험

(1) 경보기의 경보음량은 무향실에서 측정하는 경우 음향장치의 중심으로부터 1m 떨어진 위치에서 90dB(단독형 및 분리형 중 영업용인 경우에는 70dB) 이상이어야 한다. 다만, 고장표시용의 음압은 60dB 이상이어야 한다.

(2) 경보기에 전원을 공급할 때 초기경보를 발하지 않아야 하며 그 후 음향장치의 중심으로부터 1m 떨어진 위치에서 공진음 등의 소리가 들리지 않아야 한다.

다. 절연저항시험

(1) 경보기의 절연된 충전부와 외함간의 절연저항은 DC 500V의 절연저항계로 측정한 값이 5MΩ(교류입력측과 외함간에는 20MΩ) 이상이어야 한다. 다만, 회선수가 10 이상인 것 또는 접속되는 중계기가 10 이상인 것은 교류입력측과 외함간을 제외하고는 1회선당 50MΩ 이상이어야 한다.

(2) 절연된 선로간의 절연저항은 DC 500V의 절연저항계로 측정한 값이 20MΩ 이상이어야 한다.

라. 경보농도시험

(1) 가연성가스용 경보기는 1시간 이상 전류를 통하여 안정시킨 후 탐지대상 가스별로 다음 <표 6-2>의 해당시험 방법으로 시험하는 경우, 작동시험농도에서는 20초 이내에 경보를 발해야 하고(다만, 전기적인 지연형 경보기는 작동시험농도에서 20초 이상 60초 이내에 경보를 발하여야 한다), 부작동시험농도에서는 5분 이내에 경보를 발하지 않아야 한다.

표 6-2 가연성가스용 경보기 경보농도

탐지대상가스	시험가스	작동시험농도(%)	부작동시험농도(%)
액화석유가스용	이소부탄(또는 부탄)	0.45	0.05
액화천연가스용	수소 메탄	1.00 1.25	0.04 0.05
이소부탄	이소부탄	0.45	0.05
메탄	메탄	1.25	0.05
수소	수소	1.00	0.04

(2) 불완전연소가스용 경보기는 1시간 이상 전류를 통하여 안정시킨 후 다음 <표 6-3>에 의하여 시험하는 경우 1차 작동시험농도에서는 5분 이내에, 2차 작동시험농도에서는 1분 이내에 경보를 발해야 하며 부동작시험농도에서는 5분간 경보를 발하지 않아야 한다.

표 6-3 불완전연소가스용 경보기 경보농도

탐지대상가스	시험가스	작동시험농도(%)		부작동시험농도(%)
		1차	2차	
불완전연소가스	일산화탄소	0.025	0.055	0.005

연습문제 exercise

1. 가스누설경보기에 관한 다음 질문에 답하시오.

(1) 지구등을 포함한 가스누설 표시등은 점등시 어떤 색으로 표시해야 하는가?

(2) 예비전원으로 사용하는 축전지의 종류는?

(3) 경보기의 절연된 충전부와 외함간의 절연저항을 직류 500V의 절연저항계로 측정한 값[MΩ]은 얼마 이상이어야 하는가?

2. 가스누설경보기에 사용되는 예비전원의 용량에 대하여 간단히 쓰시오.

3. 가스누설경보기에 관한 다음 질문에 답하시오.

(1) 지구등을 포함한 가스누설 표시등은 점등시 어떤 색으로 표시하여야 하는가?

(2) 가스누설경보기의 분류

- 구조에 따라 (　　)형, (　　)형
- 용도에 따라 (　　)용, (　　)용과 (　　)용

(3) 가스누설경보기 등 화재의 발생 또는 화재의 발생이 예상되는 상황에 대하여 경보를 발하여 주는 설비의 명칭은?

4. 가스누설경보기에 관한 다음 질문에 답하시오.

(1) 수신 개시로부터 가스누설표시까지의 소요시간은 몇 초 이내이며, 지구등이 켜질 때 어떤 색으로 표시되어야 하는가?

(2) 예비전원의 용량에 대하여 간단히 쓰시오.

- 1회선용 :
- 2회로 이상 :

PART

02

피난설비

Fire Alarm Facility

최근에 들어 건축물의 규모가 대형화되고 복합용도화의 추세에 따라 피난이 어려워지고 복잡해지면서 화재 등의 재해가 발생할 경우 연기로 인하여 찾기 어려운 피난구를 효과적으로 찾아 건물 내의 재실자를 안전하게 대피할 수 있도록 피난을 유도하는 설비에는 유도등 및 유도표지, 피난기구 등이 있다.

CHAPTER 07

유도등 및 유도표지

Fire Alarm Facility

유도등 및 유도표지는 화재 발생시에 피난구의 위치, 방향 등을 지시하여 소방대상물 내에 있는 재실자를 안전한 장소로 피난을 유도하기 위한 것으로서 정상상태에서는 상용전원에 따라 켜지고 상용전원이 정전되는 경우에는 비상전원으로 자동전환되어 켜지는 등을 말한다.

1 특정소방대상물

피난구유도등, 통로유도등 및 유도표지는 건축물의 연면적의 크기와 관계없이 모든 특정소방대상물에 설치한다. 다만, 다음의 어느 하나에 해당하는 경우는 제외한다.

(1) 지하가 중 터널 및 지하구

(2) 동물 및 식물 관련 시설 중 축사로서 가축을 직접 가두어 사육하는 부분

객석유도등은 다음의 어느 하나에 해당하는 특정소방대상물에 설치한다.

(1) 유흥주점영업시설(유흥주점영업 중 손님이 춤을 출 수 있는 무대가 설치된 카바레, 나이트클럽 또는 그 밖에 이와 비슷한 영업시설만 해당[식품위생법 시행령])

(2) 문화 및 집회시설

(3) 종교시설

(4) 운동시설

유도등 및 유도표지의 종류는 <그림 7-1>에 나타내고 있으며, 소방대상물의 용도별 유도등 및 유도표지는 <표 7-1>에 따라 그에 적응하는 종류의 것으로 설치해야 한다.

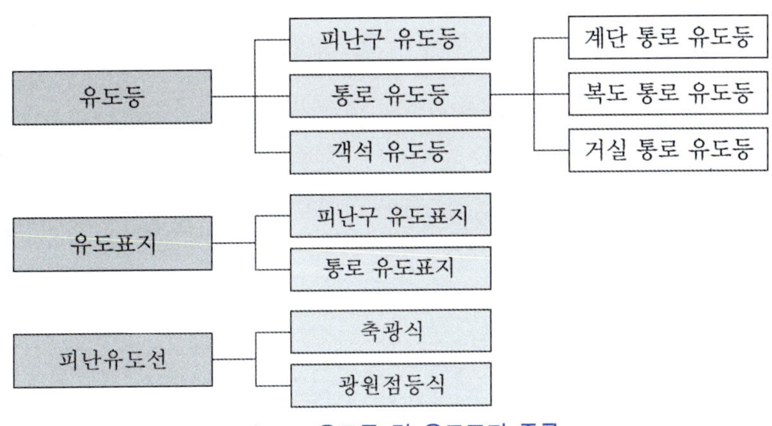

그림 7-1 유도등 및 유도표지 종류

표 7-1 소방대상물의 용도별 설치대상

설 치 장 소	유도등 및 유도표지 종류
(1) 공연장·집회장(종교집회장 포함)·관람장·운동시설 (2) 유흥주점영업시설(유흥주점영업중 손님이 춤을 출 수 있는 무대가 설치된 카바레, 나이트클럽 또는 그 밖에 이와 비슷한 영업시설만 해당)	• 대형피난구유도등 • 통로유도등 • 객석유도등
(3) 위락시설·판매시설·운수시설·관광숙박시설(관광진흥법)·의료시설·장례식장·방송통신시설·전시장·지하상가·지하철역사	• 대형피난유도등 • 통로유도등
(4) 숙박시설((3)의 관광숙박업 외의 것)·오피스텔 (5) (1)~(3) 외의 건축물로서 지하층·무창층 또는 층수가 11층 이상인 특정소방대상물	• 중형피난구유도등 • 통로유도등
(6) (1)~(5) 외의 건축물로서 근린생활시설·노유자시설·업무시설·발전시설·종교시설(집회장 용도로 사용하는 부분 제외)·교육연구시설·수련시설·공장·창고시설·교정 및 군사시설(국방·군사시설 제외)·기숙사·자동차정비공장·운전학원 및 정비학원·다중이용업소·복합건축물·아파트	• 소형피난유도등 • 통로유도등
(7) 그 밖의 것	• 피난구유도표지 • 통로유도표지

비고) 1. 소방서장은 소방대상물의 위치·구조 및 설비의 상황을 판단하여 대형피난구유도등을 설치해야 할 장소에 중형피난구유도등 또는 소형피난구유도등을, 중형피난구유도등을 설치해야 할 장소에 소형피난구유도등을 설치하게 할 수 있다.

2. 복합건축물과 아파트의 경우, 주택의 세대 내에는 유도등을 설치하지 않을 수 있다.

② 설치기준 및 설치제외

2.1 피난구유도등

피난구 또는 피난경로로 사용되는 출입구를 표시하여 피난을 유도하는 등을 말하며, 크기에 따라 대형, 중형, 소형으로 구분된다. 피난구유도등의 표시면과 피난목적이 아닌 안내표시면이 구분되어 함께 설치된 유도등을 복합표시형 피난구유도등이라고 한다. 피난구유도등의 설치 예는 <그림 7-2>에서 나타내고 있다.

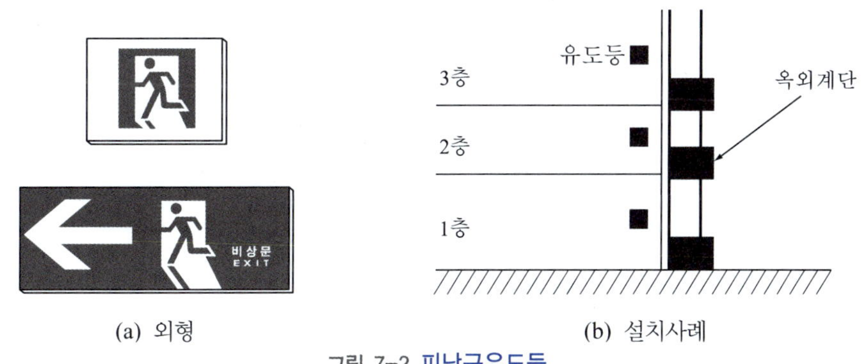

(a) 외형　　(b) 설치사례

그림 7-2 피난구유도등

(1) 피난구유도등의 설치장소

(가) 옥내로부터 직접 지상으로 통하는 출입구 및 그 부속실의 출입구

(나) 직통계단·직통계단의 계단실 및 그 부속실의 출입구

(다) (가) 및 (나) 규정에 따른 출입구에 이르는 복도 또는 통로로 통하는 출입구

(라) 안전구획된 거실로 통하는 출입구

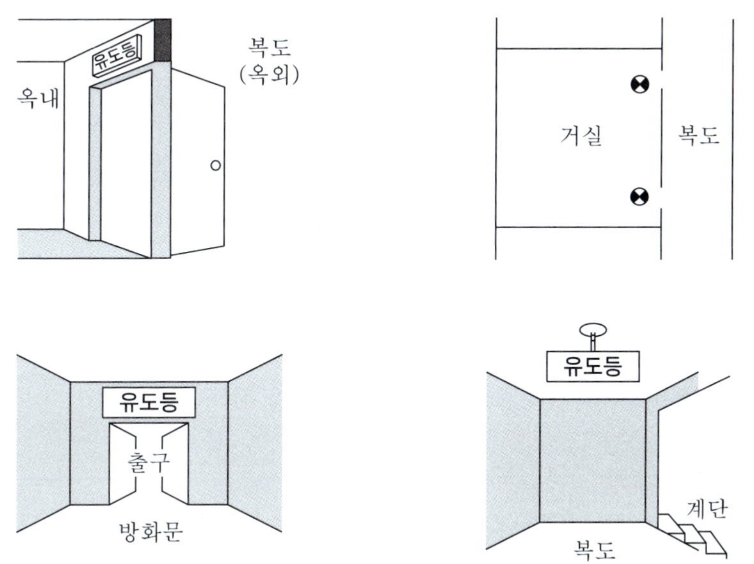

그림 7-3 피난구유도등의 설치장소

(2) 피난구유도등은 피난구의 바닥으로부터 높이 1.5m 이상으로서 출입구에 인접하도록 설치해야 한다.

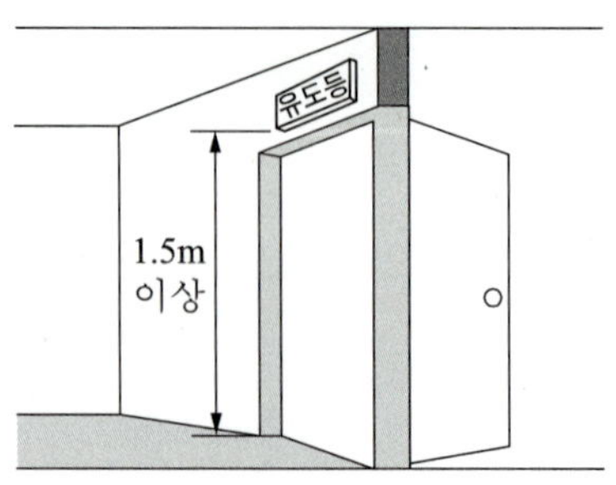

그림 7-4 피난구유도등의 설치높이

(3) 다음에 해당하는 경우에는 피난구유도등을 설치하지 않는다.

(가) 바닥면적이 1,000m^2 미만인 층으로서 옥내로부터 직접 지상으로 통하는 출입구(외부의 식별이 용이한 경우에 한한다)

(나) 거실 각 부분으로부터 쉽게 도달할 수 있는 출입구

(다) 거실 각 부분으로부터 하나의 출입구에 이르는 보행거리가 20m 이하이고 비상조명등과 유도표지가 설치된 거실의 출입구

(다) 출입구가 3 이상 있는 거실로서 그 거실 각 부분으로부터 하나의 출입구에 이르는 보행거리가 30m 이하인 경우에는 주된 출입구 2개소 외의 출입구(유도표지가 부착된 출입구). 다만, 공연장·집회장·관람장·전시장·판매시설 및 운수시설·숙박시설·노유자시설·의료시설·장례식장의 경우에는 제외된다.

일본의 유도등 설치

- 지상으로 직접 통하는 출입구 및 직통계단의 출입구의 경우 전실의 출입구에만 피난구유도등을 설치하고 있다.

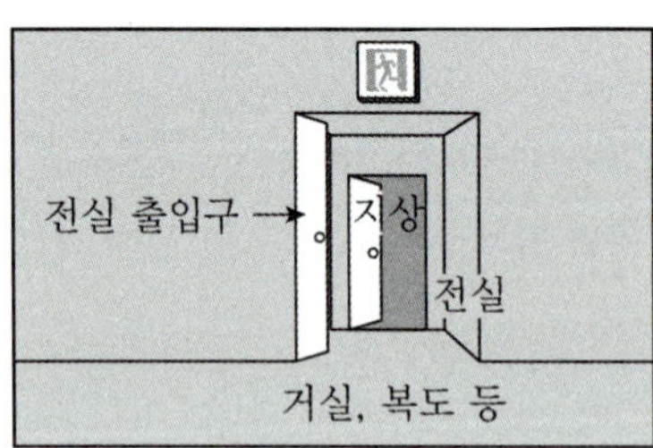

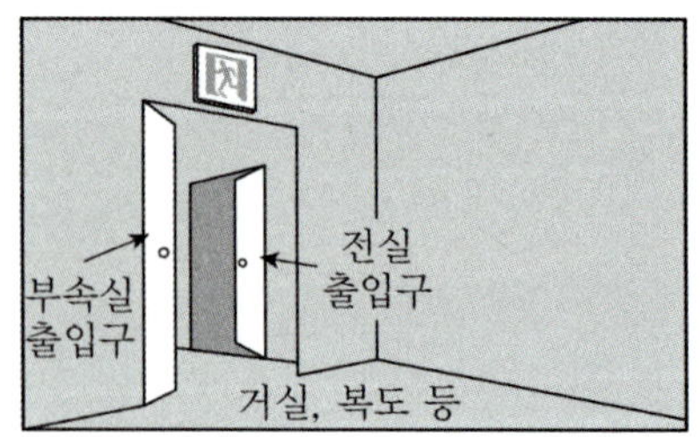

• 복도통로 상에 있는 방화문 또는 쪽문이 설치된 방화셔터에는 피난구유도등을 설치하고 있다.

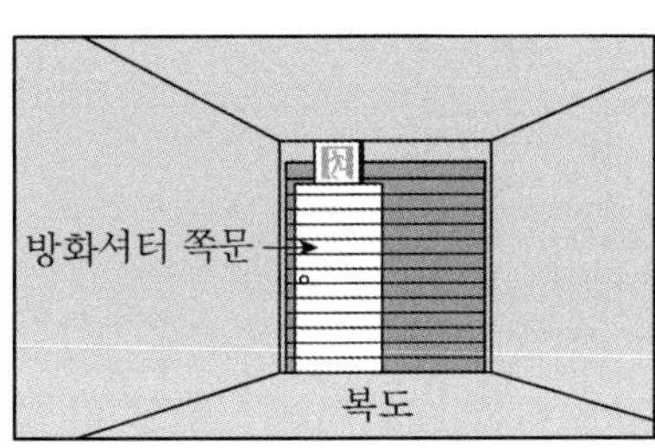

2.2 통로유도등 설치기준

피난통로를 안내하기 위한 유도등을 말하며 거실통로유도등, 복도통로유도등, 계단통로유도등이 있다.

(1) 통로유도등은 특정소방대상물의 각 거실과 그로부터 지상에 이르는 복도 또는 계단의 통로에 다음 기준에 따라 설치해야 한다.

(가) 복도통로유도등의 설치기준

피난통로가 되는 복도에 설치하는 통로유도등으로서 피난구의 방향을 명시한다.

① 복도에 설치한다.

② 구부러진 모퉁이 및 보행거리 20m 마다 설치한다.

③ 바닥으로부터 높이 1m 이하의 위치에 설치한다. 다만, 지하층 또는 무창층의 용도가 도매시장·소매시장·여객자동차터미널·지하역사 또는 지하상가인 경우에는 복도·통로 중앙부분의 바닥에 설치한다.

④ 바닥에 설치하는 통로유도등은 하중에 따라 파괴되지 않는 강도의 것으로 한다.

$$\text{설치개수} \geq \frac{\text{구부러진 곳이 없는 부분의 보행거리}[\text{m}]}{20[\text{m}]} - 1$$

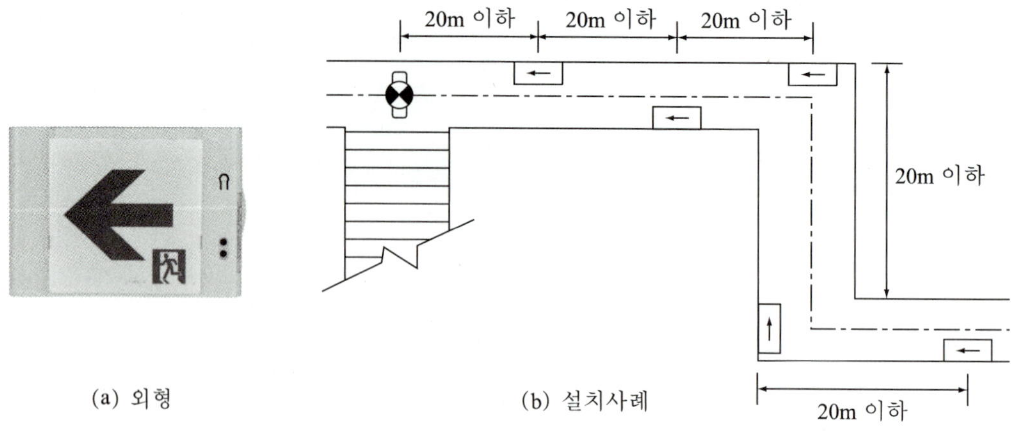

(a) 외형 (b) 설치사례

그림 7-5 복도통로유도등

(나) 거실통로유도등 설치기준

거주, 집무, 작업, 집회, 오락, 그밖에 이와 유사한 목적을 위하여 계속적으로 사용하는 거실, 주차장 등 개방된 통로에 설치하는 유도등으로 피난의 방향을 명시한다.

① 거실의 통로에 설치한다. 다만, 거실의 통로가 벽체 등으로 구획된 경우에는 복도통로유도등을 설치한다.

② 구부러진 모퉁이 및 보행거리 20m마다 설치한다.

③ 바닥으로부터 높이 1.5m 이상의 위치에 설치한다. 다만, 거실통로에 기둥이 설치된 경우에는 기둥부분의 바닥으로부터 높이 1.5m 이하의 위치에 설치할 수 있다.

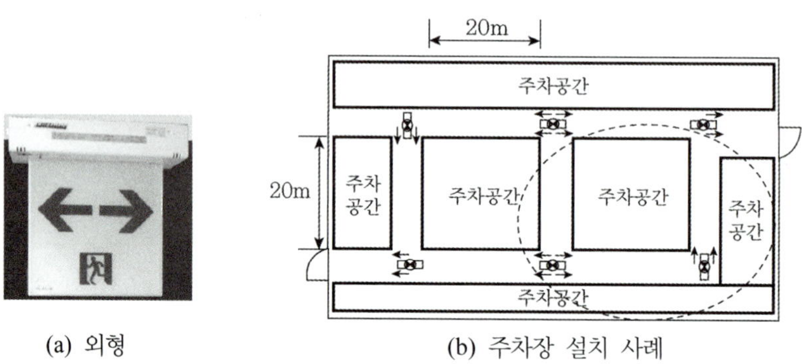

(a) 외형 (b) 주차장 설치 사례

그림 7-6 거실통로유도등

(다) 계단통로유도등 설치기준

피난통로가 되는 계단이나 경사로에 설치하는 통로유도등으로 바닥면 및 디딤 바닥면을 비추어야 한다.

① 각층의 경사로 참 또는 계단참[1]마다(1개층에 경사로 참 또는 계단참이 2 이상 있는 경우에는 2개의 계단참마다) 설치한다.

② 바닥으로부터 높이 1m 이하의 위치에 설치한다.

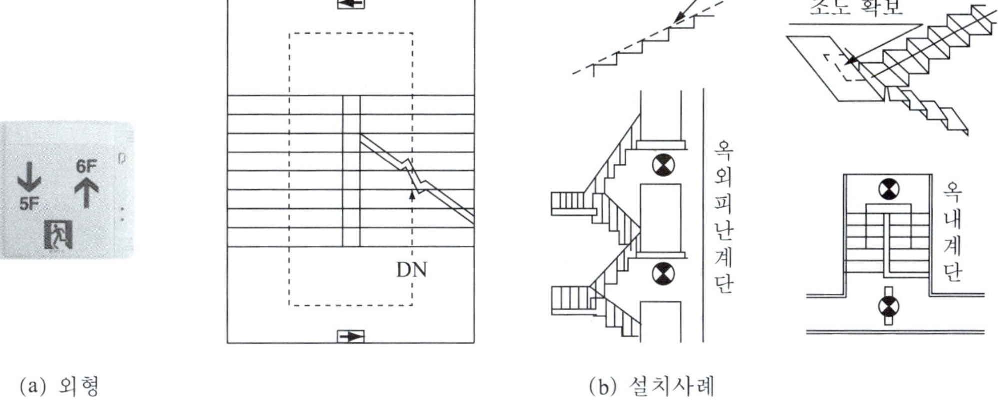

(a) 외형 (b) 설치사례

그림 7-7 계단통로유도등

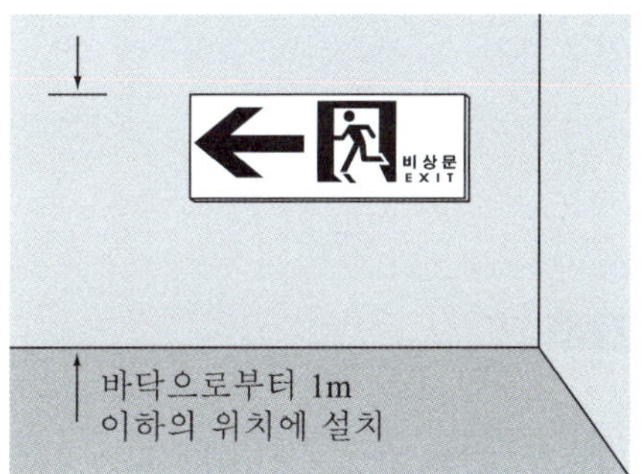

그림 7-8 복도통로 및 계단통로유도등의 설치높이

(라) 통행에 지장이 없도록 설치해야 한다.

(마) 주위에 이와 유사한 등화광고물·게시물 등을 설치하지 않아야 한다.

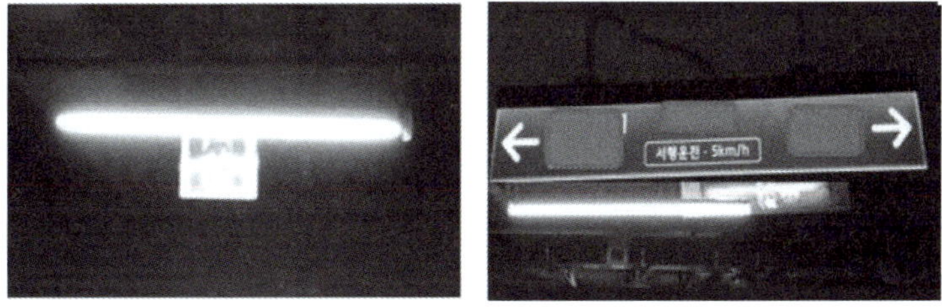

그림 7-9 유도등 식별할 수 없는 예

1) 층과 층간의 연결되는 계단의 조금 넓은 평면공간을 말하며, 보통 1개 층에 2개가 있다.

(2) 다음에 해당하는 경우에는 통로유도등을 설치하지 않는다.

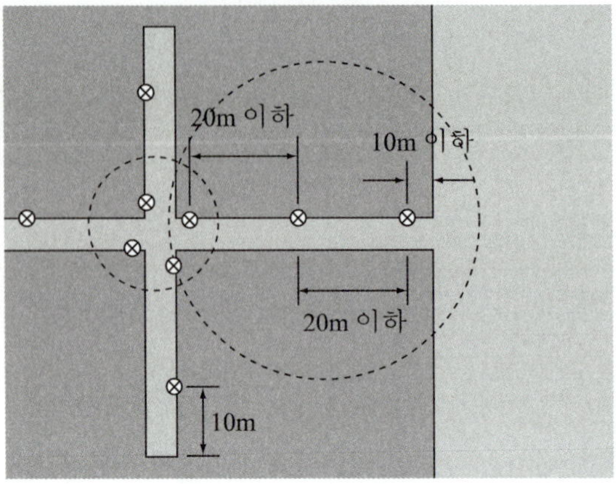

그림 7-10 통로유도등의 설치

(가) 구부러지지 않은 복도 또는 통로로서 길이가 30m 미만인 복도 또는 통로

(나) (가)에 해당하지 않는 복도 또는 통로로서 보행거리가 20m 미만이고 그 복도 또는 통로와 연결된 출입구 또는 그 부속실의 출입구에 피난구유도등이 설치된 복도 또는 통로

2.3 객석유도등 설치기준

객석의 통로, 바닥 또는 벽에 설치하는 유도등을 말하며, 직류 24V 백열전구로 점등되는 것을 많이 사용한다.

(1) 객석유도등은 객석의 통로, 바닥 또는 벽에 설치해야 한다.

(2) 객석 내의 통로가 경사로 또는 수평로로 되어 있는 부분에 있어서는 다음의 식에 따라 산출한 수(소수점 이하의 수는 1로 본다)의 유도등을 설치해야 한다.

$$\text{설치개수} = \frac{\text{객석통로의 직선부분 길이(m)}}{4} - 1$$

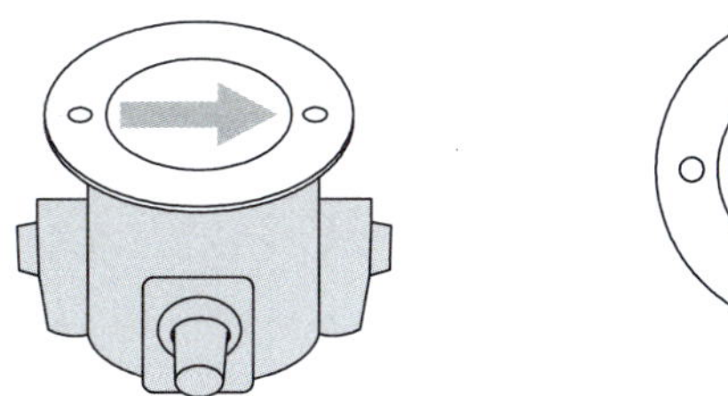

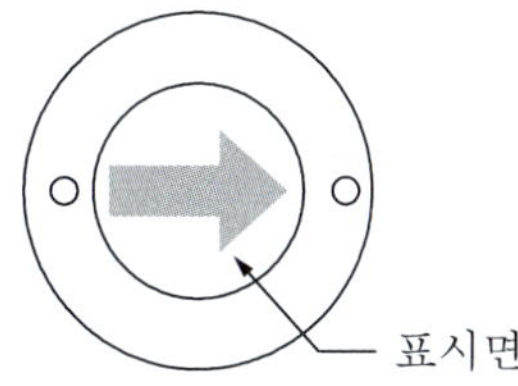

그림 7-11 객석유도등

(3) 객석 내의 통로가 옥외 또는 이와 유사한 부분에 있는 경우에는 해당 통로 전체에 미칠 수 있는 수의 유도등을 설치해야 한다.

(4) 다음에 해당하는 경우에는 객석유도등을 설치하지 않는다.
 (가) 주간에만 사용하는 장소로서 채광이 충분한 객석
 (나) 거실 등의 각 부분으로부터 하나의 거실출입구에 이르는 보행거리가 20m 이하인 객석의 통로로서 그 통로에 통로유도등이 설치된 객석

2.4 유도표지 설치기준

전원을 인가하지 않고 유도등을 설치하기 어려운 곳에 설치하는 것으로 피난구유도표지는 피난구 또는 피난경로로 사용되는 출입구를 표시하여 피난을 유도하고, 통로유도표지피난통로가 되는 복도, 계단 등에 설치하는 것으로서 피난구의 방향을 표시한다.

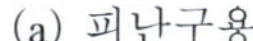

(a) 피난구용

(b) 복도통로용

(c) 계단통로용

그림 7-12 유도표지

(1) 유도표지 설치기준
 (가) 계단에 설치하는 것을 제외하고는 각층마다 복도 및 통로의 각 부분으로부터 하나의 유도표지까지의 보행거리가 15m 이하가 되는 곳과 구부러진 모퉁이의 벽에 설치해야 한다.

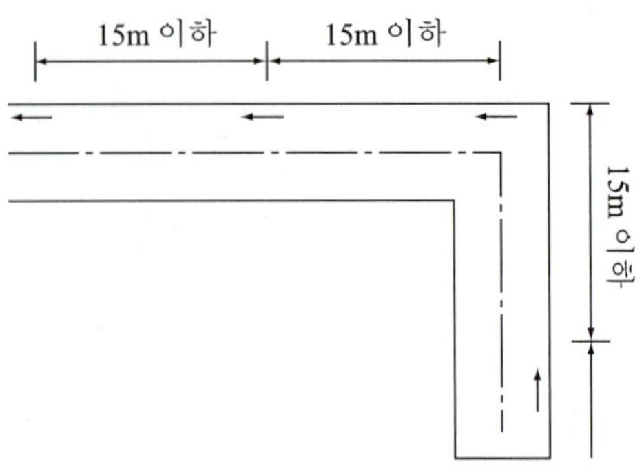

그림 7-13 유도표지의 설치

(나) 피난구유도표지는 출입구 상단에 설치하고, 통로유도표지는 바닥으로부터 높이 1m 이하의 위치에 설치해야 한다.

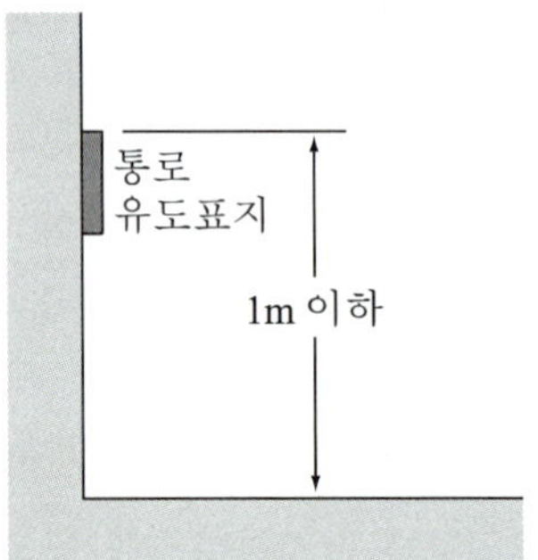

그림 7-14 통로유도표지의 설치높이

(다) 주위에는 이와 유사한 등화·광고물·게시물 등을 설치하지 않아야 한다.

(라) 유도표지는 부착판 등을 사용하여 쉽게 떨어지지 않도록 설치해야 한다.

(마) 축광방식의 유도표지는 외광 또는 조명장치에 의하여 상시 조명이 제공되거나 비상조명등에 의한 조명이 제공되도록 설치해야 한다.

(2) 유도표지는 축광표지의 성능인증 및 제품검사의 기술기준에 적합한 것이어야 한다. 다만, 방사성물질을 사용하는 위치표지는 쉽게 파괴되지 않는 재질로 처리해야 한다.

(3) 유도표지의 표지면의 휘도는 주위 조도 0 lx에서 60분간 발광 후 7mcd/m^2[2)] 이상으로 한다.

(4) 유도표지의 크기는 다음 <표 7-2>의 기준을 따라야 한다.

2) 유한한 크기를 가지는 광원에 있어서 그 각 부분의 빛남을 나타내는 값으로 광원면상光源面上의 미소부분의 어떤 방향으로의 광도를 그 방향으로의 정사영면적正射影面積으로 나눈 값을 휘도라 하며 cd/m^2 단위를 사용한다.

표 7-2 유도표지의 크기

종 류	긴 변 길이(mm)	짧은 변 길이(mm)
피난구유도표지	360 이상	120 이상
복도통로유도표지	250 이상	85 이상
축광위치표지	200 이상	70 이상
보조축광표지	20 이상	2,500mm² 이상

(5) 다음에 해당하는 경우에는 유도표지를 설치하지 않는다.

(가) 유도등이 피난구유도등 설치장소 및 통로유도등 설치기준의 규정에 적합하게 설치된 출입구·복도·계단 및 통로

(나) 피난구유도등의 설치 제외 장소 (가), (나) 및 통로유도등 설치 제외 장소 규정에 해당하는 출입구·복도·계단 및 통로

(6) 유도표지의 표시면의 표시는 유도등의 피난유도표시 방법을 준용한다.

(가) 엷은 연두색이나 엷은 황색은 백색으로 간주하며, 피난구유도표지의 경우 표시면 가장자리에서 5mm 이상의 폭이 되도록 녹색 또는 백색계통의 축광성 야광도료를 사용해야 한다.

(나) 위치표지(옥내소화전함 및 발신기 위치표지는 제외)는 피난기구와 방수구가 있는 위치의 방향을 나타내는 화살표시를 병기해야 하고 구조대·완강기 및 간이완강기 위치표지의 글씨는 한글과 영문(완강기 및 간이완강기 : DESCENDING LIFE LINE, 구조대 : ESCAPE CHUTE, 금속제 피난사다리 : SAFETY LADDER)을 병기해야 한다.

2.5 피난유도선 설치기준

햇빛이나 전등불에 따라 축광(축광방식)하거나 전류에 따라 빛을 발하는(광원점등방식) 유도체로서 어두운 상태에서 피난을 유도할 수 있도록 띠 형태로 설치되는 피난유도시설을 말한다.

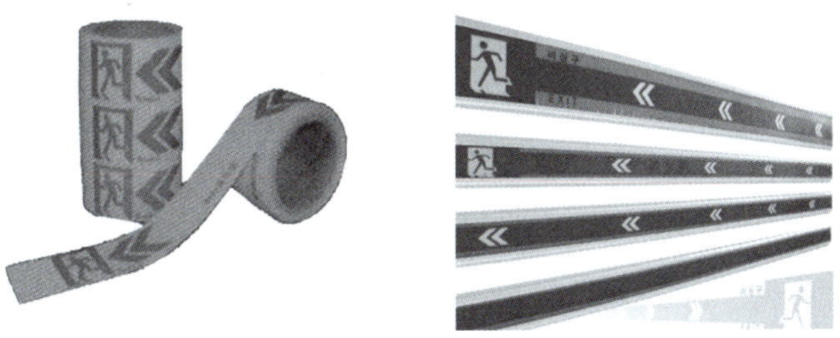

그림 7-15 피난유도선

(1) 축광방식 피난유도선의 설치기준

전원의 공급 없이 전등 또는 태양 등에서 발산되는 빛을 흡수하여 이를 축적시킨 상태에서 전등 또는 태양 등의 빛이 없어지는 경우 일정시간 동안 발광이 유지되어 어두운 곳에서도 피난유도선에 표시되어 있는 피난방향 안내 문자 또는 부호 등이 쉽게 식별될 수 있도록 함으로써 피난을 유도하는 기능의 피난유도선이다.

(가) 구획된 각 실로부터 주출입구 또는 비상구까지 설치해야 한다.
(나) 바닥으로부터 높이 50cm 이하의 위치 또는 바닥 면에 설치해야 한다.
(다) 피난유도 표시부는 50cm 이내의 간격으로 연속되도록 설치해야 한다.
(라) 부착대에 의하여 견고하게 설치해야 한다.
(마) 외광 또는 조명장치에 의하여 상시 조명이 제공되거나 비상조명등에 의한 조명이 제공되도록 설치해야 한다.

(2) 광원점등방식 피난유도선의 설치기준

수신기 화재신호의 수신 및 수동조작에 의하여 표시부에 내장된 광원을 점등시켜 표시부의 피난방향 안내 문자 또는 부호 등이 쉽게 식별되도록 함으로써 피난을 유도하는 기능의 피난유도선이다.

(가) 구획된 각 실로부터 주출입구 또는 비상구까지 설치해야 한다.
(나) 피난유도 표시부는 바닥으로부터 높이 1m 이하의 위치 또는 바닥 면에 설치해야 한다.
(다) 피난유도 표시부는 50cm 이내의 간격으로 연속되도록 설치하되 실내장식물 등으로 설치가 곤란할 경우 1m 이내로 설치해야 한다.
(라) 수신기로부터의 화재신호 및 수동조작에 의하여 광원이 점등되도록 설치해야 한다.
(마) 비상전원이 상시 충전상태를 유지하도록 설치해야 한다.
(바) 바닥에 설치되는 피난유도 표시부는 매립하는 방식을 사용한다.
(사) 피난유도 제어부는 조작 및 관리가 용이하도록 바닥으로부터 0.8m 이상 1.5m 이하의 높이에 설치해야 한다.

(3) 피난유도선은 피난유도선의 성능인증 및 제품검사의 기술기준에 적합한 것으로 설치해야 한다.

③ 구조 및 특성

3.1 유도등의 일반구조

(1) 상용전원전압(전지가 아닌 통상 사용하는 전원 전압)의 110% 범위 안에서 유도등 내부의 온도상승이 그 기능에 지장을 주거나 위해를 발생시킬 염려가 없어야 한다.

(2) 방폭형유도등의 방폭구조는 한국산업규격 또는 산업안전보건법령이 정하는 규격에 적합하여야 한다.

(3) 주전원 및 비상전원을 단락사고 등으로부터 보호할 수 있는 퓨즈 등 과전류 보호장치를 설치해야 한다. 다만, 객석유도등은 제외된다.

(4) 외함은 기기 내의 온도상승에 의하여 변형, 변색 또는 변질되지 않아야 한다.

(5) 외함의 표시면은 쉽게 분해할 수 있도록 하고, 축전지 등 내부부품을 쉽게 교환, 보수, 점검할 수 있도록 조립된 구조이어야 한다. 다만 방수형, 방폭형의 것은 제외된다.

(6) 유도등은 광원 또는 점등관을 교환, 점검할 때 접촉될 우려가 있는 부분은 감전되지 않도록 보호조치를 한다.

(7) 사용전압은 300V 이하이어야 한다. 다만, 충전부가 노출되지 않은 것은 300V를 초과할 수 있다.

(8) 설치하고자 하는 부분에 견고하게 설치할 수 있는 구조이어야 한다.

(9) 수송 중 진동 또는 충격에 의하여 기능에 장해를 받지 않는 구조이어야 한다.

(10) 유도등은 내부의 온도가 비정상적으로 상승하지 않도록 하여야 하며, 예비전원과 내부부품은 양호한 방열처리가 되도록 하여야 한다.

(11) 축전지에 배선 등을 직접 납땜하지 않아야 한다.

(12) 상용전원(전지가 아닌 통상 사용하는 전원)과 접속되는 전원은 KS C IEC 60245-8 또는 KS C IEC 60227-5에 적합하거나 이와 동등이상의 절연성, 도전성 및 기계적 강도가 있어야 한다.

(13) 전선의 굵기는 인출선인 경우에는 단면적이 0.75mm^2 이상, 인출선외의 경우에는 면적이 0.5mm^2 이상이어야 한다.

(14) 인출선의 길이는 전선인출 부분으로부터 150mm 이상이어야 한다. 다만, 인출선으로 하지 않을 경우에는 풀어지지 않는 방법으로 전선을 쉽고 확실하게 부착할 수 있도록 접속단자를 설치한다.

(15) 유도등에 점멸, 음성 또는 이와 유사한 방식 등에 의한 유도장치를 설치할 수 있다.

(16) 화재가 발생한 경우 화재경보설비 또는 비상경보설비 등으로부터 발신되는 신호를 수신하여 미리 정하여진 작동을 하는 유도등은 그 기능이 정상적으로 작동해야 한다.

(17) 유도등에는 점검용의 자동복귀형 점멸기를 설치해야 한다. 다만, 바닥에 매립되는 복도

통로유도등과 객석유도등은 제외된다.

(18) 작동이 확실하고, 취급·점검이 쉬워야 하며, 현저한 잡음이나 장해전파를 발하지 않아야 한다. 또한 먼지, 습기, 곤충 등에 의하여 기능에 영향을 받지 않아야 한다.

(19) 보수 및 부속품의 교체가 쉬워야 한다. 다만, 방수형 및 방폭형은 제외된다.

(20) 부식에 의하여 기계적 기능에 영향을 초래할 우려가 있는 부분은 칠, 도금 등으로 유효하게 내식가공을 하거나 방청가공을 해야 하며, 전기적 기능에 영향이 있는 단자, 나사 및 와셔 등은 동합금이나 이와 동등 이상의 내식성능이 있는 재질을 사용한다.

(21) 기기 내의 배선은 충분한 전류용량을 갖는 것으로 하여야 하며, 배선의 접속이 정확하고 확실해야 한다.

(22) 극성이 있는 경우에는 오접속을 방지하기 위하여 필요한 조치를 해야 한다.

(23) 부품의 부착은 기능에 이상을 일으키지 않고 쉽게 풀리지 않도록 한다.

(24) 전선 이외의 전류가 흐르는 부분과 가동축 부분의 접촉력이 충분하지 않은 곳에는 접촉부의 접촉불량을 방지하기 위한 적당한 조치를 한다.

(25) 외부에는 쉽게 사람이 접촉할 우려가 있는 충전부는 충분히 보호되어야 한다.

(26) 내부의 부품 등에서 발생되는 열에 의하여 구조 및 기능에 이상이 생길 우려가 있는 것은 방열판 또는 방열공 등에 의하여 보호조치를 한다. 다만, 방수형 또는 방폭형의 것은 방열공을 설치하지 않을 수 있다.

(27) 형광램프(냉음극형광램프를 제외)를 광원으로 하는 유도등의 교류전원에 의한 점등회로에는 KS규격표시품, 전기안전인증품 또는 공인기관으로부터 인증을 받은 안정기를 사용하여야 한다.

3.2 유도등의 종류

유도등 광원으로 사용되는 형광램프는 휘도가 낮기 때문에 전력소모가 적고, 수명이 길며, 광효율이 높은 냉음극 형광램프, LED, T5 형광등 등의 고휘도 유도등을 사용한다.

(1) 냉음극 형광램프(Cold cathode fluorescent lamp)

일종의 가스방전의 발광 방식으로 튜브형 유리관 내벽에 형광물질이 도포되어 있고, 관의 양쪽 끝에 전극이 부착되어 있으며, 램프 내부에는 아르곤과 네온의 혼합가스와 수은이 봉입(2~10mg)되어 있다. 먼저 전극에 일정한 전압을 공급하면, 전자가 전극에 이끌려 고속이동 및 전극에 충돌하여 2차 전자를 방출해 방전을 시작한다. 이렇게 방전된 전자가 관 안에 있는 수은원자와 충돌하면 자외선이 발생하는데, 이 자외선이 유리관 벽에 도포된 형광체와 충돌하면서 가시광선으로 변화한다. 특징은 빨강, 파랑, 초록의 형광물질 배합 비율을 변경해 다양한 발광색을 만들어낼 수 있으며, 소비전력이 낮고(2～5W), 진동이나 충격에 강하며, 수명이 길다(15,000～30,000시간). 주로 팩스, 스캐너, 복사기, 장식용 광원 등에 사용된다.

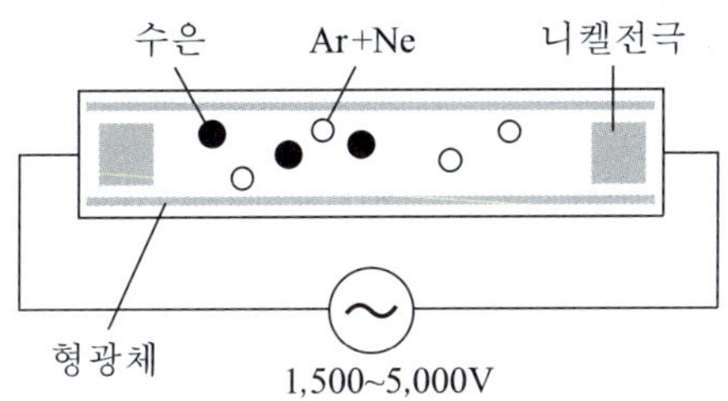

그림 7-16 냉음극 형광램프의 구조

표 7-3 일반유도등과 고휘도유도등의 비교

구 분	일반 유도등	고휘도 유도등
외 형	단조롭고 투박한 외형	심플한 외형
소비전력	높음	낮음(70% 소비전력 절감)
수 명	수명이 짧음	수명이 김
유지보수	램프수명이 짧아 수시 교환 등 불리함	램프의 긴 수명으로 인건비 감소 램프교체비 절감 등 유리함
변 형	열변형 및 변색 있음	열변형 및 변색이 없음

(2) **발광다이오드**(LED, Light Emitting Diode)

Ga, P, As를 재료로 하여 만들어진 반도체로 다이오드의 특성을 갖고 있으며, 형광램프에 비해 광도는 낮으나 소비전력이 매우 적고, 수명이 길고, 응답속도(전류가 흘러서 빛을 발하기까지의 시간)가 빠른 특징을 가지고 있다.

※ LED 광원이 고조도 반사판에 설치

그림 7-17 LED 유도등

(3) T5 **형광등**

매우 슬림한 형광등으로서 20～60kHz의 고주파를 이용하여 전자식 안정기로만 점등되는 형광램프이며 공간의 제약이 적고, 별도의 조립 없이 전원만 연결하여 사용이 가능하므로 다용도로 사용된다. T5는 형광등 관경(지름)에 대한 규격으로 일반 유도등의 형광등 T10은 32mm, T9은 28mm, T8은 26mm, T5는 16mm의 형광등을 의미한다.

(4) **특수 유도등**

순간적이나 형광등의 수백～수천배 밝은 크세논 램프를 피난구유도등의 좌우 또는 상하에 설치하는 것으로 화재가 발생한 경우 2회/초 정도 섬광을 발하여 연기 속에서도 비상구를 찾아 피난할 수 있도록 하는 방전관(Strobe) 유도등, 농연 속에서 음향으로 피난구의 위치를 알리는 것으로 시각 장애인의 피난로를 효과적으로 알리는 음향장치부 유도등, 일정 간격으로 바닥에 매립한 녹색 광원을 피난 방향을 향해 점멸 주행시켜 비상구까지 유도하는 광점멸주행 피난유도시스템, 스피커를 10m 정도의 간격으로 설치한 후 시간차를 두고 음성을 발함으로써 음성이 비상구로부터 들려오는 것처럼 피난로를 안내하는 허스(Hass)효과(선행음효과)[3]에 의한 음성 피난유도 시스템 등이 있다.

3.3 유도등 외함의 재질

(1) 외함이 금속인 것은 방청된 금속판 또는 내식성(스테인리스강 등) 재질

(2) 두께 3mm 이상의 내열성 강화유리

(3) 난연재료 또는 방염성능이 있는 합성수지로서 80±2℃의 온도에서 열로 인한 변형이 생기지 않아야 하며 UL 94규정에 의한 V-2 이상의 난연성능이 있는 것

3) 소리가 나오는 곳이 2개 있어도 먼저 닿는 소리의 방향만 음이 틀리는 현상을 말하며, 동일한 음으로 선행음과 반사음의 시간간격과 레벨차를 변화시킬 경우 귀에서는 분리된 것같이 느낄 수 있다.

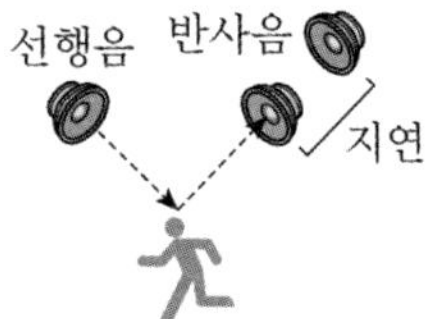

UL 규정

UL은 Underwriter's Laboratory의 약어로 최초의 미국 보험업자들이 전기기구/전자제품의 안전도를 평가하는 수단으로 기준을 확립하고 있다.

- 종류 : UL94(난연성평가), UL746A(전기적특성), UL746B(플라스틱의 장기내열온도 평갑방법), UL1446(전기절연 시스템), UL7460(Molder에 대한 인증) 등
- UL94 : 플라스틱에 대한 난연성(불에 타기 어려운 정도)을 평가하는 항목으로 세계에서 가장 널리 사용되는 난연성 평가기준, 부품의 최소 두께를 규정하고 적용하며, 색상은 별도로 시험한다.
- HB (Horizontal Burning) : 시편을 수평방향을 눕힌 후 불을 붙여 1분당 타들어간 길이로 평가한다.
- CI (Cotton Ignition) : 연소되는 시편에서 떨어진 불똥이 약 30cm 아래에 있는 솜에 발화가 되는 것을 시험한다.
- UL94 V-2, V-1, V-0, 5V : 시편을 수직으로 설치 후 불을 붙여 난연성을 평가하며 자기소화성을 가진 수준
  - V-2 : CI는 허용 되고, 시편에 불을 붙인 후 60초 이내 소화
  - V-1 : CI는 허용 안 되고, 시편에 불을 붙인 후 60초 이내 소화
  - V-0 : CI는 허용 안 되고, 시편에 불을 붙인 후 30초 이내 소화
  - 5V : No Drips, No destruction
  - 5VA : Drips without CI, No destruction
  - 5VB : Drips & Hole 허용, No CI

3.4 표시면의 표시

유도등 표시면의 크기와 휘도[4)]는 <표 7-4>에서 나태내고 있다.

(1) 유도등의 피난유도표시는 (가) 내지 (라)의 어느 하나 및 (마)에 적합해야 한다.

(가) 국제표준화기구(ISO, International Standardization Organization)의 기준에 의한 그림문자를 준용하며, 이때 식별이 용이하도록 비상문 · EXIT · FIRE EXIT, 화살표 등을 함께 표시할 수 있다.

(나) 비상문 문자로 하며 EXIT 등의 외국어 문자, 화살표를 함께 표시할 수 있다.

(다) ISO 기준에 의한 그림문자를 준용한 비상문 그림문자에 비상문 등의 문자 조합으로 표시하며 화살표를 함께 표시할 수 있다.

(라) ISO 기준에 의한 그림문자를 준용한 비상문 그림문자에 한국산업표준(KS) 기준의 인체 도안 조합으로 표시하며 비상문 · EXIT · FIRE EXIT, 화살표 등을 함께 표시할 수 있다.

(마) 피난유도표시의 크기는 다음을 따른다.

4) 휘도(brightness)는 일정한 넓이를 가진 광원 또는 빛의 반사체 표면의 밝기를 나타내는 양으로, 스틸브(sb $= 10^4 cd/m^2$), 니트(nt)를 사용한다. 휘도가 낮으면 식별성이 감소하고 높으면 눈부심이 발생된다.

① ISO 기준에 의한 그림문자를 준용한 비상문 그림문자는 표시면 짧은 변의 길이 (H)를 기준으로 좌우측 폭은 (23/100)H, 상부 폭은 (3/40)H로 표시한다.

② 인체 도안 및 화살표는 KS S ISO 3864-3을 적용한다.

③ 비상문 문자의 가로 길이는 세로 길이에 2배 비율로 한다.

표 7-4 유도등 표시면의 크기와 휘도

종 별		1대 1 표시면(mm)	기타 표시면		평균휘도(cd/m^2)	
			짧은 변(mm)	최소면적(m^2)	상용점등시	비상점등시
피난구 유도등	대 형	250 이상	200 이상	0.10	320 이상 800 미만	100 이상
	중 형	200 이상	140 이상	0.07	250 이상 800 미만	
	소 형	100 이상	110 이상	0.036	150 이상 800 미만	
통로 유도등	대 형	400 이상	200 이상	0.16	500 이상 1000 미만	150 이상
	중 형	200 이상	110 이상	0.036	350 이상 1000 미만	
	소 형	130 이상	85 이상	0.022	300 이상 1000 미만	

(2) 유도등의 표시면5) 색상은 피난구유도등인 경우 녹색바탕에 백색문자로, 통로유도등인 경우는 백색바탕에 녹색문자를 사용한다.

(3) 통로유도등의 표시면에는 (1)에 의한 그림문자와 함께 피난방향을 지시하는 화살표를 표시한다. 다만, 표시면 이외의 유도등 전면에 표시면 광원의 점등 및 소등과 연동되는 별도 광원에 의한 피난방향 지시 화살표시가 있는 복도통로유도등 표시면에는 화살표를 표시하지 않을 수 있다.

(4) 피난구 유도등의 피난유도표시는 다음 각 호의 하나에 적합한 구현방식이어야 한다.

① 단일표시형은 대기상태(상용전원이 인가된 경우에 화재신호를 수신하지 않은 상태) 및 비상상태(화재신호를 수신하거나 유도등의 전원이 비상전원으로 전환된 상태)시에는 (1)의(가) 내지 (라)의 하나로 구현한다.

② 동영상표시형은 대기상태 및 비상상태시 모두 동영상으로 구현한다. 이 경우 대기상태에서는 단일표시형으로 구현 할 수 있어야 한다.

③ 단일·동영상 연계표시형은 대기상태에서 (1)의(가) 내지 (라)의 하나로 구현하고 비상

5) 표시면의 색상은 녹색으로 표시하는데 이는 주위 조명상태가 밝은 상태에서 낮은 상태로 변화 시(조도 변화) 최고로 민감하게 반응하는 것이 단파장인 녹색의 식별도가 높기 때문이다.

상태에서는 동영상으로 구현한다.

(5) (4)의 ② 및 ③의 동영상은 다음 각 호에 적합하여야 한다.
  ① 피난자가 비상문으로 피난하는 형태로 인식되도록 하며, 이 때 식별이 용이하도록 비상문 등의 문자, 화살표를 함께 표시할 수 있다.
  ② 1사이클은 3초 이내로 하며, 각 사이클별로 첫 영상은 (1)의(가) 내지 (라)의 하나에 의한 피난유도표시를 1초 이상 유지한다.
  ③ 1사이클의 첫 영상 이후 구현하는 동영상은 피난유도표시 그림문자를 3장 이상으로 구성한다.

(6) 패널식 유도등은 대기상태시 상용전원에 의하여 피난유도표지를 구현하는 상태를 유지하여야 한다.

3.5 통로유도등의 구조

통로유도등의 표시면 및 조사면[6] 구조는 바닥면과 피난방향을 비출 수 있어야 하며, 표시면은 옆방향에서도 그 일부가 보일 수 있도록 외함에서 10mm 이상 돌출해야 한다. 다만, 다음에 해당하는 구조인 것은 표시면을 돌출 구조로 하지 않을 수 있다.

(1) 바닥에 매립하는 구조인 것

(2) 유도등 측면이 표시면의 세로길이 이상이고 폭이 10mm 이상인 조사면으로 이루어져 옆방향에서도 조사면을 통하여 유도등의 점등을 확인할 수 있는 거실통로유도등

3.6 객석유도등의 구조

(1) 바닥, 벽 또는 의자 등에 견고하게 부착할 수 있어야 하며 또한 바닥면을 비출 수 있어야 한다.

(2) 객석유도등의 비상전원은 속에 장치하지 않고 겉에 장치할 수 있다.

3.7 축광식 피난유도선의 일반구조

(1) 내구성이 있어야 하며 쉽게 변형, 변질 또는 변색되지 않아야 한다.

(2) 먼지, 습기 또는 곤충 등에 의하여 기능에 영향을 받지 않아야 한다.

6) 유도등에 있어서 표시면 외의 조명에 사용되는 면을 말한다.

(3) 부식에 의하여 기능에 영향을 줄 수 있는 부분은 칠, 도금 등으로 유효하게 내식가공을 하거나 방청가공을 해야 한다.
(4) 부분품의 부착은 기능에 이상을 일으키지 않아야 하며 견고해야 한다.
(5) 수송 중 진동 또는 충격에 의하여 기능에 장해를 받지 않는 구조이어야 한다.
(6) 사람에게 위해를 줄 염려가 없는 구조이어야 한다.
(7) 표시면의 피난방향 표시는 방향표시에 의하여 피난방향의 식별이 용이하고 명확해야 한다. 이 경우 표시면에는 비상문·비상탈출구·EXIT·FIRE EXIT 또는 국제표준화기구(ISO)의 기준에 의한 그림문자 등을 병기할 수 있다.
(8) 방향표시의 간격은 0.5m를 초과하지 않아야 한다.
(9) 축광식 피난유도선(부착대를 제외한 것)의 두께는 1.0mm 이상(금속재질인 경우 0.5mm 이상)이어야 하고, 크기는 짧은 변의 길이가 20mm 이상, 면적은 20,000mm^2 이상이어야 한다. 이 경우, 축광식 피난유도선이 사각형이 아닌 경우에는 내접하는 사각형에 대하여 적용한다.

3.8 광원점등식 피난유도선의 일반구조 및 기능

(1) 상용전원 정격전압의 90~110% 범위 안에서 광원점등식 피난유도선 내부의 온도상승 등이 기능에 지장을 주거나 위해를 발생시킬 염려가 없어야 한다.
(2) 내구성이 있어야 하며 기기 내의 온도상승에 의하여 변형, 변색 또는 변질되지 않아야 한다.
(3) 점검할 때 접촉될 우려가 있는 부분 및 충전부는 감전되지 않도록 충분한 보호조치를 해야 한다.
(4) 내부의 부품 등에서 발생되는 열에 의하여 구조 및 기능에 이상이 생길 우려가 있는 것은 방열판 또는 방열공 등에 의하여 보호조치를 해야 한다.
(5) 작동이 확실하고, 취급·점검이 쉬워야 하며, 현저한 잡음이나 장해전파를 발하지 않아야 한다. 또한 먼지, 습기, 곤충 등에 의하여 기능에 영향을 받지 않아야 한다.
(6) 부식에 의하여 기계적 기능에 영향을 초래할 우려가 있는 부분은 칠, 도금 등으로 유효하게 내식가공을 하거나 방청가공을 해야 하며, 전기적 기능에 영향이 있는 단자, 나사 및 와셔 등은 동합금이나 이와 동등이상의 내식성능이 있는 재질을 사용해야 한다.
(7) 기기 내의 배선은 충분한 전류용량을 갖는 것으로 하여야 하며, 배선의 접속이 정확하고 안전성이 확보되어야 한다.
(8) 극성이 있는 경우에는 오접속을 방지하기 위하여 필요한 조치를 해야 한다.
(9) 부분품의 부착은 기능에 이상을 일으키지 않아야 하며, 견고해야 한다.
(10) 광원점등식 피난유도선은 수신기의 화재신호 또는 수동조작신호를 수신하거나 정전시

즉시 점등되어야 하며, 인위적 조작이 없는 한 점등상태는 유지되어야 한다. 다만, 주기적으로 점멸하는 경우 단위 소등시간은 2초 이하이어야 한다.

(11) 광원점등식 피난유도선에 설치되는 부속장치는 피난유도선의 구조 및 기능에 유해한 영향을 미치지 않아야 한다.

(12) 축전지, 퓨즈 등 내부부품을 교환, 보수, 점검할 수 있는 구조이어야 한다.

(13) 제어부의 구조 및 기능은 다음에 적합해야 한다.

(가) 상용전원 및 비상전원에 단락사고 등으로부터 보호할 수 있는 퓨즈 등 과전류 보호장치를 설치해야 한다.

(나) 상용전원과 접속되는 전선은 KS C IEC 60227-3(배선용 비닐 절연 전선) 또는 KS C IEC 60227-5(유연성 비닐 케이블(코드))에 적합해야 한다.

(다) 정격전압이 60V를 넘는 제어부의 금속제 외함에는 접지단자를 설치해야 한다.

(라) 외함은 재질이 금속인 경우 두께 1.0mm 이상의 방청된 금속판 또는 내식성 재질(스테인리스강 등)을 사용해야 하며, 합성수지인 경우 2.5mm 이상이어야 한다.

(마) 비상전원의 단선 및 불량을 감시할 수 있는 표시장치를 해야 한다.

(바) 비상전원에 의한 표시부 점등여부를 점검할 수 있어야 한다.

(사) 수동점등스위치의 작동에 의하여 표시부를 비상점등 시킬 수 있는 기능이 있어야 한다.

(14) 수동점등스위치가 있는 외함에는 “피난유도선 수동점등스위치” 문자 및 적색 표시등을 하여야 한다. 이 경우 표시등은 표시면의 광원이 비상전원에 의하여 점등되지 않는 한 상시 점등되어야 한다.

(15) 표시부의 구조 및 기능은 다음에 적합해야 한다.

(가) 매립하는 방식 이외의 경우에는 양면테이프 또는 접착제를 이용한 부착방식이 아닌 부착대 등으로 설치하고자 하는 부분에 견고하게 설치할 수 있는 구조이어야 한다.

(나) 표시부를 바닥에 설치 및 사용하고자 하는 경우에는 매립방식을 사용해야 한다.

(다) 표시부에는 이물 및 흑점이 발생하지 않아야 한다.

(라) 표시부에 비상전원을 사용하는 경우에는 (12) 및 (13) (가)(마)에 따른다.

(마) 표시면의 방향표시는 간격이 0.5m를 초과하지 않아야 하며 표시부 광원 점등시 피난방향의 식별이 용이하고 명확해야 한다. 이 경우 표시면에는 방향표시와 함께 비상문·비상탈출구·EXIT·FIRE EXIT 또는 국제표준화기구(ISO)의 기준에 의한 그림문자 등을 병기할 수 있다.

(바) 광원을 보호하기 위한 표시면 또는 조사면의 두께는 0.5mm 이상이어야 하며, 표시면 표준단위길이의 크기는 짧은 변의 길이가 20mm 이상이고 면적은 20,000mm^2 이상이어야 한다. 다만, 표시부가 사각형이 아닌 경우에는 표시부에 내접하는 사각형의 크기를 적용한다.

④ 유도등의 전원

4.1 유도등의 전원

축전지, 전기저장장치 또는 교류전압의 옥내간선으로 하고, 전원까지의 배선은 전용으로 해야 한다.

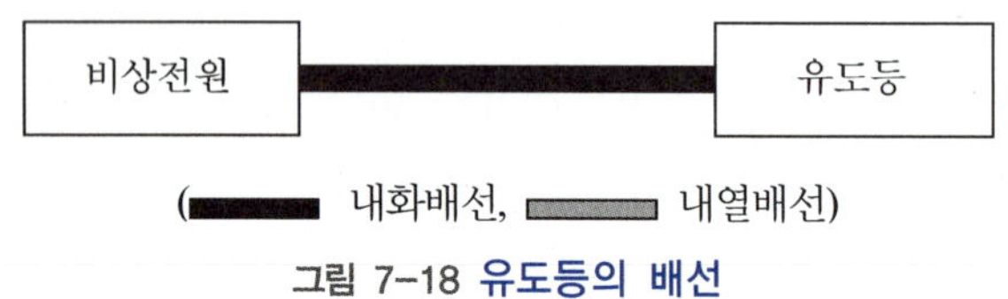

그림 7-18 유도등의 배선

4.2 비상전원의 설치기준

(1) 축전지로 해야 한다.

(2) 유도등을 20분 이상 유효하게 작동시킬 수 있는 용량으로 해야 한다. 다만, 다음의 소방대상물의 경우에는 그 부분에서 피난층에 이르는 부분의 유도등을 60분 이상 유효하게 작동시킬 수 있는 용량으로 해야 한다.

(가) 지하층을 제외한 층수가 11층 이상의 층

(나) 지하층 또는 무창층으로서 용도가 도매시장·소매시장·여객자동차터미널·지하역사 또는 지하상가

4.3 유도등 전원 구조

(1) 유도등에 사용하는 전원은 정전시에는 상용전원에서 비상전원으로, 정전복귀시에는 비상전원에서 상용전원으로 자동전환 되는 구조이어야 한다.

(2) 상용전원에 의하여 켜지는 광원을 원격조작에 의하여 끊더라도 예비전원은 상용전원에 의하여 자동충전 할 수 있어야 한다. 다만, 발광다이오드 또는 면광원을 광원으로 사용하는 유도등으로서 상용전원에 의하여 상시점등 되는 경우에는 제외된다.

(3) 비상전원의 상태를 감시할 수 있는 장치가 있어야 한다. 다만, 객석유도등은 제외된다.

(4) 상용전원이 정전되는 경우에는 즉시 비상전원에 의하여 켜져야 한다.

5 유도등 배선

5.1 배선기준

전기사업법 제67조에서 정한 것 외에 다음 기준을 따라야 한다.

(1) 유도등의 인입선과 옥내배선은 직접 연결해야 한다.

(2) 유도등은 전기회로에 점멸기를 설치하지 않고 항상 점등상태를 유지해야 한다. 다만, 소방대상물 또는 그 부분에 사람이 없거나 다음에 해당하는 장소로서 3선식 배선에 따라 상시 충전되는 구조인 경우에는 제외된다.

(가) 외부광光에 따라 피난구 또는 피난방향을 쉽게 식별할 수 있는 장소

(나) 공연장, 암실暗室 등으로서 어두워야 할 필요가 있는 장소

(다) 소방대상물의 관계인 또는 종사원이 주로 사용하는 장소

유도등 전용배선

교류전압의 경우 인입개폐기 직후에서 분기하여 전용배선으로 할 것

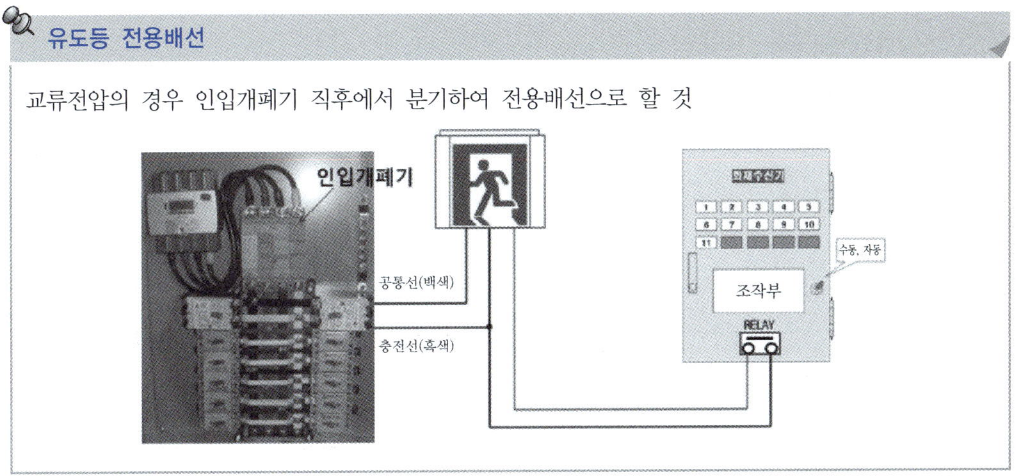

5.2 배선의 결선

유도등의 2선식 및 3선식 배선의 결선은 3가지 색(예 : 백색, 흑색, 녹색)으로 하는 것이 좋으며, 전선은 층별 회로 증가시 2선씩 추가한다.

(1) 2선식 배선

유도등을 상시 점등상태로 하는 배선 방식으로 점멸기(Switch)[7]에 의해 유도등을 소등하면 자동적으로 예비전원에 의하여 점등이 20분 이상 지속된 후 소등되면서 상용전원으로 예비전원

7) 점멸기는 1선에 설치하여 전류를 차단하는 스위치이고, 개폐기(Circuit breaker)는 2선에 설치하여 전압과 전류를 차단하는 스위치이다.

에 자동 충전이 되지 않으므로 유도등의 기능이 상실된다. 2선식 배선은 흰색 1선과 검정 및 녹색 1선을 상용전원에 연결한다. <그림 7-19>는 유도등의 결선도를 나타내고 있으며, <그림 7-20>은 유도등의 회로도를 나타내고 있다.

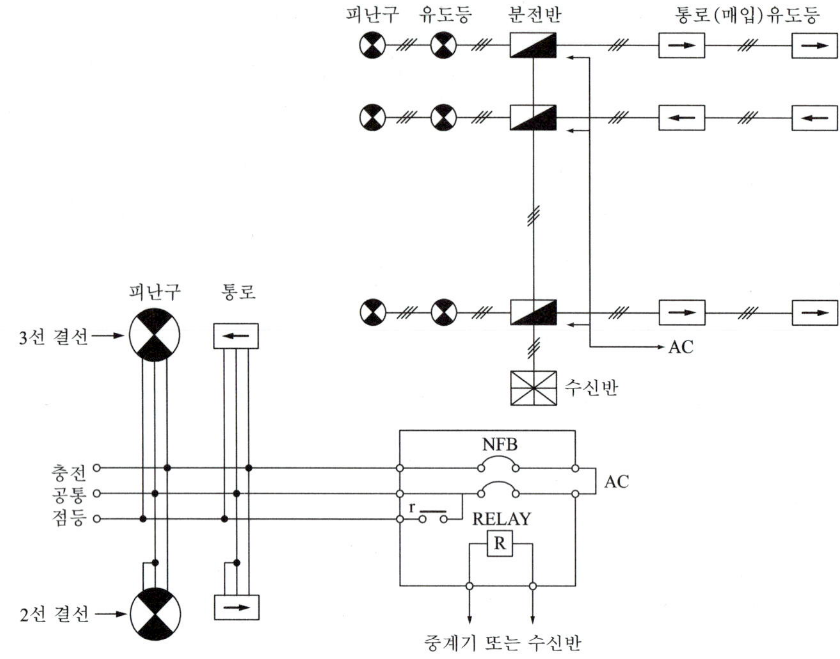

그림 7-19 유도등의 결선도

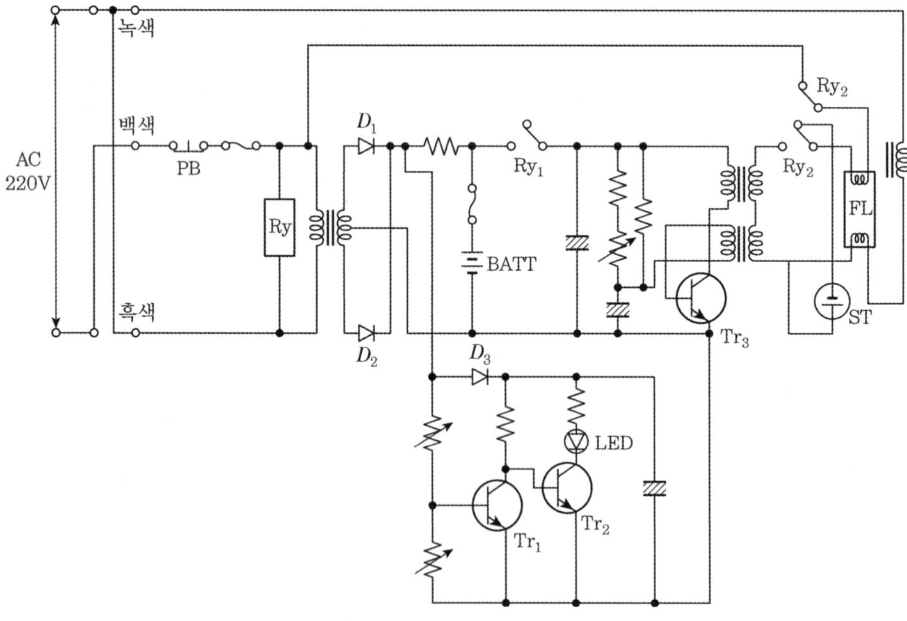

그림 7-20 유도등의 회로도

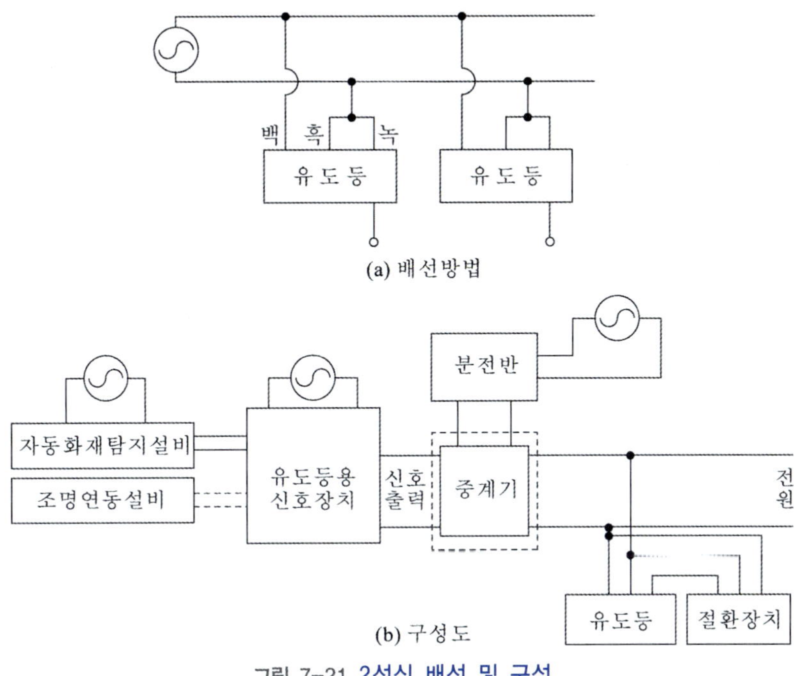

(a) 배선방법

(b) 구성도

그림 7-21 2선식 배선 및 구성

(2) 3선식 배선

평소에는 소등 상태를 유지하다가 화재시 유도등이 점등되는 배선 방식으로 점멸기로 유도등을 소등하게 되면 유도등은 소등되지만, 예비전원으로의 충전은 계속 유지되는 상태가 된다. 그리고 정전 또는 단선이 발생되어 상용전압에 의해 전원공급이 되지 않더라도 자동적으로 충전된 예비전원에 의해 20분 이상 점등이 유지된다.

유도등 결선시 백색과 흑색은 유도등 충전을 위한 전원에 연결하고, 녹색은 점멸기(스위치)에 연결하는 데 잘못된 유도등 결선은 수명을 단축시킨다.

3선식 배선 방식은 원격스위치 1개로 다수의 유도등을 동시에 점멸할 수 있어 재실자의 구분이 확실한 곳(극장 등)에 사용하면 전기료를 절감할 수 있다. 그러나 상용전원이 정전되더라도 유도등이 점등하지 않을 수도 있기 때문에 유도등 설비의 유지 및 관리를 철저히 해야 한다.

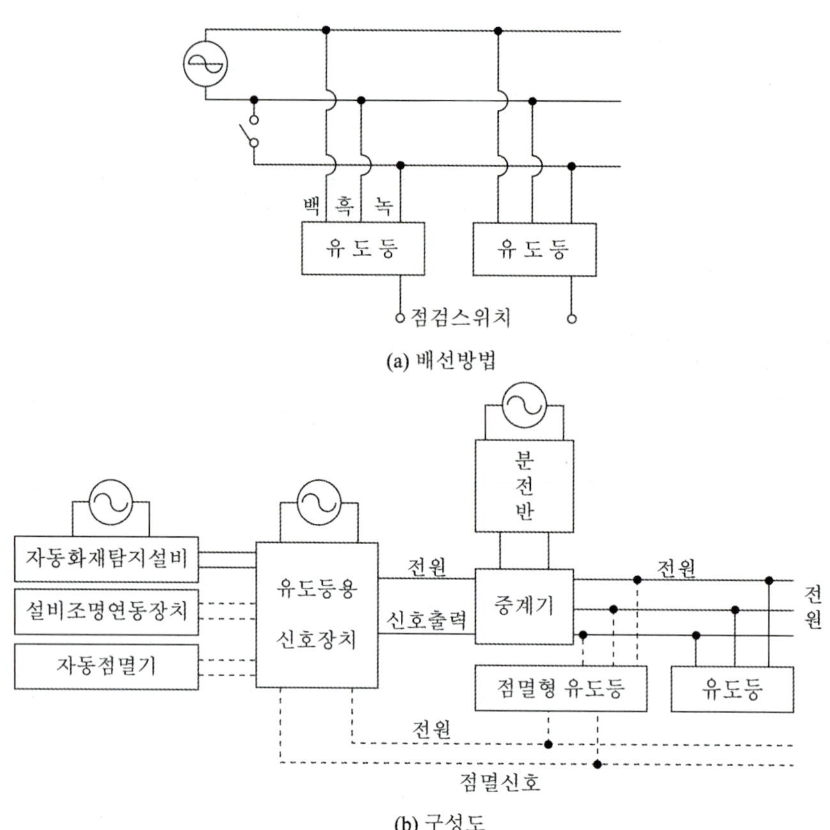

(a) 배선방법

(b) 구성도

그림 7-22 3선식 배선 및 구성

표 7-5 2선식과 3선식의 비교

2선식	3선식
• 소등되면 예비전원으로 자동충전이 안 되어 유도등으로의 기능을 상실 • 정전이 되어 교류전압에 의한 전원공급이 안 되면 20분 이상 점등된 후 소등 2선식 전원 백 흑 녹 유도등	• 점멸기에 의해 소등하면 유도등은 꺼지나 예비전원의 충전은 계속되고 있는 상태 • 정전 또는 단선이 되어 교류전압에 의한 전원공급이 안 되면 자동적으로 예비전원으로 절환되어 20분 이상 점등 • 에너지 절감효과, 등기구의 수명 연장 • 외관상태로 램프 및 배선 이상 유무 확인 불가하므로 철저한 유지관리가 필요 3선식 전원 원격 S/W 백 흑 녹 유도등

5.3 3선식 배선에 따라 상시 충전되는 유도등의 전기회로에 점멸기를 설치하는 경우

다음에 해당되는 경우에 점등되어야 한다.

(1) 자동화재탐지설비의 감지기 또는 발신기가 작동되는 때

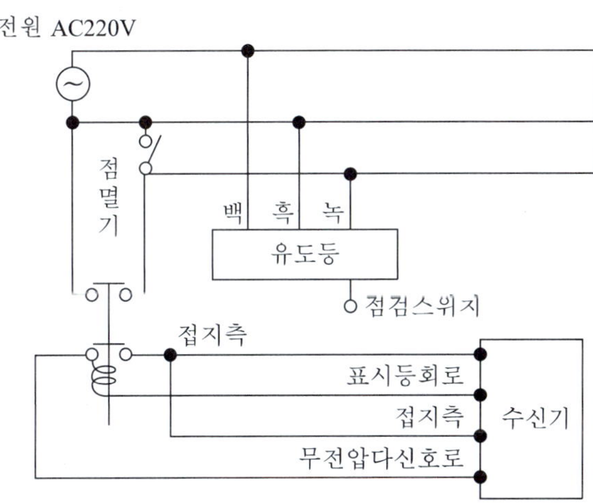

그림 7-23 자동화재탐지설비와 연동

(2) 비상경보설비의 발신기가 작동되는 때

(3) 상용전원이 정전되거나 전원선이 단선되는 때

(4) 방재업무를 통제하는 곳 또는 전기실의 배전반에서 수동으로 점등하는 때

(5) 자동소화설비가 작동되는 때

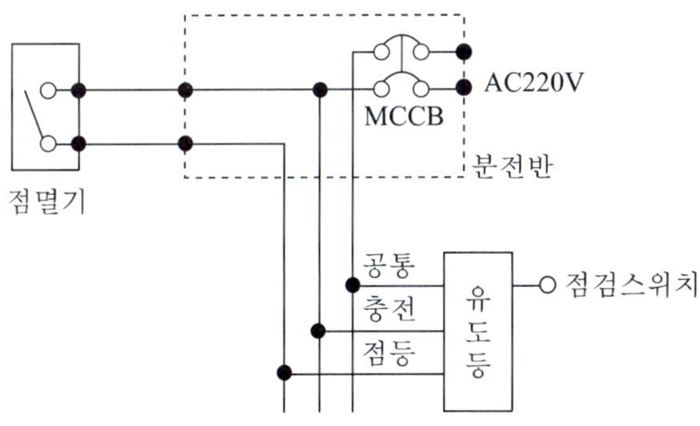

그림 7-24 수동점멸기로 점멸

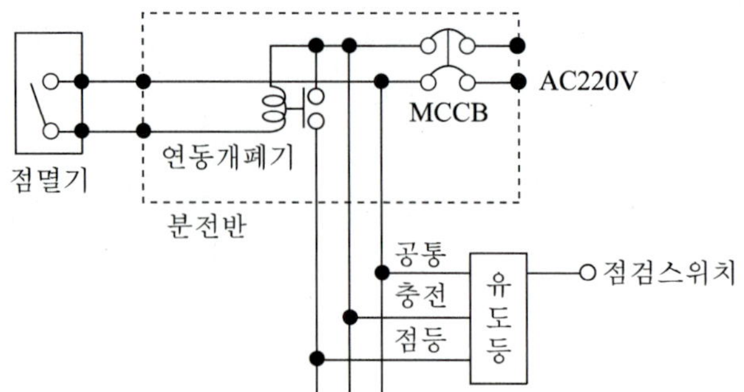

그림 7-25 수동점멸기로 연동개폐기 제어

⑥ 시험

(1) 절연저항시험

유도등 및 광원점등식 피난유도선의 교류입력측과 외함사이, 교류입력측과 충전부사이 및 절연된 충전부와 외함사이의 각 절연저항의 DC 500V의 절연저항계로 측정한 값이 5MΩ 이상이어야 한다.

(2) 바닥매립형 유도등의 정하중시험

바닥에 매립하는 구조의 유도등은 유도등 상부 중앙 50mm 직경의 원에 9800N(1000kg)의 하중을 가하는 경우 구조의 변형이 없어야 한다.

(3) 식별도시험

① 피난구유도등 및 거실통로유도등은 상용전원으로 등을 켜는(평상시 사용 상태로 연결, 사용전압에 의하여 점등 후 주위조도를 10 lx에서 30 lx까지의 범위 내로 한다) 경우에는 직선거리 30m의 위치에서, 비상전원으로 등을 켜는(비상전원에 의하여 유효점등시간[8] 동안 등을 켠 후 주위조도를 0 lx에서 1 lx까지의 범위내로 한다) 경우에는 직선거리 20m의 위치에서 각기 보통시력에 의하여 표시면의 그림문자, 색채 및 화살표가 함께 표시된 경우에는 화살표가 쉽게 식별되어야 한다.

② 복도통로유도등에 있어서 상용전원으로 등을 켜는 경우에는 직선거리 20m의 위치에서, 비상전원으로 등을 켜는 경우에는 직선거리 15m의 위치에서 보통시력에 의하여 표시면의 화살표가 쉽게 식별되어야 한다.

8) 유효한 조도를 확보할 수 있도록 예비전원에 의하여 지속적으로 점등할 수 있는 시간을 말한다.

③ 피난구유도등은 눈높이로부터 30cm 위치에 설치하고 유도등 바로 밑으로부터 수평거리는 1m 이상(표시면 긴 변의 길이 4배 이상으로 하고 이 거리가 1m 미만인 경우에는 1m로 한다) 떨어진 위치(<그림 7-26>)에서 (1)의 주위조도 및 시력범위와 동일한 조건으로 확인하는 경우 쉽게 식별할 수 있어야 하고, 동영상표시형 유도등은 피난자가 비상문으로 피난하는 형태로 인식할 수 있어야 한다.

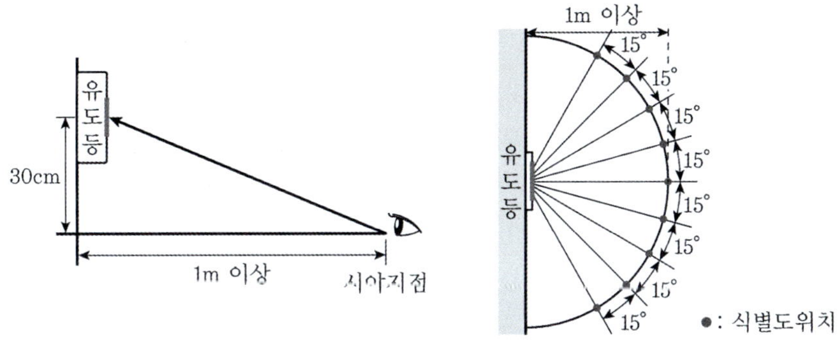

그림 7-26 식별도시험

④ 광원점등식 피난유도선은 상용전원으로 표시부의 광원을 점등하는 경우에는 직선거리 20m의 위치에서, 비상전원으로 점등하는 경우에는 직선거리 15m의 위치에서 각기 보통시력에 의하여 표시면의 방향표시가 명확히 식별되어야 한다.

⑤ 축광식 피난유도선은 표시면에 200 lx 밝기의 광원으로 20분간 조사시킨 상태에서 다시 주위조도를 0 lx로 하여 유효발광시간 동안 발광시킨 후 직선거리 10m 떨어진 위치에서 피난유도선이 있다는 것이 식별되어야 하고, 직선거리 3m의 거리에서 표시면의 방향표시가 명확히 식별되어야 한다. 측정자는 보통 시력을 가진 자로 시험실시 20분 전까지 암실에 들어가 있어야 한다.

⑥ 축광유도표지 및 축광위치표지는 200 lx밝기의 광원으로 20분간 조사시킨 상태에서 다시 주위조도를 0 lx로 하여 60분간 발광시킨 후 직선거리 20m(축광위치표지의 경우 10m)떨어진 위치에서 유도표지 또는 위치표지가 있다는 것이 식별되어야 하고, 유도표지는 직선거리 3m의 거리에서 표시면의 표시중 주체가 되는 문자 또는 주체가 되는 화살표 등이 쉽게 식별되어야 한다.

(4) 충전장치

충전장치는 비상전원으로 사용되는 축전지의 제조업체사양에 적합하게 설계되어야 하며 48시간 내에 축전지의 정격용량이상으로 충전되어야 한다.

(5) 소음시험

상용전원으로 등을 켜는 상태(정격전압 ± 20%인 전압에서 실시) 또는 비상전원으로 등을 켜는 상태에서 유도등으로부터 발생하는 소음의 크기는 0.1m의 거리에서 40dB 이하이어야 한다.

(6) 조도시험

통로유도등 및 객석유도등은 비상전원의 성능에 따라 유효점등시간 동안 등을 켠 후 주위조도가 0 lx인 상태에서 다음과 같은 방법으로 측정하는 경우, 그 조도는 각각 다음에 적합해야 한다.

① 계단통로유도등은 바닥면 또는 디딤바닥 면으로부터 높이 2.5m의 위치에 그 유도등을 설치하고 그 유도등의 바로 밑으로부터 수평거리로 10m 떨어진 위치에서의 법선조도가 0.5 lx 이상이어야 한다.

② 복도통로유도등은 바닥면으로부터 1m 높이에, 거실통로유도등은 바닥면으로부터 2m 높이에 설치하고 그 유도등의 중앙으로부터 0.5m 떨어진 위치의 바닥면 조도와 유도등의 전면 중앙으로부터 0.5m 떨어진 위치의 조도가 1 lx 이상이어야 한다. 다만, 바닥면에 설치하는 통로유도등은 그 유도등의 바로 윗부분 1m의 높이에서 법선조도가 1 lx 이상이어야 한다.

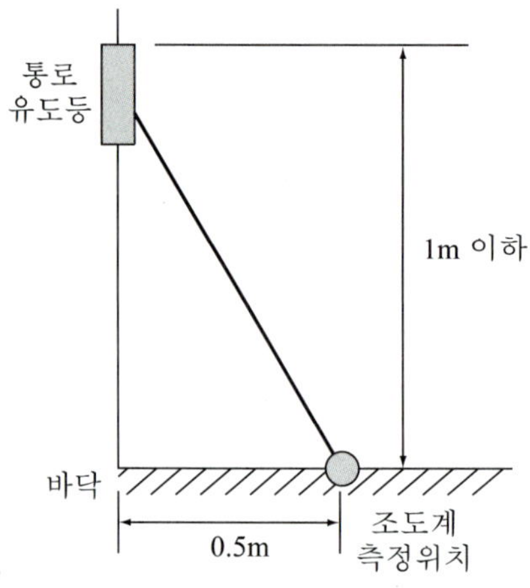

그림 7-27 통로유도등 조도측정

③ 객석유도등은 바닥면 또는 디딤바닥면에서 높이 0.5m의 위치에 설치하고 그 유도등의 바로 밑에서 0.3m 떨어진 위치에서의 수평조도가 0.2 lx 이상이어야 한다.

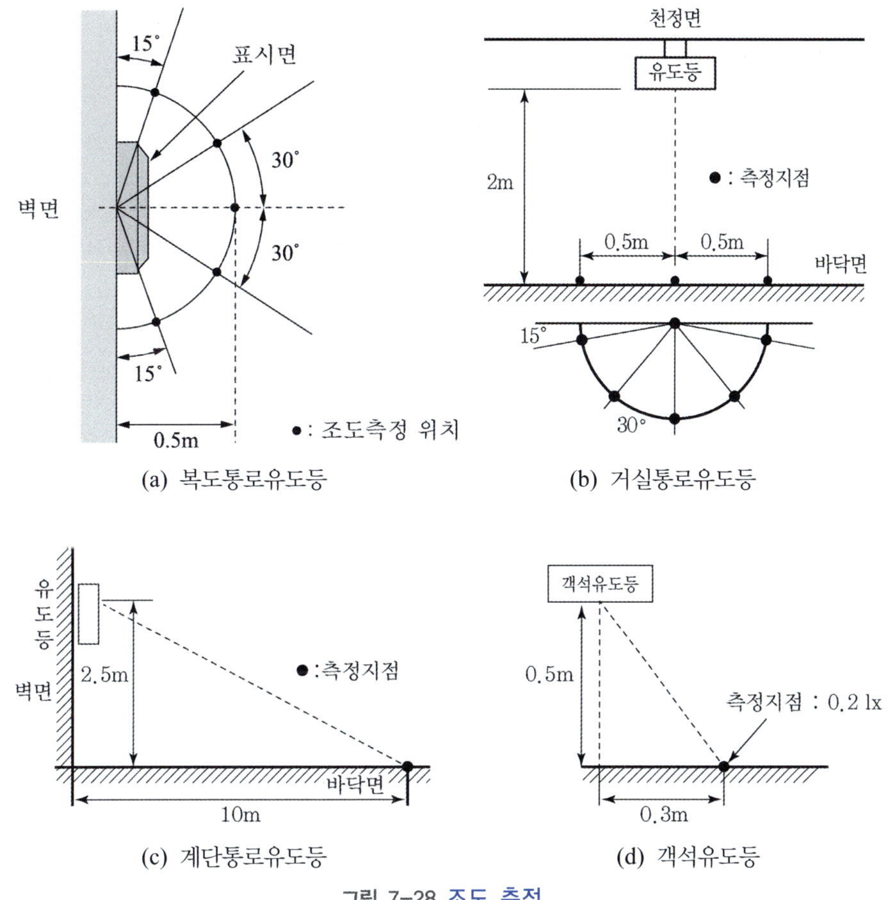

그림 7-28 조도 측정

(7) 반복시험

유도등은 정격사용전압에서 AC점등, DC점등, 소등의 반복을 1회로 하여 2,500회의 작동을 반복 실시하는 경우 그 구조 또는 기능에 이상이 생기지 아니하여야 한다. 다만, 상용전원에서 예비전원 충전상태를 유지하면서 소등되는 기능이 없는 유도등은 AC점등, DC점등 반복을 1회로 한다.

연습문제 exercise

1. 3선식 배선에 의하여 상시 충전되는 유도등의 전기회로에 점멸기를 설치하는 경우에 유도등이 반드시 점등되어야 하는 경우 3가지를 쓰시오.

2. 유도등의 전원에 대한 다음 질문에 답하시오.

(1) 전원으로 이용되는 것을 2가지 쓰시오.

(2) 지하상가인 경우 비상전원은 어느 것으로 하며 그 용량은 해당 유도등을 유효하게 몇 분 이상 작동시킬 수 있어야 하는가?

3. 유도등에 관한 다음 질문에 답하시오.

(1) 유도등의 종류 3가지를 쓰시오.

(2) 피난구유도등은 어떤 장소에 설치하여야 하는지 그 기준을 쓰시오.

4. 길이 18m의 통로에 객석유도등을 설치하려고 한다. 이 때 필요한 객석유도등의 수량은 최소 몇 개인가?

5. 피난구유도등의 설치 제외 장소에 대하여 그 기준을 3가지만 쓰시오.

6. 40W 대형 피난구유도등 8개가 AC 220V에서 점등되었다면 소요되는 전류[A]는? (단, 유도등의 역률은 60%이고 충전되지 않은 상태이다)

7. 유도등 및 유도표지의 화재안전기준에 따른 다음 유도등의 용어의 정의에 대해서 기술하시오.

(1) 피난구유도등

(2) 복도통로유도등

(3) 객석유도등

8. 아래와 같은 건축물의 평면도에 객석유도등을 설치하고자 한다. 다음 질문에 답하시오.

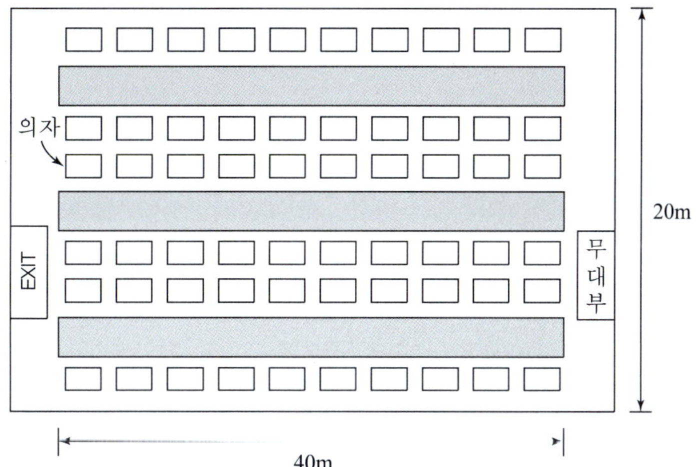

(1) 설치하여야 할 객석유도등의 수량을 산출하시오.

(2) 강당의 중앙 및 좌우 통로에 객석유도등을 설치하시오.(단, 유도등 표시는 •로 표기할 것)

9. 다음은 통로유도등에 관한 사항이다. 다음 질문에 답하시오.

(1) 기호 ①~③에 알맞은 내용을 쓰시오.

	복도통로유도등	거실통로유도등	계단통로유도등
설치장소	복도	(①)	계단
설치방법	구부러진 모퉁이 및 보행거리 20m마다	(②)	각 층의 경사로참 또는 계단참마다
설치높이	(③)	바닥으로부터 높이 1.5m 이상	바닥으로부터 높이 1m 이하

(2) 벽면에 설치하는 통로유도등과 바닥에 매설하는 통로유도등의 조도의 측정방법과 조도기준에 대하여 각각 쓰시오.

- 벽면설치 통로유도등 :
- 바닥매설 통로유도등 :

(3) 통로유도등 표시면의 바탕색은?

CHAPTER 08

비상조명등

Fire Alarm Facility

비상조명등은 화재발생 등에 의한 정전시 안전하고 원활한 피난활동을 할 수 있도록 거실 및 피난통로 등에 설치하여 자동 점등되는 조명등으로서 피난을 위한 최소한의 조도를 확보하기 위한 것이다. 비상전원용 축전지가 내장되어 상용전원이 정전되는 경우에는 비상전원으로 자동 절환되어 점등되는 조명등을 말하며 정상상태에서는 상용전원에 의하여 점등되는 것을 포함한다. 또한 휴대용비상조명등은 화재발생 등으로 정전시 안전하고 원활한 피난을 위하여 피난자가 휴대할 수 있는 조명등을 말한다.

1 특정소방대상물

가. 비상조명등을 설치해야 하는 특정소방대상물

창고시설 중 창고 및 하역장 또는 위험물 저장 및 처리 시설 중 가스시설은 제외된다.

(1) 지하층을 포함하는 층수가 5층 이상인 건축물로서 연면적 3,000m^2 이상인 것
(2) (1)에 해당하지 않는 특정소방대상물로서 그 지하층 또는 무창층의 바닥면적이 450m^2 이상인 경우에는 그 지하층 또는 무창층
(3) 지하가 중 터널로서 그 길이가 500m 이상인 것

나. 휴대용비상조명등을 설치해야 하는 특정소방대상물

(1) 숙박시설
(2) 수용인원 100명 이상의 영화상영관, 판매시설 중 대규모 점포, 철도 및 도시철도시설 중 지하역사, 지하가 중 지하상가

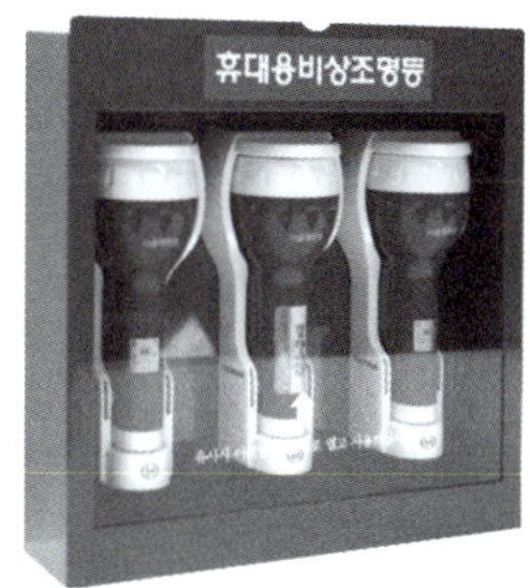

그림 8-1 **비상조명등 및 휴대용비상조명등**

2 종류

가. 전용형

상용광원과 비상용광원[9)]이 각각 별도로 내장되어 있거나 또는 비상시에 점등하는 비상용광원만 내장되어 있는 비상조명등을 말한다.

나. 겸용형

동일한 광원을 상용광원과 비상용광원으로 겸하여 사용하는 비상조명등을 말한다.

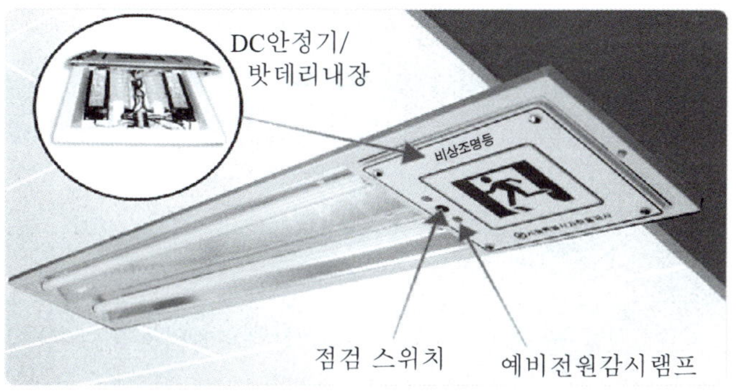

그림 8-2 **비상조명등 겸용형(축전지 내장형)**

9) 상용광원은 상용전원에 의해, 비상용광원은 비상전원에 의해 점등되는 광원이다.

③ 설치기준

가. 비상조명등

유도등과의 차이는 유도등은 평상시 점등되어 있으나 비상조명등은 소등되어 있다.

(1) 소방대상물의 각 거실과 그로부터 지상에 이르는 복도·계단 및 그 밖의 통로에 설치해야 한다.
(2) 조도는 비상조명등이 설치된 장소의 각 부분의 바닥에서 1lx 이상이 되도록 한다.
(3) 예비전원을 내장하는 비상조명등에는 평상시 점등여부를 확인할 수 있는 점검스위치를 설치하고 해당 조명등을 유효하게 작동시킬 수 있는 용량의 축전지와 예비전원 충전장치를 내장해야 한다.
(4) 예비전원을 내장하지 않는 비상조명등의 비상전원은 자가발전설비, 축전지설비 또는 전기저장장치를 다음 기준에 따라 설치한다.
   (가) 점검에 편리하고 화재 및 침수 등의 재해로 인한 피해를 받을 우려가 없는 곳에 설치해야 한다.
   (나) 상용전원으로부터 전력의 공급이 중단된 때에는 자동으로 비상전원으로부터 전력을 공급받을 수 있도록 해야 한다.
   (다) 비상전원의 설치장소는 다른 장소와 방화구획 해야 한다. 이 경우 그 장소에는 비상전원의 공급에 필요한 기구나 설비외의 것(열병합발전설비에 필요한 기구나 설비는 제외)을 두어서는 안 된다.
   (라) 비상전원을 실내에 설치하는 때에는 그 실내에 비상조명등을 설치해야 한다.
(5) (3) 및 (4)의 규정에 따른 비상전원은 비상조명등을 20분 이상 유효하게 작동시킬 수 있는 용량이어야 한다. 다만, 다음의 소방대상물의 경우에는 그 부분에서 피난층에 이르는 부분의 비상조명등을 60분 이상 유효하게 작동시킬 수 있는 용량으로 해야 한다.
   (가) 지하층을 제외한 층수가 11층 이상의 층
   (나) 지하층 또는 무창층으로서 용도가 도매시장·소매시장·여객자동차터미널·지하역사 또는 지하상가
(6) 비상조명등의 설치면제 요건에서 "그 유도등의 유효범위안의 부분"이라 함은 유도등의 조도가 바닥에서 1lx 이상이 되는 부분을 말한다.

설치면제 기준[시행령 별표 6]

비상조명등을 설치하여야 하는 특정소방대상물에 피난구유도등 또는 통로유도등을 화재안전기준에 적합하게 설치한 경우에는 그 유도등의 유효범위안의 부분에는 설치가 면제된다.

나. 휴대용비상조명등

(1) 설치 장소는 다음과 같다.

(가) 숙박시설 또는 다중이용업소에는 객실 또는 영업장안의 구획된 실마다 잘 보이는 곳(외부에 설치시 출입문 손잡이로부터 1m 이내 부분)에 1개 이상 설치

(나) 대규모 점포(지하상가 및 지하역사 제외) 및 영화상영관에는 보행거리 50m 이내마다 3개 이상 설치

(다) 지하상가 및 지하역사에는 보행거리 25m 이내마다 3개 이상 설치

(2) 설치높이는 바닥으로부터 0.8m 이상 1.5m 이하의 높이에 설치한다.

(3) 어둠속에서 위치를 확인할 수 있도록 한다.

(4) 사용 시 자동으로 점등되는 구조여야 한다.

(5) 외함은 난연성능이 있어야 한다.

(6) 건전지를 사용하는 경우에는 방전방지조치를 하여야 하고, 충전식 배터리의 경우에는 상시 충전되도록 한다.

(7) 건전지 및 충전식 배터리의 용량은 20분 이상 유효하게 사용할 수 있는 것으로 한다.

다. 비상조명등 및 휴대용비상조명등의 제외

(1) 비상조명등

(가) 거실의 각 부분으로부터 하나의 출입구에 이르는 보행거리가 15m 이내인 부분

(나) 의원·경기장·공동주택·의료시설·학교의 거실

(2) 휴대용비상조명등

(가) 지상 1층 또는 피난층으로서 복도·통로 또는 창문 등의 개구부를 통하여 피난이 용이한 경우

(나) 숙박시설로서 복도에 비상조명등을 설치한 경우

대규모 점포 (유통산업발전법 제2조제3호)

다음 요건을 모두 갖춘 매장을 보유한 점포의 집단을 말한다.
- 하나 또는 둘 이상의 연접되어 있는 건물 안에 하나 또는 여러 개로 나누어 설치되는 매장일 것
- 상시 운영되는 매장일 것
- 매장면적의 합계가 3000m^2 이상일 것

④ 구조 및 기능

가. 일반구조

(1) 상용전원전압의 110% 범위 안에서는 비상조명등 내부의 온도상승이 그 기능에 지장을 주거나 위해를 발생시킬 염려가 없어야 한다.

(2) 방폭형 비상조명등은 다음에서 정하는 방폭구조에 적합하여야 한다.

(가) 한국산업규격

(나) 가스관계법령(고압가스안전관리법, 액화석유가스의 안전 및 사업관리법, 도시가스사업법)에 의하여 정하는 규격

(다) 산업안전보건법령에 의하여 정하는 규격

(3) 주전원 및 비상전원을 단락사고 등으로부터 보호할 수 있는 퓨즈 등 과전류 보호장치를 설치해야 한다.

(4) 외함은 기기 내부의 온도상승에 의하여 변형 · 변색 또는 변질되지 않아야 한다.

(5) 전구 및 예비전원 등의 내부부품을 쉽게 교환 · 보수 · 점검할 수 있도록 조립된 구조이어야 한다. 다만, 방수형 · 방폭형인 것은 제외된다.

(6) 광원 또는 점등관을 교환 · 점검할 때 접촉될 우려가 있는 부분은 감전되지 않도록 보호조치를 한다.

(7) 사용전압은 300V 이하이어야 한다. 다만, 충전부가 노출되지 않는 것은 300V를 초과할 수 있다.

(8) 설치하고자 하는 부분에 견고하게 설치 할 수 있는 구조이어야 한다.

(9) 수송 중 진동 또는 충격에 의하여 기능에 장애를 받지 않는 구조이어야 한다.

(10) 내부의 온도가 비정상적으로 상승하지 않도록 해야 하며, 축전지와 내부부품은 양호한 방열처리가 되도록 하여야 한다.

(11) 축전지에 배선 등을 직접 납땜하지 않아야 한다.

(12) 상용전원과 접속되는 전선은 KS C 3309(전기기기용 고무절연 인출선) 또는 KS C 3304(비닐코드)에 적합하거나 이와 동등 이상의 절연성, 도전성 및 기계적 강도가 있어야 한다.

(13) 전선의 굵기가 인출선인 경우에는 단면적이 0.75mm^2 이상, 인출선외의 경우에는 단면적이 0.5mm^2 이상이어야 한다.

(14) 인출선의 길이는 전선인출 부분으로부터 150mm 이상이어야 한다. 다만, 인출선으로 하지 않을 경우에는 풀어지지 않는 방법으로으로 전선을 쉽고 확실하게 부착할 수 있도록 접속단자를 설치한다.

(15) 화재가 발생한 경우 화재경보설비 또는 비상경보설비 등으로부터 발신되는 신호를 수신하여 미리 정하여진 작동을 하는 비상조명등은 그 기능이 정상적으로 작동해야 한다.
(16) 내부의 전기회로에 스위치를 설치하는 경우에는 자동복귀형 스위치를 설치한다.
(17) 비상조명등에는 점검용의 자동복귀형 점멸기를 설치해야 한다.
(18) 작동이 확실하고 취급·점검이 쉬워야 하며, 현저한 잡음이나 장해전파를 발하지 않아야 한다. 다만, 먼지·습기·곤충 등에 의하여 기능에 영향을 받지 않아야 한다.
(19) 부식에 의하여 기계적기능에 영향을 초래할 우려가 있는 부분은 칠·도금 등으로 유효하게 내식가공을 하거나 방청가공을 해야 하며, 전기적 기능에 영향이 있는 단자·나사 및 와셔 등은 동합금이나 이와 동등 이상의 내식성능이 있는 재질을 사용해야 한다.
(20) 극성이 있는 경우에는 오접속을 방지하지 위하여 필요한 조치를 한다.
(21) 부품의 부착은 기능에 이상을 일으키지 않고 쉽게 풀리지 않도록 한다.
(22) 전선 이외의 전류가 흐르는 부분과 가동축 부분의 접촉력이 충분하지 않은 곳에는 접촉부의 접촉불량을 방지하기 위한 적당한 조치를 한다.
(23) 외부에서 사람이 쉽게 접촉할 우려가 있는 충전부는 충분한 보호장치를 한다.
(24) 광원과 전원부를 별도로 수납하는 구조인 것은 다음 항목에 적합해야 한다.
    (가) 전원함은 불연재료 또는 난연재료의 재질을 사용할 것
    (나) 광원과 전원부 사이의 배선길이는 1m 이하로 할 것
    (다) 배선은 충분히 견고한 것을 사용할 것
(25) 내부의 부품 등에서 발생되는 열에 의하여 구조 및 기능에 이상이 생길 우려가 있는 것은 방열판 또는 방열공 등에 의하여 보호조치를 한다. 다만, 방수형 또는 방폭형의 것은 방열공을 설치하지 않을 수 있다.
(26) 유효점등시간[10]은 20분 이상으로 하며 20분 단위로 제조사가 설정한다.
(27) 비상조명등에 사용하는 광원이 형광램프인 경우에는 공인규격품이어야 하고, 백열전구로 하는 경우에는 2중 코일전구이어야 한다. 다만, 2개 이상의 백열전구를 병렬로 설치하여 점등하는 방식의 경우에는 단일코일전구로 할 수 있다.

나. 전원

(1) 비상조명등에 사용하는 전원은 정전시에는 상용전원에서 비상전원으로, 정전복귀시에는 비상전원에서 상용전원으로 자동전환되는 구조이어야 한다.
(2) 상용전원에 의하여 켜지는 광원을 원격조작에 의하여 끊더라도 축전지는 상용전원에 의하여 자동충전할 수 있어야 하고 상용전원이 정전되는 경우에는 즉시 비상전원에 의하여 켜져야 한다.

10) 유효한 조도를 확보할 수 있도록 예비전원에 의하여 지속적으로 점등할 수 있는 시간을 말한다.

(3) 비상전원의 상태를 감시할 수 있는 장치가 있어야 한다.

(4) 비상조명등은 비상점등을 위하여 비상전원으로 전환되는 경우 비상점등 회로로 정격전류의 1.2배 이상의 전류가 흐르거나 램프가 없는 경우에는 3초 이내에 예비전원으로부터의 비상전원 공급을 차단해야 한다(비상점등 회로의 보호).

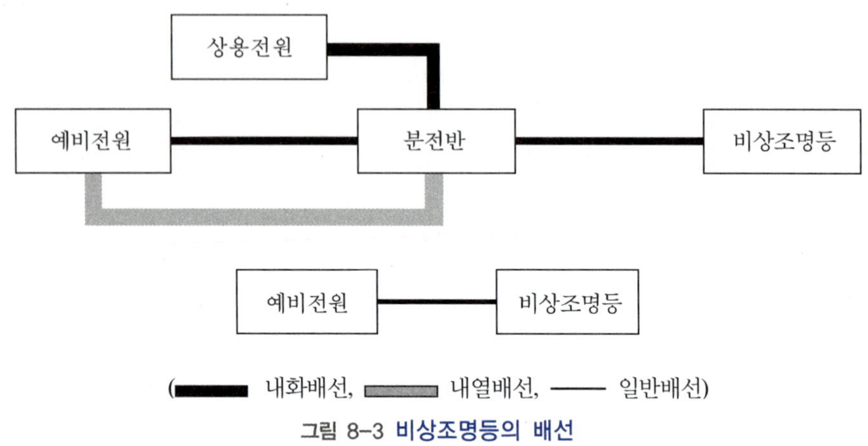

그림 8-3 비상조명등의 배선

다. 외함(매립형의 경우 내부회로 보호용함), 표시면 및 조사면의 재질

(1) 두께 0.5mm 이상의 방청가공된 금속판. 다만, 20W용 형광램프를 내장하는 경우에는 두께 0.7mm 이상, 40W용 형광램프를 내장하는 경우는 두께 1.0mm 이상의 방청 가공된 금속판

(2) 두께 3mm 이상의 내열성 강화유리

(3) 난연재료 또는 방염성능이 있는 두께 3mm 이상의 합성수지로서 80℃ 이상의 온도에서 열로 인한 변형이 생기지 않아야 하며 자기소화성이 있는 것

(4) 표시면 또는 조사면이 있는 비상조명등의 표시면과 조사면의 재질은 1mm 이상(다만, 20W 이상의 형광램프 내장 시는 2mm 이상, 40W 이상의 형광램프 내장시는 3mm 이상)의 난연재료 또는 방염성능이 있는 합성수지이거나 이와 동등이상의 것으로 쉽게 파손되거나 변형, 변질 또는 변색이 되지 않아야 한다.

⑤ 시험

가. 반복시험

비상조명등은 정격사용전압에서 10,000회의 작동을 반복하여 실시하는 경우 그 구조 또는 기능에 이상이 생기지 않아야 한다. 이 경우 시험도중 광원 및 예비전원은 교체할 수 있다.

나. 절연저항시험

비상조명등의 교류입력측과 외함사이, 절연된 교류입력측과 충전부사이 및 절연된 충전부의 외함사이의 각각 절연저항은 직류 500V의 절연저항계로 측정한 값이 5MΩ 이상이어야 한다.

다. 소음시험

상용전원으로 등을 켜는 상태(정격전압 ± 20%인 전압에서 실시) 또는 비상전원으로 등을 켜는 상태에서 비상조명등으로부터 발생하는 소음의 크기는 0.1m의 거리에서 40dB 이하이어야 한다.

연습문제 exercise

1. 비상조명등의 비상전원 용량은?

2. 예비전원을 내장하지 아니하는 비상조명등의 비상전원인 자가발전설비 또는 축전지설비의 설치기준을 쓰시오.

3. 비상조명등이 설치된 장소의 각 부분의 바닥에서 몇 lx 이상인가?

4. 비상조명등의 축전지 공칭용량, 충전전류용량 등의 시험에 관한 사항이다. 괄호 안을 쓰시오.

(1) 공칭용량은 10시간율 전류(축전지에 지정된 공칭용량치를 10으로 나누어 얻은 수치에 상당한 암페어수)로 10시간을 방전한 후 10시간을 전류로서 공칭용량의 150%에 상당하는 충전을 하고 다시 5시간율 전류로 방전종지전압(전지당 공칭전압의 80%까지 방전하는 경우 (   )시간 이상 연속방전이 되어야 한다.

(2) 충전전류 용량은 해당 비상조명등의 공칭용량의 150%의 충전을 한 것을 12시간 비상점등(방전)한 후 정격전압으로 48시간 충전을 하는 경우 해당 비상조명등을 ( )분 이상 비상점등 할 수 있는 용량이어야 한다.

5. 휴대용비상조명등의 설치기준에 관한 질문에 답하시오.

(1) 백화점 · 대형점 · 쇼핑센터 및 영화상영관의 설치기준은?

(2) 지하상가 및 지하역사의 설치기준은?

(3) 건전지 및 충전식 배터리의 용량은?

(4) 휴대용비상조명등의 설치높이는?

PART 03

소화활동설비

Fire Alarm Facility

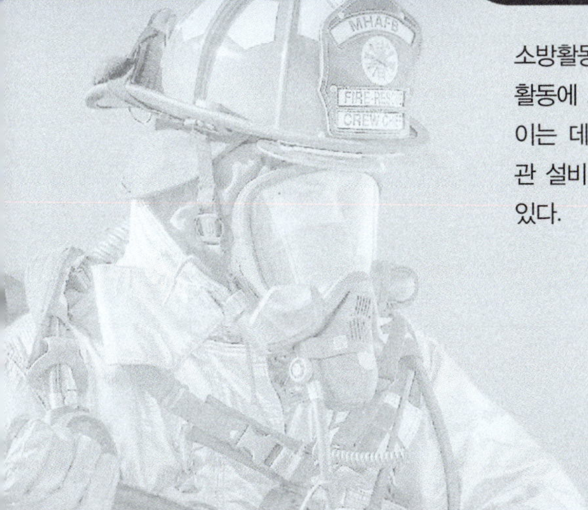

소방활동 중 인명의 구조, 구급활동을 제외한 조기진화 등의 소화활동에 도움이 되는 설비를 말하며, 재산과 인명을 최소한으로 줄이는 데 그 목적이 있으며, 소화활동설비에는 제연설비, 연결송수관 설비, 연결살수설비, 비상콘센트설비 및 무선통신보조설비 등이 있다.

CHAPTER 09
제연설비

Fire Alarm Facility

화재 발생시 건물 내부의 가연성물질로부터 연소생성물인 연기, 일산화탄소, 기타 유독물질 등이 발생되어 소화활동이나 피난에 큰 영향을 준다. 제연설비는 건물 내에 있는 사람들을 안전한 장소로 피난 또는 대피하거나 소화활동을 원활하게 할 수 있도록 지하가 등에 설치하여 옥외로 배출시키는 설비로 연기를 일정 장소로 유인하여 건축물에 설치된 창문이나 기계적 동력에 의하여 신속하게 옥외로 배출(배연)시키거나 연기를 건축물의 한정된 장소에서 다른 장소로 이동하지 않도록 하면서 연기가 침입하는 것을 방지(방연)한다. 제연방식에는 <그림 9-1>처럼 자연제연방식과 기계제연방식이 있다.

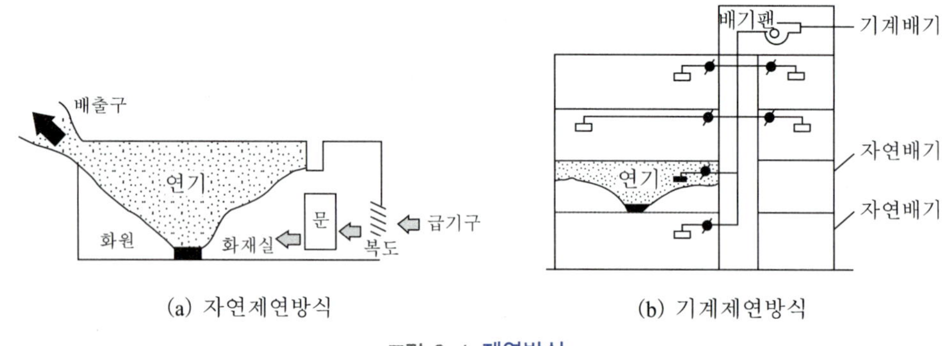

(a) 자연제연방식 (b) 기계제연방식

그림 9-1 제연방식

1 작동 및 구성

제연설비의 작동 절차는 <그림 9-2>와 같으며, 설치와 구성은 <그림 9-3>과 <그림 9-4>에서 나타내고 있다.

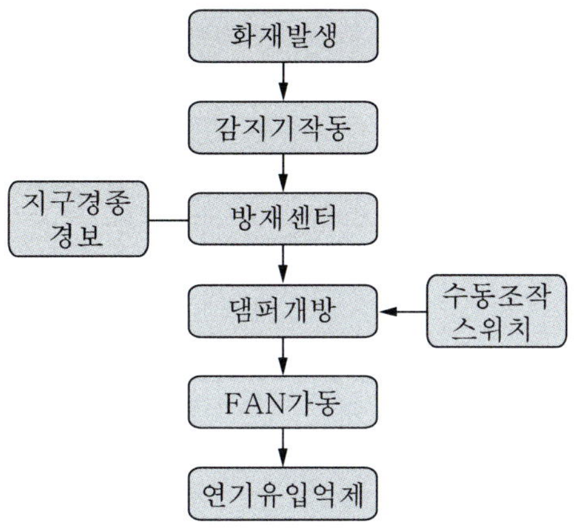

그림 9-2 제연방식 작동

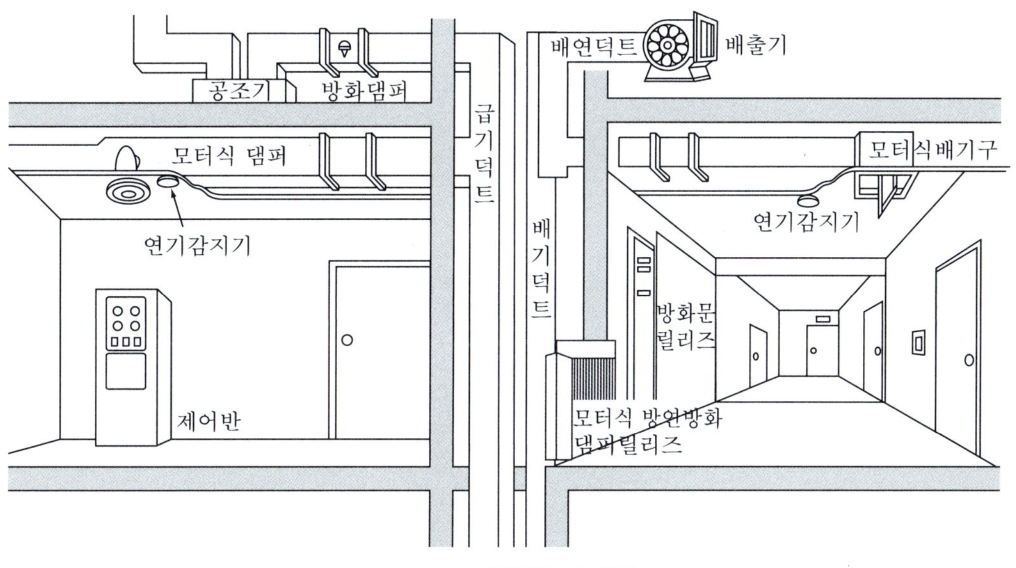

그림 9-3 제연방식의 설치

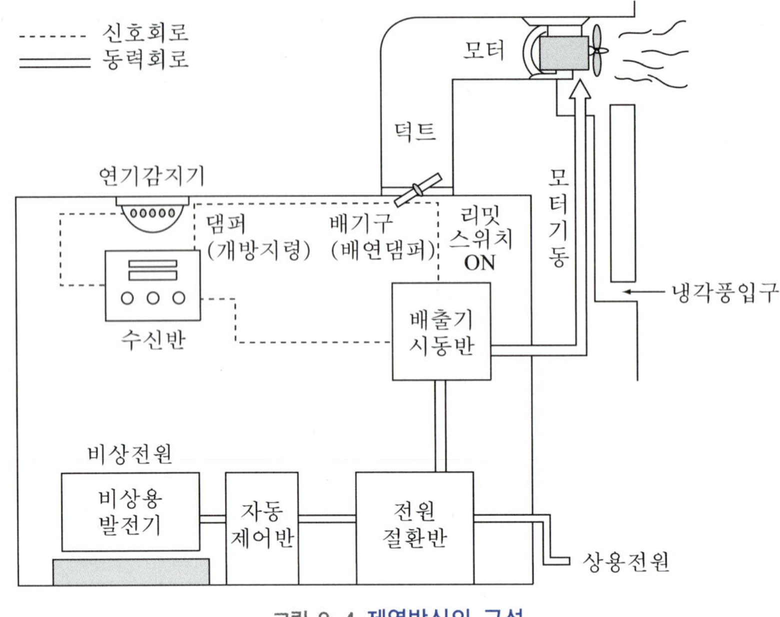

그림 9-4 제연방식의 구성

② 제연설비 등의 결선

2.1 전실제연설비

각 층에 일반실의 복도로부터 계단에 이르는 중간에 전실[1])을 구성하여 피난으로 인한 복도측 출입구의 일시적인 개방과 함께 유입되는 연기가 계단 쪽으로 확산되는 것을 방지하기 위한 설비로 특별피난계단에 설치된다.

화재발생으로 전실에 설치된 연기감지기가 동작하면 전실 내에 설치된 급기, 배기 댐퍼가 개방되고 송풍기와 배출기가 연동으로 가동되면서 전실 내에는 신선한 공기를 유지한다. 전실에 급기만 으로도 연기유입을 차단할 수 있어 배기댐퍼를 생략하는 경우도 있다. 전실제연설비의 계통도는 <그림 9-5>에서, 전선내역은 <표 3-1>에서 나타내고 있다. 기동댐퍼는 모터구동방식으로 복구형 댐퍼를 사용할 경우 복구선을 구역당 1선씩 추가한다. 또는 감지기 공통선만 별도로 하게 되는 경우 B, D에 감지기 공통선 1선을 추가한다.

1) 세대현관 방화문과 계단실 및 엘리베이터실의 방화문 사이에 외기에 접하는 공간으로서 연면적 산정시에 바닥면적으로 산정한다.

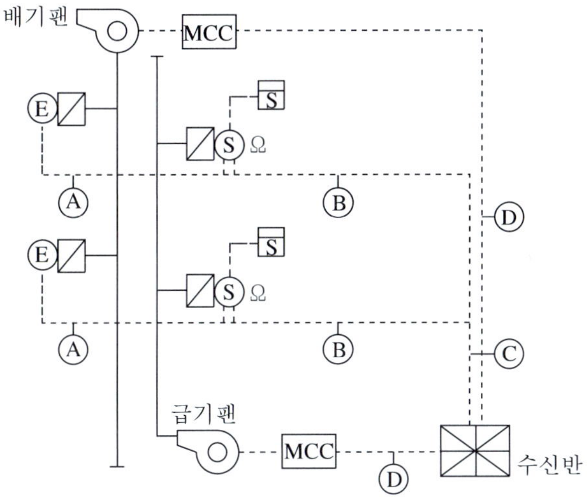

그림 9-5 전실제연 계통도

표 9-1 전실제연 전선내역

기호	구분	배선수	용 도
A	배기댐퍼-급기댐퍼	4	전원 +, -, 기동스위치, 배기댐퍼 기동표시등, [*복구]
B	급기댐퍼-수신반	6	전원 +, -, 지구, 기동스위치, 배기댐퍼 기동표시등, 급기댐퍼 기동표시등, [*복구]
C	2개 구역일 경우	10	전원 +, -, (지구, 기동스위치, 배기댐퍼 기동표시등, 급기댐퍼 기동표시등) × 2, [*복구]
D	MCC-수신반	5	기동, 정지, 공통, 전원표시등, 기동확인표시등

※ 최근에는 복구방식이 자동복구방식을 사용하며, 수동복구스위치는 거의 사용하지 않고 있다.

2.2 거실제연설비

가. 개방형 거실제연방식

백화점과 같이 칸막이 없이 매장전체가 개방되어 있는 경우(그림 9-6)에는 제연구역을 1000m² 이내로 설정하기 위하여 고정식 또는 전동식 제연커튼을 설치한다. 만약, A구역에서 화재가 발생하면 감지기가 동작하고 수신반에 화재신호를 전송하면서 A구역의 배기댐퍼가 작동되어 배기팬에 의해 연기를 건물 외부로 배출한다. 이때 B구역의 급기댐퍼가 작동되면서 급기팬에 의해 신선한 공기가 공급된다. 공기는 B구역에서 A구역으로 흐르면서 효과적인 제연기능을 수행하게 된다. 기동, 수동복구방식의 경우 복구선을 구역당 1선씩 추가한다.

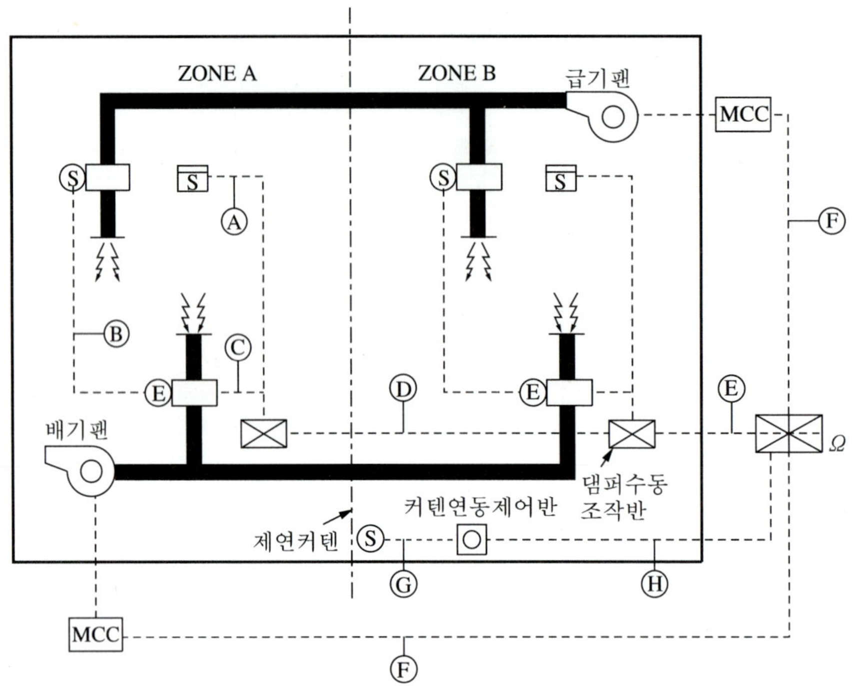

그림 9-6 개방형 거실제연 계통도

표 9-2 개방형 전선내역

기호	구분	배선수	용 도
Ⓐ	감지기-수동조작함	4	지구, 공통 각 2가닥
Ⓑ	급기댐퍼-배기댐퍼	4	전원 +, -, 기동(급기), 확인(급기댐퍼), [*복구]
Ⓒ	배기댐퍼-수동조작함	6	전원 +, -, 기동2(급기, 배기), 확인 2(급기댐퍼, 배기댐퍼), [*복구]
Ⓓ	수동조작함-수동조작함	7	전원 +, -, 지구, 기동2(급기, 배기), 확인 2(급기댐퍼, 배기댐퍼), [*복구]
Ⓔ	2개 구역일 경우	12	전원 +, -, [지구, 기동2(급기, 배기), 확인 2(급기댐퍼, 배기댐퍼] × 2, [*복구]
Ⓕ	MCC-수신기	5	기동, 정지, 공통, 전원표시등, 기동확인표시등
Ⓖ	제연커텐Ⓢ-연동제어반	3	기동, 확인, 공통, [*복구]
Ⓗ	연동제어반-수신기	4	기동 2, 확인 2, [*복구]

※ 기동스위치: 기동, 기동표시등: 확인

나. 밀폐형 제연방식

매장 등과 같이 천장까지 구획하여 복도와 거실로 구분된 곳에서 화재가 발생하면 매장의 배기댐퍼가 작동하고 동시에 배기팬이 가동되어 외부로 연기를 배출한다. 또한 동시에 송풍기가 가동되면서 외부의 신선한 공기를 복도로 공급하여 복도로 유입되는 연기를 방지하고 공기를 복도에서 매장(화재발생구역)으로 흐르게 함으로써 신속하고 효과적으로 연기를 제거할 수 있다. 기동, 수동복구방식의 경우 복구선을 구역당 1선씩 추가한다.

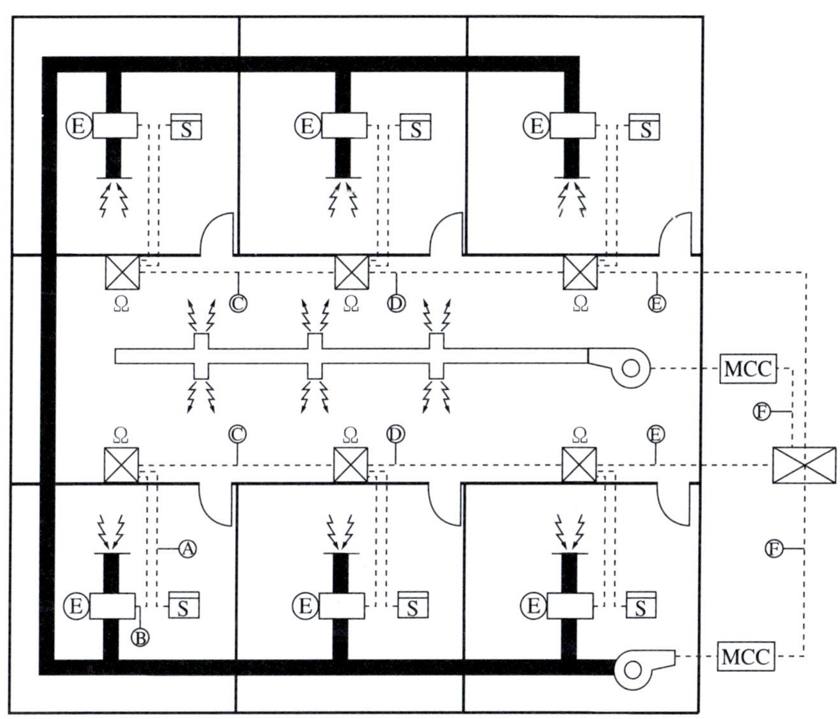

그림 9-7 밀폐형 제연방식 계통도

표 9-3 밀폐형 전선내역

기호	구분	배선수	용 도
Ⓐ	감지기 – 수동조작함	4	지구, 공통 각 2가닥
Ⓑ	댐퍼 – 수동조작함	4	전원 +, −, 기동, 확인
Ⓒ	수동조작함 – 수동조작함	5	전원 +, −, 지구, 기동, 확인
Ⓓ	수동조작함 – 수동조작함	8	전원 +, −, (지구, 기동, 확인) × 2, [*복구]
Ⓔ	수동조작함 – 수신기	11	전원 +, −, (지구, 기동, 확인) × 3, [*복구]
Ⓕ	MCC – 수신기	5	기동, 정지, 공통, 전원표시등, 기동확인표시등

2.3 자동폐쇄장치

화재로 인한 연기가 계단으로 유입되면 재실자의 피난에 있어 많은 인명피해를 가져오는 막대한 지장을 초래하기 때문에 피난계단, 전실 등의 출입문을 평상시 사용하기 위하여 열어 놓았다가 화재발생신호와 함께 연동으로 문을 폐쇄시켜 연기가 유입되지 않도록 방화문용 자동폐쇄장치(Door release)를 설치해야 한다. 방화문 자동폐쇄장치는 전자석이나 영구자석을 이용하였으나 정전, 자력감소 등의 단점이 많아 근래에는 걸고리 방식이 주로 사용되고 있다.

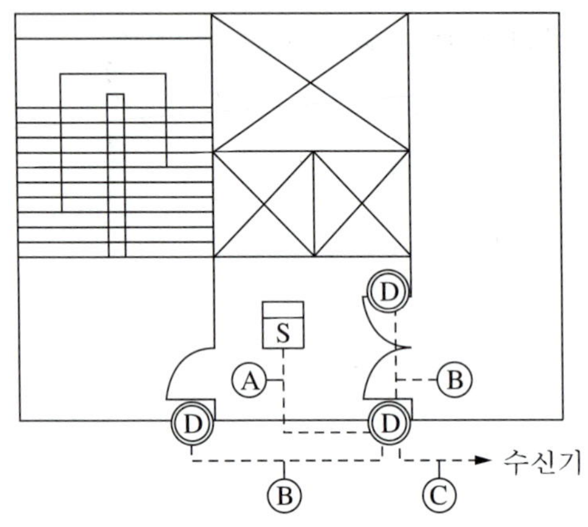

그림 9-8 자동방화문 계통도

표 9-4 자동방화문 전선내역

기호	구 분	배선수	용 도
Ⓐ	감지기－자동폐쇄장치	4	지구, 공통 각 2가닥
Ⓑ	자동폐쇄장치－자동폐쇄장치	4	전원 +, −, 기동, 확인
Ⓒ	자동폐쇄장치－수신기	9	전원 +, −, 지구 2, 확인 3, 공통 2

2.4 방화셔터

개방된 넓은 공간이나 고정벽을 설치하기가 곤란한 큰 개구부의 중간 또는 방화구획을 설정하기 위하여 통로 등에 설치되는 것으로 평상시에는 개방상태이지만, 화재시 또는 연동제어반의 기동스위치를 작동시킬 경우 방화셔터가 내려와 폐쇄되어 방화구획을 형성하고, 화재의 확산을 방지한다.

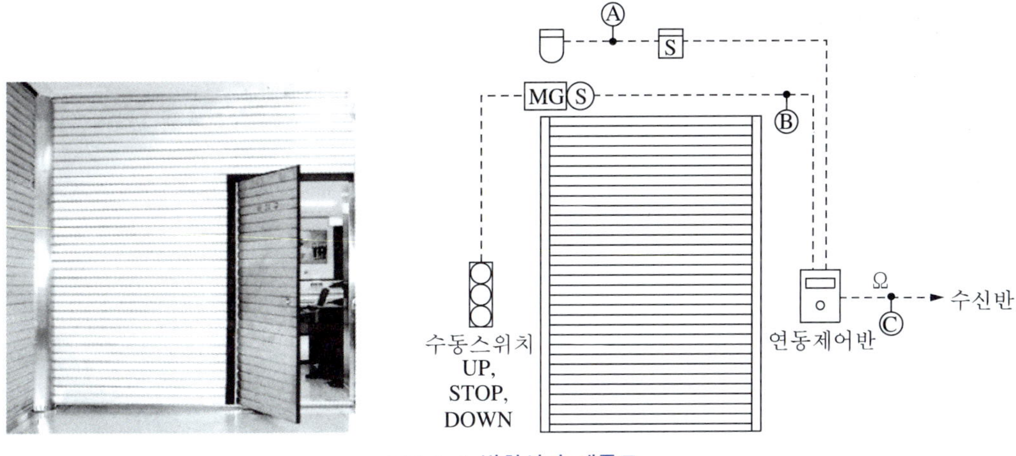

그림 9-9 방화셔터 계통도

표 9-5 방화셔터 전선내역

기호	구 분	배선수	용 도
Ⓐ	감지기 – 연동제어반	4	지구, 공통 각 2가닥
Ⓑ	폐쇄장치 – 연동제어반	3	기동, 확인, 공통
Ⓒ	연동제어반 – 수신기	6	지구, 기동 2, 확인 2, 공통

※ 연동제어반용 전원은 별도의 배선으로 배관한다.

2.5 배연창

배연창은 평상시에 환기창으로 이용하고, 화재발생시 창문을 자동으로 강제 개방하여 연기 및 유독가스를 배출시킴으로써 질식사고로 인한 인명피해를 최소화하는 목적으로 사용된다. 설치장소는 6층 이상의 건축물(근린시설, APT 제외)로서 외부에 접하는 거실창문에 설치하고, 크기는 유효면적이 1m^2 이상이며 합하여진 층별 면적은 건축바닥면적의 1/100 이상이어야 한다. 배연창은 예비전원에 의하여 작동되도록 하고 감지기에 의하여 자동으로 개방되어야 하며 손으로도 열고 닫을 수 있어야 한다. 주로 공장, 수영장, 대형 집회시설, 대형매장에서 사용된다.

가. 솔레노이드방식

감지기가 작동되거나 수동조작함의 스위치를 작동시키면 전동구동장치인 솔레노이드(Solenoid)의 작동에 의하여 제연창이 작동되어 열리게 하는 방식으로 원상 복구시에는 현장에 설치된 수동레버를 회전시켜야 한다.

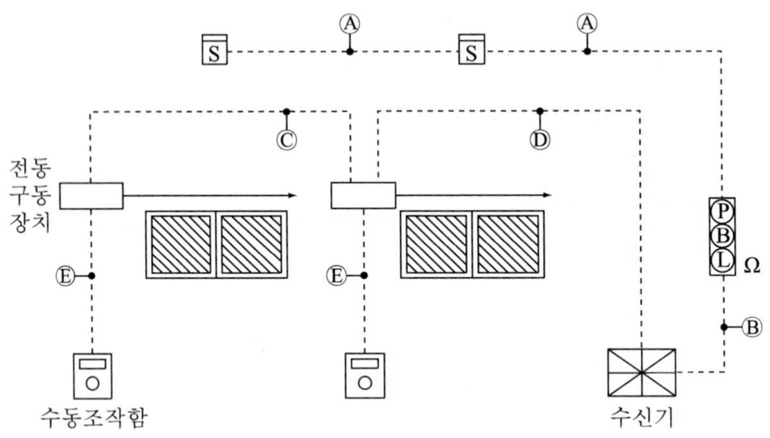

그림 9-10 솔레노이드방식 계통도

표 9-6 배연창 솔레노이드방식의 전선내역

기호	구 분	배선수	용 도
Ⓐ	감지기－발신기	4	지구, 공통 각 2가닥
Ⓑ	발신기－수신기	7	응답, 지구, 전화, 벨, 벨표시등 공통, 표시등, 지구공통
Ⓒ	전동구동장치－전동구동장치	3	기동, 확인, 공통
Ⓓ	전동구동장치－수신기	5	기동 2, 확인 2, 공통
Ⓔ	전동구동장치－수동조작함	3	기동, 확인, 공통

나. 모터방식

모터 작동에 의해 제연창이 열리는 방식으로 동작원리는 솔레노이드방식과 거의 동일하지만, 제연창의 개방, 폐쇄, 각도 조절이 가능하며, 원격스위치에 의하여 가동할 수 있다. 전동구동장치로 모터를 구동하기 위한 별도의 전원장치가 필요하다.

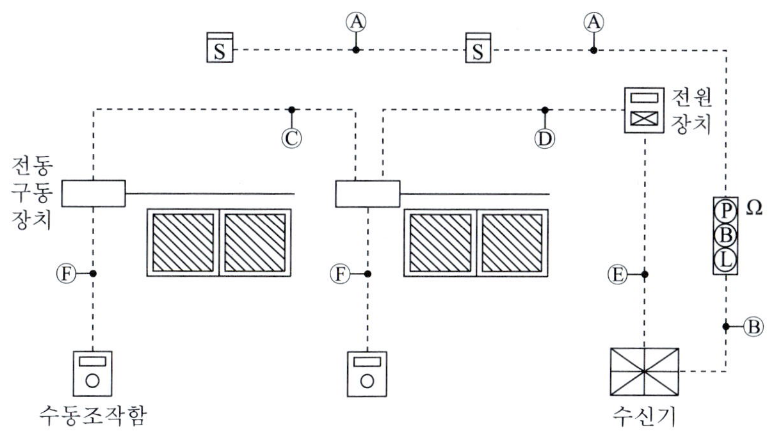

그림 9-11 모터방식의 계통도

표 9-7 배연창 모터방식이 전선내역

기호	구 분	배선수	용 도
Ⓐ	감지기 – 발신기	4	지구, 공통 각 2가닥
Ⓑ	발신기 – 수신기	7	응답, 지구, 전화, 벨, 벨표시등 공통, 표시등, 지구공통
Ⓒ	전동구동장치 – 전동구동장치	5	전원 +, −, 기동, 확인, 복구
Ⓓ	전동구동장치 – 전원장치	6	전원 +, −, 기동, 확인 2, 복구
Ⓔ	전동구동장치 – 수동조작함	5	전원 +, −, 기동, 정지, 복구
Ⓕ	전원장치 – 수신기	8	전원 +, −, 기동, 확인 2, AC전원 +, −, 복구

2.6 방화댐퍼

화재로 인한 화염이나 연기는 건축물에 설치된 냉난방설비, 주방 등의 덕트설비 내로 침입하여 다른 장소로 이동 및 확산하게 되는 요인이 있기 때문에 이를 차단하기 위해 덕트에 설치하는 방화설비이다. 즉, 방화댐퍼는 설정된 방화구획의 벽을 덕트가 관통할 경우 천장속의 덕트와 연결 및 설치하여 연돌효과(Stack effect)에 의해 다른 방화구획으로 급속하게 확산되는 화염이나 연기의 흐름을 자동으로 차단하는 설비이다.

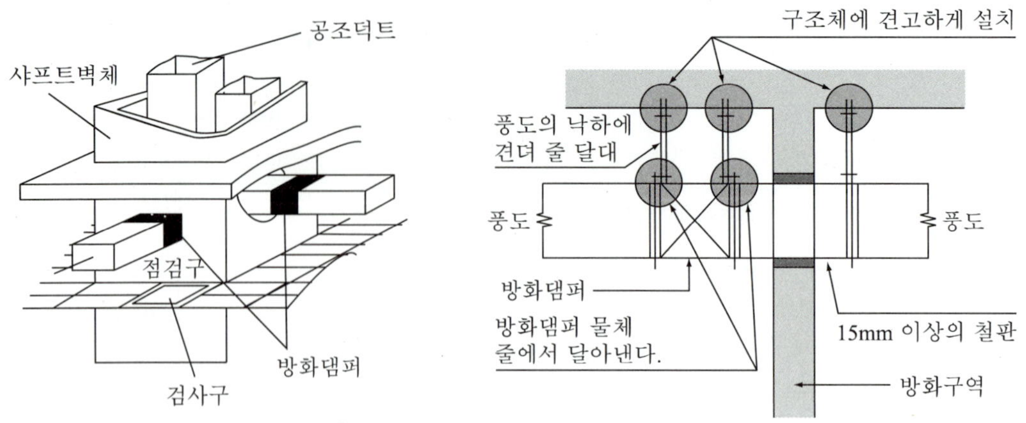

그림 9-12 방화댐퍼 설치

연돌 효과(Chimney effect, Stack effect)

건축물의 내부와 외부 온도차이로 인해 공기가 유동하는 것으로 높은 빌딩 등에서 계단이나 샤프트가 연돌과 같은 원리로 온도차에 의한 통기 작용을 발생시켜 따뜻한 공기가 상승하고 찬 공기가 밑에서부터 들어오는 것이다.

따뜻해진 공기
상승해간다
차가운
외부공기

③ 제연설비의 전원 및 기동

가. 비상전원으로 사용되는 자가발전설비 또는 축전지설비는 다음 기준에 따라 설치한다. 다만, 2 이상의 변전소(전기사업법 제67조의 규정에 따른 변전소)에서 전력을 동시에 공급받을 수 있거나 하나의 변전소로부터 전력의 공급이 중단되는 때에는 자동으로 다른 변전소로부터 전원을 공급받을 수 있도록 상용전원을 설치한 경우에는 제외된다.

(1) 점검에 편리하고 화재 및 침수 등의 재해로 인한 피해를 받을 우려가 없는 곳에 설치해야 한다.

(2) 제연설비를 유효하게 20분 이상 작동할 수 있도록 한다.

(3) 상용전원으로부터 전력의 공급이 중단된 때에는 자동으로 비상전원으로부터 전력을 공급받을 수 있도록 한다.

(4) 비상전원의 설치장소는 다른 장소와 방화구획 해야 한다. 이 경우 그 장소에는 비상전원의 공급에 필요한 기구나 설비외의 것(열병합발전설비에 필요한 기구나 설비는 제외)을 두어서는 안 된다.

(5) 비상전원을 실내에 설치하는 때에는 그 실내에 비상조명등을 설치해야 한다.

나. 가동식의 벽·제연경계벽·댐퍼 및 배출기의 작동은 자동화재감지기와 연동되어야 하며, 예상 제연구역(또는 인접장소) 및 제어반에서 수동으로 기동이 가능하도록 한다.

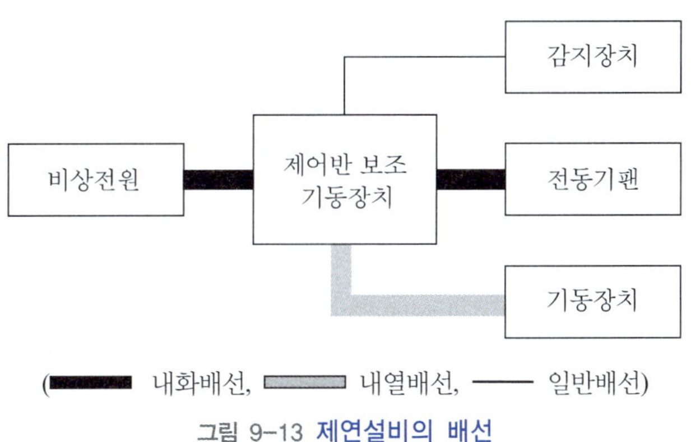

그림 9-13 제연설비의 배선

연습문제 exercise

1. 전실 급배기 댐퍼의 도면을 보고 다음 질문에 답하시오(단, 댐퍼는 모터식이며 복구는 자동복구이고, 전원은 제연설비반에서 공급하고, 기동은 동시에 기동하는 것이다).

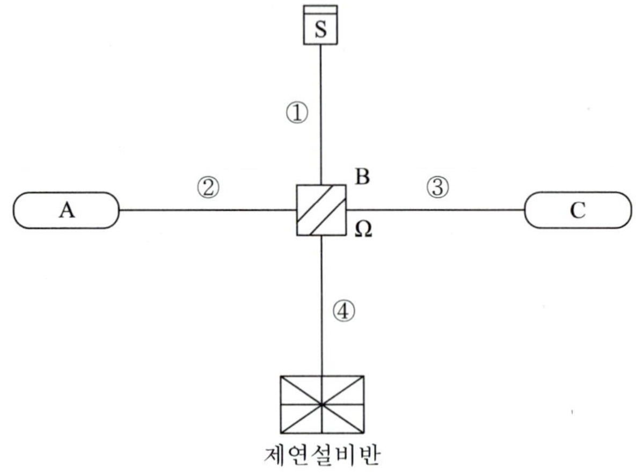

(1) A, B, C의 명칭을 쓰시오.

(2) ①, ②, ③, ④의 전선 가닥수를 쓰시오.

(3) Ⓑ의 설치 높이는?

2. 전실제연설비의 전기적인 계통도와 주어진 조건에 의하여 다음 질문에 답하시오.

조 건
• 기동시는 솔레노이드 기동방식으로 하고, 복구 시는 모터복구방식을 채택한다. • 터미널 보드(TB)에 감지기 종단저항을 내장한다. • 중계기와 중계기 사이에는 전원 ⊕ · ⊖, 신호 2선을 사용하는 것으로 한다.

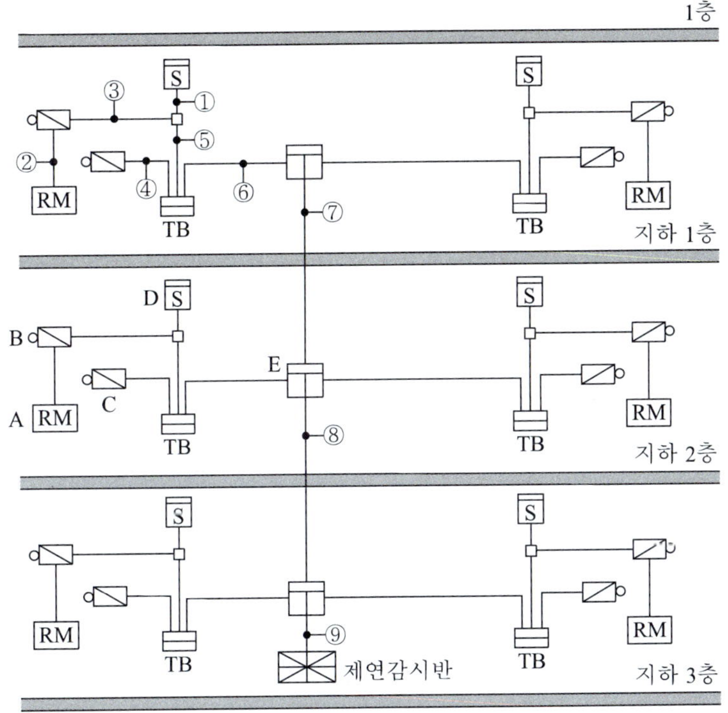

(1) 전원 공통선과 감지기 공통선을 별개로 사용할 경우 ①~⑨까지에 배선되어야 할 전선의 가닥수는?

(2) A~E까지의 명칭을 쓰시오.

(3) 급기 또는 배기댐퍼에서 터미널 보드(TB), 터미널 보드에서 중계기, 중계기에서 수신반(감시반)까지 연결되는 각 선로의 전기적인 기능 명칭을 쓰시오.

댐퍼	TB	TB	중계기	중계기	감시반
선번호	기능명칭	선번호	기능명칭	선번호	기능명칭
1 2 3 4		1 2 3 4 5 6 7		1 2 3 4	

3. 상가매장에 설치되어 있는 제연설비의 전기적인 계통도에서 Ⓐ~Ⓔ까지의 배선수와 각 배선의 용도를 쓰시오(단, 모든 댐퍼는 모터구동방식이며, 별도의 복구선은 없다. 또한 배선수는 운전조작상 필요한 최소전선수를 쓰도록 한다).

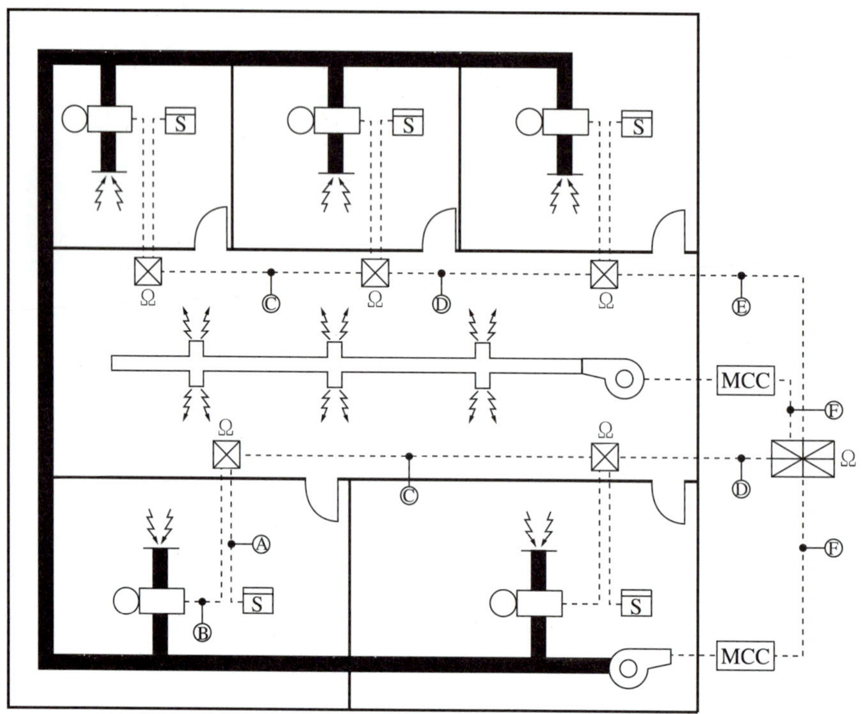

기호	구간	배선수	배선굵기	배선의 용도
Ⓐ	감지기 ↔ 수동조작함		1.2mm	
Ⓑ	댐퍼 ↔ 수동조작함		1.6mm	
Ⓒ	수동조작함 ↔ 수동조작함		1.6mm	
Ⓓ	수동조작함 ↔ 수동조작함		1.6mm	
Ⓔ	수동조작함 ↔ 수신반		1.6mm	
Ⓕ	MCC ↔ 수신반	5	1.6mm	기동, 정지, 공통, 전원표시, 기동표시

4. 6층 이상의 사무실 건물에 시설하는 제연창설비로서 계통도 및 조건을 참고하여 배선수와 각 배선의 용도를 표에 작성하시오.

조 건
• 전동구동장치는 솔레노이드식이다. • 사용전선은 HIV전선을 사용한다. • 화재감지기가 작동되거나 수동조작함의 스위치를 ON시키면 제연창이 동작되어 수신기에 동작상태를 표시하게 된다. • 화재감지기는 자동화재탐지설비용 감지기를 겸용으로 사용한다.

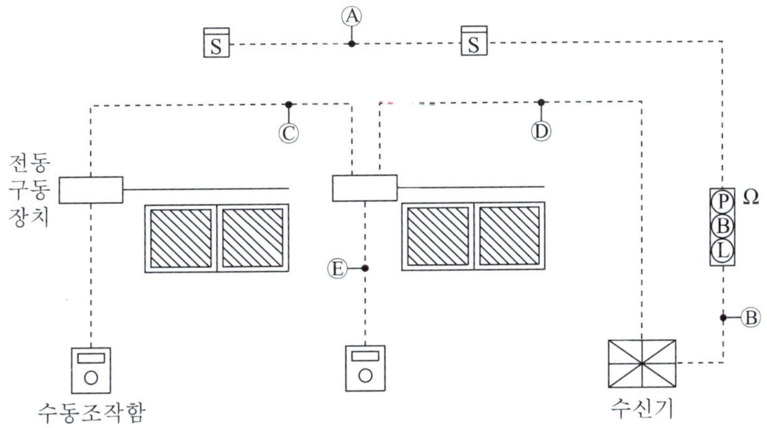

기호	구간	배선수	배선굵기	배선의 용도
Ⓐ	감지기 ↔ 감지기		1.2mm	
Ⓑ	발신기 ↔ 수신기		1.6mm	
Ⓒ	전동구동장치 ↔ 전동구동장치		1.6mm	
Ⓓ	전동구동장치 ↔ 수신기		1.6mm	
Ⓔ	전동구동장치 ↔ 수동조작함	3	1.6mm	기동, 확인, 공통

5. 제연창설비에 대한 다음 질문에 답하시오.

(1) 구동방식 2가지를 쓰시오.

(2) 이 설비는 일반적으로 몇 층 이상의 건물에 시설하여야 하는가?

(3) 배연구의 구조에 대하여 간단히 설명하시오.

(4) 이 설비가 설치되는 건물의 바닥면적이 $500m^2$일 때 배연창의 유효면적을 구하시오.

6. 자동방화문설비의 자동방화문에서 R형 중계기까지의 결선도 및 계통도에서 Door Release의 설치 목적을 쓰고, 주어진 조건을 참고하여 미완성된 도면을 완성하시오.

조 건
• 전선의 가닥수는 최소한으로 한다. • 방화문 감지기회로는 본 문제에서 제외한다.

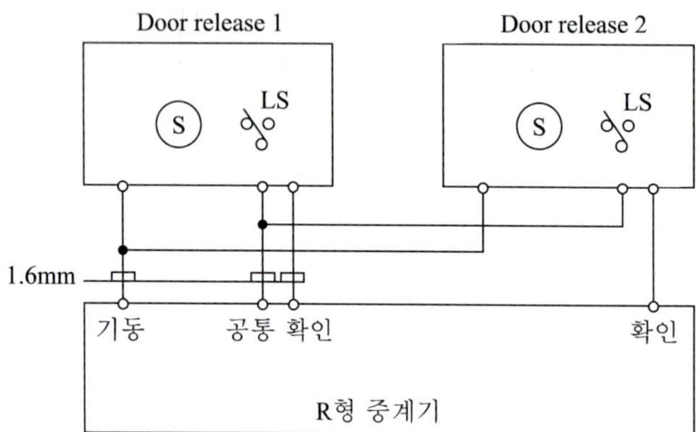

7. 제연창설비의 계통도 및 조건을 참고하여 다음 질문에 답하시오.

조 건
• 전동구동장치는 모터식이다. • 화재감지기가 작동되거나 수동조작함의 스위치를 ON시키면 제연창이 동작되어 수신기에 동작상태를 표시하게 된다. • 화재감지기는 자동화재탐지설비용 감지기를 겸용으로 사용한다.

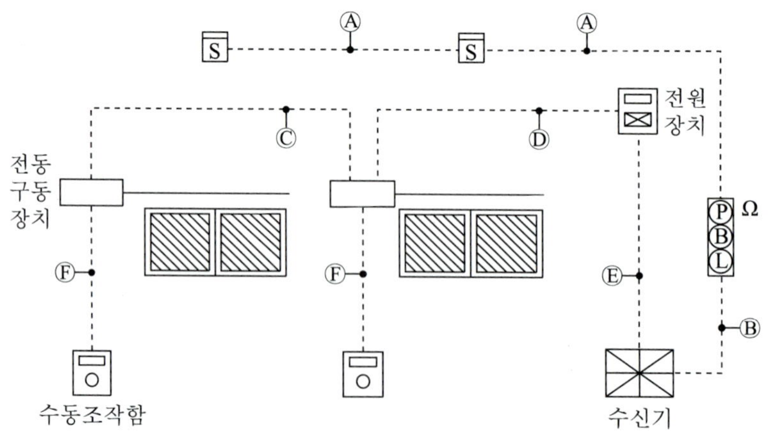

[후강전선관의 굵기 선정표]

전선의 굵기		전선 본수									
단선 (mm)	연선 (mm^2)	1	2	3	4	5	6	7	8	9	10
		전선관의 최소굵기(mm)									
1.6		16	16	16	16	22	22	2	28	28	28
2.0		16	16	16	22	22	22	28	28	28	28
2.6	5.5	16	16	22	22	28	28	28	36	36	36
3.2	8	16	22	22	28	28	36	36	36	36	42
	14	16	22	28	28	36	36	36	42	42	54
	22	16	28	28	36	42	42	54	54	54	54
	30	16	36	36	36	42	54	54	54	70	70
	38	22	36	36	42	54	54	54	70	70	70
	50	22	36	42	54	54	70	70	70	70	82
	60	22	42	42	54	70	70	70	70	82	82
	80	28	42	54	54	70	70	82	82	82	92
	100	28	54	54	70	70	82	82	92	92	104
	125	36	54	70	70	82	82	92	104	104	
	150	36	70	70	82	82	92	104	104		
	200	36	70	70	82	92	104				
	250	42	82	82	92	104					
	325	54	82	92	104						
	400	54	92	92							
	500	54	104	104							

[비고] 1. 전선 1본에 대한 숫자는 접지선 및 직류회로의 전선에 적용한다.
2. 이 표는 실험결과와 경험을 토대로 하여 결정한 것이다.

(1) 일반적으로 몇 층 이상의 건물에 시설해야 하는 설비인가?

(2) 배선수와 각 배선의 용도를 표에 작성하시오.

기호	후강전선관의 굵기, 전선의 종류, 배선의 수	구 간	용 도
Ⓐ	16C(IV 1.2～4)	감지기 ↔ 감지기	지구 2, 공통 2
Ⓑ		발신기 ↔ 수신기	
Ⓒ	22C(IV 1.6～5)	전동구동장치 ↔ 전동구동장치	전원 ⊕ · ⊖, 기동, 복구, 동작확인
Ⓓ		전동구동장치 ↔ 전원장치	
Ⓔ		전원장치 ↔ 수신기	
Ⓕ		전동구동장치 ↔ 수동조작함	

CHAPTER 10

연결송수관설비

Fire Alarm Facility

화재 발생으로 소화활동을 하고 있는 데 수원이 부족하거나 고층건물에 소방호스를 운반 또는 연장작업 등을 하는 경우 방수에 필요한 시간이 지체되기 때문에 화재 확대의 우려가 있다. 따라서 고층건물 등에 송수관을 설치하고 소방펌프차로 건물 내부에 소방용수를 송수하여 소방관이 건물 내부(화재발생 층)의 방수구에서 단시간에 방수작업을 개시함으로써 신속하고 효율적인 소화작업을 할 수 있도록 하는 설비이다.

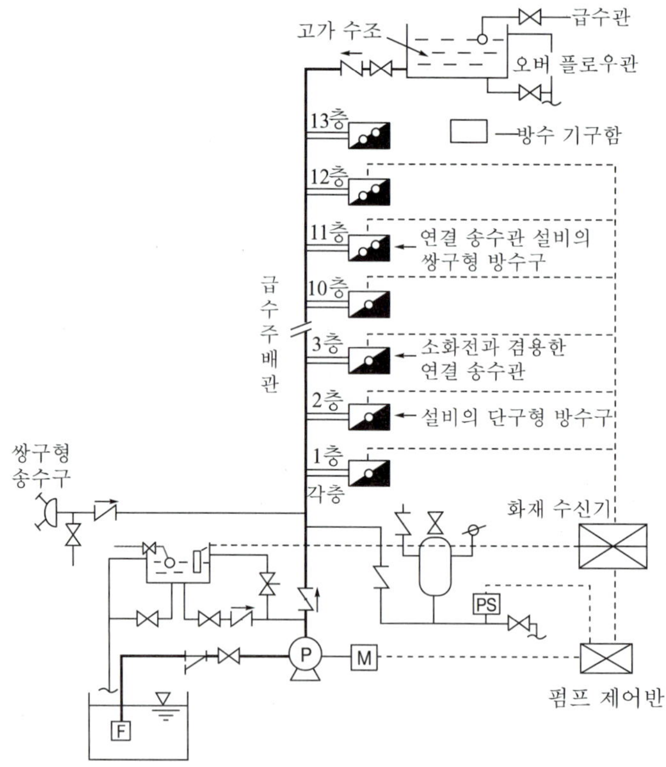

그림 10-1 습식 연결송수관설비(옥내소화전설비와 겸용)

1 가압송수장치

가. 가압송수장치는 방수구가 개방될 때 자동으로 기동되거나 또는 수동스위치의 조작에 따라 기동되도록 하는 데, 이 경우 수동스위치는 2개 이상을 설치하되, 그 중 1개는 다음 기준에 따라 송수구의 부근에 설치해야 한다.

(1) 송수구로부터 5m 이내의 보기 쉬운 장소에 바닥으로부터 높이 0.8m 이상 1.5m 이하로 설치해야 한다.

(2) 1.5mm 이상의 강판함에 수납하여 설치하고 "연결송수관설비 수동스위치"라고 표시한 표지를 부착한다. 이 경우 문짝은 불연재료로 설치할 수 있다.

(3) 전기사업법 제67조의 규정에 따른 기술기준에 따라 접지하고 빗물 등이 들어가지 않는 구조로 한다.

나. 가압송수장치로 내연기관을 사용하는 경우에는 다음 기준에 적합해야 한다.

(1) 내연기관의 기동은 '가.'의 기동장치의 기동을 명시하는 적색등을 설치해야 한다.

(2) 제어반에 따라 내연기관의 자동기동 및 수동기동이 가능하고, 상시 충전되어 있는 축전지설비를 갖춰야 한다.

(3) 1.5mm 이상의 강판함에 수납하여 설치하고 "연결송수관설비 수동스위치"라고 표시한 표지를 부착한다. 이 경우 문짝은 불연재료로 설치할 수 있다.

2 전원 등

가. 가압송수장치의 상용전원회로의 배선 및 비상전원은 다음 기준에 따라 설치해야 한다.

(1) 저압수전인 경우에는 인입개폐기의 직후에서 분기하여 전용배선으로 한다.

(2) 특별고압수전 또는 고압수전일 경우에는 전력용 변압기 2차측의 주차단기 1차측에서 분기하여 전용배선으로 하되, 상용전원회로의 배선기능에 지장이 없을 경우에는 주차단기 2차측에서 분기하여 전용배선으로 한다. 다만, 가압송수장치의 정격입력전압이 수전전압과 같은 경우에는 (1)의 기준에 따른다.

나. 비상전원은 자가발전설비 또는 축전지설비(내연기관에 따른 펌프를 사용하는 경우 내연기관의 기동 및 제어용 축전지)로서 다음 기준에 따라 설치해야 한다.

(1) 점검에 편리하고 화재 및 침수 등의 재해로 인한 피해를 받을 우려가 없는 곳에 설치해야 한다.

(2) 연결송수관설비를 유효하게 20분 이상 작동할 수 있도록 한다.

(3) 상용전원으로부터 전력의 공급이 중단된 때에는 자동으로 비상전원으로부터 전력을 공급받을 수 있도록 한다.

(4) 비상전원의 설치장소는 다른 장소와 방화구획 해야 한다. 이 경우 그 장소에는 비상전원의 공급에 필요한 기구나 설비외의 것(열병합발전설비에 필요한 기구나 설비는 제외)을 두어서는 안 된다.

(5) 비상전원을 실내에 설치하는 때에는 그 실내에 비상조명등을 설치해야 한다.

③ 배선 등

가. 연결송수관설비의 배선은 전기사업법 제67조의 규정에 따른 기술기준에서 정한 것 외에 다음 기준에 따라 설치해야 한다.

(1) 비상전원으로부터 동력제어반 및 가압송수장치에 이르는 전원회로배선은 내화배선으로 한다. 다만, 자가발전설비와 동력제어반이 동일한 실에 설치된 경우에는 자가발전기로부터 그 제어반에 이르는 전원회로배선은 제외된다.

(2) 상용전원으로부터 동력제어반에 이르는 배선, 그 밖의 연결송수관설비의 감시·조작 또는 표시등회로의 배선은 '옥내소화전설비의 화재안전기준(NFSC 102)' [별표 1]의 내화배선 또는 내열배선으로 한다. 다만, 감시제어반 또는 동력제어반 안의 감시·조작 또는 표시등회로의 배선은 제외된다.

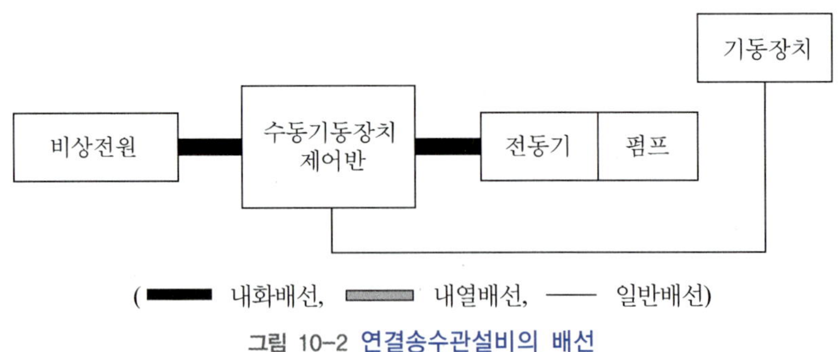

그림 10-2 연결송수관설비의 배선

나. 연결송수관설비의 과전류차단기 및 개폐기에는 "연결송수관설비용"이라고 표시한 표지를 한다.

다. 연결송수관설비용 전기배선의 양단 및 접속단자에는 다음 기준에 따라 표지한다.

(1) 단자에는 "연결송수관설비단자"라고 표지한 표지를 부착한다.

(2) 연결송수관설비용 전기배선의 양단에는 다른 배선과 식별이 용이하도록 표시한다.

연습문제 exercise

1. 가압송수장치의 상용전원회로의 배선 및 비상전원의 설치기준이다. 괄호 안을 채우시오.

(1) 저압수전인 경우에는 (　　　　　)의 직후에서 분기하여 (　　　)으로 한다.

(2) 특별고압수전 또는 고압수전일 경우에는 (　　　　　　　　　　)에서 분기하여 전용배선으로 하되, 상용전원회로의 배선기능에 지장이 없을 경우에는 주차단기 2차측에서 분기하여 전용배선으로 한다. 다만, 가압송수장치의 정격입력전압이 수전전압과 같은 경우에는 (1)의 기준에 따른다.

2. 연결송수관 설비의 배선 그림에서 비상전원과 동력제어반, 제어반과 전동기의 배선에 사용되는 배선과 그림을 완성하시오.

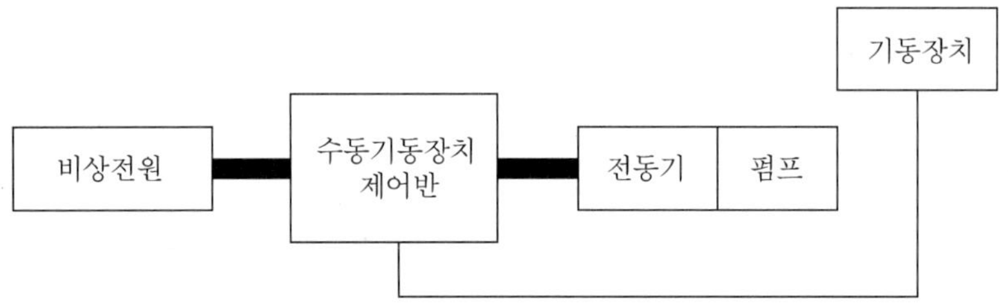

3. 연결송수관 설비에 사용되는 비상전원은?

4. 연결송수관설비의 어느 곳에 "연결송수관설비용"이라고 표시한 표지를 하는가?

CHAPTER 11

비상콘센트설비

Fire Alarm Facility

건물의 화재발생시 배선이 연소, 단락 등으로 전원공급이 차단될 경우 전기가 필요한 소화활동을 원활하게 수행할 수 없기 때문에 조명, 소방장비 등 필요한 전원을 전용회선으로 공급받기 위한 설비이다. 특히 11층 이상의 고층에서의 소화활동에 필요한 전력 공급에 그 목적이 있다.

1 특정소방대상물

위험물 저장 및 처리 시설 중 가스시설 또는 지하구는 제외한다.

가. 층수가 11층 이상인 특정소방대상물의 경우에는 11층 이상의 층

나. 지하층의 층수가 3개층 이상이고 지하층의 바닥면적의 합계가 1,000m^2 이상인 것은 지하층의 전층

다. 지하가 중 터널로서 길이가 500m 이상인 것

그림 11-1 비상콘센트

② 구성

비상콘센트설비는 상용전원, 비상전원, 간선개폐기 및 자동차단기, 분기개폐기 및 자동차단기, 단상 콘센트(220V), 위치 표시등, 내화배선, 접지계통, 비상콘센트 보호함 등으로 구성되어 있다. 비상콘센트설비의 구성은 <그림 11-2>에서 나타내고 있으며, 단상 회로로 구성되며, 11층 이상의 층과 지하 3층 이상의 층에 설치한다.

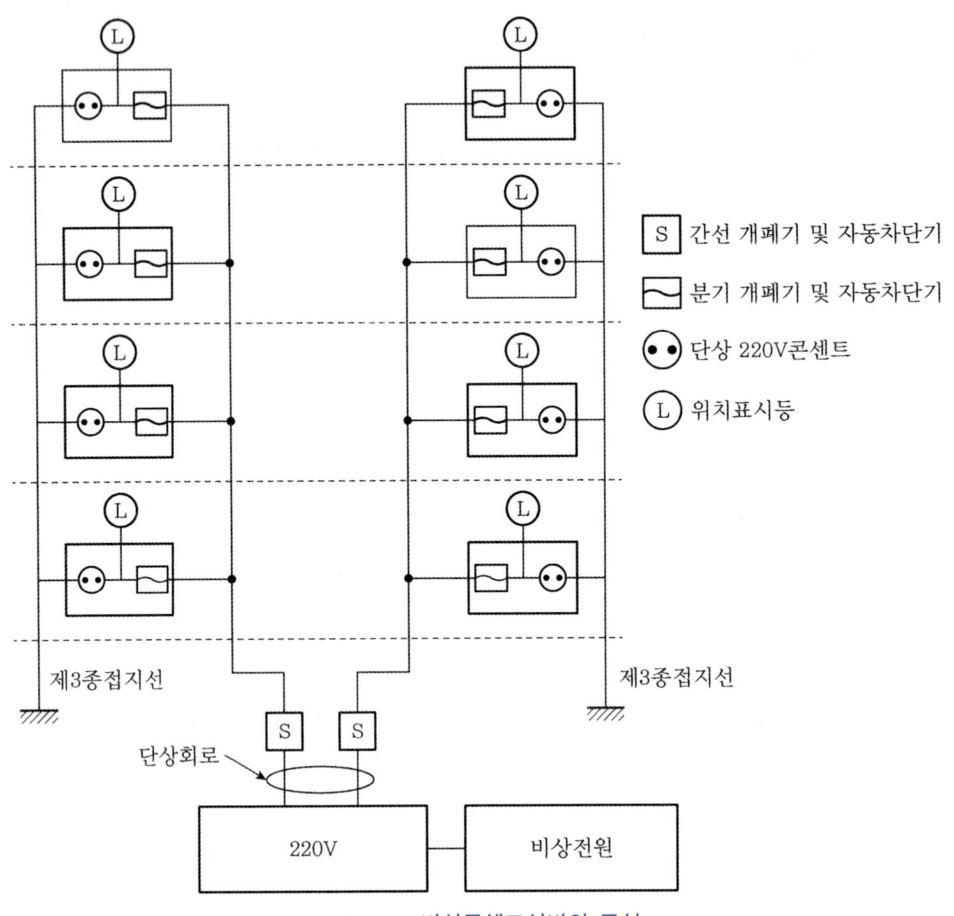

그림 11-2 비상콘센트설비의 구성

③ 비상콘센트의 설치

가. 바닥으로부터 높이 0.8m 이상 1.5m 이하의 위치에 설치해야 한다.

나. 비상콘센트의 배치

(1) 아파트 또는 바닥면적이 1,000m^2 미만인 층은 계단의 출입구(계단의 부속실을 포함하며 계단이 2 이상 있는 경우에는 그중 1개의 계단)로부터 5m 이내

(2) 바닥면적 1,000m^2 이상인 층(아파트 제외)은 각 계단의 출입구 또는 계단부속실의 출입구(계단의 부속실을 포함하며 계단이 3 이상 있는 층의 경우에는 그중 2개의 계단)로부터 5m 이내에 설치

(3) 비상콘센트로부터 그 층의 각 부분까지의 거리가 다음 기준을 초과하는 경우에는 그 기준 이하가 되도록 비상콘센트를 추가하여 설치한다.

(가) 지하상가 또는 지하층의 바닥면적의 합계가 3,000m^2 이상인 것은 수평거리 25m

(나) (가)에 해당하지 않는 것은 수평거리 50m

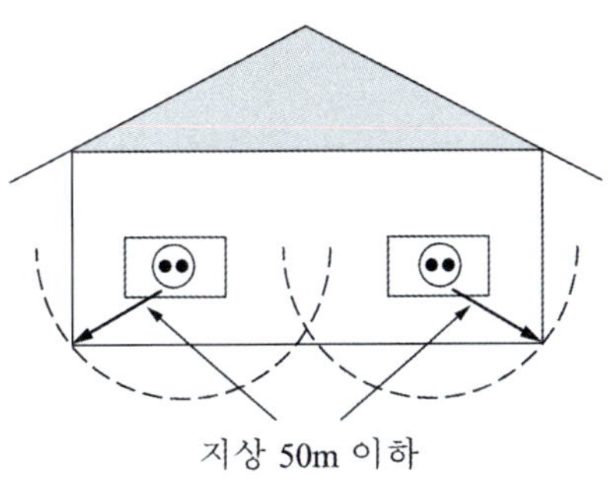

그림 11-3 콘센트의 수평거리

④ 전원 설치기준

가. 전원 설치

(1) 상용전원회로의 배선은 저압수전인 경우에는 인입개폐기의 직후에서, 고압수전 또는 특별고압수전인 경우에는 전력용변압기 2차측의 주차단기 1차측 또는 2차측에서 분기하여 전용배선으로 한다.

(2) 지하층을 제외한 층수가 7층 이상으로서 연면적이 2,000m^2 이상이거나 지하층의 바닥면적의 합계가 3,000m^2 이상인 소방대상물의 비상콘센트설비에는 자가발전기설비, 비상전

원수전설비 또는 전기저장장치를 비상전원으로 설치한다. 다만, 2 이상의 변전소에서 전력을 동시에 공급받을 수 있거나 하나의 변전소로부터 전력의 공급이 중단되는 때에는 자동으로 다른 변전소로부터 전력을 공급받은 수 있도록 상용전원을 설치한 경우에는 비상전원을 설치하지 않을 수 있다.

(3) (2)에 따른 비상전원 중 자가발전설비는 다음 기준에 따라 설치하고, 비상전원수전설비는 '소방시설용 비상전원수전설비의 화재안전기준'에 따라 설치해야 한다.

(가) 점검에 편리하고 화재 및 침수 등의 재해로 인한 피해를 받을 우려가 없는 곳에 설치해야 한다.

(나) 비상콘센트설비를 유효하게 20분 이상 작동시킬 수 있는 용량으로 한다.

(다) 상용전원으로부터 전력의 공급이 중단된 때에는 자동으로 비상전원으로부터 전력을 공급받을 수 있도록 한다.

(라) 비상전원의 설치장소는 다른 장소와 방화구획 해야 한다. 이 경우 그 장소에는 비상전원의 공급에 필요한 기구나 설비외의 것(열병합발전설비에 필요한 기구나 설비는 제외)을 두어서는 안 된다.

(마) 비상전원을 실내에 설치하는 때에는 그 실내에 비상조명등을 설치한다.

나. 전원회로(비상콘센트에 전력을 공급하는 회로)의 설치기준

(1) 비상콘센트설비의 전원회로는 단상교류 220V인 것으로서, 그 공급용량은 1.5kVA 이상인 것으로 한다.

(2) 전원회로는 각층에 있어서 2 이상이 되도록 설치해야 한다. 다만, 설치해야 할 층의 비상콘센트가 1개인 때에는 하나의 회로로 할 수 있다.

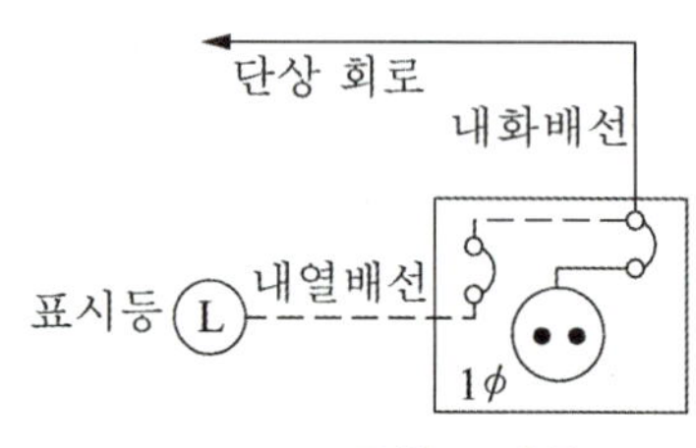

그림 11-4 콘센트 배선

(3) 전원회로는 주배전반에서 전용회로로 한다. 다만, 다른 설비의 회로의 사고에 따른 영향을 받지 않도록 되어 있는 것에 있어서는 제외된다.

(4) 전원으로부터 각층의 비상콘센트에 분기되는 경우에는 분기배선용 차단기를 보호함안에 설치해야 한다.

(5) 콘센트마다 배선용 차단기(KS C 8321)를 설치하여야 하며, 충전부가 노출되지 않도록 한다.

(6) 개폐기에는 "비상콘센트"라고 표시한 표지를 한다.

(7) 비상콘센트용의 풀박스[2] 등은 방청도장을 한 것으로서, 두께 1.6mm 이상의 철판으로 한다.

(8) 하나의 전용회로에 설치하는 비상콘센트는 10개 이하로 한다. 이 경우 전선의 용량은 각 비상콘센트(비상콘센트가 3개 이상인 경우에는 3개)의 공급용량을 합한 용량 이상의 것으로 해야 한다.

다. 비상콘센트의 플러그접속기

접지형 2극 플러그접속기(KS C 8305)를 사용한다.

라. 비상콘센트의 플러그접속기의 칼받이의 접지극에는 접지공사를 한다.

마. 비상콘센트설비의 전원부와 외함 사이의 절연저항 및 절연내력

(1) 절연저항은 전원부와 외함 사이를 500V 절연저항계로 측정할 때 20MΩ 이상이어야 한다.

(2) 절연내력은 전원부와 외함 사이에 정격전압이 150V 이하인 경우에는 1,000V의 실효전압을, 정격전압이 150V 이상인 경우에는 그 정격전압에 2를 곱하여 1,000을 더한 실효전압을 가하는 시험에서 1분 이상 견디는 것으로 한다.

바. 비상콘센트 보호함

(1) 보호함에는 쉽게 개폐할 수 있는 문을 설치해야 한다.

(2) 보호함 표면에 "비상콘센트"라고 표시한 표지를 한다.

(3) 보호함 상부에 적색의 표시등을 설치해야 한다. 다만, 비상콘센트의 보호함을 옥내소화전함 등과 접속하여 설치하는 경우에는 옥내소화전함 등의 표시등과 겸용할 수 있다.

2) 풀박스(Pull Box)는 배관이 긴 곳 또는 굴곡부분이 많은 곳에서 시공이 용이하도록 전선을 끌어들이기 위해 배선 도중에 사용하는 박스를 말한다.

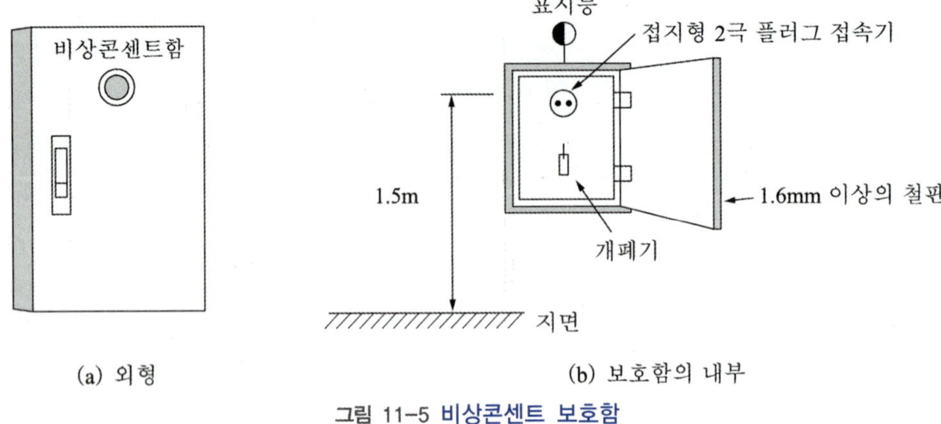

그림 11-5 비상콘센트 보호함

5 배선

전기사업법 제67조의 규정에 따른 기술기준에서 정하는 것 외에 다음 기준에 따라 설치해야 한다.

(1) 전원회로의 배선은 내화배선으로, 그 밖의 배선은 내화배선 또는 내열배선으로 한다.

(2) (1)에 따른 내화배선 및 내열배선에 사용하는 전선 및 설치방법은 '옥내소화전설비의 화재안전기준' [별표 1]의 기준에 따른다.

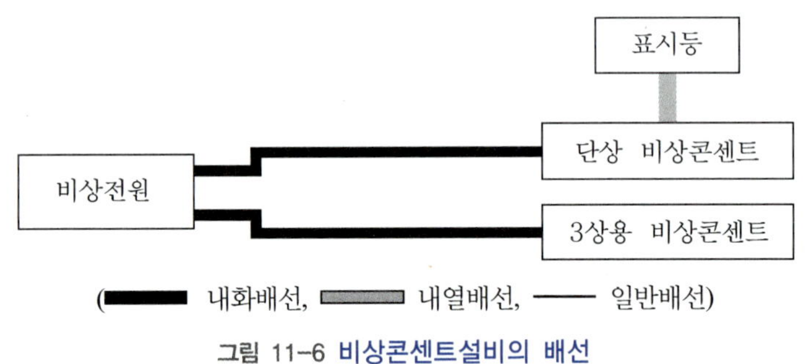

그림 11-6 비상콘센트설비의 배선

연습문제 exercise

1. 다음은 비상콘센트 보호함의 시설기준이다. 괄호 안에 알맞은 것은?

(1) 보호함에는 쉽게 개폐할 수 있는 (   )을 설치하여야 한다.

(2) 비상콘센트의 보호함 (   )에 "비상콘센트"라고 표시한 표지를 하여야 한다.

(3) 비상콘센트의 보호함 상부에 (   )의 (   )을 설치하여야 한다. 다만, 비상콘센트의 보호함을 옥내소화전함 등과 접속하여 설치하는 경우에는 (   )등이 표시등과 겸용할 수 있다.

2. 3상 교류 220V인 비상콘센트 플러그 접속기의 칼받이의 접지극에 해야 하는 접지공사와 접지저항은 얼마인가?

3. 비상콘센트설비를 25층 건물에 하였다. 다음 질문에 답하시오(단, 전원은 단상 220V, 3상 380V이다).

(1) 비상콘센트설비의 설치목적은?

(2) 비상콘센트의 전원선의 배선은 무엇이며 전체회로의 전선가닥수는?

(3) 화재시 연기 배출을 위하여 3ϕ 3kW, 역률 0.65인 송풍기를 설치할 때 흐르는 전류는?

(4) 전원회로는 각 층에 있어서 몇 개 이상이 되어야 하는가?

(5) 하나의 전용회로에 비상콘센트의 전선 용량을 선정하시오.

4. 비상콘센트를 11층에 2개소, 12층에 2개소, 13층에 1개소 등 모두 5개를 설치하려고 한다. 몇 회로를 설치하여야 하는가? (단, 사용전압은 단상 교류 220V와 3상 교류 380V를 사용한다)

5. 11층 건물에 비상콘센트를 설치하고 사용전압은 단상 220[V] 및 3상 380V이다. 단상 및 3상일 때 간선(화살표 부분)에 걸리는 허용전류[A]는? (단, 역률은 각 90%로 한다)

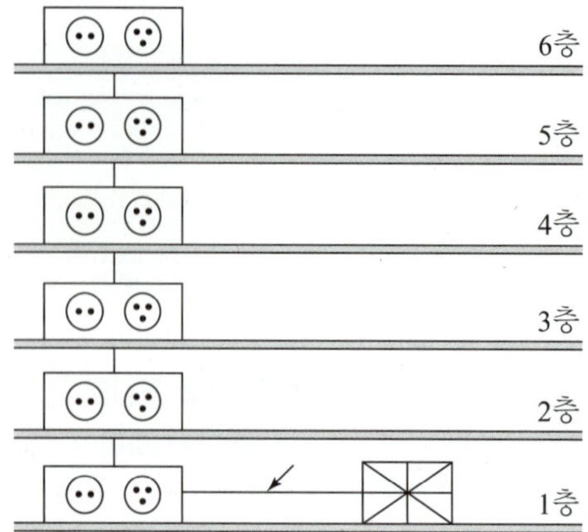

6. 비상콘센트설비의 전원회로(비상콘센트에 전력을 공급하는 회로)의 설치기준에 대한 다음 표의 빈칸을 완성하시오.

전원방식	전압(V)	공급용량(kVA)	플러그접속기

7. 비상콘센트설비에 대한 다음 질문에 답하시오.

(1) 하나의 전용회로에 설치하는 비상콘센트는 몇 개 이하로 하여야 하는가?

(2) 비상콘센트의 그림 기호(심벌)을 그리시오.

8. 비상콘센트설비에서 전원부와 외함 사이의 절연저항값과 절연내력의 방법 및 판정방법에 대해 쓰시오.

9. 비상콘센트설비에 대한 다음 질문에 답하시오.

(1) 지하층을 포함한 몇 층 이상의 각층에 설치하여야 하는가?

(2) 직류 500V급 절연저항계로 어디를 측정한 값이 20MΩ 이상이어야 하는가?

(3) 3상 비상콘센트의 검상시험방법 및 판정기준을 쓰시오.

CHAPTER 12

무선통신보조설비

Fire Alarm Facility

지하가, 지하층, 터널 등에서 소화활동시 지상과 무선통신기기를 사용하여 지상의 소방대원 등과 교신할 경우 전파차단으로 인하여 교신이 어렵게 되는데, 즉 지상의 연락을 용이하게 하고 무선통화를 원활하게 하기 위하여 무선통신보조설비를 사용한다.

1 특정소방대상물

위험물 저장 및 처리시설 중 가스시설은 제외한다.

가. 지하가(터널은 제외)로서 연면적 1,000m^2 이상인 것

나. 지하층의 바닥면적의 합계가 3,000m^2 이상인 것 또는 지하층의 층수가 3개층 이상이고 지하층의 바닥면적의 합계가 1,000m^2 이상인 것은 지하층의 전층

다. 지하가 중 터널로서 길이가 500m 이상인 것

라. 「국토의 계획 및 이용에 관한 법률」 제2조 제9호에 따른 공동구[3)]

마. 층수가 30층 이상인 것으로서 16층 이상 부분의 전층

무선통신보조설비의 설치제외

지하층으로서 특정소방대상물의 바닥부분 2면 이상이 지표면과 동일하거나 지표면으로부터의 깊이가 1m 이하인 경우의 해당층

3) 전기·가스·수도 등의 공급설비, 통신시설, 하수도시설 등 지하매설물을 공동 수용함으로써 미관의 개선, 도로구조의 보전 및 교통의 원활한 소통을 위하여 지하에 설치하는 시설물을 말한다.

② 구성

무선통신보조설비는 지하가 또는 터널 등의 입구 부근에 설치되어 보호함에 보호되어 있는 접속단자, 이에 접속되어 있는 공중선(안테나), 동축케이블, 누설동축케이블, 혼합기, 분배기, 종단저항 등으로 구성되어 있으며, 구성도는 <그림 12-1>에서 나타내고 있다.

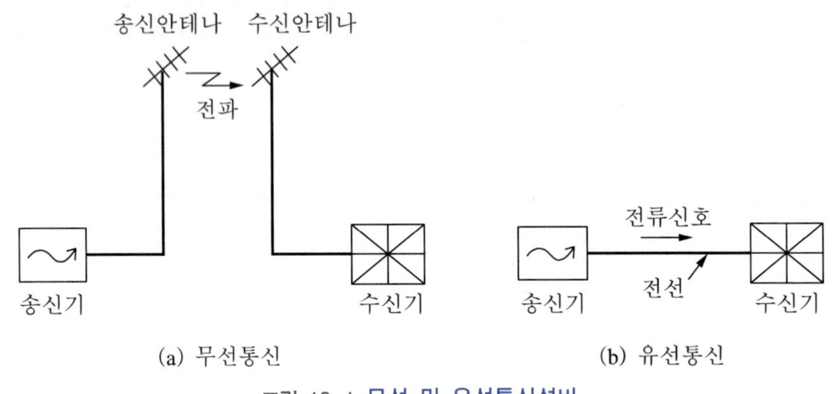

그림 12-1 무선 및 유선통신설비

가. 공중선(Antenna)

전파를 발사하거나 흡수하기 위하여 특별히 공중에 도선을 늘인 장치의 총칭으로 사용 목적에 따라 송신 공중선과 수신 공중선으로 분리되고, 사용하는 파장에 따라 중장파 공중선, 단파 공중선, 초단파 공중선 또는 마이크로파 공중선 등으로 분류된다. 또 방사 특성에 따라 지향 공중선과 무지향 공중선 또는 전방향성 공중선 등으로 구별된다. 특히 마이크로파에 쓰이는 공중선은 도선보다 도판導板이나 도관으로 만들어진다.

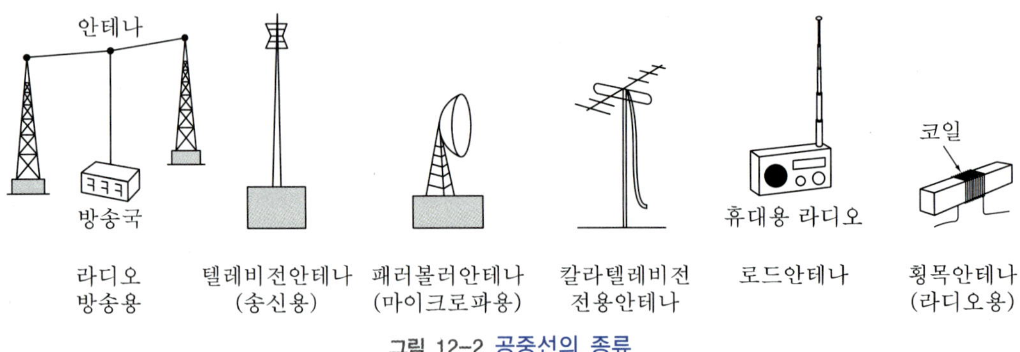

그림 12-2 공중선의 종류

나. 동축케이블(Coaxial cable)

중앙부와 그 주위에 도체를 배치한 단면이 동심원상의 케이블로, 특성 임피던스가 관리되고 있는 케이블을 말한다. 특성 임피던스는 중앙 및 바깥 둘레 도체의 직경과 이들 사이를 메운 절연체의 종류에 따라 결정된다. 일반적으로 널리 사용되고 있는 것의 특성 임피던스는 50Ω 또는 75Ω이다. 이 케이블은 중앙의 구리선에 흐르는 전기신호가 그것을 싸고 있는 외부도체(구리망) 때문에 외부의 전기적 간섭을 적게 받아 전력 손실도 적어(누설이 적음) 고주파 신호의 전송에 이용된다. 절연물은 일반적으로 폴리에틸렌을 충전하고 있으며, 고온용에는 테플론이 사용되는 경우도 있다.

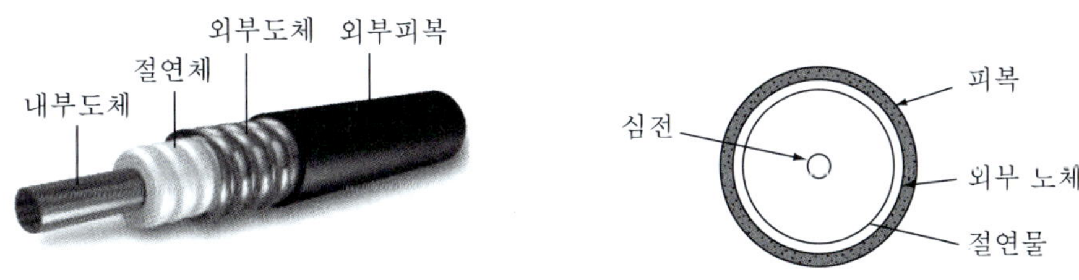

그림 12-3 동축케이블 구조

다. 누설동축케이블(Leakage coaxial cable)

빌딩 지하나 터널 안 등 외부로부터의 전파가 도달 불가능한 장소나 열차 전화용의 선상 서비스 지역에 미약한 전파를 방사하는 경우에 사용하는 동축케이블로, 외부 도체에 일정한 간격으로 슬롯(홈, Slot)을 만들어 내부 도체로부터 전파가 누설되도록 한 것이다.

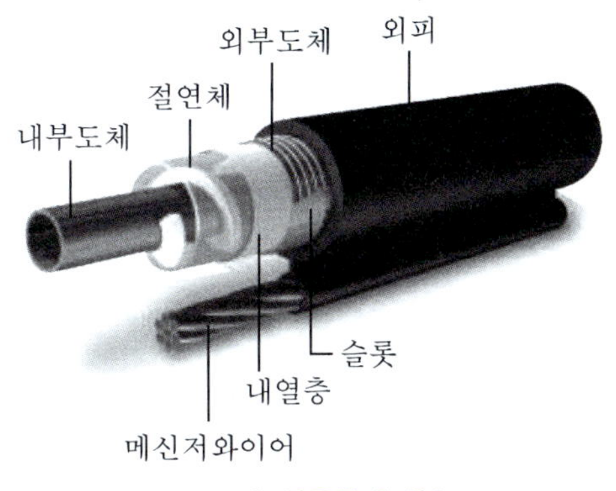

그림 12-4 누설동축케이블 구조

라. 분배기

신호의 전송로가 분기되는 장소에 설치하는 것으로 임피던스 매칭(Matching)과 신호 균등분배를 위해 사용하는 장치를 말한다.

마. 분파기

서로 다른 주파수의 합성된 신호를 분리하기 위해서 사용하는 장치를 말한다.

바. 혼합기

두 개 이상의 입력신호를 원하는 비율로 조합한 출력이 발생하도록 하는 장치를 말한다.

사. 증폭기

신호 전송 시 신호가 약해져 수신이 불가능해지는 것을 방지하기 위해서 증폭하는 장치를 말한다.

아. 접속단자

서로 다른 규격을 사용하는 무선통신보조설비를 결합시키기 위해 사용하는 접속기구이다.

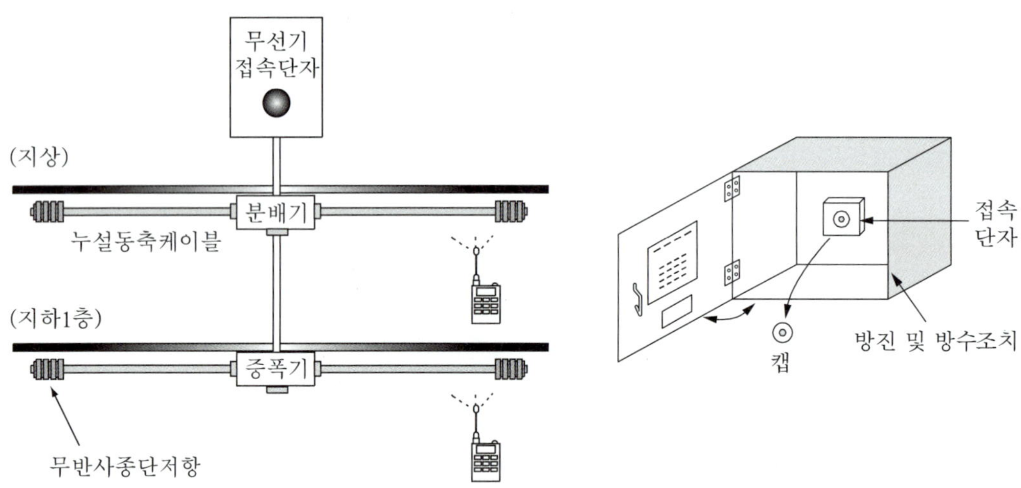

그림 12-5 분배기, 증폭기 및 접속단자함

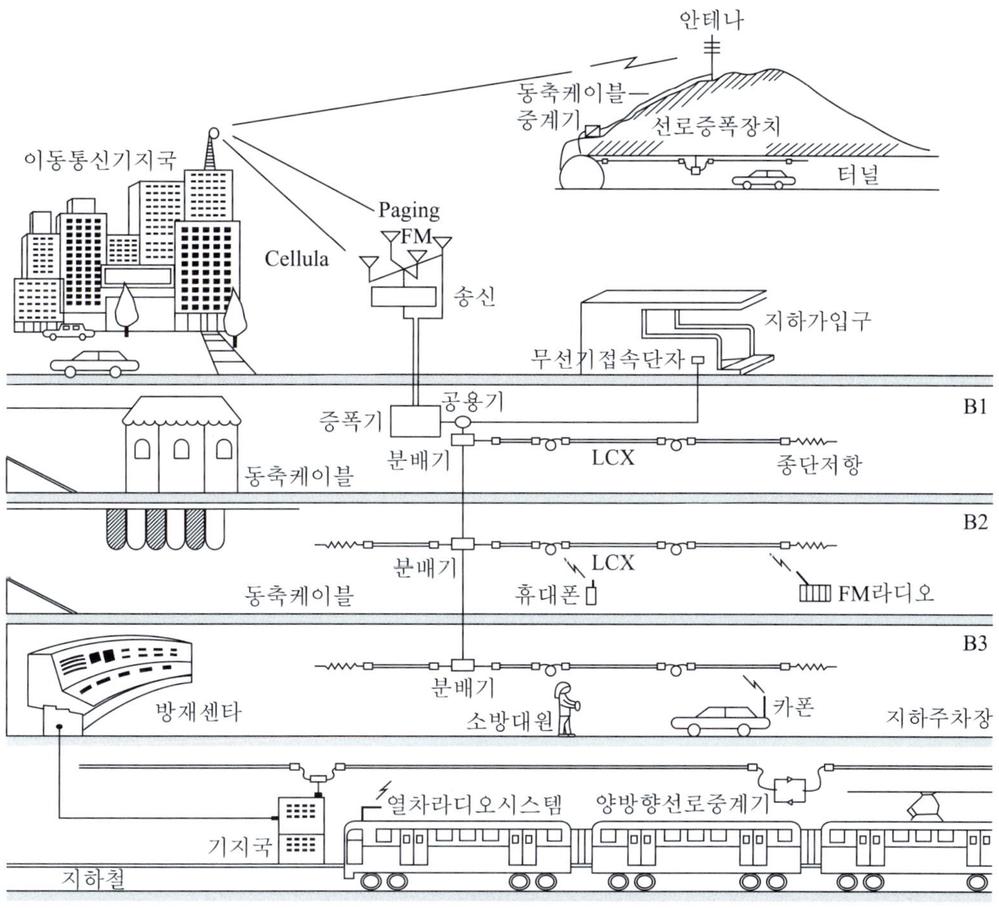

그림 12-6 무선통신보조설비의 구성

3 설치기준

가. 누설동축케이블 등

(1) 소방전용주파수대에서 전파의 전송 또는 복사에 적합한 것으로서 소방전용의 것으로 한다. 다만, 소방대 상호간의 무선연락에 지장이 없는 경우에는 다른 용도와 겸용할 수 있다.

(2) 누설동축케이블과 이에 접속하는 안테나 또는 동축케이블과 이에 접속하는 안테나로 구성한다.

(3) 누설동축케이블은 불연 또는 난연성의 것으로서 습기에 따라 전기의 특성이 변질되지 않는 것으로 하고, 노출하여 설치한 경우에는 피난 및 통행에 장애가 없도록 한다.

(4) 누설동축케이블은 화재에 따라 해당 케이블의 피복이 소실된 경우에 케이블 본체가 떨어지지 않도록 4m 이내마다 금속제 또는 자기제등의 지지금구로 벽·천장·기둥 등에 견고하게 고정시켜야 한다. 다만, 불연재료로 구획된 반자 안에 설치하는 경우에는 제외된다.

(5) 누설동축케이블 및 안테나는 금속판 등에 따라 전파의 복사 또는 특성이 현저하게 저하되지 않는 위치에 설치한다.

(6) 누설동축케이블 및 안테나는 고압의 전로로부터 1.5m 이상 떨어진 위치에 설치한다. 다만, 해당 전로에 정전기 차폐장치를 유효하게 설치한 경우에는 제외한다.

(7) 누설동축케이블의 끝부분에는 무반사 종단저항을 견고하게 설치한다.

(8) 누설동축케이블 또는 동축케이블의 임피던스는 50Ω으로 하고, 이에 접속하는 안테나·분배기 기타의 장치는 해당 임피던스에 적합한 것으로 해야 한다.

나. 무선기기 접속단자

무선기기 접속단자의 설치기준은 다음과 같다. 다만, 방송통신기자재등의 적합성평가(전파법)를 받은 무선이동중계기를 설치하는 경우에는 제외된다.

(1) 화재층으로부터 지면으로 떨어지는 유리창 등에 의한 지장을 받지 않고 지상에서 유효하게 소방활동을 할 수 있는 장소 또는 수위실 등 상시 사람이 근무하고 있는 장소에 설치한다.

(2) 단자는 한국산업규격에 적합한 것으로 하고, 바닥으로부터 높이 0.8m 이상 1.5m 이하의 위치에 설치한다.

(3) 지상에 설치하는 접속단자는 보행거리 300m 이내마다 설치하고, 다른 용도로 사용되는 접속단지에서 5m 이상의 거리를 두어야 한다.

(4) 지상에 설치하는 단자를 보호하기 위하여 견고하고 함부로 개폐할 수 없는 구조의 보호함을 설치하고, 먼지·습기 및 부식 등에 따라 영향을 받지 않도록 조치한다.

(5) 단자의 보호함의 표면에 "무선기 접속단자"라고 표시한 표지를 한다.

다. 분배기·분파기 및 혼합기 등

(1) 먼지·습기 및 부식 등에 따라 기능에 이상을 가져오지 않도록 한다.

(2) 임피던스는 50Ω의 것으로 한다.

(3) 점검에 편리하고 화재 등의 재해로 인한 피해의 우려가 없는 장소에 설치한다.

라. 증폭기 및 무선이동중계기를 설치하는 경우

(1) 전원은 전기가 정상적으로 공급되는 축전지, 전기저장장치 또는 교류전압 옥내간선으로 하고, 전원까지의 배선은 전용으로 한다.

(2) 증폭기의 전면에는 주회로의 전원이 정상인지의 여부를 표시할 수 있는 표시등 및 전압계를 설치한다.

(3) 증폭기에는 비상전원이 부착된 것으로 하고 해당 비상전원 용량은 무선통신보조설비를 유효하게 30분 이상 작동시킬 수 있는 것으로 한다.

(4) 무선이동중계기를 설치하는 경우에는 방송통신기자재등의 적합성평가를 받은 제품으로 설치한다.

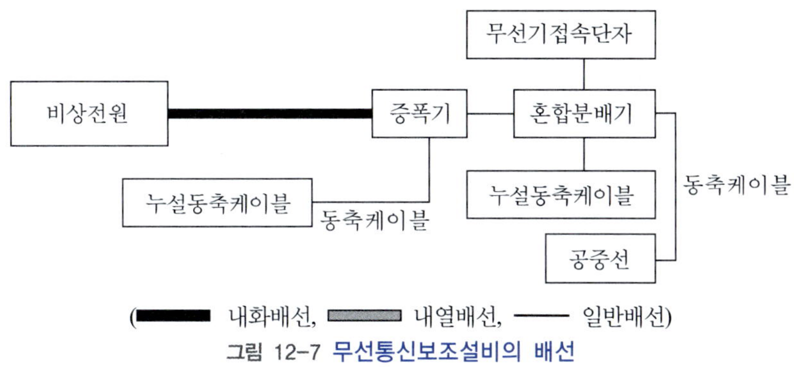

그림 12-7 무선통신보조설비의 배선

④ 무선통신

무선통신은 송신측에서 마이크로폰에 의하여 음파를 전기적인 신호로 변환하여 저주파전류로 만든 다음 고주파의 반송파에 실어 송신 안테나를 통해 공중으로 방사(전파)하면 수신측에서 이를 검파하여 신호 전류인 저주파 전류로 재생한 다음 스피커로 보내어 이를 음파로 재생시키는 것이다.

가. 전파

일정한 파장을 가지는 전파를 지속적으로 내보내어 전달하고자 하는 정보를 신호화하여 이 전파의 파형을 변화시키면, 이 전파를 받아들일 수 있는 지점에 정보를 전달할 수 있어 무선전화·라디오방송·텔레비전방송 등 무선통신으로 사용된다.

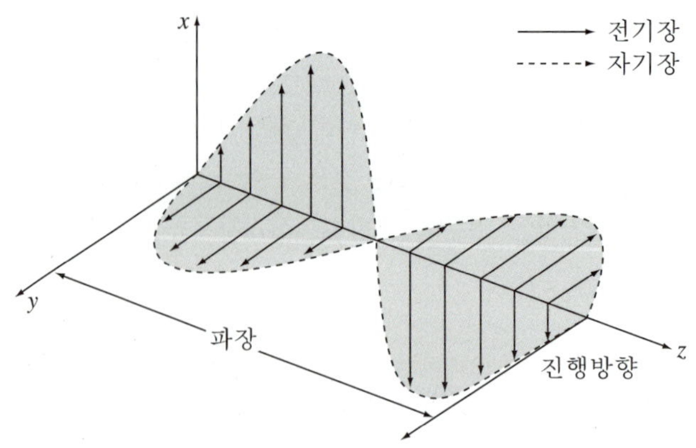

그림 12-8 전파의 진행방향과 전기장 자기장의 관계

전자파는 주파수별로 장파, 중파, 단파 등으로 분류할 수 있으며 <표 12-1>에서는 국제전기통신조약 무선통신규칙에 따라 나타내고 있다. 주파수대역에 따라 활용법 및 사용용도가 매우 다르다. 전파 종류 중 음성은 초장파(VLF)에 속하고, 장파(LF)는 선박, 항공기 등의 통신으로 이용된다. 중파(MF), 단파(HF)는 주로 라디오 방송 등으로 활용되며 초단파(VHF)와 마이크로파는 TV 방송, 이동전화, 위성통신 등에 사용된다.

전파는 전파의 주파수, 시간, 거리 등에 따라 다르며 <그림 12-9>에서 나타내고 있다. 일반적으로 장파, 중파는 지상 약 100km, 단파는 약 200km에서 반사되고 초단파 이상의 주파수대

표 12-1 전파분류

주파수 구분	파장범위	주파수범위	파장구분	용 도
VLF	10000～100000(m)	3～30kHz	초장파	해상통신
LF	1000～10000(m)	30～300kHz	킬로미터파(장파)	무선전화
MF	100～1000(m)	300～3000kHz	헥토미터파(중파)	국제단파통신
HF	10～100(m)	3～30MHz	데카미터파(단파)	아마추어무선
VHF	1～10(m)	30～300MHz	미터파	FM, TV, 무선호출
UHF	0.1～1(m)	300～3000MHz	데시미터파	이동전화
SHF	1～10(cm)	3～30GHz	센티미터파	인공위성
EHF	1～10(mm)	30～300GHz	밀리미터파	우주통신
	0.1～1(mm)	300～3000GHz	데시밀리미터파	전파천문학

역에서의 전파는 전리층[4)]을 통과한다. a는 직진하여 목표점에 도달하는 직접파이고, b는 지표

에 따라 진행하는 지표파, c와 d는 전리층에서 반사하여 지표에 도달하는 반사파, e는 전리층을 벗어나 상공으로 나가는 상공파이다.

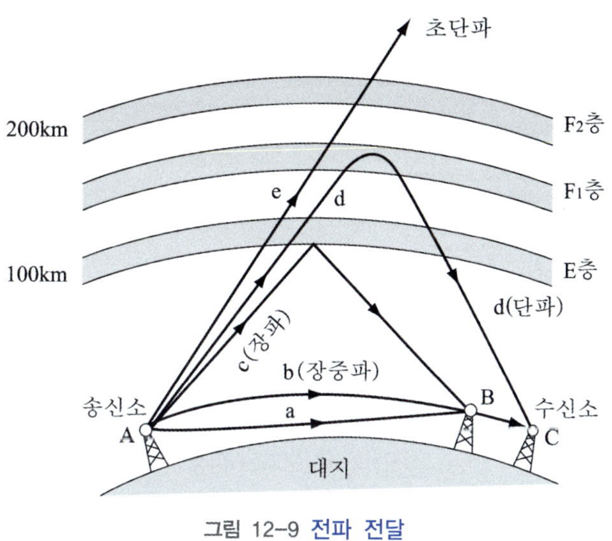

그림 12-9 전파 전달

나. 송신과 수신

일반적으로 전파는 빛이나 소리보다 대기 중에서의 감쇠가 적기 때문에 멀리까지 보낼 수 있다. 또한 빛과 달라서 특정한 파장을 지닌 지속파를 낼 수 있으므로 이것을 통신수단으로 이용할 경우에는 매우 유리하다. 그러나 그 공간에서의 전파방식은 파장의 장단에 따라 같지 않다. 예를 들면, 전파 중에서도 비교적 파장이 긴 장파는 회절현상이 현저하고 지표에 따라서 상당히 멀리까지 갈 수 있지만, 파장이 짧고 빛에 가까운 극초단파는 지표상에서 가시거리 범위까지 밖에 전파하지 않기 때문에 멀리까지 보내기 위해서는 약 50km마다 전파를 중계해야 한다. 반대로 빛과 같이 예민한 지향성을 가지게 할 필요가 있는 통신에는 회절현상이 적고 짧은 파장의 전파를 이용할 필요가 있다. 또한 하나의 전파로 전송할 수 있는 정보량은 그 주파수가 높은(파장이 짧은) 것일수록 많아지므로, 많은 신호를 보낼 필요가 있는 통신에는 다소 전달 범위가 좁아도 파장이 짧은 전파를 이용해야 한다.

음파에 의해 마이크로폰에서 얻은 전기적 신호를 송신기를 사용하여 송신 안테나로부터 전파를 발사하는 것을 송신이라고 한다. 음파와 같은 저주파를 전파로 보내기 어렵기 때문에 저주파인 음파를 증폭기에 의해 크게 한 후 고주파의 전기신호에 실어 보내는 것을 변조라고 하며, 변

4) 상공의 대기가 태양빛으로 전리되어 이것에 의한 전자나 이온을 많이 포함한 대기층으로 E, F_1, F_2층 등이 있다. 지표 위 수십 km로부터 수백 km인 곳에 있다.

조된 고주파를 다시 증폭하여 송신안테나로 보내어 전파하는 것이 송신기이다. 변조에는 <그림 12-10>과 같이 음파의 크기에 따라 주파수는 변하지 않고 반송파의 진폭을 변화시키는 진폭변조(라디오 방송)와 마이크로폰에서 나온 저주파 전류의 파형에 따라 반송파의 진폭은 변화하지 않고 주파수를 변화시키는 주파수변조(FM, TV 방송)가 있다. 그리고 송신 안테나에서 발사된 고주파 전파를 수신 안테나로 받아 음성신호만을 분리하여 음을 재현시키는 것을 수신이라고 한다.

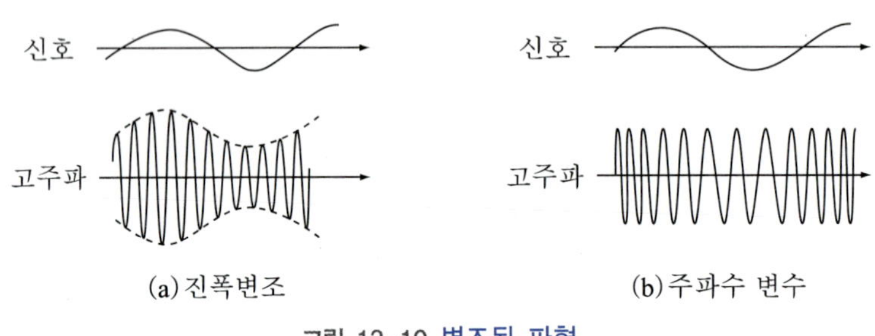

그림 12-10 변조된 파형

다. 무선통신보조설비의 방식

(1) 누설동축케이블 방식

동축케이블과 누설 동축케이블을 조합한 것으로 <그림 12-11>과 같이 사용하며, 터널이나 지하철역 등 폭이 좁고 긴 지하가나 건축물 내부에 적합하고 전파를 균일하고 광범위하게 방사할 수 있는 특징이 있다. 또한 케이블을 외부에 노출되도록 설치하므로 유지 보수가 용이하다.

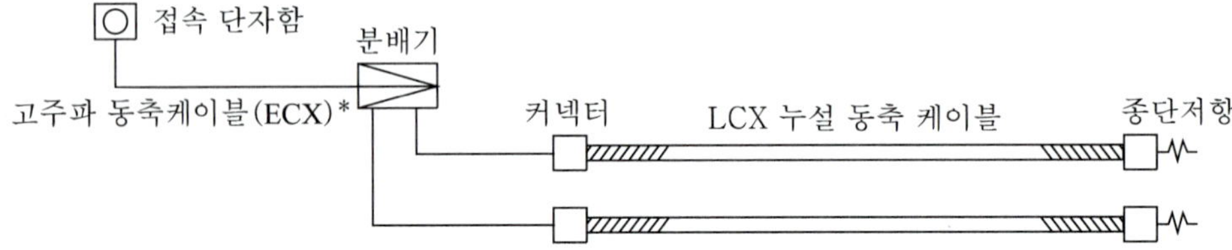

* 고주파 동축케이블(ECX, Polyethylene insulated coaxial cable)을 무선통신접속함과 누설동축케이블 간의 전기적 접속을 위한 동편조형급전선으로 소방용으로 적합하도록 난연성으로 제작되고 있다.

그림 12-11 누설동축케이블

(2) 공중선(안테나) 방식

동축케이블과 공중선空中線을 조합한 것으로 장애물이 적은 대강당, 극장 등에 적합하고, 동축케이블을 불연재료로 된 천장(반자) 내에 은폐하여 설치할 수 있으므로 화재에 의한 영향이 적고 미관을 해치지 않으며, 누설동축케이블 방식보다 경제적이다. 그러나 말단에서는 전파의 강도가 떨어져서 통화의 어려움이 있는 단점이 있다.

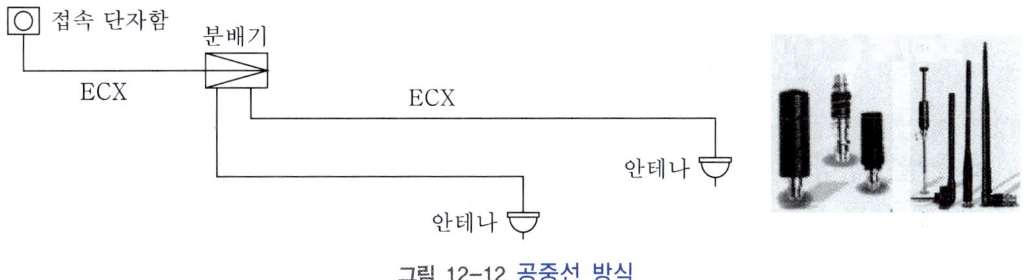

그림 12-12 공중선 방식

(3) 누설동축케이블과 공중선 혼합방식

누설동축케이블과 공중선의 각각의 장점을 이용한 방식으로 <그림 12-13>과 같다.

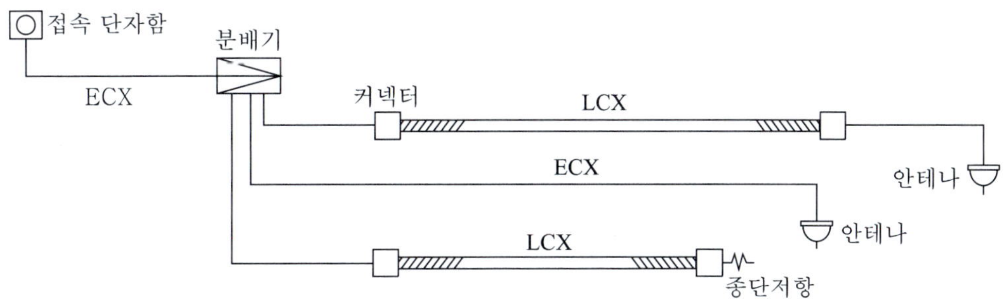

그림 12-13 누설동축케이블과 공중선 혼합방식

라. 그레이딩(Grading)

도체에 전류가 흐르면 도체의 임피던스에 의한 전력손실이 발생되는 것과 같이 신호를 어떤 지점에서 다른 지점으로 전송하는 신호전송회로에서 생기는 전력손실을 전송손실(Net loss)이라고 한다. 또한 무선통신에서는 송신안테나, 수신안테나 등의 기기를 추가로 삽입할 경우 이로 인하여 발생되는 손실을 결합손실이라고 한다.

동축케이블 신호는 케이블을 따라 전파되면서 전송거리에 따라 신호가 약해지는 데 이러한 손실에 대한 보상이 필요하다. <그림 12-14>에서 동축케이블의 수신 전계강도는 P점까지 문제가 없지만, Q점에서는 신호가 약해져 사용이 불가능하므로 신호를 증폭시켜야 한다. 이 경우 누설동축케이블은 중계기나 증폭기를 설치하는 대신 신호레벨이 낮은 곳에 결합손실이 작은 케이블을 접속하여 원하는 전송거리를 얻을 수 있는 데 이러한 신호레벨을 평준화하는 것을 그레이딩이라고 한다(<그림 12-15>).

누설동축케이블에서 1.5m 떨어진 위치에 다이폴 안테나로 원주방향의 전파를 수신할 수 있도록 설치하고 케이블의 입력전압 V_R과 입력전력 P_R, 안테나의 수신전압 V_T과 수신전력

P_T에 의해 결합손실을 구한다. 결합손실은 슬롯의 형상, 길이, 각도에 따라 변하고, 슬롯의 길이가 길수록 결합손실은 작고, 축에 대한 각도가 커질수록 작아진다.

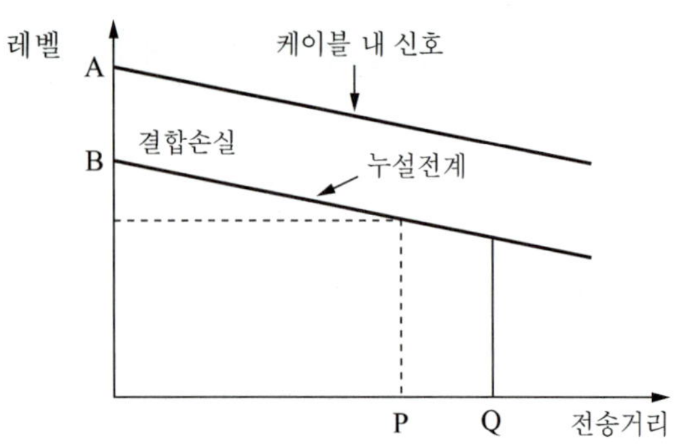

그림 12-14 동축케이블의 수신특성

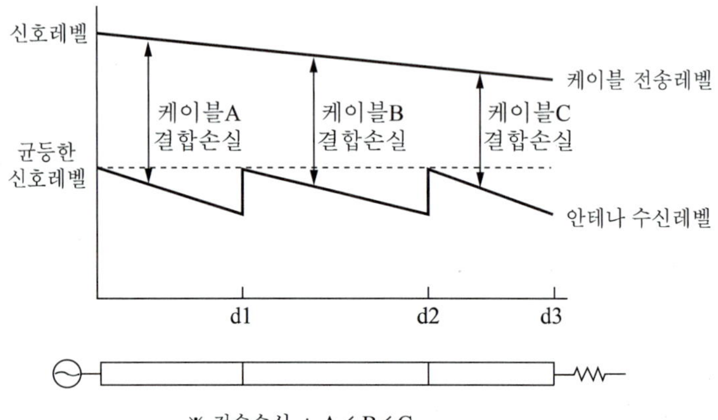

그림 12-15 누설동축케이블의 그레이딩

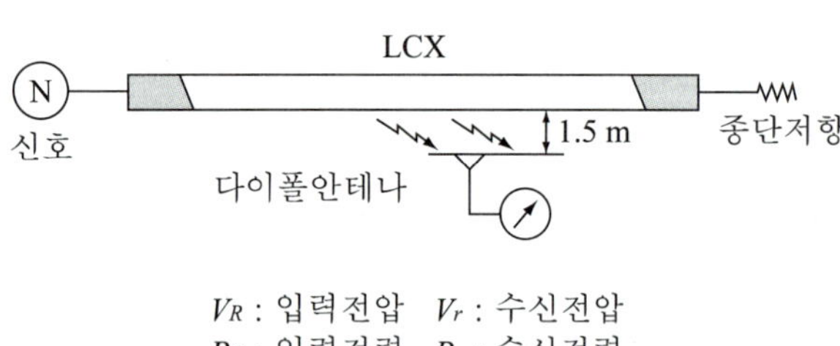

V_R : 입력전압 V_r : 수신전압
P_R : 입력전력 P_r : 수신전력

$$L = -10 \log \frac{V_R}{V_T} = -10 \log \frac{P_R}{P_T}$$

그림 12-16 결합손실

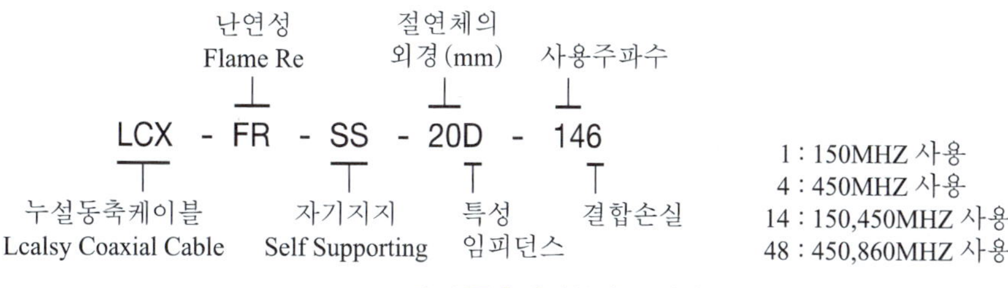

그림 12-17 누설동축케이블의 표시방법

마. 임피던스 정합(Impedance matching)

무선통신의 수신회로에서는 수신안테나의 신호전력이 매우 작기 때문에 그 상태의 신호전력으로 음성송출이 안 된다. 이것을 해결하기 위해서는 안테나에서 수신된 신호를 증폭해야 하고 안테나의 신호전력을 최대한 수신부 쪽으로 보내주어야 한다. 이를 위해서는 전원의 전력이 최대로 부하에 전달되도록 전원 임피던스 Z_S와 부하 임피던스 Z_L이 같아야 한다. 따라서 신호의 세기가 약한 무선통신에서 입력측에 유기[誘起]된 신호전력을 최대한 출력측으로 전달하도록 임피던스를 조정하는 것이 임피던스 정합이다. 즉, 전원에서 부하로 주어지는 전력은 최대이고 일그러짐은 매우 작아진다. 특히 신호전원의 전력을 각 부하에 균등하게 공급하는 분배기에서 필요한 사항이다.

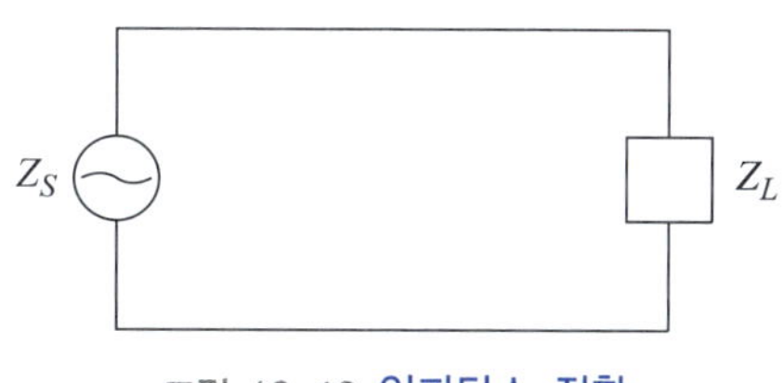

그림 12-18 임피던스 정합

바. 무반사 종단저항

누설동축케이블로 전송되는 전파가 임피던스가 다른 지점(변이점)에 도달하면 갑자기 임피던스가 무한대로 되고 그 지점에서 반사되어 전송점으로 되돌아오게 되는 데 이렇게 누설 동축케이블의 종단부에 전송된 전파가 케이블 종단에서 반사되면 교신이 방해되고 송신효율도 떨어지게 된다. 즉, 반사가 발생되면 정방향의 진행파와 반사파가 케이블에서 합성파가 되어 전송된 신호를 왜곡시켜 잡음을 발생시킨다. 따라서 송신부로 되돌아오는 전자파의 반사파를 방지하기 위하여 누설동축케이블의 특성임피던스와 같은 종단저항을 케이블 끝에 설치한다.

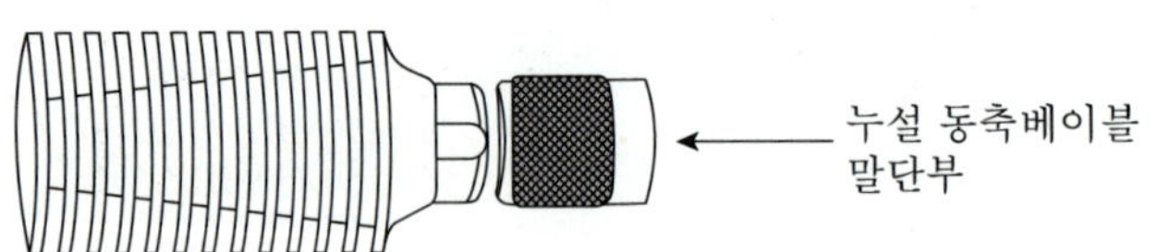

그림 12-19 무반사 종단저항

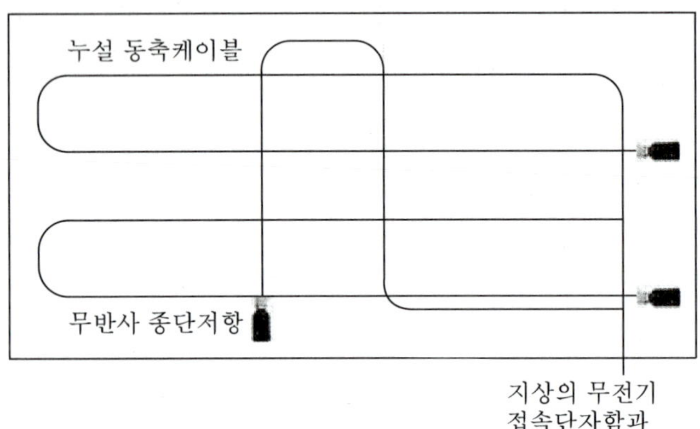

그림 12-20 누설동축케이블과 무반사 종단저항

연습문제 exercise

1. 무선통신보조설비의 증폭기 설치기준 3가지를 쓰시오.

2. 무선통신보조설비에 사용되는 무반사 종단저항의 설치위치 및 설치목적을 쓰시오.

3. 무선통신보조설비에 대한 다음 질문에 답하시오.

(1) 누설동축케이블의 그림 기호는 ———— 이다. -·-·-·-·- 은 어떤 경우에 사용되는가?

(2) 그림기호의 △ 명칭은?

(3) 분배기의 그림기호는?

4. 무선통신보조설비의 증폭기를 설치하려고 한다. 괄호 안을 채우시오.

(1) 전원은 전기가 정상적으로 공급되는 (　　) 또는 (　　)으로 하고, 전원까지의 배선은 (　　)으로 할 것

(2) 증폭기의 전면에는 주회로의 전원이 정상인지의 여부를 표시할 수 있는 (　　) 및 (　　)를 설치할 것

(3) 증폭기에는 비상전원이 부착된 것으로 하고 당해 비상전원용량은 무선통신보조설비를 유효하게 (　　)분 이상 작동시킬 수 있는 것으로 할 것

5. 무선통신보조설비의 증폭기 및 무선기기 접속단자의 설치기준이다. 괄호 안을 채우시오.

(1) 증폭기의 전면에는 주회로의 전원이 정상인지의 여부를 표시할 수 있는 (　　) 및 (　　)를 설치할 것

(2) 증폭기에는 비상전원이 부착된 것으로 하고 당해 비상전원용량은 무선통신보조설비를 유효하게 (　　)분 이상 작동시킬 수 있는 것으로 할 것

(3) 무선기기 접속단자는 바닥으로부터 (　　)m 이상 (　　)m 이하의 위치에 설치할 것

6. 무선통신보조설비의 누설동축케이블은 화재에 의하여 당해 케이블의 피복이 소실될 경우에 케이블 본체가 떨어지지 아니하도록 4m 이하마다 금속제 또는 자기제 등의 지지금구로 벽, 천장, 기둥 등에 견고하게 고정시켜야 한다. 다만, 어떤 경우에 그렇게 하지 않아도 되는가?

7. 무선통신보조설비에 대한 다음 질문에 답하시오.

(1) 누설동축케이블의 끝부분에는 어떤 것을 견고하게 설치하여야 하는가?

(2) 증폭기를 설치할 때 비상전원이 부착된 것으로 하여야 한다. 이때 당해 비상전원용량은 무선통신보조설비를 유효하게 몇 분 이상 작동시킬 수 있어야 하는가?

(3) 증폭기의 전면에는 주회로의 전원이 정상인지의 여부를 표시할 수 있는 것으로서 어떤 것을 설치하여야 하는가?

(4) 무선통신보조설비의 누설동축케이블 또는 동축케이블의 임피던스는?

8. 무선통신보조설비의 분배기, 분파기, 혼합기에 대하여 설명하시오.

9. 무선통신보조설비용 무선기기 접속단자의 설치기준을 4가지를 쓰시오.

10. 무선통신보조설비의 누설동축케이블 등에 대한 설치기준이다. 괄호 안을 채우시오.

(1) 누설동축케이블은 ( )의 것으로서 습기에 의해 전기적 특성이 변질되지 아니하는 것으로 할 것

(2) 누설동축케이블은 고압의 전로로부터 ( )m 이상 떨어진 위치에 설치할 것
(당해 전로에 ( )를 유효하게 설치한 경우에는 제외)

(3) 누설동축케이블은 ( )m 이내마다 벽, 천장, 기둥 등에 견고하게 고정시킬 것
(불연재료로 구획된 반자 안에 설치하는 경우는 제외)

11. 무선통신보조설비의 누설동축케이블의 기호(①~⑦)를 보기에서 찾아 완성하시오.

보기	누설동축케이블, 난연성(내열성), 자기지지, 절연체 외경, 특성임피던스, 사용주파수

LCX	–	FR	–	SS	–	20	D	–	14	6
①		②		③		④	⑤		⑥	⑦

CHAPTER 13

도로터널

Fire Alarm Facility

도로터널은 도로의 일부로서 자동차의 통행을 위해 지붕이 있는 구조물로 수동식소화기, 옥내소화전설비, 비상경보설비, 자동화재탐지설비, 비상조명등, 제연설비, 연결송수관설비, 무선통신보조설비, 비상콘센트설비 등의 소방시설을 설치해야 한다.

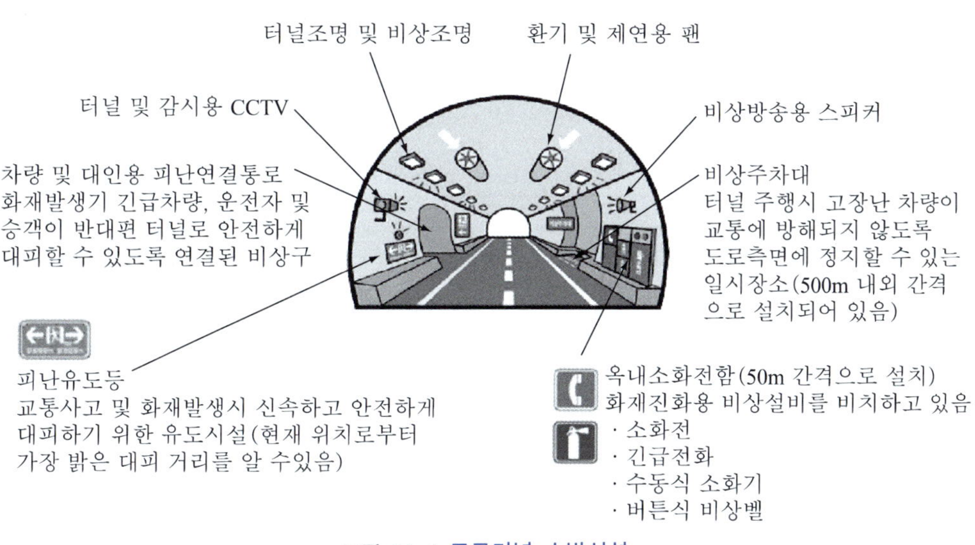

그림 13-1 도로터널 소방시설

1 비상경보설비 설치기준

사고 당사자 또는 발견자가 수동조작하여 사고를 통보하여 사고발생 위치를 인식할 수 있도록 하며, 터널 내에 경보를 발하여 터널 부근 및 터널 내의 도로 이용자에게 사고발생을 신속하게 통보하기 위한 설비로 발신기(누름 버튼)와 비상벨로 구성된다.

가. 발신기는 주행차로 한쪽 측벽에 50m 이내의 간격으로 설치하며, 편도 2차선 이상의 양방향 터널이나 4차로 이상의 일방향 터널의 경우에는 양쪽의 측벽에 각각 50m 이내의 간격으로 엇갈리게 설치해야 한다.

$$\frac{\text{도로터널의 길이}}{50\text{m}} - 1$$

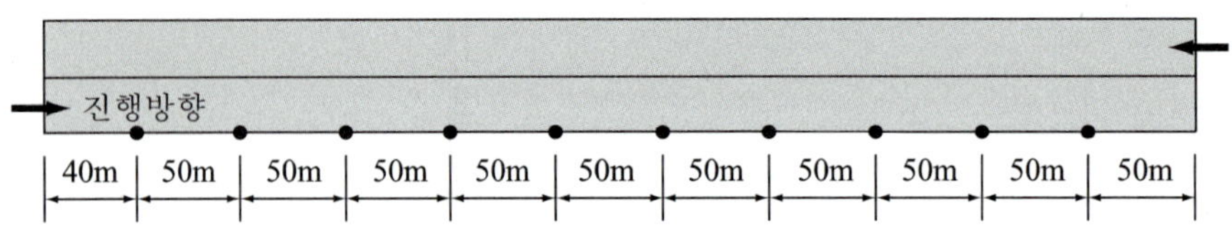

(a) 편도 2차선 미만의 양방향 터널

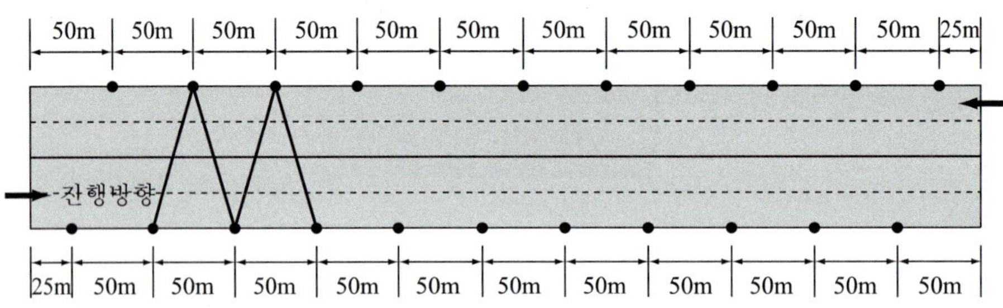

(b) 편도 2차선 이상의 양방향 터널

그림 13-2 도로터널의 발신기 설치

나. 발신기는 바닥면으로부터 0.8m 이상 1.5m 이하의 높이에 설치해야 한다.

다. 음향장치는 발신기 설치위치와 동일하게 설치해야 한다. 다만, '비상방송설비의 화재안전기준'에 적합하게 설치된 방송설비를 비상경보설비와 연동하여 작동하도록 설치한 경우에는 비상경보설비의 지구음향장치를 설치하지 않을 수 있다.

라. 음량장치의 음량은 부착된 음향장치의 중심으로부터 1m 떨어진 위치에서 90dB 이상이 되도록 한다.

마. 음향장치는 터널내부 전체에 동시에 경보를 발하도록 설치해야 한다.

바. 시각경보기는 주행차로 한쪽 측벽에 50m 이내의 간격으로 비상경보설비 상부 직근에 설치하고, 전체 시각경보기는 동기방식에 의해 작동될 수 있도록 한다.

② 자동화재탐지설비 설치기준

화재로부터 발생하는 열, 연기, 빛 등을 자동감지하여 화재 발생 위치를 수신반을 통해 관리사무소나 통합관리센터의 관리자에게 알리기 위한 설비이다.

가. 터널에 설치할 수 있는 감지기의 종류는 다음과 같다.

(1) 차동식 분포형 감지기

(2) 정온식 감지선형 감지기(아날로그식에 한한다)

(3) 중앙기술심의위원회의 심의를 거쳐 터널화재에 적응성이 있다고 인정된 감지기

나. 하나의 경계구역의 길이는 100m 이하로 한다.

다. 감지기의 설치기준은 다음과 같다.

중앙기술심의위원회의 심의를 거처 제조사 시방서에 따른 설치방법이 터널화재에 적합하다고 인정되는 경우에는 다음 기준에 의하지 않고 심의결과에 의한 제조사 시방서에 따라 설치할 수 있다.

(1) 감지기의 감열부(열을 감지하는 기능을 갖는 부분)와 감열부 사이의 이격거리는 10m 이하로, 감지기와 터널 좌·우측 벽면과의 이격거리는 6.5m 이하로 설치한다.

(2) (1)의 규정에 불구하고 터널 천장의 구조가 아치형의 터널에 감지기를 터널 진행방향으로 설치하고자 하는 경우에는 감열부와 감열부 사이의 이격거리를 10m 이하로 하여 아치형 천장의 중앙 최상부에 1열로 감지기를 설치해야 하며, 감지기를 2열 이상으로 설치하고자 하는 경우에는 감열부와 감열부 사이의 이격거리는 10m 이하로 감지기 간의 이격거리는 6.5m 이하로 설치한다.

(3) 감지기를 천장면(터널 안 도로 등에 면한 부분 또는 상층의 바닥 하부면)에 설치하는 경우에는 감기기가 천장면에 밀착되지 않도록 고정금구 등을 사용하여 설치한다.

(4) 형식승인 내용에 설치방법이 규정된 경우에는 형식승인 내용에 따라 설치한다. 다만, 감지기와 천장면과의 이격거리에 대해 제조사의 시방서에 규정되어 있는 경우에는 시방서의 규정에 따라 설치할 수 있다.

라. 감지기의 작동에 의하여 다른 소방시설 등이 연동되는 경우로서 해당 소방시설 등의 작동을 위한 정확한 발화위치를 확인할 필요가 있는 경우에는 경계구역의 길이가 해당 설비의 방호구역 등에 포함되도록 설치해야 한다.

마. 발신기 및 지구음향장치는 비상경보설비 설치규정(도로터널의 화재안전기준)을 준용하여 설치해야 한다.

3 비상조명등 설치기준

터널 상용전원의 사용 불능시 안전확보를 위하여 비상발전설비나 무정전 전원설비에 의해서 점등되는 최소한의 조명이다.

가. 상시 조명이 소등된 상태에서 비상조명등이 점등되는 경우 터널안의 차도 및 보도의 바닥면의 조도는 10 lx 이상, 그 외 모든 지점의 조도는 1 lx 이상이 될 수 있도록 설치해야 한다.
나. 비상조명등은 상용전원이 차단되는 경우 자동으로 비상전원으로 60분 이상 점등되도록 설치해야 한다.
다. 비상조명등에 내장된 예비전원이나 축전지설비는 상용전원의 공급에 의하여 상시 충전상태를 유지할 수 있도록 설치해야 한다.

4 무선통신보조설비 설치기준

구조 및 소화활동 수행시 소방대원 상호간에 통신을 하기 위한 설비로 누설동축케이블 또는 안테나 등의 부수장비로 구성한다. 터널의 입출구 부근에 설치하여 터널의 내·외부와 연락하기 위한 설비로 평상시에는 유지관리에 이용하며, 화재발생시 소방대가 이용할 수 있도록 구축한다. 무선통신보조설비의 무전기 접속단자는 관리소 및 관리사무소, 터널의 입구 및 출구, 피난연결통로에 설치해야 한다. 다만, 안테나 방식일 경우는 생략할 수 있다.

가. 무선통신보조설비의 무전기접속단자는 방재실과 터널의 입구 및 출구, 피난연결통로에 설치해야 한다.
나. 라디오 재방송설비가 설치되는 터널의 경우에는 무선통신보조설비와 겸용으로 설치할 수 있다.

라디오 재방송설비

라디오방송국에서 공중파로 보낸 전파가 도달할 수 없는 지역에 라디오방송을 청취하기 위해 설치하는 설비를 말하며 주로 외부수신안테나(AM, FM), 중계기, 급전선, 누설동축케이블, 선로증폭기로 구성된다. 누설동축케이블의 앞뒤에 분파기를 접속하면 무선통신설비와 겸용이 가능하다. 분파기를 이용하면 한 전송로에 여러 주파수를 실어서 전송할 수 있는 누설동축케이블의 특성을 이용하여 재방송설비가 설치된 장소에 무선접속단자와 연결급전선, 접속지점에 분파기를 설치하면 소방전용 누설동축케이블을 깔지 않아도 저비용으로 무선통신보조설비를 구축할 수 있다.

5 비상콘센트설비 설치기준

화재장소에서 소화활동 및 인명구조장비 등에 비상전원을 공급할 수 있도록 설치하는 콘센트설비이다.

가. 비상콘센트설비의 전원회로는 단상교류 220V인 것으로서, 그 공급용량은 1.5kVA 이상인 것으로 한다.

나. 전원회로는 주배전반에서 전용회로로 한다. 다만, 다른 설비의 회로의 사고에 따른 영향을 받지 않도록 되어 있는 것에 있어서는 제외된다.

다. 콘센트마다 배선용 차단기(KS C 8321)를 설치해야 하며, 충전부가 노출되지 않도록 한다.

라. 주행차로의 우측 측벽에 50m 이내의 간격으로 바닥으로부터 0.8m 이상 1.5m 이하의 높이에 설치해야 한다.

6 제연설비 등

가. 제연설비 기동은 다음 중 어느 하나에 의하여 자동 또는 수동으로 기동될 수 있도록 한다.

(1) 화재감지기가 동작되는 경우

(2) 발신기의 스위치 조작 또는 자동소화설비의 기동장치를 동작시키는 경우

(3) 화재수신기 또는 감시제어반의 수동조작스위치를 동작시키는 경우

나. 제연설비의 비상전원은 60분 이상 작동할 수 있도록 하여야 한다.

다. 화재에 노출이 우려되는 제연설비와 전원공급선 및 제트팬 사이의 전원공급장치 등은 250℃의 온도에서 60분 이상 운전상태를 유지할 수 있도록 한다.

라. 옥내소화전설비, 물분무설비의 비상전원은 40분 이상 작동할 수 있을 것

방재시설 설치를 위한 터널등급은 터널연장을 기준으로 하는 연장등급과 교통량 등 터널의 제반 위험인자를 고려한 위험도 지수를 기준으로 4등급의 방재등급으로 구분하며, 등급별 방재시설 설치기준을 <표 13-1>에서 나타내고 있다.

표 13-1 등급별 방재시설 설치기준

<table>
<tr><th colspan="3">방재시설 \ 터널등급</th><th>1등급</th><th>2등급</th><th>3등급</th><th>4등급</th><th>비고</th></tr>
<tr><td rowspan="3">소화 설비</td><td colspan="2">소화기구</td><td>●</td><td>●</td><td>●</td><td>●</td><td></td></tr>
<tr><td colspan="2">옥내소화전설비</td><td>●○</td><td>●○</td><td></td><td></td><td>연장등급, 방재등급 병행</td></tr>
<tr><td colspan="2">물분무설비</td><td>○</td><td></td><td></td><td></td><td></td></tr>
<tr><td rowspan="9">경보 설비</td><td colspan="2">비상경보설비</td><td>●</td><td>●</td><td>●</td><td></td><td></td></tr>
<tr><td colspan="2">자동화재탐지설비</td><td>●</td><td>●</td><td></td><td></td><td></td></tr>
<tr><td colspan="2">비상방송설비</td><td>○</td><td>○</td><td>○</td><td></td><td></td></tr>
<tr><td colspan="2">긴급전화</td><td>○</td><td>○</td><td>○</td><td></td><td></td></tr>
<tr><td colspan="2">CCTV</td><td>○</td><td>○</td><td>○</td><td>△</td><td>△: 200m 이상 터널</td></tr>
<tr><td colspan="2">영상유고감지설비</td><td>△</td><td>△</td><td>△</td><td></td><td></td></tr>
<tr><td colspan="2">재방송설비</td><td>○</td><td>○</td><td>○</td><td>△</td><td>△: 200m 이상 터널</td></tr>
<tr><td colspan="2">정보표시판</td><td>○</td><td>○</td><td></td><td></td><td></td></tr>
<tr><td colspan="2">진입차단설비</td><td>○</td><td>○</td><td></td><td></td><td></td></tr>
<tr><td rowspan="7">피난 대피 설비</td><td colspan="2">비상조명등</td><td>●</td><td>●</td><td>●</td><td>△</td><td>△: 200m 이상 터널</td></tr>
<tr><td colspan="2">유도등</td><td>○</td><td>○</td><td>○</td><td></td><td></td></tr>
<tr><td rowspan="5">대피 시설</td><td>피난연결통로</td><td>●</td><td>●</td><td>●</td><td></td><td></td></tr>
<tr><td>피난대피터널(1)</td><td>●</td><td>△</td><td></td><td></td><td rowspan="2">1등급 : 피난대피터널을 우선 적용
2등급 : 격벽분리형 피난대피통로를 우선 적용</td></tr>
<tr><td>격벽분리형 피난대피통로(1)</td><td>△</td><td>●</td><td>●</td><td></td></tr>
<tr><td>피난대피소(1)</td><td colspan="4">삭제</td><td></td></tr>
<tr><td>비상주차대</td><td>○</td><td>○</td><td></td><td></td><td></td></tr>
<tr><td rowspan="4">소화 활동 설비</td><td colspan="2">제연설비</td><td>○</td><td>○</td><td></td><td></td><td></td></tr>
<tr><td colspan="2">무선통신보조설비</td><td>●</td><td>●</td><td>●</td><td>△(2)</td><td></td></tr>
<tr><td colspan="2">연결송수관설비</td><td>●○</td><td>●○</td><td></td><td></td><td>연장등급, 방재등급 병행</td></tr>
<tr><td colspan="2">(비상)콘센트설비</td><td>●</td><td>●</td><td>●</td><td></td><td></td></tr>
<tr><td rowspan="2">비상전원 설비</td><td colspan="2">무정전전원설비</td><td>●</td><td>●</td><td>●</td><td>△(3)</td><td></td></tr>
<tr><td colspan="2">비상발전설비</td><td>●○</td><td>●○</td><td>△</td><td></td><td>연장등급, 방재등급 병행</td></tr>
</table>

● 기본시설 : 연장등급에 의함 ○ 기본시설 : 방재등급에 의함
△ 권장시설 : 설치의 필요성 검토에 의함
(1) 피난연결통로의 설치가 불가능한 터널에 설치
(2) 4등급 터널의 경우, 재방송설비가 설치되는 경우에 병용하여 설치함
(3) 4등급 터널은 방재시설이 설치되는 경우에 시설별로 설치함

연습문제 exercise

1. 도로터널에 설치할 수 있는 감지기는 무엇이 있는가?

2. 터널 내의 자동화재탐지설비의 경계구역 길이는 몇 m인가?

3. 터널의 자동화재탐지설비의 감지기 설치기준이다. 괄호 안을 채우시오.

(1) 감지기의 (　　) 사이의 이격거리는 10m 이하로, (　　)의 이격거리는 6.5m 이하로 설치할 것

(2) 터널 천장의 구조가 아치형의 터널에 감지기를 터널 진행방향으로 설치하고자 하는 경우에는 감열부와 감열부 사이의 이격거리를 (　　) 이하로 하여 아치형 천장의 중앙 최상부에 1열로 감지기를 설치하여야 하며, 감지기를 2열 이상으로, 설치하고자 하는 경우에는 감열부와 감열부 사이의 이격거리는 (　　) 이하로, 감지기 간의 이격거리는 (　　) 이하로 설치할 것

(3) 감지기를 천장면에 설치하는 경우에는 감기기가 천장면에 밀착되지 않도록 (　　) 등을 사용하여 설치할 것

4. 비상조명등의 설치기준이다. 다음 질문에 답하시오.

(1) 상시 조명이 소등된 상태에서 비상조명등이 점등되는 경우 터널안의 차도 및 보도의 바닥면의 조도는 몇 lx 이상이어야 하는가?

(2) 비상조명등은 상용전원이 차단되는 경우 자동으로 비상전원으로 몇 분 이상 점등되도록 설치해야 하는가?

5. 터널에 설치된 시각경보기는 주행차로 한쪽 측벽에 50m 이내의 간격으로 비상경보설비 어디에 설치하고, 전체 시각경보기는 어떤 방식으로 해야 하는가?

6. 비상콘센트설비의 전원회로와 공급용량은 얼마인가?

7. 비상콘센트설비는 주행차로의 우측 측변에 몇 m 이내의 간격으로 어떤 높이에 설치해야 하는가?

PART

04

소화설비

Fire Alarm Facility

건물 내의 초기 단계의 화재를 소화하는 설비로 소방대상물에 설치하는 고정식 소화설비는 옥내소화전설비, 옥외소화전설비, 스프링클러설비, 물분무소화설비, 포소화설비, 이산화탄소소화설비, 할로게화합물소화설비, 분말소화설비, 청정소화약제소화설비가 있다.

CHAPTER 14

옥내 · 옥외소화전설비

Fire Alarm Facility

소방대상물에 화재 발생시 화재 발생 초기에 불특정 다수인에 의하여 신속하게 화재를 진압할 수 있도록 건축물 내에 설치하는 고정식소화설비로 일반적으로 초기단계를 지나버린 중기화재 및 이웃 건물로의 연소 방지용으로도 사용된다.

1 작동

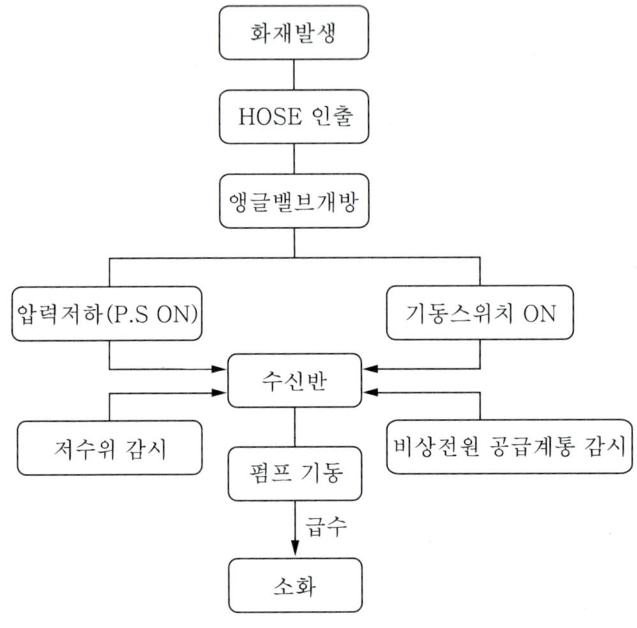

그림 14-1 옥내소화전의 작동

옥내소화전설비는 가압송수장치의 기동방식에 따라 자동기동방식과 수동기동방식이 있으며, 자동기동방식은 소화전내의 앵글밸브를 개방하면 배관 내 압력의 변화를 감지하여 가압송수장치를 자동으로 기동하는 방식이며, 수동기동방식은 소화전함의 내부 또는 그 직근에 설치되어 있는 기동스위치를 작동시켜 가압송수장치가 기동하는 방식이다.

옥내소화전설비의 구성요소는 수원, 수조(저수조, 압력수조, 고가수조), 가압송수장치, 배관 및 관 부속품, 호스, 노즐, 소화전함, 비상전원, 수신반, 제어반 등으로 구성되어 있다.

② 설치기준

2.1 표시등

(1) 옥내소화전설비의 위치를 표시하는 표시등은 함의 상부에 설치하되, 그 불빛은 부착 면으로부터 15° 이상의 범위 안에서 부착지점으로부터 10m 이내의 어느 곳에서도 쉽게 식별할 수 있는 적색등으로 한다.

(2) 가압송수장치의 시동을 표시하는 표시등은 옥내소화전함의 상부 또는 그 직근에 설치하되 적색등으로 한다. 다만, 자체소방대를 구성하여 운영하는 경우('위험물 안전관리법 시행령' [별표 8]에서 정한 소방자동차와 자체소방대원의 규모) 가압송수장치의 시동표시등을 설치하지 않을 수 있다.

표 14-1 자체소방대에 두는 화학소방자동차 및 인원

위험물 안전관리법 시행령 [별표 8]

사업소의 구분	화학소방자동차	자체소방대원의 수
1. 제조소 또는 일반취급소에서 취급하는 제4류 위험물의 최대수량의 합이 지정수량의 12만배 미만인 사업소	1대	5인
2. 제조소 또는 일반취급소에서 취급하는 제4류 위험물의 최대수량의 합이 지정수량의 12만배 이상 24만배 미만인 사업소	2대	10인
3. 제조소 또는 일반취급소에서 취급하는 제4류 위험물의 최대수량의 합이 지정수량의 24만배 이상 48만배 미만인 사업소	3대	15인
4. 제조소 또는 일반취급소에서 취급하는 제4류 위험물의 최대수량의 합이 지정수량의 48만배 이상인 사업소	4대	20인

※ 비고 : 화학소방자동차에는 행정안전부령으로 정하는 소화능력 및 설비를 갖추어야 하고, 소화활동에 필요한 소화약제 및 기구(방열복 등 개인장구를 포함)를 비치해야 한다.

(3) (1)에 따른 적색등은 사용전압의 130%인 전압을 24시간 연속하여 가하는 경우에도 단선, 현저한 광속변화, 전류변화 등의 현상이 발생되지 않아야 한다.

2.2 전원

(1) 옥내소화전설비에는 그 소방대상물의 수전방식에 따라 다음 기준에 따른 상용전원회로의 배선을 설치해야 한다. 다만, 가압수조방식으로서 모든 기능이 20분 이상 유효하게 지속될 수 있는 경우에는 제외된다.

(가) 저압수전인 경우에는 인입개폐기의 직후에서 분기하여 전용배선으로 하여야 하며, 전용의 전선관에 보호되도록 한다.

(나) 특별고압수전 또는 고압수전일 경우에는 전력용 변압기 2차측의 주차단기 1차측에서 분기하여 전용배선으로 하되, 상용전원의 상시공급에 지장이 없을 경우에는 주차단기 2차측에서 분기하여 전용배선으로 해야 한다. 다만, 가압송수장치의 정격입력전압이 수전전압과 같은 경우에는 (가)의 기준에 따른다.

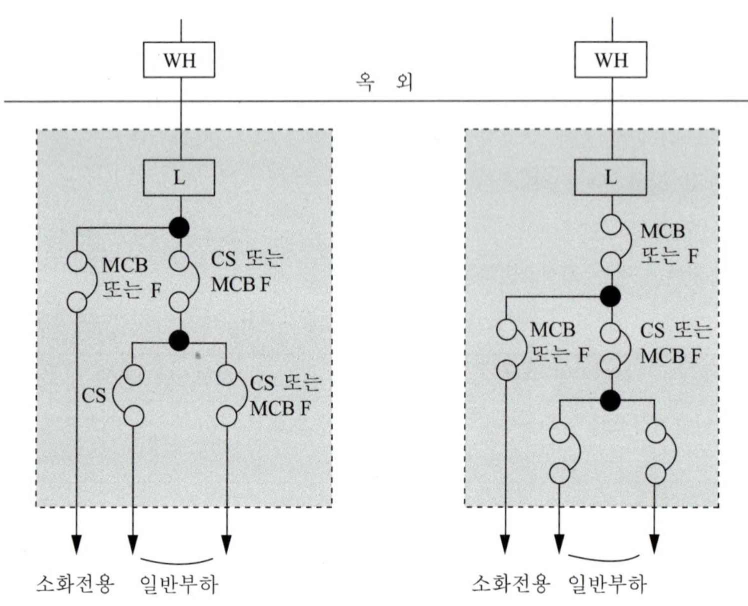

그림 14-2 저압수전

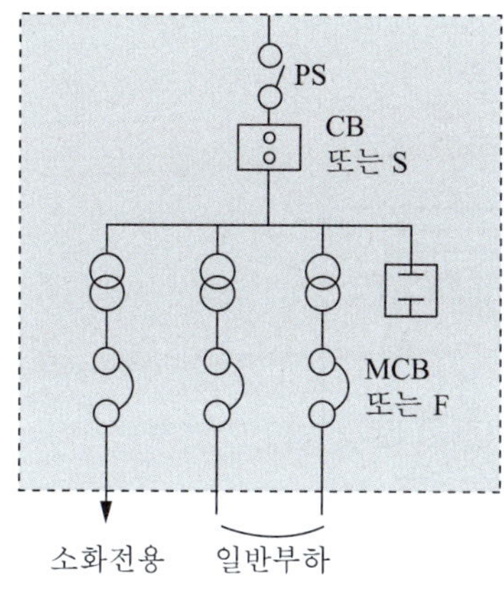

그림 14-3 고압수전

(2) 다음에 해당하는 소방대상물의 옥내소화전설비에는 비상전원을 설치해야 한다. 다만, 2 이상의 변전소(전기사업법 제67조의 규정에 따른 변전소)에서 전력을 동시에 공급받을 수 있거나 하나의 변전소로부터 전력의 공급이 중단되는 때에는 자동으로 다른 변전소로부터 전원을 공급받을 수 있도록 상용전원을 설치한 경우와 가압수조방식에는 제외된다.

(가) 지하층을 제외한 층수가 7층 이상으로서 연면적이 2,000m^2 이상인 것

(나) (1)에 해당하지 않는 소방대상물로서 지하층의 바닥면적의 합계가 3,000m^2 이상인 것

(3) (2)의 규정에 따른 비상전원은 자가발전설비 또는 축전지설비(내연기관에 따른 펌프를 사용하는 경우에는 내연기관의 기동 및 제어용 축전지를 말한다)로서 다음 기준에 따라 설치해야 한다.

(가) 점검에 편리하고 화재 및 침수 등의 재해로 인한 피해를 받을 우려가 없는 곳에 설치해야 한다.

(나) 옥내소화전설비를 유효하게 20분 이상 작동할 수 있어야 한다.

(다) 상용전원으로부터 전력의 공급이 중단된 때에는 자동으로 비상전원으로부터 전력을 공급받을 수 있도록 한다.

(라) 비상전원(내연기관의 기동 및 제어용 축전기를 제외)의 설치장소는 다른 장소와 방화구획 한다. 이 경우 그 장소에는 비상전원의 공급에 필요한 기구나 설비 외의 것(열병합발전설비에 필요한 기구나 설비는 제외)을 두어서는 안 된다.

(마) 비상전원을 실내에 설치하는 때에는 그 실내에 비상조명등을 설치해야 한다.

2.3 제어반

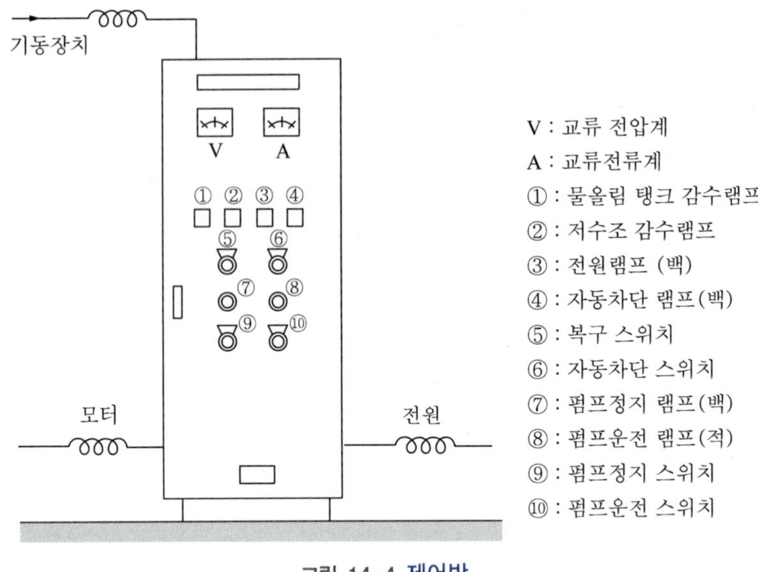

그림 14-4 제어반

(1) 옥내소화전설비에는 제어반을 설치하되, 감시제어반과 동력제어반으로 구분하여 설치해야 한다. 다만, 다음에 해당하는 옥내소화전설비의 경우에는 감시제어반과 동력제어반으로 구분하여 설치하지 않을 수 있다.

(가) 비상전원 설치규정에 해당하지 않는 소방대상물에 설치되는 옥내소화전설비

(나) 내연기관에 따른 가압송수장치를 사용하는 옥내소화전설비

(다) 고가수조에 따른 가압송수장치를 사용하는 옥내소화전설비

(라) 가압수조에 따른 가압송수장치를 사용하는 옥내소화전설비

(2) 감시제어반의 기능은 다음 기준에 적합해야 한다.

(가) 각 펌프의 작동여부를 확인할 수 있는 표시등 및 음향경보기능이 있어야 한다.

(나) 각 펌프를 자동 및 수동으로 작동시키거나 작동을 중단시킬 수 있어야 한다.

(다) 비상전원을 설치한 경우에는 상용전원 및 비상전원의 공급여부를 확인할 수 있어야 한다.

(라) 수조 또는 물올림탱크가 저수위로 될 때 표시등 및 음향으로 경보해야 한다.

(마) 각 확인회로(기동용수압개폐장치의 압력스위치회로·수조 또는 물올림탱크의 감시회로)마다 도통시험 및 작동시험을 할 수 있어야 한다.

(바) 예비전원이 확보되고 예비전원의 적합여부를 시험할 수 있어야 한다.

(3) 감시제어반은 다음 기준에 따라 설치해야 한다.

(가) 화재 및 침수 등의 재해로 인한 피해를 받을 우려가 없는 곳에 설치해야 한다.

(나) 감시제어반은 옥내소화전설비의 전용으로 한다. 다만, 옥내소화전설비의 제어에 지장이 없는 경우에는 다른 설비와 겸용할 수 있다.

(다) 감시제어반은 다음 각목의 기준에 따른 전용실 안에 설치해야 한다. 다만 (1)의 어느 하나에 해당하는 경우와 공장, 발전소 등에서 설비를 집중 제어·운전할 목적으로 설치하는 중앙제어실내에 감시제어반을 설치하는 경우에는 제외된다.

① 다른 부분과 방화구획을 한다. 이 경우 전용실의 벽에는 기계실 또는 전기실 등의 감시를 위하여 두께 7mm 이상의 망입유리(두께 16.3mm 이상의 접합유리 또는 두께 28mm 이상의 복층유리를 포함)로 된 $4m^2$ 미만의 붙박이창을 설치할 수 있다.

② 피난층 또는 지하 1층에 설치한다. 다만, 다음의 어느 하나에 해당하는 경우에는 지상 2층에 설치하거나 지하 1층 외의 지하층에 설치할 수 있다.

㉠ 건축법시행령 제35조의 규정에 따라 특별피난계단이 설치되고 그 계단(부속실을 포함한다)출입구로부터 보행거리 5m 이내에 전용실의 출입구가 있는 경우

㉡ 아파트의 관리동(관리동이 없는 경우에는 경비실)에 설치하는 경우

③ 비상조명등 및 급·배기설비를 설치해야 한다.

④ '무선통신보조설비의 화재안전기준'의 무선기기 접속단자를 설치해야 한다.

⑤ 바닥면적은 감시제어반의 설치에 필요한 면적 외에 화재 시 소방대원이 그 감시제어반의 조작에 필요한 최소면적 이상으로 한다.

(라) (다)의 규정에 따른 전용실에는 소방대상물의 기계·기구 또는 시설 등의 제어 및 감시설비 외의 것을 두지 않아야 한다.

피난계단의 설치기준 (건축법시행령 제35조)

(1) 법 제49조제1항에 따라 5층 이상 또는 지하 2층 이하인 층에 설치하는 직통계단은 국토교통부령으로 정하는 기준에 따라 피난계단 또는 특별피난계단으로 설치해야 한다. 다만, 건축물의 주요구조부가 내화구조 또는 불연재료로 되어 있는 경우로서 다음 각 호의 어느 하나에 해당하는 경우에는 그러하지 아니하다.

1. 5층 이상인 층의 바닥면적의 합계가 $200m^2$ 이하인 경우
2. 5층 이상인 층의 바닥면적 $200m^2$ 이내마다 방화구획이 되어 있는 경우

(2) 건축물(갓복도식 공동주택은 제외)의 11층(공동주택의 경우에는 16층) 이상인 층(바닥면적이 $400m^2$ 미만인 층은 제외) 또는 지하 3층 이하인 층(바닥면적이 $400m^2$ 미만인 층은 제외)으로부터 피난층 또는 지상으로 통하는 직통계단은 (1)에도 불구하고 특별피난계단으로 설치해야 한다.

(3) (1)에서 판매시설의 용도로 쓰는 층으로부터의 직통계단은 그 중 1개소 이상을 특별피난계단으로 설치해야 한다.

(4) 건축물의 5층 이상인 층으로서 문화 및 집회시설 중 전시장 또는 동·식물원, 판매시설, 운수시설(여객용 시설만 해당), 운동시설, 위락시설, 관광휴게시설(다중이 이용하는 시설만 해당) 또는 수련시설 중 생활권 수련시설의 용도로 쓰는 층에는 제34조에 따른 직통계단 외에 그 층의 해당 용도로 쓰는 바닥면적의 합계가 2,000m^2를 넘는 경우에는 그 넘는 2,000m^2 이내마다 1개소의 피난계단 또는 특별피난계단(4층 이하의 층에는 쓰지 않는 피난계단 또는 특별피난계단만 해당)을 설치해야 한다.

(4) 동력제어반은 다음 기준에 따라 설치해야 한다.
 (가) 앞면은 적색으로 하고 "옥내소화전설비용 동력제어반"이라고 표시한 표지를 설치해야 한다.
 (나) 외함은 두께 1.5mm 이상의 강판 또는 이와 동등 이상의 강도 및 내열성능이 있는 것으로 한다.
 (다) 그 밖의 동력제어반의 설치에 관하여는 (3)의(가) 및 (나)의 기준을 준용한다.

2.4 배선 등

(1) 옥내소화전설비의 배선은 전기사업법 제67조의 규정에 따른 기술기준에서 정한 것 외에 다음 기준에 따라 설치해야 한다.
 (가) 비상전원으로부터 동력제어반 및 가압송수장치에 이르는 전원회로의 배선은 내화배선으로 한다. 다만, 자가발전설비와 동력제어반이 동일한 실에 설치된 경우에는 자가발전기로부터 그 제어반에 이르는 전원회로의 배선은 제외된다.
 (나) 상용전원으로부터 동력제어반에 이르는 배선, 그 밖의 옥내소화전설비의 감시·조작 또는 표시등회로의 배선은 내화배선 또는 내열배선으로 한다. 다만, 감시제어반 또는 동력제어반 안의 감시·조작 또는 표시등회로의 배선은 제외된다.

(2) (1)의 규정에 따른 내화배선 및 내열배선에 사용되는 전선 및 설치방법은 [별표 1]의 기준에 따른다.

(3) 옥내소화전설비의 과전류차단기 및 개폐기에는 "옥내소화전설비용"이라고 표시한 표지를 한다.

(4) 옥내소화전설비용 전기배선의 양단 및 접속단자에는 다음 기준에 따라 표지한다.
 (가) 단자에는 "옥내소화전단자"라고 표시한 표지를 부착할 것
 (나) 옥내소화전설비용 전기배선의 양단에는 다른 배선과 식별이 용이하도록 표시할 것

③ 결선 및 배선

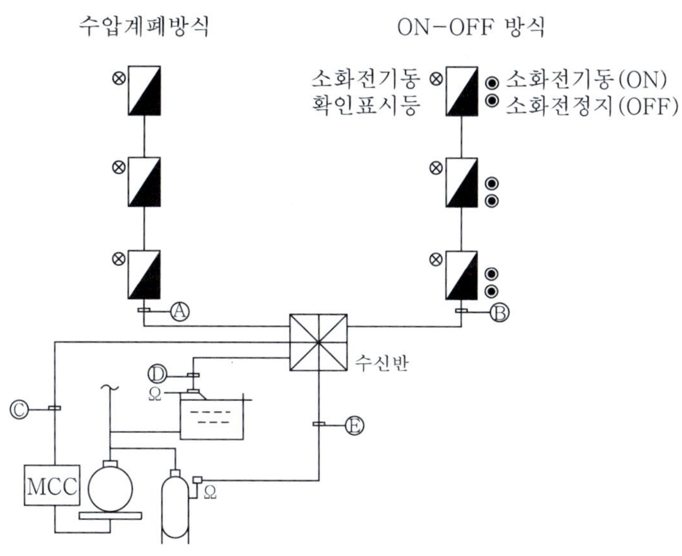

그림 14-5 옥내소화전설비의 계통도

3.1 자동기동방식(수압개폐방식)

표 14-2 옥내소화전 전선내역

기호	구분	배선수	용도
Ⓐ	소화전함 - 수신반	2	기동확인표시등 2
Ⓔ	압력탱크 - 수신반	2	압력스위치 2
Ⓒ	MCC - 수신반	5	기동, 정지, 기동확인표시등, 전원감시표시등, 공통

3.2 수동기동방식(On-Off 방식)

표 14-3 옥내소화전 전선내역

기호	구분	배선수	용도
Ⓑ	소화전함 - 수신반	5	기동, 정지, 기동확인표시등 2, 공통
Ⓒ	MCC - 수신반	5	기동, 정지, 기동확인표시등, 전원감시표시등, 공통
Ⓓ	감수경보장치 - 수신반	2	감수경보장치 2
Ⓔ	압력탱크 - 수신반	2	압력스위치 2

※ MCC(Motor control center) : 동력제어반

3.3 옥내소화전설비의 배선

▬▬ 는 내화배선, ▭ 는 내열배선, —— 는 일반배선, ---- 는 수도관 또는 가스관

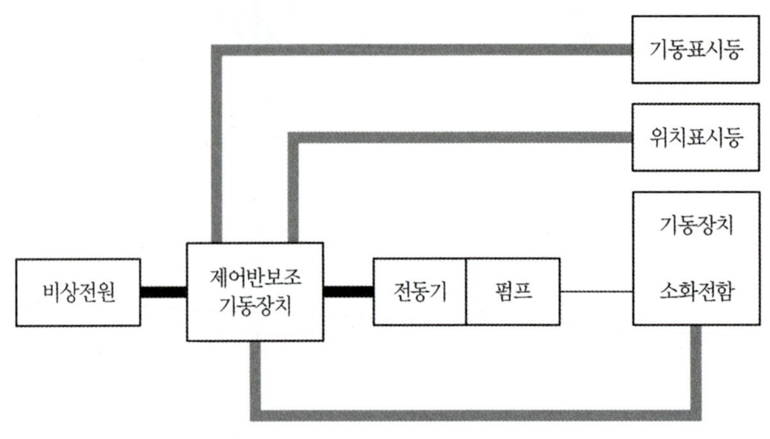

그림 14-6 옥내소화전설비의 배선

3.4 옥외소화전설비의 배선

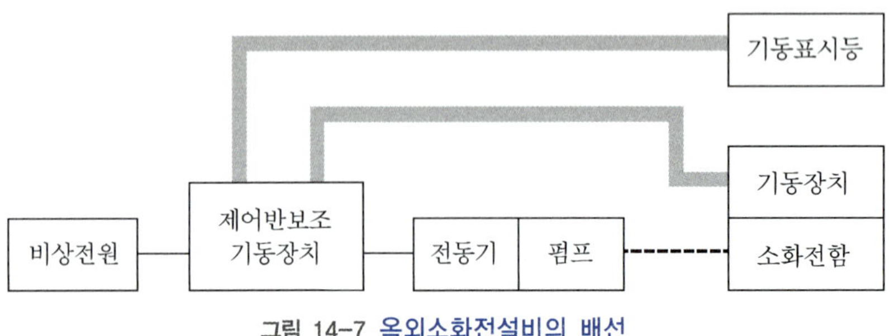

그림 14-7 옥외소화전설비의 배선

CHAPTER 15
스프링클러소화설비

Fire Alarm Facility

일반적으로 물입자를 방수하여 소화하는 자동소화설비를 말하며, 소화를 위해 사용되는 스프링클러 장치는 천장 면에 설치된 스프링클러 헤드에서 자동방수하여 실내 및 바닥 등의 일반 가연물의 화재를 소화하는 고정식의 소화설비이다. 스프링클러소화설비에는 습식, 건식, 준비작동식, 일제살수식, 부압식 등이 있다.

1 동작

화재 발생시 천장 면에 설치된 스프링클러 헤드의 감열感熱작동에 의하여 자동으로 화재를 발견함과 동시에 그 헤드로부터 화원과 그 주변에 적상의 물입자를 방사함으로써 화재를 초기단계에 효율적으로 소화하는 고정식소화설비로, 구성은 수원, 가압송수장치, 자동경보장치, 배관, 스프링클러헤드, 말단시험밸브, 송수구, 배관 및 관부속품 등으로 구성되어 있다.

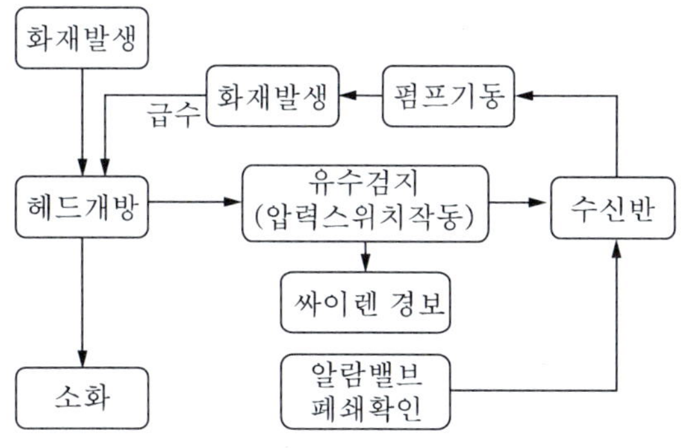

그림 15-1 스프링클러설비의 동작

② 음향장치 및 기동장치

가. 스프링클러설비의 음향장치 및 기동장치

(1) 습식유수검지장치 또는 건식유수검지장치를 사용하는 설비에 있어서는 헤드가 개방되면 유수검지장치가 화재신호를 발신하고 그에 따라 음향장치가 경보되도록 한다.

(2) 준비작동식유수검지장치 또는 일제개방밸브를 사용하는 설비에는 화재감지기의 감지에 따라 음향장치가 경보되도록 한다. 이 경우 화재감지기회로를 교차회로방식(하나의 준비작동식유수검지장치 또는 일제개방밸브의 담당구역 내에 2 이상의 화재감지기회로를 설치하고 인접한 2 이상의 화재감지기가 동시에 감지되는 때에 준비작동식유수검지장치 또는 일제개방밸브가 개방·작동되는 방식)으로 하는 때에는 하나의 화재감지기회로가 화재를 감지하는 때에도 음향장치가 경보되도록 한다.

(3) 음향장치는 유수검지장치 및 일제개방밸브 등의 담당구역마다 설치하되 그 구역의 각 부분으로부터 하나의 음향장치까지의 수평거리는 25m 이하가 되도록 한다.

(4) 음향장치는 경종 또는 사이렌(전자식 사이렌을 포함)으로 하되, 주위의 소음 및 다른 용도의 경보와 구별이 가능한 음색으로 한다. 이 경우 경종 또는 사이렌은 자동화재탐지설비·비상벨설비 또는 자동식사이렌설비의 음향장치와 겸용할 수 있다.

(5) 주 음향장치는 수신기의 내부 또는 그 직근에 설치해야 한다.

(6) 층수가 5층(지하층을 제외) 이상으로서 연면적이 3,000m^2를 초과하는 특정소방대상물은 2층 이상의 층에서 발화한 때에는 발화층 및 그 직상층에, 1층에서 발화한 때에는 발화층·그 직상층 및 지하층에, 지하층에서 발화한 때에는 발화층·그 직상층 및 기타의 지하층에 경보를 발할 수 있도록 한다.

(7) 음향장치는 다음 각목의 기준에 따른 구조 및 성능의 것으로 한다.
   (가) 정격전압의 80% 전압에서 음향을 발할 수 있는 것으로 한다.
   (나) 음량은 부착된 음향장치의 중심으로부터 1m 떨어진 위치에서 90dB 이상이 되는 것으로 한다.

나. 스프링클러설비의 가압송수장치로서 펌프가 설치되는 경우 펌프의 작동기준

(1) 습식유수검지장치 또는 건식유수검지장치를 사용하는 설비에 있어서는 동장치의 발신이나 기동용수압개폐장치에 의하여 작동되거나 또는 이 두 가지의 혼용에 따라 작동 될 수 있도록 한다.

(2) 준비작동식유수검지장치 또는 일제개방밸브를 사용하는 설비에 있어서는 화재감지기의 화재감지나 기동용수압개폐장치에 따라 작동되거나 또는 이 두 가지의 혼용에 따라 작동할 수 있도록 한다.

다. 준비작동식유수검지장치 또는 일제개방밸브의 작동 기준

(1) 담당구역 내의 화재감지기의 동작에 따라 개방 및 작동되어야 한다.

(2) 화재감지회로는 교차회로방식으로 한다. 다만, 다음에 해당하는 경우에는 제외된다.

(가) 스프링클러설비의 배관 또는 헤드에 누설경보용 물 또는 압축공기가 채워지거나 부압식 스프링클러 설비의 경우

(나) 화재감지기를 '자동화재탐지설비의 화재안전기준' 부착높이에 따라 감지기를 설치한 경우

(3) 준비작동식유수검지장치 또는 일제개방밸브의 인근에서 수동기동(전기식 및 배수식)에 따라서도 개방 및 작동될 수 있게 한다.

(4) (1) 및 (2)의 규정에 따른 화재감지기의 설치기준에 관하여는 '자동화재탐지설비의 화재안전기준'의 감지기 및 배선 설치 규정을 준용한다. 이 경우 교차회로방식에 있어서의 화재감지기의 설치는 각 화재감지기 회로별로 설치하되, 각 화재감지기회로별 화재감지기 1개가 담당하는 바닥면적은 '자동화재탐지설비의 화재안전기준'의 감지기 설치 규정에 따른 바닥면적으로 한다.

(5) 화재감지기 회로에는 다음 기준에 따른 발신기를 설치해야 한다. 다만, 자동화재탐지설비의 발신기가 설치된 경우에는 제외된다.

(가) 조작이 쉬운 장소에 설치해야 하고, 스위치는 바닥으로부터 0.8m 이상 1.5m 이하의 높이에 설치해야 한다.

(나) 소방대상물의 층마다 설치하되, 해당 소방대상물의 각 부분으로부터 하나의 발신기까지의 수평거리가 25m 이하가 되도록 한다. 다만, 복도 또는 별도로 구획된 실로서 보행거리가 40m 이상일 경우에는 추가로 설치해야 한다.

(다) 발신기의 위치를 표시하는 표시등은 함의 상부에 설치하되, 그 불빛은 부착 면으로부터 15° 이상의 범위 안에서 부착지점으로부터 10m 이내의 어느 곳에서도 쉽게 식별할 수 있는 적색등으로 한다.

3 전원

가. 상용전원회로의 배선 설치

가압수조방식으로서 모든 기능이 20분 이상 유효하게 지속될 수 있는 경우에는 제외된다.

(1) 저압수전인 경우에는 인입개폐기의 직후에서 분기하여 전용배선으로 하여야 하며, 전용의

전선관에 보호되도록 한다.

(2) 특별고압수전 또는 고압수전일 경우에는 전력용 변압기 2차측의 주차단기 1차측에서 분기하여 전용배선으로 하되, 상용전원의 상시공급에 지장이 없을 경우에는 주차단기 2차측에서 분기하여 전용배선으로 한다. 다만, 가압송수장치의 정격입력전압이 수전전압과 같은 경우에는 (1)의 기준에 따른다.

나. 스프링클러설비에는 자가발전설비 또는 축전지설비에 따른 비상전원 설치

차고·주차장으로서 스프링클러설비가 설치된 부분의 바닥면적('포소화설비의화재안전기준'에서 포헤드설비 또는 고정포방출설비가 설치된 부분의 바닥면적(스프링클러설비가 설치된 차고·주차장의 바닥면적 포함)의 합계가 1,000m^2 미만의 합계가 1,000m^2 미만인 경우에는 비상전원수전설비로 설치할 수 있으며, 2 이상의 변전소(전기사업법 제67조의 규정에 따른 변전소)에서 전력을 동시에 공급받을 수 있거나 하나의 변전소로부터 전력의 공급이 중단되는 때에는 자동으로 다른 변전소로부터 전력을 공급받을 수 있도록 상용전원을 설치한 경우와 가압수조방식에는 비상전원을 설치하지 않을 수 있다.

다. 비상전원 중 자가발전설비 또는 축전지설비(내연기관에 따른 펌프를 설치한 경우에는 내연기관의 기동 및 제어용축전지)의 설치기준

비상전원수전설비는 '소방시설용 비상전원수전설비의 화재안전기준'에 따라 설치해야 한다.

(1) 점검에 편리하고 화재 및 침수 등의 재해로 인한 피해를 받을 우려가 없는 곳에 설치해야 한다.

(2) 스프링클러설비를 유효하게 20분 이상 작동할 수 있어야 한다.

(3) 상용전원으로부터 전력의 공급이 중단된 때에는 자동으로 비상전원으로부터 전력을 공급받을 수 있도록 한다.

(4) 비상전원(내연기관의 기동 및 제어용 축전기를 제외)의 설치장소는 다른 장소와 방화구획한다. 이 경우 그 장소에는 비상전원의 공급에 필요한 기구나 설비 외의 것(열병합발전설비에 필요한 기구나 설비는 제외)을 두어서는 안 된다.

(5) 비상전원을 실내에 설치하는 때에는 그 실내에 비상조명등을 설치해야 한다.

(6) 옥내에 설치하는 비상전원실에는 옥외로 직접 통하는 충분한 용량의 급배기설비를 설치해야 한다.

(7) 비상전원의 출력용량은 다음 기준을 충족해야 한다.

(가) 비상전원 설비에 설치되어 동시에 운전될 수 있는 모든 부하의 합계 입력용량을 기준으로 정격출력을 선정한다. 다만, 소방전원 보존형 발전기를 사용할 경우에는 제외된다.

(나) 기동전류가 가장 큰 부하가 기동될 때에도 부하의 허용 최저입력전압이상의 출력전압을 유지한다.

(다) 단시간 과전류에 견디는 내력은 입력용량이 가장 큰 부하가 최종 기동할 경우에도 견딜 수 있어야 한다.

(8) 자가발전설비는 부하의 용도와 조건에 따라 다음 중의 하나를 설치하고 그 부하용도별 표지를 부착해야 한다.

(가) 소방전용 발전기 : 소방부하용량을 기준으로 정격출력용량을 산정하여 사용하는 발전기

(나) 소방부하 겸용 발전기 : 소방 및 비상부하 겸용으로서 소방부하와 비상부하의 전원용량을 합산하여 정격출력용량을 산정하여 사용하는 발전기

(다) 소방전원 보존형 발전기 : 소방 및 비상부하 겸용으로서 소방부하의 전원용량을 기준으로 정격출력용량을 산정하여 사용하는 발전기

(9) 비상전원실의 출입구 외부에는 실의 위치와 비상전원의 종류를 식별할 수 있도록 표지판을 부착한다.

④ 제어반

가. 스프링클러설비의 제어반 설치시 감시제어반과 동력제어반으로 구분하여 설치

다음에 해당하는 경우에는 감시제어반과 동력제어반으로 구분하여 설치하지 않을 수 있다.

(1) 다음에 해당하지 아니하는 소방대상물에 설치되는 스프링클러설비

(가) 지하층을 제외한 층수가 7층 이상으로서 연면적이 2,000m^2 이상인 것

(나) (1)에 해당하지 않는 소방대상물로서 지하층의 바닥면적의 합계가 3,000m^2 이상인 것

(2) 내연기관에 따른 가압송수장치를 사용하는 스프링클러설비

(3) 고가수조에 따른 가압송수장치를 사용하는 스프링클러설비

(4) 가압수조에 따른 가압송수장치를 사용하는 스프링클러설비

나. 감시제어반의 기능

(1) 각 펌프의 작동여부를 확인할 수 있는 표시등 및 음향경보기능이 있어야 한다.

(2) 각 펌프를 자동 및 수동으로 작동시키거나 작동을 중단시킬 수 있어야 한다.

(3) 비상전원을 설치한 경우에는 상용전원 및 비상전원의 공급여부를 확인할 수 있어야 한다.

(4) 수조 또는 물올림탱크가 저수위로 될 때 표시등 및 음향으로 경보해야 한다.

(5) 예비전원이 확보되고 예비전원의 적합여부를 시험할 수 있어야 한다.

다. 감시제어반 설치기준

(1) 화재 및 침수 등의 재해로 인한 피해를 받을 우려가 없는 곳에 설치해야 한다.

(2) 감시제어반은 스프링클러설비의 전용으로 한다. 다만, 스프링클러설비의 제어에 지장이 없는 경우에는 다른 설비와 겸용할 수 있다.

(3) 감시제어반은 다음 각목의 기준에 따른 전용실 안에 설치해야 한다. 다만, '가'의 어느 하나에 해당하는 경우와 공장, 발전소 등에서 설비를 집중 제어·운전할 목적으로 설치하는 중앙제어실내에 감시제어반을 설치하는 경우에는 제외된다.

(가) 다른 부분과 방화구획을 할 것. 이 경우 전용실의 벽에는 기계실 또는 전기실 등의 감시를 위하여 두께 7mm 이상의 망입유리(두께 16.3mm 이상의 접합유리 또는 두께 28mm 이상의 복층유리를 포함)로 된 $4m^2$ 미만의 붙박이창을 설치할 수 있다.

(나) 피난층 또는 지하 1층에 설치한다. 다만, 다음에 해당하는 경우에는 지상 2층에 설치하거나 지하 1층 외의 지하층에 설치할 수 있다.

① 건축법시행령(제35조) 규정에 따라 특별피난계단이 설치되고 그 계단(부속실을 포함)출입구로부터 보행거리 5m 이내에 전용실의 출입구가 있는 경우

② 아파트의 관리동(관리동이 없는 경우에는 경비실)에 설치하는 경우

(다) 비상조명등 및 급·배기설비를 설치해야 한다.

(라) '무선통신보조설비의 화재안전기준'의 무선기기 접속단자(무선통신보조설비가 설치된 특정소방대상물에 한한다)를 설치해야 한다.

(마) 바닥면적은 감시제어반의 설치에 필요한 면적 외에 화재 시 소방대원이 그 감시제어반의 조작에 필요한 최소면적 이상으로 한다.

(4) (3)의 규정에 따른 전용실에는 소방대상물의 기계·기구 또는 시설 등의 제어 및 감시설비 외의 것을 두지 않아야 한다.

(5) 각 유수검지장치 또는 일제개방밸브의 작동여부를 확인할 수 있는 표시 및 경보기능이 있도록 한다.

(6) 일제개방밸브를 개방시킬 수 있는 수동조작스위치를 설치해야 한다.

(7) 일제개방밸브를 사용하는 설비의 화재감지는 각 경계회로별로 화재표시가 되도록 한다.

(8) 다음의 각 확인회로마다 도통시험 및 작동시험을 할 수 있도록 한다.

(가) 기동용수압개폐장치의 압력스위치회로

(나) 수조 또는 물올림탱크의 저수위감시회로

(다) 유수검지장치 또는 일제개방밸브의 압력스위치회로

(라) 일제개방밸브를 사용하는 설비의 화재감지기회로

(마) 급수배관에 설치되어 급수를 차단하는 개폐밸브의 개폐상태를 감시제어반에서 확인

할 수 있는 작동표시스위치 설치 규정에 따른 개폐밸브의 폐쇄상태 확인회로

(바) 그 밖의 이와 비슷한 회로

(9) 감시제어반과 자동화재탐지설비의 수신기를 별도의 장소에 설치하는 경우에는 이들 상호 간 연동하여 화재 발생 및 '나'의 (1)·(3)·(4)의 기능을 확인할 수 있어야 한다.

라. 동력제어반의 설치기준

(1) 앞면은 적색으로 하고 "스프링클러설비용 동력제어반"이라고 표시한 표지를 설치해야 한다.

(2) 외함은 두께 1.5mm 이상의 강판 또는 이와 동등 이상의 강도 및 내열성능이 있는 것으로 한다.

(3) 그 밖의 동력제어반의 설치에 관하여는 '다'의 (1) 및 (2)의 기준을 준용한다.

마. 자가발전설비 제어반의 제어장치는 비영리 공인기관의 시험을 필한 것으로 설치

소방전원 보존형 발전기의 제어장치는 다음 기준이 되어야 한다.

(1) 소방전원 보존형임을 식별할 수 있도록 표기한다.

(2) 발전기 운전 시 소방부하 및 기타부하에 전원이 동시 공급되고, 그 상태를 확인할 수 있는 표시가 되어야 한다.

(3) 발전기가 정격용량을 초과할 경우 비상부하는 자동적으로 차단되고, 소방부하만 공급되는 상태를 확인할 수 있는 표시가 되어야 한다.

5 배선 등

가. 스프링클러설비의 배선은 전기사업법 제67조의 규정에 따른 기술기준에서 정한 것 외에 다음 기준에 따라 설치해야 한다.

(1) 비상전원으로부터 동력제어반 및 가압송수장치에 이르는 전원회로배선은 내화배선으로 한다. 다만, 자가발전설비와 동력제어반이 동일한 실에 설치된 경우에는 자가발전기로부터 그 제어반에 이르는 전원회로배선은 제외된다.

(2) 상용전원으로부터 동력제어반에 이르는 배선, 그 밖의 스프링클러설비의 감시·조작 또는 표시등회로의 배선은 내화배선 또는 내열배선으로 한다. 다만, 감시제어반 또는 동력제어반 안의 감시·조작 또는 표시등회로의 배선은 제외된다.

나. '가'의 규정에 따른 내화배선 및 내열배선에 사용되는 전선 및 설치방법은 '옥내소화전설비의 화재안전기준'의 [별표 1]의 기준에 따른다.

다. 스프링클러설비의 과전류차단기 및 개폐기에는 "스프링클러설비용"이라고 표시한 표지를 한다.

라. 스프링클러설비용 전기배선의 양단 및 접속단자에는 다음 기준에 따라 표지한다.

(1) 단자에는 "스프링클러설비단자"라고 표시한 표지를 부착한다.

(2) 스프링클러설비용 전기배선의 양단에는 다른 배선과 식별이 용이하도록 표시한다.

6 결선 및 배선

가. 습식 스프링클러소화설비

가장 많이 이용되는 방식으로서 1차측 및 2차측 배관에 항상 가압수가 있으며 화재가 발생하면 화재열에 의하여 헤드가 개방되고 이때 유수검지장치(Alarm valve)가 작동하면서 경보를 발하는 것과 동시에 수신반에 밸브 개방신호가 표시된다.

습식 및 건식 스프링클러소화설비의 가닥수는 다음과 같으며, (1)~(3)은 경계구역수에 따라 증가시킨다.

(1) 압력스위치(유수검지스위치, 알람스위치)

(2) 밸브폐쇄 확인스위치(탬퍼스위치)

(3) 사이렌

(4) 공통선

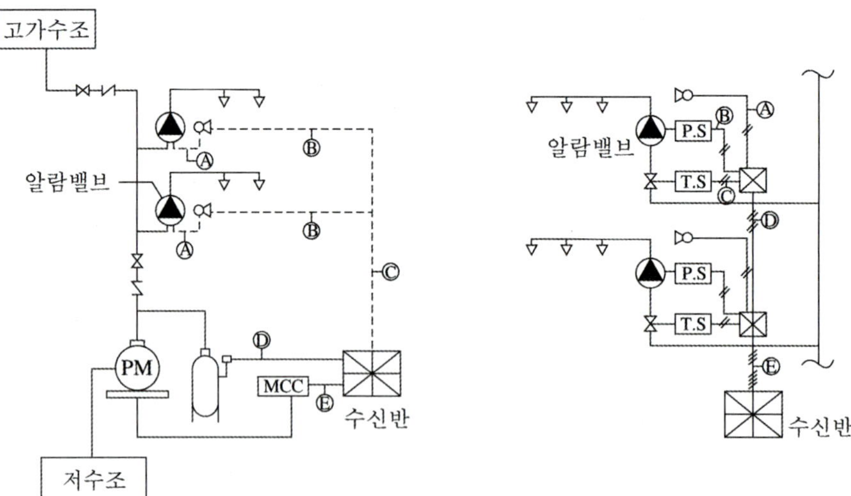

(a) 탬퍼 스위치가 없는 경우 (b) 탬퍼스위치가 있는 경우

그림 15-2 습식 스프링클러소화설비 계통도

표 15-1 습식 스프링클러 전선내역(탬퍼스위치가 없는 경우)

기호	구 분	배선수	용 도
Ⓐ	알람밸브 - 사이렌	2	유수검지스위치 2
Ⓑ	사이렌 - 수신반	3	유수검지스위치, 사이렌, 공통
Ⓒ	2개 구역일 경우	5	(유수검지스위치, 사이렌) × 2, 공통
Ⓓ	압력탱크 - 수신반	2	압력스위치 2
Ⓔ	MCC - 수신반	5	기동, 정지, 기동확인표시등, 전원표시등, 공통

※ 유수검지스위치는 알람스위치, 압력스위치를 의미한다.

표 15-2 습식 스프링클러 전선내역(탬퍼스위치가 있는 경우)

기호	구 분	배선수	용 도
Ⓐ	사이렌 - 조인트박스	2	사이렌 2
Ⓑ	PS - 조인트박스	2	압력스위치 2
Ⓒ	TS - 조인트박스	2	밸브폐쇄확인스위치 2
Ⓓ	조인트박스 - 조인트박스	4	밸브폐쇄확인스위치, 사이렌, 압력스위치, 공통
Ⓔ	조인트박스 - 수신반	7	(밸브폐쇄확인스위치, 사이렌, 압력스위치) × 2, 공통

※ 밸브폐쇄확인스위치는 밸브의 개폐상태를 감시하는 것으로 탬퍼스위치를 말한다.

나. 준비작동식 스프링클러소화설비

화재가 발생하면 감지기 A, B가 동시에 작동하면 수신반에 화재표시등 및 지구표시등이 점등하고, 전자밸브(솔레노이드밸브)가 작동하면서 프리액션밸브가 동작하게 된다. 이때 압력스위치가 작동하면서 수신반의 기동표시등 및 밸브개방표시등이 점등된다.

준비작동식 스프링클러소화설비의 수동조작함(S.V.P) 기본가닥수는 (1)~(8)까지 10가닥이며, (4)~(9)는 경계구역수에 따라 증가시킨다. 공통선은 전원 －선 하나로 전화, 감지기 A, 감지기 B, 밸브기동, 밸브개방확인, 밸브주의, 사이렌 등의 공통선으로 사용될 수 있다.

(1) 전원 ＋, 전원 －
(2) 전화선
(3) 감지기 공통선(전원 －선을 공통선으로 사용할 수 있다)
(4) 감지기 A, 감지기 B
(5) 사이렌(조건)
(6) 밸브기동스위치(SV)(밸브개방, 수동으로 작동)
(7) 밸브개방확인표시등(PS)(작동표시등)
(8) 밸브주의 표시등(TS)(주밸브 폐쇄감시 확인등, 개폐표시형 밸브 모니터링 스위치)
(9) 수동기동(조건)

※ SV(Solenoid valve), PS(Pressure switch), TS(Tamper switch)

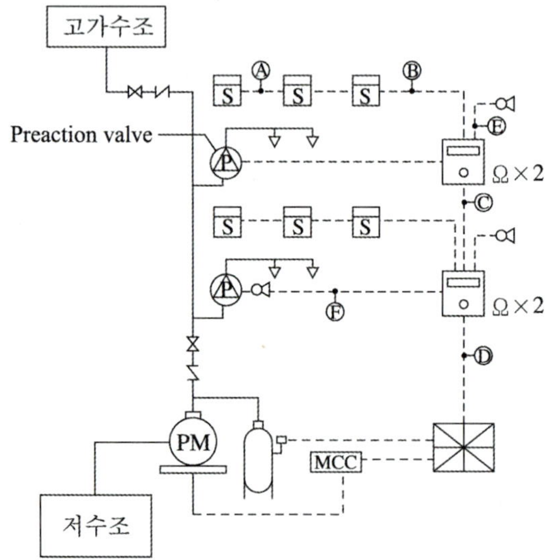

그림 15-3 준비작동식 스프링클러소화설비 계통도 1

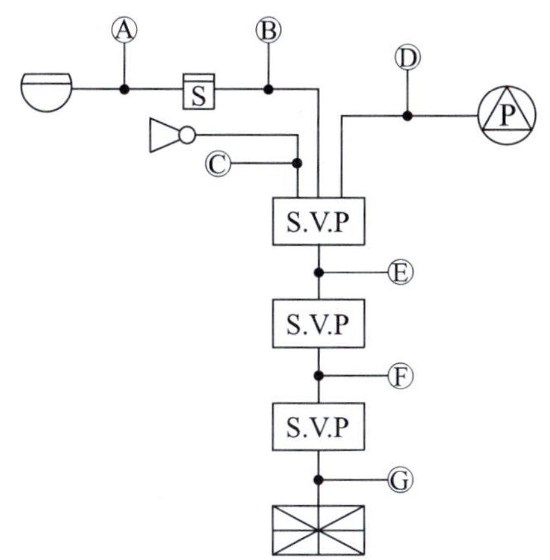

그림 15-4 준비작동식 스프링클러소화설비 계통도 2

표 15-3 준비작동식 스프링클러 전선내역 1

기호	구 분	배선수	용 도
Ⓐ	감지기 – 감지기	4	지구, 공통 각 2가닥
Ⓑ	감지기 – SVP	8	지구, 공통, 각 4가닥
Ⓒ	SVP – SVP	9	전원 +, −, 전화, 감지기 A, B, 밸브기동(SV), 밸브개방확인(PS), 밸브주의(TS), 사이렌
Ⓓ	2개 구역일 경우	15	전원 +, −, 전화, (감지기 A, B, 밸브기동(SV), 밸브개방확인(PS), 밸브주의(TS), 사이렌) × 2
Ⓔ	사이렌 – SVP	2	사이렌 2
Ⓕ	프리액션밸브 – SVP	6	밸브기동 2, 밸브개방확인 2, 밸브주의 2

표 15-4 준비작동식 스프링클러 전선내역 2

기호	구분	배선수	용도
Ⓐ	감지기 – 감지기	4	지구, 공통 각 2가닥
Ⓑ	감지기 – SVP	8	지구, 공통, 각 4가닥
Ⓒ	사이렌 – SVP	2	사이렌 2
Ⓓ	프리액션밸브 – SVP	6	밸브기동 2, 밸브개방확인 2, 밸브주의 2
Ⓔ	SVP – SVP	9	전원 +, −, 전화, 감지기 A, B, 밸브기동(SV), 밸브개방확인(PS), 밸브주의(TS), 사이렌
Ⓕ	2개 구역일 경우	15	전원 +, −, 전화, (감지기 A, B, 밸브기동(SV), 밸브개방확인(PS), 밸브주의(TS), 사이렌) × 2
Ⓖ	SVP – 수신반	21	전원 +, −, 전화, (감지기 A, B, 밸브기동(SV), 밸브개방확인(PS), 밸브주의(TS), 사이렌) × 3

※ 계통도에서 스프링클러소화설비의 동작을 위해 전화를 사용한다. 감지기회로에 공통선을 별도로 사용할 경우 Ⓔ, Ⓕ, Ⓖ에 감지기 공통선을 1개씩 추가한다.

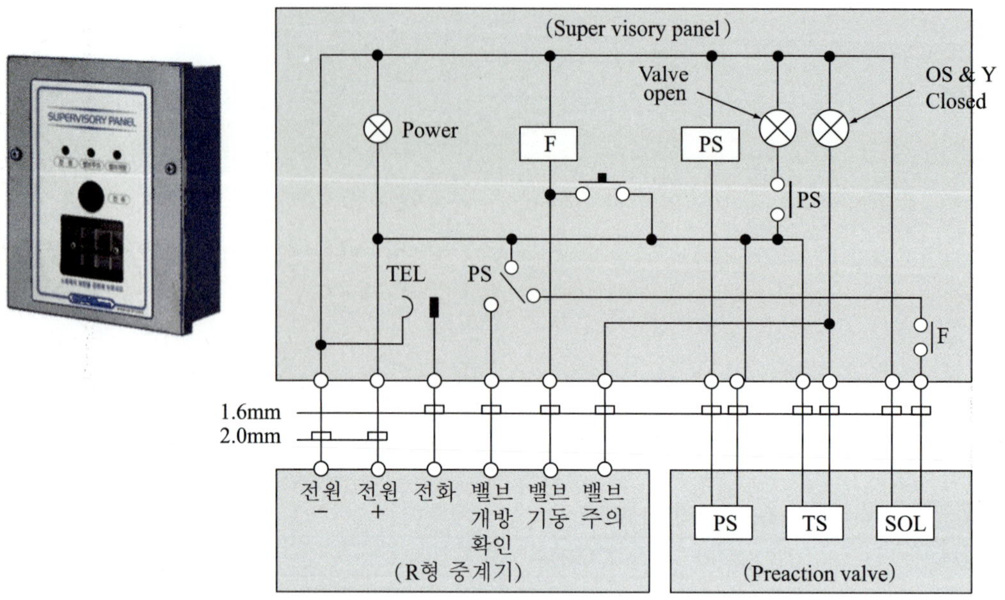

그림 15-5 슈퍼바이조리판넬(SVP)의 접속도

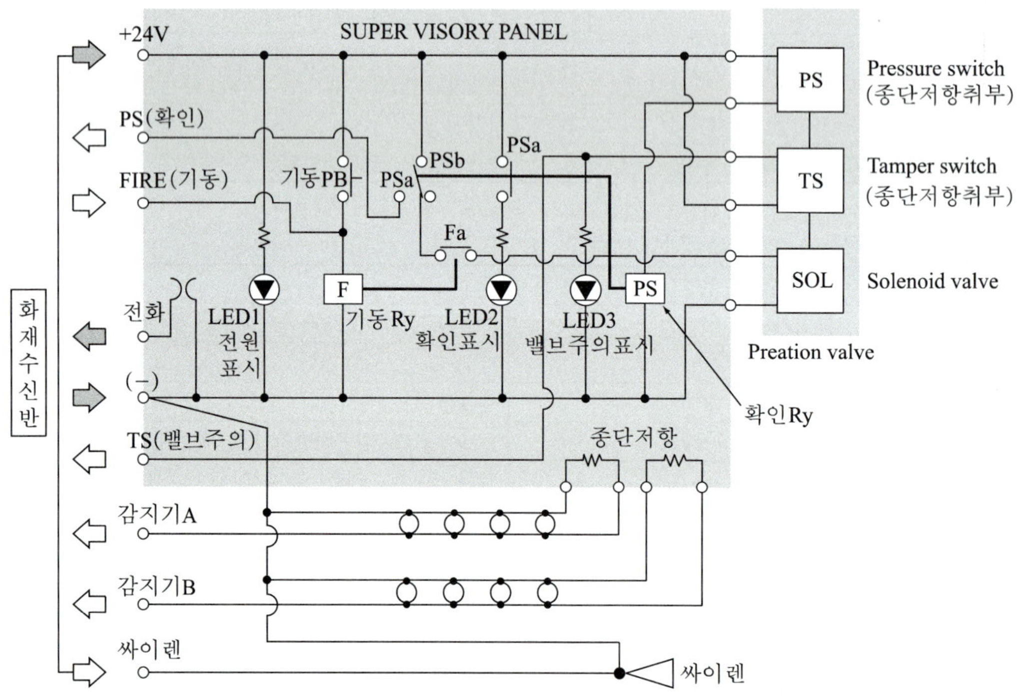

그림 15-6 슈퍼바이조리판넬(SVP)의 결선도

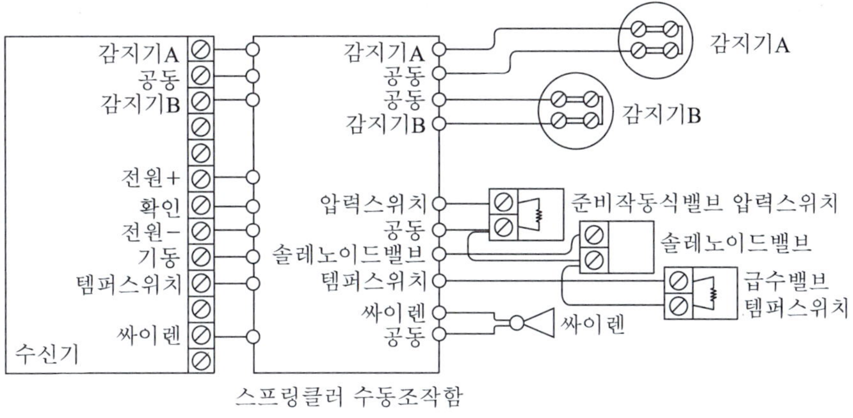

그림 15-7 수동조작함의 배선

참고

- 감지기가 필요한 설비 : 준비작동식, 일제개방식 스프링클러설비
- 감지기가 필요 없는 설비 : 습식, 건식스프링클러설비

다. 스프링클러소화설비 · 물분무소화설비 · 포소화설비의 배선

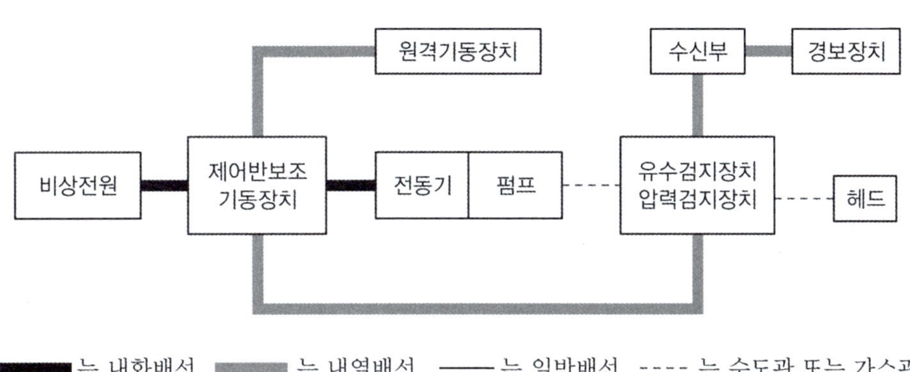

는 내화배선, 는 내열배선, ── 는 일반배선, ---- 는 수도관 또는 가스관

그림 15-8 스프링클러소화설비의 배선

CHAPTER 16 물분무소화설비

Fire Alarm Facility

물분무소화설비는 소화약제로 물을 사용하는 것으로 스프링클러소화설비와 비슷하지만, 물분무소화설비는 특수한 헤드로부터 안개비 모양의 형태(0.02~2.5mm 미립자)로 소방대상물을 모두 감싸주는 방식으로 방수하여 덮어지는 것이다.

1 기동장치

가. 물분무소화설비의 수동식기동장치 설치기준

(1) 직접 조작 또는 원격조작에 따라 각각의 가압송수장치 및 수동식 개방밸브 또는 가압송수장치 및 자동개방밸브를 개방할 수 있도록 설치해야 한다.

(2) 기동장치의 가까운 곳의 보기 쉬운 곳에 "기동장치"라고 표시한 표지를 한다.

나. 자동식 기동장치

자동화재탐지설비의 감지기의 작동 또는 폐쇄형스프링클러헤드의 개방과 연동하여 경보를 발하고, 가압송수장치 및 자동개방밸브를 기동할 수 있는 것으로 해야 한다. 다만, 자동화재탐지설비의 수신기가 설치되어 있는 장소에 상시 사람이 근무하고 있고, 화재 시 물분무소화설비를 즉시 작동시킬 수 있는 경우에는 제외된다.

② 전원

가. 소방대상물의 수전방식에 따른 상용전원회로의 배선을 설치해야 한다. 다만, 가압수조방식으로서 모든 기능이 20분 이상 유효하게 지속될 수 있는 경우에는 제외된다.

(1) 저압수전인 경우에는 인입개폐기의 직후에서 분기하여 전용배선으로 하여야 하며, 전용의 전선관에 보호되도록 한다.

(2) 특별고압수전 또는 고압수전일 경우에는 전력용 변압기 2차측의 주차단기 1차측에서 분기하여 전용배선으로 하되, 상용전원의 상시공급에 지장이 없을 경우에는 주차단기 2차측에서 분기하여 전용배선으로 한다. 다만, 가압송수장치의 정격입력전압이 수전전압과 같은 경우에는 (1)의 기준에 따른다.

나. 비상전원인 자가발전설비 또는 축전지설비(내연기관에 따른 펌프를 사용하는 경우에는 내연기관의 기동 및 제어용 축전지)의 설치기준은 다음과 같다. 다만, 2 이상의 변전소(전기사업법 제67조의 규정에 따른 변전소)에서 전력을 동시에 공급받을 수 있거나 하나의 변전소로부터 전력의 공급이 중단되는 때에는 자동으로 다른 변전소로부터 전원을 공급받을 수 있도록 상용전원을 설치한 경우와 가압수조방식에는 비상전원을 설치하지 않을 수 있다.

(1) 점검에 편리하고 화재 및 침수 등의 재해로 인한 피해를 받을 우려가 없는 곳에 설치해야 한다.

(2) 물분무소화설비를 유효하게 20분 이상 작동할 수 있도록 한다.

(3) 상용전원으로부터 전력의 공급이 중단된 때에는 자동으로 비상전원으로부터 전력을 공급받을 수 있도록 한다.

(4) 비상전원(내연기관의 기동 및 제어용 축전기를 제외)의 설치장소는 다른 장소와 방화구획 한다. 이 경우 그 장소에는 비상전원의 공급에 필요한 기구나 설비 외의 것(열병합발전설비에 필요한 기구나 설비는 제외)을 두어서는 안 된다.

(5) 비상전원을 실내에 설치하는 때에는 그 실내에 비상조명등을 설치해야 한다.

③ 제어반 및 배선 등

가. 물분무소화설비의 제어반에 대한 사항은 "스프링클러소화설비"의 기준을 준용한다.

나. 감시제어반의 기능과 설치기준은 '옥내소화전설비'를 준용한다.

다. 동력제어반의 설치기준은 '옥내소화전설비'의 기준을 준용하며, "물분무소화설비용"이라고 표시한 표지를 하여야 한다.

라. 물분무소화설비의 배선 등은 '옥내소화전설비'의 기준을 준용하며, "물분무소화설비용"이라고 표시한 표지를 하여야 한다.

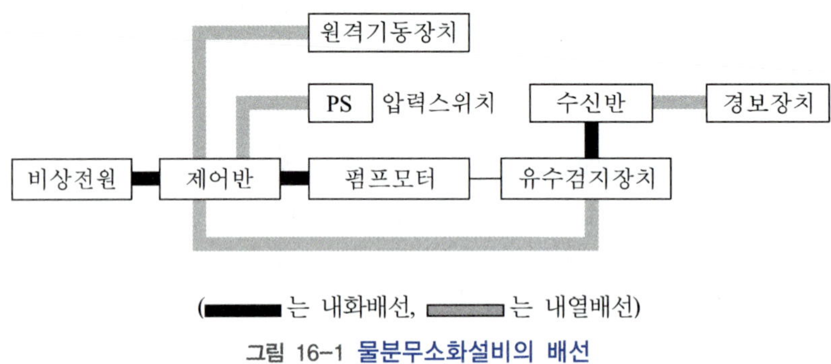

(는 내화배선, 는 내열배선)

그림 16-1 물분무소화설비의 배선

CHAPTER 17

포소화설비

Fire Alarm Facility

포소화설비는 물 소화약제만으로 소화가 불가능하거나 소화효과가 적어 화재를 확대시킬 우려가 있는 인화성액체에서 발생하는 화재를 진압하기 위한 소화설비이다. 포소화설비의 주요 구성요소는 가압송수장치, 약제저장탱크, 혼합장치, 화재감지장치, 수신반, 포방출구(포헤드), 수원 등으로 구성되어 있다.

1 기동장치

가. 포소화설비의 자동식 기동장치의 설치기준

자동식 기동장치는 자동화재탐지설비의 감지기의 작동 또는 폐쇄형스프링클러헤드의 개방과 연동하여 가압송수장치·일제개방밸브 및 포 소화약제 혼합장치를 기동시킬 수 있도록 다음의 기준에 따라 설치해야 한다. 다만, 자동화재탐지설비의 수신기가 설치된 장소에 상시 사람이 근무하고 있고, 화재시 즉시 해당 조작부를 작동시킬 수 있는 경우에는 제외된다.

(1) 폐쇄형스프링클러헤드를 사용하는 경우에는 다음에 따라야 한다.

(가) 표시온도가 79℃ 미만인 것을 사용하고, 1개의 스프링클러헤드의 경계면적은 $20m^2$ 이하로 한다.

(나) 부착면의 높이는 바닥으로부터 5m 이하로 하고, 화재를 유효하게 감지할 수 있도록 한다.

(다) 하나의 감지장치 경계구역은 하나의 층이 되도록 한다.

(2) 화재감지기를 사용하는 경우에는 다음 기준을 따라야 한다.

(가) 화재감지기는 '자동화재탐지설비의 화재안전기준' 기준에 따라 설치해야 한다.

(나) 화재감지기 회로에는 다음 기준에 따른 발신기를 설치해야 한다.

① 조작이 쉬운 장소에 설치하고, 스위치는 바닥으로부터 0.8m 이상 1.5m 이하의 높이에 설치해야 한다.

② 소방대상물의 층마다 설치하되, 해당 소방대상물의 각 부분으로부터 수평거리가 25m 이하가 되도록 한다. 다만, 복도 또는 별도로 구획된 실로서 보행거리가 40m 이상일 경우에는 추가로 설치해야 한다.

③ 발신기의 위치를 표시하는 표시등은 함의 상부에 설치하되, 그 불빛은 부착 면으로부터 15° 이상의 범위 안에서 부착지점으로부터 10m 이내의 어느 곳에서도 쉽게 식별할 수 있는 적색등으로 한다.

(3) 동결우려가 있는 장소의 포소화설비의 자동식 기동장치는 자동화재탐지설비와 연동으로 한다.

나. 포소화설비의 기동장치에 설치하는 자동경보장치의 설치기준

자동화재탐지설비에 따라 경보를 발할 수 있는 경우에는 음향경보장치를 설치하지 않을 수 있다.

(1) 방사구역마다 일제개방밸브와 그 일제개방밸브의 작동여부를 발신하는 발신부를 설치해야 한다. 이 경우 각 일제개방밸브에 설치되는 발신부 대신 1개층에 1개의 유수검지장치를 설치할 수 있다.

(2) 상시 사람이 근무하고 있는 장소에 수신기를 설치하되, 수신기에는 폐쇄형스프링클러헤드의 개방 또는 감지기의 작동여부를 알 수 있는 표시장치를 설치해야 한다.

(3) 하나의 소방대상물에 2 이상의 수신기를 설치하는 경우에는 수신기가 설치된 장소 상호간에 동시 통화가 가능한 설비를 한다.

2 전원

가. 포소화설비의 상용전원회로 배선은 '옥내소화전설비' 기준을 준용한다.

나. 포소화설비에는 자가발전설비 또는 축전지설비에 따른 비상전원을 설치하되, 다음에 해당하는 경우에는 비상전원수전설비로 설치할 수 있다. 다만, 2 이상의 변전소(전기사업법 제67조의 규정에 따른 변전소)로부터 동시에 전력을 공급받을 수 있거나 하나의 변전소로부터 전력의 공급이 중단되는 때에는 자동으로 다른 변전소로부터 전력을 공급받을 수 있도록 상용전원을 설치한 경우와 가압수조방식에는 비상전원을 설치하지 않을 수 있다.

(1) 호스릴포소화설비 또는 포소화전만을 설치한 차고·주차장

(2) 포헤드설비 또는 고정포방출설비가 설치된 부분의 바닥면적(스프링클러설비가 설치된 차고·주차장의 바닥면적을 포함)의 합계가 1,000m^2 미만인 것

다. 비상전원 중 자가발전설비 또는 축전지설비(내연기관에 따른 펌프를 사용하는 경우에는 내연기관의 기동 및 제어용 축전지)의 기준은 '옥내소화전설비' 기준을 준용한다.

③ 제어반 및 배선 등

가. 포소화설비의 제어반에 대한 사항은 "스프링클러소화설비"의 기준을 준용한다.

나. 감시제어반의 기능은 '옥내소화전설비'의 기준을 준용하고, 각 확인회로(기동용수압개폐장치의 압력스위치회로·수조 또는 물올림탱크의 감시회로)마다 도통시험 및 작동시험을 할 수 있어야 한다.

다. 감시제어반의 설치기준은 '스프링클러소화설비'의 기준 (1)~(4)를 준용한다.

라. 동력제어반의 설치기준은 '옥내소화전설비'의 기준을 준용하며, "포소화설비용 동력제어반"이라고 표시한 표지를 해야 한다.

라. 포소화설비의 배선 등은 '옥내소화전설비'의 기준을 준용하며, "포소화설비용"이라고 표시한 표지를 해야 한다.

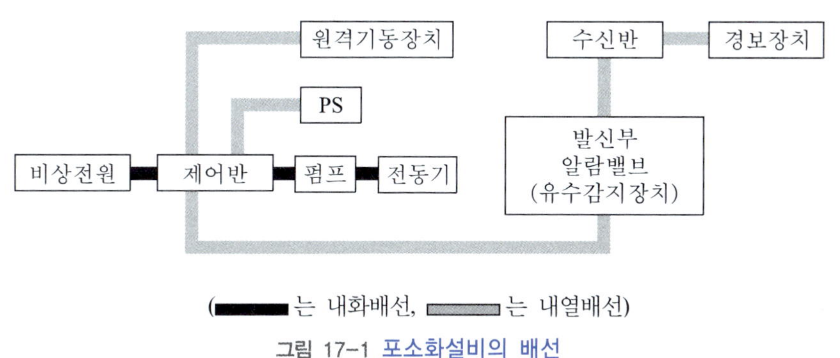

(는 내화배선, 는 내열배선)

그림 17-1 포소화설비의 배선

CHAPTER 18

이산화탄소소화설비

Fire Alarm Facility

이산화탄소소화설비는 스프링클러소화설비 등에 의하여 물 피해가 예상되는 장소나 전기화재, 유류화재 등에 사용되는 것으로 화학적으로 안정된 소화약제이기 때문에 약제의 변질이 없고, 한 번 설치하면 반영구적으로 사용이 가능하며, 침투성이 강해 심층부까지 파고들어 완전소화가 된다.

1 구성 및 작동

이산화탄소소화설비의 구성은 가스저장용기, 화재감지장치, 분사헤드, 기동장치, 음향경보장치, 배관, 자동폐쇄장치, 제어반, 비상전원 등으로 되어 있다. 화재 발생시 각 방사구역에 설치된 감지기가 작동하면서 음향경보장치가 작동되고, 환기설비를 정지함과 동시에 방화셔터를 폐쇄한다. 수신반을 경유하여 지연장치에서 일정시간(20초 이상) 경과 후 기동용기의 전자개방밸브를 개방하면 기동용 가스가 조작동관을 지나서 선택밸브와 저장용기 밸브를 개방한다. 소화약제 집합관·선택밸브를 거쳐서 분사헤드로 방사된다.

주요 장치의 기능

- 사이렌 : 실내에 설치하며, 경보로 재실자를 대피시킨다.
- 방출표시등 : 실외의 출입구 위에 설치하며, 소화가스의 방출을 알려 실내로의 입실을 금지시킨다.
- 수동조작함 : 실외의 출입구 부근에 설치하며, 화재발생시 작동문을 폐쇄시키고 가스를 방출하여 화재를 진화하는 데 사용된다.
- 압력스위치 : 선택밸브의 개방에 의하여 소화약제가 방출되면 이 압력에 의해 제어반에 신호를 보낸다.

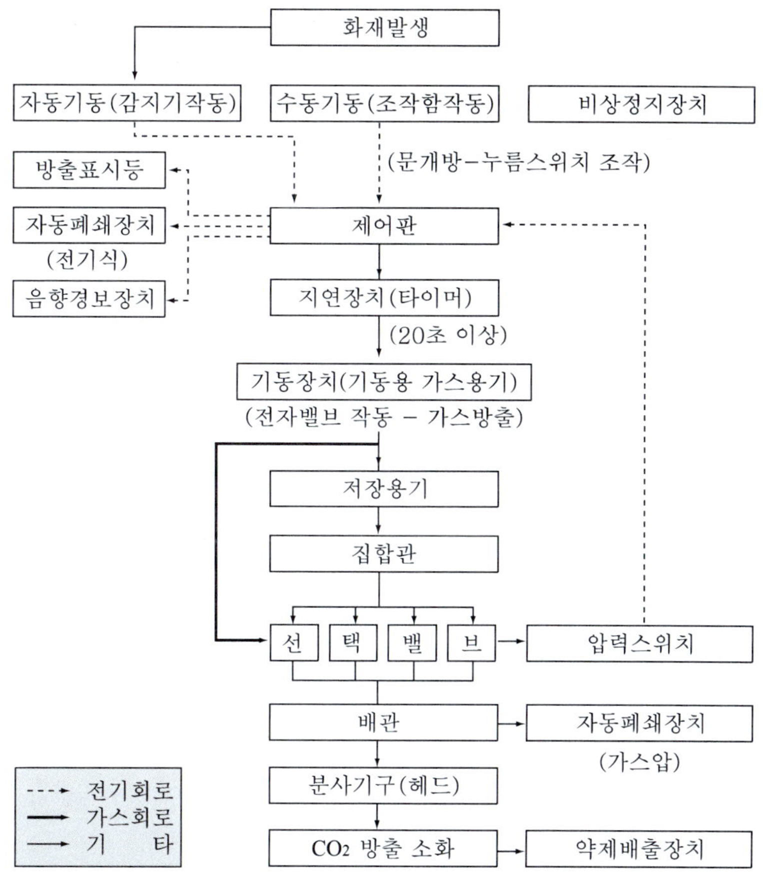

그림 18-1 이산화탄소소화설비 작동

② 기동장치 및 제어반 등

가. 이산화탄소소화설비의 수동식 기동장치의 설치기준

수동식 기동장치의 부근에는 소화약제의 방출을 지연시킬 수 있는 비상스위치(자동복귀형 스위치로서 수동식 기동장치의 타이머를 순간 정지시키는 기능의 스위치)를 설치해야 한다.

(1) 전역방출방식에 있어서는 방호구역마다, 국소방출방식에 있어서는 방호대상물마다 설치해야 한다.

(2) 해당방호구역의 출입구부분 등 조작을 하는 자가 쉽게 피난할 수 있는 장소에 설치해야 한다.

(3) 기동장치의 조작부는 바닥으로부터 높이 0.8m 이상 1.5m 이하의 위치에 설치하고, 보호판 등에 따른 보호장치를 설치해야 한다.
(4) 기동장치에는 그 가까운 곳의 보기 쉬운 곳에 "이산화탄소소화설비 기동장치"라고 표시한 표지를 한다.
(5) 전기를 사용하는 기동장치에는 전원표시등을 설치해야 한다.
(6) 기동장치의 방출용 스위치는 음향경보장치와 연동하여 조작될 수 있는 것으로 한다.

나. 이산화탄소소화설비의 자동식 기동장치의 설치기준 (자동화재탐지설비의 감지기의 작동과 연동하는 것)

(1) 자동식 기동장치에는 수동으로도 기동할 수 있는 구조로 한다.
(2) 전기식 기동장치로서 7병 이상의 저장용기를 동시에 개방하는 설비에 있어서는 2병 이상의 저장용기에 전자 개방밸브를 부착한다.
(3) 가스압력식 기동장치는 다음의 기준을 따라야 한다.
  (가) 기동용가스용기 및 해당 용기에 사용하는 밸브는 25 ㎫ 이상의 압력에 견딜 수 있는 것으로 한다.
  (나) 기동용가스용기에는 내압시험압력의 0.8배 내지 내압시험압력 이하에서 작동하는 안전장치를 설치해야 한다.
  (다) 기동용가스용기의 용적은 1 L 이상으로 하고, 해당 용기에 저장하는 이산화탄소의 양은 0.6kg 이상으로 하며, 충전비는 1.5 이상으로 한다.
(4) 기계식 기동장치에 있어서는 저장용기를 쉽게 개방할 수 있는 구조로 한다.

다. 소화약제 방사 표시등

이산화탄소소화설비가 설치된 부분의 출입구 등의 보기 쉬운 곳에 소화약제의 방사를 표시하는 표시등을 설치해야 한다.

라. 제어반 및 화재표시반의 설치기준

자동화재탐지설비의 수신기의 제어반이 화재표시반의 기능을 가지고 있는 것에 있어서는 화재표시반을 설치하지 않을 수 있다.

(1) 제어반은 수동기동장치 또는 감지기에서의 신호를 수신하여 음향경보장치의 작동, 소화약제의 방출 또는 지연 기타의 제어기능을 가진 것으로 하고, 제어반에는 전원표시등을 설치해야 한다.
(2) 화재표시반은 제어반에서의 신호를 수신하여 작동하는 기능을 가진 것으로 하되, 다음의 기준에 따라 설치해야 한다.

(가) 각 방호구역마다 음향경보장치의 조작 및 감지기의 작동을 명시하는 표시등과 이와 연동하여 작동하는 벨·부저 등의 경보기를 설치해야 한다. 이 경우 음향경보장치의 조작 및 감지기의 작동을 명시하는 표시등을 겸용할 수 있다.

(나) 수동식 기동장치에 있어서는 그 방출용스위치의 작동을 명시하는 표시등을 설치한다.

(다) 소화약제의 방출을 명시하는 표시등을 설치해야 한다.

(라) 자동식 기동장치에 있어서는 자동·수동의 절환을 명시하는 표시등을 설치해야 한다.

(3) 제어반 및 화재표시반의 설치장소는 화재에 따른 영향, 진동 및 충격에 따른 영향 및 부식의 우려가 없고 점검에 편리한 장소에 설치해야 한다.

(4) 제어반 및 화재표시반에는 해당 회로도 및 취급설명서를 비치한다.

마. 비상전원(자가발전설비 또는 축전지설비)의 설치기준은 '옥내소화전'의 기준을 준용한다.

③ 자동식 기동장치의 화재감지기

이산화탄소소화설비의 자동식 기동장치는 다음 기준에 따른 화재감지기를 설치해야 한다.

가. 각 방호구역 내의 화재감지기의 감지에 따라 작동되도록 한다.

나. 화재감지기의 회로는 교차회로방식으로 설치해야 한다. 다만, 화재감지기를 '자동화재탐지설비의 화재안전기준'에 따라 감지기로 설치하는 경우에는 제외된다.

다. 교차회로 내의 각 화재감지기 회로별로 설치된 화재감지기 1개가 담당하는 바닥면적은 '자동화재탐지설비의 화재안전기준' 규정에 따른 바닥면적으로 한다.

④ 음향경보장치

가. 이산화탄소소화설비의 음향경보장치 설치기준

(1) 수동식 기동장치를 설치한 것에 있어서는 그 기동장치의 조작과정에서, 자동식 기동장치를 설치한 것에 있어서는 화재감지기와 연동하여 자동으로 경보를 발하는 것으로 한다.

(2) 소화약제의 방사개시 후 1분 이상 경보를 계속할 수 있는 것으로 한다.

(3) 방호구역 또는 방호대상물이 있는 구획 안에 있는 자에게 유효하게 경보할 수 있는 것으로 한다.

나. 방송에 따른 경보장치의 설치기준

(1) 증폭기 재생장치는 화재시 연소의 우려가 없고, 유지관리가 쉬운 장소에 설치해야 한다.
(2) 방호구역 또는 방호대상물이 있는 구획의 각 부분으로부터 하나의 확성기까지의 수평거리는 25m 이하가 되도록 한다.
(3) 제어반의 복구스위치를 조작하여도 경보를 계속 발할 수 있는 것으로 한다.

5 전원 및 결선

가. 이산화탄소소화설비(호스릴이산화탄소소화설비를 제외)의 비상전원

자가발전설비 또는 축전지설비(제어반에 내장하는 경우를 포함)로서 '옥내소화전' 비상전원 기준에 따라 설치한다.

나. 결선

이산화탄소 및 할로겐화합물 소화설비의 기본가닥수는 (1)~(7)까지 9가닥으로 다음과 같으며, (4)~(7)은 경계구역수에 따라 증가시킨다. SVP와의 차이는 전화선이 없고(선택사항), 방출지연스위치가 있다.

(1) 전원 +, 전원 −
(2) 방출지연스위치(비상스위치, 오방출 정지스위치)
(3) 감지기 공통선(전원 −선을 공통선으로 사용가능)
(4) 감지기 A, 감지기 B
(5) 사이렌
(6) 방출표시등
(7) 기동스위치
(8) 도어스위치(조건)
(9) 복구스위치(조건)

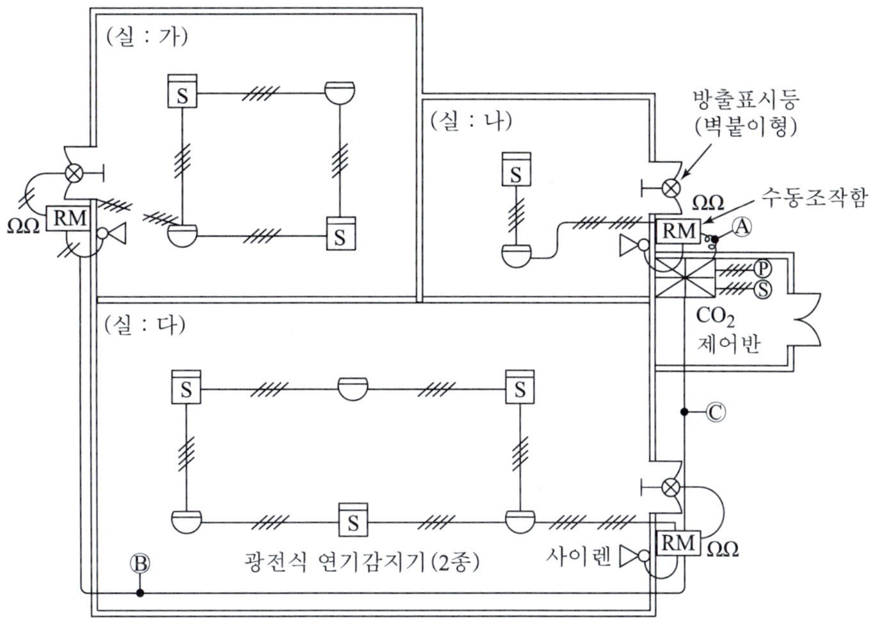

그림 18-2 이산화탄소소화설비 계통도

방출지연스위치

- 수동기동장치 부근에 설치하며 소화약제의 방출을 지연시킬 수 있는 스위치
- 자동복귀형으로 수동식 기동장치의 타이머(20～30초)를 순간정지 시키는 기능

표 18-1 이산화탄소소화설비 전선내역

기호	구 분	배선수	용 도
Ⓐ	수동조작함－수신반	8	전원 +, −, 방출지연스위치, 감지기 A, B, 기동스위치, 사이렌, 방출표시등
Ⓑ	수동조작함－수동조작함	8	
Ⓒ	2개 구역일 경우	13	전원 +, −, 방출지연스위치, (감지기 A, B, 기동스위치, 사이렌, 방출표시등) × 2

다. 이산화탄소소화설비 · 할로겐화합물소화설비 · 분말소화설비의 배선

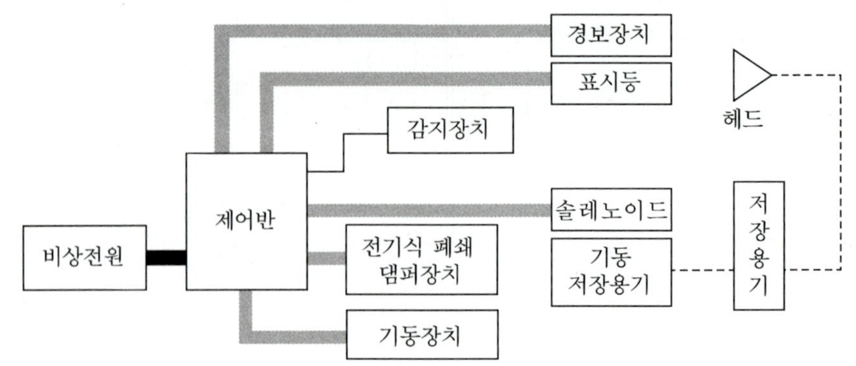

(는 내화배선, 는 내열배선, —— 는 일반배선, ---- 는 수도관 또는 가스관)

그림 18-3 이산화탄소소화설비의 배선

CHAPTER 19

할로겐화합물소화설비

Fire Alarm Facility

할로겐화합물의 소화약제를 방호대상물에 방사하여 그 질식작용과 억제작용 및 냉각작용을 이용하여 소화를 하는 설비로서 독성이 적고, 이산화탄소와 비교하여 위험성이 적다. 할로겐화합물소화설비의 구성은 이산화탄소소화설비와 거의 유사하다.

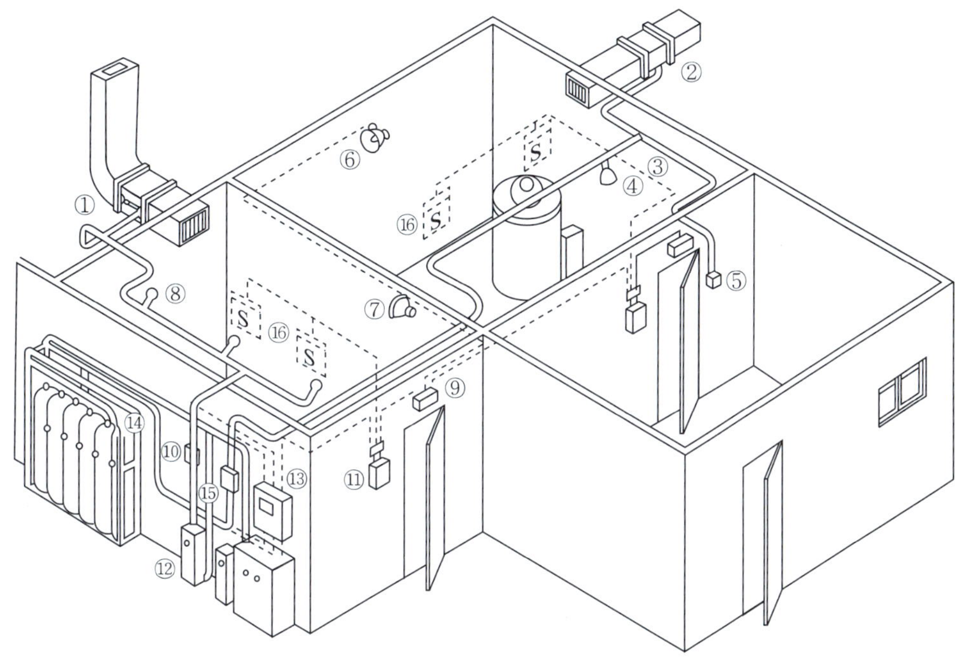

① 피스톤 릴리저(댐퍼 폐쇄용)
② 피스톤 릴리저(댐퍼 폐쇄용)
③ 체크밸브
④ 헤드
⑤ 댐퍼복구장치
⑥ 스피커
⑦ 모터사이렌
⑧ 헤드
⑨ 방출표시등
⑩ 압력스위치
⑪ 수동기동장치
⑫ 기동장치
⑬ 소화설비제어반
⑭ 저장용기
⑮ 선택밸브
⑯ 감지기

그림 19-1 할로겐화합물소화설비의 구성

1 기동장치, 제어반, 비상전원 등

가. 할로겐화합물소화설비의 수동식기동장치는 '이산화탄소소화설비'의 기준을 준용한다.

나. 자동화재탐지설비의 감지기의 작동과 연동하는 할로겐화합물소화설비의 자동식기동장치와 감지기는 '이산화탄소소화설비'의 기준을 준용한다.

다. 할로겐화합물소화설비가 설치된 부분의 출입구 등의 보기 쉬운 곳에 소화약제의 방사를 표시하는 표시등을 설치해야 한다.

라. 할로겐화합물소화설비(호스릴할로겐화합물소화설비를 제외)의 비상전원은 자가발전설비 또는 축전지설비(제어반에 내장하는 경우를 포함)로서 설치는 '이산화탄소소화설비'의 기준을 준용한다.

2 결선 및 배선

2.1 고정식

화재시 감지기가 작동하거나 수동조작함의 스위치를 작동시키면 수신반에 표시되고 동시에 해당구역의 사이렌이 동작한다.

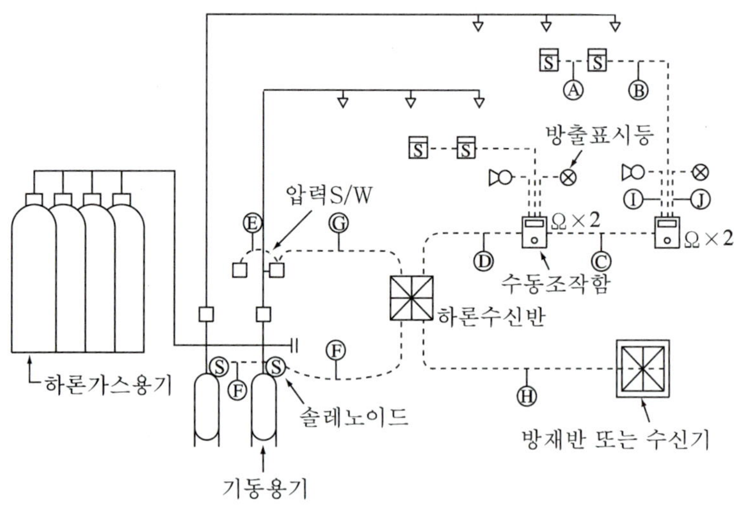

그림 19-2 고정식 할로겐화합물소화설비 계통도

표 19-1 할로겐화합물소화설비 전선내역

기호	구 분	배선수	용 도
Ⓐ	감지기－감지기	4	지구, 공통 각 2가닥
Ⓑ	감지기－수동조작함	8	지구, 공통, 각 4가닥
Ⓒ	수동조작함－수동조작함	8	전원 +, −, 방출지연스위치, 감지기 A, B, 기동스위치, 방출표시등
Ⓓ	2개 구역일 경우	13	전원 +, −, 방출지연스위치, (감지기 A, B, 기동스위치, 방출표시등, 사이렌) × 2
Ⓔ	압력스위치－압력스위치	2	압력스위치 2
Ⓕ	SV－SV	2	솔레노이드 밸브기동 2
Ⓖ	압력스위치－수신반	3	압력스위치 2, 공통
Ⓗ	SV－수신반	3	솔레노이드 밸브기동 2, 공통
Ⓘ	사이렌－수동조작함	2	사이렌 2
Ⓙ	방출표시등－수동조작함	2	방출표시등 2

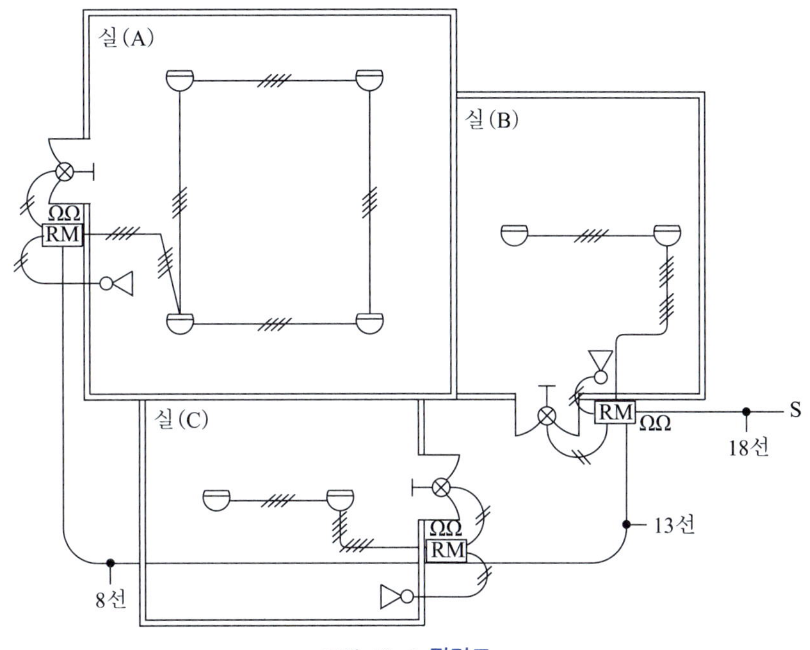

그림 19-3 평면도

2.2 패키지 시스템

하나의 캐비닛에 제어반과 가스용기를 수납하고 감지기나 수동조작함 작동에 의하여 해당구역에 가스를 분출한다. 종단저항이 수동조작함에 설치되어 있다.

표 19-2 패키지 시스템 할로겐화합불 소화설비 전선내역

기호	구분	배선수	용도
Ⓐ	감지기－감지기	4	지구, 공통 각 2가닥
Ⓑ	감지기－패키지	8	지구, 공통, 각 4가닥
Ⓒ	패키지－수동조작함	7	전원 +, －, 방출지연스위치, 감지기 A, B, 기동스위치, 방출표시등
Ⓓ	수동조작함－방출표시등	2	방출표시등 2
Ⓔ	패키지－방재센터	4	감지기 A, B, 방출표시등, 공통

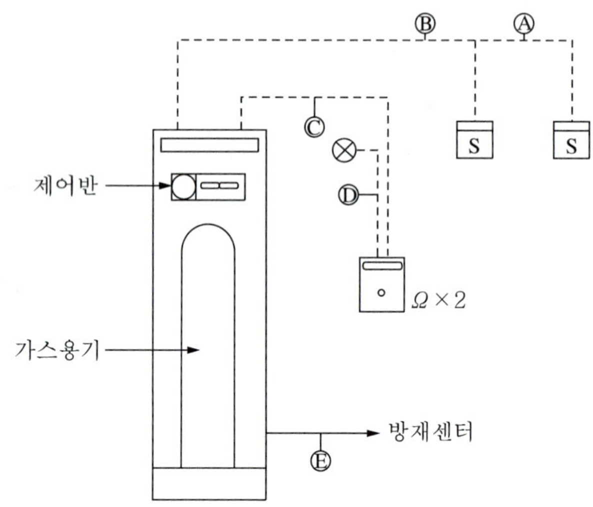

그림 19-4 패키지 시스템 할로겐화합물소화설비 계통도

CHAPTER 20

분말소화설비

Fire Alarm Facility

분말소화설비 및 청정소화약제소화설비에 있어 수동식기동장치, 자동식기동장치, 제어반 및 화재표시반, 자동식기동장치에 설치하는 화재감지기, 음향장치, 비상전원 등은 '이산화탄소소화설비'의 기준을 준용한다.

분말소화설비의 결선도는 <그림 20-1>에서 나타내고 있으며, <표 20-1>에서 전선내역을 나타내고 있다.

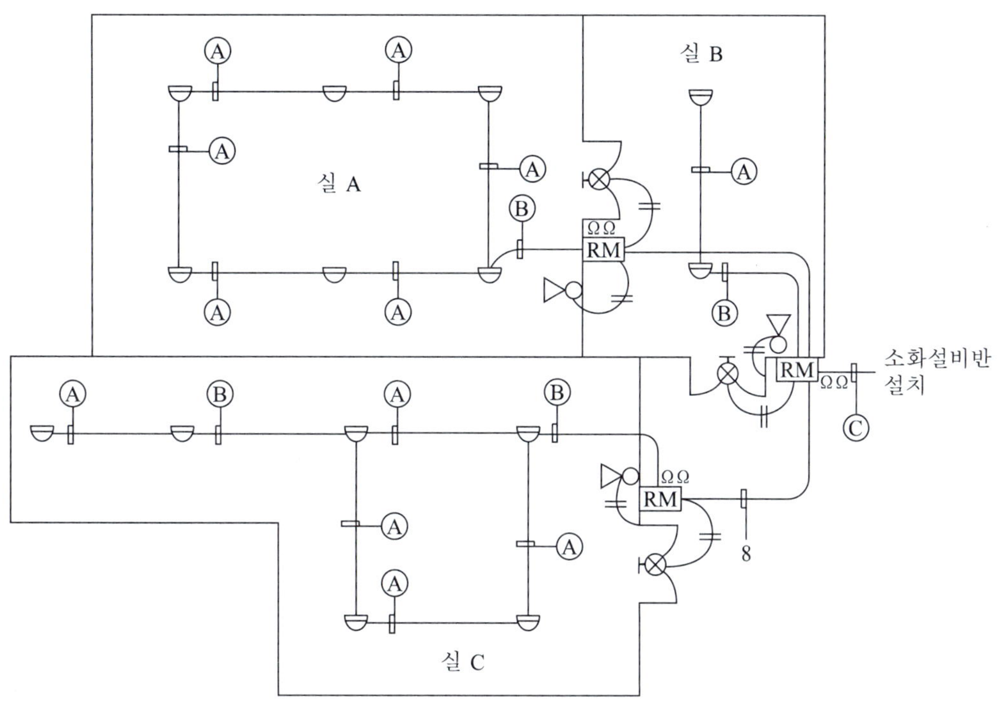

그림 20-1 분말소화설비 결선도

표 20-1 분말소화설비 전선내역

기호	구 분	배선수	용 도
Ⓐ	감지기 – 감지기	4	지구, 공통 각 2가닥
Ⓑ	감지기 – 패키지	8	지구, 공통, 각 4가닥
Ⓒ	수동조작함 – 소화설비반	18	전원 +, 전원 −, 방출지연스위치, (감지기 A, 감지기 B, 가동스위치, 사이렌, 방출표시등) × 3

연습문제 exercise

1. 가압송수장치를 기동용 수압개폐방식으로 사용하는 1층 공장 내부에 옥내소화전함과 자동화재탐지설비용 발신기를 설치하였다. 다음 질문에 답하시오.

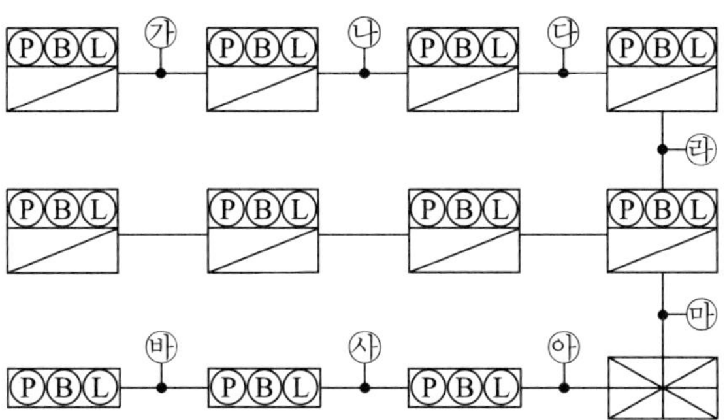

(1) 기호 ㉮~㉵의 전선 가닥수를 표시하시오.

(2) ⓅⒷⓁ(함) 와 ⓅⒷⓁ 의 차이점에 대해 설명하고, 각 함의 전면에 부착되는 전기적인 기기장치의 명칭을 모두 쓰시오.

2. 옥내소화전설비에 대한 다음 질문에 답하시오.

(1) 비상전원의 종류 2가지를 쓰시오.

(2) 비상전원의 설치기준 5가지를 쓰시오.

3. 준비작동식 스프링클러설비의 계통을 나타낸 도면에서 화재가 발생하였을 때 화재감지기, 소화설비반의 표시부, 전자밸브, 준비작동식 밸브 및 압력 스위치들 간의 작동연계성을 설명하시오.

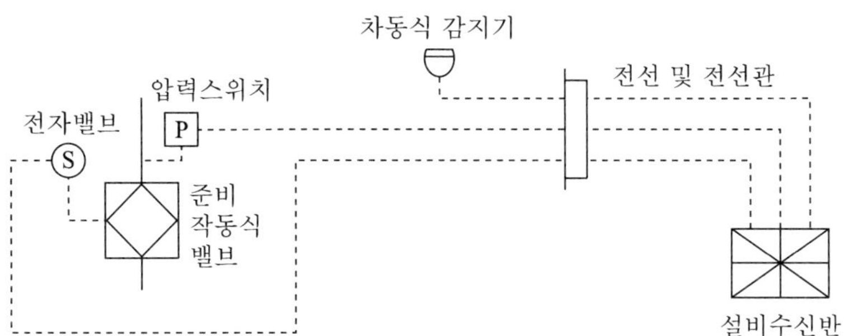

4. 지하1층, 2층, 3층의 주차장에 준비작동식 스프링클러설비를 하고 다음 평면도와 같이 감지기를 설치하였다. 지하 1층, 2층, 3층이 모두 동일구조일 때 계통도를 완성하시오(단, 계통도에는 전선관 규격, 전선의 종류 및 굵기, 가닥수를 명시한다).

조 건
• 감지기는 IV 1.2mm, 기타배선은 HIV 2.0mm를 사용한다. • 전선관은 후강전선관을 사용한다.

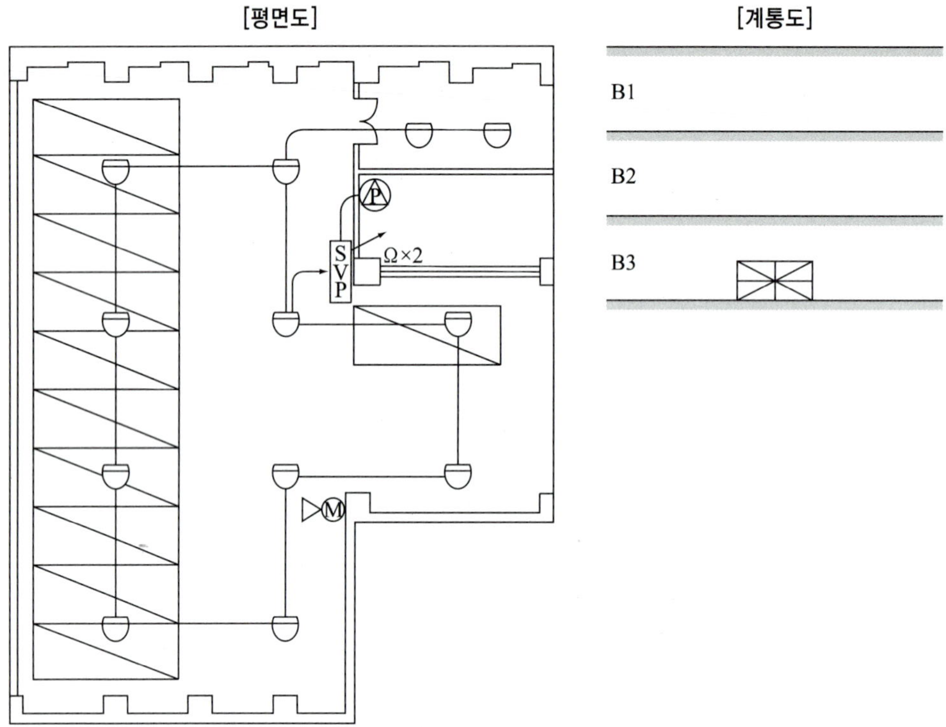

[표 1] 전선(피복절연물을 포함)의 단면적

전선의 굵기		단면적 [mm²]
단선[mm]	연선[mm²]	
1.6 2.0 2.6 3.2	 5.5 8	8 10 20 28
	14 22 38	45 66 104
	60 100 150	154 227 346
	200 250	415 531

[표 2] 절연전선을 금속관 내에 넣을 경우의 보정계수

전선의 굵기		보정계수
단선[mm]	연선[mm²]	
1.6 2.0		2.0
2.6 3.2	5.5 8	1.2
	14 이상	1.0

[표 3] 후강전선관의 내단면적의 32% 및 48%

전선관의 굵기[mm]	내단면적의 32%[mm²]	내단면적의 48%[mm²]	전선관의 굵기[mm]	내단면적의 32%[mm²]	내단면적의 48%[mm²]
16	67	101	54	732	1098
22	120	180	70	1216	1825
28	201	301	82	1701	2552
36	342	513	92	2205	3308
42	460	690	104	2843	1964

[표 4] 박강전선관의 내단면적의 32% 및 48%

전선관의 굵기[mm]	내단면적의 32%[mm²]	내단면적의 48%[mm²]	전선관의 굵기[mm]	내단면적의 32%[mm²]	내단면적의 48%[mm²]
19	63	95	51	569	853
25	123	185	63	889	1333
31	205	308	75	1309	1964
39	305	458			

[표 5] 박강전선관의 굵기 선정

전선의 굵기		전선 본수									
단선 [mm]	연선 [mm^2]	1	2	3	4	5	6	7	8	9	10
		전선관의 최소굵기[mm]									
1.6		19	19	19	25	25	25	25	31	31	31
2.0		19	19	19	25	25	25	31	31	31	31
2.6	5.5	19	19	25	25	25	31	31	31	39	39
3.2	8	19	25	25	31	31	31	39	39	39	51
	14	19	25	31	31	39	39	51	51	51	51
	22	19	31	31	39	51	51	51	51	73	63
	30	25	39	51	51	51	63	63	63	75	75
	60	25	51	51	63	63	75	75	75		
	100	31	63	63	75	75					
	150	39	63	75							
	200	51	75	75							

[표 6] 후강전선관의 굵기 선정

전선의 굵기		전선 본수									
단선 [mm]	연선 [mm^2]	1	2	3	4	5	6	7	8	9	10
		전선관의 최소굵기[mm]									
1.6		16	16	16	16	22	22	22	28	28	28
2.0		16	16	16	22	22	22	28	28	28	28
2.6	5.5	16	16	22	22	28	28	28	36	36	36
3.2	8	16	22	22	28	28	36	36	36	36	42
	14	16	22	28	28	36	36	36	42	42	54
	22	16	28	28	36	42	42	54	54	54	54
	30	16	36	36	36	42	54	54	54	70	70
	38	22	36	36	42	54	54	54	70	70	70
	50	22	36	42	54	54	70	70	70	70	82
	60	22	42	42	54	70	70	70	70	82	82
	80	28	42	54	54	70	70	82	82	82	92
	100	28	54	54	70	70	82	82	92	92	104
	125	46	54	70	70	82	82	92	104	104	
	150	36	70	70	82	82	92	104	104		
	200	36	70	70	82	92	104				
	250	42	82	82	92	104					
	325	54	82	92	104						
	400	54	92	92							
	500	54	104	104							

5. 습식 스프링클러설비의 전기적 계통도를 보고 Ⓐ~Ⓓ까지의 배선수와 각 배선의 용도를 쓰시오.

조 건
• 각 유수검지장치에는 밸브개폐 감시용 스위치는 부착되어 있지 않다. • 사용전선은 HIV전선이다. • 배선수는 운전조작상 필요한 최소 전선수를 쓰도록 한다.

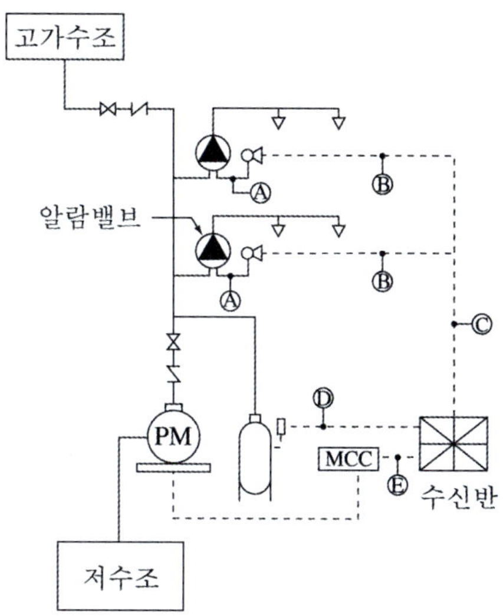

기호	구분	배선수	배선 굵기	배선의 용도
Ⓐ	알람밸브 ↔ 사이렌		1.6mm 이상	
Ⓑ	사이렌 ↔ 수신반		1.6mm 이상	
Ⓒ	2개 구역일 경우		1.6mm 이상	
Ⓓ	압력탱크 ↔ 수신반		1.6mm 이상	
Ⓔ	MCC ↔ 수신반	5	1.6mm 이상	공통, ON, OFF, 운전표시, 정지표시

6. 습식 스프링클러설비의 작동과 관련 부대 전기설비의 배선을 나타낸 그림에서 각 기기들의 연계 작동순서를 간략하게 설명하시오.(단, 압력챔버의 압력스위치 작동으로 펌프모터 MCC 작동, 펌프모터 기동의 설명은 제외한다.)

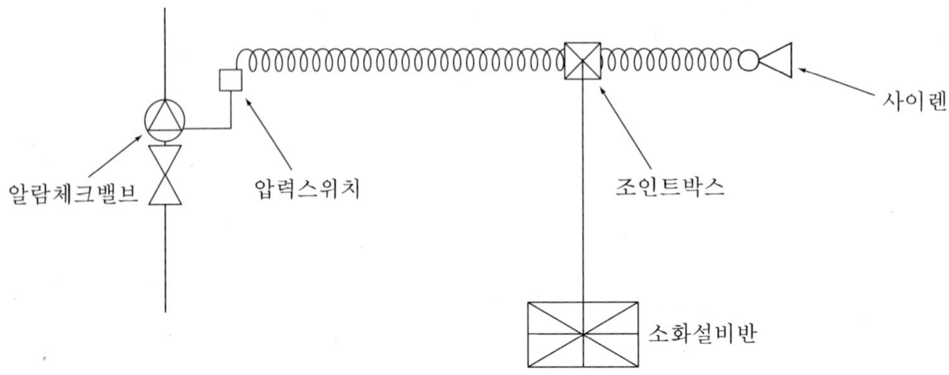

7. 내화구조인 지하 1층~3층의 주차장에 프리액션형의 스프링클러시설을 하고 차동식 스포트형 감지기(2종)를 설치하여 소화설비와 연동하는 감지기배선을 하는 데 주어진 평면도를 이용하여 본 설비의 계통도를 작성하고 계통도상에 전선수를 쓰도록 하시오(단, 층고는 3.6m이다).

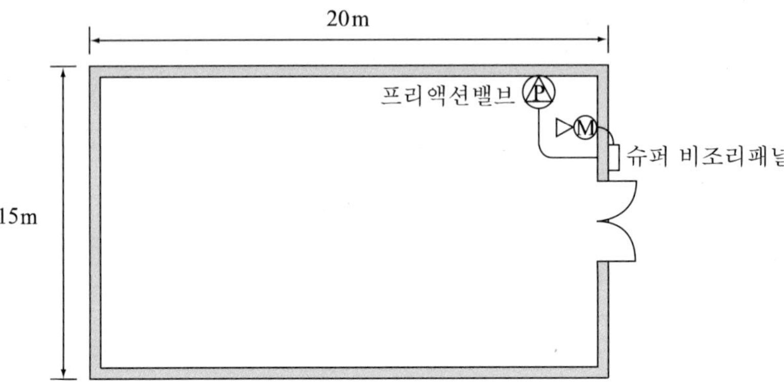

8. 준비작동식 스프링클러설비의 평면도 도면을 보고 다음 질문에 답하시오.

(1) 기호 ①~④의 최소가닥수를 쓰고, 도면에서 IV 1.2(16) 이 의미하는 바를 쓰시오.

(2) 기호 ⑤~⑦의 명칭을 쓰시오.

(3) 3층 건물일 경우, 간선 계통도를 그리시오.

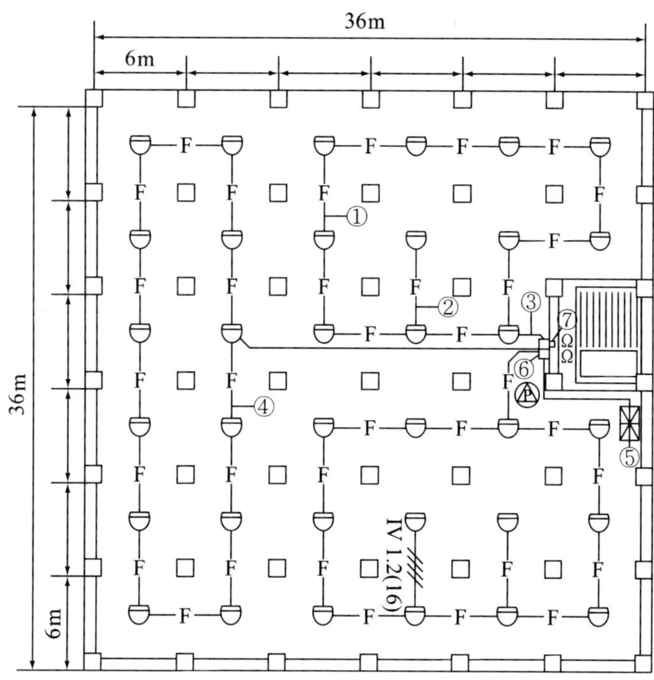

9. 준비작동식 스프링클러설비의 부대전기설비 계통도에서, 다음의 범례 및 조건을 보고 괄호 안에 전선수를 쓰시오.

조 건
(1) 프리액션 밸브 슈퍼바이조리판넬과 소화설비반의 연결선수는 다음과 같다. • 전원(+, −) 2선 • 전화 1선 • 압력스위치 1선 • 솔레노이드 밸브기동 1선 • 개폐표시형 밸브 모니터링 스위치 1선 • 이때 전화 1선과 전원(+, −) 2선은 공통으로 사용한다. (2) 감지기 선로는 별개로 본 문제에서 제외한다.

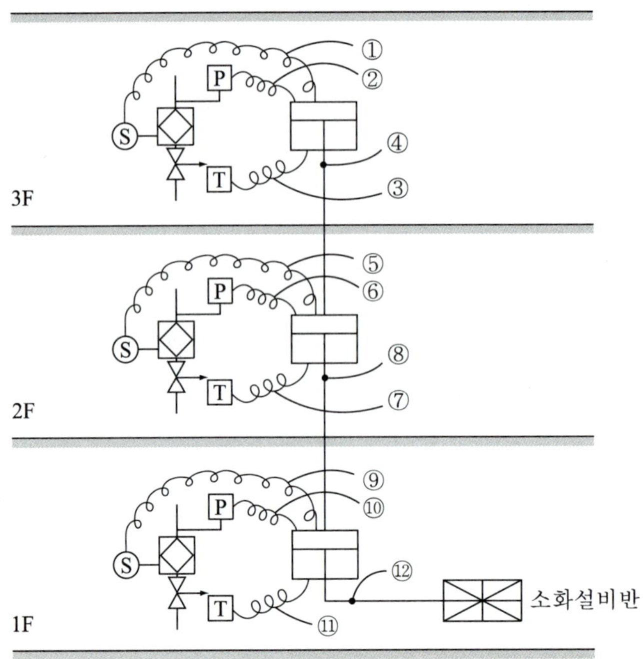

범 례	
: 프리액션 밸브 슈퍼바이조리판넬	T : 밸브 모니터링 스위치
: 프리액션 밸브	S : 솔레노이드 밸브
P : 압력 스위치	: 개폐 표시형 밸브

10. 습식 스프링클러설비의 전기적 계통도 그림을 보고 ①~⑥까지의 배선수와 각 배선의 용도를 쓰시오.

조 건
• MCC실의 전원표시등은 사용하지 않는다. • 사용전선은 HIV 전선이다. • 배선수는 운전조작상 필요한 최소 전선수를 쓰도록 한다.

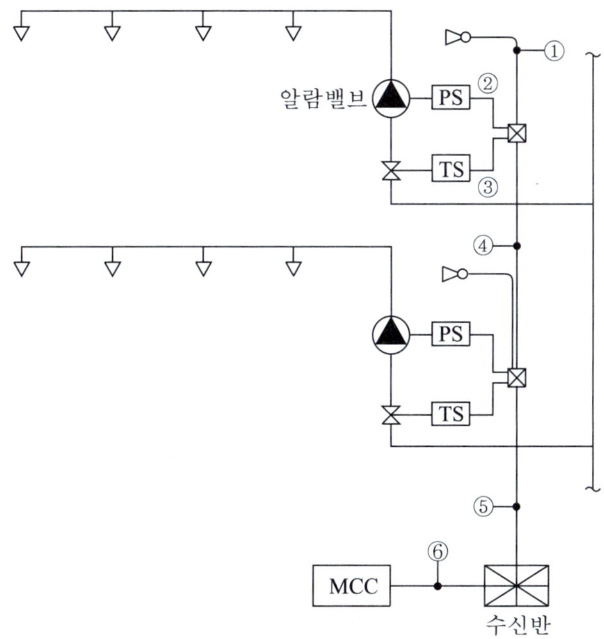

11. 폐쇄형 헤드, 8층, 기준개수 10개, 20분간 작동, 층고 3.8m, 유량 80Lpm, 효율 60%인 펌프로부터 가장 높은 헤드까지의 거리 30m, 배관 마찰손실 20m, 설비는 습식, 전달계수 1.1일 때 펌프의 모터용량[kW]은 얼마인가?

12. 준비작동식 스프링클러설비의 전기적 계통도에서 Ⓐ~Ⓔ까지에 대한 다음 표의 빈 칸에 알맞은 배선수와 배선의 용도를 작성하시오(단, 배선수는 운전조작상 필요한 최소전선수를 쓰시오).

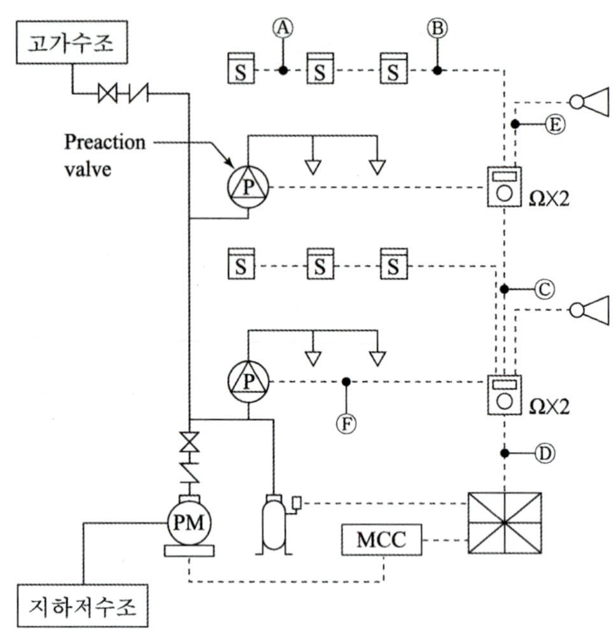

기호	구 분	배선수	배선굵기	배선의 용도
Ⓐ	감지기 ↔ 감지기		1.2mm	
Ⓑ	감지기 ↔ SVP		1.2mm	
Ⓒ	SVP ↔ SVP		1.6mm	
Ⓓ	2 Zone일 경우		1.6mm	
Ⓔ	사이렌 ↔ SVP		1.6mm	
Ⓕ	Preaction Valve ↔ SVP	6	1.6mm	밸브기동 2, 밸브개방확인 2, 밸브주의 2

13. 도면은 준비작동식 스프링클러소화설비에 사용되는 Super visory panel에서 수신기까지의 내부결선도이다. 결선도를 완성시키고 ①~⑨에 이용되는 전선의 용도에 관한 명칭을 쓰시오.

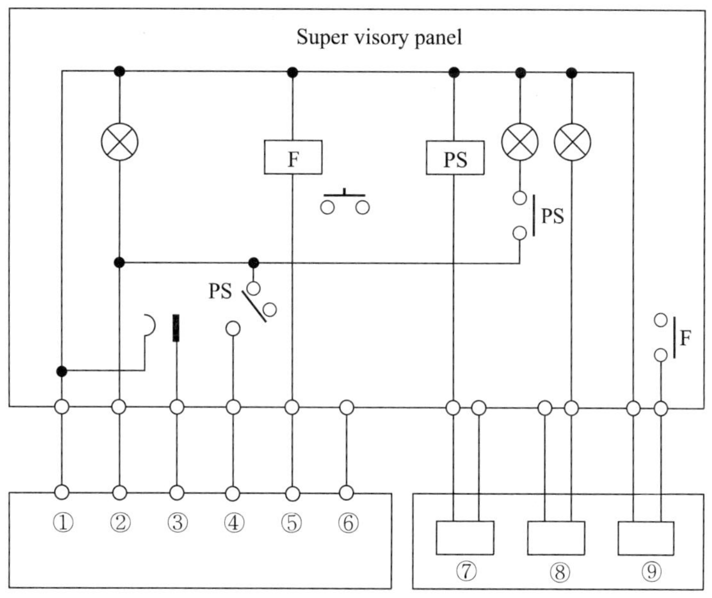

14. 유량 2400Lpm, 양정 100m인 스프링클러설비용 펌프 전동기의 용량[Hp]은?
(단, 효율 0.6, 전달계수 1.1이다)

15. 사무실(1동)과 공장(2동)으로 구분되어 있는 건물에 자동화재탐지설비의 P형 1급 발신기세트와 습식 스프링클러설비를 설치하고, 수신기는 경비실에 설치하였다. 경보방식은 동별구분 경보방식을 적용하였으며, 옥내소화전의 가압송수장치는 기동용 수압개폐장치를 사용하는 방식인 경우에 다음 질문에 답하시오.

(1) 공장동에 설치한 폐쇄형헤드를 사용하는 습식 스프링클러 유수검지장치용 음향장치는 어떤 경우에 울리게 되는가?

(2) 습식 스프링클러 유수검지장치용 음향장치는 담당구역의 각 부분으로부터 하나의 음향장치까지의 수평거리를 몇 m 이하로 하여야 하는가?

16. 할론소화설비, 분말소화설비, 이산화탄소소화설비 등에 사용되는 교차회로 방식의 목적을 쓰고, 간단한 그림을 그리고 설명하시오.

17. 이산화탄소소화설비의 제어반에서 수동으로 기동스위치를 조작하였으나 기동용기가 개방되지 않았다. 기동용기가 개방되지 않은 이유에 대해 전기적 원인을 4가지만 쓰시오(단, 제어반의 회로기판은 정상이다).

18. 다음은 이산화탄소소화설비에 대한 설명이다. (   ) 안에 알맞은 말을 넣으시오.

(1) 전역방출방식에 있어서는 (   )마다, 국소방출방식에 있어서는 (   )마다 설치할 것

(2) 기동장치의 조작부 설치높이를 쓰시오.

(3) 수동식기동장치의 타이머를 순간정지 시키는 기능의 스위치(비상스위치)를 설치하는 목적은?

19. 어느 방호대상물의 이산화탄소소화설비 부대전기설비를 설계한 도면이다. 다음 질문에 답하시오.

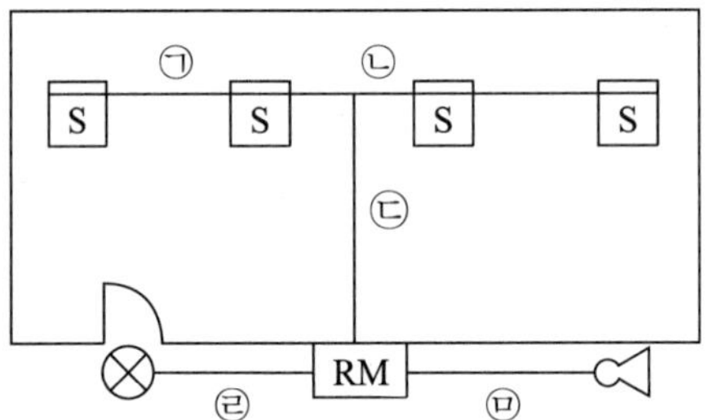

(1) 잘못 설계된 곳을 지적하고 그 이유를 설명하시오.

(2) 필요한 종단저항의 개수는 몇 개인가?

(3) ㉠~㉤까지의 전선가닥수는?

20. 이산화탄소소화설비의 부대 전기 평면도를 나타낸 것으로 주어진 조건과 도면을 이용하여 다음 질문에 답하시오.

조 건
• 본 이산화탄소 대상지역의 천장은 이중 천장이 없는 구조이다. • 이산화탄소 수동 조작함과 CO_2 컨트롤 판넬간의 배선은 - 전원 ⊕ · ⊖ : 2선 - 감지기 : 2선 - 수동기동 : 1선 - 방출표시등 : 1선 - 사이렌 : 1선 - 방출지연 1선이다. • 배관은 후강스틸 전선관을 사용하며 슬래브 내 매입 시공하는 것으로 한다.

(1) 도면에 표기된 ①~⑲까지의 전선수는 몇 가닥인가?

(2) 도면에서 A~C의 명칭은 무엇인가?

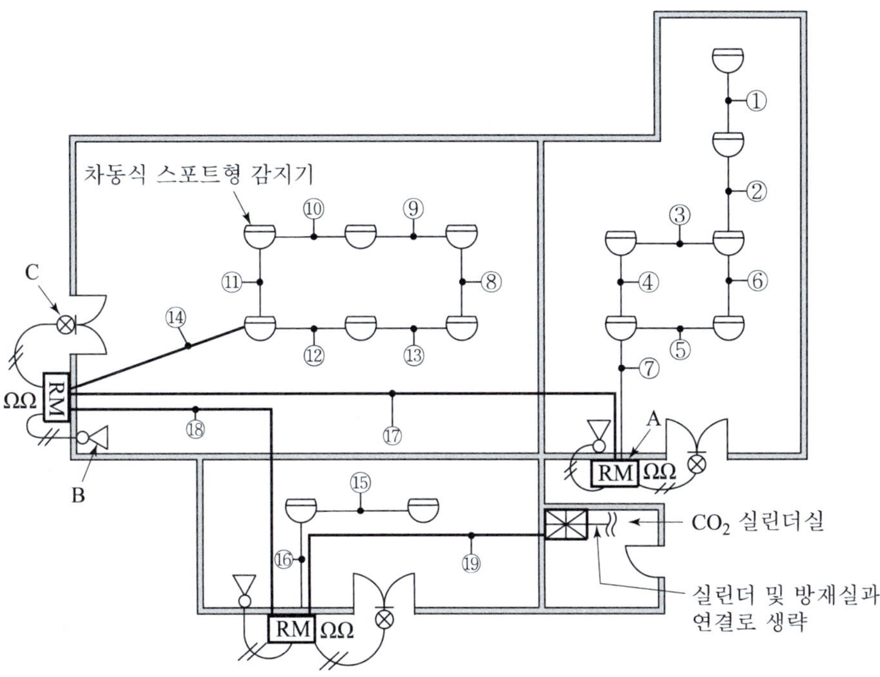

21. 교차회로 방식에 대한 그림을 그리고 간단히 설명하시오.

22. 다음 설계조건을 보고 할론설비에 대한 부대 전기설비의 접속평면도를 완성하고, 각 개소에 전선의 선수를 표시하시오.

설 계 조 건
• 전선 수 표시의 예 - 2선 —⫽— • 범례 - 할론 방출등 ⊢⊗ - 사이렌 ▷○ - 할론수동조작함 RM - 할론수신반(3회로) - 차동식 스포트형 감지기(2종) • 배선의 양은 최소가 되게 설계한다. • 할론수동조작함과 할론수신반 사이는 직접 콘서트 파이프로 연결하며, 이때 선수는 전원 2선, 감지기 2선, 방출등 1선, 수동조작 1선, 사이렌 1선, 방출지연 1선이다. • 할론수신반과 실린더솔레노이드, 프레셔스위치, 방재센터간의 선로는 본 설계에서 제외한다.

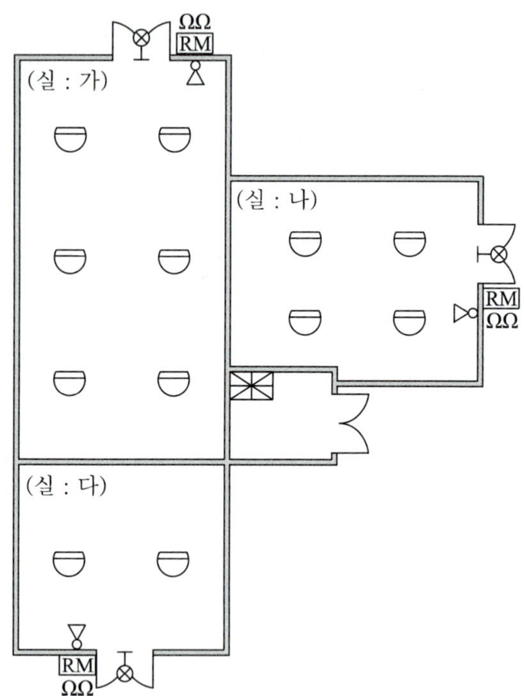

23. 할론 1301 소화설비의 도면을 보고 다음 질문에 답하시오.

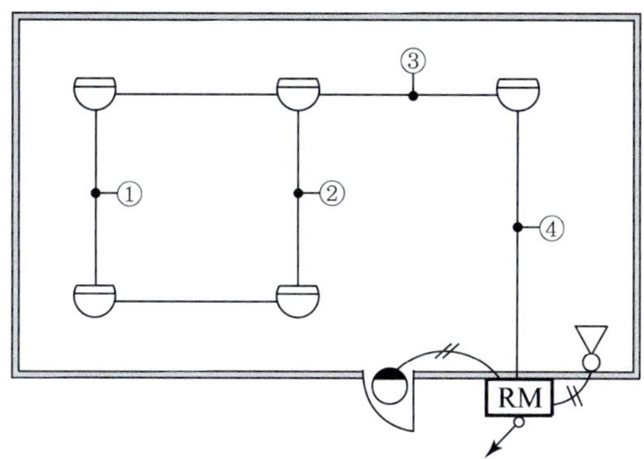

(1) ①~④의 전선가닥수를 쓰시오.

(2) 4각 박스와 8각 박스는 합해서 모두 몇 개가 필요한가?

(3) 부싱의 개수를 산출하시오.

24. 할론소화설비의 고정식 시스템으로 주어진 조건하에 각 질문에 답하시오.

조 건
• 전선의 가닥수는 최소한으로 한다. • 복구 스위치 및 도어 스위치는 없는 것으로 한다.

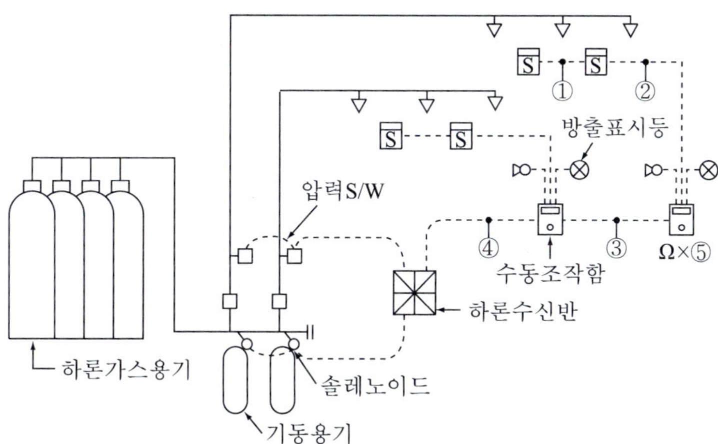

(1) 감지기 부분 배선 ①, ②의 전선가닥수는?

(2) ③의 전선가닥수와 전선의 용도는?

(3) ④의 전선 굵기와 전선가닥수는?

(4) ⑤의 종단저항은 몇 개이며 이렇게 쓰는 이유를 설명하시오.

25. 할론소화설비의 수동조작함에서 할론제어반까지의 결선도 및 계통도(3 zone)에서 주어진 도면과 조건을 이용하여 다음 질문에 답하시오.

조 건
• 전선의 가닥수는 최소가닥수로 한다. • 복구 스위치 및 도어 스위치는 없는 것으로 한다. • 번호표기가 없는 단자는 방출지연스위치이다.

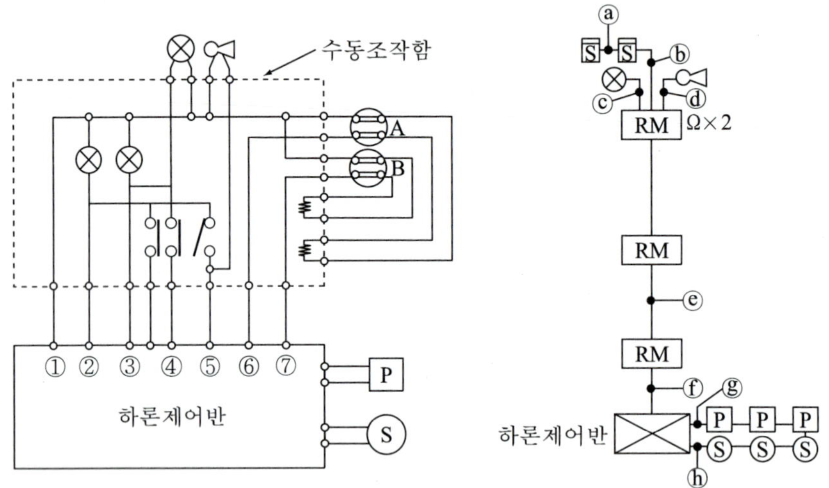

(1) ①~⑦의 전선명칭을 쓰시오.

(2) ⓐ~ⓗ의 전선가닥수는?

26. 컴퓨터실에 그림과 같은 독립적으로 할론소화설비를 할 경우, 이 설비를 자동적으로 동작시키기 위한 전기설계를 하시오.

유 의 사 항
1. 평면도 및 제어계통도만 작성할 것
2. 감지기의 종류를 명시할 것
3. 배선상호간에 사용되는 전선류와 전선가닥수를 표시할 것
4. 심벌은 임의로 사용하고 심벌 부근에 심벌명을 기재할 것
5. 실의 높이는 4m이며, 지상 2층에 컴퓨터실에 있음

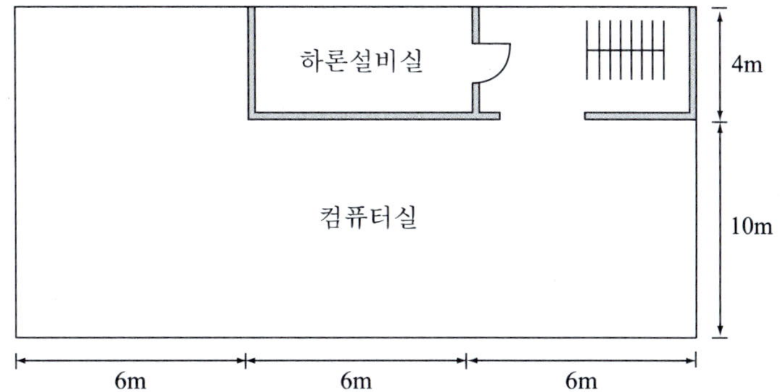

27. 정보처리서버실에 할론소화설비를 설치하려고 한다. 내부는 내화구조이고 높이 3.6m, 면적 $600m^2$ 일 때 다음 질문에 답하시오.

(1) 설치시 적합한 감지기는 무엇이며, 감지기 설치개수는?

(2) 감지기의 회로방식과 이 방식을 사용하는 목적은 무엇인가?

(3) 다음 도면을 완성하시오(단, 심벌부근에 심벌명을 기재하고, 배선 상호간에 전선류와 전선가닥수를 표시할 것).

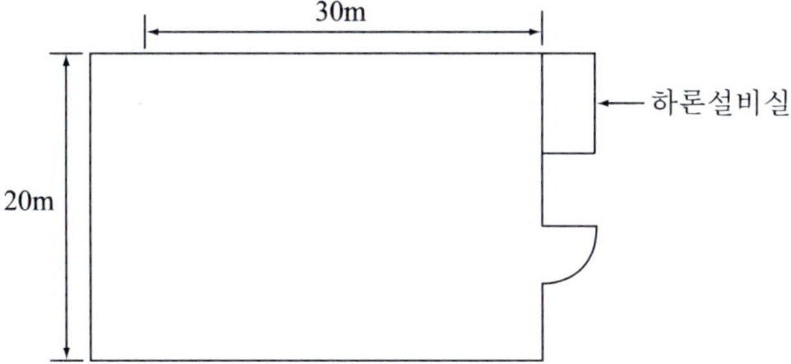

(라) 할론소화설비의 감지기가 작동한 것으로 가정하고 작동순서를 기입하시오.

28. 할론소화설비의 기동용 연기감지기 회로를 오결선한 그림에서 오결선된 부분을 바로잡아 바른 결선도를 그리고 잘못 결선한 이유를 설명하시오(단, 종단저항은 제어반 내에 설치된 것으로 본다).

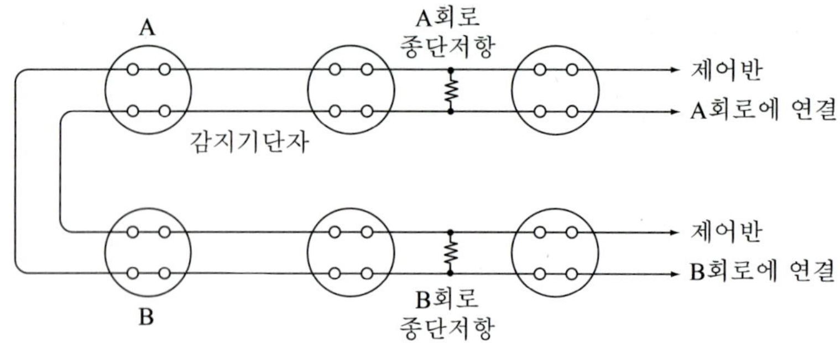

29. 어느 방호대상물의 할론설비 부대전기설비를 설계한 도면이다. 잘못 설계된 점을 4가지 찾으시오.

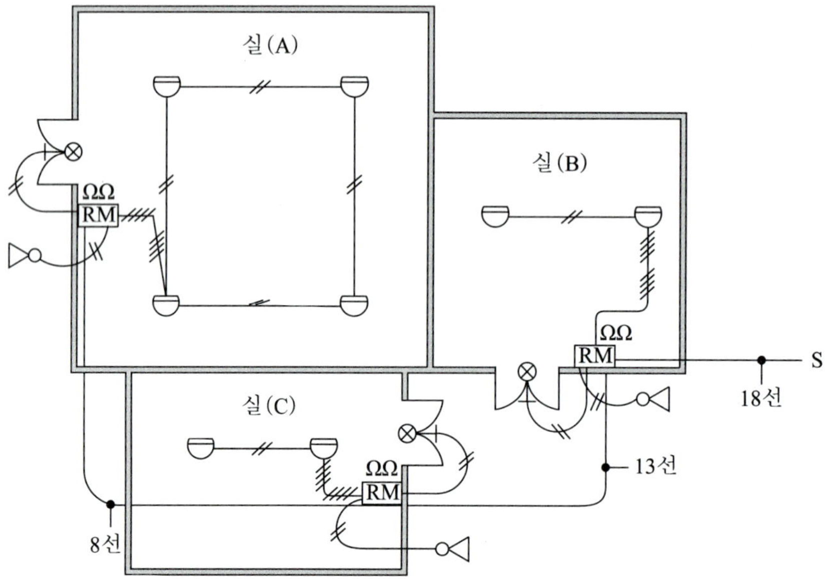

유 의 사 항
• 심벌의 범례 - 할론수동조작함(종단저항 2개 내장) ΩΩ RM, 할론방출표시등 ├⊗ • 전선관의 규격은 표기하지 않았으므로 지적대상에서 제외한다. • 할론수동조작함과 할론컨트롤판넬의 입선 가닥수는 한 구역당(+, −) 전원 2선, 수동조작 1선, 감지기선로 2선, 사이렌 1선, 할론방출표시등 1선, 방출지연 1선으로 연결 사용한다. • 기술적으로 동작불능 또는 오동작이 되거나 관련기준에 맞지 않거나 잘못 설계되어 인명피해가 우려되는 것들을 지적하도록 한다.

30. 다음의 주어진 할론제어반, 사이렌, 방출등, 감지기, 할론수동조작함의 외부결선도 및 할론수동조작함의 회로도를 완성하시오.

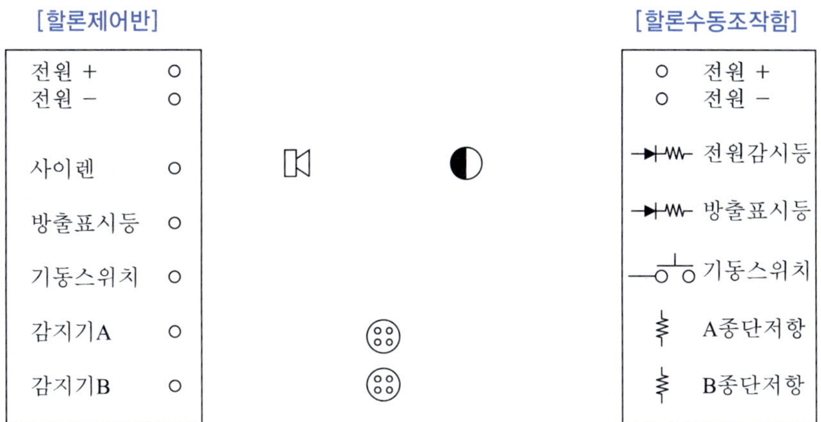

31. 전기실에 설치되는 할론 1301 소화설비의 전기적인 블록 다이어그램이다. 시스템을 전기적으로 완벽하게 운영하기 위하여 필요한 전선의 종류, 전선의 최소굵기, 전선의 최소수량과 후강전선관의 크기 등을 ①~⑥까지 표시하고, ⑦의 종단저항 수를 쓰시오.

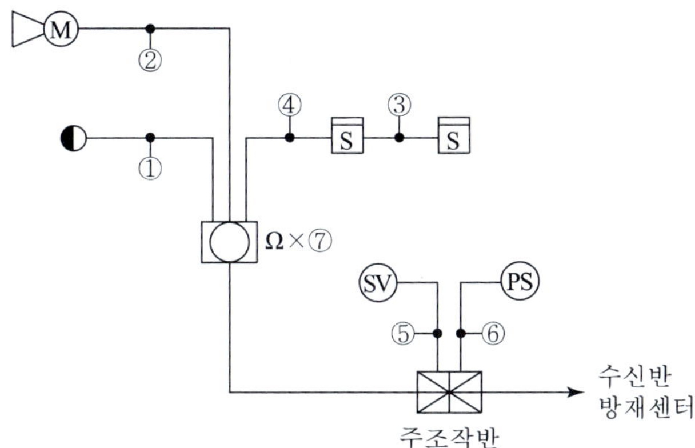

[보기]				[표기방식]
• 모터사이렌	Ⓜ◁	• 종단저항	Ω	예 : 22C(HIV 3.5 - 6)
• 연기감지기	S	• 주 조작반	⊠	• 22C - 후강전선관
• 방출표시등	◐	• 솔레노이드밸브	SV	• HIV - 전선종류 • 3.5 - 전선굵기
• 수동조작 스위치	◯	• 압력스위치	PS	• 6 - 전선수량

32. 다음과 같이 통신실에 할론 1301 가스설비와 연동되는 감지기설비를 하려고 한다. 주어진 조건을 이용하여 다음 질문에 답하시오.

조 건
• 도면의 축적은 NS로 작성한다. • 감지기 배선은 가위배선으로 한다. • 모든 배관배선은 콘크리트 매입으로 한다. • 사용하는 전선관은 모두 공사용 후강전선관으로 한다. • 전원 및 각종 신호선은 1개의 선으로 표시하며 배선가닥수는 표시된 선 위에 빗금으로 표시하도록 한다. • 감지기 설치 및 배관배선은 규정된 심벌을 사용한다. • 할론저장실까지의 거리는 주조작반에서 20m 거리에 있다. • 수동조작반으로 연결되는 배관배선은 감지기, 사이렌, 방출표시등 등이다. • 모든 배관배선의 개소에는 가닥수를 표시하도록 한다. • 통신실의 높이는 4m이며, 주요구조부가 내화구조이다.

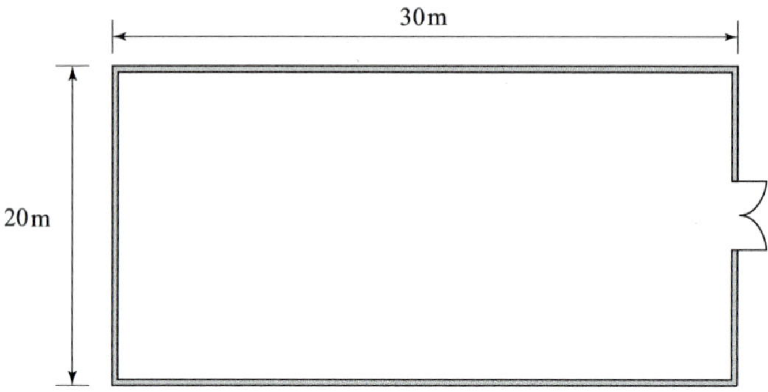

(1) 감지기는 차동식 스포트형 감지기 2종을 사용하려고 한다. 필요한 개수를 산정하여 도면에 적당한 간격으로 배치하여 설치하고 배선가닥수도 표시하도록 하시오.

(2) 모터사이렌, 할론방출표시등, 수동조작함을 도면의 적당한 위치에 설치하고 배선가닥수도 표시하도록 하시오.

(3) 감지기와 감지기간의 배선은 어떤 종류의 전선을 사용하는가?

(4) 감지기와 수동조작반과의 배선은 어떤 종류의 전선을 사용하는가?

(5) 사이렌과 수동조작반, 수동조작반 상호간의 배선은 어떤 종류의 전선을 사용하는가?

(6) 수동조작반과 주조작반 사이의 배선에 대한 전선의 명칭을 쓰시오. 단, 감지기의 공통선은 전원선과 분리하여 사용하는 것으로 한다.

33. 할론 1301 설비에 설치되는 사이렌과 방출등의 설치위치와 설치목적을 간단하게 설명하시오.

34. 컴퓨터와 전기실에 할론소화설비를 하려고 한다. 이 설비를 자동적으로 동작시키기 위한 전기설계를 하시오. 단, 건축물의 구조는 내화구조이며, 층고는 3m이다. 다음 심벌을 사용하여 완성하시오.

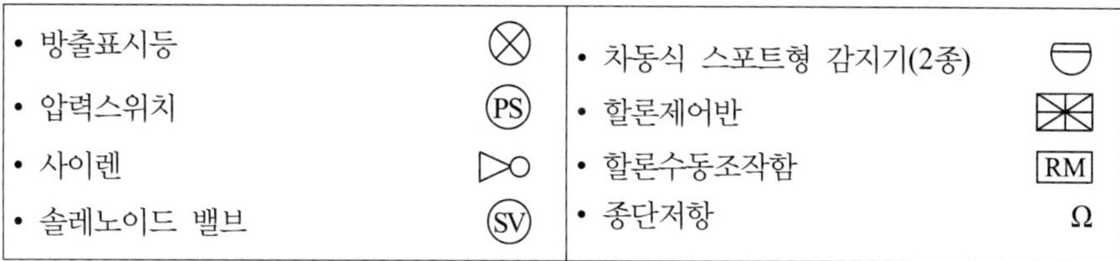

명칭	심벌	명칭	심벌
• 방출표시등		• 차동식 스포트형 감지기(2종)	
• 압력스위치	PS	• 할론제어반	
• 사이렌		• 할론수동조작함	RM
• 솔레노이드 밸브	SV	• 종단저항	Ω

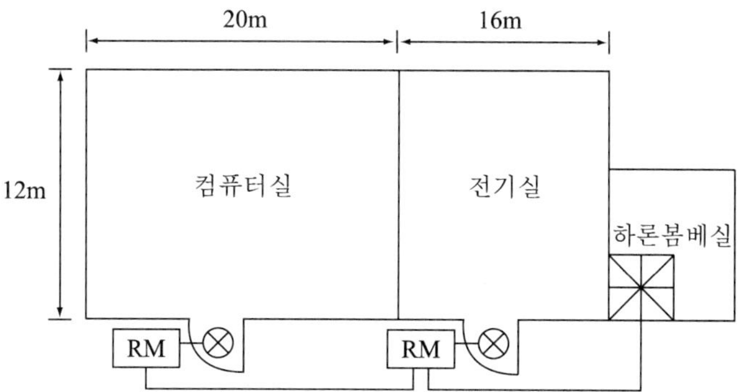

PART

05

전기배선

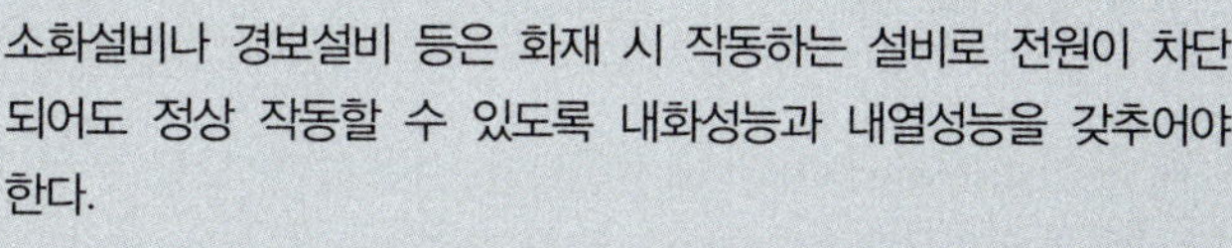

소화설비나 경보설비 등은 화재 시 작동하는 설비로 전원이 차단되어도 정상 작동할 수 있도록 내화성능과 내열성능을 갖추어야 한다.

CHAPTER 21

전선 특성

① 배전선로의 구성

1.1 전압의 구분

전류의 흐름이 일정한 방향으로 흐르는 전류를 직류(DC; Direct current)라고 하며 극성(+, −)이 있다. 교류(AC; Alternating current)는 시간의 변화에 따라 전류의 크기와 방향이 주기적으로 변화하는 것을 말하며, 극성이 없다.

표 21-1 전압의 구분

구 분	DC	AC
저 압	750V 이하	600V 이하
고 압	751～7000V 이하	601～7000V 이하
특고압	7001V 이상	

1.2 배전선로

배전(Distribution)이란 배전선로를 사용하여 직접 수용가에게 전력을 공급하는 것을 말하며, 여기서 변전소에서 수용가에 이르는 배전선로 중 분기선 및 배전용 변압기가 없는 부분을 급전선(Feeder)라고 하고, 수용지점에서 부하에 따라 급전선에 접속하여 각 수용가에 공급하는 주요 선로를 간선(Main line)이라고 하며, 간선으로부터 분기하여 변압기에 이르는 부분으로 부하설비에 전력을 전송하는 역할을 하는 분기선(Branch line)이 있다.

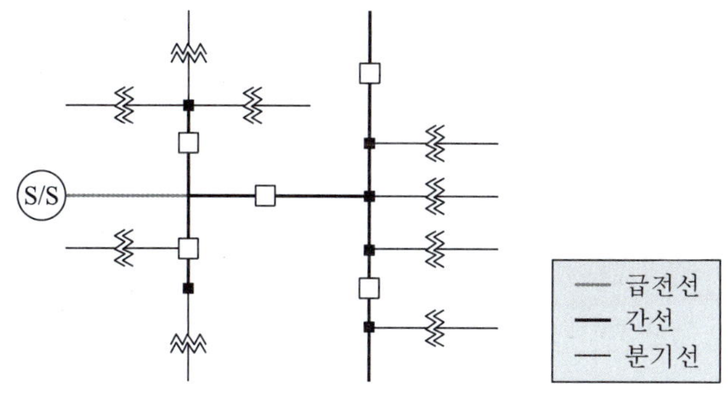

그림 21-1 급전선, 간선 및 분기선

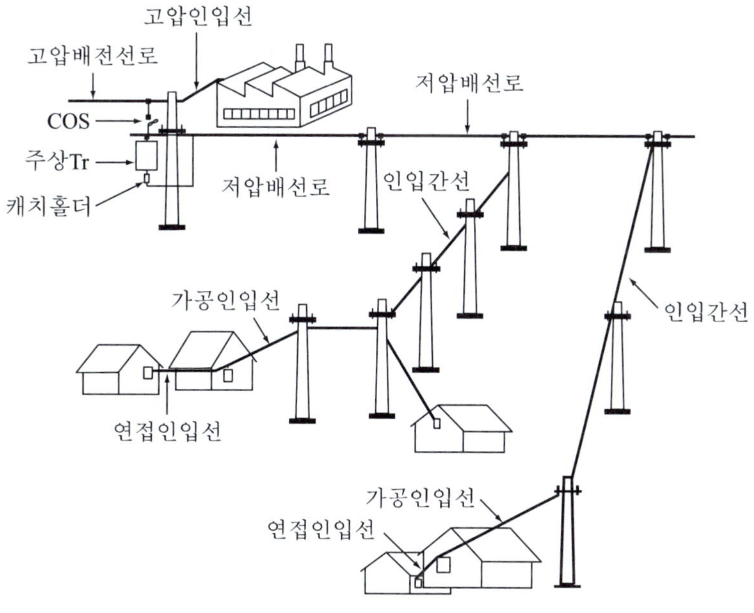

그림 21-2 저압배전방식(방사상)

표 21-2 사용전압에 따른 간선분류

사용전압	저압간선	고압간선	특고압간선
간선분류	직류 100V(비상등) 단상 2선식 110V(사용X) 단상 3선식 110/220V(주로 전등간선) 3상 3선식 200V(동력간선) 3상 4선식 220/380V(동력 및 전등 공용간선)	3상 3선식 3.3kV, 6.6kV (대용량 전동기)	3상 4선식 22.9kV (다중접지식의 초고층 빌딩)

1.3 구성형식

가. 가지식(Tree system)

나뭇가지 모양으로 분기하여 한 쪽 방향으로만 전력을 공급하는 방식으로 농어촌 지역에 적합하며, 설비가 간단하다. 큰 전압강하와 넓은 정전 범위로 공급신뢰도가 낮다.

나. 환상식(Loop system)

간선을 환상으로 구성하여 양방향에서 전력을 공급하는 방식으로 선로에 대한 융통성이 있으며, 전압강하 및 전력손실이 경감되고, 공급신뢰도가 좋다. 하지만 설비가 복잡하여 부하증설이 곤란하고 부하가 밀집된 지역에 적합하다.

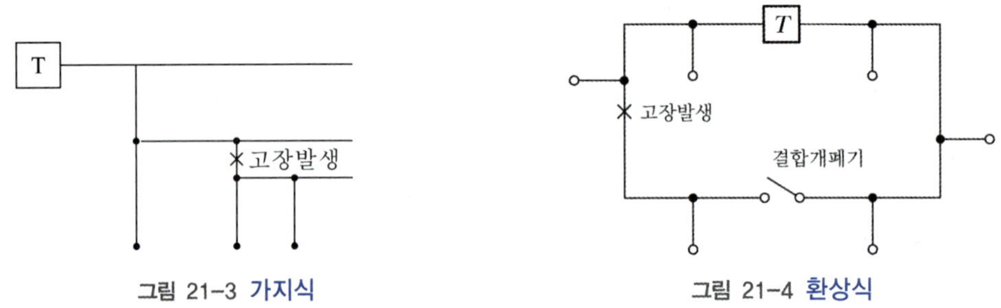

그림 21-3 가지식　　그림 21-4 환상식

다. 뱅킹방식(Banking system)

동일 간선에 접속된 2대 이상의 변압기의 저압측 간선을 병렬접속하여 부하의 융통성을 향상시킨 배전방식으로 전압강하 및 전력 손실이 경감되고, 플리커 현상이 감소한다. 또한 공급

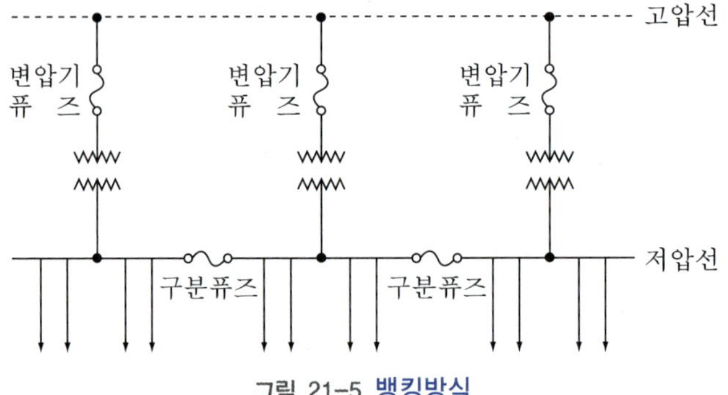

그림 21-5 뱅킹방식

신뢰도가 증가되고, 2차측 변압기 저압선의 고장으로 건전한 변압기의 일부 또는 전부가 1차측 보호장치에 의하여 차단되는 현상(Cascading phenomena)으로 정전범위가 넓어지고, 부하가 밀

집된 지역에 적합하다.

라. 망상식(network system)

같은 변전소의 같은 변압기에서 나온 2회선 이상의 고압배전선에 접속된 변압기의 2차측을 같은 저압선에 연결하여 부하에 전력을 공급하는 방식으로 전압강하 및 전력손실이 경감되고, 무정전 전력공급이 가능하여 공급신뢰도(Supply reliability)[1]가 가장 좋다. 또한 부하증설이 용이하며, 네트워크 변압기[2]나 프로텍터[3]를 설치함에 따라 시설비가 많이 들고 대도시와 같은 부하밀집지역에 적당하다.

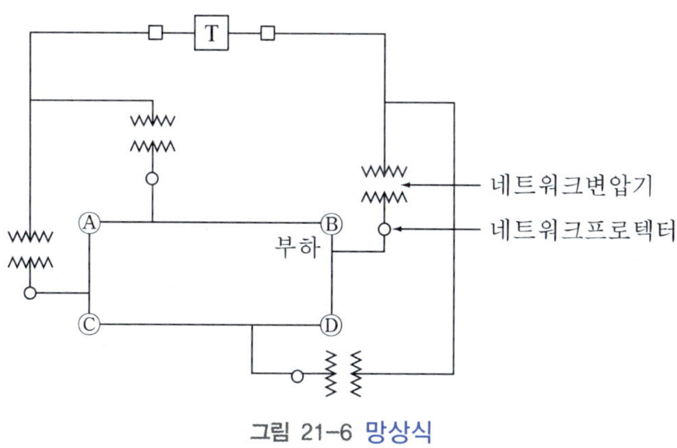

그림 21-6 망상식

1.4 배전방식의 종류

전기공급 방식에서 단상(1ϕ)은 전등, 전열 등에 사용하는 일반용의 전원회로 방식으로 가정용 전원은 단상 2선식 또는 단상 3선식을 사용한다. 3상(3ϕ)은 전압이나 전류의 파형이 사인파

---

1) 예상되는 전력수요에 대하여 안정적인 전력공급을 유지하는 정도를 나타내는 지표. 즉, 소비자에게 적절한 전압, 주파수의 전기를 계속하여 공급할 수 있는 정도를 말하며, 전력의 양적공급과 질적공급의 확실성을 대상으로 한다.

2) 주로 Epoxy mold 변압기를 사용하며, 정격용량으로 운전 후 130% 이상의 과부하운전이 가능해야 한다.

3) 변압기 또는 1차 급전선에서 소정의 전기적 조건에 따라 2차 회로에서 변압기를 자동적으로 분리하기 위한 회로차단기 및 그 완전한 제어장치에 의해 구성되는 보안장치(회로망보호기)로 역전력 차단, 무전압 투입, 차전압 투입의 기능이 있다.

를 이루고 있으며 각 파형이 120°의 위상차를 갖고 있는 것을 말한다.

단상 2선식은 단상 교류전력을 전선 2가닥으로 배전하는 것으로 주택, 빌딩, 병원 및 공장 등 모든 건물에 사용하였으나 220V로 바뀌면서 현재는 거의 사용하지 않지만, 전선수가 적으며 가선 공사가 간단하여 공사비가 저렴하다. 단상 3선식은 주로 변압기 저압측의 2개의 권선을 직렬로 하고 그 접속의 중간점으로부터 중성선을 끌어내어 전선 3가닥을 배전하는 방식으로 동일한 간선의 회로전압을 220V로 하고 110V도 얻을 수 있다. 중성선 단선 및 접점 불량이 발생될 경우 100V 회로에 220V 전압이 인가되어 기기의 손상우려가 있다.

3상 3선식은 과거에 사용된 동력 방식으로 220V 3상 전원을 말하며 변압기의 결선은 델타결선으로 한다. 과거 국내의 건축물의 경우 3상은 220V, 단상은 110V가 표준전압이었으나 전력손실을 경감하기 위하여 3상 4선식 배선방식을 사용하고 있다. 3상 4선식은 동력과 전등을

표 21-3 배전방식의 종류

배전방식	결선도[4]	전선량 대비	1선당 송전전력[%] (단상 2선식 기준)	
단상 2선식	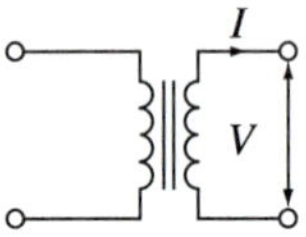	100%	$\frac{VI}{2}cos\theta$	100
단산 3선식	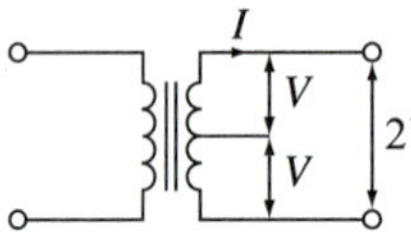	$37.5\%\left(\frac{3}{8}\right)$	$\frac{2VI}{3}cos\theta$	133
3상 3선식	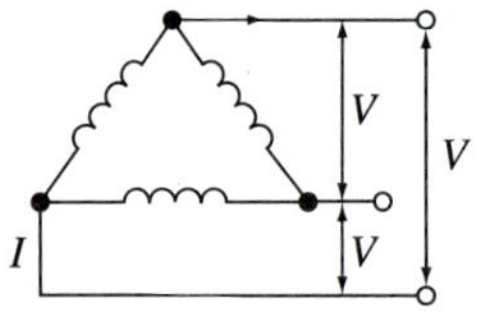	$75\%\left(\frac{3}{4}\right)$	$\frac{\sqrt{3}}{3}VIcos\theta$	115
3상 4선식	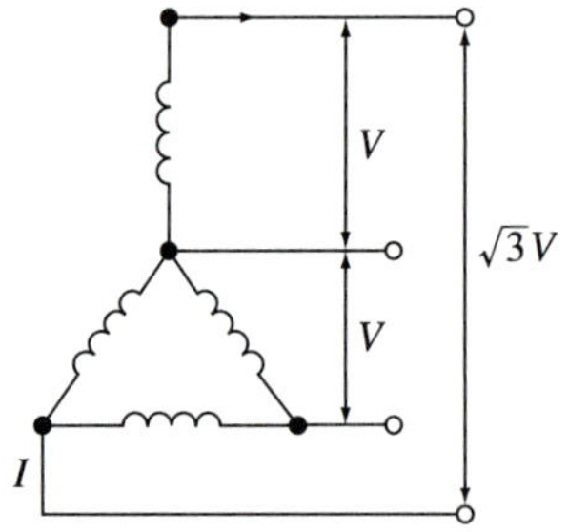	$33.3\%\left(\frac{1}{3}\right)$	$\frac{\sqrt{3}}{4}VIcos\theta$	86.6

[비고] 유효전력(kW)은 소비하는 각종 부하에, 피상전력(VA)은 발전기, 변압기 등 공급하는 경우에 표시된다.

4) 회로 또는 소자 상호를 직접 또는 전선을 통하여 연결하는 것을 그림으로 나타낸 것을 말한다.

동시에 공급하는 현재의 공급방식으로 동력의 경우 380V, 전등은 220V가 표준전압이다. 배전방식에 따른 결선도와 1선당 송전전력을 <표 21-3>에 나타내고 있다.

1.5 선로의 보호장치

가. 저압개폐기

부하전류를 흐르게 하거나 차단할 필요가 있는 곳에 설치한다.

나. 배선용차단기(NFB ; No fuse breaker)

전기기구를 많이 사용하거나 단락될 경우에 즉시 전기를 차단하여 사고를 방지하기 위한 장치로 분기용개폐기, 과전류차단기라고도 한다(단상 3선식, 3상 4선식 중성선에는 설치하지 않는다). 부하차단능력이 우수하고 퓨즈를 사용하지 않고 바이메탈이나 전자식으로 회로를 차단하므로 반영구적으로 사용할 수 있으며, 충전부가 케이스 내에 수용되어 있어 안전하게 사용이 가능하고, 소형경량으로 사용이 간편하다. 또한 신뢰성이 높으며 트립(Trip) 시 즉시 재투입이 가능하고 회로의 차단여부를 쉽게 확인할 수 있는 특징이 있다.

다. 누전차단기

선로에 누전이나 지락사고가 발생했을 때 위험을 방지한다.

라. 전류차단기(계약차단기)

일반수용가에서 사용하는 콘센트와 전기기구 등의 용량에 필요한 전류크기를 결정하여 공급받는 데 이를 계약전류라 한다. 계약전류를 초과하면 차단기가 작동하여 자동으로 전기가 차단된다.

표 21-4 전선의 허용전류와 과전류차단기 용량

전동기 정격전류	전선 허용전류	과전류차단기 용량
합계 50A 이하	1.25 × 전동기 전류합계	2.5 × 전선 허용전류
합계 50A 초과	1.1 × 전동기 전류합계	2.5 × 전선 허용전류

표 21-5 간선 보호장치

종 류	기 능
NFB(배선용 차단기) MCCB	• 재투입(재사용)이 가능하고 과전류나 단락전류에 의한 과열소손을 방지 • 과전류차단기는 전동기 정격전류의 3배에 견딜 것 • 과전류가 흐를 때 자동으로 회로를 끊어서 보호 • 자신에 아무런 손상 없이 재사용 가능
DS(단로기)	• 무부하상태에서 회로의 접속 변경 가능 • 부하전류를 차단할 능력 없음
ACB(기중차단기)	• 회로의 개폐나 단락사고에 의한 단락전류 등에서 전로를 보호
OS(유입개폐기)	• 자동차단 기능은 없지만 수동으로 부하를 개폐 가능 • 소호 매질은 절연유 사용
ELB(누전차단기)	• 누전방지
LA(피뢰기)	• 뇌 등의 이상전압 보호
Fuse(퓨즈)	• 일정 전류 이상의 사고 전류가 흐르는 경우 이를 차단하여 기계 기구를 보호 • 용단특성에 의해 재투입이 불가능
Relay(계전기)	• 보호계전기로 차단기를 동작시키는 판정을 하는 역할 ex) OCR, OVR 등
KS(나이프스위치)	• 퓨즈를 내장한 저압개폐기의 일종으로 재사용 불가
COS(컷 아웃 스위치)	• 주상변압기 1차 고압 측 보호

2 전선

2.1 전선의 구비조건 및 굵기 선정

가. 구비조건

(1) 도전율[5], 기계적 강도, 가요성, 내구성, 신장률[6]이 커야 한다.

(2) 가격이 싸고 대량 생산이 가능해야 한다.

(3) 비중이 작아야 한다(중량이 가벼울 것).

---

5) 균일한 단면적을 가지는 직선상 도체의 저항은 그 길이에 비례하고 단면적에 반비례하는 것으로 저항률 ρ (고유저항)의 역수로 표현된다.

6) 재료의 인장시험引張試驗 시 처음길이와 파단 때의 길이와의 비를 말한다.

표 21-6 전선의 고유저항과 %도전율

전선	용도	고유저항[Ω mm^2/m]	%도전율[%]	인장강도[kg/mm^2]
경동선	옥외용	$\rho=\frac{1}{55}$	96~98	35~48
연동선	옥내용	$\rho=\frac{1}{58}$	98~102	20~25
경알루미늄 연선	옥내용	$\rho=\frac{1}{35}$	61	15~20

나. 전선의 굵기 선정시 고려사항

(1) 허용전류(전선에 안전하게 흘릴 수 있는 최대 전류)
(2) 전압강하(입력전압과 출력전압의 차)
(3) 기계적 강도(기계적인 힘에 의해 손상을 받는 일이 없이 견딜 수 있는 능력)
(4) 전력손실
(5) 경제성(캘빈 법칙으로 선정)

다. 전선 재료에 의한 분류

(1) 동선 및 경알루미늄
(2) 강심알루미늄연선(ACSR) : 장경간 송전선로, 코로나 방지
(3) 합금선 : 규동선(Cu +Si), 카드뮴동선(Cu+Cd), 알루미늄합금선(Al+Mg)
(4) 쌍금속선(동복강선) : 장경간 송전선로, 가공지선(뇌해 방지)

라. 전선의 접속

전선을 접속하는 경우에는 소세력회로의 시설, 출퇴표시등 회로에 시설하는 경우 이외에는 전선의 전기저항을 증가시키지 않도록 접속해야 한다.

(1) 나전선(다심형 전선의 절연물로 피복 되어 있지 않은 도체 포함) 상호 또는 나전선과 절연전선(다심형 전선의 절연물로 피복한 도체 포함), 캡타이어케이블 또는 케이블과 접속하는 경우
  (가) 전선의 세기(인장하중으로 표시)를 20% 이상 감소시키지 않아야 한다. 다만, 점퍼선을 접속하는 경우와 기타 전선에 가해지는 장력이 전선의 세기에 비하여 현저히 작을 경우에는 제외된다.
  (나) 접속부분은 접속관 기타의 기구를 사용한다. 다만, 가공전선 상호, 전차선상호, 또는 광산의 갱도 안에서 전선 상호를 접속하는 경우에 기술상 곤란할 때에는 제외된다.

(2) 절연전선 상호·절연전선과 코드, 캡타이어케이블 또는 케이블과를 접속하는 경우에는 (1) 이외에 접속부분의 절연전선에 절연물과 동등 이상의 절연효력이 있는 접속기를 사용하는 경우 이외에는 접속부분을 그 부분의 절연전선의 절연물과 동등 이상의 절연효력이 있는 것으로 충분히 피복한다.

(3) 코드 상호, 캡타이어케이블 상호, 케이블 상호 또는 이들 상호를 접속하는 경우에는 코드 접속기·접속함 기타의 기구를 사용한다. 다만, 공칭단면적이 $10mm^2$ 이상인 캡타이어케이블 상호를 접속하는 경우에는 접속부분을 (1) 및 (2)에 준하여 시설하고 또한 절연피복을 완전히 유화硫化하거나 접속부분의 위에 견고한 금속제의 방호장치를 할 때 또는 금속 피복이 아닌 케이블 상호를 (1) 및 (2)에 준하여 접속하는 경우에는 그러하지 아니하다.

(4) 도체에 알루미늄(알루미늄 합금 포함)을 사용하는 전선과 동(동합금 포함)을 사용하는 전선을 접속하는 등 전기 화학적 성질이 다른 도체를 접속하는 경우에는 접속부분에 전기적 부식이 생기지 않아야 한다.

(5) 도체에 알루미늄을 사용하는 절연전선 또는 케이블을 옥내배선·옥측배선 또는 옥외배선에 사용하는 경우에 그 전선을 접속할 때에는 「전기용품안전관리법」의 적용을 받는 접속기를 사용할 경우 이외에는 한국산업규격 KS C 2810(2004) "옥내배선용 전선 접속구 통칙"의 "5.2 온도상승", "5.3 히트사이클" 및 "6. 구조"에 적합한 접속 관 기타의 기구를 사용한다.

(6) 두 개 이상의 전선을 병렬로 사용하는 경우에는 다음 사항에 의하여 시설한다.
   (가) 병렬로 사용하는 각 전선의 굵기는 구리 $50mm^2$ 이상 또는 알루미늄 $70mm^2$ 이상으로 하고, 전선은 같은 도체, 같은 재료, 같은 길이 및 같은 굵기의 것을 사용한다.
   (나) 같은 극의 각 전선은 동일한 터미널러그에 완전히 접속한다.
   (다) 같은 극인 각 전선의 터미널러그는 동일한 도체에 2개 이상의 리벳 또는 2개 이상의 나사로 접속한다.
   (라) 병렬로 사용하는 전선에는 각각에 퓨즈를 설치하지 않는다.
   (마) 교류회로에서 병렬로 사용하는 전선은 금속관 안에 전자적 불평형이 생기지 않도록 시설한다.

(7) 밀폐된 공간에서 전선의 접속부에 사용하는 테이프 및 튜브 등 도체의 절연에 사용되는 절연 피복은 KS C IEC 60454에 적합한 것을 사용한다.

배선 기입방법

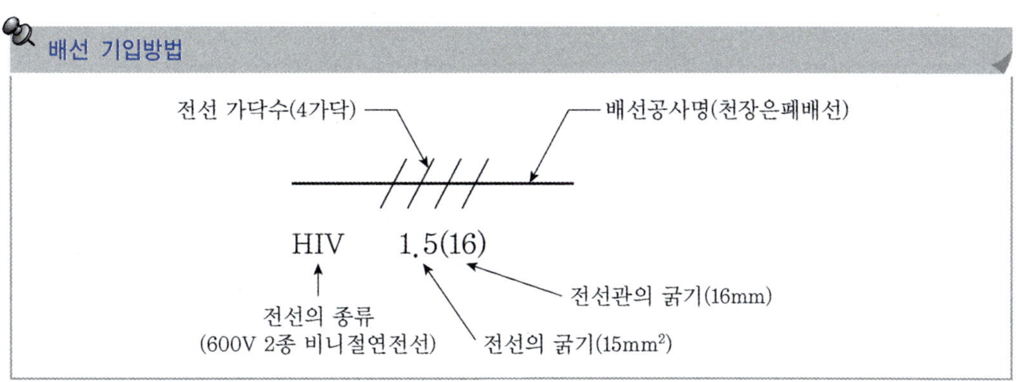

2.2 전압강하

전기회로에 전류가 흐르면 전선의 저항(임피던스)에 의하여 전위차가 생기는 현상으로 <그림 21-7>에서 전압강하가 발생하면 전원측 전압 V_1보다 부하측 전압 V_2의 전압이 IR만큼 낮아지기 때문에 b점의 전위는 $V_2 = V_1 - IR$이 된다.

단상 2선식의 전압강하 e는 다음 식과 같으며 표준연동의 고유저항[7]을 $\frac{1}{58}[\Omega\text{mm}^2/\text{m}]$, 전선의 도전율을 97%로 가정한다.

$$e = V_1 - V_2 = (I \times R) \times 2 = \frac{1}{58} \times \frac{100}{97} \times \frac{L}{A} \times I \times 2 = \frac{35.6LI}{1000A}[\text{V}]$$

여기서, A : 전선의 단면적[mm²]　　L : 선로의 길이[m]

I : 전부하 전류[A]　　R : 저항$\left(R = \rho\frac{L}{A}\right)$[Ω]

e : 선간 전압강하[V](간선 및 분기회로의 전압강하 : 표준전압의 2% 이내)

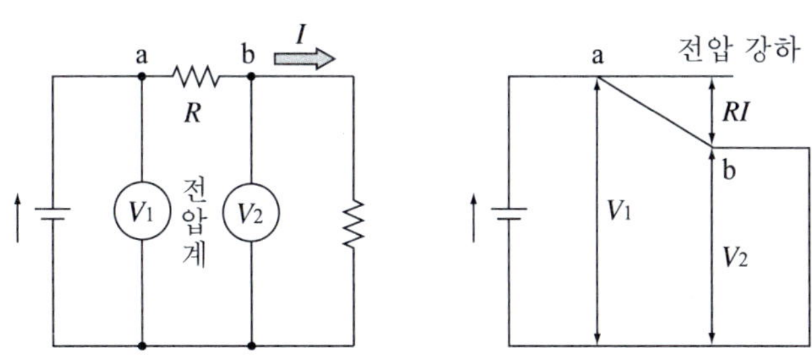

그림 21-7 전압강하

7) 단위길이[m]와 단위면적[mm²]을 가진 도체의 전기저항

표 21-7 전선의 단면적 및 전압강하

배전방식	전압강하	전선의 단면적
단상 2선식	$e=\dfrac{35.6LI}{1000A}$	$A=\dfrac{35.6LI}{1000e}$
3상 3선식(소방펌프)	$e=\dfrac{30.8LI}{1000A}$	$A=\dfrac{30.8LI}{1000e}$
단상 3선식 3상 4선식	$e=\dfrac{17.8LI}{1000A}$	$A=\dfrac{17.8LI}{1000e}$

2.3 허용전압강하

허용전압강하는 전력을 공급하는 기기의 출력측에서 부하측까지의 전압강하 허용치를 말하며, 전압강하율은 전압강하의 수전단 전압에 대한 백분율로 표시한다. 저압배선 중의 전압강하는 간선 및 분기회로에서 각각 표준전압의 2% 이하로 하는 것을 원칙으로 하며, 수용가 내에 설치한 변압기에 의하여 공급되는 경우에 간선의 전압강하는 3% 이하로 할 수 있다. 송전[8)]선로 전압강하율의 최대치는 공칭전압에 대하여 10%, 5% 정도이다.

$$\text{전압강하율}=\frac{\text{송전단전압}-\text{수전단전압}}{\text{수전단전압}}\times 100\%$$

2.4 설비 부하평형

저압수전의 단상 3선식에서 중성선과 각 전압측 전선 간의 부하는 평형이 되게 하는 것이 원칙이다. 그렇지 않을 경우, 변압기 내부에 순환전류가 발생하여 온도상승이 발생되고 열화가 되어 변압기 수명이 짧아지게 된다. 부득이한 경우 설비불평형률을 40%까지 할 수 있다. 이 경우 설비불평형률이란 중성선과 각 전압측 전선 간에 접속되는 부하설비용량 VA 차와 총 부하설비용량 VA의 평균값의 비(%)를 말한다.

$$\text{설비불평형률}=\frac{\text{중성선과 각 전압측 선간에 접속되는 부하설비용량의 차}}{\text{총 부하설비용량의 1/2}}\times 100\%$$

8) 송전松田은 발전소에서 발생된 전력을 수송하는 것을 송전이라 하며, 이 송전선로에 접속되는 발전소, 변전소 등을 송전계통이라 한다. 송전선로에는 가공송전선로와 지중송전선로가 있으며, 우리나라의 송전전압은 154kV와 최고압인 345kV 송전망이 주류를 이루고 있다

저압, 고압 및 특고압수전의 3상 3선식 또는 3상 4선식에서 불평형부하의 한도는 단상 접속부하로 계산하여 설비불평형률을 30% 이하로 할 수 있다.

$$\text{설비불평형률} = \frac{\begin{array}{c}\text{각 간선에 접속되는 단상부하}\\ \text{총 설비용량의 최대와 최소의 차}\end{array}}{\text{총 부하설비용량의 } 1/3} \times 100\%$$

2.5 소방용 전선

가. 내화耐火 배선(FP ; Fireproof)

강전 배전선로에 사용하고 0.4mm 이상의 내화보강층 위에 난연성 시스(Sheath)[9] 처리한 것으로 수신기 및 소화설비 제어반에 인입하는 전원회로 배선, 비상전원으로부터 가압송수장치 및 동력제어반 사이의 전원회로 배선, 비상콘센트설비, 비상방송설비의 전원회로 배선에 사용된다. FR-8은 소방전원용으로 600V 이하의 비상전원용에 사용된다.

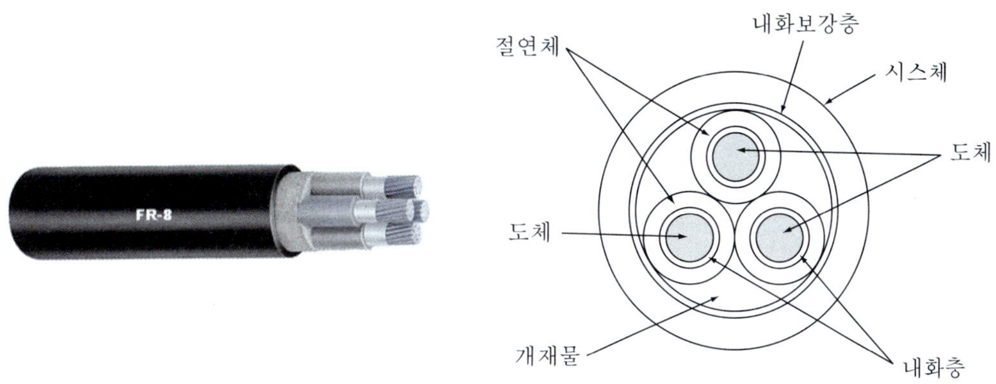

그림 21-8 내화배선의 구조

나. 내열耐熱 배선(HP ; Heatproof)

도체 위에 특수절연물을 씌우고 내열보강층으로 보호시킨 다음 그 위에 난연성 시스 처리한 것으로 상용전원으로부터 동력제어반 사이의 전원회로 배선, 유도등 및 비상조명등 배선, 감지기를 제외한 경보 발신장치, 통보장치, 기동장치에서 수신기 및 제어반에 이르는 배선에 사용된다. FR-3은 소방통신제어용으로 구분하며 60V 이하의 전류가 작고 위험성이 낮은(소세력) 회로에 사용된다.

9) 케이블을 외상이나 부식으로부터 보호하기 위한 외장 피복. 납, 알루미늄 등의 금속이나 네오프렌, 폴리에틸렌 등의 고분자 재료를 사용한다.

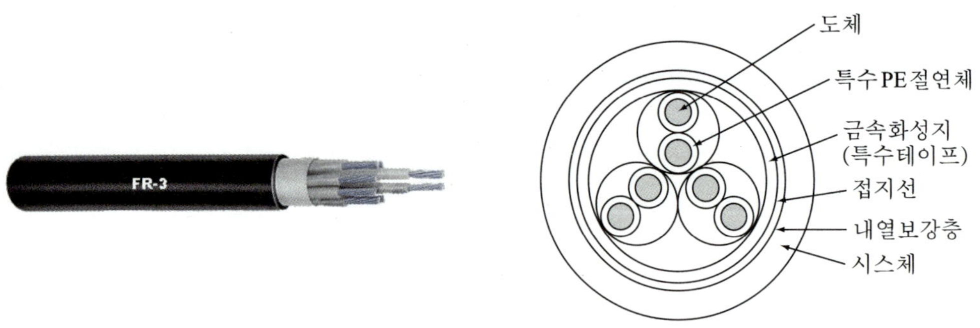

그림 21-9 내열배선의 구조

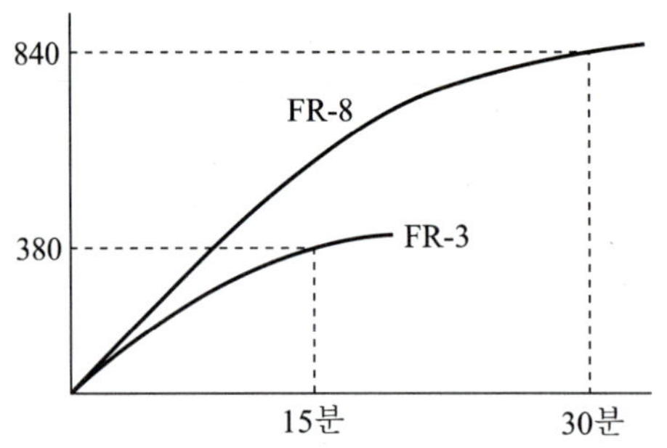

그림 21-10 내화배선과 내열배선의 온도특성

다. 내화 및 내열배선용 전선의 종류

(1) 300/500V 기기배선용 단심 비닐 절연전선(90℃) 또는 300/500V 기기 배선용 유연성 비닐절연전선(90℃)(HIV 전선)

(2) 가교폴리에틸렌 절연비닐외장케이블(CV케이블)

(3) 클로로플렌외장케이블

(4) 강대외장케이블

(5) 버스덕트(Bus Duct)(공장, 빌딩 등 비교적 대전류를 이용하는 옥내간선을 설치하는 경우에 사용)

(6) 알루미늄피복 케이블(절연재가 규소로 된 합성고무로서 허용온도는 180℃)

(7) CD케이블(Combined Duct Cable; 절연전선을 폴리에틸렌 덕트에 수납한 것으로 직접 매설할 수 있는 용도의 케이블)

(8) 하이파론 절연전선(내열성이 우수한 합성고무 재질의 절연체로 되어 있으며 허용온도는 95℃)

(9) 4불화에틸렌 절연전선(내열성이 우수한 불소계통의 섬유를 절연체로 사용한 전선)

(10) 실리콘 절연전선

(11) 연피케이블

(12) MI케이블(Mineral insulation, 저압용 케이블로 도체를 분말 산화마그네슘 등 절연성의 무기물을 충전하고 그 위를 동관으로 피복하여 내열성이 뛰어난 케이블)

라. 배선에 사용되는 전선의 종류 및 공사방법

(1) 내화배선 공사

내화배선용 전선을 매립하는 방법은 금속관·2종 금속제 가요전선관 또는 합성 수지관에 수납하여 내화구조로 된 벽 또는 바닥 등에 벽 또는 바닥의 표면으로부터 25mm 이상의 깊이로 매설한다.

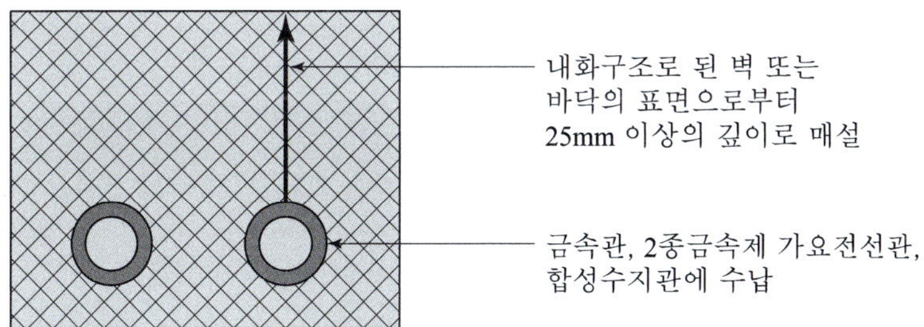

그림 21-11 매설하는 방법

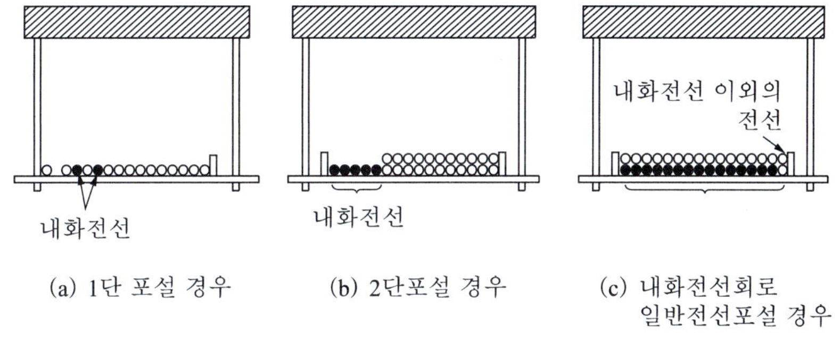

그림 21-12 포설방법

내화성능을 갖는 배선전용실에 설치 또는 배선을 배선용 샤프트·피트·덕트 등에 설치하는 방법은 다른 설비의 배선으로부터 15cm 이상 떨어지게 설치하거나 소화설비의 배선과 이웃

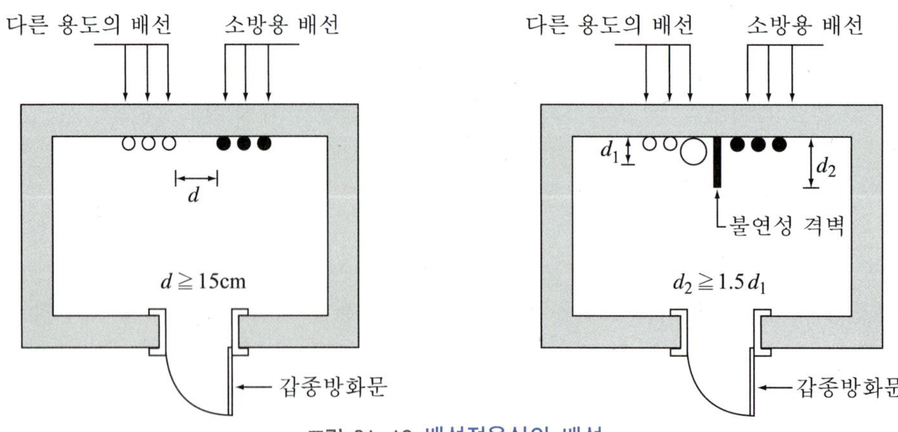

그림 21-13 배선전용실의 배선

표 21-8 내화배선에 사용되는 전선의 종류 및 공사방법

사용전선의 종류	공사방법
1. 450/750V 저독성 난연 가교 폴리올레핀 절연 전선 2. 0.6/1kV 가교 폴리에틸렌 절연 저독성 난연 폴리올레핀 시스 전력 케이블 3. 6/10kV 가교 폴리에틸렌 절연 저독성 난연 폴리올레핀 시스 전력용 케이블 4. 가교 폴리에틸렌 절연 비닐시스 트레이용 난연 전력 케이블 5. 0.6/1kV EP 고무절연 클로로프렌 시스 케이블 6. 300/500V 내열성 실리콘 고무 절연전선(180℃) 7. 내열성 에틸렌-비닐 아세테이트 고무 절연케이블 8. 버스덕트(Bus Duct) 9. 기타 전기용품안전관리법 및 전기설비기술기준에 따라 동등 이상의 내화성능이 있다고 주무부장관이 인정하는 것	금속관·2종 금속제 가요전선관 또는 합성 수지관에 수납하여 내화구조로 된 벽 또는 바닥 등에 벽 또는 바닥의 표면으로부터 25mm 이상의 깊이로 매설하여야 한다. 다만 다음 각목의 기준에 적합하게 설치하는 경우에는 그러하지 아니하다. 가. 배선을 내화성능을 갖는 배선전용실 또는 배선용 샤프트·피트·덕트 등에 설치하는 경우 나. 배선전용실 또는 배선용 샤프트·피트·덕트 등에 다른 설비의 배선이 있는 경우에는 이로 부터 15cm 이상 떨어지게 하거나 소화설비의 배선과 이웃하는 다른 설비의 배선사이에 배선지름(배선의 지름이 다른 경우에는 가장 큰 것을 기준으로 한다)의 1.5배 이상의 높이의 불연성 격벽을 설치하는 경우
내화전선	케이블공사의 방법에 따라 설치해야 한다.

비고 : 내화전선의 내화성능은 버너의 노즐에서 75mm의 거리에서 온도가 750±5℃인 불꽃으로 3시간 동안 가열한 다음 12시간 경과 후 전선 간에 허용전류용량 3A의 퓨즈를 연결하여 내화시험 전압을 가한 경우 퓨즈가 단선되지 않는 것. 또는 소방방재청장이 정하여 고시한 「내화전선의 성능인증 및 제품검사의 기술기준」에 적합할 것

다른 설비의 배선사이에 배선지름(배선의 지름이 다른 경우에는 가장 큰 것을 기준)의 1.5배 이상의 높이의 불연성 격벽을 설치하는 방법이 있다.

내화전선·MI케이블은 케이블 트레이에 설치하는 케이블 공사처럼 케이블을 노출상태로 시공한다.

(2) 내열배선 공사

내열배선용 전선은 금속관 공사, 금속제 가요전선관 공사, 금속덕트 공사, 케이블 공사(불연성 덕트에 설치하는 경우에 한한다)로 하고, 내화전선·내열전선·MI케이블은 케이블 공사로 한다.

내화성능을 갖는 배선전용실에 설치 또는 배선을 배선용 샤프트·피트·덕트 등에 설치하는 방법은 다른 설비의 배선으로부터 15cm 이상 떨어지게 설치하거나 소화설비의 배선과 이웃 다른 설비의 배선사이에 배선지름(배선의 지름이 다른 경우에는 가장 큰 것을 기준)의 1.5배 이상의 높이의 불연성 격벽을 설치하는 방법이 있다.

표 21-9 내열배선에 사용되는 전선의 종류 및 공사방법

사용전선의 종류	공사방법
1. 450/750V 저독성 난연 가교 폴리올레핀 절연 전선 2. 0.6/1kV 가교 폴리에틸렌 절연 저독성 난연 폴리올레핀 시스 전력 케이블 3. 6/10kV 가교 폴리에틸렌 절연 저독성 난연 폴리올레핀 시스 전력용 케이블 4. 가교 폴리에틸렌 절연 비닐시스 트레이용 난연 전력 케이블 5. 0.6/1kV EP 고무절연 클로로프렌 시스 케이블 6. 300/500V 내열성 실리콘 고무 절연전선(180℃) 7. 내열성 에틸렌 - 비닐 아세테이트 고무 절연케이블 8. 버스덕트(Bus Duct) 9. 기타 전기용품안전관리법 및 전기설비기술기준에 따라 동등 이상의 내열성능이 있다고 주무부장관이 인정하는 것	금속관·금속제 가요전선관·금속덕트 또는 케이블(불연성 덕트에 설치하는 경우에 한한다.) 공사 방법에 따라야 한다. 다만, 다음 각목의 기준에 적합하게 설치하는 경우에는 그러하지 아니하다. 가. 배선을 내화성능을 갖는 배선전용실 또는 배선용 샤프트 · 피트 · 덕트 등에 설치하는 경우 나. 배선전용실 또는 배선용 샤프트·피트·덕트 등에 다른 설비의 배선이 있는 경우에는 이로부터 15cm 이상 떨어지게 하거나 소화설비의 배선과 이웃하는 다른 설비의 배선사이에 배선지름(배선의 지름이 다른 경우에는 지름이 가장 큰 것을 기준으로 한다)의 1.5배 이상의 높이의 불연성 격벽을 설치하는 경우
내화전선·내열전선	케이블공사의 방법에 따라 설치하여야 한다.

비고 : 내열전선의 내열성능은 온도가 816±10℃인 불꽃을 20분간 가한 후 불꽃을 제거하였을 때 10초 이내에 자연소화가 되고, 전선의 연소된 길이가 180mm 이하이거나 가열온도의 값을 한국산업표준(KS F 2257-1)에서 정한 건축구조부분의 내화시험방법으로 15분 동안 380℃까지 가열한 후 전선의 연소된 길이가 가열로의 벽으로부터 150mm 이하일 것. 또는 소방방재청장이 정하여 고시한 「내열전선의 성능인증 및 제품검사의 기술기준」에 적합할 것

2.6 배선 공사

옥내, 옥측 및 옥외배선은 그 시설장소에 따라 사용전압이 400V 미만의 경우 <표 21-10>에 표시한 배선방법에 따르고 전선이 손상 받을 우려가 없도록 시설하여야 한다.

가. 애자[10]사용 공사

(1) 전개된 장소나 점검할 수 있는 은폐장소의 배선공사 방법이다.

(2) 400V 미만의 경우 전선 상호간의 거리는 6cm 이상, 전선과 조영재의 거리는 2.5cm 이상 이어야 한다.

표 21-10 시설장소와 배선방법(400V 미만)

배선방법		옥 내						옥측 옥외	
		노출장소		은폐장소					
				점검 가능		점검 불가능			
		건조한 장소	습기가 많은 장소 또는 물기가 있는 장소	건조한 장소	습기가 많은 장소 또는 물기가 있는 장소	건조한 장소	습기가 많은 장소 또는 물기가 있는 장소	우선 내	우선 외
애자사용 배선		○	○	○	○	×	×	①	①
금속관 배선		○	○	○	○	○	○	○	○
합성수지관 배선	CD관 제외	○	○	○	○	○	○	○	○
	CD관	②	②	②	②	②	②	②	②
가요전선관 배선	1종	○	×	○	×	×	×	×	×
	2종	○	○	○	○	○	○	○	○
금속몰드 배선		○	×	○	×	×	×	×	×
합성수지몰드 배선		○	×	○	×	×	×	×	×
플로어덕트 배선		×	×	×	×	③	×	×	×
금속덕트 배선		○	×	○	×	×	×	×	×
버스덕트 배선		○	×	○	×	×	×	④	④
케이블 배선		○	○	○	○	○	○	○	○
케이블 트레이 배선		○	○	○	○	○	○	○	○

[비고] ○ : 시설, × : 시설 불가, CD관 : 내연성이 없는 것

① : 노출장소 및 점검할 수 있는 은폐장소에 한하여 시설

② : 직접 콘크리트에 매설하는 경우를 제외하고 전용의 불연성 또는 자소성이 있는 난연성의 관 또는 덕트에 넣는 경우에 한하여 시설

③ : 콘크리트 등의 바닥 내에 한함

④ : 옥외용 덕트를 사용하는 경우에 한하여 시설

10) 전기도체를 절연하여 지지하기 위한 절연체와 이것과 일체로 조립된 금속류로 구성된 절연지지물을 말한다.

(3) 애자사용 배선에 사용하는 애자는 절연성, 난연성 및 내수성이 있어야 한다.

나. 합성수지관 공사

(1) 합성수지관의 끝부분은 매끈하게 하여 전선의 피복이 손상될 우려가 없어야 한다.
(2) 배선은 중량물의 압력 또는 심한 기계적 충격을 받는 장소에 시설해서는 안 된다.
(3) 합성수지관 상호 및 관과 박스는 접속시에 삽입하는 길이를 관 바깥지름의 1.2배(접착제 사용시 0.8배) 이상으로 하고 삽입접속으로 견고하게 접속해야 한다.
(4) 관의 지지점은 박스에서 0.3m 이하, 관의 지지점 간의 거리는 1.5m 이하로 하고 지지점은 관의 끝·관과 박스의 접속점 및 관 상호간의 접속점 등의 가까운 곳에 시설한다.
(5) 관 상호의 접속은 박스 또는 커플링(Coupling) 등을 사용하고 직접 접속하지 않아야 한다.
(6) 관을 구부릴 때에는 관 직경의 6배여야 한다.
(7) 1본의 길이는 4m로 한다.
(8) 저압 옥내배선의 사용전압이 400V 미만인 경우에 합성수지관을 금속제 박스에 접속하여 사용하거나 분진 방폭형 플레시블피팅을 사용하는 경우는 박스 또는 분진 방폭형 플렉시블피팅에 제3종 접지공사를 한다. 다만, 다음 중 하나에 해당하는 경우에는 그러하지 아니하다.
    (가) 건조한 장소에 시설하는 경우
    (나) 옥내배선의 사용전압이 직류 300V 또는 교류 대지전압 150V 이하인 경우에 사람이 쉽게 접촉할 우려가 없도록 시설하는 경우
(9) 저압 옥내배선의 사용전압이 400V 이상인 경우에 합성수지관을 금속제 박스에 접속하여 사용하거나 분진 방폭형 플레시블피팅을 사용하는 경우에는 박스 또는 분진 방폭형 플렉시블피팅에 특별 제3종 접지공사를 한다. 다만, 사람이 접촉할 우려가 없도록 시설하는 때에는 제3종 접지공사에 의할 수 있다.
(10) 습기가 많은 장소 또는 물기가 있는 장소에 시설하는 경우에는 방습장치를 한다.

표 21-11 합성수지관 공사의 장점 및 단점

장 점	단 점
• 절단과 시공이 용이하다. • 가격이 저렴하다. • 내부식성이 있다(화학공장, 부식성 가스 체류장소에 사용). • 접지가 필요 없다.	• 기계적 강도가 약하다. • 충격에 약하다. • 온도에 민감하여 열에 약하다.

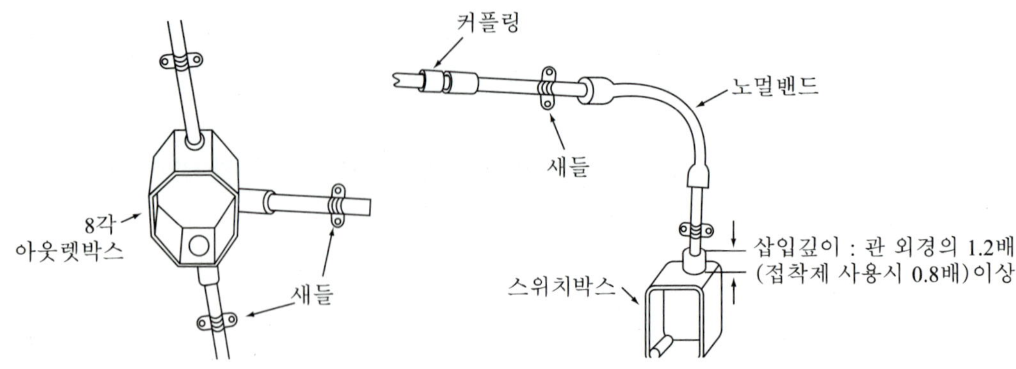

그림 21-14 합성수지관 공사

다. 합성수지몰드 공사

(1) 전선을 절연전선으로 하고, 몰드 안에는 전선에 접속점이 없도록 한다.

(2) 합성수지몰드 배선의 사용전압은 400V 미만이어야 한다.

(3) 홈의 폭 및 깊이가 3.5cm 이하로 두께는 2mm 이상의 것이어야 한다. 다만 사람이 쉽게 접촉할 우려가 없도록 시설하는 경우에는 폭이 5cm 이하, 두께 1mm 이상의 것을 사용할 수 있다.

라. 금속관 공사

(1) 금속관 공사에 사용하는 금속관의 두께는 콘크리트에 매설한 경우 1.2mm 이상, 기타의 경우는 1.0mm 이상이어야 한다. 다만, 이음매(Joint)가 없는 길이 4m 이하의 것을 건조한 노출장소에 시설하는 경우는 0.5mm 이상이어야 한다.

(2) 단구 및 내면은 전선의 피복을 손상하지 아니하도록 매끈한 것이어야 한다.

(3) 금속관 공사에 의한 저압 옥내배선

(가) 전선은 절연 전선[옥외용 비닐 절연 전선(OW)을 제외]을 사용한다.

(나) 전선은 단면적 $6mm^2$을 초과하는 경우는 연선撚線이어야 한다. 다만, 길이가 1m 정도 이하의 금속관에 넣는 것은 적용하지 않는다.

(다) 금속관 안에는 전선에 접속점을 만들어서는 안 된다.

(라) 저압 옥내 배선의 사용 전압이 400V 미만인 경우 관에는 제3종 접지공사, 400V 이상인 경우 관에는 특별 제3종 접지공사(사람이 접촉할 우려가 없는 경우 제3종 접지공사 가능)를 한다.

(4) 관의 지지점은 박스에서 0.3m 이하, 관의 거리는 2m 이하로 한다.

(5) 아웃렛박스(Outlet Box)[11] 사이 또는 전선 인입구[12]가 있는 기구 사이의 금속관에는 3개소를 초과하는 직각 또는 직각에 가까운 굴곡개소를 만들어서는 안 된다. 굴곡개소가 많은 경우 또는 관의 길이가 30m를 초과하는 경우에는 풀박스[13]를 설치하는 것이 바람직하다.

(6) 금속관을 구부릴 때 금속관의 단면이 심하게 변형되지 아니하도록 구부려야 하며, 그 안측의 반지름은 관 안지름의 6배 이상이 되어야 한다.

(7) 관과 박스, 기타 이와 유사한 것과를 접속하는 경우로서 틀어 끼우는 방법에 의하지 않는 경우에는 로크너트 2개를 사용하여 박스 또는 캐비닛 접속부분의 양측을 조인다.

(8) 관과 관의 연결은 커플링을 사용하고, 관의 끝부분은 리머를 사용하여 관 끝부분을 매끄럽게 다듬는다.

(9) 금속관 상호간의 접속은 커플링으로 접속한다. 이 경우 조임 등은 확실하게 한다.

(10) 금속관과 박스, 기타 이와 유사한 것과를 접속하는 경우로서 틀어 끼우는 방법에 의하지 않는 경우에는 로크너트 2개를 사용하여 박스 또는 캐비닛 접속부분의 양측을 조여야 한다. 다만, 부싱 등으로 견고하게 부착할 경우에는 로크너트를 생략할 수 있다.

(11) 금속관을 조영재[14]에 따라서 시설하는 경우에는 새들 또는 행거 등으로 견고하게 지지하고, 그 간격은 2m 이하로 한다.

(12) 유니버셜엘보, 티, 크로스 등은 조영재에 은폐시켜서는 안 된다. 다만, 그 부분을 점검할 수 있는 경우에는 그러하지 아니하다.

금속관의 특징

- 후강전선관 : 내경을 짝수[mm]로 표시(두께가 두꺼워 방재용, 압력을 받는 곳에 사용)
- 박강전선관 : 외경을 홀수[mm]로 표시(두께가 얇음)
- 1본의 길이 : 3.66m

장 점	단 점
• 사고발생시 화재의 우려가 없다. • 합성수지관에 비해 기계적강도가 강하다. • 장소나 환경에 좌우되지 않는다.	• 무게가 무겁다. • 가공이 어렵다. • 합성수지관에 비해 가격이 비싸다.

11) 감지기, 유도등 및 전선의 접속 등에 사용되는 박스의 총칭을 말한다.

12) 옥외 또는 옥측에서의 전로가 가옥의 외벽을 관통하는 부분을 말한다.

13) 배관이 긴 곳 또는 굴곡 부분이 많은 곳에서 시공이 용이하도록 전선을 끌어들이기 위한 배선 도중에 사용하는 박스이다.

14) 전선을 고정시킬 수 있는 벽 등을 말한다.

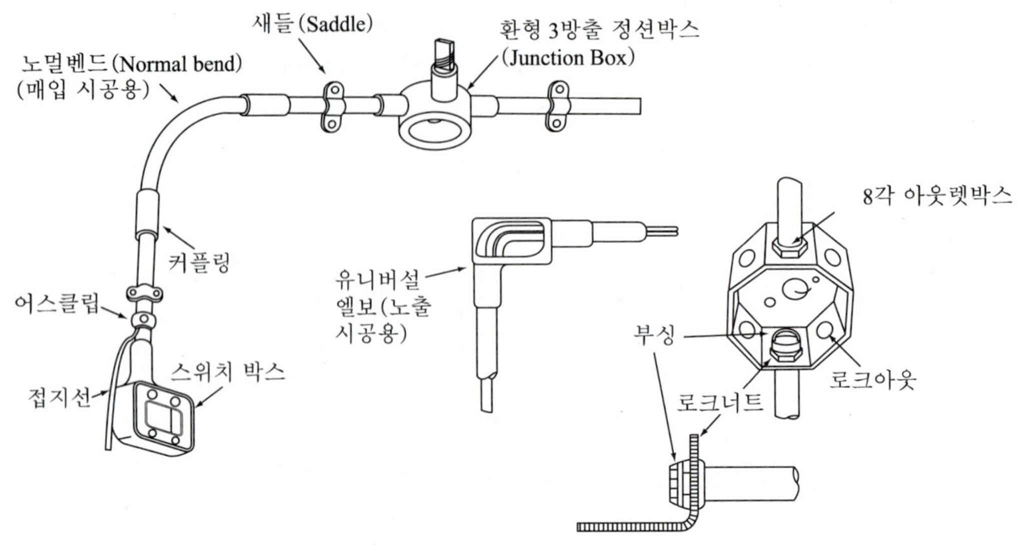

그림 21-15 금속관 공사

마. 금속덕트 공사

(1) 폭이 5cm를 넘고 또한 두께가 1.2mm 이상인 철판 또는 동등 이상의 세기를 가지는 금속제의 것으로 견고하게 제작한 것이어야 한다.

(2) 안쪽 면은 전선의 피복을 손상시키는 돌기突起가 없는 것으로 한다.

(3) 안쪽 면 및 바깥 면에는 산화방지를 위하여 아연도금 또는 이와 동등 이상의 효과를 가지는 도장을 한 것이어야 한다.

(4) 금속덕트에 넣은 전선의 단면적(절연 피복의 단면적을 포함)의 합계는 덕트의 내부 단면적의 20%(전광 표시장치·출퇴표시 등 기타 이와 유사한 장치 또는 제어 회로 등의 배선만을 넣는 경우에는 50%) 이하여야 한다. 동일 금속덕트 내에 넣는 전선은 30본 이하로 하는 것이 바람직하다.

(5) 덕트를 조영재[15]에 붙이는 경우에는 덕트의 지지점간의 거리를 3m(취급자 이외의 자가 출입할 수 없도록 설비한 장소로서 수직으로 붙이는 경우에는 6m) 이하로 하고 또한 견고하게 지지해야 한다.

(6) 공장, 빌딩, 상가의 전기실과 분전반 사이의 배선처럼 증설, 이설 등이 자주 예상되는 지역에 사용한다.

15) 건축물, 광고탑 등 토지에 정착하는 시설물 중 지붕 및 기둥 또는 벽을 가지는 시설물을 조영물이라 하고 이 조영물을 가지는 시설물을 조영재造營材라 한다.

전선관(금속관) 산정시 점적률(내단면적률)

$$\frac{Y}{X} \times 100[\%]$$

여기서, $X[\text{mm}^2]$: 덕트나 금속관의 내부 단면적
$Y[\text{mm}^2]$: 내부에 수납한 전선 전체의 단면적
(전선의 입선작업을 용이하게 하기 위해 점적률을 제한)

- 전선관 : 동일 굵기 전선 - 48% 이하
  다른 굵기 전선 - 32% 이하
- 금속덕트 : 20% 이하

바. 가요전선관 공사

(1) 가요전선관 및 그 부속품의 끝 면은 매끈하게 하여 전선의 피복이 손상될 우려가 없도록 한다.
(2) 1종 가요전선관을 구부릴 경우 곡률 반지름은 관 안지름의 6배 이상으로 한다.
(3) 2종 가요전선관을 구부릴 경우의 시설은 노출장소 또는 점검 가능한 은폐장소에서 관을 시설하고 제거하는 것이 자유로운 경우 곡률 반지름은 안지름의 3배 이상, 관을 시설하고 제거하는 것이 부자유하거나 또는 점검이 불가능한 경우에는 안지름의 6배 이상으로 한다.
(4) 굴곡이 많은 장소, 전동기와 압력스위치 등을 연결하는 경우의 공사 방법이다.
(5) 1종 금속제 가요전선관(Flexible conduit)
  (가) 건조하고 개방된 장소에 시설한다.
  (나) 점검이 가능한 은폐된 장소에 시설한다.
  (다) 400V 이하 전압에 사용한다.
  (라) 지지금구 간의 간격은 1m 이하이어야 한다.
(6) 2종 금속제 가요전선관(Flicker tube)
  (가) 1종보다 내화성, 강도, 내수성이 우수하다.
  (나) 적용 범위가 넓다.
  (다) 진동이 발생되는 장소, 굴곡이 많은 장소의 콘크리트 내 매입 배관으로 사용한다.
  (라) 지지금구 간의 간격은 1m 이하이어야 한다.

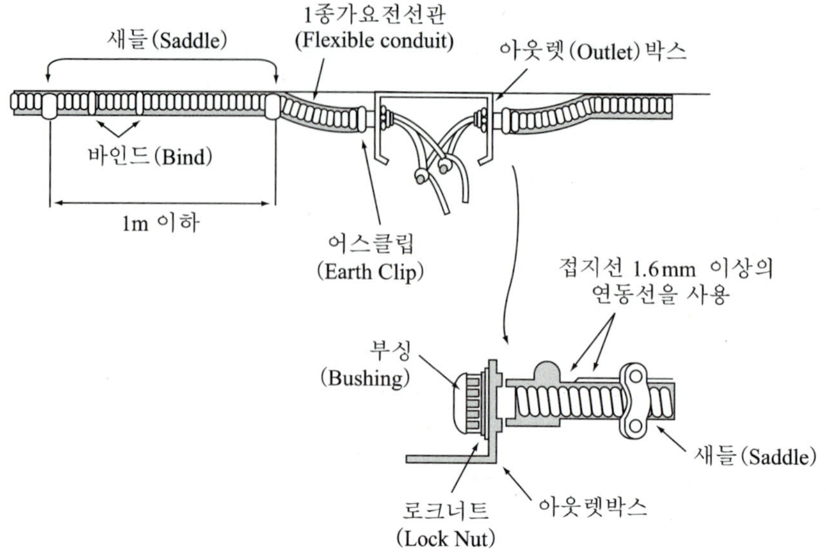

그림 21-16 1종 금속제 가요전선관 공사

사. 케이블 공사

(1) 전선 지지점 간의 거리는 2m 이하로 하고 캡타이어 케이블은 1m 이하로 한다.
(2) 비닐외장케이블, 클로로프렌외장케이블, MI 케이블(내열성 우수, 방재용으로 사용) 등을 사용한다.

아. 버스덕트 공사

(1) 공장이나 빌딩 등 금속덕트 공사에 비해 큰 전류가 흐르는 간선의 수납장소에 적합하다.
(2) 버스덕트의 내부 먼지가 침입하지 않도록 하고 끝부분은 막아야 한다(환기형인 것은 제외).
(3) 버스덕트는 3m(취급자 이외의 자가 출입할 수 없도록 설비한 장소로서 수직으로 붙이는 경우에는 6m) 이하의 간격으로 견고하게 지지하여야 한다.

표 21-12 배관공사에 사용되는 부품

부품	그림	용 도
부싱		입선작업시 관 말단 내부에서 전선 절연피복의 손상을 보호
로크너트		금속관과 박스를 접속할 경우 관이 박스에 고정되도록 박스 안팎에 1쌍을 사용(6각형, 톱니형)
노멀밴드		매입배관의 직각 굴곡부분에 사용
유니버설 엘보		노출배관의 직각 굴곡부분에 사용 (T형 - 3방향 분기, 크로스형 - 4방향 분기)
엔트런스 캡		빗물이나 이물질 침입을 방지하기 위해 금속관 말단 또는 수직배관의 상부에 설치
터미널 캡		저압 가공인입선에서 금속관공사로 변경되는 곳 또는 금속관으로부터 전선을 인출하여 전동기에 접하는 단자부에 사용
플로어박스		실의 바닥 밑으로 매입 배선하거나 콘센트를 접속할 때 사용
유니온 커플링		고정되어 움직일 수 없는 금속관을 상호 접속시 사용
픽쳐스터드와 히키		무거운 전기기구를 박스에 달아 취부시 사용
리머		절단한 금속관 말단(인입구나 인출구) 내부를 다듬는 데 사용
파이프커터		금속관 절단할 때 사용
스플리트 커플링		가요관을 상호 접속할 때 사용
컴비네이션 커플링		가요관과 금속관을 접속할 때 사용
스트레이트 박스콘넥터		가요관과 박스를 접속할 때 사용

③ 절연 및 접지

3.1 절연

전기기계기구, 전선에 전기가 통하는 경우, 도전부분의 주변을 절연체로 피복하는 등의 방법으로 전기설비의 기기와 전로를 절연물로 보호 및 방호할 필요가 있다. 절연상태를 파악하는 방법은 전로를 정전시킨 후 절연저항계(Megger)로 절연물에 직류 전압을 인가하여 미세 전류를 측정함으로써 절연저항을 측정하며 신설시 절연저항값은 1MΩ 이상이 바람직하다.

가. 절연물의 허용온도

표 21-13 절연물의 허용온도

절연 종류	최고 허용온도[℃]	절연재료
Y	90	면, 종이 등의 재료로 구성되고, 니스류에 함침되지 않으며, 유중에 함침되지 않은 것
A	105	면, 종이 등의 목재로 구성되고, 니스류에 함침되거나 기름에 함침된 것
E	120	대부분의 플라스틱(저압전동기 절연물)
B	130	운모, 석면, 유리 섬유 등의 재료를 아스팔트 접착 재료와 같이 구성한 것(고압전동기 절연물)
F	155	운모, 석면, 유리 섬유 등의 재료를 알키드 수지, 에폭시 수지 등의 내열성이 우수한 접착 재료와 구성한 것
H	180	운모, 석면, 유리 섬유 등의 재료를 규소 수지 등 특수 내열성이 우수한 접착 재료와 같이 구성한 것
C	180 초과	운모, 석면, 유리 등을 단독으로 사용한 것. 시멘트 등의 무기 접착제와 조합시킨 재료

나. 저압회로에서의 절연저항

표 21-14 저압회로의 절연저항

전로 사용전압의 구분		절연저항치(MΩ)
400V 이하 기타 경우	대지전압 150V 이하	0.1
	대지전압 150~300V	0.2
	대지전압 300~400V	0.3
400V 초과		0.4

다. 고압/특별고압 기기의 절연내력

절연내력絕緣耐力 16) 시험은 <표 21-15>에서 정한 시험전압을 전로와 대지간에 10분간 연속으로 인가하여 견딜 수 있어야 한다.

표 21-15 절연내력 시험

전로의 종류	시험전압
1. 최대사용전압 7,000V 이하인 전로	최대사용전압의 1.5배의 전압
2. 최대사용전압 7,000V 초과 25,000V 이하인 중성점 접지식 전로(중성선을 가지는 것으로서 그 중성선을 다중 접지하는 것에 한한다)	최대사용전압의 0.92배의 전압
3. 최대사용전압 7,000V 초과 60,000V 이하인 전로(2란의 것을 제외한다)	최대사용전압의 1.25배의 전압 (10,500 V 미만으로 되는 경우는 10,500V)
4. 최대사용전압 60,000V 초과 중성점 비접지식전로(전위 변성기를 사용하여 접지하는 것을 포함한다)	최대사용전압의 1.25배의 전압
5. 최대사용전압 60,000V 초과 중성점 접지식 전로(전위 변성기를 사용하여 접지하는 것 및 6란과 7란의 것을 제외한다)	최대사용전압의1.1배의 전압 (75,000V 미만으로 되는 경우에는 75,000V)
6. 최대사용전압이 60,000V 초과 중성점 직접 접지식 전로(7란의 것을 제외한다)	최대사용전압의 0.72배의 전압
7. 최대사용전압이 170,000V 초과 중성점 직접 접지식 전로로서 그 중성점이 직접 접지되어 있는 발전소 또는 변전소 혹은 이에 준하는 장소에 시설하는 것	최대사용전압의 0.64배의 전압
8. 최대사용전압이 60,000V를 초과하는 정류기에 접속되고 있는 전로	교류측 및 직류 고전압측에 접속되고 있는 전로는 교류측의 최대사용전압의 1.1배의 직류전압
	직류측 중성선 또는 귀선이 되는 전로(이하 이장에서 “직류 저압측 전로”라 한다)는 아래에 규정하는 계산식에 의하여 구한 값

3.2 접지

접지는 전기기기의 사고에 의한 도전부의 전위상승이 인체와 기기에 대하여 위해를 끼치지 않도록 하기 위한 것이다.

16) 절연체에 가하는 전압을 순차적으로 높여 어느 전압에 도달하게 되면 갑자기 큰 전류가 흐르는 상태가 되는 것을 절연파괴라고 하고, 이때의 전압을 절연파괴전압이라 한다. 이 전압을 절연 재료의 두께로 나눈 값을 절연내력이라 하고, 단위는 일반적으로 [kV/mm]을 이용한다.

가. 접지의 목적

(1) 지락 및 단락전류 등의 고장전류나 뇌격 전류의 유입에 대한 기기를 보호한다.
(2) 국부적인 전위 경도에서 인체보호를 목적으로 기기의 외함[17]에 설치해야 한다.
(3) 전력계통에서 회로전압, 보호계전기 동작의 안정성을 유지한다.
(4) 정전차폐靜電遮蔽[18] 효과가 유지되어야 한다.

나. 접지공사의 종류

표 21-16 접지공사의 종류

<table>
<tr><th>종류</th><th>접지저항</th><th>적 용</th><th>접지선 굵기(공칭단면적)</th></tr>
<tr><td>제1종</td><td>10Ω 이하</td><td>고압 및 특고압의 전기기기의 철대, 외함 등의 접지(피뢰기, 피뢰침, 특고압 계기용 변성기 2차측, 특고압 전선로에 보호선, 보호망 접지, 고압 계기용 변성기 외함 등)</td><td>6mm² 이상의 연동선</td></tr>
<tr><td rowspan="2">제2종</td><td>$\frac{150}{1선지락전류}\Omega$ 이하</td><td>고압 및 특고압전로와 저압전로를 결합하는 변압기의 중성점 또는 단자 등의 접지(주상변압기 2차측 1단자 및 중성점, 수용장소의 인입구 추가접지, 특고압(고압)을 저압으로 변성하는 2차측, 금속제 혼촉 방지판 등)</td><td>16mm² 이상의 연동선(고압전로, 특고압 가공전선로의 전로와 저압전로를 변압기에 의하여 결합하는 경우 6mm² 이상의 연동선)</td></tr>
<tr><td colspan="3">(변압기의 고압측 전로 또는 사용전압이 35kV 이하의 특고압측 전로가 저압측 전로와 혼촉하여 저압측 전로의 대지전압이 150V 초과하는 경우 150, 1초를 초과하고 2초 이내에 자동으로 고압전로 또는 사용전압이 35kV 이하의 특고압 전로를 차단하는 장치를 설치한 경우 300, 1초 이내에 자동적으로 고압전로 또는 사용전압 35kV 이하의 특고압전로를 차단하는 장치를 설치한 경우 600)</td></tr>
<tr><td>제3종</td><td>100Ω 이하</td><td>400V 미만의 저압의 전기기계기구의 철대, 외함 등의 접지(고압계기용 변성기 2차측, 지중전선로의 외함, 네온변압기 외함 등)</td><td>2.5mm² 이상의 연동선</td></tr>
<tr><td>특별3종</td><td>10Ω 이하</td><td>400V 이상의 저압의 전기기계기구의 철대, 외함 등의 접지(풀용 수중 조염등, 용기외함 등)</td><td>2.5mm² 이상의 연동선</td></tr>
</table>

17) 보호계전기의 주요소 및 보조요소를 수용하는 함으로서 그 역할은 다음과 같다. 외부로 부터의 먼지, 수분 등 불순물의 유입을 차단하고, 계전기의 주요소 및 보조요소 보호, 계전기반에 취부取付 용이, 외부단자의 지지 한편 대부분의 계전기의 외함 전면은 유리로 되어있어 보호계전기의 상태를 관찰할 수 있으며 동작표시기 복귀장치가 부착되어 있다.

18) 전기회로의 일부가 정전유도의 영향을 받게 되면 전위가 변하게 되므로 계기에서는 오차의 원인이 통신기기에서는 잡음의 원인이 되기도 하고 또한 전위상승으로 인해 재해의 원인이 되기도 한다. 이와 같은 영향을 방지하기 위하여 전기회로 등을 외부와 차폐시키는 것을 말한다.

접지저항의 3요소

- 전극주변의 토양 저항
- 접지선과 전극의 저항
- 접지전극 표면과 토양사이의 접촉저항

기계기구의 외함 및 철대 접지

- 400V 미만은 제3종 접지
- 400V 이상은 특별3종 접지
- 고압 및 특고압은 제1종 접지

다. 제1종 또는 제2종 접지공사시 주의사항 (접지선을 사람이 접촉할 우려가 있는 곳에 시설하는 경우)

(1) 접지선[19]은 2.6mm 이상 굵기의 절연전선, 연동선[20], 캡타이어케이블, 케이블 등을 사용한다.

(2) 다른 전선과 색상을 다르게 한다.

(3) 접지선 중간에 퓨즈나 차단기를 설치하지 않아야 한다.

(4) 접지극은 지하 75cm 이상으로 하되 동결 깊이를 감안하여 매설한다.

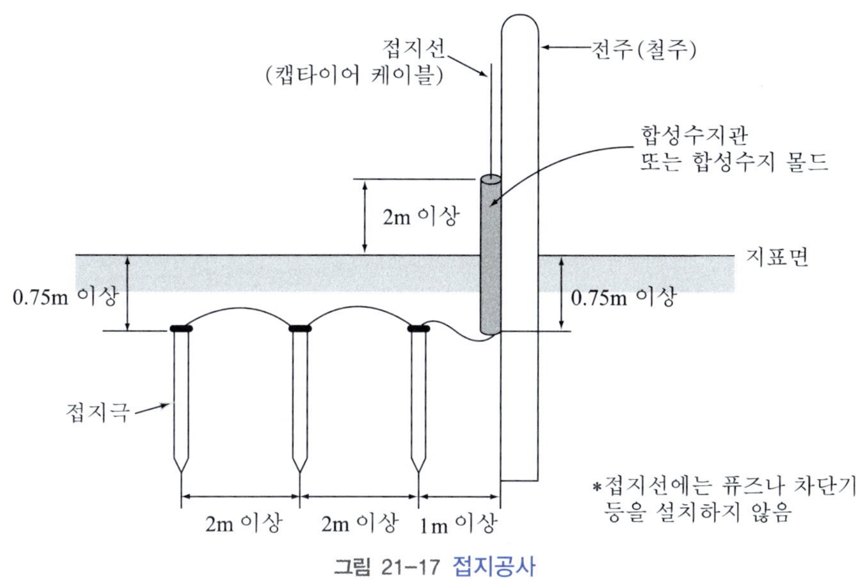

그림 21-17 접지공사

19) 접지회로를 유효하게 대지로 연결하기 위한 대지측의 재료 또는 자재를 말하며 매설 또는 타입접지극으로는 동판, 동봉, 동관, 철봉, 매설지선 등을 쓰고 될수록 물기가 있는 곳으로 가스, 산酸 등으로 부실할 염려가 없는 곳을 선정하여 시공한다.

20) 연동선軟銅線은 경동선에 비해 신장이나 도전율은 좋아지지만 인장강도는 떨어지며, 강도나 내열성을 향상시키기 위해 미량의 금속을 첨가한 합금이 많이 쓰인다.

(5) 접지선을 철주 기타의 금속체를 따라 시설하는 경우에는 접지극을 지중에서 그 금속체로부터 1m 이상 이격한다(접지극을 철주의 밑면으로부터 30cm 이상의 깊이에 매설하는 경우 제외).
(6) 접지선의 지하 75cm로부터 지표상 2m까지의 부분은 합성수지관 또는 이와 동등 이상의 절연효력 및 강도를 가지는 몰드로 덮어야 한다.
(7) 접지극과 철주는 1m 이상 이격하고, 접지극 상호간은 2m 이상 이격하여 설치해야 한다.

④ 전동기

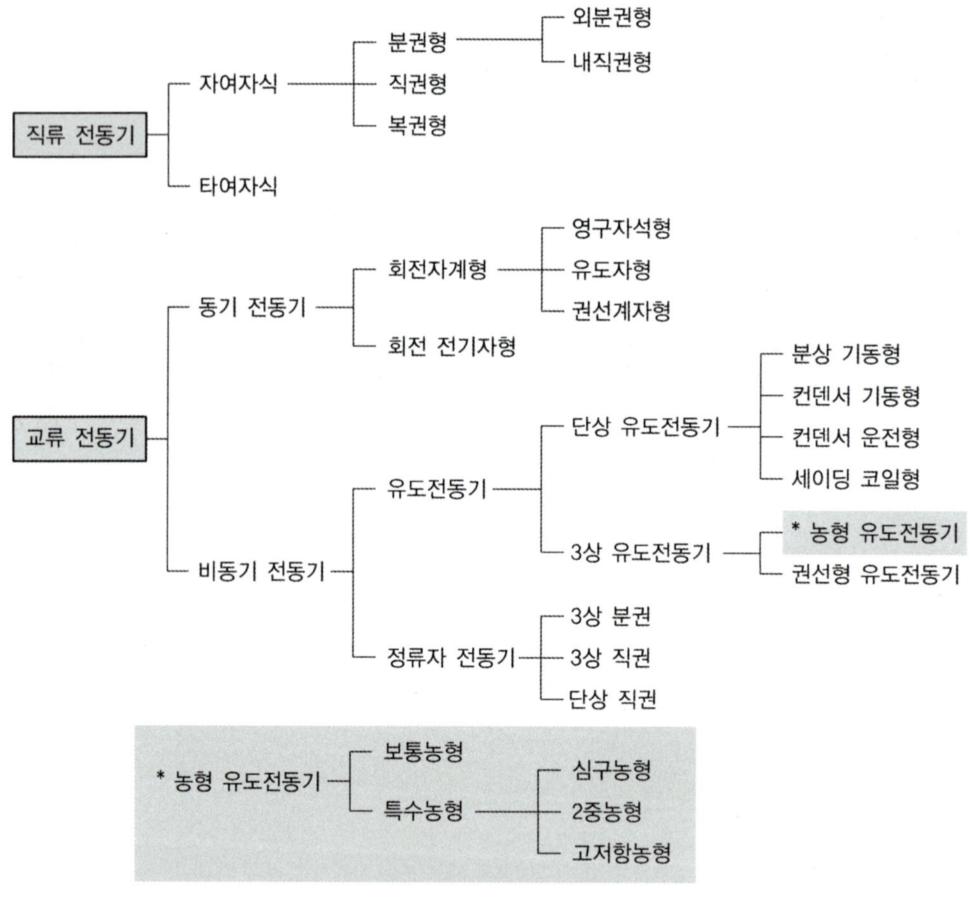

그림 21-18 전동기 종류

전동기는 전기적 에너지를 기계적 에너지로 변환하는 기계로서 사용전원에 따라 직류 전동기와 교류 전동기로 구분된다. 직류 전동기는 직류전원장치가 필요하며, 정류가 보수가 어렵고 가격이 비싼 단점이 있으며 직류타여자 전동기, 직류분권 전동기, 직류직권 전동기, 직류복권 전동기가 있다. 교류 전동기는 유도전동기, 동기 전동기, 정류자 전동기가 있으며, 동기 전동기는 역률은 높지만 구조가 복잡하고 보수 점검도 불편하며 가격이 비싼 특징이 있다.

산업용으로 널리 사용되고 있는 유도전동기는 분상기동형, 콘덴서기동형, 반발기동형, 쉐이딩 코일형 등 단상 전원을 사용하는 단상 유도전동기와 3상 전원을 사용하는 3상 유도전동기로 분류된다. 3상 유도전동기는 회전자에 의해 농형과 권선형으로 분류되며, 사용전압에 의해 고압, 저압으로 분류된다. 유도전동기는 견고한 구조, 경제성, 운전특성이 우수하여 3상 설비 동력원으로 널리 사용되고 있지만 기동시 많은 전류가 흐르고 부하에 따라 역률이 낮고 기동 토크가 적은 단점이 있다. 소방용으로 많이 사용되고 있는 농형 유도전동기의 기동방식은 전전압 기동과 감압 기동으로 분류한다.

4.1 유도전동기의 원리

유도전동기는 <그림 21-19>와 같이 영구자석을 화살표 방향으로 회전시키면 원판도 같은 방향으로 회전하는 아라고의 원판(Arago's disk)에 의한 것이다. 자석을 회전시키면 원판을 통과하는 자속이 변화하게 되는 데 플레밍의 오른손 법칙에 따른 유도기전력이 원판에 발생한다. 유도기전력에 의한 맴돌이 전류(Eddy current)와 영구 자석에 의한 각각의 자력선 사이에 전자력이 발생하여 원판이 회전하게 된다. 이때 원판은 영구 자석의 속도보다 느리게 회전하게 되는데 만약 원판과 자석의 속도가 같게 되면 원판을 지나는 자속은 일정하게 된다. 자속이 변하지 않으면 맴돌이 전류가 발생되지 않고 원판은 더 이상 회전하지 않게 된다.

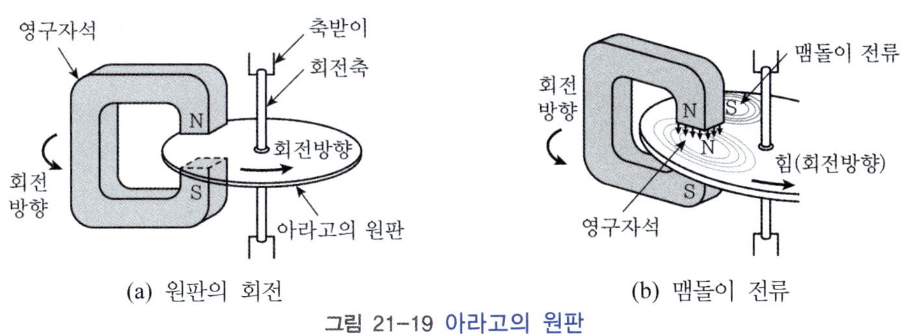

(a) 원판의 회전 (b) 맴돌이 전류

그림 21-19 아라고의 원판

아라고 원판을 대체하기 위해 <그림 21-20>의 (a)와 같은 원통형 도체를 이용하는 데 도체만으로는 회전은 되지만 누설 자속이 많이 발생하여 효율이 떨어진다. 그러므로 (b)와 같이 규소강판을 성층한 철심에 원통형의 도체를 결합하여 (c)와 같은 회전자(Rotor)를 만든다. 이와 같은 구조의 회전자를 농형이라 하며 유도전동기는 대부분 농형 회전자(Squirrel type rotor)를 사용한다.

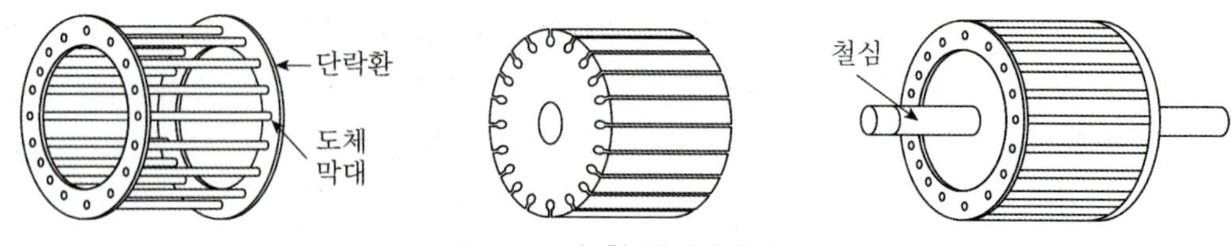

그림 21-20 농형 회전자의 구조

아라고 원판에서 영구 자석을 돌리면 원판이 따라 회전하지만, 실제 전동기에서 자석을 돌려 회전력을 얻는 것은 무의미하므로 이를 해결하기 위해 전자석을 이용한다. <그림 21-21>과 같이 고정자 철심에 권수, 선의 굵기, 크기가 같은 코일 a, b, c를 120° 간격으로 배치하고 대칭인 3상 전류를 흘리면 자석을 돌리는 것과 같은 효과를 얻을 수 있는 데 이를 회전 자계(Rotating magnetic field)이라고 한다. 3상 교류에서는 쉽게 회전 자계를 얻을 수 있는데 단상 교류에서는 회전 자계가 만들어지지 않고 교번 자계가 만들어진다.

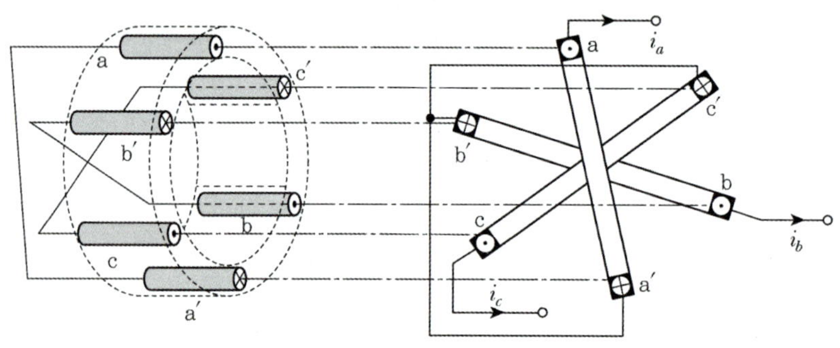

그림 21-21 고정자 권선 배치

회전자의 토크는 회전자 도체에 흐르는 전류와 자속과의 곱에 비례한다. 부하가 없는 무부하 상태에서 회전자속도(N[rpm])가 점차 증가하여 회전 자계의 속도인 동기속도(Synchronous speed, N_s[rpm])에 가까워지면 도체를 관통하는 자속의 수는 감소하므로 회전자에 유도되는 전류가 줄고 회전자 토크도 감소하게 된다. 또한, 부하가 연결되면 회전자속도가 낮아져 동기속도와의 차가 커지므로 도체를 관통하는 자속의 수도 증가하여 도체에 발생하는 전류가 커진다. 이것은 전동기의 토크를 크게 하고 속도는 다시 증가하게 된다. 즉, 전동기가 큰 토크로 부하를 돌려주기 위해서는 회전자속도가 동기속도보다 낮은 회전수를 가져야 한다.

유도전동기에서 동기속도와 회전자속도의 차($N_s - N$)를 동기속도로 나눈 것을 슬립(Slip)이라고 하며, 슬립은 유도전동기의 특성을 해석하는데 중요한 요소이다.

4.2 3상 유도전동기

3상 전원에 의해 쉽게 회전 자계를 얻을 수 있으므로 비교적 구조가 간단하다. <그림 21-22>는 3상 유도전동기의 구조를 나타낸다.

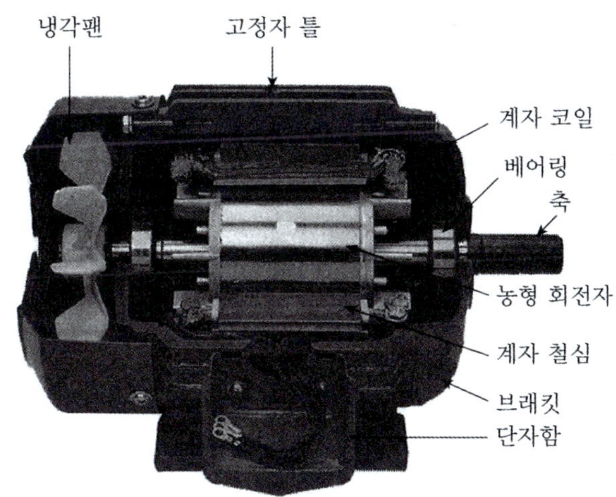

그림 21-22 3상 유도전동기의 구조

가. 유도전동기의 구조

(1) 고정자(Stator)

회전기의 주요 정지부분으로 얇은 규소강판을 겹쳐 쌓아서 만든 고정자 철심의 홈 속에 전류를 통하는 고정자권선을 설치하고 3상 교류를 통전함으로써 회전 자계를 형성하는 것이다. 홈에는 반폐홈과 개방홈이 있으며, 박강판은 규소 함유율이 2~3%인 0.35~0.5mm 두께의 규소강판을 사용한다.

(가) 고정자 틀(Stator frame)은 고정자 철심을 지지하는 전동기의 가장 바깥쪽 부분으로 소형은 주철을 사용하고, 대형은 압연 강판을 사용한다.

(나) 고정자 철심(stator core)은 규소 강판을 성층하여 사용하며 철심과 권선 사이에는 절연을 해야 한다.

(다) 고정자 권선(Stator coil)은 회전 자계를 만들기 위한 것으로 고정자 홈에 권선을 삽입하여 권선들을 적절한 방법으로 결선하여 완성한다. 홈에 하나의 코일이 들어가는 단층권과 두 개가 들어가는 2층권이 있는 데 3상 유도전동기는 대부분 2층권이 사용된다. 3상 유도전동기에서 고정자 권선은 각 상의 시작선과 끝선의 연결방법에 따라 <그림 21-23>과 같이 Y결선(Star connection, Y connection)과 Δ결선(Delta connection)으로 나눈다. (a)의 Y결선은 각 상의 끝점을 함께 한 점에 접속하고 시작점을 전원에 연결하고, (b)의 Δ결선은 한 상의 끝점을 다음 상의 시작점에 연결하여 각각을 전원에 연결한다.

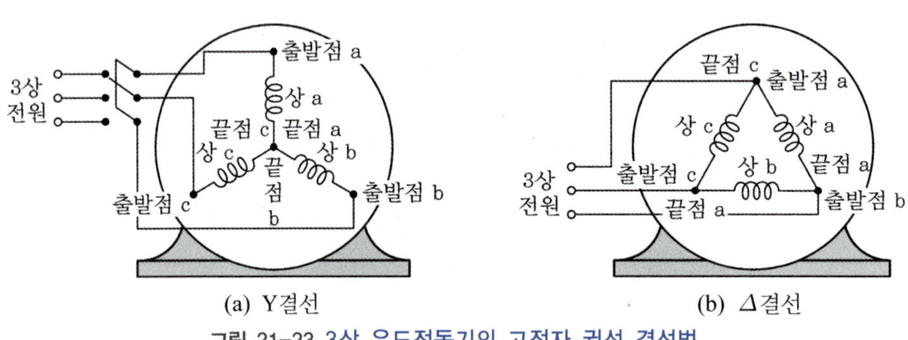

그림 21-23 3상 유도전동기의 고정자 권선 결선법

(2) 회전자(Rotor)

회전기의 주요 회전부분으로 도체의 구조에 따라 농형 회전자(Cage rotor)와 권선형 회전자(Wound rotor)가 있다.

나. 유도전동기의 특성

(1) 기동

유도전동기의 기동 전류는 정격 전류의 5~10배가 되는 큰 전류가 흐르기 때문에 용량이 큰 전동기의 경우 적절한 기동 장치를 사용하여 기동 전류를 제한할 필요가 있다. 일반적으로 3상 농형 유도전동기의 기동법에는 직접 기동법(전전압 기동법), 1차 저항 기동법, 리액터 기동법, Y-Δ 기동법, 기동 보상기법 등이 있다. 3상 권선형 유도전동기는 2차 저항 기동법을 사용한다.

표 21-17 유도전동기 기동법 비교

기동법	회로구성	적용대상
전전압 기동	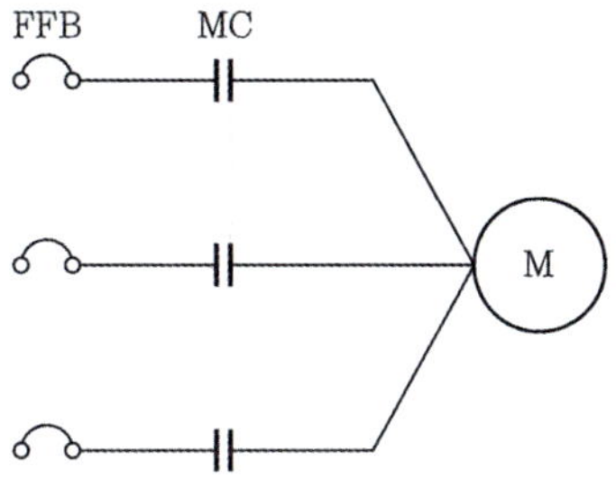 FFB MC M	전원용량이 허용되는 범위 내에서 사용
Y-Δ 기동	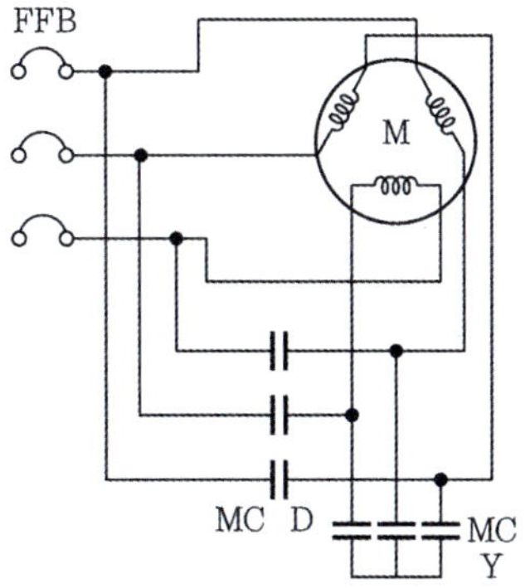 FFB M MC D MC Y	무부하 또는 경부하에서 기동되는 75kW 이하의 가능한 것(공작기계 등)
콘돌퍼 기동	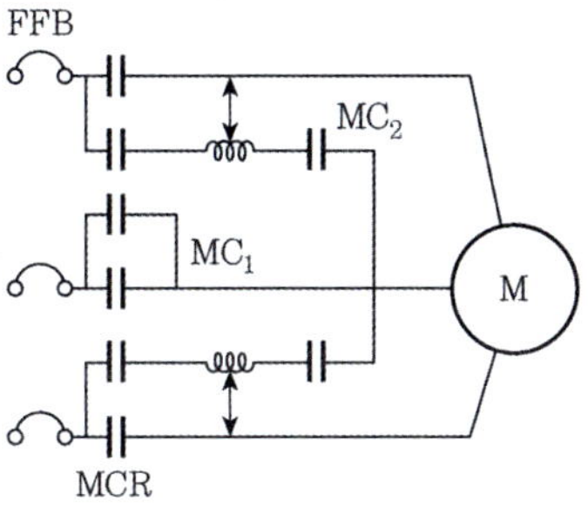 FFB MC_2 MC_1 M MCR	특별히 기동전류를 제한하고 싶을 때(펌프, 팬 등)
리액터 기동	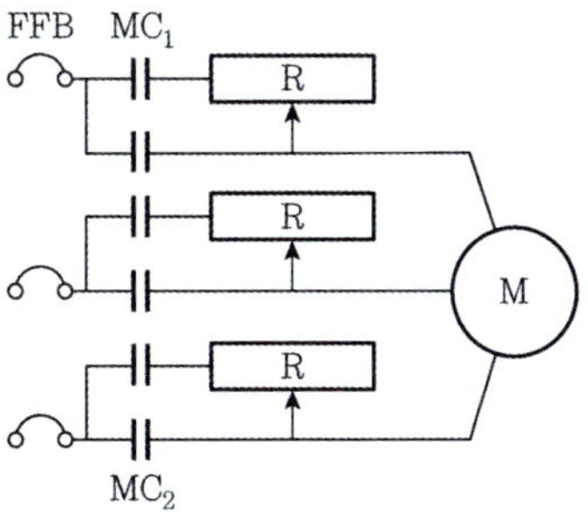 FFB MC_1 R R R M MC_2	Y-Δ 기동에서 가속이 곤란한 것 또는 기동시의 쇼크를 방지하고 싶을 때(펌프, 팬 등)

(가) 전전압 기동법(Line starting, 직입 기동)

5kW(6.7HP) 이하의 소용량(충압펌프 등) 농형 유도전동기는 기동장치를 따로 쓰지 않고 직접 정격전압을 인가하면 정격전류의 약 4～6배 정도의 기동전류가 흐르지만, 용량이 작기 때문에 직접 전전압을 가해도 지장이 없다. 가장 간단하고 경제적이지만 전압강하가 크게 발생하고 큰 토크가 갑자기 부하에 가하여 충격을 주는 특징이 있다.

(나) Y-Δ 기동법(Star-delta starting)

농형 유도전동기의 용량(출력)이 5～15kW 정도 되면 전전압 기동 대신에 Y-Δ 기동기를 사용하여 기동하는 방법으로 일종의 감압 기동기이다. <그림 21-24>와 같이 기동할 때에는 고정자 권선을 Y결선(성형 결선)으로 하여 기동하고 정상 속도에 도달하면 Δ결선으로 전환한다. 이 방법에 의해 기동시에는 고정자 각상의 권선(Y결선)에는 정격전압의 $1/\sqrt{3}$의 전압이 가해지므로 기동전류는 Δ결선으로 기동할 때의 1/3 이 되므로 기동전류는 전부하 전류의 200～250% 정도로 제한한다. 하지만 토크는 전압의 제곱에 비례하므로 기동 토크는 1/3 로 감소한다. 15～30HP 정도의 주펌프에 주로 사용된다.

동작과정은 <그림 21-24>의 (b)와 같이 먼저 MC_1, MC_2를 투입하여 Y결선으로 기동(MC_3는 OFF상태)하고, 회전속도가 어느 정도 가속된 이후에 (MC_1은 ON상태)MC_2는 Open(OFF), MC_3를 투입(ON)하여 Δ결선으로 운전한다.

(다) 기동 보상기법(Starting compensator method)

약 15kW 정도의 농형 유도전동기를 기동할 때 기동 전류를 제한하기 위하여 전원측에 3상 단권 변압기를 설치하고 기동 전압을 낮추어 기동 전류를 제한하는 장치를 기동 보상기라고 한다. 기동시 감압 탭(TAP)을 사용하여 전압을 내려서 기동(정격전압의 40～85%)하고 가속 후에 전전압을 가하지만 탭 전압은 일반적으로 50%, 65%, 80%를 사용한다. 기동 완료 후 단권변압기를 전원에서 분리시키지 않고 중성점을 개방하면 단권 변압기가 리액터로서 작용하게 되므로 이때 탭을 단락시키면 전동기에 정격전압이 인가된다. 이 방식을 콘돌퍼 방식(Kondorfer System)이라고 하고, 탭 전압에서 전-전압으로 전환할 때 전원과 전동기가 분리되지 않으므로 충격이 감소되는 특징이 있다.

(라) 리액터 기동법(Reactor staring method)

전전압 기동시 기동전류는 정격전류의 4～9배 정도의 기동전류가 흐르는 데 이 기동전류를 제한하기 위하여 사용된다. 즉, 전동기의 1차 권선(고정자 권선)에 철심이 들어있는 리액터(Reactor)를 직렬로 접속하여 리액터의 전압강하에 의한 전동기 단자에 인가되는 전압이 감압됨으로써 기동 전류를 제한하는 기동방법이다. 리액터 기동의 경우 기동 전류의 감소율보다 토크의 감소율이 크게 되고, 전동기의 1차 회로에 리액터를 직렬로 삽입하였기 때문에 회전수 상승과 더불어 토크가 약간 증대하게 되므로 기동 토크가 작고 토크의 제곱 특성을 지닌 펌프나 송풍기 등에 사용된다.

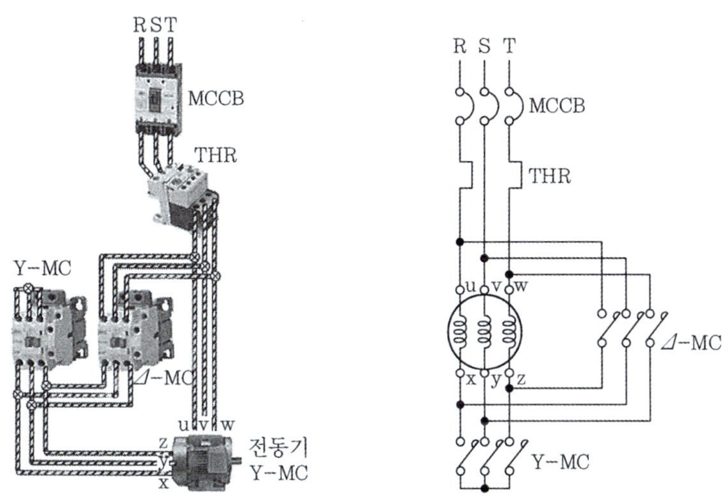

(a) 기본 회로도

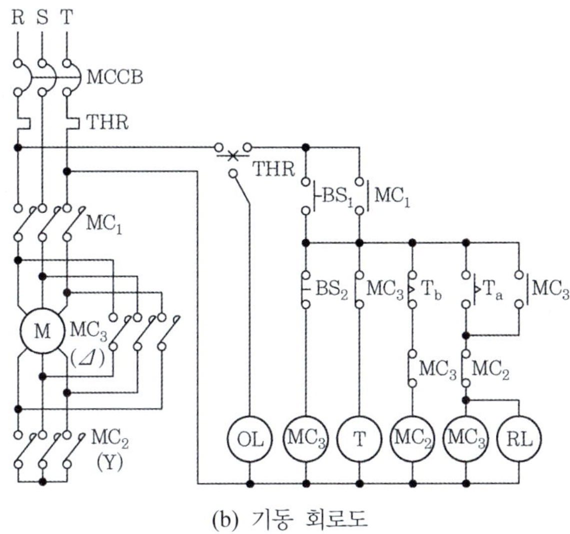

(b) 기동 회로도

그림 21-24 Y-⊿ 기동

(2) 동기속도

고정자에서 생기는 회전자계의 속도를 유도전동기의 동기속도(N_s)라 한다. 식은 다음과 같으며 P는 극수, f는 주파수[Hz]이다.

$$N_s = \frac{120f}{P} \quad [\text{rpm}]$$

(3) 슬립

유도전동기는 고정자에서 생기는 회전자계의 속도, 즉 동기속도에 따라 회전자가 회전하지만 전동기를 실제로 운전할 경우 그 회전은 동기속도보다는 약간 늦어진다. 만일 전동기의 회전이 회전자계와 동일한 속도라고 하면 회전자는 자속을 끊지 못하게 된다. 따라서 회전자가 자기 스스로 토크를 발생하기 위해서는 반드시 회전자계보다 속도가 늦어야만 한다. 즉, 회전자 회전수가 동기속도보다 늦어지는 비율을 슬립(Slip)이라고 하며, 다음 식으로 표현된다. 여기서, N_s는 회전자계의 속도(동기속도), N은 정격속도(회전자의 회전속도)이다.

슬립은 $0 < s < 1$의 범위이어야 하고, s가 커지면 회전자속도는 감소하고 작아지면 회전자속도가 증가하게 된다. 즉, 유도전동기가 정지해 있을 경우에는 $s = 1$이고, 무부하일 경우에는 $s ≒ 0$이 된다. 슬립은 전부하에서 3～5%, 소용량의 것에서 5～10% 정도이다.

$$s = \frac{(N_s - N)}{N_s} \times 100$$

$$N = (1 - s) \times N_s \quad [\text{rpm}]$$

$$N = \frac{120f}{P}(1 - s) \quad [\text{rpm}]$$

(4) 토크(Torque)

전동기의 토크는 그 회전수에 따라 다르고 전동기의 종류에 따라서도 다르다. 토크는 전동기의 속도가 증가하는 데에 따라 크게 되고 토크가 최대가 된 후에는 급격히 감소하여 동기속도가 되었을 때, 즉 $s = 0$이 되었을 때 토크는 0이 된다. 모터가 기동할 때의 토크를 기동 토크(Starting torque)라 하고, 토크가 최대일 때의 토크를 정동 토크(Stalling torque)라 한다. 이러한 기동 토크와 정동 토크의 크기는 일반적으로 전부하 토크(T)를 100%로 하여 각각 몇 %인가에 따라 나타내는 방법이 사용되고 있다. 여기서 P_0는 전동기출력[W]이고, N은 회전자속도[rpm]이다.

$$T = 0.975 \times \frac{P_0}{N} \quad [\text{kgm}]$$

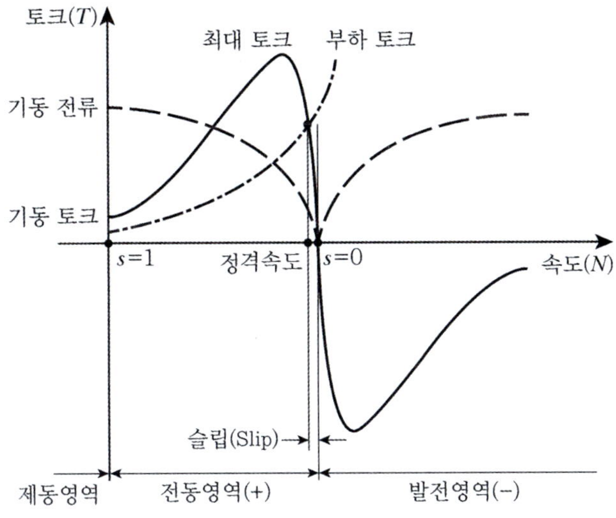

그림 21-25 유도전동기의 속도 - 토크 특성곡선

(5) 사용정격

(가) 연속 정격 : 전부하전류로 연속 사용할 때, 표준 규격에 정해져있는 온도상승 한도를 초과하지 않고 기타의 제한에 벗어나지 않는 정격

(나) 단시간 정격 : 전부하전류로 냉상태에서 시작하여 지정된 일정한 단시간 조정 조건하에서 사용할 때, 표준 규격에 정해져있는 온도상승 한도를 초과하지 않고 기타의 제한에 벗어나지 않는 정격(원칙적으로 시간은 10분간, 30분간, 60분간 또는 90분간으로 한다.)

(다) 반복 정격 : 운전, 정지의 주기적인 반복사용 또는 연속운전 중의 부하, 무부하의 반복사용조건하에서 사용할 때, 표준규격에 정해져있는 온도 상승 한도를 초과하지 않고 기타의 제한에 벗어나지 않는 정격

(라) 반복 등가정격 : 사용조건에 따라 이를 등가의 연속사용 또는 단시간 사용정격으로 치환한 것

4.3 단상 유도전동기

단상 유도전동기는 가정이나 사무실과 같은 소용량 전동력이 요구되는 곳에서 사용되는 것으로, 3상 유도전동기와는 달리 회전 자계가 만들어지지 않고 교번 자계가 발생된다. 교번 자계에서는 토크가 발생되지 않아 회전자를 기동시킬 수 없다.

가. 분상 기동형 유도전동기(Split-phase ac induction motor)

서로 자기적인 위치를 달리하면서 병렬로 연결되어 있는 주권선과 보조 권선이 내장된 전동기이다. 주권선과 보조 권선에 의해 회전 자기장을 만들어 기동시킨다. 기동 후 속도가 점차 증가하여 동기속도의 70~80%가 되면 원심력 스위치(Centrifugal switch, CS)가 작동하여 보조 권선 회로가 개방되고 전동기는 주권선에 의해서 동작한다. 주로 펌프, 소형 공작 기계, 공업용 재봉틀, 세탁기 등 소용량으로서 여러 분야에 가장 광범위하게 사용되는 전동기이다.

나. 콘덴서 유도전동기(Capacitor ac induction motor)

보조 권선에 콘덴서가 직렬로 연결되어 있는 것으로, 기동할 때만 콘덴서를 사용하는 콘덴서 기동형 전동기(Capacitor starting motor), 운전 중에도 콘덴서를 사용하는 영구 콘덴서 전동기(Permanent capacitor motor), 2중 콘덴서 전동기(Two-value capacitor motor) 등이 있다. 콘덴서가 연결된 권선과 주권선 사이의 위상차[21]로 회전 자기장이 만들어져 회전자를 기동시킨다. 콘덴서 기동형은 농사용 펌프, 냉장고, 공업용 재봉틀 등에 사용되고, 영구 콘덴서형은 펌프, 세탁기, 선풍기 등에 사용된다.

콘덴서 기동형 전동기는 전해 콘덴서를 사용하며 정격 속도에 도달하면 회로에서 콘덴서를 개방시켜야 한다. 영구 콘덴서 전동기는 기동 토크가 낮으며 오일콘덴서를 사용한다. 2중 콘덴서 전동기는 기동 토크가 매우 높다. 운전용으로는 오일콘덴서를 사용하고 기동용으로 전해 콘덴서가 쓰인다. 회전수가 일정 속도가 되면 전해 콘덴서를 회로에서 개방시킨다.

다. 셰이딩 코일형 유도전동기(Shaded-pole motor)

고정자의 주 자극 옆에 작은 돌극을 만들고, 여기에 굵은 구리선으로 수 회 정도 감아 단락시킨 구조의 전동기로서 주 자극에서 셰이딩 자극 쪽으로만 회전하며 회전 방향을 바꿀 수 없는 특징이 있다. 구조가 간단하고 기동 토크가 적으므로 소형 선풍기, 전축 등의 소용량 부하에 주로 사용된다.

라. 반발형 유도전동기(Repulsion motor)

반발형 전동기는 회전자에 권선이 있어 권선형 단상 유도전동기라고 하며, 고정자 권선과 회전자 권선에서 발생하는 자기장 사이의 반발력을 이용한다. 영업용 냉장고, 콤프레셔, 펌프 등에 사용된다.

21) 같은 주파수를 갖는 두 정현파 교류의 상대적 위치를 각도로 표시한 것을 말한다.

연습문제 exercise

1. 옥내배선에 사용되는 일반배선용 심벌의 명칭을 쓰시오.

(1) ────────

(2) - - - - - - - - -

(3) - - - - - - - - - - - -

2. 배관공사에 대한 다음 질문에 답하시오.

(1) 합성수지관 1본과 금속관 1본의 길이는 각각 몇 m인가?

(2) 금속관과 박스를 접속할 때 어떤 재료를 사용하고, 최소 몇 개를 사용 하는가?

(3) 강제전선과 공사 중 노출배관공사에서 관을 직각으로 굽히는 곳에 사용하는 것으로 3방향으로 분기할 수 있는 T형 4방향으로 분기할 수 있는 크로스형이 있는 자재 명칭은?

3. 전로의 절연열화에 의한 화재를 방지하기 위하여 절연저항을 측정하여 전로의 유지보수에 활용하여야 한다. 절연저항측정에 관한 다음 질문에 답하시오.

(1) 220V 전로에서 전선과 대지 사이의 절연저항이 0.2M]이라면 누설전류[mA]는?

(2) 감지기회로 및 부속회로의 전로와 대지 사이 및 배선 상호간의 절연저항을 1경계구역마다 직류 250V의 절연저항측정기로 측정하여 몇 MΩ 이상이 되도록 하여야 하는가?

4. AC 220V를 사용하는 전선로에 비상조명용 부하가 14500VA이다. 분기회로의 최소수는 몇 회로인가? (단, 차단기의 용량은 15A이다)

5. 가요전선관 공사에서 다음에 사용되는 재료의 명칭은?

(1) 가요전선관과 박스의 연결

(2) 가요전선관과 스틸전선관 연결

(3) 가요전선관과 가요전선관 연결

6. 저압옥내배선의 금속관공사(배선)에 이용되는 부품의 명칭을 쓰시오.

(1) 노출배관공사에서 관을 직각으로 굽히는 곳에 사용하는 부품은?

(2) 금속관을 아웃렛 박스에 로크너트만으로 고정하기 어려울 때 보조적으로 사용되는 부품은?

(3) 금속전선관 상호간을 접속하는 데 사용되는 부품은?

(4) 전선의 절연피복을 보호하기 위하여 금속관 끝에 취부하여 사용되는 부품은?

7. 소방설비의 전기배선공사를 후강전선관에 의한 금속관배선공사로 시공하여야 한다. 배선공사에 필요한 관의 길이가 20m라고 할 때 다음 질문에 답하시오.

(1) 금속관 배선공사를 콘크리트에 매입하여 시공할 때 관의 두께는 몇 mm 이상을 사용해야 하는가?

(2) 사용전압이 400V 미만인 경우의 금속관 및 부속품 등은 특별한 경우를 제외하고 제 몇 종 접지공사로 접지하는가?

(3) 동일관 내에 1.6mm 전선 3본과 5.5m^{2}인 전선 3본을 넣을 수 있는 후강전선관의 최소굵기를 아래 표를 이용하여 구하시오.

[표 1] 전선(피복절연물 포함)의 단면적

전선의 굵기		단면적[mm^2]
단선[mm]	연선[mm^2]	
1.6		8
2.0		10
2.6	5.5	20
3.2	8	28
	14	45
	22	66
	38	104
	60	154
	100	227
	150	346
	200	415
	250	531

[표 2] 절연전선을 금속관 내에 넣을 경우의 보정계수

전선의 굵기		보정계수
단선[mm]	연선[mm^2]	
1.6 2.0		2.0
2.6 3.2	5.5 8	1.2
	14 이상	1.0

[표 3] 후강전선관의 내단면적의 32% 및 48%

전선관의 굵기 [mm]	내단면적의 32% [mm^2]	내단면적의 48% [mm^2]	전선관의 굵기 [mm]	내단면적의 32% [mm^2]	내단면적의 48% [mm^2]
16	67	101	54	732	1098
22	120	180	70	1216	1825
28	201	301	82	1701	2552
36	342	513	92	2205	3308
42	460	690	104	2843	1964

8. 어떤 건물의 소방설비의 배선도면을 보고 다음 질문에 답하시오(단, 배선공사는 후강전선관을 사용한다).

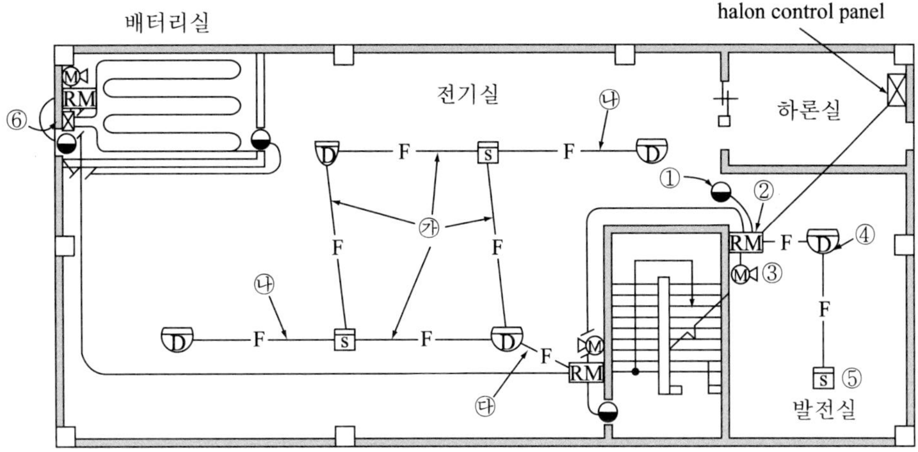

(1) 도면에 표시된 그림 기호 ①~⑥의 명칭은?

(2) 도면에서 ㉮~㉰의 배선가닥수는 몇 본인가?

(3) 도면에서 물량을 산출할 때 박스는 몇 개가 필요한가?

(4) 부싱은 몇 개가 소요되겠는가?

9. 금속관 공사의 그림이다. 다음 질문에 답하시오.

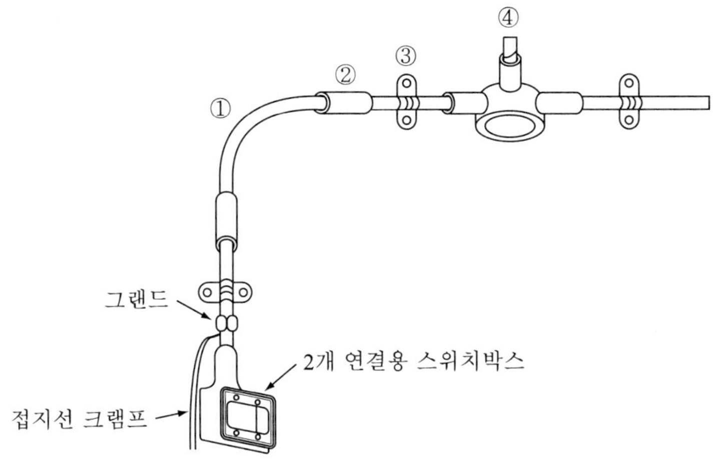

(1) ①~④에 들어갈 부품명칭은?

(2) 노출배관으로 시공할 경우 ①을 대체할 부품은?

10. 직경 4mm, 길이 1km인 경동선의 전기저항[Ω]은?

11. 저압 옥내배선의 금속관공사에 있어서 금속관과 박스 그 밖의 부속품은 설치기준이다. 괄호 안에 채우시오.

(1) 저압 옥내배선의 사용전압이 400V 미만인 경우 관에는 제(　　)종 접지공사를 할 것. 다만, 다음 중 1에 해당하는 경우에는 그러하지 아니하다.

(2) 관의 길이(2개 이상의 관을 접속하여 사용하는 경우에는 그 전체의 길이를 말한다. 이하 같다)가 (　　)m 이하인 것을 건조한 장소에 시설하는 경우

(3) 옥내배선의 사용전압이 직류 300V 또는 교류 대지전압 150V 이하인 경우에 그 전선을 넣는 관의 길이가 (　　)m 이하인 것을 사람이 쉽게 접촉할 우려가 없도록 시설하는 때 또는 (　　)한 장소에 시설하는 때

(4) 저압 옥내배선의 사용전압이 400V 이상인 경우 관에는 (　　)종 접지공사를 할 것. 다만, 사람이 접촉할 우려가 없도록 시설하는 경우에는 제 (　　)종 접지공사에 의할 수 있다.

(5) 금속관을 구부릴 때 금속관의 단면이 심하게 (　　)되지 아니하도록 구부려야 하며, 그 안측의 (　　)은 관 안지름의 (　　)배 이상이 되어야 한다.

(6) 아웃렛박스(Outlet Box) 사이 또는 전선 인입구를 가지는 기구 사이의 금속관에는 (　　)개소를 초과하는 (　　) 굴곡개소를 만들어서는 아니된다. 굴곡개소가 많은 경우 또는 관의 길이가 (　　)[m]를 넘는 경우에는 (　　)를 설치하는 것이 바람직하다.

12. 단상 2선식 100V에 사용하는 정격소비전력 3kW 전압계의 부하전류를 측정하기 위하여 60/5의 변류기를 사용하였다면 전류계의 지시값[A]은?

13. 소방부하가 연결된 회로에서 A점과 B점의 전압[V]은? 단, 공급전원은 24V이며, 단상 2선식이다.

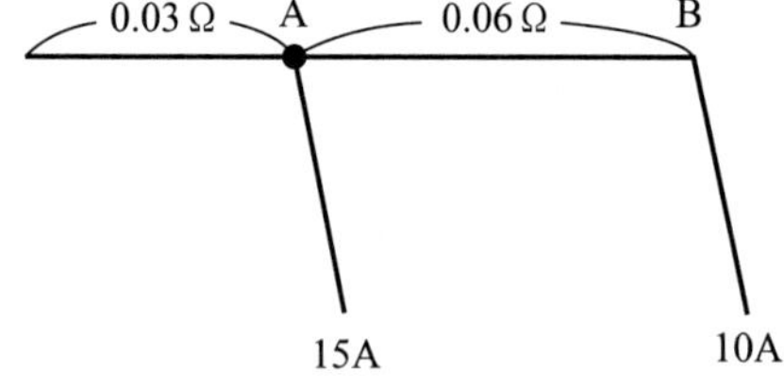

14. 220V, 40W 피난구유도등 대형 10개를 천장노출 배관배선하여 설치할 때 최소전류[A]는? (단, 역률은 0.8이다)

15. 옥내배선도에 $\overline{\text{IV 2.0(22) E1.6}}$ (배선 표시 기호: ////, /) 로 표시된 경우 이 배선도가 나타내는 의미를 쓰시오.

16. 수신기로부터 배선거리 100m의 위치에 모터사이렌이 접속되어 있다. 사이렌이 명동될 때의 사이렌의 단자전압을 구하시오. 단, 수신기는 정전압 출력이라고 하고 전선은 1.6mm HIV전선이며, 사이렌의 정격전력은 48W이고, 전압변동에 의한 부하전류의 변동은 무시한다. 또한 1.6mm 동선의 km당 전기저항은 8.75Ω 이다.

17. 접지공사에서 접지봉과 접지선을 연결하는 방법 3가지를 쓰고, 이 중 내구성이 가장 높은 방법은 무엇인가?

18. 분전반에서 30m의 거리에 20W, 100V인 유도등 20개를 설치하려고 한다. 전선의 굵기[mm^2]는 얼마 이상으로 해야 하는가? (단, 배선방식은 단상2선식이며, 전압강하는 2% 이내이고, 전선은 동선을 사용한다)

19. 배선용차단기의 특징을 3가지만 쓰시오.

20. 접지종별 저항값 및 접지선의 굵기의 빈칸을 채우시오.

구분	접지저항값	접지선 굵기
제1종 접지공사		
제2종 접지공사	$\frac{150}{1\text{선지락전류}}$Ω 이하	
제3종 접지공사		
특별 제3종 접지공사		

21. 전자식 접지저항계 결선 및 명칭에 관한 다음 질문에 답하시오.

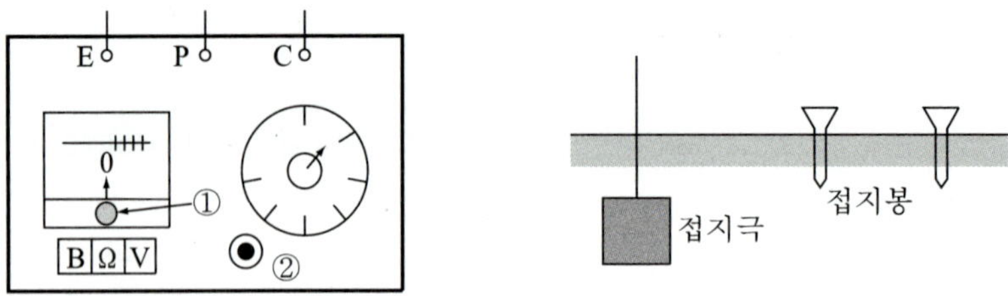

(1) 접지저항을 측정하기 위한 회로도를 완성하시오.

(2) ①, ②의 명칭을 쓰고 역할을 설명하시오.

22. 주어진 조건과 도면을 보고 질문에 답하시오.

조 건
• 대상물은 지하주차장으로서 내화구조이다. • 천장의 높이는 3m이다. • 슈퍼바이조리판넬인 SVP의 설치높이는 1.2m이다. • 전선관은 후강전선관 16mm를 콘크리트 매입으로 사용한다.

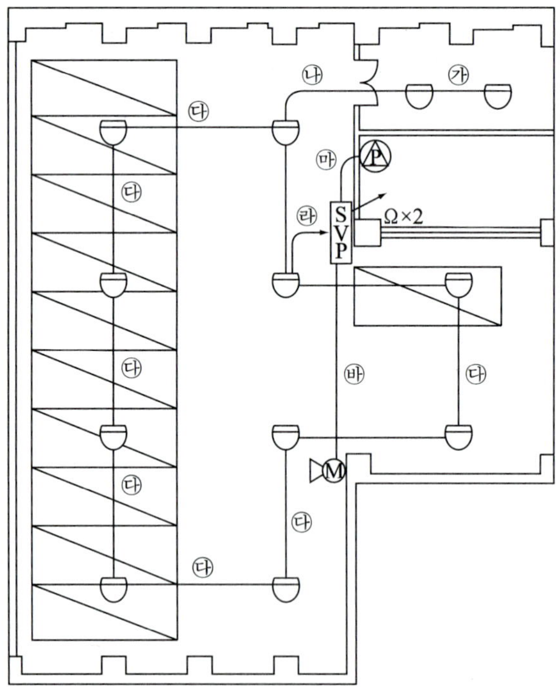

(1) 도면에서 그림기호 Ⓜ◁의 명칭은 무엇인가?

(2) 도면의 ㉮~㉳에 해당되는 전선가닥수는 최소 몇 가닥인가?

(3) 다음의 물량을 구하시오.
① 4각 박스 : ② 8각 박스 : ③ 로크너트 : ④ 부싱 :

23. 3상 3선식 380V로 수전하는 곳의 부하전력이 95kW, 역률이 85%, 구내 배선의 길이는 150m이며 전압강하를 8V까지 허용하는 경우 배선의 굵기를 계산하여라.

24. 전선의 접속시 주의사항 3가지를 쓰시오.

25. 소방펌프용 전동기의 명판에는 절연물의 최고허용온도를 기호로 표기하고 있다. 다음 표의 빈 칸을 완성하시오.

절연 종류	Y	A	E	( )	F	( )	C
최고허용온도[℃]	90	( )	120	( )	( )	180	180℃ 초과

CHAPTER 22

소방시설용 비상전원수전설비

Fire Alarm Facility

소방법에 정해진 비상전원으로 전용의 변압기에 의해 수전하거나 수전설비의 주변압기의 2차 쪽에서 직접 전용개폐기에 의해 수전하는 설비로 화재로 인한 정전, 합선 등의 전기적 사고로 상용전원이 차단되었을 경우에 일정시간 사용 가능한 전원을 말한다. 소방용설비에 사용하는 전기배선은 내화 또는 내열보호를 필요로 하며 비상전원으로부터 소방용설비까지의 주 전원회로는 내화耐火전선을 사용하고 있으며, 비상전원전용설비, 자가발전설비, 축전기설비가 있다.

① 비상전원

1.1 비상전원과 예비전원

건축분야에서는 예비전원(Standby power)으로 사용하고, 소방분야에서는 비상전원(Emergency power)으로 사용한다.

비상전원과 예비전원

국 내	일 본
☑ 법적구분 • 예비전원 : 건축법(배연창, 비상용 승강기 등) • 비상전원 : 소방관련법 ☑ 소방 검정 기술기준 • 예비전원 : 기기에 내장되어 있는 것 • 비상전원 : 외부에 설치되어 있는 것	☑ 예비전원 • 상용전원(교류)의 경우 기기에 내장하여 입력 전원의 공급 중단, 용량부족시 기능을 유지하기 위하여 사용되는 것(주전원으로 사용불가) ☑ 비상전원 • 상용전원의 정전 등의 사고시 대체전원으로 통상 외부에 있는 별도의 설비

1.2 비상전원 설치기준

가. 점검에 편리하고 화재 및 침수 등의 재해로 인한 피해를 받을 우려가 없는 곳에 설치해야 한다.

나. 상용전원으로부터 전력의 공급이 중단된 때에는 자동으로 비상전원으로부터 전력을 공급받을 수 있도록 한다.

다. 비상전원의 설치장소는 다른 장소와 방화구획해야 한다. 이 경우 그 장소에는 비상전원의 공급에 필요한 기구나 설비외의 것(열병합발전설비에 필요한 기구나 설비는 제외)을 두어서는 안 된다.

라. 비상전원을 실내에 설치하는 때에는 그 실내에 비상조명등을 설치해야 한다.

마. 해당 소방시설을 유효하게 규정된 시간(20분 또는 60분) 이상 작동할 수 있어야 한다.

비상전원의 면제

- 2 이상의 변전소에서 전력을 동시에 공급받을 수 있는 경우
- 하나의 변전소로부터 전력의 공급이 중단되는 때에는 자동으로 다른 변전소로부터 전원을 공급받을 수 있도록 상용전원을 설치한 경우

1.3 비상전원의 종류

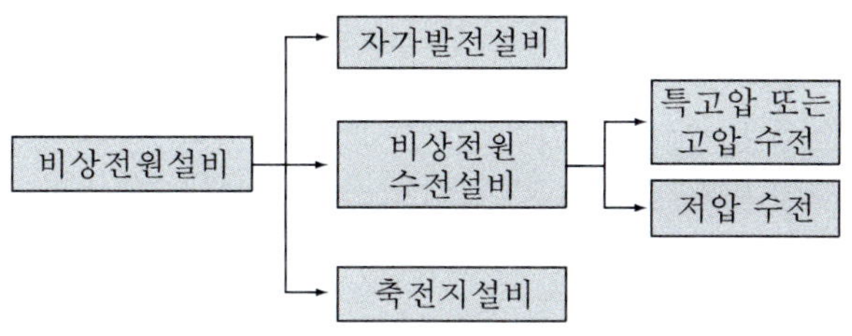

그림 22-1 비상전원설비의 종류

가. 자가발전설비

건물, 공장 등의 구내에 시설을 운용하기 위해 자가용 발전기를 설치하는 것으로 경유나 LPG를 연료로 사용하여 상용전원이 차단될 경우 자동으로 발전기가 가동되어 소방시설에 전원을 공급하는 것으로 일반적으로 옥내소화전설비, 스프링클러설비 등과 같이 대용량을 필요로 하는 설비(펌프, 송풍기 등)에 사용된다.

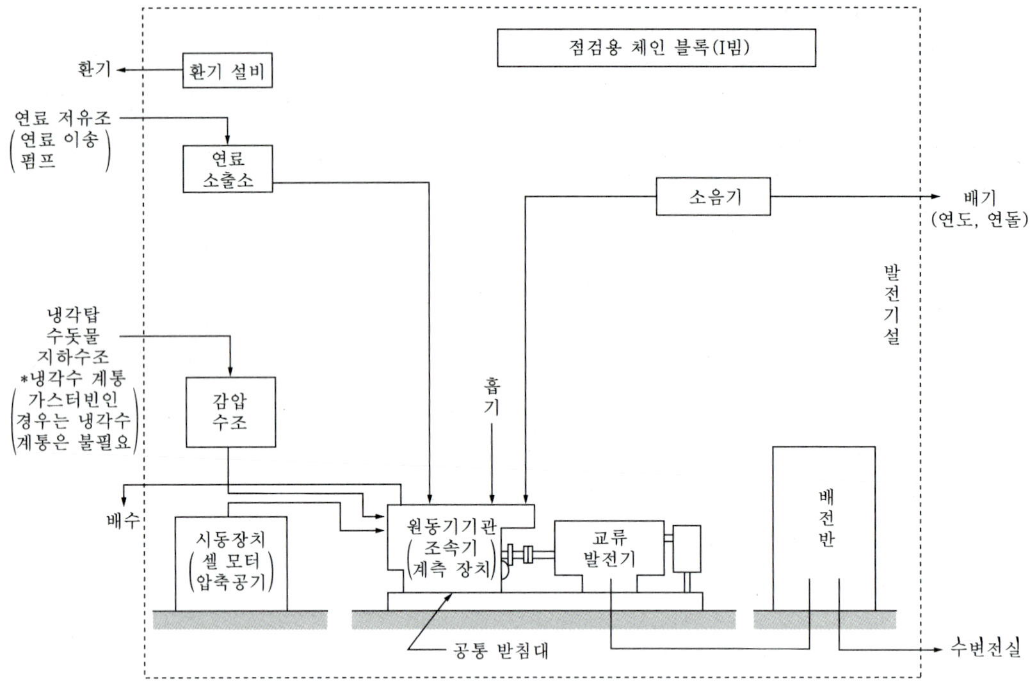

그림 22-2 자가발전설비의 계통도

(1) 성능

(가) 정전시 비상전원으로 자동절환 및 급전시 상용전원으로 복구되어야 하고, 이를 위해서는 비상발전기의 비상부하 접속점에 ATS(Auto Transfer Switch)를 설치하고, 상용전원회로와 비상발전기회로의 개폐는 상호 인터록(Interlock)이 되도록 한다.

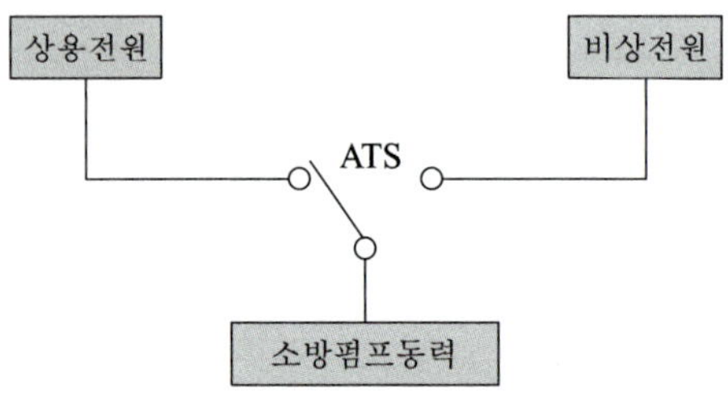

그림 22-3 자동절환장치

(나) 기동시간이 짧고, 전압의 신뢰도가 높아야 한다.
(다) 20분 이상 안정되게 연속해서 전원공급이 가능해야 한다.
(라) 최대용량의 소방대상물 부하를 동시에 사용할 수 있어야 한다.
(마) 효율이 높고 작동 및 보수가 용이해야 한다.

(2) 비상용발전기의 종류

표 22-1 비상용발전기의 종류와 특징

종 류	특 징
가솔린 엔진 발전기	• 30kVA 이하의 중용량, 주로 자동차용으로 사용 • 전압 확립시간이 1분 이내이지만, 추운 곳에서는 기동 시 장애 발생
디젤 엔진 발전기	• 중유와 경유만을 연료로 사용, 연료를 연소실에서 직접 분사하는 방식 • 열효율이 높고, 대용량의 장시간 계속운전에 적합 • 전압확립이 1분 이내 • 냉각용 급배수와 배기가스 배기관 등이 필요
가스터빈 발전기	• 중유, 등유, 경유와 가스 등을 사용 • 시동이 빠르고 부하변동에 대한 출력의 자체조정이 민감 • 소음과 공해가 적지만, 연료소비량이 매우 큼

디젤과 가솔린의 차이

- 디젤은 크기와 소음이 크고, 가솔린은 작다.
- 디젤은 기동 시 주위온도의 영향을 많이 받고, 가솔린은 적게 받는다.
- 디젤은 경유를 사용하여 화재위험성이 비교적 안전하지만, 가솔린은 위험하다.
- 옥내설치의 적합성은 디젤이 적합하고, 가솔린은 소용량에 적합하다.

(3) 발전기 운전방식

(가) 단독 운전방식은 수전용 차단기와 발전기용 차단기와 인터록 장치가 필요하다.
(비상용 발전기는 단독 운전을 원칙)
(나) 2대 이상 병렬 운전방식시 synchro 장치가 필요하다.
(다) 한전 병렬운전 방식은 역송전을 방지하기 위한 계전기와 synchro 장치가 필요하다.
(라) 발전기 병렬운전조건
① 기전력 크기가 같을 것
② 기전력 위상이 같을 것
③ 기전력 파형이 같을 것
④ 주파수가 같을 것

⑤ 상 회전 방향이 같을 것

나. 축전지설비

상용전원이 정전되었을 경우 자가발전설비를 기동하여 정격전압이 확립될 때까지의 중간전원으로 사용된다. 발전기는 주로 펌프와 같은 동력용 부하의 비상전원으로 사용되고, 축전지는 경보설비나 유도등의 비상전원으로 사용된다. 이것은 발전기에 의하여 정격전압이 될 때까지 엔진의 기동시간이 필요하므로 인명의 안전과 관련된 경보설비나 유도등은 발전기를 비상전원으로 사용해서는 안 된다. 내연기관에 의한 펌프를 사용할 경우 내연기관(엔진)의 기동용 및 제어용 비상전원으로 사용된다.

(1) 성능

(가) 축전지와 충전장치를 갖춘 독립된 직류전원이다.

(나) 용량의 한계로 인하여 비상전원 측면에서는 발전기의 기동용이나, 장치류의 비상전원 등에 한하여 적용한다.

(다) 경보설비, 유도등, 무선통신보조설비에서는 유일한 비상전원이다.

(라) 발전기에 비해 즉시 전원공급이 가능하다.

(마) 발전설비에 비해 유지관리 및 보수가 용이하다.

(2) 무정전 전원장치(UPS ; Uninterrupted power supply)

축전지를 사용하는 비상전원으로는 무정전 전원장치가 있으며 밀폐형의 축전지설비를 이용한 무정전 방식의 전원장치로 정전 보상시간이 순간적인 장치로 전산장비, 통신장비 등에 주로 사용된다.

(3) 연축전지와 알칼리축전지

전지는 화학에너지를 전기에너지로 변환하여 부하에 전기를 공급하는 것으로 건전지로 사용되는 1차 전지와 축전지로 사용되는 2차 전지가 있다. 2차 전지는 전기에너지를 화학에너지로 변환하여 저장하고 필요에 따라 전기에너지를 사용할 수 있다.

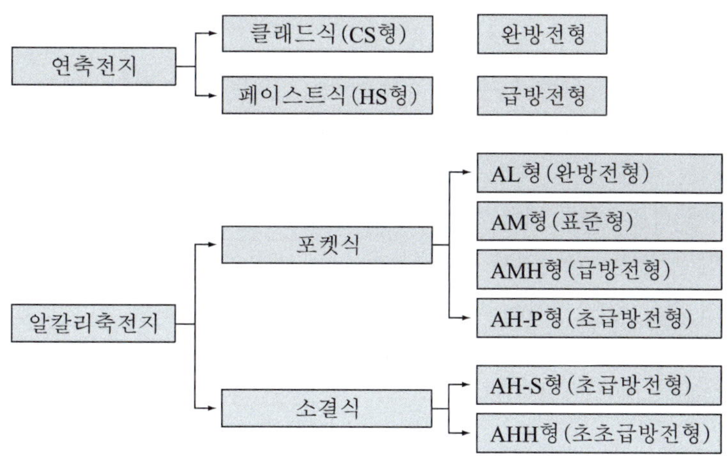

그림 22-4 내부구조에 따른 축전지 분류

표 22-2 연축전지와 알칼리축전지의 비교

구분		연축전지	알칼리축전지
기전력[V]		2.05～2.08	1.32
공칭전압[V] 및 용량[Ah]		2.0 / 10Ah	1.2 / 5Ah
셀 수		52～55개	80～85개
전기적 강도		과충전, 과방전에 약하다	과충전, 과방전에 강하다
기계적 강도		약하다	강하다
충전시간		길다	짧다
온도특성		떨어진다	우수하다
수명		10～20년	30년 이상
가격		싸다	비싸다
용도		장시간, 일정전류 부하에 적당	단시간, 대전류 부하에 적당
종류		클래드식(CS), 페이스트식(HS)	소결식, 포켓식
자기방전		보통	적다
화학반응	방전 ↓ ↑ 충전	PbO_2 + $2H_2SO_4$ + Pb (양극) (전해액) (음극)	$2Ni(OH)_3$ + $2H_2O$ + Cd (양극) (전해액 : KOH) (음극)
		$PbSO_4$ + $2H_2O$ + $PbSO_4$	$2Ni(OH)_2$ + $Cd(OH)_2$
기타		• 부식가스 발생 • 전해액의 비중으로 충·방전을 알 수 있음 • 작은 충·방전 전압차	• 부식가스 없음 • 저온 특성 • 보존이 용이 • 고효율 방전특성

(4) 축전지 충전방식

(가) 보통충전은 필요할 때마다 표준시간율(Ah)로 충전을 하는 방식이다.

(나) 급속충전은 비교적 짧은 시간에 충전전류의 2～3배의 전류로 충전하는 방식이다.

(다) 부동충전은 충전장치를 축전지와 부하에 병렬로 접속하여 축전지의 자기방전을 보충함과 동시에 상용부하에 대한 전원공급을 충전기가 부담하고, 충전기가 부담하기 어려운 일시적인 대전류는 축전기가 부담하도록 하는 방식이다. 정전시에는 축전지에서 전류를 공급하며 가장 많이 사용되고 있다. 부동충전방식은 축전지의 수명이 연장되고, 용량이 작아도 되며, 부하변동에 대한 방전전압을 일정하게 유지할 수 있는 특징이 있다. 부동충전전압은 2.15～2.17V이다.

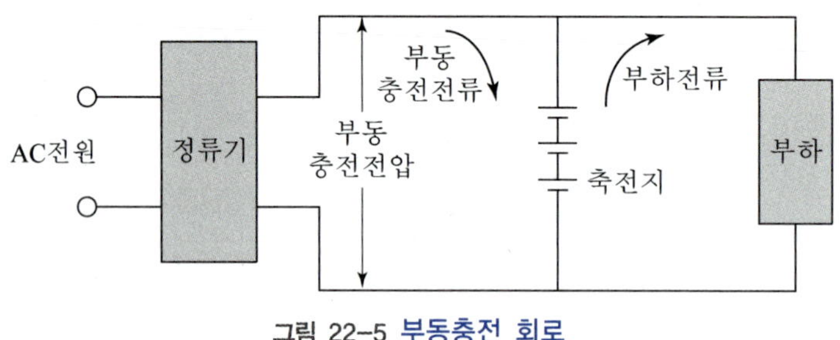

그림 22-5 부동충전 회로

(라) 균등충전은 전지를 장시간 사용하는 경우에는 각 전해조에 전위차가 발생하고, 이러한 전위차를 보정하기 위하여 1～3개월마다 10～12시간동안 1회 충전하여 각 전해조의 전위를 균일화하기 위한 방식이다. 균등충전전압은 2.4～2.5V이다.

(마) 세류충전(Trickle charge)은 전지를 장기간 보존하게 되면 축전지의 단속적인 미량의 방전 및 자기방전에 의해 용량이 감소하게 되는데, 이를 보상하기 위하여 8Ah 방전전류의 0.5～5% 정도의 일정한 전류로 충전을 계속하는 방식이다. 즉, 자기방전량만 항상 충전하는 방식이다.

(바) 전자동충전은 일정한 전압을 인가하여 충전하는 정전압 충전은 초기에 대전류가 흐르기 때문에 정전류 이상은 흐르지 않도록 자동전류제한장치를 부착하여 충전하는 방식이다. 정전류와 정전압 기능이 있고, 충전이 끝나면 자동으로 균등충전으로 변환한다.

Sulfation 현상

연축전지가 방전한 상태에서 장시간 방치할 경우 극판의 황산납이 회백색으로 변하고(황산화 현상) 내부 저항이 증가하여 충전시 전해액의 온도 상승이 크고 황산의 비중 상승이 낮으며 가스 발생이 심하게 되며 전지의 용량이 감퇴하고 수명이 단축되는 현상

다. 비상전원수전설비

전력회사가 공급하는 상용전원을 비상전원으로 사용하는 것으로 소방대상물의 화재 발생시 단락이나 과부하 등에 견딜 수 있도록 일정한 요건을 갖추고 있는 수전설비로 특고압 또는 고압으로 수전하는 경우 방화구획형, 옥외개방형, 큐비클형이 있으며, 저압으로 수전하는 경우 전용배전반형, 전용분전반형, 공용분전반형이 있다.

(1) 설치조건

가급적 지중인입을 원칙으로 하지만 부득이한 경우 소방대상물의 개구부에 면하지 않는 측으로 인입시켜 화재로부터 보호되도록 하고, 일반부하의 사고에도 수방부하에는 지장이 없어야 한다. 배선은 내화배선을 사용하며, 소방회로용 개폐기 및 과전류차단기에는 "소방시설용"이라는 표시를 한다.

(2) 특징

(가) 정전이 될 경우 비상전원으로서의 기능이 상실된다.
(나) 상용전원이 공급되는 시점까지만 비상전원으로서의 사용할 수 있다.
(다) (간이)스프링클러설비, 포소화설비, 비상콘센트설비 등의 제한된 소방대상물에만 적용할 수 있다.

1.4 소방법에서 정하고 있는 비상전원

표 22-3 소방시설별 비상전원

<table>
<tr><th>소방시설</th><th>비상전원 설치대상</th><th>용량</th><th>비상전원
종류</th></tr>
<tr><td>옥내소화전</td><td>• 7층 이상으로 연면적 2000m² 이상
• 지하층 바닥면적의 합계 3000m² 이상</td><td rowspan="3">20분</td><td>자가발전설비
축전지설비</td></tr>
<tr><td rowspan="2">스프링클러설비</td><td>• 차고, 주차장으로 스프링클러를 설치한 부분의 바닥면적 합계가 1,000m² 미만</td><td>자가발전설비
축전지설비
수전설비</td></tr>
<tr><td>• 그 밖의 대상</td><td>자가발전설비
축전지설비</td></tr>
<tr><td>간이스프링클러설비</td><td>• 해당 소방시설 설치대상 전체</td><td>10분
(근생 : 10분)</td><td>자가발전설비
축전지설비
수전설비</td></tr>
</table>

<table>
<tr><td rowspan="2">포소화설비</td><td>• 7층 이상으로 연면적 2000m^2 이상
• 지하층 바닥면적의 합계 3000m^2 이상</td><td rowspan="2">20분</td><td>자가발전설비
축전지설비
수전설비</td></tr>
<tr><td>• 그 밖의 대상</td><td>자가발전설비
축전지설비</td></tr>
<tr><td>물분무소화설비
이산화탄소소화설비
할로겐화합물소화설비
청정소화설비</td><td>• 해당 소방시설 설치대상 전체</td><td>20분</td><td>자가발전설비
축전지설비</td></tr>
<tr><td>자동화재탐지설비
비상경보설비
비상방송설비</td><td>• 해당 소방시설 설치대상 전체</td><td>60분 감시 후
10분 경보</td><td>축전지설비</td></tr>
<tr><td rowspan="2">유도등설비</td><td>• 11층 이상의 층
• 지하층 또는 무창층으로 도매시장, 소매시장, 여객자동차터미널, 지하역사, 지하상가 용도</td><td>60분</td><td rowspan="2">축전지설비</td></tr>
<tr><td>• 그 밖의 대상</td><td>20분</td></tr>
<tr><td rowspan="2">비상조명등설비</td><td>• 11층 이상의 층
• 지하층 또는 무창층으로 도매시장, 소매시장, 여객자동차터미널, 지하역사, 지하상가 용도</td><td>60분</td><td>자가발전설비
축전지설비
수전설비</td></tr>
<tr><td>• 그 밖의 대상</td><td>20분</td><td>자가발전설비
축전지설비</td></tr>
<tr><td>제연설비</td><td>• 해당 소방시설 설치대상 전체</td><td rowspan="3">20분</td><td rowspan="2">자가발전설비
축전지설비</td></tr>
<tr><td>연결송수관설비</td><td>• 높이 70m 이상 건물</td></tr>
<tr><td>비상콘센트설비</td><td>• 7층 이상으로 연면적 2000m^2 이상
• 지하층 바닥면적의 합계 3000m^2 이상</td><td>자가발전설비
수전설비</td></tr>
<tr><td>무선통신보조설비</td><td>• 증폭기를 설치한 경우</td><td>30분</td><td>축전지설비</td></tr>
</table>

② 용량산정

2.1 자가발전설비

발전기 출력을 결정할 경우에는 부하의 종류와 용량을 산정하고 장래의 여유 등을 고려하여 결정한다. 일반적으로 다음과 같은 방식에 의하여 산출한 값 중에서 최대용량의 것을 선택한다.

가. 단순한 부하인 경우

단순 부하의 경우 발전기 용량 P_n [kVA]은 다음 식과 같다.

$$P_n = \text{부하입력의 합계} \times \text{수용률}$$

이 때 적용되는 수용률은 일반적으로 동력의 최대 입력이고, 최초의 1대에 대해서는 100%를 적용하고, 기타 동력은 80%, 전등은 발전기 회로에 접속되는 전부하에 대해서 100%를 적용한다.

나. 기동용량이 큰 부하인 경우

유도전동기의 기동전류는 계통 전원인 경우에 전원용량이 크기 때문에 별로 문제될 것이 없지만, 예비발전기인 경우에는 전동기를 기동할 때에 큰 부하가 갑자기 발전기에 걸리게 되므로 전원의 단자전압이 순간적으로 저하하여 접촉자가 개방(Drop out)되거나, 엔진이 정지하는 등의 사고를 유발하기도 한다. 이러한 사고를 예방할 수 있는 발전기의 정격 P_n[kVA]은 다음 식과 같다.

$$P_n = \left(\frac{1}{e} - 1\right) \times X_L \times P$$

여기서, e : 부하투입시의 허용전압강하(20～25%)

X_L : 발전기의 과도 리액턴스(25～30%)

P : 기동용량(kVA)

기동용량 P를 구하는 식은 다음과 같다.

$$P\,[\text{kVA}] = \sqrt{3} \times V \times I \times \frac{1}{1000}$$

여기서, V : 정격전압(V)

I : 기동전류(A)

기동용량은 2대 이상의 전동기가 동시에 시동될 경우 2대의 기동용량을 합한 값과 1대의 기동용량을 비교하여 큰 값을 적용한다. 또한 단순부하와 기동용량이 큰 부하가 같이 있는 혼합부하의 경우 각각 따로 계산한 합계를 발전기 출력으로 한다.

다. 소방부하인 경우

(1) PG방식

PG방식의 발전기 용량은 부하에 사이리스터 부하가 포함되지 않은 경우에 적용하는 것으로 정상상태 부하운용에 필요한 용량(PG_1), 부하 중 최대 기동 값을 갖는 전동기 기동시 순시 허용 전압강하 대비용량(PG_2) 및 발전기를 기동하여 부하에 사용 중 최대 기동 값을 갖는 전동기를 마지막으로 기동할 때 필요한 용량(PG_3)를 계산하여 가장 큰 값을 적용한다.

$$PG_1 = \frac{\Sigma P_L}{\eta_L \times \cos\theta} \times \alpha \quad [\mathrm{kVA}]$$

$$PG_2 = P_m \times \beta \times C \times X_d' \times \frac{100 - \Delta V}{\Delta V} \quad [\mathrm{kVA}]$$

$$PG_3 = \left\{ \frac{\Sigma P_L - P_m}{\eta_L} + (P_m \times \beta \times C \times \cos\theta_s) \right\} \times \frac{1}{\cos\phi} \quad [\mathrm{kVA}]$$

고조파 성분을 고려할 경우 PG_4를 계산한다.

$$PG_4 = P_c \times (2 \sim 2.5) + PG_1 \quad [\mathrm{kVA}]$$

여기서, P_L : 비상부하[kW]

P_c : 고조파성분 부하[kW]

P_m : 최대기동전류를 갖는 전동기 또는 전동기군의 출력[kW]

α : 부하의 종합수용률

η_L : 부하의 종합효율(불분명시 0.85 적용)

$\cos\theta$: 부하의 종합역률(불분명시 0.8 적용)

β : 1kW 용량 발생시 필요한 전환용량[kVA](불분명시 7.2 적용)

C : 기동방식에 따른 계수(직입: 1.0, Y-Δ: 0.67, 콘돌퍼: 0.42, 리액터: 0.65)

X_d' : 발전기 직축 과도리액턴스(0.25~0.3)

ΔV : 발전기 허용전압 강하율(승강기: 0.2, 기타: 0.25)

$\cos\theta_s$: 최대기동전류를 갖는 전동기 기동시 역률(불분명시 0.4 적용)

$\cos\phi$: 부하의 종합역률(불분명시 0.8 적용)

(2) RG방식

RG방식은 부하 불평형전류와 역상전류에 대비한 용량 계산방법으로 발전기의 출력계수(RG)을 산정하여 부하출력합계(K, 발전기에 연결된 기기들의 정격출력 합계)와의 곱으로 계산한다. 국내에서는 PG법을 적용하여 발전기 용량을 산출하였으나 최근 UPS, 인버터 장치 등의 사용급증에 따른 고조파 부하 및 단상부하 등 불평형 부하에 대한 고려가 미흡하고 유도전동기 기동계급이 현실과 맞지 않아 RG계수법을 권장하고 있다.

발전기 출력식은 다음과 같다.

$$G = RG \times K \quad [\mathrm{kVA}]$$

여기서, RG : 발전기 출력계수($1.47D \leq RG \leq 2.2$)

K : 부하출력합계($K = \sum_{i=1}^{n} M_i$, M은 각 부하기기의 출력, i는 부하기기 대수)

실용상 바람직한 RG값 범위는 $1.47D \leq RG \leq 2.2$이고, RG_2, RG_3에 의해 RG가 과대시 기동방식을 변경한다. RG_4에 의해 RG 과대시에는 특수발전기를 선정하고, 승강기에 의해 RG 과대시에는 제어방식을 변경한다.

RG계수는 정상부하 출력계수(RG_1), 허용전압강하에 의한 출력계수(RG_2), 단시간 과전류 내력에 의한 출력계수(RG_3), 허용 역상전류에 의한 출력계수(RG_4)가 있으며 산출식은 다음과 같다.

$$RG_1 = 1.47D \times S_f$$

$$RG_2 = \frac{1 - \Delta V}{\Delta V} \times X_d{}' \times \frac{k_s}{Z_m{}'} \times \frac{M_2}{K}$$

$$RG_3 = 0.98d + \left(\frac{1}{1.5} \times \frac{k_s}{Z_m{}'} - 0.98d\right)\frac{M_3}{K}$$

$$RG_4 = \frac{1}{KG_4}\sqrt{\left(\frac{0.43R}{K}\right)^2 + \left(\frac{1.25\Delta P}{K}\right)^2 \times (1 - 3u - 3u^2)}$$

여기서, D : 부하의 수용률(<표 22-4> 참조)

S_f : 불평형 부하에 의한 선전류 증가계수($S_f = 1 + 0.6\frac{\Delta P}{K}$)

ΔP : 단상 불평형 부분 합계 출력값[kW]

($A \geq B \geq C$인 경우 $\Delta P = A + B - 2C$)

K : 부하출력 합계[kW]

ΔV : 발전기 허용전압강하(<표 22-7> 참조)

$X_d{}'$: 발전기 직축 과도리액턴스

k_s : 부하 기동방식에 의한 계수(<표 22-5>와 <표 22-6> 참조)

$Z_m{}'$: 부하 기동시 임피던스(<표 22-5>와 <표 22-6> 참조)

M_2 : 기동시 전압강하가 최대로 되는 부하기기 출력[kW]

d : 베이스 부하의 수용률(<표 22-4> 참조)

M_3 : 단시간 과전류가 최대인 부하의 출력[kW]

즉, 기동시 입력[kVA] − 정격입력[kVA]이 최대인 부하의 출력[kW]

$\left(\frac{k_s}{Z_m{}'} - \frac{d}{\eta_b \times \cos\theta_2}\right)m_i$를 계산하여 최대값이 되는 m_i를 M_3로 한다.

η_b : 베이스 부하 효율(<표 22-7> 참조)

KG_4 : 발전기 허용역상 전류계수(<표 22-7> 참조)

R : 고조파 발생부하 출력합계[kW]

u : 단상 불평형 계수($A \geq B \geq C$인 경우 $u = \frac{A-C}{\Delta P}$)

표 22-4 부하수용률

기호	내용		값	비고
D	부하수용률	소방설비	1.0	
		일반설비	0.4~1.0	실제값 적용
d	베이스 부하수용률	소방설비	1.0	
		일반설비	0.4~1.0	실제값 적용

표 22-5 유도전동기 특성

기동방식		k_s	$Z_m{}'$	$\frac{k_s}{Z_m{}'}$	$\cos\theta_2$	$\frac{k_s}{Z_m{}'}\cos\theta_2$
직입 기동		1.0	0.18	5.55	0.4	2.22
Y-Δ 기동		0.67		3.66		1.46
리액터 기동		0.7	0.19	3.88		1.55
콘돌퍼 기동		0.49	0.18	2.72		1.09
특수 콘돌퍼 기동	RG_2	0.25		1.39	0.5	0.69
	RG_3, RE_2, RE_3	0.49		2.72	0.4	1.09
인버터	RG_2, RE_2	0	-	0	-	0
	RE_3, RE_3	1.0	0.68	1.47	0.85	1.25

표 22-6 발전기 출력계산 데이터

기 호	내 용	값	비 고
η_g, η_b	정상시 부하효율	0.9	규약효율
$\eta_g{}'$	단시간 과부하시 효율	0.86	규약효율의 95%
ΔV	허용전압 강하(승강기 미포함)	0.25	0.2~0.3
	허용전압 강하(승강기 포함)	0.2	
$X_d{}'$	발전기 정수	0.25	0.15~0.43
$\cos\theta_g$	발전기 정격 역률	0.8	
KG_3	발전기 단시간(15초) 과전류 내력	1.5	
KG_4	발전기 허용 역상전류 계수	0.15	0.15~0.3
f_v	회전수 감소 및 전압강하에 따른 부하 감소계수	0.9	

표 22-7 전압전동기 특성

부하	기동방식		k_s	$Z_m{}'$	$\frac{k_s}{Z_m{}'}$	$\cos\theta_2$	$\frac{k_s}{Z_m{}'}\cos\theta_2$
유도전동기	직입 기동		1.0	0.14	7.14	ⓐ 0.7	5.00
						ⓑ 0.6	4.28
						ⓒ 0.5	3.57
						ⓓ 0.4	2.86
	Y-Δ 기동		0.67		4.76	ⓐ 0.7	3.33
						ⓑ 0.6	2.86
						ⓒ 0.5	2.38
						ⓓ 0.4	1.90
	리액터 기동		0.7		5.00	ⓐ 0.7	3.50
						ⓑ 0.6	2.00
						ⓒ 0.5	2.50
						ⓓ 0.4	2.00
	콘돌퍼 기동		0.49		3.50	ⓐ 0.7	2.45
						ⓑ 0.6	2.10
						ⓒ 0.5	1.75
						ⓓ 0.5	1.75
	특수콘돌퍼 기동	RG_2	0.25		1.80	0.5	0.90
		RG_3 RE_2 RE_3	0.49		3.50	ⓐ 0.7	2.45
						ⓑ 0.6	2.10
						ⓒ 0.5	1.75
						ⓓ 0.5	1.75
	인버터	RG_2, RE_2	0	-	0	-	0
		RE_3, RE_3	1.0	0.68	1.47	0.85	1.25

<table>
<tr><th>부하</th><th colspan="2">기동방식</th><th>k_s</th><th>$Z_m{}'$</th><th>$\frac{k_s}{Z_m{}'}$</th><th>$\cos\theta_2$</th><th>$\frac{k_s}{Z_m{}'}\cos\theta_2$</th></tr>
<tr><td rowspan="7">승강기</td><td rowspan="2">직류 사이리스터 레오나드</td><td>RG_2, RE_2</td><td>0</td><td>-</td><td>0</td><td>-</td><td>0</td></tr>
<tr><td>RE_3, RE_3</td><td rowspan="4">1.0</td><td>0.34</td><td>2.94</td><td>0.8</td><td>2.40</td></tr>
<tr><td rowspan="2">직류 MG방식</td><td>RG_2, RG_3, RE_2</td><td>0.27</td><td>3.77</td><td>0.5</td><td>1.89</td></tr>
<tr><td>RE_3</td><td>0.40</td><td>2.52</td><td>0.85</td><td>2.14</td></tr>
<tr><td>교류 귀환제어방식</td><td>RG_2, RG_3, RE_2, RE_3</td><td>0.20</td><td>4.90</td><td>0.8</td><td>3.92</td></tr>
<tr><td rowspan="2">교류 인버터방식</td><td>RG_2, RE_2</td><td>0</td><td>-</td><td>0</td><td>-</td><td>0</td></tr>
<tr><td>RG_3, RE_3</td><td>1.0</td><td>0.34</td><td>2.94</td><td>0.8</td><td>2.40</td></tr>
<tr><td colspan="3">전등, 콘센트 부하</td><td colspan="5">1.0</td></tr>
<tr><td colspan="3">UPS</td><td>1.0</td><td>0.9</td><td>1.11</td><td>0.9</td><td>1.0</td></tr>
</table>

주 1) 승강기 환산값은 전부하 상승시 출력기준이다.

2) UPS : 무정전전원장치

3) $\cos\theta_2$항의 숫자변화는 대응되는 전동기 출력에 의한 것으로 다음을 참조한다.

ⓐ 5.5kw 미만, ⓑ 5.5kW 이상 11kW 미만, ⓒ 11kW 이상 30kW 미만, ⓓ 30kW 이상

라. 전동기 역률 개선

전동기의 전기적 부하는 대부분 유도성(전류가 전압보다 위상이 늦은 지상역률) 부하이므로 위상차에 의해 역률이 낮아진다. 역률이 낮으면 부하에 전력 공급시 큰 전류가 필요하게 되어 열손실이 많아지고 기기의 용량이 커지게 된다. 따라서 역률이 나쁜 3상 유도전동기를 개선하기 위해 전동기 1차측에 콘덴서를 병렬로 접속하여 역률을 개선(진상용 콘덴서)해야 한다.

$$Q\,[\mathrm{kVA}] = P(\tan\theta_1 - \tan\theta_2) = P\left(\frac{\sqrt{1-\cos^2\theta_1}}{\cos\theta_1} - \frac{\sqrt{1-\cos^2\theta_2}}{\cos\theta_2}\right)$$

여기서, P [kW] : 유효전력

$\cos\theta_1$ 및 $\cos\theta_2$: 개선 전과 개선 후의 역률

$\sin\theta_1$ 및 $\sin\theta_2$: 개선 전과 개전 후의 무효율($\sin^2\theta + \cos^2\theta = 1$ 을 이용)

콘덴서 용량을 [μF]로 환산하기 위한 식은 다음과 같다.

단상, 3상 Y결선시 $Q_c = 2\pi f C V^2 \times 10^{-9}\,[\mathrm{kVA}] \rightarrow C = \frac{Q_c}{2\pi f V^2} \times 10^9\,[\mu\mathrm{F}]$

3상 Δ결선시 $Q_c = 6\pi f C V^2 \times 10^{-9}\,[\mathrm{kVA}] \rightarrow C = \frac{Q_c}{6\pi f V^2} \times 10^9\,[\mu\mathrm{F}]$

발전기용 차단기의 정격용량 P_s

$$P_s > \frac{1.25 \times P_G}{X_d} \text{ [kVA]}$$

여기서, P_G : 발전기 정격용량(출력) [kVA]

X_d : 발전기의 과도 리액턴스

마. 전력용 콘덴서회로 및 주변기기

전기설비에 적용되는 전력용 콘덴서회로에는 전원을 공급하는 고압모선에 단로기(DS), 유입차단기(OCB), 변류기(CT), 방전코일(DC), 직렬리액터(SR), 전력용 콘덴서(SC) 등의 순서로 설치한다.

전력용 콘덴서(Static condenser)는 진상용 콘덴서라고 하며, 교류의 배전선로나 송전선로에 주로 병렬로 연결하여 부하의 역률(Power factor)을 개선하는 데 사용된다. 전력용 콘덴서의 구조는 알루미늄 박막과 얇은 절연지를 적층하여 원형으로 감고 절연유 속에 넣은 것이 대부분이다. 고압 또는 특별고압의 회로에도 일반적으로 사용되며, 콘덴서 1개의 사용 전압은 3,000~4,000V 정도이며, 이보다 높은 전압에 사용할 때는 콘덴서를 직렬로 연결한다.

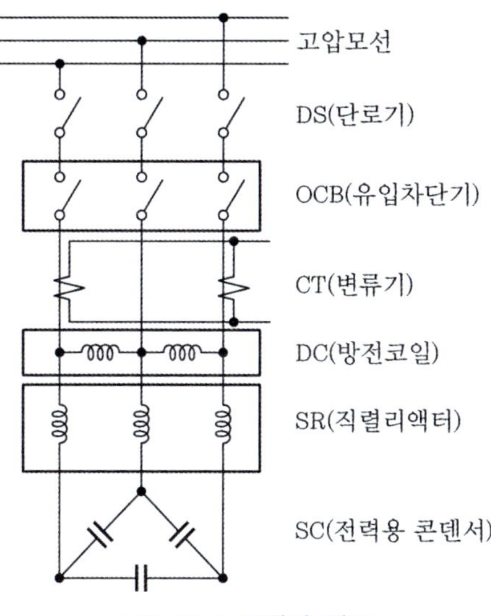

그림 22-6 콘덴서 회로

역률 개선을 위해 회로에 전력용 콘덴서를 설치하면 제5고조파가 발생하여 회로의 파형이 찌그러진다. 이를 방지하기 위해서는 회로에 직렬로 리액터(Series reactor)를 설치하여 고조파의 파형의 개선 및 과도 돌입전류 등을 개선할 수 있다. 또한 선로 전류의 제한 및 수전설비 계통에 있어 단락전류를 경감시키기 위해 사용된다.

콘덴서를 회로에서 분리시킬 경우 전하가 잔류함으로써 발생될 수 있는 위험(방전)을 방지하고, 재투입시 과전압으로부터 보호하기 위한 목적으로 방전코일(Discharge coil)을 사용한다.

2.2 축전지

축전지의용량을 계산하기 위해서는 다음 사항을 정해야 한다.

가. 부하종류 결정

상시부하(비상조명등(직류), 표시등)와 순시부하(차단기 조작전원)로 구분한다.

나. 방전전류

축전지가 부담해야 하는 부하용량에서 방전전류를 계산한다.

$$\text{방전전류} = \frac{\text{부하용량}(VA)}{\text{정격전압}(V)}$$

다. 방전시간 산출

부하 종류에 따라 방전시간의 개략적인 값을 결정하는 데 예상되는 최대부하시간을 사용한다. 건축법과 소방법에 의한 비상용전원설비 설치대상 건축물의 경우 관계법에서 규정하는 방전시간 이상으로 한다.

표 22-8 방전시간의 예

부 하		방전시간
비상조명등, 제어용 조작회로 및 감시장치		30분
감시제어용 릴레이 관련 전원		20분
차단기 조작전원	연축전지 / 알칼리축전지	1분 / 0.1분

라. 예상 부하특성곡선 작성

방전전류는 짧은 시간에 부하전류 변동이 크거나 급격한 경우 전압강하가 문제가 없을 경우 평균전류로, 전압강하가 문제가 있을 경우 최대전류로 산출한다.

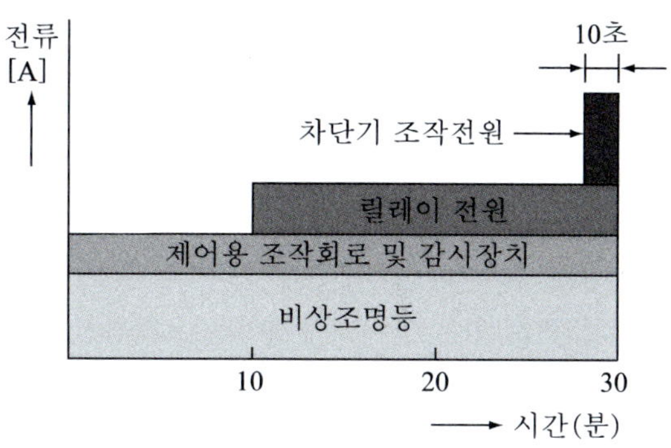

그림 22-7 부하특성곡선의 예

마. 축전지의 종류 결정

성능이나 보수 측면에서 선정하는 경우 비상조명등은 알칼리 포켓 표준형(AM형), 30분 보다 짧고 단시간 대전류 부하가 많은 것은 알칼리 포켓 급방전형(AMH형)을 선택하고 가격측면에서는 연축전지 급방전형(HS형)을 선택한다.

바. 축전지 셀 수의 결정

$$\text{셀}^{22)}\ \text{수} = \frac{\text{부하의 정격전압(허용최저전압)}}{\text{축전지의 공칭전압}}$$

(예 : 1.2V/셀, 2V/셀 등)

표 22-9 축전지 종류별 표준 셀 수

축전지	1셀 전압[V]	표준 셀 수	정격전압[V]
연축전지	2.0	54	108
알칼리축전지	1.2	86	103

22) 셀(cell) : 화학변화에 의해 발생되는 열, 빛 등의 물리적 에너지를 전기에너지로 변환하는 전지의 단체

표 22-10 셀당 허용최저전압의 예

정격전압[V]	부하의 허용최저전압[V]	축전지 종류	셀 수	셀당 허용최저전압
100V	95V	연	54	1.8
		알칼리	86	1.1
	90V	연	54	1.7
		알칼리	86	1.06

사. 허용최저전압 결정

여러 가지의 부하측 기기에서 요구되는 최저전압 중 가장 높은 값에 축전지와 부하 사이의 접속된 전선의 전압강하를 합한 값이다. 축전지 1개의 허용최저전압 V는 다음과 같다.

$$V = \frac{V_a + V_c}{n}\ [\mathrm{V/cell}]$$

여기서, V_a : 부하의 허용최저전압(V)

V_c : 축전지와 부하간의 총 전압강하(V)

(전기기기와 축전지 : 5~10V, 교환기와 전지 : 1V)

n : 직렬로 접속한 셀의 수(개)

아. 최저 전지온도 결정

설치장소의 온도조건을 추정하고, 전지온도의 최저값을 정한다. 실내에 설치하는 경우에는 5℃, 옥외 및 한랭지는 −5℃로 한다. 또한 공조설비에 의하여 실내온도를 상시 제어할 수 있는 경우에는 25℃로 한다.

자. 용량환산시간(K값)의 결정

축전지의 종류, 최저온도 및 허용최저전압, 방전시간, 방전전류에 의해서 표준특성곡선이나 용량환산시간에 의하여 정한다.

표 22-11 연축전지의 용량환산시간(5℃)의 예

형식	최저허용전압(V/셀)	0.1분	1분	5분	10분	20분	30분	60분	120분
CS	1.80	-	1.49(1.76)	1.61(1.87)	1.75(1.98)	2.07(2.20)	2.36(2.44)	3.09	4.37
	1.70	-	1.00(1.09)	1.12(1.20)	1.25(1.34)	1.52(1.64)	1.80(1.87)	2.56	3.92
	1.60	-	0.76(0.88)	0.90(0.99)	1.09(1.15)	1.43	1.71	2.40	3.71

형식	최저허용전압(V/셀)	0.1분	1분	5분	10분	20분	30분	60분	120분
HS	1.80	0.85	0.88	0.95	1.05	1.30	1.55	2.20	3.40
	1.70	0.56	0.58	0.65	0.75	1.00	1.24	1.90	3.05
	1.60	0.44	0.47	0.53	0.63	0.87	1.10	1.75	2.90

비고 : 연축전지에서 (　　) 내의 수치는 900~2000Ah를 넘는 축전지에 적용

차. 축전지 용량산출

축전지 용량산출은 방전패턴이 시간경과에 따라 방전전류가 감소할 경우 전류가 감소하기 직전까지의 부하에 대한 각각의 용량을 산출하여 가장 큰 값을 선정하고, 증가할 경우는 전체를 일괄하여 산출한다. 축전지는 장기간 사용하거나 사용조건 등이 변동하면 용량도 변화하게 되는데 이러한 용량 변화를 보상하는 보정값으로 보수율을 사용한다. 축전지 용량을 구하는 식은 다음과 같다.

$$C = \frac{1}{L}K_1 I_1 + K_2(I_2 - I_1) + K_3(I_3 - I_2) + \cdots + K_n(I_n - I_{n-1})\ [\mathrm{Ah}]$$

여기서, C : 축전지 용량

L : 용량저하율(보수율, 일반적으로 0.8 적용)

K : 축전지의 최저온도 및 허용된 최저전압에 따른 용량환산계수(방전시간)

I : 방전전류(A)

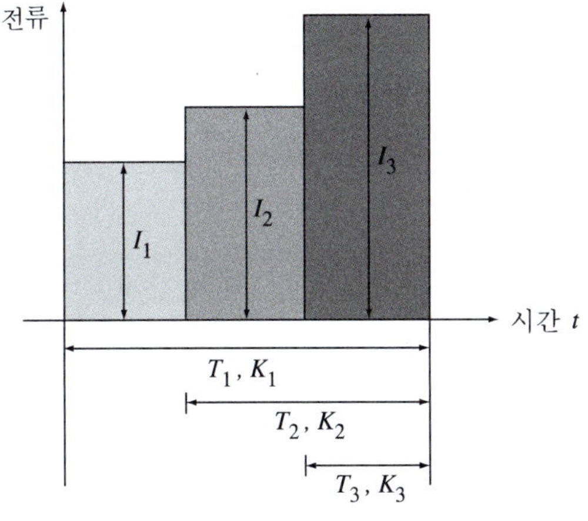

그림 22-8 축전지 용량 산출

축전지 2차 전류와 출력

- 2차 전류[A] $= \dfrac{\text{축전지의 정격용량}}{\text{축전지의 공칭용량}} + \dfrac{\text{상시부하}}{\text{표준전압}}$
- 2차 출력[kVA] = 표준전압 × 2차 전류

3 비상전원수전설비의 설치기준

3.1 인입선 및 인입구 배선의 시설

(1) 인입선은 특정소방대상물에 화재가 발생할 경우에도 화재로 인한 손상을 받지 않도록 설치한다.

(2) 인입구배선은 '옥내소화전설비의 화재안전기준' [별표 1]의 규정에 따른 내화배선으로 한다.

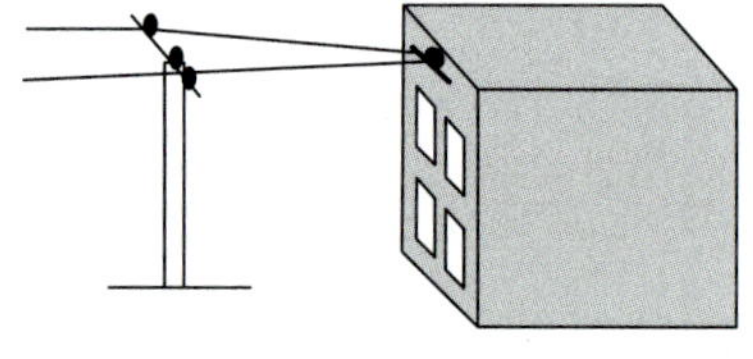

(a) 화재의 영향을 받음

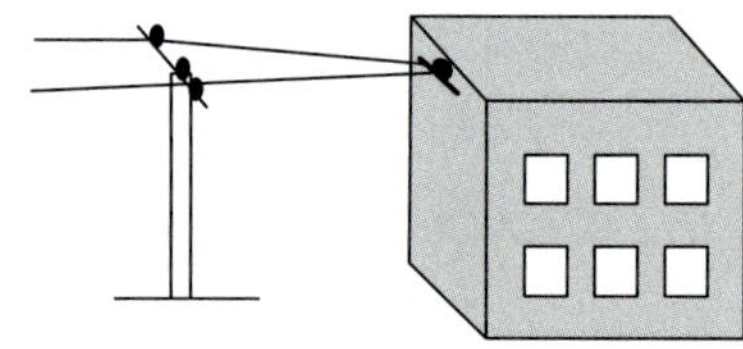

(b) 화재의 영향을 받지 않음

그림 22-9 인입구 배선

3.2 특별고압 또는 고압으로 수전하는 경우

(1) 일반전기사업자로부터 특별고압 또는 고압으로 수전하는 비상전원 수전설비는 방화구획형, 옥외개방형 또는 큐비클(Cubicle)형으로 한다.

(가) 전용의 방화구획 내에 설치해야 한다.

(나) 소방회로배선은 일반회로배선과 불연성 벽으로 구획한다. 다만, 소방회로배선과 일반회로배선을 15cm 이상 떨어져 설치한 경우에는 제외된다.

(다) 일반회로에서 과부하, 지락사고 또는 단락사고가 발생한 경우에도 이에 영향을 받지 않고 계속하여 소방회로에 전원을 공급시켜 줄 수 있어야 한다.

(라) 소방회로용 개폐기 및 과전류차단기에는 "소방시설용"이라 표시한다.

(마) 전기회로는 다음과 같이 결선한다.

① 전용의 전력용변압기에서 소방부하에 전원을 공급하는 경우

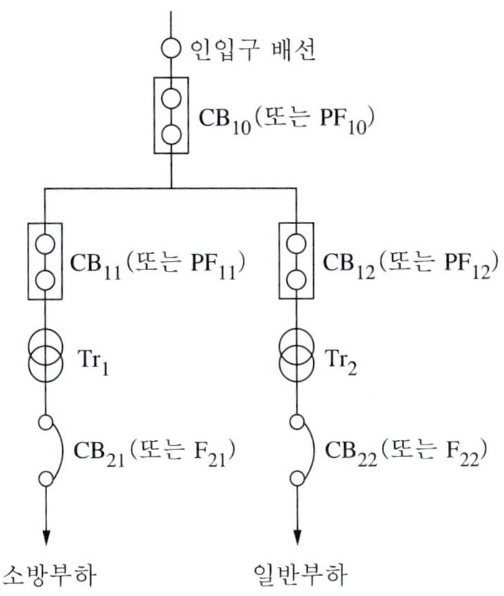

1. 일반회로의 과부하 또는 단락사고시에 CB 10(또는 PF10)이 CB12(또는 PF12) 및 CB 22(또는 F22)보다 먼저 차단되어서는 안 된다.
2. CB11(또는 PF11)은 CB12(또는 PF12)와 동등 이상의 차단용량일 것

약호	명 칭
CB	전력차단기
PF	전력퓨즈 (고압 또는 특별고압용)
F	퓨즈(저압용)
Tr	전력용변압기

그림 22-10 특별고압 또는 고압으로 수전하는 경우(전용)

② 공용의 전력용변압기에서 소방부하에 전원을 공급하는 경우

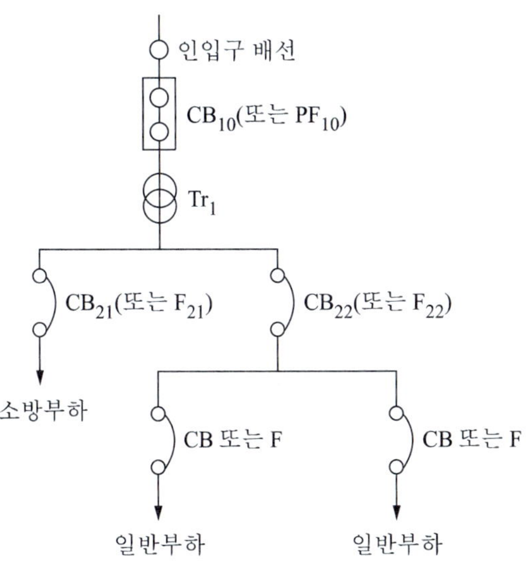

1. 일반회로의 과부하 또는 단락사고시에 CB10(또는 PF10)이 CB22(또는 F22) 및 CB(또는 F)보다 먼저 차단되어서는 안 된다.
2. CB21(또는 F21)은 CB22(또는 F22)와 동등 이상의 차단용량일 것

약호	명 칭
CB	전력차단기
PF	전력퓨즈 (고압 또는 특별고압용)
F	퓨즈(저압용)
Tr	전력용변압기

그림 22-11 특별고압 또는 고압으로 수전하는 경우(공용)

(2) 옥외개방형은 다음 적합하게 설치해야 한다.

(가) 건축물의 옥상에 설치하는 경우에는 그 건축물에 화재가 발생할 경우에도 화재로 인한 손상을 받지 않도록 설치해야 한다.

(나) 공지에 설치하는 경우에는 인접 건축물에 화재가 발생한 경우에도 화재로 인한 손상을 받지 않도록 설치해야 한다.

(다) 그 밖의 옥외개방형의 설치에 관하여는 (1)의 (가) 내지 (마)의 규정에 적합하게 설치해야 한다.

(3) 큐비클형은 다음에 적합하게 설치해야 한다.

(가) 전용큐비클 또는 공용큐비클식으로 설치해야 한다.

(나) 외함은 두께 2.3mm 이상의 강판과 이와 동등 이상의 강도와 내화성능이 있는 것으로 제작하여야 하며, 개구부에는 갑종방화문 또는 을종방화문을 설치해야 한다.

(다) 다음(옥외에 설치하는 것에 있어서는 ① 내지 ③)에 해당하는 것은 외함에 노출하여 설치할 수 있다.

① 표시등(불연성 또는 난연성재료로 덮개를 설치한 것에 한한다)

② 전선의 인입구 및 인출구

③ 환기장치

④ 전압계(퓨즈 등으로 보호한 것에 한한다)

⑤ 전류계(변류기의 2차측에 접속된 것에 한한다)

⑥ 계기용 전환스위치(불연성 또는 난연성재료로 제작된 것에 한한다)

(라) 외함은 건축물의 바닥 등에 견고하게 고정시킨다.

(마) 외함에 수납하는 수전설비(전력을 공급받는 관련 설비), 변전설비(공급받은 전기를 구내에서 사용하기 위해 변성하는 설비) 그 밖의 기기 및 배선은 다음에 적합하게 설치해야 한다.

① 외함 또는 프레임(Frame) 등에 경고하게 고정할 것

② 외함의 바닥에서 10cm(시험단자, 단자대 등의 충전부는 15cm) 이상의 높이에 설치할 것

(바) 전선 인입구 및 인출구에는 금속관 또는 금속제 가요전선관을 쉽게 접속할 수 있도록 한다.

(사) 환기장치는 다음에 적합하게 설치해야 한다.

① 내부의 온도가 상승하지 않도록 환기장치를 할 것

② 자연환기구의 개부구 면적의 합계는 외함의 한 면에 대하여 해당 면적의 3분의 1 이하로 할 것. 이 경우 하나의 통기구의 크기는 직경 10mm 이상의 둥근 막대가 들어가서는 안 된다.

③ 자연환기구에 따라 충분히 환기할 수 없는 경우에는 환기설비를 설치할 것

④ 환기구에는 금속망, 방화댐퍼 등으로 방화조치를 하고, 옥외에 설치하는 것은 빗물 등이 들어가지 않도록 할 것

(아) 공용큐비클식의 소방회로와 일반회로에 사용되는 배선 및 배선용기기는 불연재료로 구획한다.

(자) 그 밖의 큐비클형의 설치에 관하여는 (1)의(나) 내지 (마)의 규정 및 한국산업 규격 KS C4507(큐비클식 고압수전설비)의 규정에 적합해야 한다.

3.3 저압으로 수전하는 경우

전기사업자로부터 저압으로 수전하는 비상전원설비는 전용배전반 (1 · 2종) · 전용분전반(1 · 2종) 또는 공용분전반(1 · 2종)으로 한다.

(1) 제1종 배전반 및 제1종 분전반은 다음에 작합하게 설치해야 한다.

(가) 외함은 두께 1.6mm(전면판 및 문은 2.3mm) 이상의 강판과 이와 동등 이상의 강도와 내화성능이 있는 것으로 제작한다.

(나) 외함의 내부는 외부의 열에 의해 영향을 받지 않도록 내열성 및 단열성이 있는 재료를 사용하여 단열해야 한다. 이 경우 단열부분은 열 또는 진동에 따라 쉽게 변형되지 않아야 한다.

(다) 다음에 해당하는 것은 외함에 노출하여 설치할 수 있다.

① 표시등(불연성 또는 난연성재료로 덮개를 설치한 것에 한한다)

② 전선의 인입구 및 입출구

(라) 외함은 금속관 또는 금속제 가요전선관을 쉽게 접속할 수 있도록 하고, 해당 접속부분에는 단열조치를 해야 한다.

(마) 공용배전판 및 공용분전판의 경우 소방회로와 일반회로에 사용하는 배선 및 배선용기기는 불연재료로 구획되어야 한다.

(2) 제2종 배전반 및 제2종 분전반은 다음에 적합하게 설치해야 한다.

(가) 외함은 두께 1mm(함전면의 면적이 1,000cm^{2}를 초과하고 2,000cm^2 이하인 경우에는 1.2mm, 2,000cm^{2}를 초과하는 경우에는 1.6mm) 이상의 강판과 이와 동등 이상의 강도와 내화성능이 있는 것으로 제작한다.

(나) (1)의 (3)에 정한 것과 120℃의 온도를 가했을 때 이상이 없는 전압계 및 전류계는 외함에 노출하여 설치해야 한다.

(다) 단열을 위해 배선용 불연전용실내에 설치해야 한다.

(라) 그 밖의 제2종 배전반 및 제2종 분전반의 설치에 관하여는 (1)의 (라) 및 (마)의 규정에 적합해야 한다.

(3) 그 밖의 배전반 및 분전반의 설치에 관하여는 다음에 적합해야 한다.

(가) 일반회로에서 과부하·지락사고 또는 단락사고가 발생한 경우에도 이에 영향을 받지 아니하고 계속하여 소방회로에 전원을 공급시켜 줄 수 있어야 한다.

(나) 소방회로용 개폐기 및 과전류차단기에는 "소방시설용"이라는 표시를 한다.

(다) 전기회로는 다음과 같이 결선한다.

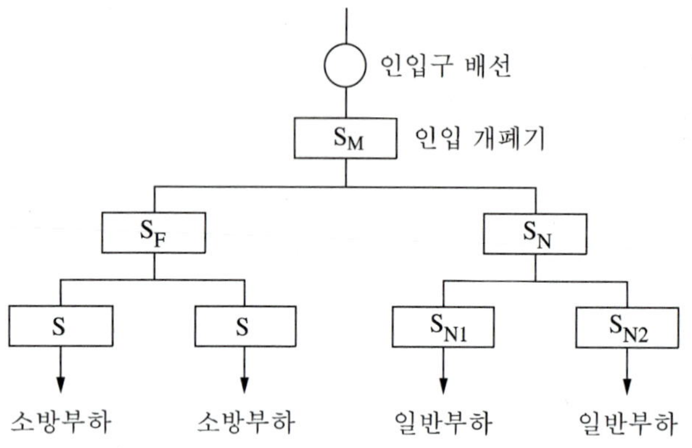

1. 일반회로의 과부하 또는 단락사고시 SM이 SN, SN1 및 SN2보다 먼저 차단되어서는 안 된다.
2. SF는 SN과 동등 이상의 차단용량일 것

약호	명 칭
S	저압용개폐기 및 과전류차단기

그림 22-12 저압수전의 경우

연습문제 exercise

1. 알칼리 축전지의 정격용량은 60Ah, 상시부하 3kW, 표준전압 100V인 부동충전방식인 충전기의 2차 출력[kVA]은?

2. 송출량 $3m^3$/min, 양정 90m인 고가수조에 물을 퍼 올릴 때 전동기효율이 70%이면 전동기의 용량[kW]은? (단, 전동기는 10%의 여유를 둔다).

3. 50Hz 4극 유도전동기의 회전속도가 1440rpm이다. 이 유도전동기가 60Hz로 운전될 때의 속도[rpm]는? (단, 슬립은 50Hz일 때와 같다)

4. 사용전압이 110V인 비상조명설비 20kW와 유도등 10kW가 있다. 이때 축전지의 용량[Ah]을 구하시오(단, 보수율은 0.8, 용량환산시간은 0.6이다).

5. 연축전지가 여러 개 설치된 정격용량이 200Ah인 축전지설비가 있다. 상시부하가 8kW이고, 표준전압이 100V라고 할 때 다음 질문에 답하시오(단, 축전지의 방전율은 10시간율로 한다).
   (1) 연축전지의 필요한 셀 수는?
   (2) 충전시에 발생하는 가스의 종류는?
   (3) 충전이 부족할 때 극판에 발생하는 현상을 무엇이라 하는가?

6. 발전기반 결선도는 셀모터에 의한 기동을 나타낸 것으로 다음 질문에 답하시오(CS는 부하시 전압조정기, RB는 초기여자용 누름단추이다).
   (1) ①~②에 해당되는 명칭의 제어약호는 무엇인가?
   (2) ③~⑦은 무엇인가?

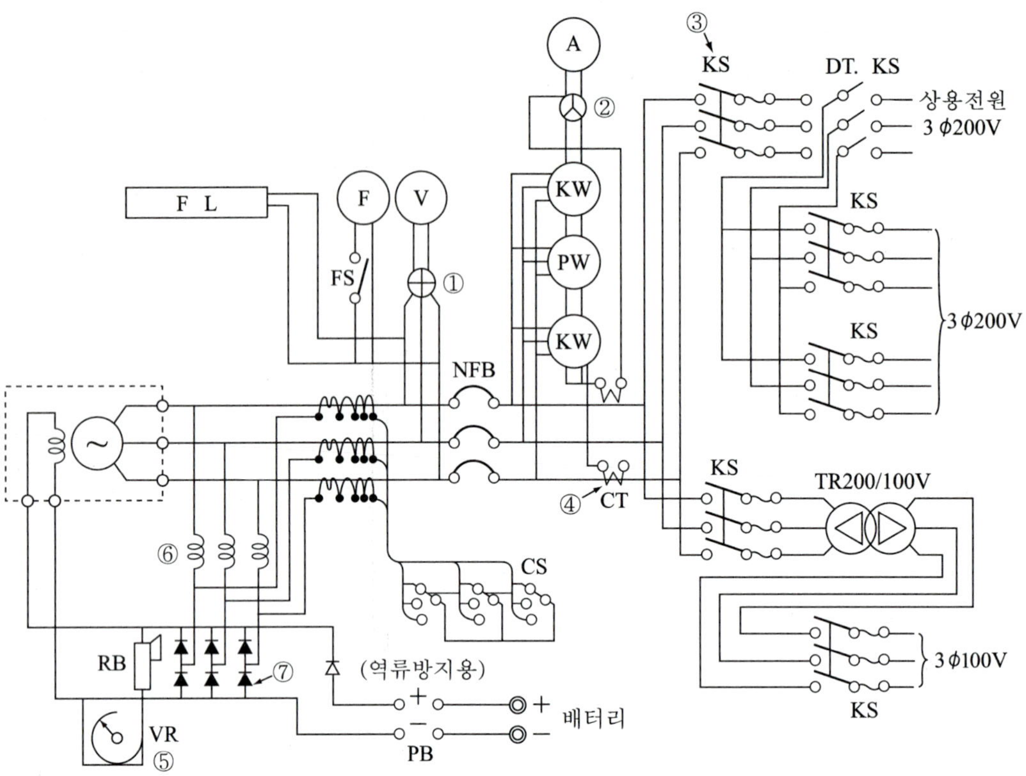

7. 매분 $15m^3$의 물을 높이 18m인 물탱크에 양수하려고 한다. 주어진 조건을 이용하여 다음 질문에 답하시오.

조 건
• 펌프와 전동기의 합성역률은 80%이다. • 전동기의 전부하효율은 60%이다. • 펌프의 축동력은 15%의 여유를 둔다고 한다.

(1) 필요한 전동기의 용량[kW]과 부하용량[kVA]은 얼마인가?

(2) 전력공급은 단상변압기 2대를 사용하여 V결선하여 공급한다면 변압기 1대의 용량[kVA]은?

8. 비상용 전원설비로 사용되는 축전지설비의 질문에 답하시오.

(1) 연축전지의 고장과 불량현상이 다음과 같을 때 그 추정원인은 무엇 때문인가?

고장	불 량 현 상	추정원인
초기고장	전 셀의 전압불균형이 크고, 비중이 낮다.	①
	단전지 전압의 비중저하, 전압계 역전	②
우발고장	전해액 변색, 충전하지 않고 정치 중에도 다량으로 가스 발생	③
	전해액의 감소가 빠르다.	④

(2) 연축전지의 정격용량이 100Ah이고, 상시부하가 15kW, 표준전압이 100V인 부동충전 방식 충전지의 2차 충전전류값[A]은? (단, 상시부하의 역률은 1로 본다)

(3) 축전지의 수명이 있고 또한 그 말기에 있어서는 부하를 만족하는 용량을 결정하기 위한 계수로서 보통 0.8로 표시되는 것은 무엇인가?

(4) 축전지의 과방전 및 방전상태, 가벼운 설페이션 현상 등이 생겼을 때 기능회복을 위하여 실시하는 충전방식은?

9. 예비전원설비에 대한 질문에 답하시오.

(1) 부동충전방식을 교류전원, 정류기, 축전지, 상시부하를 이용하여 그리시오.

(2) 연축전지의 정격용량은 50Ah이고, 상시부하는 4kW, 표준전압은 200V인 부동충전방식의 충전기의 2차 충전 전류값은? (단, 연축전지의 방전율은 10시간율로 한다)

(3) 그림에서 *표로 표시된 스위치의 명칭은 무엇인가?

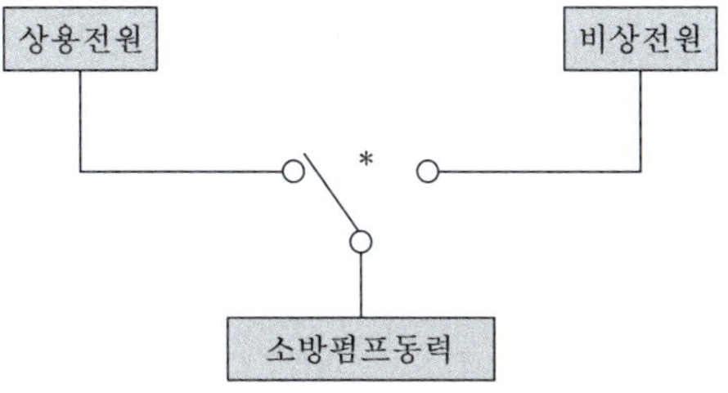

10. 폭 15m, 길이 20m인 사무실의 조도를 400lx로 할 경우 전광속 4900lm의 형광등 (40W/2등용)을 시설할 경우 비상발전기에 연결되는 부하[VA]와 이 사무실의 회로는? (단, 사용전압은 220V이고, 40W 형광등 1등당 전류는 0.15A, 조명률은 50%, 감광보상률은 1.3으로 한다)

11. 극수가 4극인 전동기가 있다. 동기속도[rpm]는 얼마이고, 회전속도가 1730rpm일 때 슬립은 몇 [%]인가?

12. 토출량 2400Lpm,양정 90m인 스프링클러 설비용 가압펌프의 동력[kW]은? (단, 펌프의 효율은 0.7, 축동력 전달계수는 1.1이다)

13. 지상 31m 되는 곳에 있는 수조에 분당 $12m^3$의 물을 양수하는 펌프용 전동기를 설치하여 3상전력을 공급하려고 한다. 펌프 효율이 65%이고, 펌프측 동력에 10%의 여유를 둔다고 할 때 다음 질문에 답하시오(단, 펌프용 3상농형 유도전동기의 역률은 100%로 가정한다).

(1) 펌프용 전동기의 용량[kW]은?

(2) 3상 전력을 공급하고자 단상변압기 2대를 V결선하여 이용하고자 한다. 단상변압기 1대의 용량[kVA]은?

14. 지상 20m 되는 곳에 $500m^3$의 저수조를 양수하기 위하여 20HP의 전동기를 사용한다면 몇 분 후에 저수조에 물이 가득 차겠는가? (단, 펌프 효율은 75%이고, 여유계수는 1.2이다)

15. 양수량이 매분 $15m^3$이고, 총양정이 10m인 펌프용 전동기의 용량[kW]은? (단, 펌프효율은 65%이고, 여유계수는 1.12이다)

16. UPS의 구성도에서 UPS의 우리말 명칭을 쓰고, 기호 ⓐ, ⓑ의 명칭은?

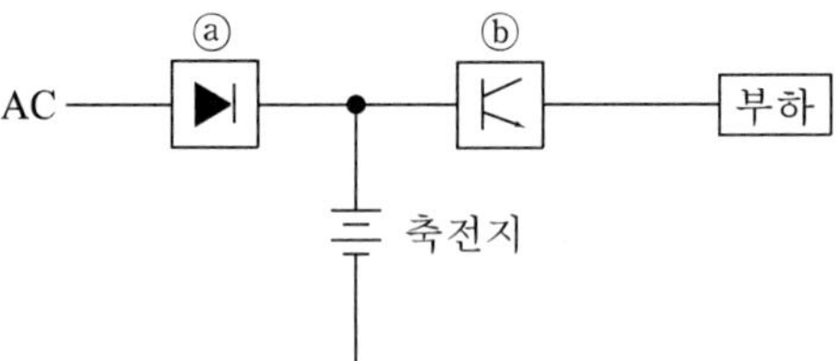

17. 수량이 $8m^3$/min이고, 양정이 50m인 소화전 펌프 전동기의 용량[kW]은? (단, 펌프효율은 68%이고, 설계상의 여유계수는 1.25이다)

18. 비상용 전원설비로서 축전지설비를 계획하려는 하는데 사용부하의 방전전류－시간 특성곡선이 다음 그림과 같을 경우 이론상 축전지의 용량을 산정하여 질문에 답하시오(단, 축전지 개수는 83개이며, 단위 전지방전 종지전압은 1.06V로 하고 축전지 형식은 AH형을 채택하며 또한 축전지 용량은 다음과 같은 일반식에 의하여 구한다).

(1) 여기서 L은 무엇을 뜻하는가?

(2) 용량환산시간 K값으로서 K_1, K_2, K_3를 표에서 구하시오.

(3) 축전지의 용량 C는 이론상 몇 Ah 이상의 것을 선정하여야 하는가? (L = 0.8)

(4) 괄호 안에 알맞은 말은?

> 축전지에는 연축전지와 알칼리 축전지가 있으며 각각의 방전특성에 따라 다른 종류가 많이 있다. 일반적으로 축전지의 선정시, 장시간 일정전류를 취하는 부하에는 (　　)축전지가 쓰이며 비교적 단시간에 대전류를 쓰는 경우나 소전류에서 대전류로 변화하는 경우에는 방전 특성이 좋은 (　　)축전지가 경제적이다.

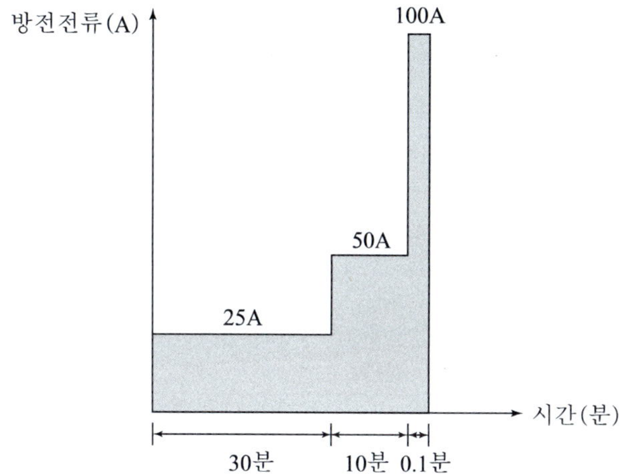

[용량환산시간 계수 K(온도 5℃에서)]

형식	최저허용전압 [V/셀]	0.1분	1분	5분	10분	20분	30분	60분	120분
AH	1.10	0.30	0.46	0.56	0.66	0.87	1.04	1.56	2.60
	1.06	0.24	0.33	0.45	0.53	0.70	0.85	1.40	2.45
	1.00	0.20	0.27	0.37	0.45	0.60	0.77	1.30	2.30

19. 3ϕ 380V, 60Hz, 4P, 75HP의 전동기의 동기속도[rpm]와 회전속도[rpm]는 얼마인가? (단, 슬립은 5%이다)

20. 예비전원설비에 대한 다음 질문에 답하시오.

(1) 상시전원이 정전시에 상시전원에서 예비전원으로 바꾸는 경우로서 그 접속하는 부하 및 배선이 같을 경우 양전원의 접속점에 반드시 사용해야 하는 개폐기는?

(2) 비상용 자기발전기를 구입하여 비상시에 대처하고자 한다. 부하는 유도전동기 부하이고, 기동용량이 50kVA이고, 기동시의 전압강하는 25%까지 허용하며, 발전기의 과도리액턴스가 24%라면 비상용 자가발전기의 용량[kVA]은?

(3) 축전지와 부하를 충전기에 병렬로 접속하여 사용하는 충전방식은?

21. 유도전동기에 역률개선용 진상 콘덴서를 설치하는데 추가로 방전코일을 설치하여야 하나 실제로 방전 코일을 설치하지 않는 이유는 무엇인지 쓰시오.

22. 비상용 발전기에 대한 다음 질문에 답하시오.

(1) 비상용 동기 발전기의 병렬운전 조건 4가지를 설명하시오.

(2) 비상용으로 사용하고자 자가발전기의 조건을 보고 자가발전기의 용량[kVA]을 산정하시오.

(3) 발전기용 차단기의 차단용량[MVA]은?

조 건
① 부하는 단일 부하로서 유도전동기이다. ② 기동용량이 1500kVA이고 기동시 전압강하는 15%까지 허용한다. ③ 발전기의 과도 리액턴스는 23%로 본다.

23. UPS 구성도를 보고 다음 질문에 답하시오.

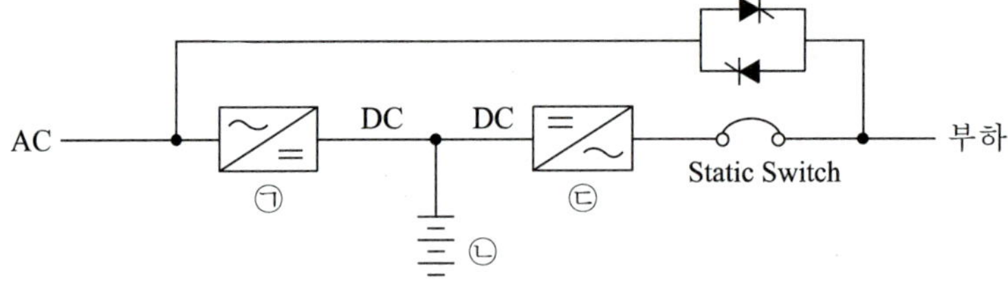

(1) 본 도면에 추가로 bypass 회로를 그려 넣으시오.

(2) 추가로 설치된 bypass 회로의 용도를 설명하시오.

(3) ㉠~㉢의 명칭 및 기능을 쓰시오.

24. 펌프용 전동기로 매분당 $13m^3$의 물을 높이가 20m인 탱크에 양수하려고 한다. 이 때 질문에 답하시오(단, 펌프용 전동기의 효율은 70%, 역률은 80%이고, 여유계수는 1.15이다).

(1) 펌프용 전동기의 용량[kW]은?

(2) 이 펌프용 전동기의 역률을 95%로 개선하기 위한 전력용 콘덴서[kVA]는?

25. 예비전원설비에 대한 다음 질문에 답하시오.

(1) 부동충전방식에 대한 회로(개략적인 그림)를 그리시오.

(2) 축전지의 과방전 또는 방치상태에서 기능회복을 위하여 실시하는 것은 어떤 충전방식인가?

(3) 연축전지의 정격용량은 250Ah이고, 상시부하가 8kW이며 표준전압이 100V인 부동충전방식의 충전기 2차 충전전류[A]는? (단, 축전지의 방전율은 10시간율로 한다)

26. UPS 장치시스템의 중심부분을 구성하는 CVCF의 기본회로도 그림을 보고 다음 질문에 답하시오.

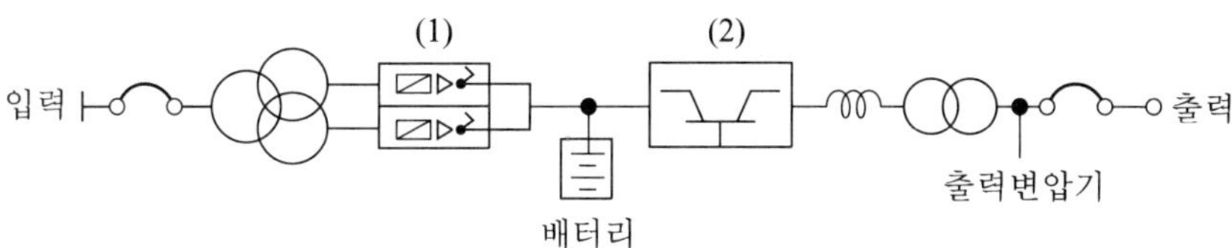

(1) UPS장치는 어떤 장치인지 우리말 명칭을 쓰시오.

(2) CVCF는 무엇을 뜻하는지를 쓰시오.

(3) 도면의 (1)과 (2)에 해당되는 것의 명칭을 쓰시오.

27. 비상용 조명부하가 40W 120등, 60W 50 등이 있다. 방전시간은 30분이며 연축전지 HS형 54셀, 허용최저전압 90[V], 최저축전지온도 5℃일 때 다음 질문에 답하시오.

(1) 축전지용량을 구하시오(단, 전압은 100V이며 연축전지의 용량환산시간 K는 표와 같으며 보수율은 0.8이라고 한다).

(2) 자기방전량만 충전하는 방식은?

(3) 연축전지와 알칼리축전지의 공칭전압은?

[연축전지의 용량환산시간 K] (상단은 900~2000Ah, 하단은 900Ah이다)

형식	온도 [℃]	10분			30분		
		1.6V	1.7V	1.8V	1.6V	1.7V	1.8V
CS	25	0.9 0.8	1.15 1.06	1.6 1.42	1.41 1.34	1.6 1.55	2.0 1.88
	5	1.15 1.1	1.35 1.25	2.0 1.8	1.75 1.75	1.85 1.8	2.45 2.35
	−5	1.35 1.25	1.6 1.5	2.65 2.25	2.05 2.05	2.2 2.2	3.1 3.0
HS	25	0.58	0.7	0.93	1.03	1.14	1.38
	5	0.62	0.74	1.05	1.11	1.22	1.54
	−5	0.68	0.82	1.15	1.2	1.35	1.68

28. 3상 380V 30kW 스프링클러 펌프용 유도전동기이다. 기동방식은 일반적으로 어떤 방식이 이용되며 전동기의 역률이 60%일 때 역률은 90%로 개선할 수 있는 전력용 콘덴서의 용량[kVA]은?

29. 유량 2400Lpm, 양정 100m인 스프링클러설비용 펌프 전동기의 용량[HP]을 계산하시오.
(단, 효율 0.6, 전달계수 1.1이다)

30. 역률 0.6, 출력 20kW인 전동기 부하에 병렬로 전력용 콘덴서를 설치하여 역률을 0.9로 개선하려고 한다. 전력용 콘덴서의 용량[kVA]은?

CHAPTER 23

시퀀스

Fire Alarm Facility

시퀀스 제어(Sequence control)는 미리 정해진 순서나 일정한 논리에 따라 제어의 각 단계를 차례로 진행해 가는 제어를 말한다. 즉, 미리 정해진 제어동작에 따라 다음 단계로 이행하는 제어 형태이다. 현재 소방설비의 자동기동시 제어수단으로 시퀀스 제어를 많이 이용하고 있으며 양수펌프, 자동판매기, 교통신호, 승강기 등 일상생활 주변에서도 많이 이용되고 있다. 이러한 시퀀스 제어계는 명령처리부, 조작부, 제어대상, 검출부 등으로 구성되어 있다.

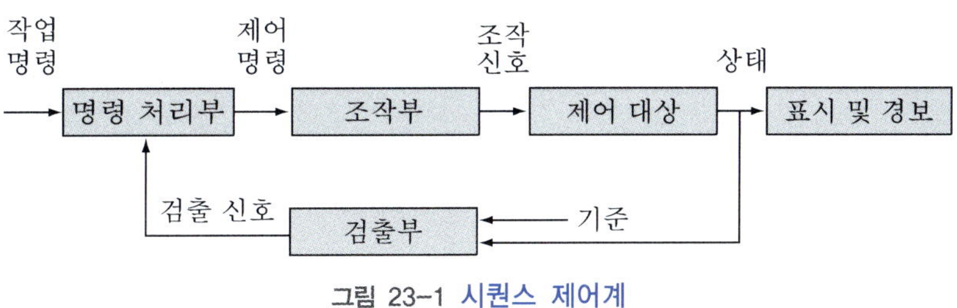

그림 23-1 시퀀스 제어계

① 제어 요소

가. 접점

수동스위치는 사람이 직접 조작하여 작업 명령을 내리거나 명령 처리의 방법을 변경하는데 사용되는 것으로 동작 기능에 따라 복귀형과 유지형이 있다. 복귀형은 사람이 조작할 동안에만 회로가 닫히거나 열려 있고, 손을 떼면 원래의 상태로 복귀하는 것으로 누름버튼스위치가 대표적인 것이다. 기본 접점[接點]은 a접점, b접점 및 c접점이 있다.

표 23-1 기본 접점의 기호

	기호		개폐상태
a접점	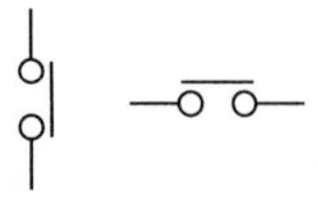	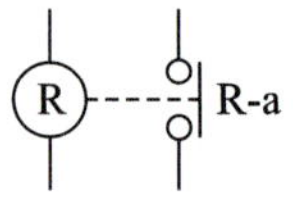 R-a	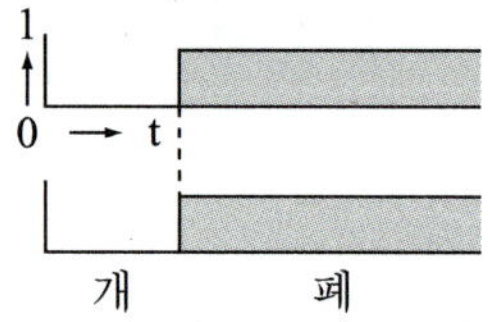 1 0 t 개 폐
b접점	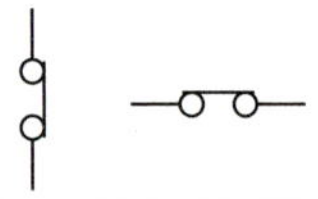	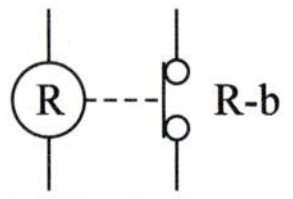 R-b	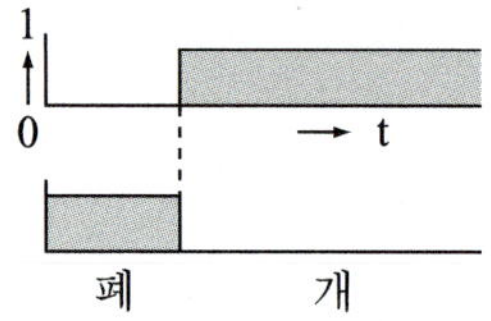 1 0 t 폐 개
c접점	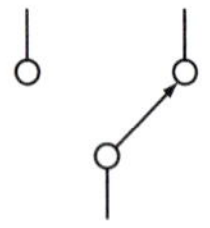	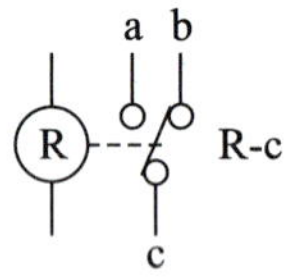 a b R-c c	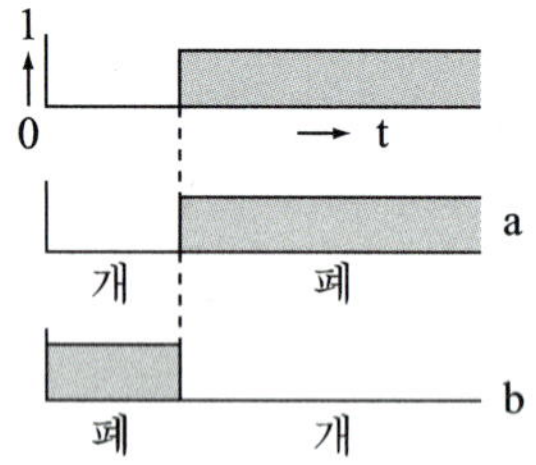 1 0 t a 개 폐 b 폐 개

(1) a접점(Arbitral contact, make contact) : 평상시 열려 있는 접점으로 물리적으로 외부에서 힘을 주거나 전기적으로 계전기에 전류가 흐르면 작동하여 접점이 페로閉路(Close, ON)되는 것으로 상시개접점常時開接點(Normally open contact)이라고 한다.

(2) b접점(Break contact) : 평상시 닫혀 있는 접점으로 물리적으로 외부에서 힘을 주거나 전기적으로 계전기에 전류가 흐르면 작동하여 접점이 개로開路(Open, OFF)되는 것으로 상시폐접점常時閉接點(Normally closed contact)이라고 한다.

(3) c접점(Change-over contact) : a접점과 b접점이 동시에 동작(가동접점부 공유)하는 것으로 변환접점 또는 절체접점이라고 하며, Transfer contact라고 한다.

나. 전자계전기(Electromagnetic relay)[유접점 릴레이]

전자계전기는 철심에 코일을 감은 전자코일과 가동접점, 고정접점으로 구성되어 있으며 전자코일에 전류가 흐르면 전자력에 의한 철편의 자기력(전자석)에 흡인되는 접촉자에 의해 개폐되는 접점을 응용한 것이다. 전자 코일에 전류가 흐르면 전자계전기의 a접점은 가동 접점과 고정 접점이 떨어져 있어서 개로상태에서 폐로상태가 되고, b접점은 폐로상태에서 개로상태가 된다.

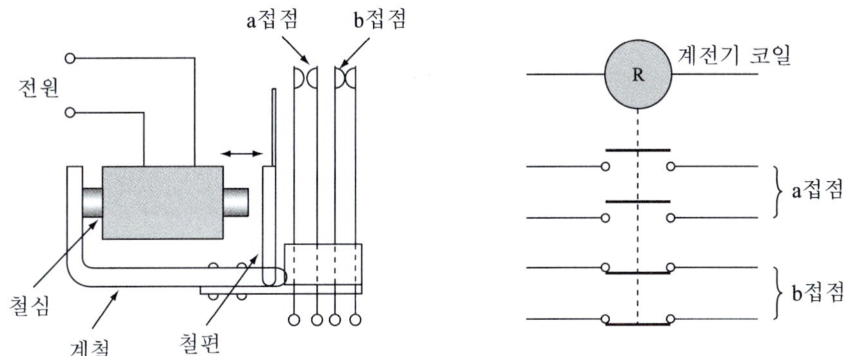

그림 23-2 전자계전기의 구조

다. 푸시버튼스위치(Push button switch)

푸시버튼스위치는 자동 복귀형 수동 스위치로 물리적 힘을 가하는 동안만 동작을 하고 힘이 없어지면 동작이 복귀되는 접점이다.

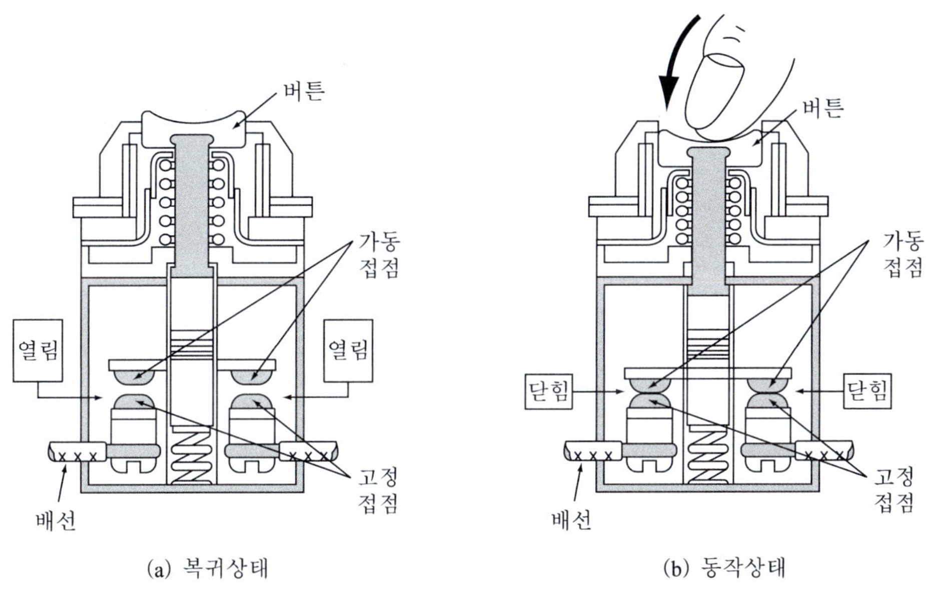

그림 23-3 푸시버튼스위치 구조

라. 유지형 수동 스위치

수동 조작을 하면 반대로 조작할 때까지 접점의 개폐상태가 유지되는 것으로 상하 또는 좌우로 움직여서 ON/OFF 하는 토글스위치, 손잡이를 좌우로 회전하는 셀렉터 스위치, 손잡이를 회전하여 접점을 접속하는 캠 스위치 등이 있다.

마. 한시계전기(Timer)

입력신호를 받아 설정된 시간이 경과한 후 동작이 되는 일종의 계전기로 시간을 계산할 때에는 소형의 전동기를 사용하는 방법과 전자회로를 사용하는 방법이 있다. 접점 등은 계전기와 같지만 접점의 동작 시간을 두고 동작하는 차이가 있다. 접점의 동작에는 전압을 인가하면 일정시간이 경과하여 접점이 닫히고(또는 열리고) 전압이 제거되면 순시에 접점이 열리는(또는 닫히는) 한시동작, 전압을 인가하면 순시에 접점이 닫히고(또는 열리고) 전압이 제거된 후 일정시간이 경과하여 접점이 열리는(또는 닫히는) 한시복귀, 전압을 인가하면 일정시간이 경과하여 접점이 닫히고(또는 열리고) 전압이 제거되면 일정시간이 경과하여 접점이 열리는(또는 닫히는) 순한시동작이 있다.

표 23-2 한시계전기의 동작

구 분	접 점	동 작
한시동작 (시한동작 순시복구형)	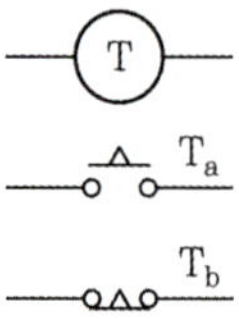 T T_a T_b	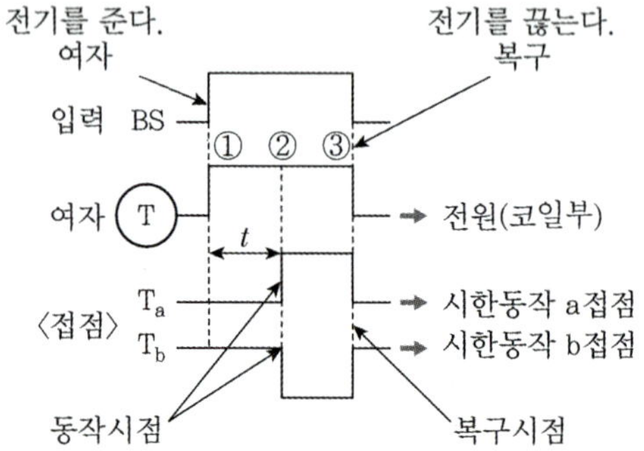 전기를 준다. 여자 / 전기를 끊는다. 복구 입력 BS ① ② ③ 여자 T → 전원(코일부), t 〈접점〉 T_a → 시한동작 a접점 T_b → 시한동작 b접점 동작시점 / 복구시점
한시복귀 (순시동작 시한복구형)	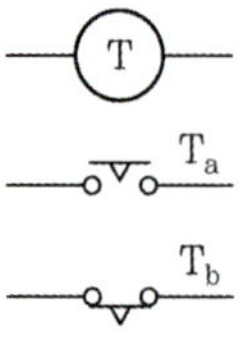 T T_a T_b	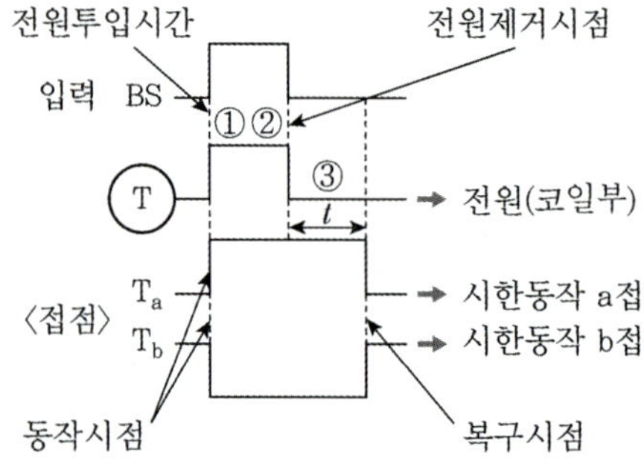 전원투입시간 / 전원제거시점 입력 BS ① ② T ③ → 전원(코일부), t 〈접점〉 T_a → 시한동작 a접점 T_b → 시한동작 b접점 동작시점 / 복구시점

구 분	접 점	동 작
순한시 (시한동작 시한복구형)	T T_a T_b	전원투입시간, 전원제거시점 입력 BS: ON T: ON T_a: t, ON, t — ON-OFF 시한동작 a접점 T_b: ON, t, t, ON — ON-OFF 시한동작 b접점 동작시점, 복구시점

바. 전자접촉기(Electromagnetic contactor)

전자석의 동작에 의해 접점을 개폐하는 기구로서 계전기의 동작과 같고 전동기 등의 동력부하에 사용된다. 접점은 주접점과 보조접점으로 나뉘어 있어 주접점은 부하의 전원을 개폐하며 보조접점은 계전기와 동일하게 제어회로에 사용된다.

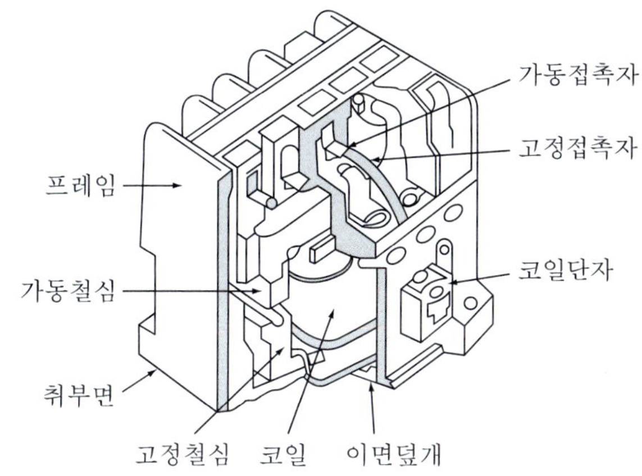

(a) 전자접촉기 구조

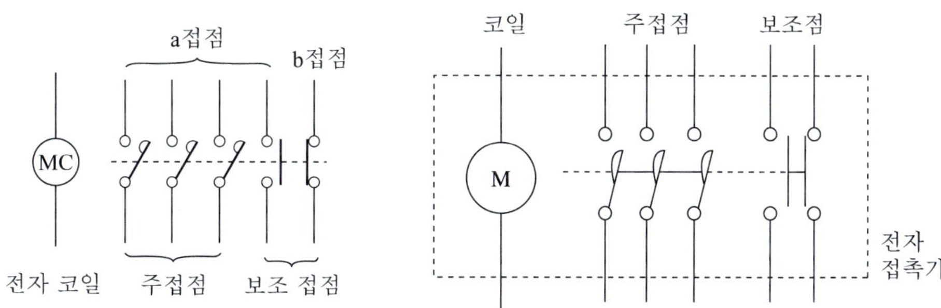

(b) 전자접촉기 기호

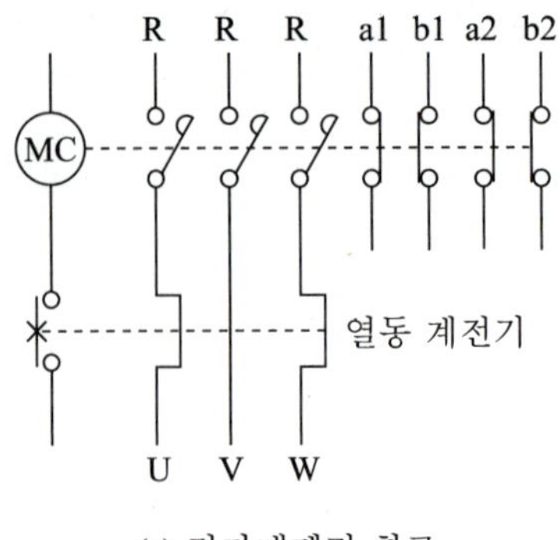

(c) 전자개폐기 회로

그림 23-4 전자접촉기 구조 및 기호

전자접촉기와 열동(과부하)계전기가 일체화 된 것으로 전자접촉기에 의한 부하의 ON/OFF 조작과 열동 계전기에 의한 과부하 보호 기능을 함께 갖는 기구를 전자개폐기(Electromagnetic switch)라고 한다.

사. 열동계전기(Thermal relay)

과부하[23] 전류가 흐르면 내부에서 발생된 열에 의해 바이메탈이 작동하여 접점이 차단되고 전자접촉기의 회로를 차단하여 부하와 전선의 과열을 방지하는데 사용(과부하 보호에 사용)된다.

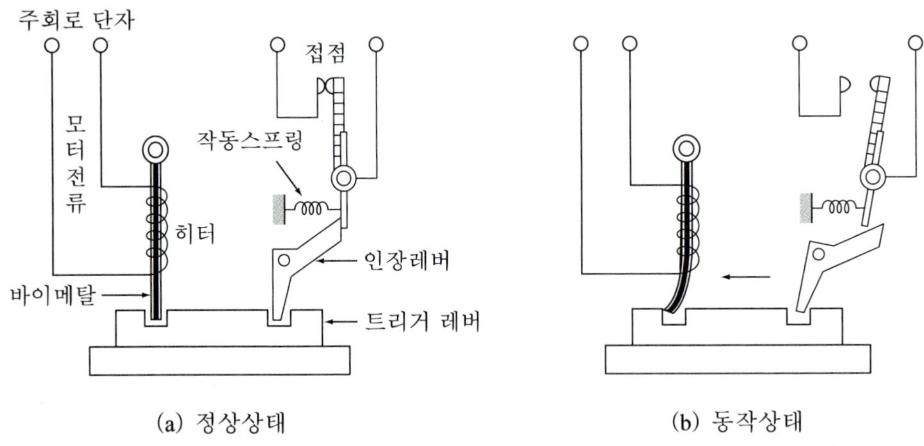

(a) 정상상태 (b) 동작상태

그림 23-5 열동계전기의 작동

23) 회로에 정격을 초과하여 전류가 지속적으로 흐르는 상태를 말한다.

무접점 릴레이(No-contact sequence)

가동접점 부분이 없는 계전기를 말하며, 동작에서는 유접점 계전기와 다름이 없으나 반도체 기술이 현저하게 발전함과 더불어 신뢰성이 높고 뛰어난 성능(스위치 및 증폭)을 가진 다이오드, 트랜지스터, IC(집적회로) 및 SCR 등 반도체 스위치소자를 사용한 계전기가 있다. 무접점 릴레이는 장치의 소형화가 가능하고, 회로변경이 용이하며, 긴 수명과 빠른 동작속도를 갖는 특징이 있는 반면 노이즈, 서지, 온도 변화에 약하고 별도의 전원이 필요하며 신뢰성이 떨어지는 단점이 있다.

표 23-3 접점의 종류와 명칭

심벌		명 칭	비 고
a접점	b접점		
		일반 접점(수동접점)	조작을 하면 그 상태로 유지하는 접점(텀블러 스위치, 토글스위치)
		수동조작 자동복귀 접점	손을 떼면 복귀되는 접점(푸쉬버튼스위치)
		기계적 접점	접점의 개폐가 전기적 이외의 원인에 의한 것(리미트 스위치)
		조작스위치 잔류 접점	-
		계전기접점, 보조스위치 접점	-
		한시 동작 접점	일정시간 지연 후 작동하는 접점(타이머)
		한시 복귀 접점	
		수동 복귀 접점	인위적으로 복귀시키는 것으로 전자석으로 복귀가능(열동계전기)
		전자접촉기 접점	혼동될 우려가 없는 경우 우측 심벌도 사용 가능
		제어기 접점(드럼형, 캠형)	-

아. 전자개폐기(Magnetic Switch)

전자접촉기(MC)와 열동형 과부하계전기(THR)를 조합하여 일체화한 것으로 전자접촉기에 의한 부하의 ON, OFF 조작과 열동계전기에 의한 과부하 보호기능을 함께 갖추고 있다.

② 기본 논리회로

가. 부울대수

임의의 회로에서 연속적인 기능을 수행하기 위한 가장 최적의 방법을 결정하기 위하여 이를 수식적으로 결정하는 방법이다.

표 23-4 특부울대수의 정리

정리 1	$X+0=X$	$X\cdot 0=0$
정리 2	$X+1=1$	$X\cdot 1=X$
정리 3	$X+X=X$	$X\cdot X=X$
정리 4	$X+\overline{X}=1$	$X\cdot \overline{X}=0$
정리 5	$X+Y=Y+X$	$X\cdot Y=Y\cdot X$ (교환법칙)
정리 6	$X+(Y+Z)=(X+Y)+Z$	$X\cdot(Y\cdot Z)=(X\cdot Y)\cdot Z$ (결합법칙)
정리 7	$X(Y+Z)=XY+XZ$	$(X+Y)\cdot(Z+W)=XZ+XW+YX+YW$ (분배법칙)
정리 8	$X+XY=X$	$X+\overline{X}Y=X+Y$ (흡수법칙)
정리 9	$\overline{(X+Y)}=\overline{X}\cdot\overline{Y}$	$\overline{(X\cdot Y)}=\overline{X}+\overline{Y}$

나. 기본 논리회로

논리회로는 전압이나 전류의 높고 낮음 중에서 어느 것을 0 또는 1로 선택하느냐 하는 것은 설정자가 임의로 선택할 수 있지만, 일반적으로 높은 레벨 H(High)를 1로, 낮은 레벨 L(Low)을 0으로 사용되거나 ON을 1로 OFF를 0으로 표현하게 된다. 이러한 논리를 정논리(Positive logic)라 한다. 이와 반대인 H=0, L=1로 취하면 부논리(Negative logic)가 된다. 일반적으로 특별한 명시가 없으면 정논리가 사용된다.

(1) AND 회로(논리적 회로)

입력단자 A, B 중 모두 On되어야 출력이 On되고, 그 중 어느 한 단자라도 Off되면 출력이 Off되는 회로로서 논리식은 $X = A \cdot B$ 이다.

표 23-5 AND 회로

유접점	무접점	진리표
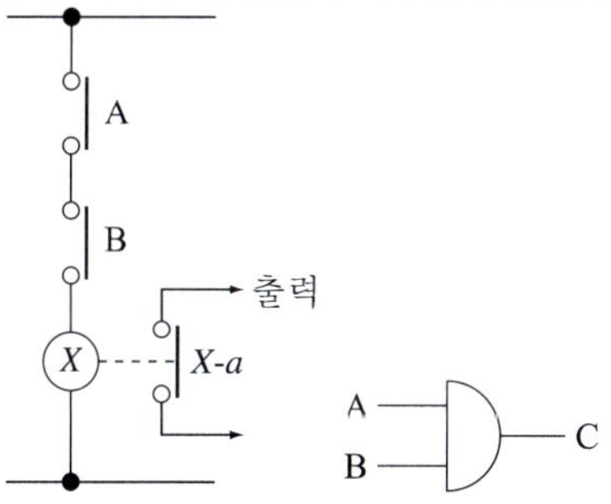 (a) AND 회로 (b) AND 게이트	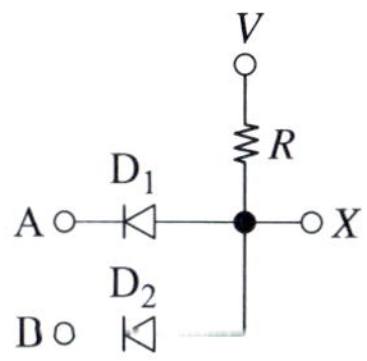	

입력신호		출력신호
A	B	C
0	0	0
1	0	0
0	1	0
1	1	1

(2) OR 회로(논리화 회로)

입력단자 A, B중 어느 하나라도 On되면 출력이 On되고 A, B 모든 단자가 Off되어야 출력이 Off되는 회로로서 논리식은 $X = A + B$ 이다.

표 23-6 OR 회로

유접점	무접점	진리표
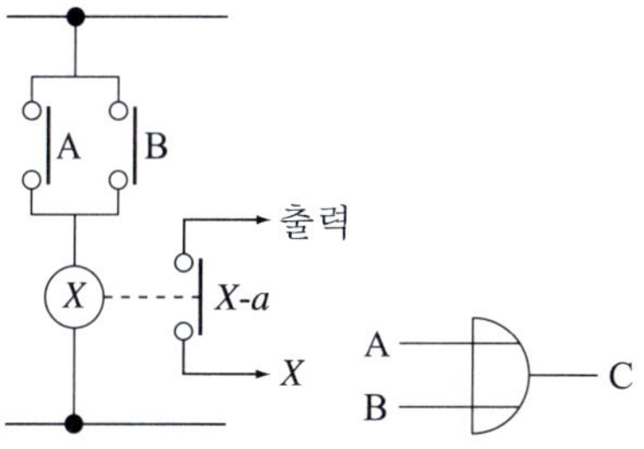 (a) OR 회로 (b) 논리기호	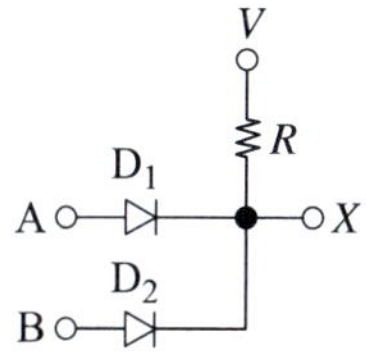	

입력신호		출력신호
A	B	C
0	0	0
1	0	1
0	1	1
1	1	1

(3) NOT 회로(부정회로)

입력이 On되면 출력이 Off되고 입력이 Off되면 출력이 On되는 회로로서 논리식은 $X = \overline{A}$ 이다.

표 23-7 NOT 회로

<table>
<tr><th>유접점</th><th>무접점</th><th>진리표</th></tr>
<tr>
<td>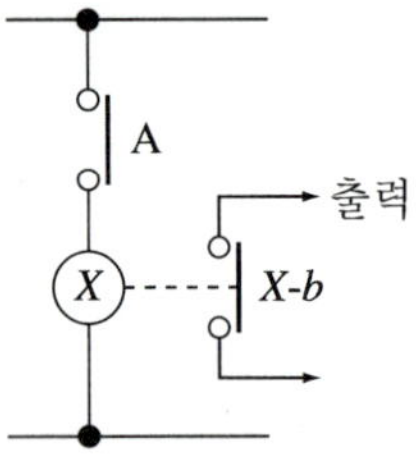

(a) NOT 회로
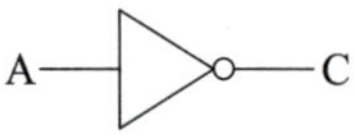

(b) 논리기호</td>
<td>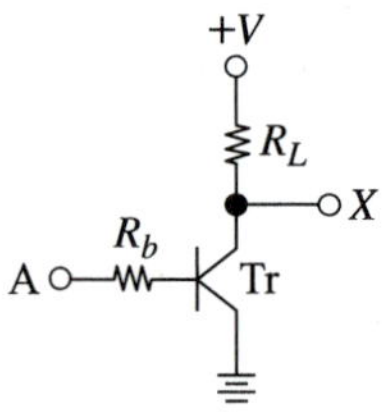
</td>
<td><table>
<tr><th>입력신호</th><th>출력신호</th></tr>
<tr><td>A</td><td>C</td></tr>
<tr><td>0</td><td>1</td></tr>
<tr><td>1</td><td>0</td></tr>
</table></td>
</tr>
</table>

(4) NAND 회로(논리적 부정회로)

입력단자 A, B 중 어느 하나라도 Off되면 출력이 On되고, 입력단자 A, B 모두가 On되어야 출력이 Off되는 회로로서 논리식은 $X = \overline{A \cdot B}$ 이다.

표 23-8 NAND 회로

<table>
<tr><th>유접점</th><th>무접점</th><th>진리표</th></tr>
<tr>
<td>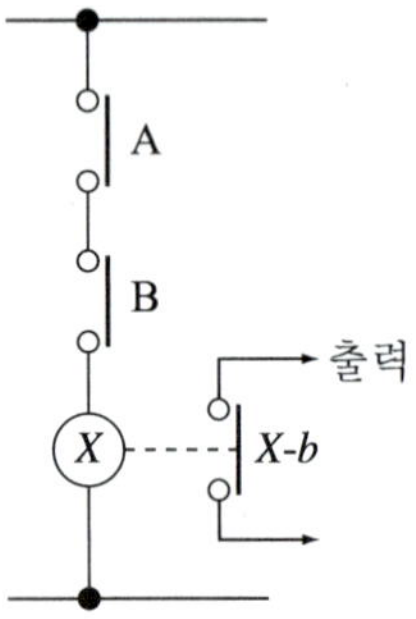

(a) NAND 회로
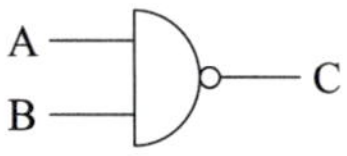

(b) 논리기호</td>
<td>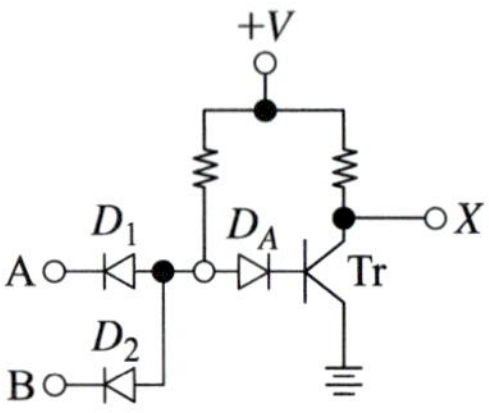
</td>
<td><table>
<tr><th>입력신호</th><th>출력신호</th></tr>
<tr><td>A</td><td>B</td></tr>
<tr><td>0</td><td>0</td></tr>
<tr><td>1</td><td>0</td></tr>
<tr><td>0</td><td>1</td></tr>
<tr><td>1</td><td>1</td></tr>
</table></td>
</tr>
</table>

(5) NOR 회로(논리화 부정회로)

입력 A, B 중 모두 Off되어야 출력이 On되고 그 중 어느 입력단자 하나라도 On되면 출력이 Off되는 회로로서 논리식은 $X = \overline{A + B}$ 이다.

표 23-9 NOR 회로

유접점	무접점	진리표
(a) NOR 회로 (b) 논리기호		

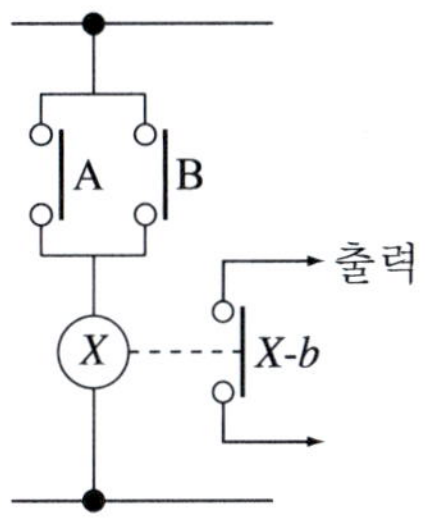

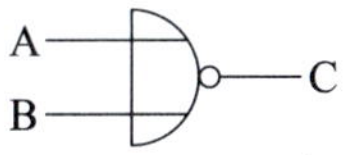

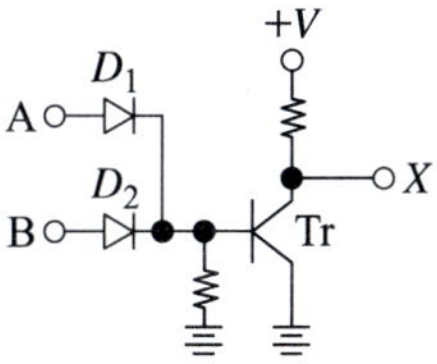

입력신호		출력신호
A	B	C
0	0	1
1	0	0
0	1	0
1	1	0

(6) Exclusive OR(**배타적인 논리회로**)

A, B 두 개의 입력 중 어느 하나만 입력할 때 출력이 On 상태가 나오는 회로로서 논리식은 $X = \overline{A} \cdot B + A \cdot \overline{B}$ 이다.

표 23-10 NOR 회로

유접점	무접점	진리표
(a) ExOR 회로 (b) 논리기호	$X=\overline{A}\cdot B+A\cdot\overline{B}$	

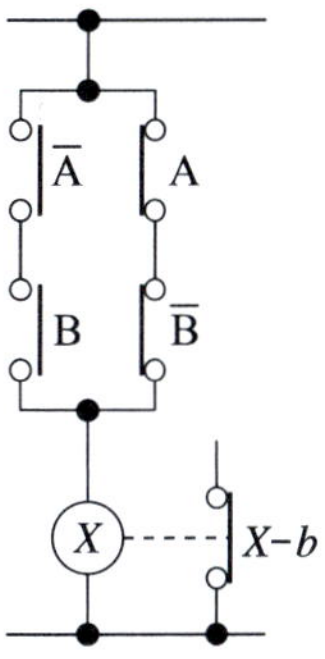

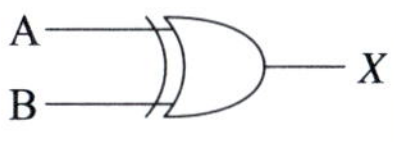

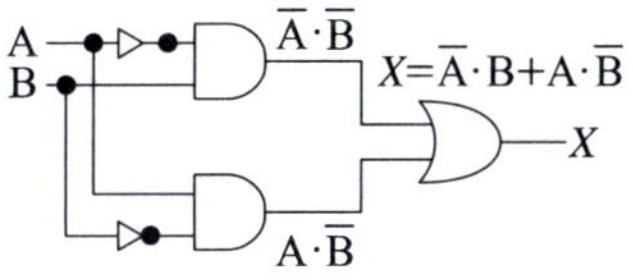

입력신호		출력신호
A	B	C
0	0	0
0	1	1
1	0	1
1	1	0

(7) Flip Flop **회로**

어떤 상태를 바꾸도록 명령하는 입력이 있을 때까지 현재의 상태를 계속 유지하는 것을 Flip Flop이라고 한다. 릴레이 회로에서 접점을 사용할 경우 1, 사용하지 않을 경우를 0으로 하는 2가지 상태가 있는데 1의 상태를 Set, 0의 상태를 Reset이라고 한다. Set 또는 Reset을 입력할 때 다음에 반대의 입력이 있을 때까지 0 또는 1의 상태를 계속 유지한다. 유지된 상태를 출력으로 하여 접속한 회로를 2안정소자(Bistable element) 또는 Flip-flop(FF)이라고 하며, FF는 1bit의 정보를 기억하게 된다.

다. 시퀀스 기본 제어회로

(1) 자기유지회로(Self holding 회로)

자기유지회로는 푸시버튼 등의 순간동작으로 만들어진 입력신호가 계전기에 가해지면 입력신호가 제거되어도 계전기의 동작을 계속적으로 지켜주는 회로이다. 이 회로는 제어계의 가장 기본이며 유지형 스위치를 사용하지 않고 자기유지회로를 이용하는 이유는 공급 전원이 무단으로 차단된 후 재공급될 경우의 회로를 보호하기 위함이다.

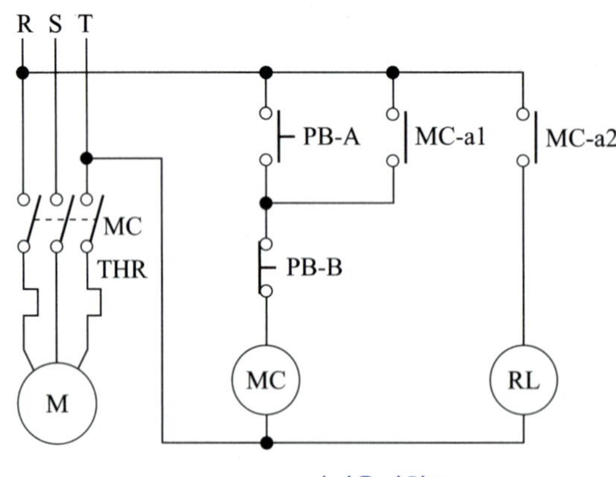

그림 23-6 자기유지회로

(가) 정지우선회로

SET(기동)와 RESET(정지) 신호가 동시에 입력될 경우 자기유지회로가 출력을 나타내지 않는 회로이다. 회로 동작은 먼저 SET 버튼스위치(기동신호)를 누르면 릴레이 ⓧ가 여자되어 기억접점 X와 출력접점 X가 ON된다. SET 버튼이 복귀되어도 기억접점 X로 릴레이 ⓧ를 계속 여자[勵磁]시키므로 출력이 나오게 되며, RESET 버튼스위치(정지신호)를 누르면 ⓧ가 소자[消磁]되어 출력이 끊긴다. 따라서 이것을 정지우선회로 또는 RESET 우선회로라고 한다. 논리식은 $X = (SET + X) \cdot \overline{RESET}$ 이다.

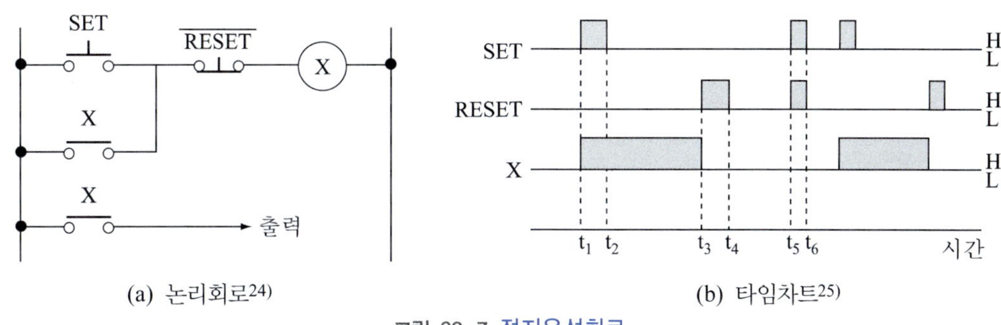

(a) 논리회로[24] (b) 타임차트[25]

그림 23-7 정지우선회로

(나) 기동우선회로

SET와 RESET 버튼을 동시에 누르면, 즉 기동과 정지신호가 동시에 입력될 경우 기동신호가 우선하여 출력신호를 내는 회로이다. 즉, SET 우선이 된다. 이와 같은 회로는 정보회로에 사용되며, 논리식은 $X = \mathrm{SET} + (X \cdot \overline{\mathrm{RESET}})$이다.

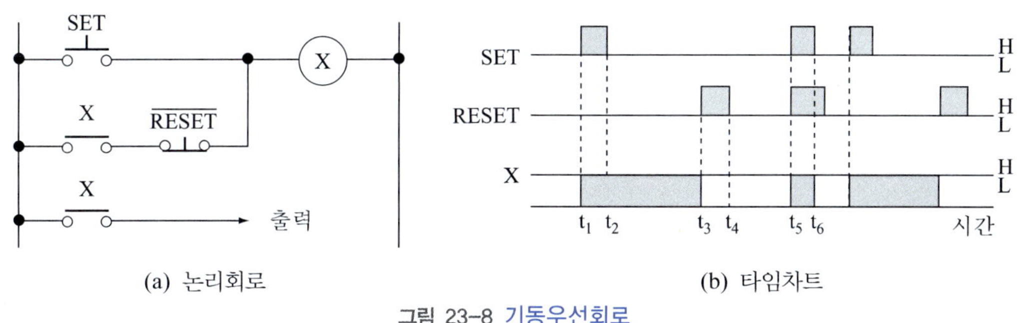

(a) 논리회로 (b) 타임차트

그림 23-8 기동우선회로

(2) 인터로크회로(선행우선 기억회로)

입력에 들어가는 여러 신호 중 가장 먼저 들어간 신호를 우선으로 하고 뒤에 들어간 것을 금지하는 회로이다. 이 회로는 기기의 보호와 조작자의 안전을 목적으로 기기의 동작상태를 나타내는 접점을 사용하여 관련된 기기의 동작을 금지하는 회로로 주로 전동기의 정역전 운전회로에 이용되며, 논리식은 $X_A = A \cdot \overline{X_B}$, $X_B = B \cdot \overline{X_A}$이다.

24) 논리 기호를 사용하여 신호처리회로를 그림으로 나타낸 것이다.

25) 제어계의 각 접점 및 제어장치의 시간적인 동작 상태를 그림으로 표현한 것(제어요소간의 동작 상황 비교 가능)이다.

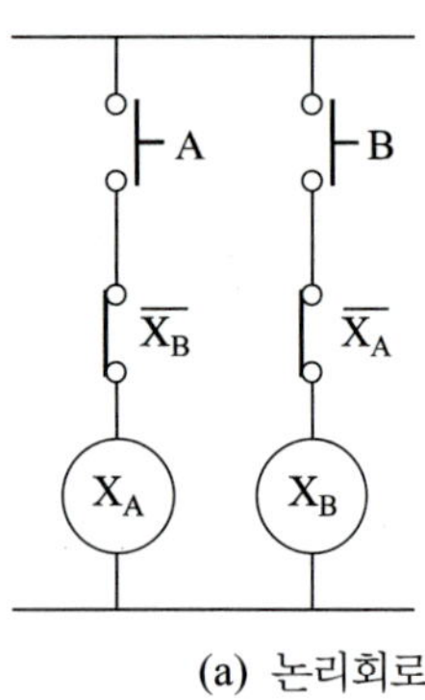

(a) 논리회로

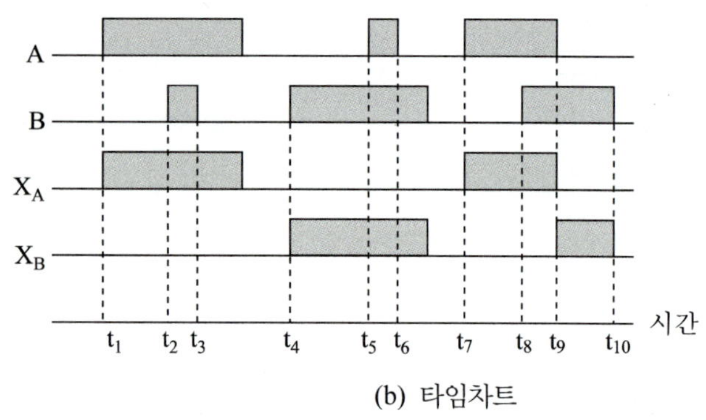

(b) 타임차트

그림 23-9 인터로크회로

(3) 시간지연 동작회로

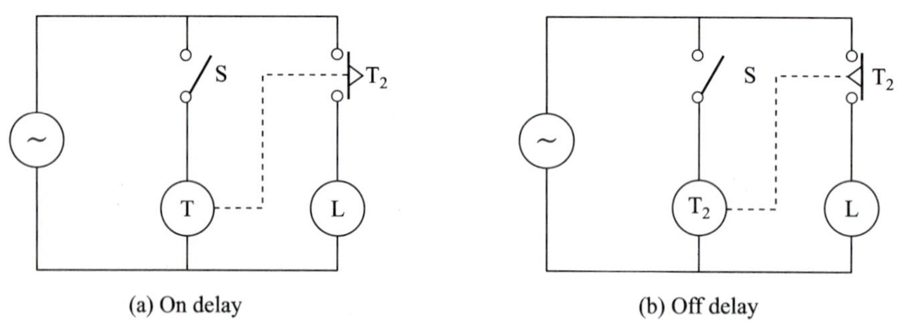

(a) On delay (b) Off delay

그림 23-10 시간지연 동작회로

표 23-11 시간지연 동작

신 호			접점심벌	동 작
입력신호(코일)				
출력신호	시한동작 회로	a접점 b접점		
	시한복귀 회로	a접점 b접점		
	뒤진 회로	a접점 b접점		

<그림 23-10>의 (a)는 타이머에 전압이 가해지고 일정시간 경과 후 접점(한시동작 순시복귀 접점)이 닫히고(b접점의 경우 열린다) 전압이 끊기면 접점이 순시에 복귀되며, (b)는 타이머에

전압이 가해지면 접점(순시동작 한시복귀접점)이 순시에 닫히고 타이머에 전압이 끊기면 일정시간 후에 접점이 복귀된다.

③ 시퀀스 제어

제어의 대상에 대해서 제어하고자 하는 양을 계측하여 목표값과 비교하고, 그 사이의 차이를 자동적으로 맞도록 조정하는 제어로서 제어방법에는 인간의 판단과 조작으로 제어하는 수동제어와 제어장치에 의해 자동으로 제어하는 자동제어가 있다. 신호의 유, 무 제어명령만을 자동으로 행하는 정성적 제어(2진 신호)와 신호가 적은 값부터 높은 값까지 여러 가지 형태로 제어(아날로그 신호)하는 정량적 제어가 있다.

가. 시퀀스도 표시

시퀀스 제어에 사용되는 각종 기기들은 정해진 기호를 사용하여 시퀀스도[26]에 표시하는 데 일반적으로 기호 옆에 시퀀스 제어의 기호를 표시한다. 시퀀스도의 주회로는 보통 굵은 선을 사용하고 제어 회로는 가는 선을 사용하며, 기기 상호간의 접속은 <그림 23-11>의 그림처럼 실선으로 표시된다. 도선의 분기나 접속은 검게 칠한 작은 원을 그려서 그 부분이 접속되어 있다는 것을 표시한다. 그리고 시퀀스도에서의 보통 전원은 생략하는 데 직류전원은 위쪽에 양극, 아래쪽에 음극으로 표시하고, 교류전원은 각 R, S, T상으로 표시한다.

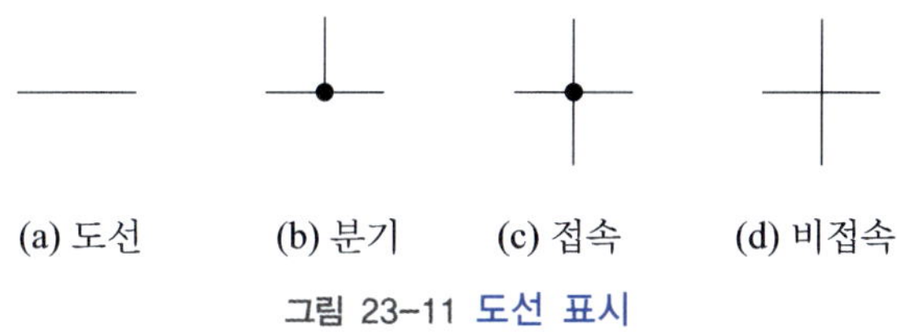

그림 23-11 도선 표시

26) 가장 많이 사용하는 방법으로 시퀀스 제어를 사용한 전기장치 및기기 기구의 동작을 기능 중심으로 표시한 도면으로 시퀀스 제어기호를 사용하여 작성한다.

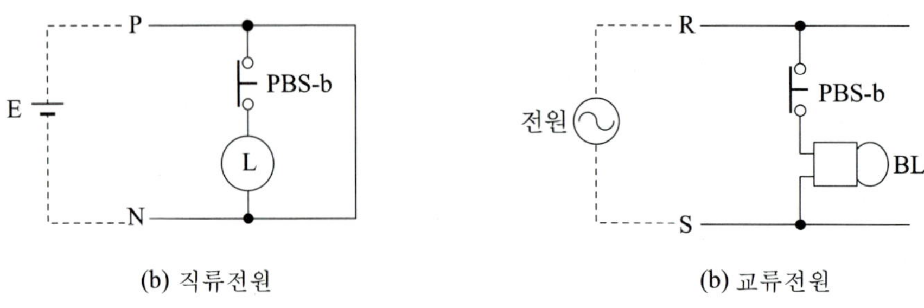

(b) 직류전원　　　(b) 교류전원

그림 23-12 시퀀스도 전원 표시

나. 시퀀스도 작성

시퀀스도 작성은 제어기기를 연결하는 접속선이 수평이나 수직으로 표시하는 횡서와 종서가 있으며 회로도는 반드시 동작 전의 상태로 나타낸다. 횡서 시퀀스도는 접속선 내에 대부분의 신호흐름이 좌우 방향으로 그리며 접속선은 좌우방향, 즉 제어 전원 모선사이에 횡선으로 표시하고 동작 순서에 따라 위에서 아래로 그린다. 그리고 주회로의 차단기, 접촉기, 전동기 등의 기호를 그리고 부호를 붙여 주회로를 그린다. 마지막으로 푸시버튼스위치, 접촉기 코일 등을 도면에 간격을 두면서 제어회로를 완성한다. 주의할 것은 먼저 회로의 전압과 +, −극성을 우선 구분하고, 제어회로 전압(약전)과 동력회로(강전)를 구분한다. 일반적으로 스위치, 센서 등 입력부는 좌단(혹은 상단)에 표시하고 출력부에 속하는 구동부(동작부)는 우단(혹은 하단에 표시)하는 데 논리의 전개 순서대로 좌에서 우로(혹은 상에서 하단으로) 표시한다. 입력부와 출력부의 구분을 뚜렷이 하고 논리의 전개, 단자 접속을 명확히 해야 한다.

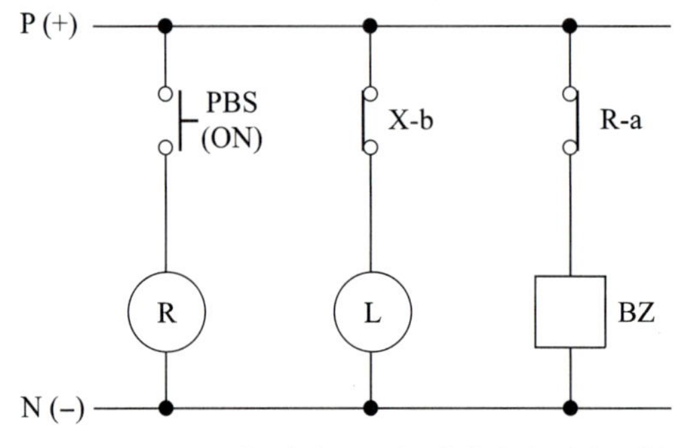

그림 23-13 종서 시퀀스도의 제어기기 접속 예

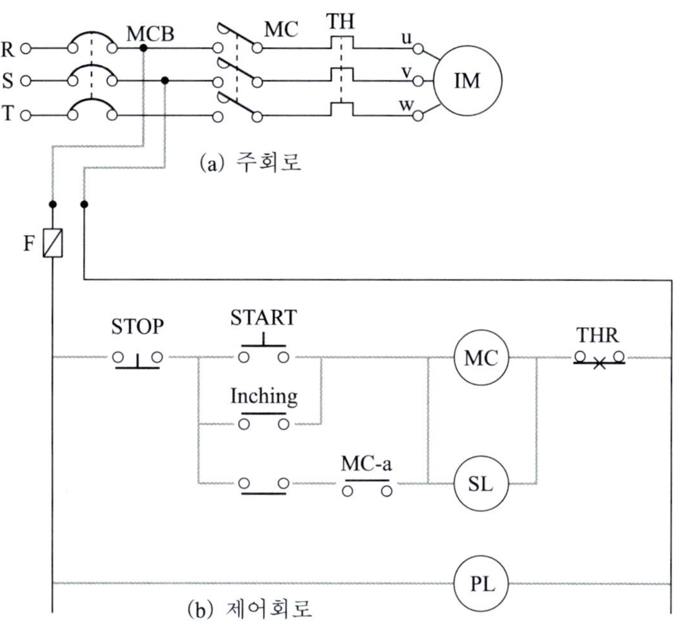

그림 23-14 주회로 및 제어회로 연결 예

다. 시퀀스 제어계

(1) 시퀀스 제어(Sequence control)

시퀀스 제어는 미리 정해진 순서에 따라 각 단계의 제어를 순서대로 진행하는 제어로서 불연속적인 작업을 행하는 공정제어 등에 널리 이용(엘리베이터, 세탁기, 자동판매기, 교통신호기 등에 사용)하는 것으로 일종의 스위치나 버튼을 사용하여 전기회로의 부하를 운전, 부하의 운전상태나 고장상태를 알리는 일련의 제어형태를 말한다. 이에는 무접점 소자를 이용한 제어회로(PLC 등의 전자회로를 사용)와 유접점 소자를 이용한 제어회로(버튼스위치나 각종 계전기를 사용)가 있다.

<그림 23-15>는 물을 끓이는 시퀀스 제어계로 배선용차단기(MCCB)를 닫아 물을 끓이는 작업명령을 내리면 타이머 스위치(S/W1)에 설정된 시간만큼 닫혀 있게 된다. 이것은 계전기 스위치(S/W2)를 닫게 하여 주전자의 물을 끓게 한다. 이 때, 물의 끓는 정도와는 무관하게 타이머의 설정 시간이 끝나면 시퀀스 제어계의 동작은 멈추게 된다. 이러한 조작은 순차적이고 자동적으로 일어나기 때문에 이러한 제어를 개루프 제어(Open loop control)라고 한다.

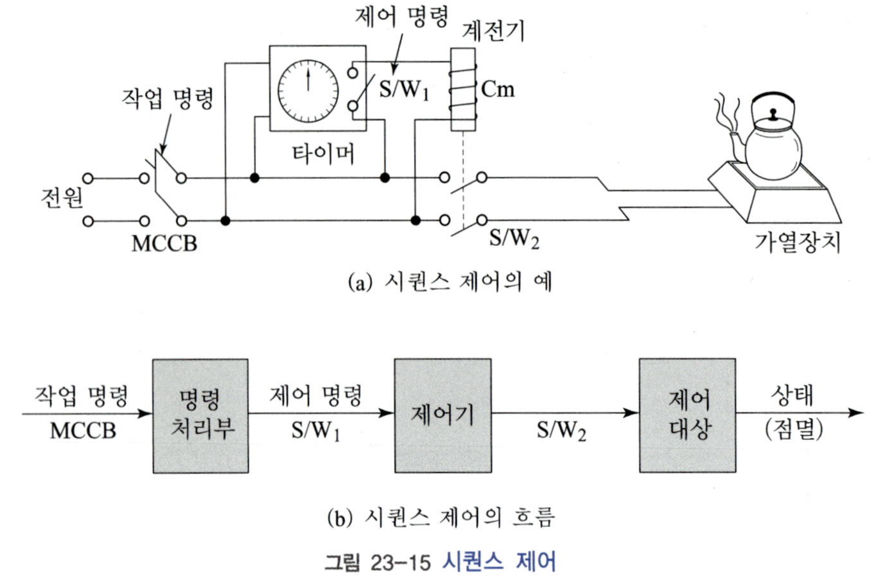

(a) 시퀀스 제어의 예

(b) 시퀀스 제어의 흐름

그림 23-15 시퀀스 제어

(2) 피드백 제어(Feedback control)

피드백 제어는 제어량을 측정하여 목표값과 비교하고, 그 차를 적절한 정정 신호로 교환하여 제어장치로 되돌리며, 제어량이 목표값과 일치할 때까지 수정 동작을 하는 제어로서 제어장치는 검출부, 조절부, 조작부 등으로 구성되어 있다. 외부의 조건 변화에 대응이 가능하여 대부분의 자동제어에 사용되며, 폐루프 제어(Closed loop control)라고 한다. <그림 23-16>은 전기로의 온도 제어를 하는 피드백 제어의 예를 나타내고 있다. 제어계의 제어명령인 목표 값에 도달했을 때, 온도의 자동제어를 위하여 전압조정기를 목표값에 대응하여 움직이기 위해서는 매시간 조작하지 않고, 자동온도조절기에 프로그램을 미리 입력시켜 전기로 온도를 목표 값과 비교하여 정밀하게 자동제어를 한다.

물탱크 내의 수위를 일정하게 유지하도록 하는 <그림 23-17>은 물탱크의 수위의 상한선과 하한선을 정하고, 수위가 하한선으로 내려가면 하한 리미트 스위치의 작동과 함께 펌프가 작동하여 수위가 상한선에 이를 때까지 운전을 계속하게 된다. 또한 수위가 상한선에 이르면 상한 리미트 스위치가 작동되어 펌프를 정지시키게 된다.

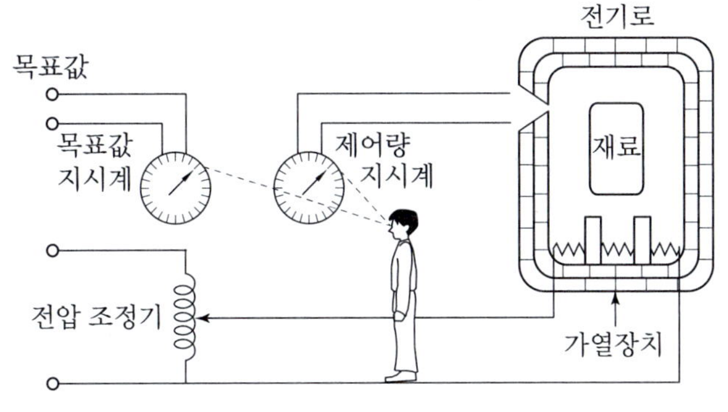

(a) 피드백 제어의 예

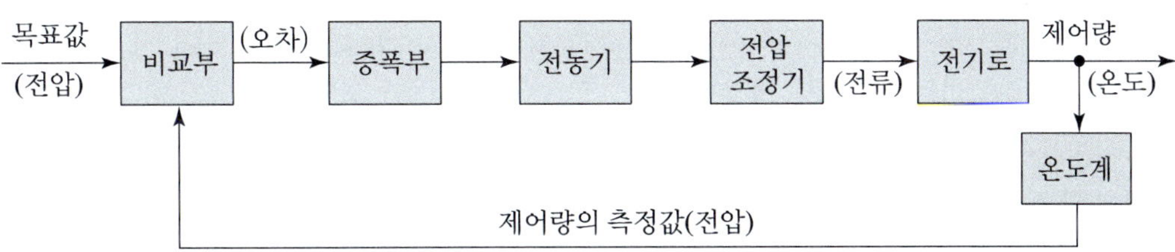

(b) 피드백 제어의 흐름

그림 23-16 피드백 제어

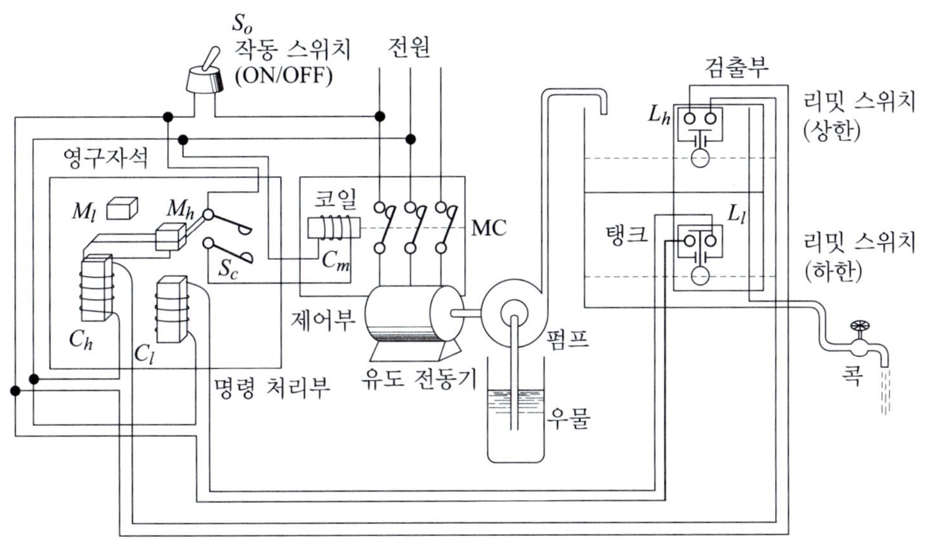

그림 23-17 물탱크 수위 조절

표 23-12 시퀀스 제어의 비교

시퀀스 제어(개루프 제어계)		피드백 제어(폐루프 제어계)	
미리 정해진 순서에 따라 제어 단계를 순차적으로 제어하는 것으로 구조가 간단하고 경제적인 제어계		출력신호를 입력신호로 돌려 제어량의 목표값과 비교하여 정확한 제어가 가능하도록 한 것	
입력신호 → 제어장치 → 출력(제어량)		입력 → 제어요소 → 제어대상 → 출력(제어량), 외란 → 제어대상, 제어대상 → 제어요소(피드백)	
장점	• 간단한 구조 • 용이한 조작 • 입·출력 비교장치가 필요 없음	장점	• 외란에 대해 정확한 제어 가능 • 균일한 제품 생산으로 생산품질 향상 • 생산속도 증대로 생산량 증가 • 에너지 절약과 인건비 절감 • 대역폭이 증가 • 특성 변화에 대한 입력 대 출력비의 감도가 감소
단점	• 외란에 대해 정확한 제어가 불가능 (큰 오차가 발생) • 정확도와 품질이 떨어짐	단점	• 구조가 복잡하고 많은 설치비 필요 • 고도의 기술이 필요

라. 시퀀스 제어회로

(1) 단상 전동기

자기유지회로를 응용한 단상 전동기의 기동회로와 타임차트는 <그림 23-18>과 같으며 동작은 다음과 같다.

(가) 먼저 전원의 투입과 차단은 배선용차단기(MCCB)를 이용한다.

(나) 누름버튼스위치를 누르면(PB-ON) 전자접촉기(MC)에 전류가 흘러 여자되며, 이와 연동하여 자기유지접점(보조접촉기, MC-a)이 폐로되어 자기유지회로가 구성됨과 동시에 전자접촉기가 동작하여 주접점(MC)이 ON되어 전동기가 작동한다.

(다) PB-ON에서 손을 떼어도 자기유지접점(MC-a)이 계속 폐로되어 있어 전동기가 계속 작동한다.

(라) 운전 중인 전동기를 정지시키기 위해 PB-OFF를 누르면 전자접촉기(MC) 코일에 전류가 흐르지 않게 되어 소자되고 이와 연동하여 보조접촉기(MC-a)가 개로되어 자기유지회로가 취소됨과 동시에 전자접촉기(MC)가 개로되어 전동기가 정지하게 된다.

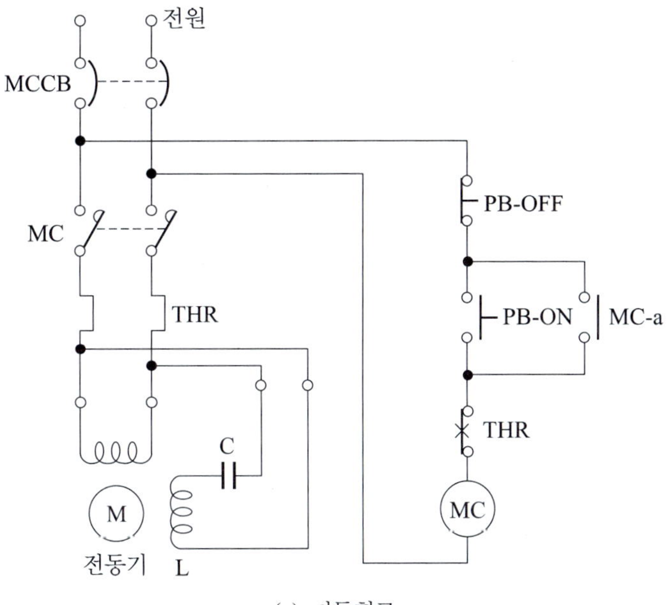

(a) 기동회로

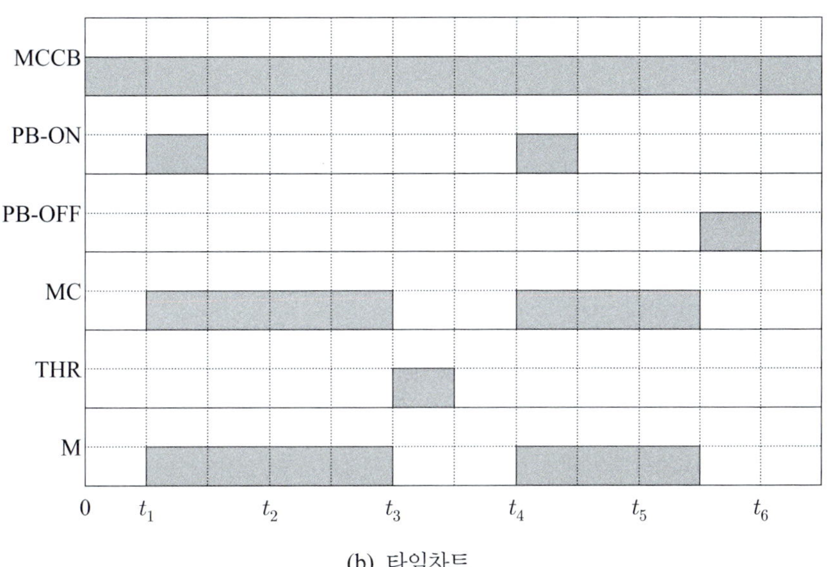

(b) 타임차트

그림 23-18 단상 전동기의 기동회로 및 타임차트

(2) 3상 전동기의 정 · 역전 회로

인터로크 회로를 이용한 3상 전동기의 정 · 역전 운전 제어회로를 <그림 23-19>에서 나타내고 있으며 동작은 다음과 같다.

(가) 배선용차단기(MCCB)를 누른 후 정회전 기동용 누름버튼스위치(PBF)를 누르면 전동기가 정회전함과 동시에 F-b가 떨어져 인터로크회로를 구성하므로 역회전 기동용 누름버튼스위치(PBR)를 눌러도 역회전 전자코일에는 전류가 흐르지 않아 여자되지 않는다.

(나) 정회전으로 운전 중에 전동기를 역회전시킬 필요가 있는 경우에는 먼저 정지용 스위치(PB-OFF)를 눌러 각 접점(F-MC)을 소자시켜 원 상태로 복귀시킨 후 역회전 기동용 누름버튼스위치(PBR)를 눌러 인터로크회로에 내장된 R-MC를 여자시키면 된다.

(다) 이 때 누름버튼스위치(PBF)를 눌러도 R-b가 열려있어 정회전용 인터로크회로에 내장된 F-MC는 여자되지 않는다. 3상 유도전동기의 회전 방향을 바꾸려면 3선의 입력 전원 중 2선을 바꾸어주면 회전 방향이 바꾸어진다.

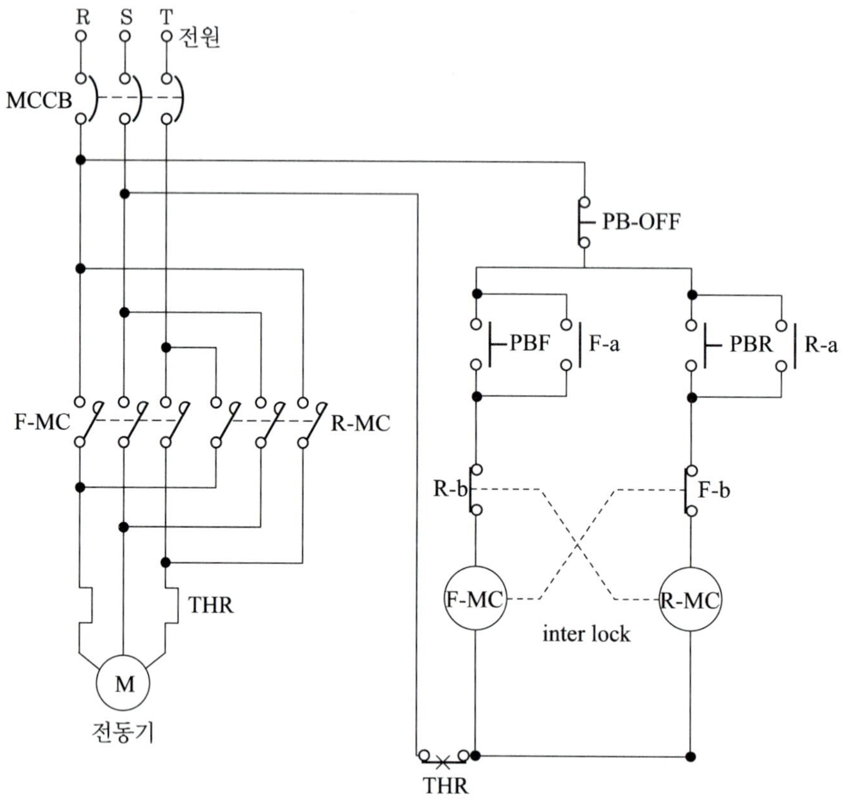

그림 23-19 3상 전동기의 정 · 역전 회로

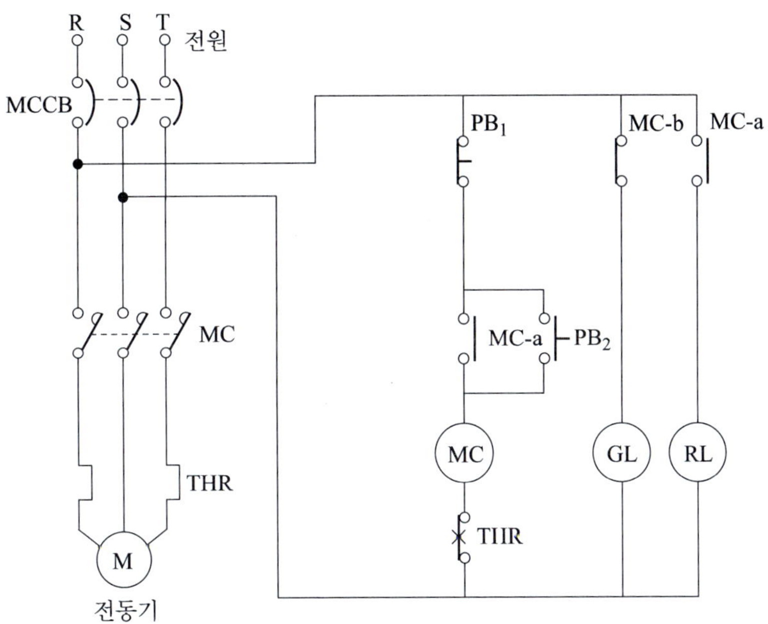

그림 23-20 3상 유도전동기의 기동정지회로

(3) 3상 유도전동기의 기동정지회로

3상 유도전동기를 기동 및 정지시킬 수 있는 회로를 <그림 23-20>에서 나타내고 있으며 동작은 다음과 같다.

(가) 배선용차단기(MCCB)를 투입하면 정지표시등(GL)이 점등된다.

(나) 누름버튼스위치(PB_2)를 누르면 전자접촉기(MC)가 여자되어 전자접촉기의 보조접점(MC-a)이 폐로되어 자기유지 되며, 보조접점 a, b에 의해 정지표시등(GL)은 소등되고 기동표시등(RL)은 점등된다.

(다) 이와 동시에 전자접촉기(MC)의 주접점이 닫혀 3상 유도전동기(IM)가 기동하게 된다.

(라) 운전 중 PB_1을 누르거나 전동기에 과부하가 발생되어 THR이 작동하면 전자접촉기가 소자되어 자기유지가 해제되고, 주접점이 열려 유도전동기는 정지한다. 또한 정지표시등(GL)이 점등되고 기동표시등(RL)이 소등된다.

<그림 23-21>의 기동정지회로의 동작은 다음과 같다.

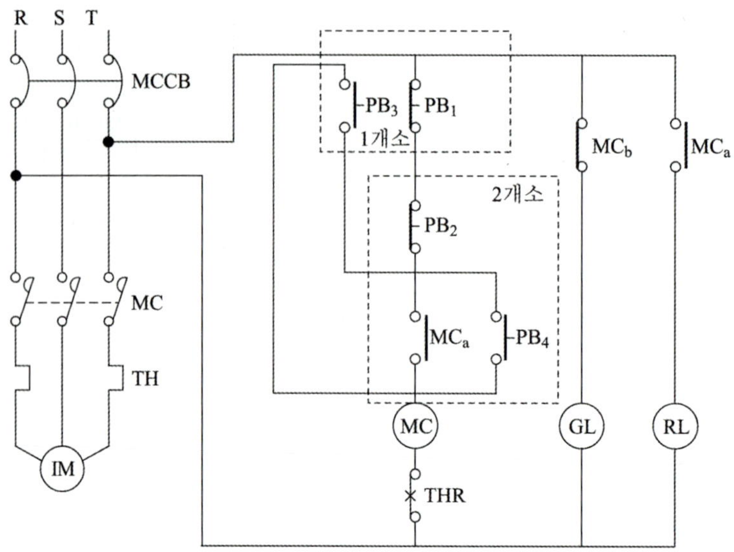

그림 23-21 3상 유도전동기의 기동정지회로(2개소)

(가) 배선용차단기(MCCB)를 누르면 정지표시등(GL)이 점등되는데, 이때 PB_3 또는 PB_4를 누르면 전자접촉기(MC)가 여자되는데 보조접점(MC-a)이 폐로되어 자기유지 된다.

(나) 표시등(GL)이 소등되고 기동표시등(RL)이 점등되며 전자접촉기 주접점이 닫혀 3상 유도전동기(M)가 기동하게 된다.

(다) 운전 중 PB_1 또는 PB_2를 누르거나 전동기에 과부하가 발생되어 THR이 작동하면 전자접촉기(MC)가 여자되어 자기유지가 해제되고, 주접점이 열려 유도전동기는 정지한다(이때 GL은 점등되고, RL은 소등된다).

(4) 자동화재탐지설비의 회로

자동화재탐지설비 회로의 동작은 <그림 23-22>에서 나타내고 있다.

(가) 회로에 전원이 공급되고, 수신기의 스위치(S/W)를 누르면 전원램프(PL)이 점등된다.

(나) 화재가 발생하여 주위 온도가 상승되거나 연기 농도가 많아지면, 감지기(D_1 및 D_2) 접점이 폐로 되어 수신기 내부의 주음향장치(BZ_1) 및 경계구역의 지구음향장치(BZ_2)가 동시에 화재 경보를 울린다.

(다) 수동 발신기 내의 누름스위치를 누르면 신호가 수신기로 보내지면서 주음향장치(BZ_1) 및 지구음향장치(BZ_2)가 동작하여 화재 경보를 울린다.

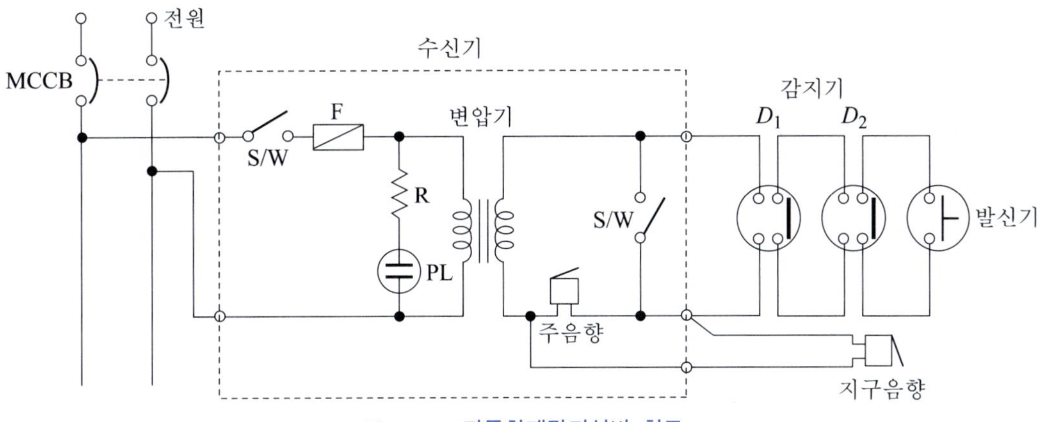

그림 23-22 자동화재탐지설비 회로

(5) 비상전원의 자동절환회로

비상전원의 자동절환회로를 <그림 23-23>에서 나타내고 있다.

(가) 배선용차단기(MCCB)로 전원을 공급한 후 누름버튼스위치(PB_1)를 누르면 전자접촉기

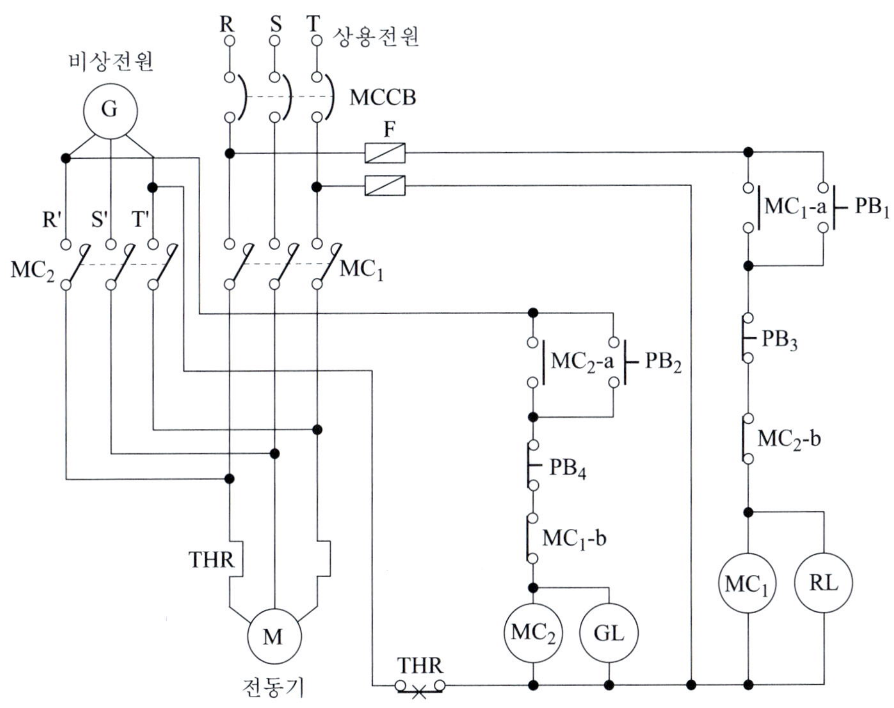

그림 23-23 비상전원 자동절환회로

(MC_1)가 여자되고 운전표시등(RL)이 점등되며, 보조접점(MC_1-a)이 폐로 되어 자기유지 되면서 주접점(MC_1)이 닫히고 상용전원에 의해 유도전동기(M)가 운전하게 된다.

(나) 보조접점(MC_1-a)이 폐로 되면서 자기유지회로가 구성될 때 보조접점(MC_1-b)이 개로되어 전자접촉기(MC_2)가 동작되지 못하도록 한다.

(다) 상용전원으로 운전 중에 누름버튼스위치(PB_3)를 누르면 전자접촉기(MC_1)에 소자되어 3상 유도전동기는 정지하고, 상용전원 운전표시등(RL)이 소등된다.

(라) 상용전원 정전시 비상전원으로 절환하기 위하여 PB_2를 누르면 MC_2가 여자되어 전동기(M)가 회전하고, 표시등(GL)이 점등되며, 보조접점(MC_2-a)이 폐로되어 자기유지회로를 구성하게 된다. 또한 보조접점(MC_2-b)이 개로되어 전자개폐기(MC_1)에 전기가 공급되지 못하게 한다.

(마) 예비전원으로 운전 중 상용전원으로 절환하기 위하여 PB_4를 누르면 MC_2가 소자되어 유도전동기는 정지하고, 예비전원 운전표시등(GL)은 소등된다. 그리고 상용전원으로 운전을 재개하려면 앞의 수행 과정으로 돌아가 반복하면 된다.

(6) 3상 유도전동기의 Y-Δ 기동회로

3상 유도전동기의 Y-Δ 기동회로는 <그림 23-24>에서 나타내고 있다.

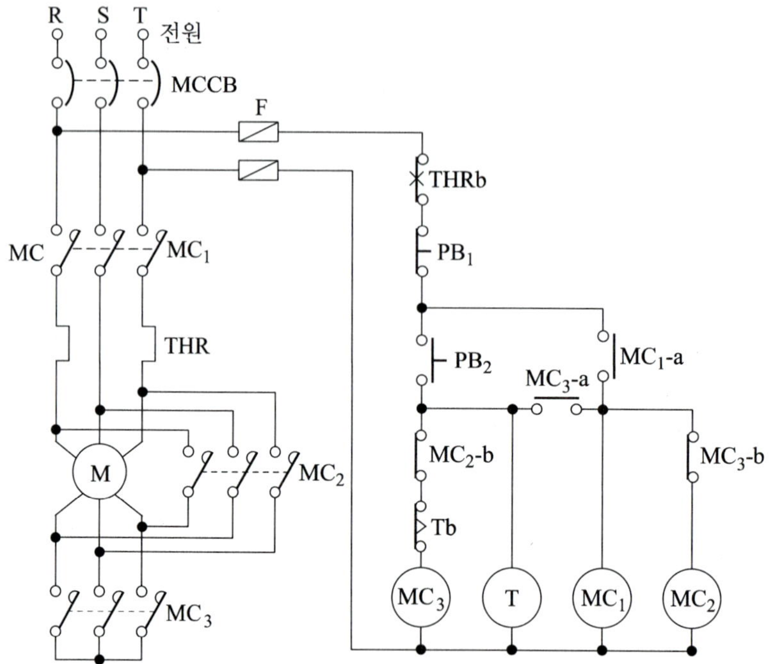

그림 23-24 3상 유도전동기의 Y-Δ 기동회로

(가) 배선용차단기(MCCB)를 투입하고 푸시버튼스위치(PB_2)를 누르면 여자코일(MC_3) 및 타이머(T)가 여자된다. 전자접촉기 보조접점(MC_3-a)이 개로되어 MC_1이 여자되고, MC_1-a가 폐로 되어 자기유지 회로를 구성한다. 그러나 MC_3-b가 개로되어 코일(MC_2)에는 전기가 공급되지 않는다.

(나) 주접점(MC_3) 및 전자접촉기(MC_1)가 닫히게 되어 3상 유도전동기는 Y결선으로 기동한다.

(다) 타이머의 전기공급 상태에서 타이머(T)의 설정시간이 지나면 한시동작 순시복귀 Tb가 개로되면서 코일(MC_3)이 자력을 잃어(소자) 주접점(MC_3)이 열리고, 코일(MC_2)이 여자되어 주접점(MC_2)이 폐로되어 전동기는 Δ결선으로 운전하게 된다.

(라) 정상 운전 중에 푸시버튼스위치(PB_1)를 누르거나 전동기에 과부하가 걸려 열동계전기(THR)가 작동하면 동작 중에 있는 코일 MC_1, MC_2, T 등이 자력을 잃어 전동기는 정지한다. 이와 같은 반복적인 과정으로 3상 유도전동기의 기동과 정지가 이루어진다.

(7) 한시동작 운전회로

기동스위치를 누르면 즉시 전동기가 기동하여 운전하다가 설정시간 후에는 자동으로 정지하고, 설정된 정지시간 이후에 자동으로 재기동하여 기동과 정지 동작이 반복 운전되는 회로이다. 한시동작 회로는 <그림 23-25>와 같다.

(가) 기동용 스위치[PBS(on)]를 누르면 계전기(ST)가 동작하는데 전자접촉기(MC)가 여자되어 전동기의 주접점(MC)을 폐로시켜 전동기가 기동한다.

(나) 한시동작계전기(TR_1)의 설정시간(T_1)이 경과하면 한시동작 a접점 TR_1-a는 폐로되어 전자계전기(MR)가 여자됨과 동시에 전자접촉기(MC)가 소자되어 주접점(MC)은 개로되고 전동기는 정지한다.

(다) 한시동작계전기(TR_2)의 설정시간(T_2)이 경과하면 한시동작 b접점 TR_2-b가 개로되면서 전자계전기의 b접점이 복귀하고 전자접촉기(MC)가 여자되어 전동기는 운전하게 된다.

(라) 이때 한시동작계전기(TR_1)도 여자되어 (가)의 전동기 기동과 같이 반복 동작되며 시한운전, 시한정지가 반복적으로 계속된다.

(마) 운전 중에 정지용 스위치[PBS(OFF)]를 누르면 계전기(ST)가 소자되어 접점(ST-a)이 복귀되고 전자접촉기(MC)가 소자되어 주접점(MC)이 개로되면서 전동기가 정지한다. 또는 운전 중에 과부하가 발생되면 열동계전기(TH)에 의해 열동계전기 접점(TH-b)이 개로되어 전동기는 정지한다.

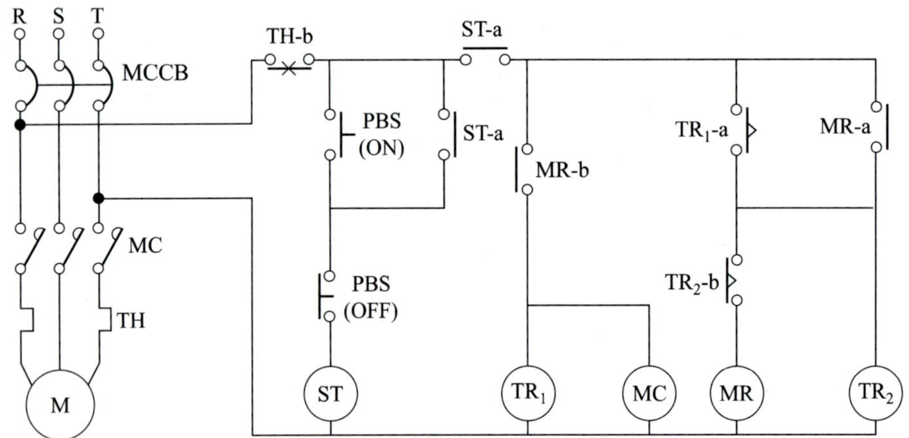

(a) 한시동작 운전회로

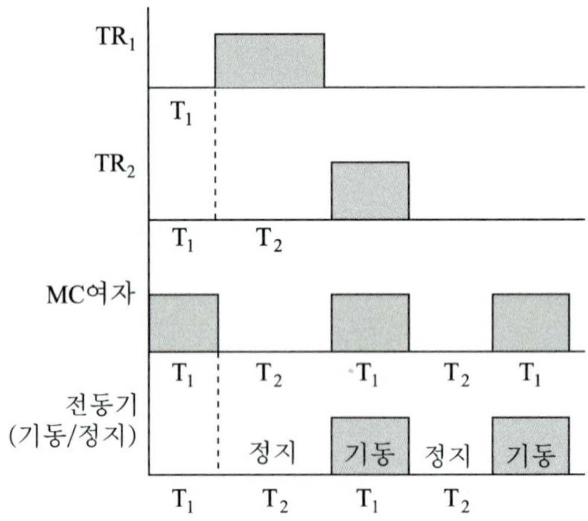

(b) 한시동작 계전기의 타임차트

그림 23-25 한시동작 운전회로 및 타임차트

연습문제 exercise

1. 주어진 옥내소화전설비의 3개소 기동정지회로의 미완성 도면과 조건을 참조하여 다음 질문에 답하시오.

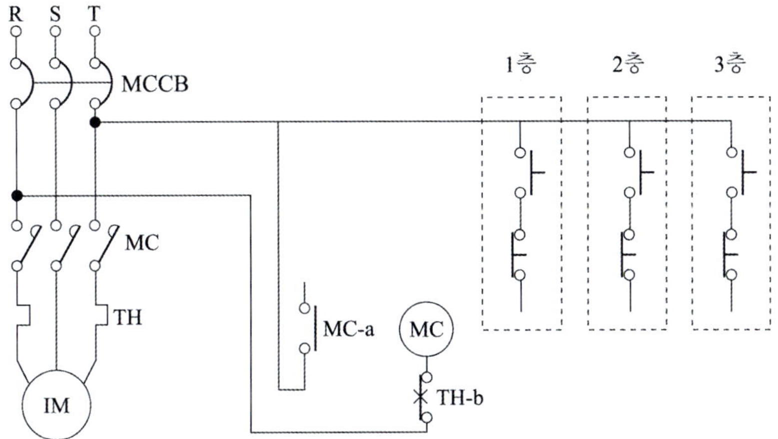

조 건
• 각 층에는 옥내소화전이 1개씩 설치되어 있다. • 이미 그려져 있는 부분은 수정하지 않는다. • 그려진 접점을 삭제하거나 별도로 접점을 추가하지 않는다.

(1) MCCB의 우리말 명칭은?

(2) 각 층에서 수동 및 정지기능을 할 수 있도록 도면을 완성하시오.

2. 상용전원과 예비전원의 절환회로 도면에서 미완성된 부분을 완성하시오.

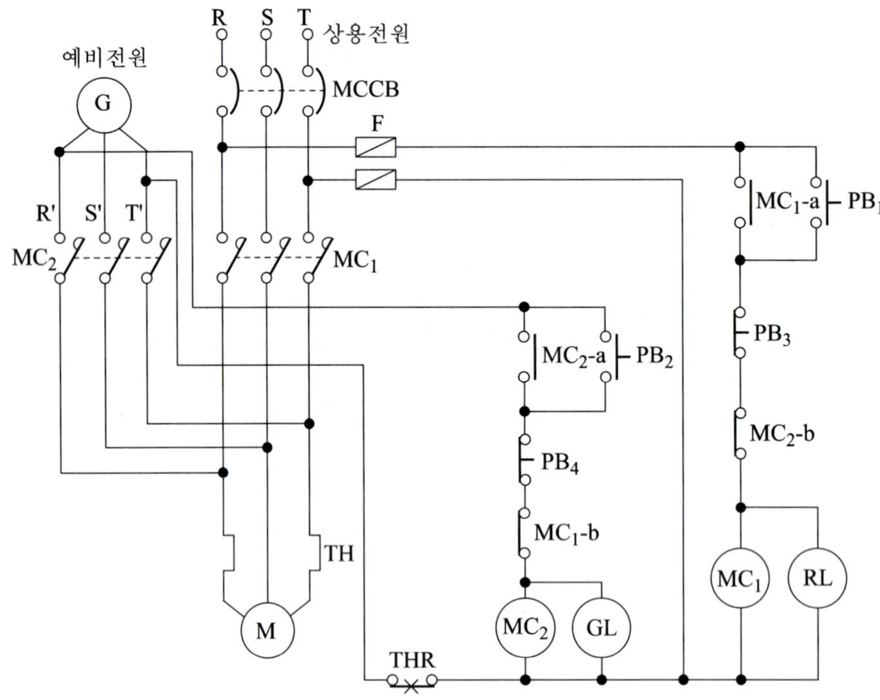

3. 전자개폐기에 의한 펌프용 전동기의 기동정지회로에서 다음 동작조건과 같이 동작이 되도록 푸시버튼스위치 a, b접점과 전자개폐기 보조 a, b접점을 도면에 그려 넣으시오.

동 작 설 명
• 배선용차단기 MCCB를 넣으면 녹색램프 GL이 켜진다. • 푸시버튼스위치 a접점을 누르면 전자개폐기 코일 MC에 전류가 흘러 주접점 MC가 닫히고, 전동기가 회전되는 동시에 GL램프가 꺼지고 RL램프가 켜진다. 이때 푸시버튼스위치에서 손을 떼어도 이 동작은 계속된다. • 푸시버튼스위치 b접점을 누르면 전동기가 멈추고 RL램프는 꺼지며, GL램프가 다시 점등된다.

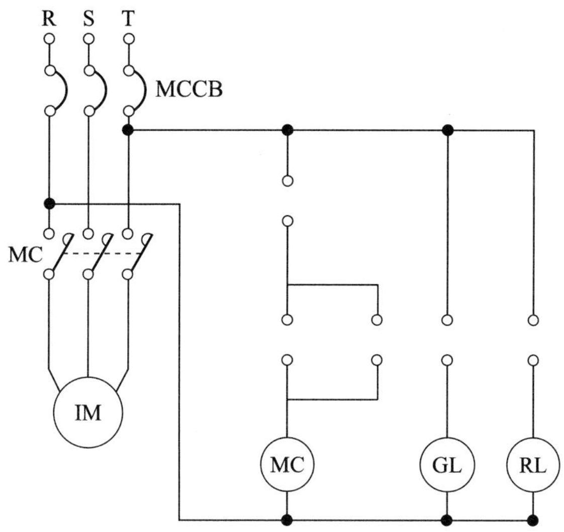

4. 옥상에 시설된 물탱크에 사용되는 양수펌프의 수동 및 자동제어 운전 회로도를 보고 ①~⑦까지의 명칭을 쓰시오.

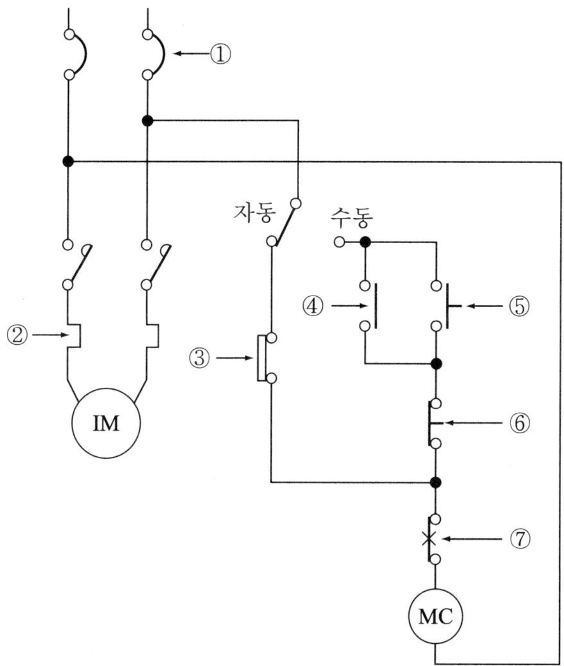

5. 다음 논리회로를 보고 다음 질문에 답하시오.

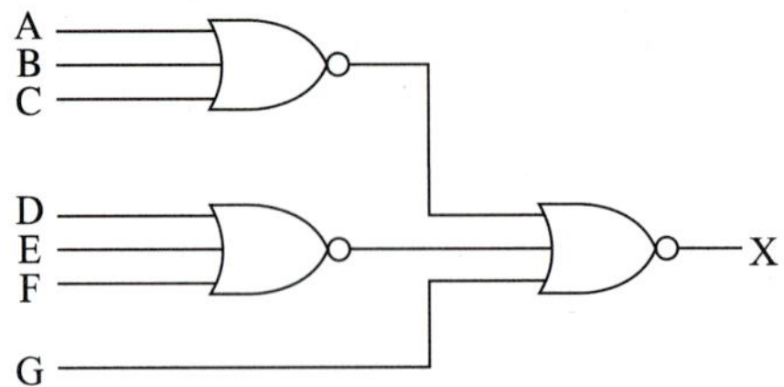

(1) 논리식으로 표현하시오.

(2) AND, OR, NOT 회로를 이용한 등가회로로 그리시오.

(3) 유접점(릴레이) 회로를 그리시오.

6. 급수펌프의 미완성 시퀀스 제어회로의 조건을 보고 회로를 완성하시오.

조 건
• 전원을 투입하면 GL램프가 점등된다. • PBS-ON하면 전동기가 기동되며 GL램프가 소등되고, RL램프가 점등된다. • 전동기가 기동된 후 일정시간이 지나면 정지한다. • 전동기 기동 중 열동계전기(THR)가 작동하면 전동기가 정지하고 YL램프가 점등된다.

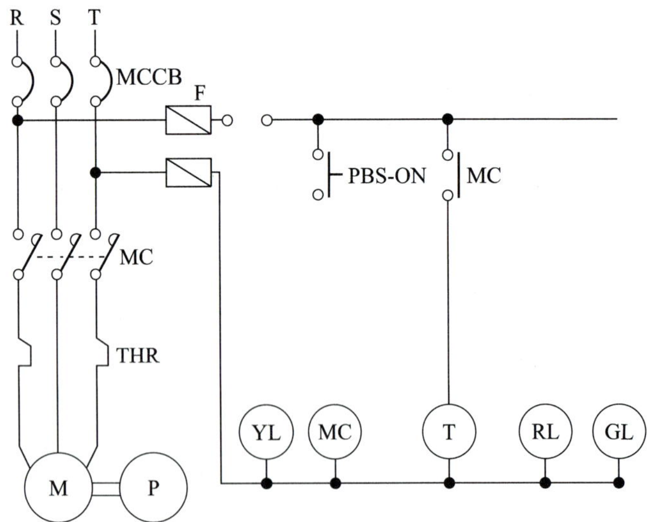

7. 푸시버튼스위치 A~D로 입력시 램프 L_1~L_3의 상태를 타임차트(Time chart)로 나타내었다. 다음 질문에 답하시오.

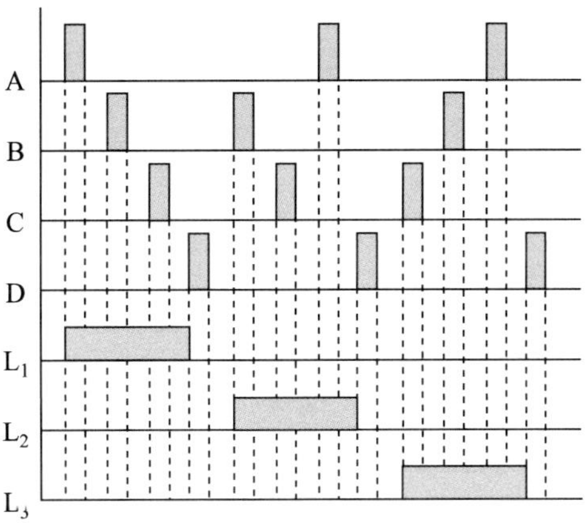

(1) 타임차트에 적합하게 논리식을 쓰시오.

(2) 타임차트에 적합하게 유접점회로와 무접점회로를 그리시오.(단, 릴레이는 X_1~X_3를 사용)

8. 플로트스위치에 의한 펌프 모터의 레벨 제어에 관한 미완성 도면을 보고 다음 질문에 답하시오.

(1) NFB와 제어회로 49의 명칭은?

(2) 동작접점을 수동으로 연결하였을 때 누름버튼스위치(PB-on, PB-off)와 접촉기 접점으로 제어회로를 구성하시오(단, 전원을 투입하면 GL램프는 점등되고 PB-on 스위치를 ON하면 GL램프는 소등되고 RL램프는 점등된다).

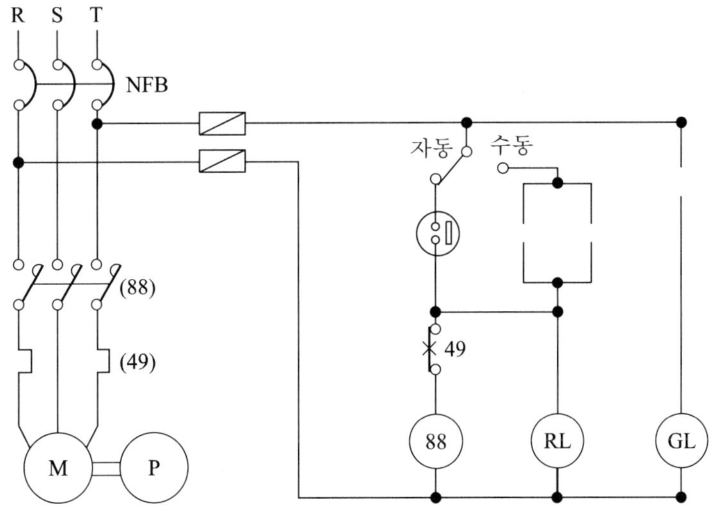

9. 시퀀스회로에서 X접점이 닫혀서 폐회로가 될 때 타이머 T_1(설정시간 : t_1), T_2(설정시간 : t_2), 릴레이 R, 신호등 PL에 대한 타임 차트를 완성하시오(단, 설정시간 이외의 시간지연은 없다).

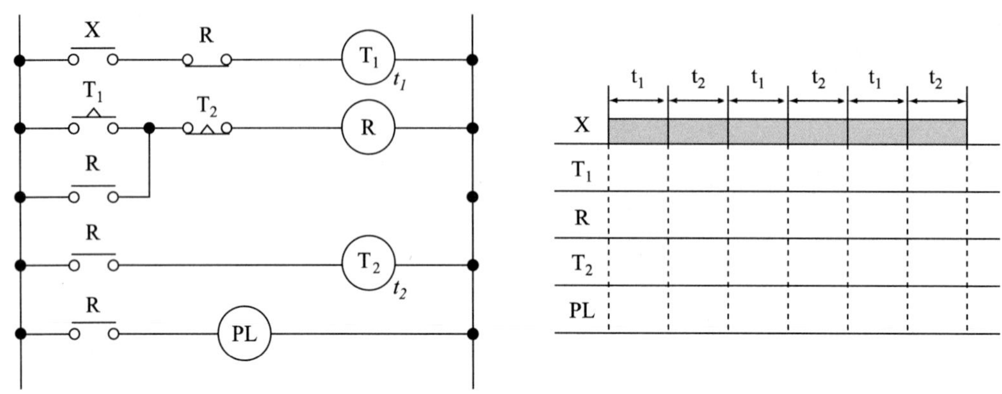

10. Y-Δ 기동회로의 다음 미완성 회로를 보고 다음 질문에 답하시오.

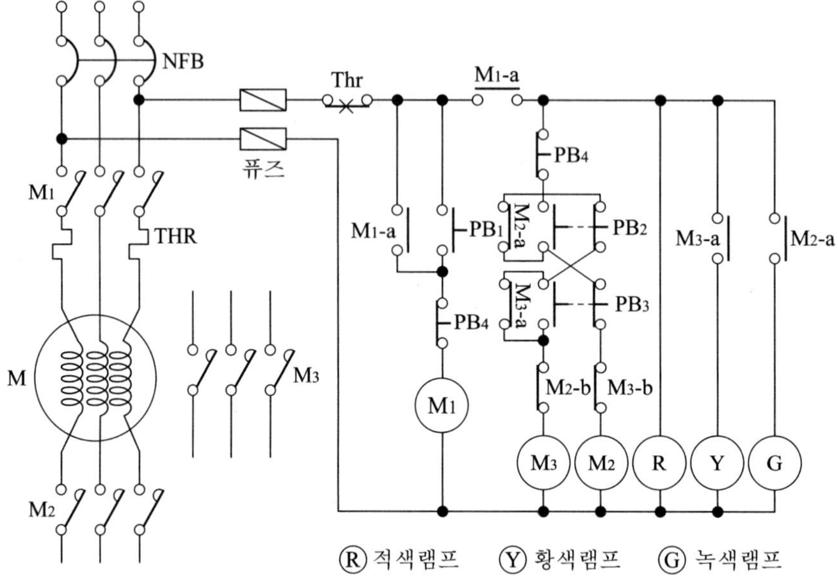

(1) 주회로 부분의 미완성된 Y-Δ회로를 완성하시오.

(2) 누름버튼스위치 PB_1을 누르면 어느 램프가 점등되는가?

(3) 전자개폐기 (M1) 이 동작되고 있는 상태에서 PB_2를 눌렀을 때 점등되는 램프는?

(4) 전자개폐기 (M1) 이 동작되고 있는 상태에서 PB_3를 눌렀을 때 점등되는 램프는?

(5) THR은 무엇인가?

11. 농형 3상 유도전동기의 정·역전 정지제어의 미완성회로를 보고 동작조건과 도면을 이용하여 다음 질문에 답하시오.

동 작 조 건
• F-MC는 정전용 전자접촉기, R-MC는 역전용 전자접촉기이다. • GL램프는 정전용 표시램프, RL램프는 역전용 표시램프이다. • PBS-1은 a접점으로 정전용 누름버튼스위치, PBS-2는 a접점으로 역전용 누름버튼스위치, PBS-3는 b접점으로 정지용 누름버튼스위치이다. • PBS-1을 ON하면 F-MC가 여자되어 전동기 IM이 정회전하며, GL이 점등된다. PBS-1에서 손을 떼어도 회로는 자기유지되어 전동기는 계속 정회전하며, GL은 계속 점등되게 된다. • 역회전을 시키기 위하여는 PBS-3를 OFF하고, PBS-2를 ON하면 전동기는 역회전하며, RL램프가 점등하게 된다. 이때에도 누름버튼스위치에서 손을 떼어도 회로는 자기유지되어 계속 역회전하며, RL램프도 계속 점등된다. • 정회전시에는 역회전이 되지 않도록 되어 있고, 반대로 역회전시에도 정회전이 되지 않아야 한다. • 전동기가 과부하되어 과전류가 흐를 때 THR이 동작되어 회로를 차단시키며, 전동기를 멈추게 한다.

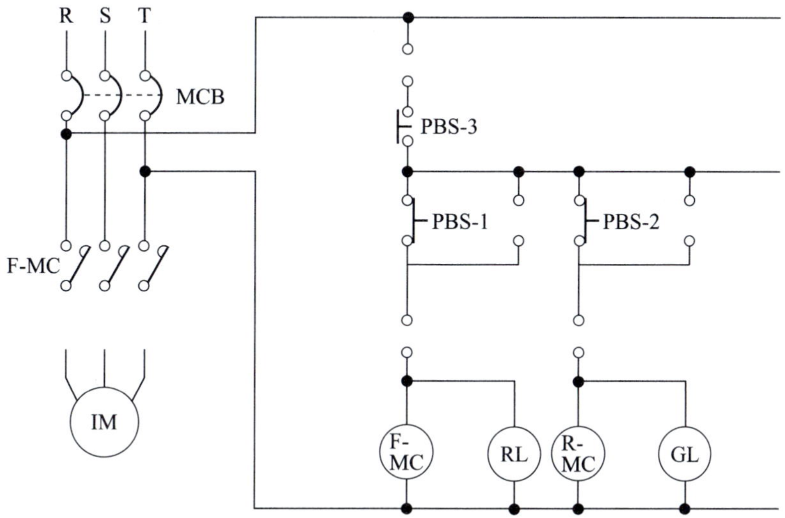

(1) 배선용차단기 MCB의 주된 역할을 설명하시오.

(2) 열동형 과전류차단기 THR과 그의 접점(b접점)을 회로도에 그리시오.

(3) 정·역이 가능하도록 주회로 부분의 R-MC의 주접점을 그리시오.

(4) 동작조건이 만족되도록 보조회로에 F-MC의 보조접점과 R-MC의 보조접점을 그려서 완성하시오.

12. 다음과 같은 릴레이 접점회로에 AND, OR, NOT 등의 논리기호를 사용하여 논리회로를 작성하시오.

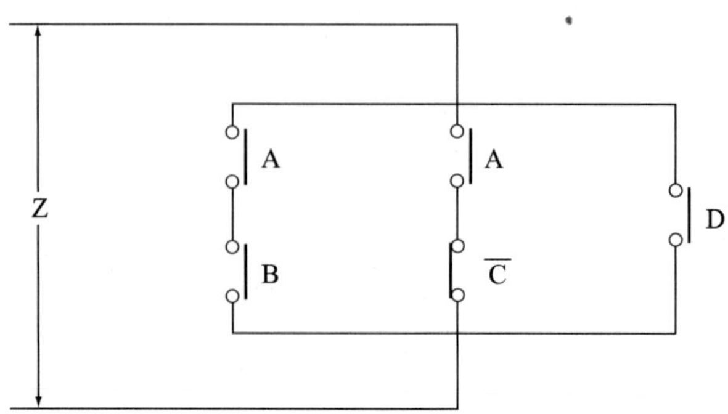

13. 논리식 $Z=(A+B+C)\cdot(A\cdot B\cdot C+D)$를 릴레이 회로(유접점회로)와 논리회로(무접점회로)로 바꾸시오.

14. 유도전동기(IM)를 현장측과 제어실측 어느 쪽에서도 기동 및 정지제어가 가능하도록 간략하게 배선하시오.

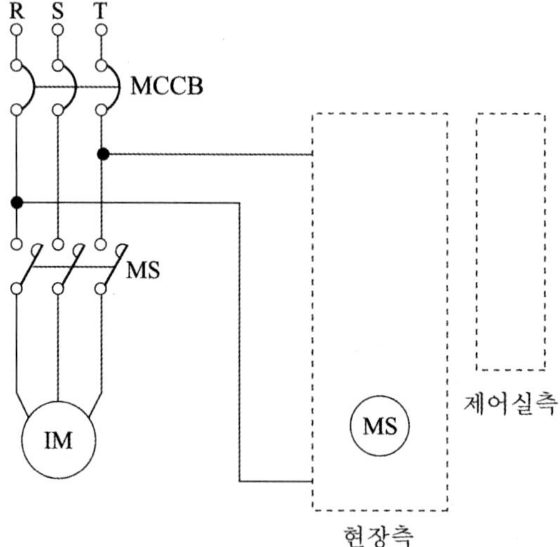

15. 3상 유도전동기의 기동조작회로 도면을 타이머의 설정시간 후 타이머와 릴레이 X가 소자되도록 하고 타이머 소자 후에도 모터(M)가 계속 동작하도록 도면을 다시 그리시오.

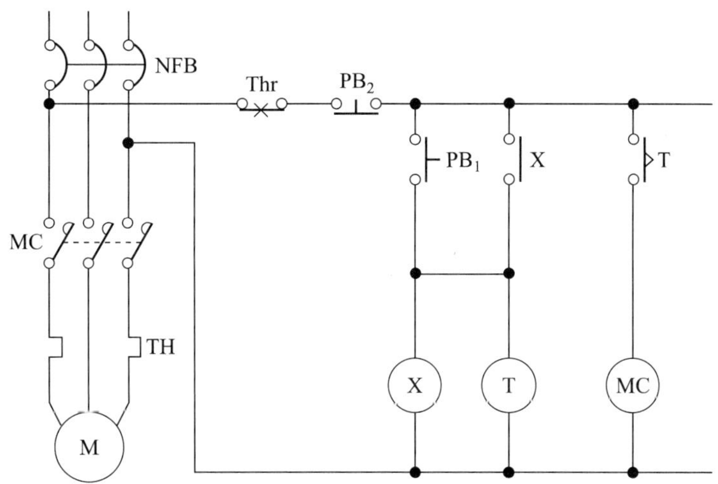

16. 유접점회로의 출력 Z의 논리식을 가장 간단하게 표현하고, 이것을 무접점 논리회로로 표현하시오.

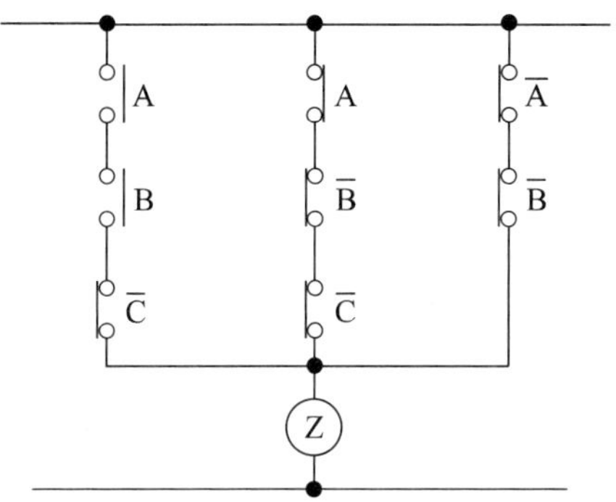

17. 다음과 같은 논리회로를 보고 질문에 답하시오.

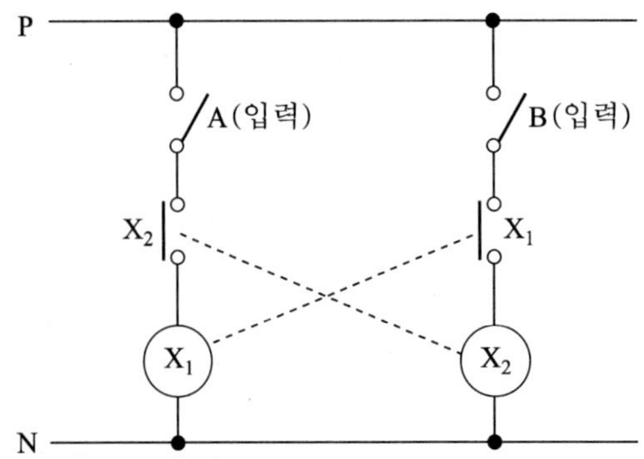

(1) 회로에 대한 논리회로를 완성하시오.

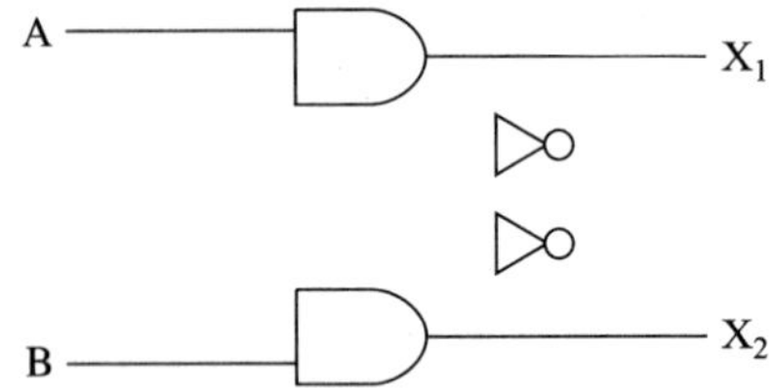

(2) 회로의 동작상황을 보고 타임차트를 완성하시오.

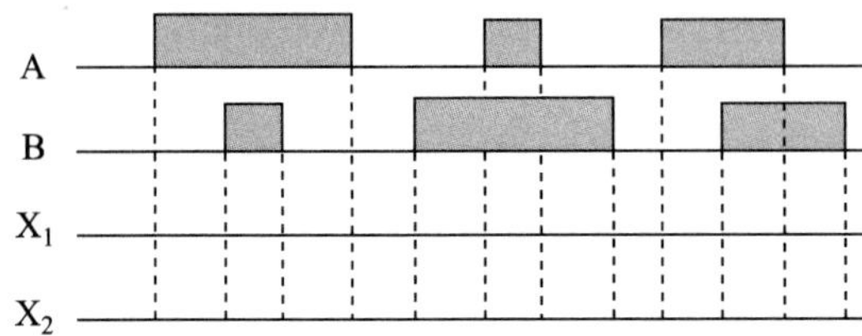

(3) 회로에서 접점 X_1과 X_2의 관계를 무엇이라 하는가?

18. 3상 유도전동기의 전전압 기동방식회로의 미완성 도면을 주어진 조건과 부품들을 사용해서 완성하시오(단, 조작회로는 220V, 푸시버튼스위치는 ON용 1개, OFF용 1개를 사용한다).

조 건
• 전자접촉기 (MC) 및 그 보조접점을 사용한다. • 정지표시등 (GL) 은 전원표시등으로 사용하며, 전동기 운전시에는 소등되도록 한다. • 운전표시등 (RL) 은 운전시의 표시등으로 사용한다. • 퓨즈의 심벌은 [/] 으로 표현한다. • 부저 [BZ] 는 열동계전기가 동작된 다음에 리셋트 버튼을 누를 때까지 계속 울리도록 C접점을 사용해서 그리도록 한다.

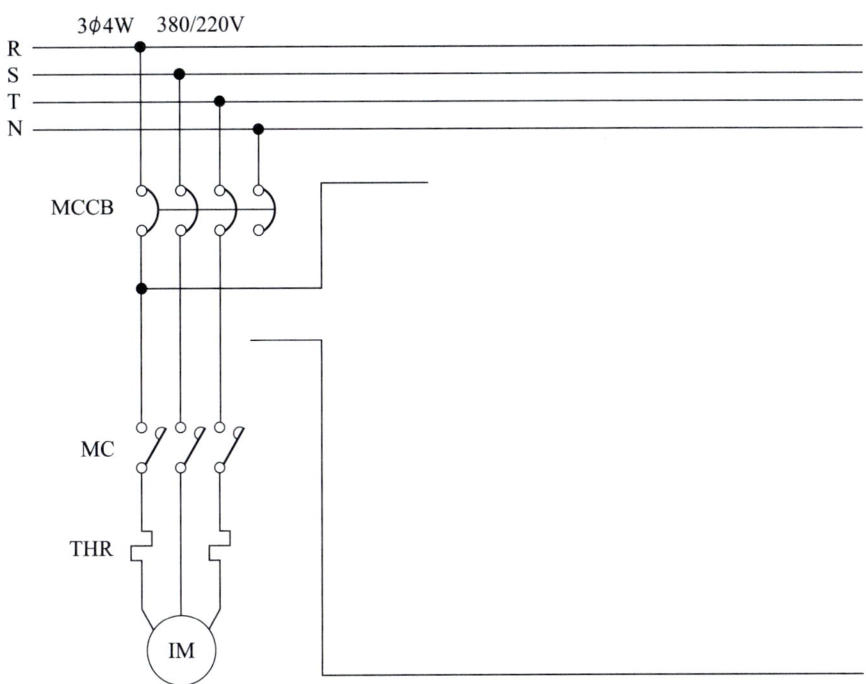

19. 아래와 같이 미완성된 3상 유도전동기의 전전압기동 조작회로를 완성하시오.

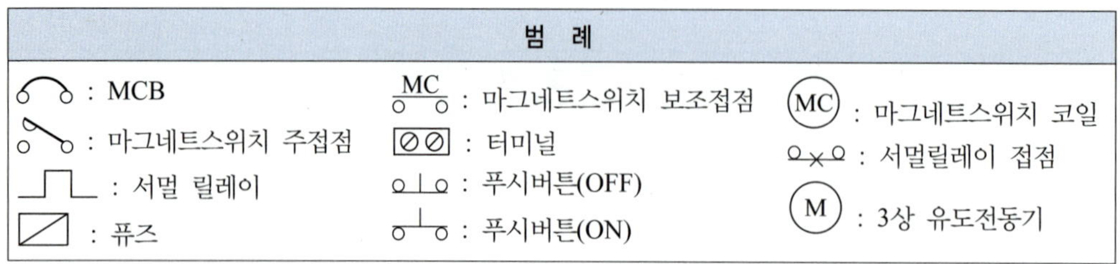

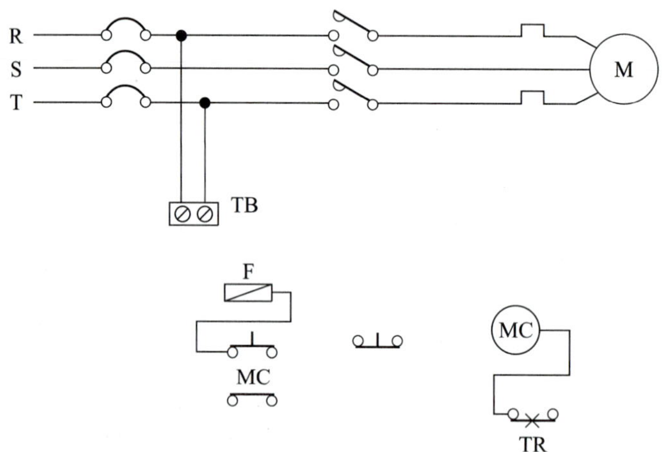

20. 다음과 같이 1개의 등을 2개소에서 점멸이 가능하도록 질문에 답하시오.

(1) $●_3$의 명칭을 구체적으로 쓰시오.

(2) 배선에 배선가닥수를 표시하시오.

(3) 전선접속도(실제배선도)를 그리시오.

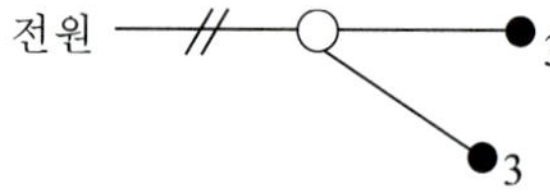

21. 타이머에 의한 전동기의 교대운전이 가능하도록 설계된 전동기의 시퀀스회로 도면을 보고 다음 질문에 답하시오.

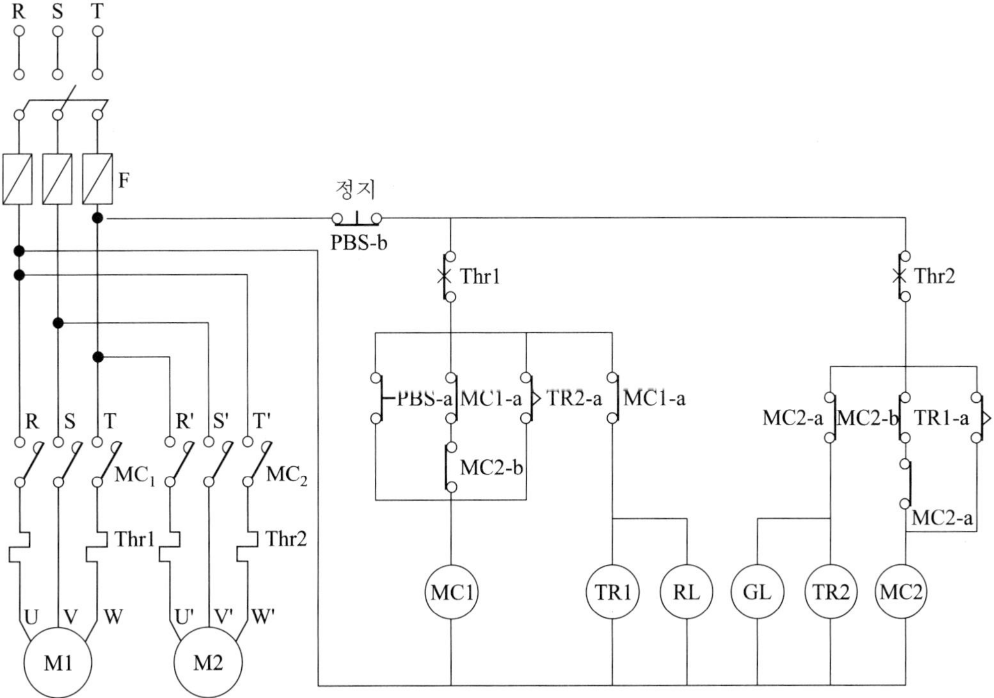

(1) 도면에서 제어회로 부분에 잘못된 곳을 지적하고 바르게 고치시오.

(2) 타이머 TR1이 2시간, 타이머 TR2가 4시간으로 각각 세팅이 되어 있다면 하루에 전동기 M1과 M2는 몇 시간씩 운전되는가?

(3) 도면의 나이프스위치 KS와 퓨즈 F가 합쳐진 기능을 갖는 것을 사용하려고 한다. 어느 것을 사용하면 되는지 한 가지만 쓰시오.

22. 스위칭 회로를 접점수를 최소화하여 논리식과 스위칭회로를 도시하시오.

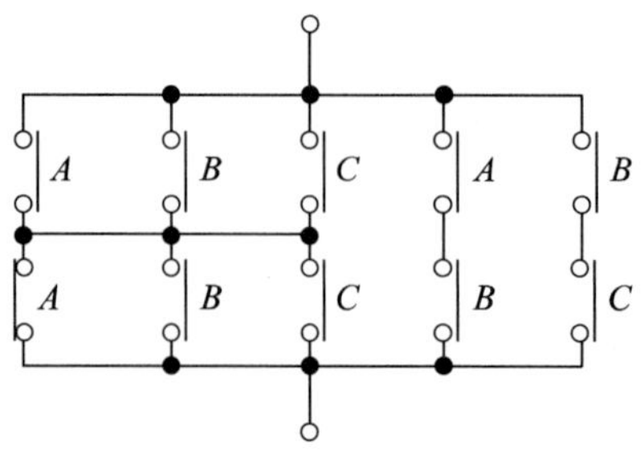

23. 셀모터에 의한 기동을 나타낸 발전기반 결선 도면을 보고 다음 질문에 답하시오.

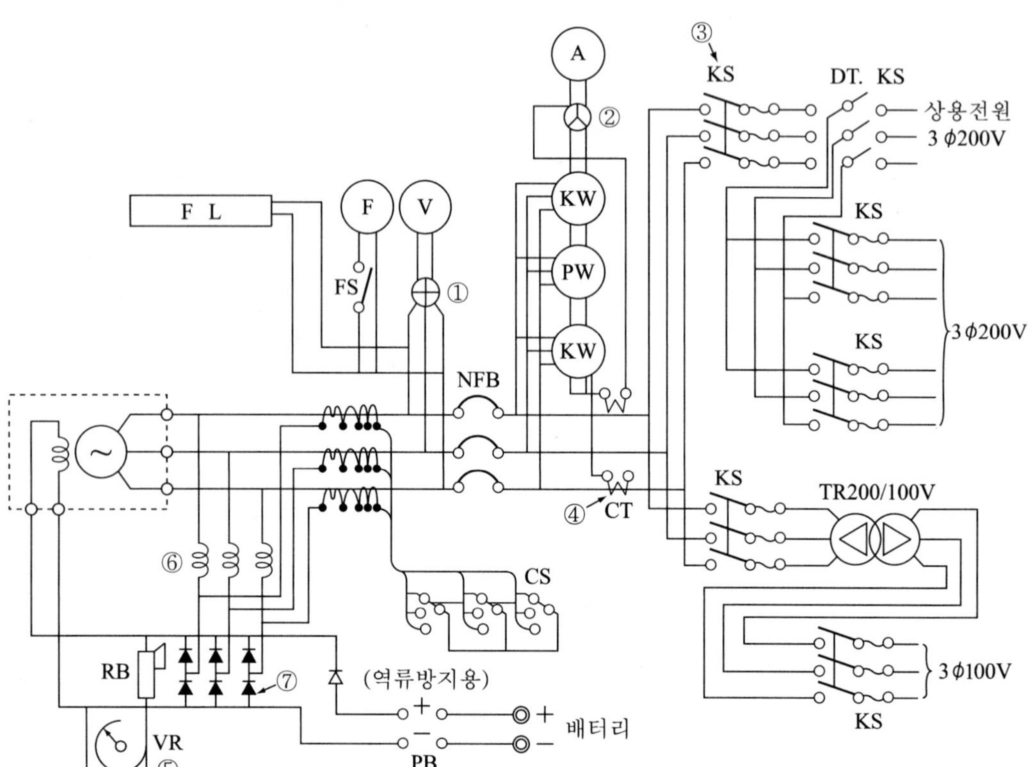

(1) 도면에서 ①~②에 해당되는 명칭의 제어약호는?

(2) 도면에서 ③~⑤의 우리말 명칭을 쓰시오.

(3) 도면의 ⑥~⑦은 무엇인가?

24. 급수펌프를 전극에 의하여 자동운전하기 위한 아래 시퀀스도를 보고 질문에 답하시오.

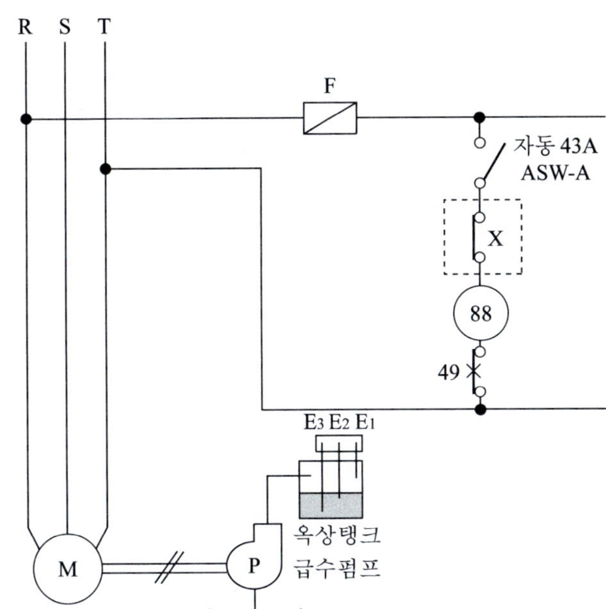

(1) 49와 88의 명칭은?

(2) 옥상탱크는 지상 20m의 위치에 설치되어 있고, 이 옥상탱크의 용량은 300m^{3}이다. 이 옥상탱크에 물을 양수하는 데 10마력의 전동기를 사용한다면 몇 분 후에 물이 가득 차겠는가? (단, 펌프의 효율은 70%이고, 여유계수는 1.25이다)

(3) 주회로부분에 NFB, 88의 주접점, 49를 설치하여 도면을 작성하시오.

(4) 제어회로에 정지시에는 (GL)등, 운전시에는 (RL)등이 점등되도록 (GL)등과 (RL)등을 설치하시오.

25. 푸시버튼스위치 A~C로 입력이 주어졌을 때 X_A, X_B, X_C 상태를 타임차트(Time chart)로 나타내었다. 다음 질문에 답하시오.

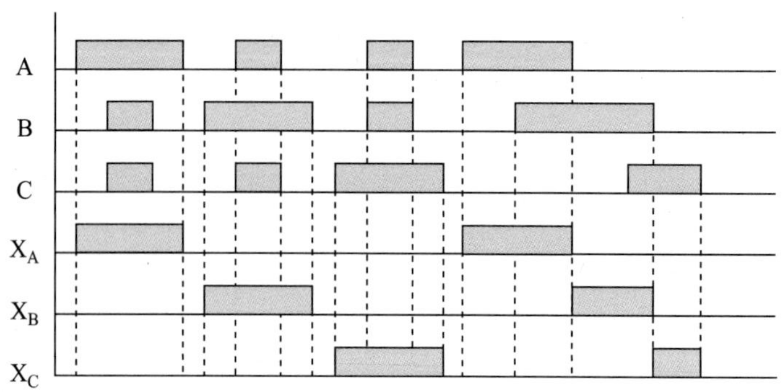

(1) 타임차트에 적합하게 X_A, X_B, X_C 논리식을 쓰시오.

(2) 타임차트에 적합하게 유접점 회로와 무접점 회로를 그리시오.

26. 입력 A와 B가 주어질 때 주어진 논리소자의 명칭과 출력에 대한 다음 진리표를 완성하시오.

명칭		AND							
입력									
A	B								
0	0	0							
0	1	0							
1	0	0							
1	1	1							

27. 주어진 동작설명에 적합하도록 미완성된 시퀀스 제어회로를 완성하시오(단, 각 접점 및 스위치에는 접점 명칭을 반드시 기입해야 한다).

동 작 설 명
• 전원을 투입하면 표시램프 GL이 점등되도록 한다. • 전동기 운전용 누름버튼스위치인 PBS-a를 누르면 전자접촉기 MC가 여자되어 전동기가 기동되며, 동시에 전자접촉기 보조 a접점인 MC-a접점에 의하여 전동기 운전표시등 RL이 점등된다. 이때 전자접촉기 b접점인 MC-b에 의하여 GL등이 소등되며 또한 타이머T가 통전되어 타이머 설정 시간 후에 타이머의 b접점 T-b가 떨어지므로 전자접촉기 MC가 소자되어 전동기가 정지하고, 모든 접점은 PBS-a를 누르기 전의 상태로 복귀한다. • 전동기가 정상운전 중이라도 정지용 누름버튼스위치 PBS-a를 누르면 PBS-a를 누르기 전의 상태로 된다. • 전동기에 과전류가 흐르면 열동계전기 접점인 THR-b접점이 떨어져서 전동기는 정지하고 모든 접점은 PBS-a를 누르기 전의 상태로 복귀한다. 이때 경고등 YL이 점등된다.

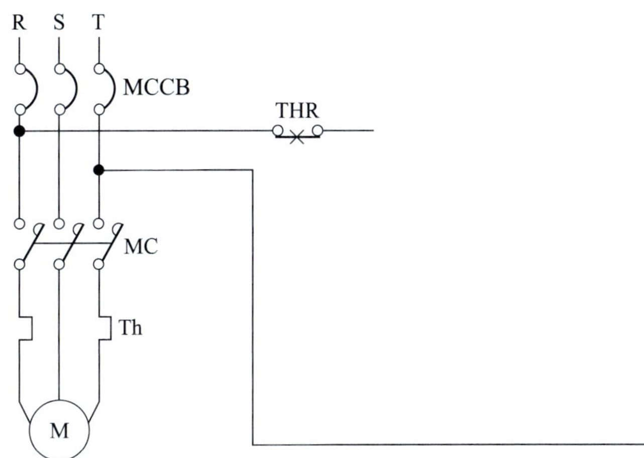

28. 브리지 정류회로(전파정류회로)의 미완성 도면에서 정류다이오드 4개를 사용하여 회로를 완성하고, 회로상 C의 역할을 쓰시오.

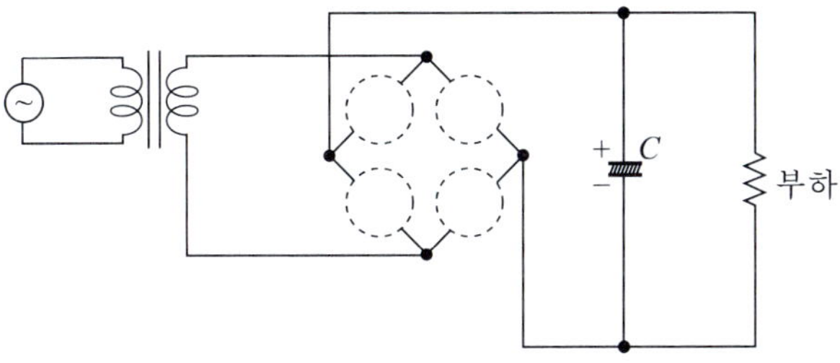

29. 브리지형 전파정류회로와 출력전압의 파형을 그리시오(단, 입력은 상용전원이다).

30. 자동화재탐지설비의 R형 수신기 중에서 지구표시등회로의 일부 도면이다. 다이오드 메트릭스회로를 사용하여 경계구역을 표시하고자 할 때 다이오드를 추가하여 회로를 완성하시오(단, 그림의 1~8은 경계구역을 의미한다).

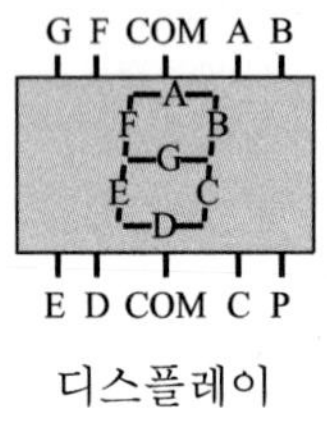

디스플레이

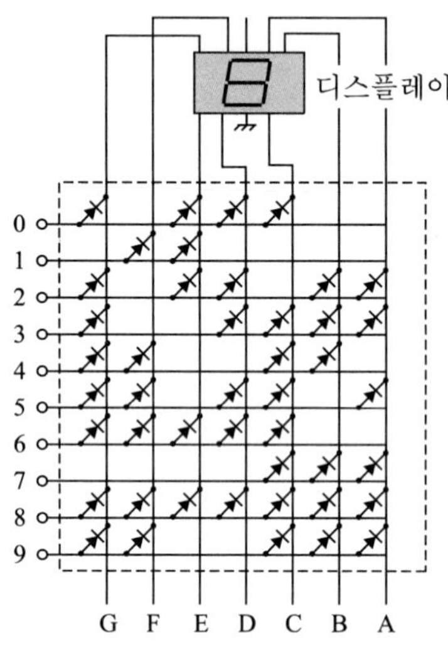

31. Y-Δ 기동회로의 미완성 회로를 보고 다음 질문에 답하시오.

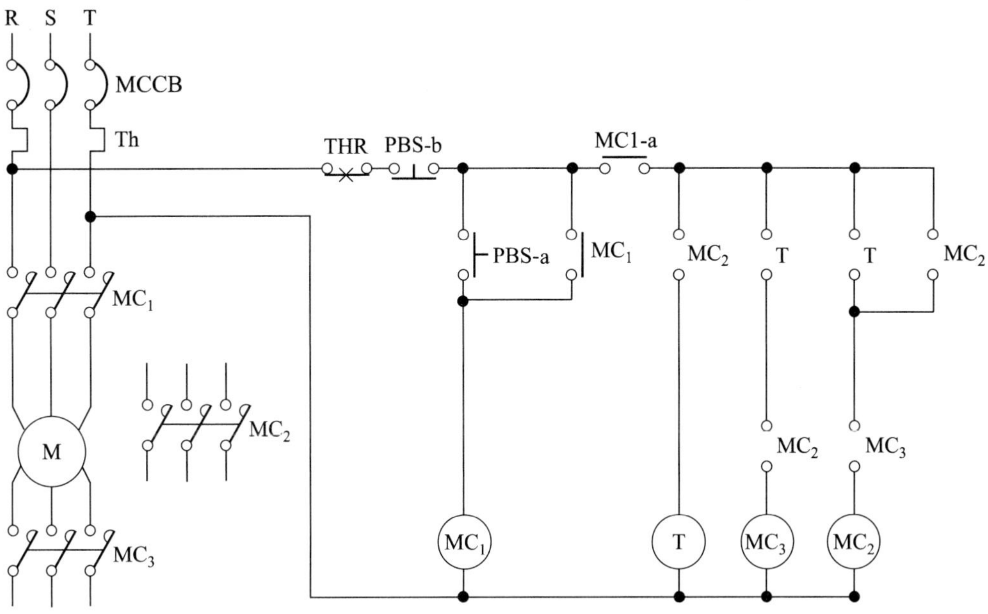

(1) 도면의 미완성 부분에 결선하고 접점을 표시하시오.

(2) 이 기동방식을 채용하는 이유는 무엇인가?

(3) 회로의 동작설명에 관한 사항이다. 괄호 안을 채우시오.

> ㉠ 기동용 푸시버튼스위치 PBS-a를 누르면 전자개폐기 (　　)이 여자되어 MC1-a 접점에 의해 전자개폐기 (　　)가 여자된다.
> ㉡ 타이머의 설정된 시간이 지난 후 (　　)접점에 의해 전자개폐기 (　　)가 소자되고 (　　)접점에 의해 전자개폐기 (　　)가 여자된다.
> ㉢ 전동기의 Y결선과 Δ결선의 동시투입을 방지하기 위하여 인터록접점 (　　)와 (　　)가 있다.
> ㉣ 운전 중 과부하가 걸리면 (　　)이 작동하여 전동기를 정지시킨다.

부록

1 용어정의

(1) 자동화재탐지설비

가. 경계구역 : 소방대상물 중 화재신호를 발신하고 그 신호를 수신 및 유효하게 제어할 수 있는 구역

나. 수신기 : 감지기나 발신기에서 발하는 화재신호를 직접 수신하거나 중계기를 통하여 수신하여 화재의 발생을 표시 및 경보하여 주는 장치

다. 중계기 : 감지기·발신기 또는 전기적접점 등의 작동에 따른 신호를 받아 이를 수신기의 제어반에 전송하는 장치

라. 감지기 : 화재시 발생하는 열, 연기, 불꽃 또는 연소생성물을 자동적으로 감지하여 수신기에 발신하는 장치

마. 발신기 : 화재발생 신호를 수신기에 수동으로 발신하는 장치

사. 시각경보장치 : 자동화재탐지설비에서 발하는 화재신호를 시각경보기에 전달하여 청각장애인에게 점멸형태의 시각경보를 하는 것

아. 거실 : 거주·집무·작업·집회·오락 그 밖에 이와 유사한 목적을 위하여 사용하는 방

(2) 비상경보설비

가. 비상벨설비 : 화재발생 상황을 경종으로 경보하는 설비

나. 자동식 사이렌설비 : 화재발생 상황을 사이렌으로 경보하는 설비

다. 단독경보형 감지기 : 화재발생 상황을 단독으로 감지하여 자체에 내장된 음향장치로 경보하는 감지기

라. 발신기 : 화재발생 신호를 수신기에 수동으로 발신하는 장치

마. 수신기 : 발신기에서 발하는 화재신호를 직접 수신하여 화재의 발생을 표시 및 경보하여 주는 장치

(3) 비상방송설비

가. 확성기 : 소리를 크게 하여 멀리까지 전달될 수 있도록 하는 장치(스피커)

나. 음량조절기 : 가변저항을 이용하여 전류를 변화시켜 음량을 크게 하거나 작게 조절할 수 있는 장치

다. 증폭기 : 전압전류의 진폭을 늘려 감도를 좋게 하고 미약한 음성전류를 커다란 음성전류로 변화시켜 소리를 크게 하는 장치

(4) 자동화재속보설비

가. 속보기 : 화재신호를 통신망을 통하여 음성 등의 방법으로 소방관서에 통보하는 장치

나. 통신망 : 유·무선을 구성하여 음성 또는 데이터 등을 전송할 수 있는 집합체

(5) 누전경보기

가. 누전경보기 : 내화구조가 아닌 건축물로서 벽, 바닥 또는 천장의 전부나 일부를 불연재료 또는 준불연재료가 아닌 재료에 철망을 넣어 만든 건물의 전기설비로부터 누설전류를 탐지하여 경보를 발하며 변류기와 수신부로 구성

나. 수신부 : 변류기로부터 검출된 신호를 수신하여 누전의 발생을 해당 소방대상물의 관계인에게 경보하여 주는 것(차단기구를 갖는 것을 포함)

다. 변류기 : 경계전로의 누설전류를 자동적으로 검출하여 이를 누전경보기의 수신부에 송신하는 것

(6) 가스누설경보기

가. 경보기구 : 자동화재탐지설비, 비상경보설비의 축전지, 화재속보설비, 누전경보기, 가스누설경보기 등 화재의 발생 또는 화재의 발생이 예상되는 상황에 대하여 경보를 발하여 주는 설비

나. 지구경보부 : 경보기의 수신부로부터 발하여진 신호를 받아 경보음을 발하는 것으로서 경보기에 추가로 부착하여 사용되는 부분

다. 부속장치 : 경보기에 연결하여 사용되는 환풍기 또는 지구경보부 등에 작동신호원을 공급시켜 주기 위하여 경보기에 부수적으로 설치되어진 장치

라. 중계기 : 감지기 또는 발신기의 작동에 의한 신호 또는 탐지부에서 발하여진 가스누설신호를 받아 이를 수신기 또는 수신부에 발신하여, 소화설비·제연설비 그밖에 이와 유사한 방재설비에 제어 또는 누설신호를 발신 또는 신호증폭을 하여 발신하는 설비

마. 탐지부 : 가스누설경보기 중 가스누설을 검지하여 중계기 또는 수신부에 가스누설의 신호를 발신하는 부분 또는 가스누설을 검지하여 이를 음향으로 경보하고 동시에 중계기 또는 수신부에 가스누설의 신호를 발신하는 부분

바. 수신부 : 경보기 중 탐지부에서 발하여진 가스누설신호를 직접 또는 중계기를 통하여 수신하고 이를 관계자에게 음향으로서 경보하여 주는 것

사. 가스누설경보기 : 가연성가스 또는 불완전연소가스가 새는 것을 탐지하여 관계자나 이용자에게 경보하여 주는 것

(7) 유도등 및 유도표지

가. 유도등 : 화재 시에 피난을 유도하기 위한 등으로서 정상상태에서는 상용전원에 따라 켜지고 상용전원이 정전되는 경우에는 비상전원으로 자동전환되어 켜지는 등

나. 피난구유도등 : 피난구 또는 피난경로로 사용되는 출입구를 표시하여 피난을 유도하

는 등

다. 통로유도등 : 피난통로를 안내하기 위한 유도등으로 복도통로유도등, 거실통로유도등, 계단통로유도등

라. 복도통로유도등 : 피난통로가 되는 복도에 설치하는 통로유도등으로서 피난구의 방향을 명시하는 것

마. 거실통로유도등 : 거주, 집무, 작업, 집회, 오락 그밖에 이와 유사한 목적을 위하여 계속적으로 사용하는 거실, 주차장 등 개방된 통로에 설치하는 유도등으로 피난의 방향을 명시하는 것

바. 계단통로유도등 : 피난통로가 되는 계단이나 경사로에 설치하는 통로유도등으로 바닥면 및 디딤 바닥면을 비추는 것

사. 객석유도등 : 객석의 통로, 바닥 또는 벽에 설치하는 유도등

아. 피난구유도표지 : 피난구 또는 피난경로로 사용되는 출입구를 표시하여 피난을 유도하는 표지

자. 통로유도표지 : 피난통로가 되는 복도, 계단 등에 설치하는 것으로서 피난구의 방향을 표시하는 유도표지

차. 피난유도선 : 빛이나 전등불에 따라 축광(축광방식)하거나 전류에 따라 빛을 발하는 (광원점등방식) 유도체로서 어두운 상태에서 피난을 유도할 수 있도록 띠 형태로 설치되는 피난유도시설

(8) 비상조명등

가. 비상조명등 : 화재발생 등에 따른 정전시에 안전하고 원활한 피난활동을 할 수 있도록 거실 및 피난통로 등에 설치되어 자동 점등되는 조명등

나. 휴대용비상조명등 : 화재발생 등으로 정전시 안전하고 원할 한 피난을 위하여 피난자가 휴대할 수 있는 조명등

(9) 비상콘센트설비

가. 인입개폐기 : 전기설비기술기준 제190조의 규정에 따른 것

나. 저압 : 직류는 750V 이하, 교류는 600V 이하인 것

다. 고압 : 직류는 750V를, 교류는 600V를 넘고 7,000V 이하인 것

라. 특별고압 : 7,000V를 넘는 것

마. 변전소 : 전기설비기술기준 제2조제1호의 규정에 따른 것

(10) 무선통신보조설비

가. 누설동축케이블 : 동축케이블의 외부도체에 가느다란 홈을 만들어서 전파가 외부로 새어나갈 수 있도록 한 케이블

나. 분배기 : 신호의 전송로가 분기되는 장소에 설치하는 것으로 임피던스 매칭(Matching)과 신호 균등분배를 위해 사용하는 장치

다. 분파기 : 서로 다른 주파수의 합성된 신호를 분리하기 위해서 사용하는 장치

라. 혼합기 : 두 개 이상의 입력신호를 원하는 비율로 조합한 출력이 발생하도록 하는 장치

마. 증폭기 : 신호 전송 시 신호가 약해져 수신이 불가능해지는 것을 방지하기 위해서 증폭하는 장치

(11) 비상전원수전설비

가. 전기사업자 : 전기사업법 제2조 제2호의 규정에 따른 자

나. 인입선 : 전기설비기술기준 제2조 제8호의 규정에 따른 것

다. 인입구배선 : 인입선 연결점으로부터 특정소방대상물 내에 시설하는 인입개폐기에 이르는 배선

라. 인입개폐기 : 전기설비기술기준 제190조의 규정에 따른 것

마. 과전류차단기 : 전기설비기술기준 제43조 및 제95조 제4호의 규정에 따른 것

바. 소방회로 : 소방부하에 전원을 공급하는 전기회로

사. 일반회로 : 소방회로 이외의 전기회로

아. 수전설비 : 전력수급용 계기용변성기·주차단장치 및 그 부속기기

자. 변전설비 : 전력용변압기 및 그 부속장치

차. 전용큐비클식 : 소방회로용의 것으로 수전설비, 변전설비 그 밖의 기기 및 배선을 금속제 외함에 수납한 것

카. 공용큐비클식 : 소방회로 및 일반회로 겸용의 것으로서 수전설비, 변전설비 그 밖의 기기 및 배선을 금속제 외함에 수납한 것

타. 전용배전반 : 소방회로 전용의 것으로서 개폐기, 과전류차단기, 계기 그 밖의 배선용 기기 및 배손을 금속제 외함에 수납한 것

파. 공용배전반 : 소방회로 및 일반회로 겸용의 것으로서 개폐기, 과전류차단기, 계기 그 밖의 배선용기기 및 배선을 금속제 외함에 수납한 것

하. 전용분전반 : 소방회로 전용의 것으로서 분기 개폐기, 분기과전류차단기 그 밖의 배선용기기 및 배선을 금속제 외함에 수납한 것

갸. 공용분전반 : 소방회로 및 일반회로 겸용의 것으로서 분기개폐기, 분기과전류차단기 그 밖의 배선용기기 및 배선을 금속제 외함에 수납한 것

(12) 도로터널

가. 도로터널 : 도로법 제11조에서 규정한 도로의 일부로서 자동차의 통행을 위해 지붕이 있는 지하 구조물
나. 설계화재강도 : 터널 화재시 소화설비 및 제연설비 등의 용량산정을 위해 적용하는 차종별 최대열방출률(MW)
다. 종류환기방식 : 터널 안의 배기가스와 연기 등을 배출하는 환기설비로서 기류를 종방향(출입구 방향)으로 흐르게 하여 환기하는 방식
라. 횡류환기방식 : 터널 안의 배기가스와 연기 등을 배출하는 환기설비로서 기류를 횡방향(바닥에서 천장)으로 흐르게 하여 환기하는 방식
마. 반횡류환기방식 : 터널 안의 배기가스와 연기 등을 배출하는 환기설비로서 터널에 수직배기구를 설치해서 횡방향과 종방향으로 기류를 흐르게 하여 환기하는 방식
바. 양방향터널 : 하나의 터널 안에서 차량의 흐름이 서로 마주보게 되는 터널
사. 일방향터널 : 하나의 터널 안에서 차량의 흐름이 하나의 방향으로만 진행되는 터널
아. 연기발생률 : 일정한 설계화재강도의 차량에서 단위 시간당 발생하는 연기량
자. 피난연결통로 : 본선터널과 병설된 상대터널이나 본선터널과 평행한 피난통로를 연결하기 위한 연결통로
차. 배기구 : 터널 안의 오염공기를 배출하거나 화재발생시 연기를 배출하기 위한 개구부

(13) 제연설비

가. 제연구역 : 제연경계(제연설비의 일부인 천장을 포함)에 의해 구획된 건물 내의 공간
나. 예상제연구역 : 화재발생시 연기의 제어가 요구되는 제연구역
다. 제연경계의 폭 : 제연경계의 천장 또는 반자로부터 그 수직하단까지의 거리
라. 수직거리 : 제연경계의 바닥으로부터 그 수직하단까지의 거
마. 공동예상제연구역 : 2개 이상의 예상제연구역
바. 방화문 : 건축법시행령 제64조의 규정에 따른 갑종방화문 또는 을종방화문으로써 언제나 닫힌 상태를 유지하거나 화재로 인한 연기의 발생 또는 온도의 상승에 따라 자동적으로 닫히는 구조
사. 유입풍도 : 예상제연구역으로 공기를 유입하도록 하는 풍도
아. 배출풍도 : 예상 제연구역의 공기를 외부로 배출하도록 하는 풍도

(14) 연결송수관설비

가. 주배관 : 각 층을 수직으로 관통하는 수직배관
나. 송수구 : 소화설비에 소화용수를 보급하기 위하여 건물 외벽 또는 구조물의 외벽에 설치하는 관

다. 방수구 : 소화설비로부터 소화용수를 방수하기 위하여 건물내벽 또는 구조물의 외벽에 설치하는 관
라. 충압펌프 : 배관내 압력손실에 따라 주펌프의 빈번한 기동을 방지하기 위하여 충압역할을 하는 펌프
마. 정격토출량 : 정격토출압력에서의 펌프의 토출량
바. 정격토출압력 : 정격토출량에서의 펌프의 토출측 압력
사. 진공계 : 대기압 이하의 압력을 측정하는 계측기
아. 연성계 : 대기압 이상의 압력과 대기압 이하의 압력을 측정할 수 있는 계측기
자. 체절운전 : 펌프의 성능시험을 목적으로 펌프토출측의 개폐밸브를 닫은 상태에서 펌프를 운전하는 것
차. 기동용 수압개폐장치 : 소화설비의 배관 내 압력변동을 검지하여 자동적으로 펌프를 기동 및 정지시키는 것으로서 압력챔버 또는 기동용압력스위치 등

(15) 옥내・외소화전

가. 고가수조 : 구조물 또는 지형지물 등에 설치하여 자연낙차의 압력으로 급수하는 수조
나. 압력수조 : 소화용수와 공기를 채우고 일정압력 이상으로 가압하여 그 압력으로 급수하는 수조
다. 충압펌프 : 배관내 압력손실에 따른 주펌프의 빈번한 기동을 방지하기 위하여 충압역할을 하는 펌프
라. 정격토출량 : 정격토출압력에서의 펌프의 토출량
마. 정격토출압력 : 정격토출량에서의 펌프의 토출측 압력
바. 진공계 : 대기압 이하의 압력을 측정하는 계측기
사. 연성계 : 대기압 이상의 압력과 대기압 이하의 압력을 측정할 수 있는 계측기
아. 체절운전 : 펌프의 성능시험을 목적으로 펌프토출측의 개폐밸브를 닫은 상태에서 펌프를 운전하는 것
자. 기동용수압개폐장치 : 소화설비의 배관내 압력변동을 검지하여 자동적으로 펌프를 기동 및 정지시키는 것으로서 압력챔버 또는 기동용압력스위치 등
차. 급수배관 : 수원 및 옥외송수구로부터 옥내소화전방수구에 급수하는 배관
카. 개폐표시형 밸브 : 밸브의 개폐여부를 외부에서 식별이 가능한 밸브
타. 가압수조 : 가압원인 압축공기 또는 불연성 고압기체에 따라 소방용수를 가압시키는 수조

(16) 스프링클러설비

가. 개방형 스프링클러헤드 : 감열체 없이 방수구가 항상 열려져 있는 스프링클러헤드

나. 폐쇄형 스프링클러헤드 : 정상상태에서 방수구를 막고 있는 감열체가 일정온도에서 자동적으로 파괴·용해 또는 이탈됨으로써 방수구가 개방되는 스프링클러헤드

다. 조기반응형 헤드 : 표준형스프링클러헤드 보다 기류온도 및 기류속도에 조기에 반응하는 것

라. 측벽형 스프링클러헤드 : 가압된 물이 분사될 때 헤드의 축심을 중심으로 한 반원상에 균일하게 분산시키는 헤드

마. 건식 스프링클러헤드 : 물과 오리피스가 분리되어 동파를 방지할 수 있는 스프링클러헤드

바. 유수검지장치 : 습식유수검지장치(패들형을 포함), 건식유수검지장치, 준비작동식유수검지장치를 말하며 본체내의 유수현상을 자동적으로 검지하여 신호 또는 경보를 발하는 장치

사. 일제개방밸브 : 개방형스프링클러헤드를 사용하는 일제살수식 스프링클러설비에 설치하는 밸브로서 화재발생시 자동 또는 수동식 기동장치에 따라 밸브가 열려지는 것

아. 가지배관 : 스프링클러헤드가 설치되어 있는 배관

자. 교차배관 : 직접 또는 수직배관을 통하여 가지배관에 급수하는 배관

차. 주배관 : 각 층을 수직으로 관통하는 수직배관

카. 신축배관 : 가지배관과 스프링클러헤드를 연결하는 구부림이 용이하고 유연성을 가진 배관

타. 급수배관 : 수원 및 옥외송수구로부터 스프링클러헤드에 급수하는 배관

파. 습식 스프링클러설비 : 가압송수장치에서 폐쇄형스프링클러헤드까지 배관 내에 항상 물이 가압되어 있다가 화재로 인한 열로 폐쇄형스프링클러헤드가 개방되면 배관 내에 유수가 발생하여 습식유수검지장치가 작동하게 되는 스프링클러설비

하. 부압식 스프링클러설비 : 가압송수장치에서 준비작동식유수검지장치의 1차측까지는 항상 정압의 물이 가압되고, 2차측 폐쇄형 스프링클러헤드까지는 소화수가 부압으로 되어 있다가 화재 시 감지기의 작동에 의해 정압으로 변하여 유수가 발생하면 작동하는 스프링클러설비

거. 준비작동식 스프링클러설비 : 가압송수장치에서 준비작동식유수검지장치 1차측까지 배관 내에 항상 물이 가압되어 있고 2차측에서 폐쇄형스프링클러헤드까지 대기압 또는 저압으로 있다가 화재발생시 감지기의 작동으로 준비작동식유수검지장치가 작동하여 폐쇄형스프링클러헤드까지 소화용수가 송수되어 폐쇄형스프링클러헤드가 열에 따라 개방되는 방식의 스프링클러설비

너. 건식 스프링클러설비 : 건식유수검지장치 2차측에 압축공기 또는 질소 등의 기체로 충전된 배관에 폐쇄형스프링클러헤드가 부착된 스프링클러설비로서, 폐쇄형스프링클러헤드가 개방되어 배관내의 압축공기 등이 방출되면 건식유수검지장치 1차측의 수

압에 의하여 건식유수검지장치가 작동하게 되는 스프링클러설비

더. 일제살수식 스프링클러설비 : 가압송수장치에서 일제개방밸브 1차측까지 배관 내에 항상 물이 가압되어 있고 2차측에서 개방형스프링클러헤드까지 대기압으로 있다가 화재발생시 자동감지장치 또는 수동식 기동장치의 작동으로 일제개방밸브가 개방되면 스프링클러헤드까지 소화용수가 송수되는 방식의 스프링클러설비

러. 반사판(디플렉터) : 스프링클러헤드의 방수구에서 유출되는 물을 세분시키는 작용을 하는 것

머. 개폐표시형 밸브 : 밸브의 개폐여부를 외부에서 식별이 가능한 밸브

버. 연소할 우려가 있는 개구부 : 각 방화구획을 관통하는 컨베이어·에스컬레이터 또는 이와 유사한 시설의 주위로서 방화구획을 할 수 없는 부분

서. 소방부하 : 소방시설 및 방화·피난·소화활동을 위한 시설의 전력부하

어. 소방전원 보존형 발전기 : 소방부하 및 소방부하 이외의 부하(비상부하) 겸용의 비상발전기로서, 상용전원 중단 시에는 소방부하 및 비상부하에 비상전원이 동시에 공급되고, 화재 시 과부하에 접근될 경우 비상부하의 일부 또는 전부를 자동적으로 차단하는 컨트롤러를 구비하여, 소방부하에 비상전원을 연속 공급하는 자가발전설비

(17) 물분무소화설비

가. 물분무헤드 : 화재 시 직선류 또는 나선류의 물을 충돌·확산시켜 미립상태로 분무함으로서 소화하는 헤드

나. 기동용수압개폐장치 : 소화설비의 배관 내 압력변동을 검지하여 자동적으로 펌프를 기동 및 정지시키는 것으로서 압력챔버 또는 기동용압력스위치 등

다. 일제개방밸브 : 화재발생시 자동 또는 수동식 기동장치에 따라 밸브가 열려지는 것

(18) 포소화설비

가. 전역방출방식 : 고정식 포 발생장치로 구성되어 포 수용액이 방호대상물 주위가 막혀진 공간이나 밀폐 공간 속으로 방출되도록 된 설비방식

나. 국소방출방식 : 고정된 포 발생장치로 구성되어 화점이나 연소 유출물 위에 직접 포를 방출하도록 설치된 설비방식

다. 팽창비 : 최종 발생한 포 체적을 원래 포 수용액 체적으로 나눈 값

라. 포워터스프링클러설비 : 포워터스프링클러헤드를 사용하는 포소화설비

마. 포헤드설비 : 포헤드를 사용하는 포소화설비

바. 고정포방출설비 : 고정포방출구를 사용하는 설비

사. 호스릴포소화설비 : 호스릴포방수구·호스릴 및 이동식 포노즐을 사용하는 설비

아. 포소화전설비 : 포소화전방수구·호스 및 이동식포노즐을 사용하는 설비

자. 송액관 : 수원으로부터 포헤드·고정포방출구 또는 이동식포노즐에 급수하는 배관

차. 급수배관 : 수원 및 옥외송수구로부터 포소화설비의 헤드 또는 방출구에 급수하는 배관

카. 펌프 프로포셔너방식 : 펌프의 토출관과 흡입관 사이의 배관도중에 설치한 흡입기에 펌프에서 토출된 물의 일부를 보내고, 농도 조정밸브에서 조정된 포 소화약제의 필요량을 포 소화약제 탱크에서 펌프 흡입측으로 보내어 이를 혼합하는 방식

타. 프레져 프로포셔너방식 : 펌프와 발포기의 중간에 설치된 벤투리관의 벤투리작용과 펌프 가압수의 포 소화약제 저장탱크에 대한 압력에 따라 포 소화약제를 흡입·혼합하는 방식

파. 라인 프로포셔너방식 : 펌프와 발포기의 중간에 설치된 벤투리관의 벤투리작용에 따라 포 소화약제를 흡입·혼합하는 방식

하. 프레져사이드 프로포셔너방식 : 펌프의 토출관에 압입기를 설치하여 포 소화약제 압입용펌프로 포 소화약제를 압입시켜 혼합하는 방식

(19) 이산화탄소소화설비

가. 전역방출방식 : 고정식 이산화탄소 공급장치에 배관 및 분사헤드를 고정 설치하여 밀폐 방호구역 내에 이산화탄소를 방출하는 설비

나. 국소방출방식 : 고정식 이산화탄소 공급장치에 배관 및 분사헤드를 설치하여 직접 화점에 이산화탄소를 방출하는 설비로 화재발생부분에만 집중적으로 소화약제를 방출하도록 설치하는 방식

다. 호스릴방식 : 분사헤드가 배관에 고정되어 있지 않고 소화약제 저장용기에 호스를 연결하여 사람이 직접 화점에 소화약제를 방출하는 이동식 소화설비

라. 충전비 : 용기의 용적과 소화약제의 중량과의 비율

마. 심부화재 : 목재 또는 섬유류와 같은 고체가연물에서 발생하는 화재형태로서 가연물 내부에서 연소하는 화재

바. 표면화재 : 가연성물질의 표면에서 연소하는 화재

사. 교차회로방식 : 하나의 방호구역내에 2 이상의 화재감지기회로를 설치하고 인접한 2 이상의 화재감지기가 동시에 감지되는 때에는 이산화탄소소화설비가 작동하여 소화약제가 방출되는 방식

아. 방화문 : 갑종 또는 을종방화문으로서 언제나 닫힌 상태를 유지하거나 화재로 인한 연기의 발생 또는 온도상승에 따라 자동적으로 닫히는 구조

(20) 할로겐화합물소화설비

가. 전역방출방식 : 고정식 할로겐화합물 공급장치에 배관 및 분사헤드를 고정 설치하여 밀폐 방호구역 내에 할로겐화합물을 방출하는 설비

나. 국소방출방식 : 고정식 할로겐화합물 공급장치에 배관 및 분사헤드를 설치하여 직접 화점에 할로겐화합물을 방출하는 설비로 화재발생부분에만 집중적으로 소화약제를 방출하도록 설치하는 방식

다. 호스릴방식 : 분사헤드가 배관에 고정되어 있지 않고 소화약제 저장용기에 호스를 연결하여 사람이 직접 화점에 소화약제를 방출하는 이동식소화설비

(21) 분말소화설비

가. 전역방출방식 : 고정식 분말소화약제 공급장치에 배관 및 분사헤드를 고정 설치하여 밀폐 방호구역 내에 분말소화약제를 방출하는 설비

나. 국소방출방식 : 고정식 분말소화약제 공급장치에 배관 및 분사헤드를 설치하여 직접 화점에 분말소화약제를 방출하는 설비로 화재발생 부분에만 집중적으로 소화약제를 방출하도록 설치하는 방식

다. 호스릴방식 : 분사헤드가 배관에 고정되어 있지 않고 소화약제 저장용기에 호스를 연결하여 사람이 직접 화점에 소화약제를 방출하는 이동식 소화설비

라. 집합관 : 분말소화설비의 가압용가스(질소 또는 이산화탄소)와 분말소화약제가 혼합되는 관

(22) 청정소화약제소화설비

가. 청정소화약제 : 할로겐화합물(할론 1301, 할론 2402, 할론 1211 제외) 및 불활성기체로서 전기적으로 비전도성이며 휘발성이 있거나 증발 후 잔여물을 남기지 않는 소화약제

다. 할로겐화합물 청정소화약제 : 불소, 염소, 브롬 또는 요오드 중 하나 이상의 원소를 포함하고 있는 유기화합물을 기본성분으로 하는 소화약제

다. 불활성가스 청정소화약제 : 헬륨, 네온, 아르곤 또는 질소가스 중 하나 이상의 원소를 기본성분으로 하는 소화약제

라. 충전밀도 : 용기의 단위용적당 소화약제의 중량의 비율

(23) 미분무소화설비

가. 미분무소화설비 : 가압된 물이 헤드 통과 후 미세한 입자로 분무됨으로써 소화성능을 가지는 설비를 말하며, 소화력을 증가시키기 위해 강화액 등을 첨가

나. 미분무 : 물만을 사용하여 소화하는 방식으로 최소설계압력에서 헤드로부터 방출되는 물입자 중 99%의 누적체적분포가 400μm 이하로 분무되고 A, B, C급 화재에 적응성을 갖는 것

다. 미분무헤드 : 하나 이상의 오리피스를 가지고 미분무소화설비에 사용되는 헤드

라. 저압 미분무소화설비 : 최고사용압력이 1.2MPa 이하인 미분무소화설비
마. 중압 미분무소화설비 : 사용압력이 1.2MPa를 초과하고 3.5MPa 이하인 미분무소화설비
바. 고압 미분무소화설비 : 최저사용압력이 3.5MPa를 초과하는 미분무소화설비
사. 설계도서 : 특정소방대상물의 점화원, 연료의 특성과 형태 등에 따라서 발생할 수 있는 화재의 유형이 고려되어 작성된 것

(24) 피난유도선

가. 축광식 피난유도선 : 전원의 공급 없이 전등 또는 태양 등에서 발산되는 빛을 흡수하여 이를 축적시킨 상태에서 전등 또는 태양 등의 빛이 없어지는 경우 일정시간 동안 발광이 유지되어 어두운 곳에서도 피난유도선에 표시되어 있는 피난방향 안내 문자 또는 부호 등이 쉽게 식별될 수 있도록 함으로서 피난을 유도하는 기능의 피난유도선
나. 광원점등식 피난유도선 : 수신기 화재신호의 수신 및 수동조작에 의하여 표시부에 내장된 광원을 점등시켜 표시부의 피난방향 안내 문자 또는 부호 등이 쉽게 식별되도록 함으로서 피난을 유도하는 기능의 피난유도선
다. 제어부 : 광원점등식 피난유도선 중 비상전원을 내장하고 표시부에 전원을 공급하며 표시부의 점등을 제어하는 기능을 갖은 부분
라. 표시부 : 광원점등식피난유도선중 제어부로부터 전원을 공급받아 광원을 점등하여 피난방향을 안내하기 위한 화살표 등(방향표시)을 표시하는 부분으로 광원, 표시면 및 표시면 이외에 조명에 사용되는 조사면과 부착대 등이 포함된 부분
마. 수동점등스위치 : 광원점등식 피난유도선중 수동으로 표시부의 광원을 수동으로 점등시키는 기능의 스위치
바. 표시면 : 표시부중 피난방향을 안내하기 위한 방향표시가 표시된 부분
사. 광속표준전압 : 비상전원으로 광원점등식 피난유도선을 점등시키는데 필요한 축전지의 단자전압(설계치)
아. 비상점등 : 수신기로부터의 화재신호 수신 또는 수동점등스위치의 작동에 의하여 표시부의 광원이 점등되거나, 상용전원의 정전에 의하여 비상전원으로 표시부의 광원이 점등되는 것
자. 표준단위길이 : 동일한 구조, 형상 및 기능을 가진 축광식피난유도선 또는 광원점등식 피난유도선 표시부의 최소 단위길이(단, 연속된 롤 형태인 경우 2m의 길이를 적용)
차. 유효발광시간 : 축광식 피난유도선이 유효한 휘도로 발광하여 피난방향을 안내할 수 있는 시간(최소 60분 이상으로 하여 30분 단위로 제조사가 설정한 시간)
카. 유효점등시간 : 광원점등식 피난유도선이 비상전원에 의하여 유효한 휘도로 점등함으로서 피난방향을 안내할 수 있는 시간(최소 60분 이상으로 하여 30분 단위로 제조사가 설정한 시간)

② 특정소방대상물(제5조 관련)[별표 2]

[별표 2] 특정소방대상물(제5조 관련)

(1) 공동주택

가. 아파트 : 주택으로 쓰이는 층수가 5개 층 이상인 주택

나. 기숙사 : 학교 또는 공장 등의 학생 또는 종업원 등을 위하여 쓰는 것으로서 공동취사 등을 할 수 있는 구조를 갖추되, 독립된 주거의 형태를 갖추지 않은 것(「교육기본법」에 따른 학생복지주택을 포함한다)

(2) 근린생활시설

가. 슈퍼마켓과 일용품(식품, 잡화, 의류, 완구, 서적, 건축자재, 의약품, 의료기기 등) 등의 소매점으로서 같은 건축물(하나의 대지에 두 동 이상의 건축물이 있는 경우에는 이를 같은 건축물로 본다)에 해당 용도로 쓰는 바닥면적의 합계가 1,000m^2 미만인 것

나. 휴게음식점, 제과점, 일반음식점, 기원, 노래연습장 및 단란주점(같은 건축물에 해당 용도로 쓰는 바닥면적의 합계가 150m^2 미만인 것만 해당한다)

다. 이용원, 미용원, 목욕장 및 세탁소(공장이 부설된 것과 「대기환경보전법」, 「수질 및 수생태계 보전에 관한 법률」 또는 「소음·진동관리법」에 따른 배출시설의 설치허가 또는 신고의 대상이 되는 것은 제외한다)

라. 의원, 치과의원, 한의원, 침술원, 접골원接骨院, 조산원(「모자보건법」에 따른 산후조리원을 포함한다) 및 안마원(「의료법」에 따른 안마시술소를 포함한다)

마. 탁구장, 테니스장, 체육도장, 체력단련장, 에어로빅장, 볼링장, 당구장, 실내낚시터, 골프연습장, 물놀이형 시설(「관광진흥법」에 따른 안전성검사의 대상이 되는 물놀이형 시설을 말한다) 및 그 밖에 이와 비슷한 것으로서 같은 건축물에 해당 용도로 쓰는 바닥면적의 합계가 500m^2 미만인 것

바. 공연장(극장, 영화상영관, 연예장, 음악당, 서커스장, 「영화 및 비디오물의 진흥에 관한 법률」에 따른 비디오물감상실업의 시설, 비디오물소극장업의 시설, 그 밖에 이와 비슷한 것을 말한다) 또는 종교집회장[교회, 성당, 사찰, 기도원, 수도원, 수녀원, 제실祭室, 사당, 그 밖에 이와 비슷한 것을 말한다]으로서 같은 건축물에 해당 용도로 쓰는 바닥면적의 합계가 300m^2 미만인 것

사. 금융업소, 사무소, 부동산중개사무소, 결혼상담소 등 소개업소, 출판사, 서점 및 그 밖에 이와 비슷한 것으로서 같은 건축물에 해당 용도로 쓰는 바닥면적의 합계가 500m^2 미만인 것

아. 제조업소, 수리점 및 그 밖에 이와 비슷한 것으로서 같은 건축물에 해당 용도로 쓰는

바닥면적의 합계가 $500m^2$ 미만이고, 「대기환경보전법」, 「수질 및 수생태계 보전에 관한 법률」 또는 「소음・진동관리법」에 따른 배출시설의 설치허가 또는 신고의 대상이 아닌 것

자. 「게임산업진흥에 관한 법률」에 따른 청소년게임제공업 및 일반게임제공업의 시설, 인터넷컴퓨터게임시설제공업의 시설 및 복합유통게임제공업의 시설로서 같은 건축물에 해당 용도로 쓰는 바닥면적의 합계가 $500m^2$ 미만인 것

차. 사진관, 표구점, 학원(같은 건축물에 해당 용도로 쓰는 바닥면적의 합계가 $500m^2$ 미만인 것만 해당되며, 자동차학원 및 무도학원은 제외한다), 독서실－고시원(「다중이용업소의 안전관리에 관한 특별법」에 따른 다중이용업 중 고시원업의 시설로서 독립된 주거의 형태를 갖추지 않은 것으로서 같은 건축물에 해당 용도로 쓰는 바닥면적의 합계가 $1000m^2$ 미만인 것을 말한다), 장의사, 동물병원, 총포판매사, 그 밖에 이와 비슷한 것

카. 의약품 판매소, 의료기기 판매소 및 자동차영업소로서 같은 건축물에 해당 용도로 쓰는 바닥면적의 합계가 $1000m^2$ 미만인 것

(3) 문화 및 집회시설

가. 공연장으로서 근린생활시설에 해당하지 않는 것

나. 집회장 : 예식장, 공회당, 회의장, 마권[馬券] 장외 발매소, 마권 전화투표소 및 그 밖에 이와 비슷한 것으로서 근린생활시설에 해당하지 않는 것

다. 관람장 : 경마장, 경륜장, 경정장, 자동차 경기장, 그 밖에 이와 비슷한 것과 체육관 및 운동장으로서 관람석의 바닥면적의 합계가 $1000m^2$ 이상인 것

라. 전시장 : 박물관, 미술관, 과학관, 문화관, 체험관, 기념관, 산업전시장, 박람회장 및 그 밖에 이와 비슷한 것

마. 동・식물원 : 동물원, 식물원, 수족관 및 그 밖에 이와 비슷한 것

(4) 종교시설

가. 종교집회장으로서 근린생활시설에 해당하지 않는 것

나. 가의 종교집회장에 설치하는 봉안당[奉安堂]

(5) 판매시설

가. 도매시장 : 「농수산물유통 및 가격안정에 관한 법률」에 따른 농수산물도매시장, 농수산물공판장 및 그 밖에 이와 비슷한 것(그 안에 있는 근린생활시설을 포함한다)

나. 소매시장 : 시장, 「유통산업발전법」에 따른 대규모점포 및 그 밖에 이와 비슷한 것(그 안에 있는 근린생활시설을 포함한다)

다. 상점 : 다음의 어느 하나에 해당하는 것(그 안에 있는 근린생활시설을 포함한다)
   1) (2) 가에 해당하는 용도로서 같은 건축물에 해당 용도로 쓰는 바닥면적 합계가 1000m^2 이상인 것
   2) (2) 자에 해당하는 용도로서 같은 건축물에 해당 용도로 쓰는 바닥면적 합계가 500m^2 이상인 것

(6) 운수시설

가. 여객자동차터미널
나. 철도 및 도시철도 시설(정비창 등 관련시설을 포함한다)
다. 공항시설(항공관제탑을 포함한다)
라. 항만시설 및 종합여객시설

(7) 의료시설

가. 병원 : 종합병원, 병원, 치과병원, 한방병원, 요양병원
나. 격리병원 : 전염병원, 마약진료소 및 그 밖에 이와 비슷한 것
다. 「정신보건법」에 따른 정신보건시설

(8) 교육연구시설

가. 학교
   1) 초등학교(병설유치원을 포함한다), 중학교, 고등학교, 특수학교 및 그 밖에 이에 준하는 학교 : 「학교시설사업 촉진법」의 교사(교실 · 도서실 등 교수 · 학습활동에 직 · 간접적으로 필요한 시설물을 말한다), 체육관, 「학교급식법」에 따른 급식시설, 합숙소(학교의 운동부, 기능선수 등이 집단으로 숙식하는 장소를 말한다)
   2) 대학, 대학교 및 그 밖에 이에 준하는 각종 학교: 교사 및 합숙소
나. 교육원(연수원, 그 밖에 이와 비슷한 것을 포함한다)
다. 직업훈련소
라. 학원(근린생활시설에 해당하는 것과 자동차운전학원 · 정비학원 및 무도학원은 제외한다)
마. 연구소(연구소에 준하는 시험소와 계량계측소를 포함한다)
바. 도서관

(9) 노유자시설

가. 노인 관련 시설 : 「노인복지법」에 따른 노인주거복지시설, 노인의료복지시설, 노인여가복지시설, 주 · 야간보호서비스나 단기보호서비스를 제공하는 재가노인복지시설(「노인장기요양보험법」에 따른 재가장기요양기관을 포함한다) 및 그 밖에 이와 비슷한 것

나. 아동 관련 시설 : 「아동복지법」에 따른 아동복지시설, 「영유아보육법」에 따른 어린이집, 「유아교육법」에 따른 유치원(병설유치원은 제외한다) 및 그 밖에 이와 비슷한 것

다. 장애인 관련 시설 : 「장애인복지법」에 따른 장애인 생활시설, 장애인 지역사회시설(장애인 심부름센터, 수화통역센터, 점자도서 및 녹음서 출판시설 등 장애인이 직접 그 시설 자체를 이용하는 것을 주된 목적으로 하지 않는 시설은 제외한다), 장애인직업재활시설 및 그 밖에 이와 비슷한 것

라. 정신질환자 관련 시설 : 「정신보건법」에 따른 정신질환자사회복귀시설(정신질환자생산품판매시설은 제외한다), 정신요양시설, 그 밖에 이와 비슷한 것

마. 노숙인 관련 시설 : 「노숙인 등의 복지 및 자립지원에 관한 법률」에 따른 노숙인복지시설(노숙인일시보호시설, 노숙인자활시설, 노숙인재활시설, 노숙인요양시설 및 쪽방삼당소만 해당한다), 노숙인종합지원센터 및 그 밖에 이와 비슷한 것

바. 가목부터 마목까지에서 규정한 것 외에 「사회복지사업법」에 따른 사회복지시설 중 결핵환자 또는 한센인 요양시설 등 다른 용도로 분류되지 않는 것

(10) 수련시설

가. 생활권 수련시설 : 「청소년활동진흥법」에 따른 청소년수련관, 청소년문화의집, 청소년특화시설 및 그 밖에 이와 비슷한 것

나. 자연권 수련시설 : 「청소년활동진흥법」에 따른 청소년수련원, 청소년야영장 및 그 밖에 이와 비슷한 것

다. 「청소년활동진흥법」에 따른 유스호스텔

(11) 운동시설

가. 탁구장, 체육도장, 테니스장, 체력단련장, 에어로빅장, 볼링장, 당구장, 실내낚시터, 골프연습장, 물놀이형 시설 및 그 밖에 이와 비슷한 것으로서 근린생활시설에 해당하지 않는 것

나. 체육관으로서 관람석이 없거나 관람석의 바닥면적이 1000m^2 미만인 것

다. 운동장 : 육상장, 구기장, 볼링장, 수영장, 스케이트장, 롤러스케이트장, 승마장, 사격장, 궁도장, 골프장 등과 이에 딸린 건축물로서 관람석이 없거나 관람석의 바닥면적이 1,000m^2 미만인 것

(12) 업무시설

가. 공공업무시설 : 국가 또는 지방자치단체의 청사와 외국공관의 건축물로서 근린생활시설에 해당하지 않는 것

나. 일반업무시설 : 금융업소, 사무소, 신문사, 오피스텔(업무를 주로 하며, 분양하거나 임대하는 구획 중 일부의 구획에서 숙식을 할 수 있도록 한 건축물로서 국토해양부장관

이 고시하는 기준에 적합한 것을 말한다) 및 그 밖에 이와 비슷한 것으로서 근린생활 시설에 해당하지 않는 것

다. 주민자치센터(동사무소), 경찰서, 지구대, 파출소, 소방서, 119안전센터, 우체국, 보건소, 공공도서관, 국민건강보험공단, 그 밖에 이와 비슷한 용도로 사용하는 것

라. 마을공회당, 마을공동작업소, 마을공동구판장 및 그 밖에 이와 유사한 용도로 사용되는 것

마. 변전소, 양수장, 정수장, 대피소, 공중화장실 및 그 밖에 이와 유사한 용도로 사용되는 것

(13) 숙박시설

가. 일반형 숙박시설 : 「공중위생관리법 시행령」에 따른 숙박업의 시설(손님이 잠을 자고 머물 수 있도록 시설(취사시설 제외) 및 설비 등의 서비스를 제공하는 영업)

나. 생활형 숙박시설 : 「공중위생관리법 시행령」에 따른 숙박업의 시설(손님이 잠을 자고 머물 수 있도록 시설(취사시설 포함) 및 설비 등의 서비스를 제공하는 영업)

다. 고시원(근린생활시설에 해당하지 않는 것을 말한다)

라. 그 밖에 가부터 다까지의 시설과 비슷한 것

(14) 위락시설

가. 단란주점으로서 근린생활시설에 해당하지 않는 것

나. 유흥주점이나 그 밖에 이와 비슷한 것

다. 「관광진흥법」에 따른 유원시설업의 시설, 그 밖에 이와 비슷한 시설(근린생활시설에 해당하는 것은 제외한다)

라. 무도장 및 무도학원

마. 카지노영업소

(15) 공장

물품의 제조·가공[세탁·염색·도장塗裝·표백·재봉·건조·인쇄 등을 포함한다] 또는 수리에 계속적으로 이용되는 건축물로서 근린생활시설, 위험물 저장 및 처리 시설, 항공기 및 자동차 관련 시설, 분뇨 및 쓰레기 처리시설, 묘지 관련 시설 등으로 따로 분류되지 않는 것

(16) 창고시설(위험물 저장 및 처리 시설 또는 그 부속용도에 해당하는 것은 제외한다)

가. 창고(물품저장시설로서 냉장·냉동창고를 포함한다)

나. 하역장

다. 「물류시설의 개발 및 운영에 관한 법률」에 따른 물류터미널

라. 「유통산업발전법」에 따른 집배송 시설

(17) 위험물 저장 및 처리 시설

가. 위험물제조소등

나. 가스시설: 산소 또는 가연성가스를 제조・저장 또는 취급하는 시설 중 지상에 노출된 산소 또는 가연성가스 탱크의 저장용량의 합계가 100톤 이상이거나 저장용량이 30톤 이상인 탱크가 있는 가스시설로서 다음의 어느 하나에 해당하는 것

1) 가스제조시설

가) 「고압가스 안전관리법」에 따른 고압가스의 제조허가를 받아야 하는 시설

나) 「도시가스사업법」에 따른 도시가스사업허가를 받아야 하는 시설

2) 가스저장시설

가) 「고압가스 안전관리법」에 따른 고압가스의 저장허가를 받아야하는 시설

나) 「액화석유가스의 안전관리 및 사업법」에 따른 액화석유가스 저장소의 설치 허가를 받아야 하는 시설

3) 가스취급시설

「액화석유가스의 안전관리 및 사업법」에 따른 액화석유가스 충전사업 또는 액화석유가스 집단공급사업의 허가를 받아야 하는 시설

(18) 항공기 및 자동차 관련 시설(건설기계 관련 시설을 포함한다)

가. 항공기격납고

나. 차고, 주차용 건축물, 철골 조립식 주차시설(바닥면이 조립식이 아닌 것을 포함한다) 및 기계장치에 의한 주차시설

다. 세차장

라. 폐차장

마. 자동차검사장

바. 자동차매매장

사. 자동차정비공장

아. 운전학원・정비학원

자. 주차장

차. 「여객자동차 운수사업법」, 「화물자동차 운수사업법」 및 「건설기계관리법」에 따른 차고 및 주기장駐機場

(19) 동물 및 식물 관련 시설

가. 축사(부화장을 포함한다)

나. 가축시설 : 가축용 운동시설, 인공수정센터, 관리사管理舍, 가축용 창고, 가축시장, 동물검역소, 실험동물 사육시설, 그 밖에 이와 비슷한 것

다. 도축장

라. 도계장

마. 작물 재배사

바. 종묘배양시설

사. 화초 및 분재 등의 온실

아. 식물과 관련된 마부터 사까지의 시설과 비슷한 것(동・식물원은 제외한다)

(20) 분뇨 및 쓰레기 처리시설

가. 분뇨처리시설

나. 고물상

다. 폐기물처리시설

라. 폐기물감량화시설

(21) 교정 및 군사시설

가. 보호감호소, 교도소, 구치소 및 그 지소

나. 보호관찰소, 갱생보호시설, 그 밖에 범죄자의 갱생・보호・교육・보건 등의 용도로 쓰는 시설

다. 치료감호시설

라. 소년원 및 소년분류심사원

마. 「출입국관리법」에 따른 보호시설

바. 「경찰관직무집행법」에 따른 유치장

사. 국방・군사시설(「국방・군사시설 사업에 관한 법률」)

· 군사작전, 전투준비, 교육·훈련, 병영생활 등에 필요한 시설
· 국방·군사에 관한 연구 및 시험 시설
· 군용 유류 및 폭발물의 저장·처리 시설
· 진지陣地 구축시설
· 군사 목적을 위한 장애물 또는 폭발물에 관한 시설

(22) 방송통신시설

가. 방송국(방송프로그램 제작시설 및 송신・수신・중계시설을 포함한다)

나. 전신전화국

다. 촬영소

라. 통신용 시설

마. 그 밖에 가부터 라까지의 시설과 비슷한 것

(23) 발전시설

가. 원자력발전소
나. 화력발전소
다. 수력발전소(조력발전소를 포함한다)
라. 풍력발전소
마. 그 밖에 가부터 라까지의 시설과 비슷한 것(집단에너지 공급시설을 포함한다)

(24) 묘지 관련 시설

가. 화장시설
나. 봉안당((4) 나의 봉안당은 제외한다)
다. 묘지와 자연장지에 부수되는 건축물

(25) 관광 휴게시설

가. 야외음악당
나. 야외극장
다. 어린이회관
라. 관망탑
마. 휴게소
바. 공원・유원지 또는 관광지에 부수되는 건축물

(26) 장례식장

[의료시설의 부수시설(「의료법」에 따른 의료기관의 종류에 따른 시설을 말한다)은 제외한다]

(27) 지하가

지하의 공작물 안에 설치되어 있는 점포, 사무실 및 그 밖에 이와 비슷한 시설로서 연속하여 지하도에 면하여 설치된 것과 그 지하도를 합한 것

가. 지하상가
나. 터널 : 지하, 해저 또는 산을 뚫어서 차량(궤도차량용은 제외한다) 등의 통행을 목적으로 지하, 해저 또는 산을 뚫어서 만든 것

(28) 지하구

가. 전력・통신용의 전선이나 가스・냉난방용의 배관 또는 이와 비슷한 것을 집합수용하기 위하여 설치한 지하공작물로서 사람이 점검 또는 보수하기 위하여 출입이 가능한 것 중 폭 1.8m 이상이고 높이가 2m 이상이며 길이가 50m 이상(전력 또는 통신사업용인 것은 500m 이상)인 것

나. 「국토의 계획 및 이용에 관한 법률」에 따른 공동구

(29) 문화재

「문화재보호법」에 따라 문화재로 지정된 건축물

(30) 복합건축물

가. 하나의 건축물 안에 (1)부터 (27)까지의 것 중 둘 이상의 용도로 사용되는 것. 다만, 다음의 어느 하나에 해당하는 경우에는 복합건축물로 보지 않는다.

(1) 관계 법령에서 주된 용도의 부수시설로서 그 설치를 의무화하고 있는 용도 또는 시설

(2) 「주택법」에 따라 주택대지 안에 설치하는 부대시설 또는 복리시설이 설치되는 특정소방대상물

(3) 건축물의 주된 용도의 기능에 필수적인 용도로서 다음의 이느 하나에 해낭하는 용도

가) 건축물의 설비 · 대피 또는 위생을 위한 용도, 그 밖에 이와 비슷한 시설의 용도

나) 사무 · 작업 · 집회 · 물품저장 또는 주차를 위한 용도, 그 밖에 이와 비슷한 시설의 용도

다) 구내식당 · 구내세탁소 · 구내운동시설 등 종업원후생복리시설(기숙사는 제외한다) 또는 구내소각시설의 용도, 그 밖에 이와 비슷한 시설의 용도

나. 하나의 건축물이 근린생활시설, 판매시설, 업무시설, 숙박시설 또는 위락시설의 용도와 주택용도로 함께 사용되는 것

[비고]

1. 내화구조로 된 하나의 특정소방대상물이 개구부(건축물에서 채광 · 환기 · 통풍 · 출입목적으로 만든 창이나 출입구를 말한다)가 없는 내화구조의 바닥과 벽으로 구획되어 있는 경우에는 그 구획된 부분을 각각 별개의 특정소방대상물로 본다.
2. 둘 이상의 특정소방대상물이 다음의 어느 하나에 해당되는 구조의 복도 또는 통로(연결통로)로 연결된 경우에는 이를 하나의 소방대상물로 본다.

가. 내화구조로 된 연결통로가 다음의 어느 하나에 해당되는 경우

1) 벽이 없는 구조로서 그 길이가 6m 이하인 경우

2) 벽이 있는 구조로서 그 길이가 10m 이하인 경우. 다만, 벽 높이가 바닥에서 천장 높이의 2분의 1 이상인 경우에는 벽이 있는 구조로 보고, 벽 높이가 바닥에서 천장 높이의 2분의 1 미만인 경우에는 벽이 없는 구조로 본다.

나. 내화구조가 아닌 연결통로로 연결된 경우

다. 컨베이어로 연결되거나 플랜트설비의 배관 등으로 연결되어 있는 경우

라. 지하보도, 지하상가, 지하가로 연결된 경우

마. 방화셔터 또는 갑종방화문이 설치되지 않은 피트로 연결된 경우

바. 지하구로 연결된 경우

3. 2에도 불구하고 연결통로 또는 지하구와 소방대상물의 양쪽에 다음의 어느 하나에 적합한 경우에는 각각 별개의 소방대상물로 본다.

   가. 화재 시 경보설비 또는 자동소화설비의 작동과 연동하여 자동으로 닫히는 방화셔터 또는 갑종방화문이 설치된 경우

   나. 화재 시 자동으로 방수되는 방식의 드렌처설비 또는 개방형스프링클러헤드가 설치된 경우

4. 위 (1)부터 (30)까지의 특정소방대상물의 지하층이 지하가와 연결되어 있는 경우 해당 지하층의 부분을 지하가로 본다. 다만, 다음 지하가와 연결되는 지하층에 지하층 또는 지하가에 설치된 방화문이 자동폐쇄장치·자동화재탐지설비 또는 자동소화설비와 연동하여 닫히는 구조이거나 그 윗부분에 드렌처설비가 설치된 경우에는 지하가로 보지 않는다.

③ 특정소방대상물의 소방시설 설치의 면제기준(제16조 관련)

설치가 면제되는 소방시설	설치면제 기준
1. 스프링클러설비	스프링클러설비를 설치해야 하는 특정소방대상물에 물분무등소화설비를 화재안전기준에 적합하게 설치한 경우에는 그 설비의 유효범위(해당 소방시설이 화재를 감지·소화 또는 경보할 수 있는 부분을 말한다)에서 설치가 면제된다.
2. 물분무등소화설비	물분무등소화설비를 설치해야 하는 차고·주차장에 스프링클러설비를 화재안전기준에 적합하게 설치한 경우에는 그 설비의 유효범위에서 설치가 면제된다.
3. 간이스프링클러설비	간이스프링클러설비를 설치해야 하는 특정소방대상물에 스프링클러설비, 물분무소화설비 또는 미분무소화설비를 화재안전기준에 적합하게 설치한 경우에는 그 설비의 유효범위에서 설치가 면제된다.
4. 비상경보설비 또는 단독경보형 감지기	비상경보설비 또는 단독경보형 감지기를 설치해야 하는 특정소방대상물에 자동화재탐지설비를 화재안전기준에 적합하게 설치한 경우에는 그 설비의 유효범위에서 설치가 면제된다.
5. 비상경보설비	비상경보설비를 설치해야 할 특정소방대상물에 단독경보형 감지기를 2개 이상의 단독경보형 감지기와 연동하여 설치하는 경우에는 그 설비의 유효범위에서 설치가 면제된다.
6. 비상방송설비	비상방송설비를 설치해야 하는 특정소방대상물에 자동화재탐지설비 또는 비상경보설비와 같은 수준 이상의 음향을 발하는 장치를 부설한 방송설비를 화재안전기준에 적합하게 설치한 경우에는 그 설비의 유효범위에서 설치가 면제된다.
7. 피난설비	피난설비를 설치해야 하는 특정소방대상물에 그 위치·구조 또는 설비의 상황에 따라 피난상 지장이 없다고 인정되는 경우에는 화재안전기준에서 정하는 바에 따라 설치가 면제된다.
8. 연결살수설비	가. 연결살수설비를 설치해야 하는 특정소방대상물에 송수구를 부설한 스프링클러설비, 간이스프링클러설비, 물분무소화설비 또는 미분무소화설비를 화재안전기준에 적합하게 설치한 경우에는 그 설비의 유효범위에서 설치가 면제된다. 나. 가스 관계 법령에 따라 설치되는 물분무장치 등에 소방대가 사용할 수 있는 연결송수구가 설치되거나 물분무장치 등에 6시간 이상 공급할 수 있는 수원水源이 확보된 경우에는 설치가 면제된다.
9. 제연설비	가. 제연설비를 설치해야 하는 특정소방대상물에 다음의 어느 하나에 해당하는 설비를 설치한 경우에는 설치가 면제된다. 1) 공기조화설비를 화재안전기준의 재연설비기준에 적합하게 설치하고 공기조화설비가 화재시 제연설비기능으로 자동전환되는 구조로 설치되어 있는 경우 2) 직접 외부 공기와 통하는 배출구의 면적의 합계가 해당 제연구역[제연경계(제연설비의 일부인 천장을 포함한다)에 의하여 구획된 건축물 내의 공간을 말한다] 바닥면적의 100분의 1 이상이며, 배출구부터 각 부분까지의 수평거리가 30m 이내이고, 공기유입구가 화재안전기준에 적합하게(외부 공기를 직접 자연 유입할 경우에 유입구의 크기는 배출구의 크기 이상이어야 한다) 설치되어

	있는 경우 나. 특정소방대상물(갓복도형 아파트 제외)에 부설된 특별피난계단 또는 비상용 승강기의 승강장(시행령 별표5)에 노대와 연결된 특별피난계단 또는 노대가 설치된 비상용 승강기의 승강장에는 설치가 면제된다.
10. 비상조명등	비상조명등을 설치해야 하는 특정소방대상물에 피난구유도등 또는 통로유도등을 화재안전기준에 적합하게 설치한 경우에는 그 유도등의 유효범위에서 설치가 면제된다.
11. 누전경보기	누전경보기를 설치해야 하는 특정소방대상물 또는 그 부분에 아크경보기(옥내 배전선로의 단선이나 선로 손상 등으로 인하여 발생하는 아크를 감지하고 경보하는 장치를 말한다) 또는 전기 관련 법령에 따른 지락차단장치를 설치한 경우에는 그 설비의 유효범위에서 설치가 면제된다.
12. 무선통신보조설비	무선통신보조설비를 설치해야 하는 특정소방대상물에 이동통신 구내 중계기 선로설비 또는 무선이동중계기(「전파법」에 따른 적합성평가를 받은 제품만 해당한다) 등을 화재안전기준의 무선통신보조설비기준에 적합하게 설치한 경우에는 설치가 면제된다.
13. 상수도소화용수설비	가. 상수도소화용수설비를 설치해야 하는 특정소방대상물의 각 부분으로부터 수평거리 140m 이내에 공공의 소방을 위한 소화전이 화재안전기준에 적합하게 설치되어 있는 경우에는 설치가 면제된다. 나. 소방본부장 또는 소방서장이 상수도소화용수설비의 설치가 곤란하다고 인정하는 경우로서 화재안전기준에 적합한 소화수조 또는 저수조가 설치되어 있거나 이를 설치하는 경우에는 그 설비의 유효범위에서 설치가 면제된다.
14. 연소방지설비	연소방지설비를 설치해야 하는 특정소방대상물에 스프링클러설비, 물분무소화설비 또는 미분무소화설비를 화재안전기준에 적합하게 설치한 경우에는 그 설비의 유효범위에서 설치가 면제된다.
15. 연결송수관설비	연결송수관설비를 설치해야 하는 소방대상물에 옥외에 연결송수구 및 옥내에 방수구가 부설된 옥내소화전설비, 스프링클러설비, 간이스프링클러설비 또는 연결살수설비를 화재안전기준에 적합하게 설치한 경우에는 그 설비의 유효범위에서 설치가 면제된다.
16. 자동화재탐지설비	자동화재탐지설비의 기능(감지 · 수신 · 경보기능을 말한다)과 성능을 가진 스프링클러설비 또는 물분무등소화설비를 화재안전기준에 적합하게 설치한 경우에는 그 설비의 유효범위에서 설치가 면제된다.
17. 옥외소화전설비	옥외소화전설비를 설치해야 하는 보물 또는 국보로 지정된 목조문화재에 상수도소화용수설비를 옥외소화전설비의 화재안전기준에서 정하는 방수압력 · 방수량 · 옥외소화전함 및 호스의 기준에 적합하게 설치한 경우에는 설치가 면제된다.
18. 옥내소화전	옥내소화전을 설치해야 하는 장소에 호스릴 방식의 미분무소화설비를 화재안전기준에 적합하게 설치한 경우에는 그 설비의 유효범위에서 설치가 면제된다.
19. 자동소화장치	자동소화장치(주거용 주방자동소화장치는 제외한다)를 설치해야 하는 특정소방대상물에 물분무등소화설비를 화재안전기준에 적합하게 설치한 경우에는 그 설비의 유효범위에서 설치가 면제된다.

④ 특수가연물[소방기본법 시행령 별표 2]

특수가연물

품 명		수 량
면화류		200kg 이상
나무껍질 및 대팻밥		400kg 이상
넝마 및 종이부스러기, 사류絲類, 볏짚류		1,000kg 이상
가연성고체류		3,000kg 이상
석탄·목탄류		10,000kg 이상
가연성액체류		$2m^3$ 이상
목재가공품 및 나무부스러기		$10m^3$ 이상
합성수지류	발포시킨 것	$20m^3$ 이상
	그 밖의 것	3,000kg 이상

[비고]

1. 면화류는 불연성 또는 난연성이 아닌 면상 또는 팽이모양의 섬유와 마사麻絲 원료를 말한다.
2. 넝마 및 종이부스러기는 불연성 또는 난연성이 아닌 것(동식물유가 깊이 스며들어 있는 옷감·종이 및 이들의 제품을 포함한다)에 한한다.
3. 사류는 불연성 또는 난연성이 아닌 실(실부스러기와 솜털을 포함한다)과 누에고치를 말한다.
4. 볏짚류는 마른 볏짚·마른 북더기와 이들의 제품 및 건초를 말한다.
5. 가연성고체류는 고체로서 다음 각목의 것을 말한다.
   (가) 인화점이 40℃ 이상 100℃ 미만인 것
   (나) 인화점이 100℃ 이상 200℃ 미만이고, 연소열량이 1g당 8kcal 이상인 것
   (다) 인화점이 200℃ 이상이고 연소열량이 1g당 8kcal 이상인 것으로서 융점이 100도 미만인 것
   (라) 1기압과 20℃ 초과 40℃ 이하에서 액상인 것으로서 인화점이 70℃ 이상 200℃ 미만이거나 (나) 또는 (다)에 해당하는 것
6. 석탄·목탄류는 코크스, 석탄가루를 물에 갠 것, 조개탄, 연탄, 석유코크스, 활성탄 및 이와 유사한 것을 포함한다.
7. 가연성액체류는 다음 각목의 것을 말한다.
   (가) 1기압과 20℃ 이하에서 액상인 것으로서 가연성 액체량이 40wt% 이하이면서 인화점이 40℃ 이상 70℃미만이고 연소점이 60℃ 이상인 물품
   (나) 1기압과 20℃에서 액상인 것으로서 가연성 액체량이 40wt% 이하이고 인화점이 70℃ 이상 250℃ 미만인 물품
   (다) 동물의 기름기와 살코기 또는 식물의 씨나 과일의 살로부터 추출한 것으로서 다음에 해당하는 것
      (1) 1기압과 20℃에서 액상이고 인화점이 250℃ 미만인 것으로서 「위험물안전관리법」 제20조제1항의 규정에 의한 용기기준과 수납·저장기준에 적합하고 용기외부에 물품명·수량 및 "화기엄금" 등의 표시를 한 것
      (2) 1기압과 20℃에서 액상이고 인화점이 250℃ 이상인 것
8. 합성수지류는 불연성 또는 난연성이 아닌 고체의 합성수지제품, 합성수지반제품, 원료합성수지 및 합성수지 부스러기(불연성 또는 난연성이 아닌 고무제품, 고무반제품, 원료고무 및 고무 부스러기를 포함한다)를 말한다. 다만, 합성수지의 섬유·옷감·종이 및 실과 이들의 넝마와 부스러기를 제외한다.

5 소방시설도시기호

분류	명 칭		도시기호	분류	명 칭	도시기호
배관	일반배관			헤드류	스프링클러헤드폐쇄형 상향식(평면도)	
	옥내·외소화전		— H —		스프링클러헤드폐쇄형 하향식(평면도)	
	스프링클러		— SP —		스프링클러헤드개방형 상향식(평면도)	
	물분무		— WS —		스프링클러헤드개방형 하향식(평면도)	
	포소화		— F —		스프링클러헤드폐쇄형 상향식(계통도)	
	배수관		— D —		스프링클러헤드폐쇄형 하향식(입면도)	
	전선관	입상			스프링클러헤드폐쇄형 상·하향식(입면도)	
		입하			스프링클러헤드 상향형(입면도)	
		통과			스프링클러헤드 하향형(입면도)	
관이음쇠	후렌지				분말·탄산가스·할로겐헤드	
	유니온				연결살수헤드	
	플러그				물분무헤드(평면도)	
	90°엘보				물분무헤드(입면도)	
	45°엘보				드랜쳐헤드(평면도)	
	티				드랜쳐헤드(입면도)	
	크로스				포헤드(평면도)	
	맹후렌지				포헤드(입면도)	
	캡				감지헤드(평면도)	

분류	명 칭	도시기호	분류	명 칭	도시기호
헤드류	감지헤드(입면도)	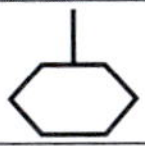	밸브류	릴리프밸브 (이산화탄소용)	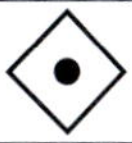
	청정소화약제방출헤드 (평면도)			릴리프밸브 (일반)	
	청정소화약제방출헤드 (입면도)			동체크밸브	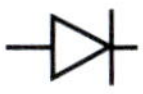
밸브류	체크밸브	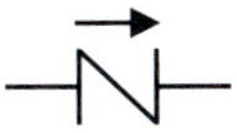		앵글밸브	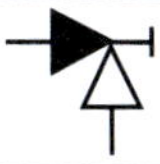
	가스체크밸브			FOOT밸브	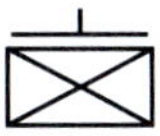
	게이트밸브(상시개방)			볼밸브	
	게이트밸브(상시폐쇄)			배수밸브	
	선택밸브			자동배수밸브	
	조작밸브(일반)			여과망	
	조작밸브(전자식)			자동밸브	 G
	조작밸브(가스식)			감압밸브	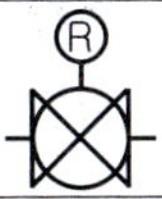 R
	경보밸브(습식)			공기조절밸브	
	경보밸브(건식)		계기류	압력계	
	프리액션밸브	 P		연성계	
	경보델류지밸브	 D		유량계	 M
	프리액션밸브수동조작함	SVP	소화전	옥내소화전함	
	플렉시블조인트	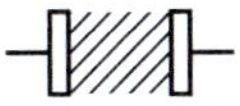		옥내소화전 방수용기구병설	
	솔레노이드밸브	 S		옥외소화전	 H
	모터밸브	 M		포말소화전	 F

분류	명 칭	도시기호
소화전	송수구	
	방수구	
스트레이너	Y형	
	U형	
저장탱크류	고가수조 (물올림장치)	
	압력챔버	
	포말원액탱크	(수직) (수평)
레듀셔	편심레듀셔	
	원심레듀셔	
혼합장치류	프레져 프로포셔너	
	라인 프로포셔너	
	프레져사이드 프로포셔너	
	기 타	P
펌프류	일반펌프	
	펌프모터(수평)	M
	펌프모토(수직)	M
저장용기류	분말약제 저장용기	P.D
	저장용기	

분류	명 칭	도시기호
경보설비기기류	차동식스포트형감지기	
	보상식스포트형감지기	
	정온식스포트형감지기	
	연기감지기	S
	감지선	
	공기관	
	열전대	
	열반도체	
	차동식분포형 감지기의 검출기	
	발신기세트 단독형	P B L
	발신기세트 옥내소화전내장형	PBL
	경계구역번호	
	비상용누름버튼	F
	비상전화기	ET
	비상벨	B
	사이렌	
	모터사이렌	M
	전자사이렌	S
	조작장치	E P
	증폭기	AMP

분류	명 칭	도시기호	분류	명 칭		도시기호
경보설비기기류	기동누름버튼	(E)	경보설비기기류	종단저항		Ω
	이온화식감지기(스포트형)	S I	제연설비	수동식제어		
	광전식연기감지기(아나로그)	S A		천장용 배풍기		
	광전식연기감지기(스포트형)	S P		벽부착용 배풍기		
	감지기간선, HIV1.2mm×4(22C)	— F ////—		배풍기	일반배풍기	
	감지기간선, HIV1.2mm×8(22C)	— F ////—////—			관로배풍기	
	유도등간선 HIV2.0mm×3(22C)	—— EX ——		댐퍼	화재댐퍼	
	경보부저	(BZ)			연기댐퍼	
	제어반				화재/연기 댐퍼	
	표시반		스위치류	압력스위치		(PS)
	회로시험기			탬퍼스위치		TS
	화재경보벨	(B)	방연·방화문	연기감지기(전용)		S
	시각경보기(스트로브)			열감지기(전용)		
	수신기			자동폐쇄장치		(ER)
	부수신기			연동제어기		
	중계기			배연창기동 모터		(M)
	표시등			배연창수동조작함		
	피난구유도등		피뢰침	피뢰부(평면도)		
	통로유도등			피뢰부(입면도)		
	표시판			피뢰도선 및 지붕위 도체		——
	보조전원	TR				

분류	명 칭	도시기호	분류	명 칭	도시기호
제연설비	접 지		기타	비상콘센트	
	접지저항 측정용 단자			비상분전반	
소화기류	ABC소화기	소		가스계소화설비의 수동조작함	RM
	자동확산 소화기	자		전동기구동	M
	자동식소화기	소		엔진구동	E
	이산화탄소 소화기	C자		배관행거	
	할로겐화합물 소화기			기압계	
기타	안테나			배기구	
	스피커			바닥은폐선	
	연기 방연벽			노출배선	
	화재 방화벽			소화가스패키지	PAC
	화재 및 연기방벽				

6 일반전기 도면기호

(1) 옥내배선

명칭	도면기호	비 고
천장 은폐 배선 바닥 은폐 배선 노출 배선	─────── ── ── ── - - - - - -	(1) 천장 은폐 배선 중 천장 속의 배선을 구별하는 경우는 천장 속의 배선에 ─·─·─를 사용하여도 좋다. (2) 노출 배선 중 바닥면 노출 배선을 구별하는 경우는 바닥면 노출 배선에 ─··─··─를 사용하여도 좋다. (3) 전선의 종류를 표시할 필요가 있는 경우는 기호를 기입한다. 보기 : 60[V] 비닐 절연 전선 IV 600[V] 2종 비닐 절연 전선 HIV 가교 폴리에틸렌 절연 비닐 시스 케이블 CV 600[V] 비닐 절연 비닐 시스 케이블(평형) VVF 내화 케이블 FP 내열전선 HP 통신용 PVC 옥내선 TIV (4) 절연전선의 굵기 및 전선수는 다음과 같이 기입한다. 단위가 명백한 경우는 단위를 생략하여도 좋다. 보기 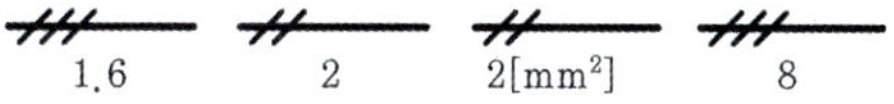 : ─///─ 1.6　─//─ 2　─//─ 2[mm²]　─///─ 8 숫자 방기의 보기 : $\overline{1.6\times5}$ 5.5×1 다만, 시방서 등에 전선의 굵기 및 전선수가 명백한 경우는 기입하지 않아도 좋다. (5) 케이블의 굵기 및 선심수(또는 쌍수)는 다음과 같이 기입하고 필요에 따라 전압을 기입한다. 보기 : 1.6[mm] 3심인 경우 $\overline{1.6-3C}$ 0.5[mm] 100쌍인 경우 $\overline{0.5-100P}$ 다만, 시방서 등에 케이블의 굵기 및 선심수가 명백한 경우는 기입하지 않아도 좋다. (6) 전선의 접속점은 다음에 따른다.  ─┬─ (7) 배관은 다음과 같이 표시한다. 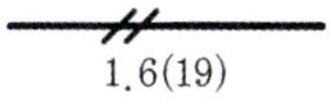 ─//─ 1.6(19)　강제 전선관의 경우 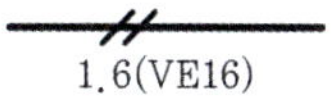 ─//─ 1.6(VE16)　경질 비닐 전선관인 경우 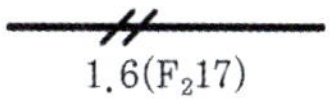 ─//─ 1.6($F_2$17)　2종 금속제 가요 전선관인 경우 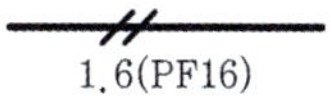 ─//─ 1.6(PF16)　합성수지제 가요관인 경우 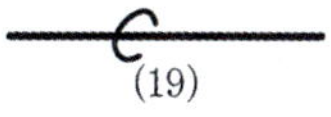 ─C─ (19)　전선이 들어 있지 않은 경우 다만, 시방서 등에 명백한 경우는 기입하지 않아도 좋다.

명칭	도면기호	비 고
		(8) 플로어 덕트의 표시는 다음과 같다. 보기 : (F7) (FC6) 정크선 박스를 표시하는 경우는 다음과 같다. (9) 금속 덕트의 표시는 다음과 같다. MD (10) 금속선 홈통의 표시는 다음과 같다. 1종 MM_1 2종 MM_2 (11) 라이팅 덕트의 표시는 다음과 같다. LD LD □는 피드인 박스를 표시한다. 필요에 따라 전압, 극수, 용량을 기입한다. 보기 : LD125[V] 2P 15[A] (12) 접지선의 표시는 다음과 같다. 보기 : E2.0 (13) 접지선과 배선을 동일관 내에 넣는 경우는 다음과 같다. 보기 : 2.0(25) E2.0 다만, 접지선의 표시 E가 명백한 경우는 기입하지 않아도 좋다. (14) 케이블의 방화구획 관통부는 다음과 같이 표시한다. (15) 정원등 등에 사용하는 지중매설 배선은 다음과 같다. (16) 옥외배선은 옥내배선의 그림기호를 준용한다. (17) 구별을 필요로 하지 않는 경우는 실선만으로 표시하여도 좋다. (18) 건축도의 선과 명확히 구별한다.
상승 인하 소통		(1) 동일층의 상승, 인하는 특별히 표시하지 않는다. (2) 관, 선 등의 굵기를 명기한다. 다만, 명백한 경우는 기입하지 않아도 좋다. (3) 필요에 따라 공사 종별을 방기한다. (4) 케이블의 방화구획 관통부는 다음과 같이 표기한다. 상승 인하 소통
풀 박스 및 접속상자	⊠	(1) 재료의 종류, 치수를 표시한다. (2) 박스의 대소 및 모양에 따라 표시한다.

명칭	도면기호	비 고
VVF용 조인트 박스	⊘	단자붙이임을 표시하는 경우는 t를 방기한다.  ⊘t
접지 단자	 ⏚	의료용인 것은 H를 방기한다.
접지 센터	EC	의료용인 것은 H를 방기한다.
접지극	 ⏚	(1) 접지 종별을 다음과 같이 방기한다. 제1종 E_1, 제2종 E_2, 제3종 E_3, 특별 제3종 Es_3 보기  : ⏚ E1 (2) 필요에 따라 재료의 종류, 크기, 필요한 접지 저항치 등을 방기한다.
수전점	 ⚡	인입구에 이것을 적용하여도 좋다.
점검구	◙	

(2) 버스덕트

명칭	도면기호	비 고
버스덕트	 ▬	(1) 필요에 따라 다음 사항을 표시한다. a. 피드버스덕트 FBD 플러그인 버스덕트 PBD 트롤리 버스덕트 TBD b. 방수형인 경우는 WP c. 전기방식, 정격전압, 정격전류  보기 : FBD3φ 3[W] 300[V] 600[A] (2) 익스팬션을 표시하는 경우는 다음과 같다. 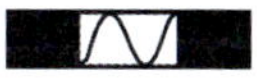 (3) 오프셋을 표시하는 경우는 다음과 같다. (4) 탭붙이를 표시하는 경우는 다음과 같다.  (5) 상승, 인하를 표시하는 경우는 다음과 같다. 상승 인하 (6) 필요에 따라 정격전류에 의해 나비를 바꾸어 표시하여도 좋다.

(3) 합성수지선 홈통

명칭	도면기호	비 고
합성수지선 홈통		(1) 필요에 따라 전선의 종류, 굵기, 가닥수, 선홈통의 크기 등을 기입한다. 보기 : IV 16×4(PR35×18) (PR35×18) 전선이 들어 있지 않은 경우 (2) 회선수를 다음과 같이 표시하여도 좋다. 보기 : 2회선인 경우 (3) 기호 는 PR 로 표시하여도 좋다. (4) 조인트 박스를 표시하는 경우는 다음과 같다. (5) 콘센트를 표시하는 겨우는 다음과 같다. (6) 점멸기를 표시하는 경우는 다음과 같다. (7) 걸림 로제트를 표시하는 경우는 다음과 같다.

※ 증설은 굵은 선, 적색으로 표시, 기설은 가는 선 또는 점선, 흑색 또는 청색으로 표시, 철거는 × 표시

(4) 기기

명칭	도면기호	비 고
전동기	Ⓜ	필요에 따라 전기방식, 전압, 용량을 방기한다. 보기 : Ⓜ 3φ 200[V] 3.7[kW]
콘덴서		전동기의 비고를 준용한다.
전열기	Ⓗ	
환기휀 (선풍기 포함)	∞	필요에 따라 종류 및 크기를 방기한다.
룸 에어컨	RC	(1) 옥외 유닛에는 O을, 옥내유닛에는 I을 방기한다. RC_O RC_I (2) 필요에 따라 전동기, 전열기의 전기방식, 전압, 용량 등을 방기한다.

명칭	도면기호	비 고
소형 변압기	Ⓣ	(1) 필요에 따라 용량, 2차 전압을 방기한다. (2) 필요에 따라 벨 변압기는 B, 리모컨 변압기는 R, 네온 변압기는 N, 형광등용 안정기는 F, HID등(고효율 방전등)용 안정기는 H를 방기한다. $Ⓣ_B$ $Ⓣ_R$ $Ⓣ_N$ $Ⓣ_F$ $Ⓣ_H$ (3) 형광등용 안정기 및 HID등용 안정기로서 기구에 넣는 것은 표시하지 않는다.
정류장치		필요에 따라 종류, 용량, 전압 등을 방기한다.
축전지		필요에 따라 종류, 용량, 전압 등을 방기한다.
발전기	Ⓖ	전동기의 비고를 준용한다.

(5) 전등 · 전력사항

(가) 조명 기구

명칭	도면기호	비 고
일반용 조명 －백열등, HID등	○	(1) 벽붙이는 벽옆을 칠한다. ◐ (2) 기구종류를 표시하는 경우는 ○ 안이나 또는 방기로 글자명, 숫자 등의 문자기호를 기입하고 도면의 비고 등에 표시한다. 보기 : ㉯ $○_{나}$ ① $○_1$ Ⓐ $○_A$ 등 같은 방에 같은 기구를 여러개 시설하는 경우는 통합하여 문자기호와 기구수를 기입하여도 좋다. (3) (2)에 따르기 어려운 경우는 다음 보기에 따른다. 걸림 로제트만 팬던트 ⊖ 실링·직접 부착 (CL) 샹들리에 (CH) 매입 기구 (DL) (◎로 하여도 좋다.) (4) 용량을 표시하는 경우는 와트 수(W)×램프 수로 표시한다. 보기 : 100 200×3 (5) 옥외등은 ⊗로 하여도 좋다. (6) HID 등의 종류를 표시하는 경우는 용량 앞에 다음 기호를 붙인다.

명칭	도면기호	비 고
		수은등 H 메탈 핼라이등 M 나트륨등 N 보기 : H400
− 형광등	 (기호)	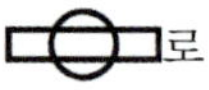 (1) 기호 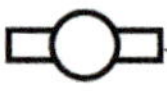 (기호)는 (기호)로 표시하여도 좋다. (2) 벽붙이는 벽옆을 칠한다. 가로 붙이는 경우  : (기호) 세로 붙이는 경우  : (기호) (3) 기구종류를 표시하는 경우는 ○ 안이나 또는 방기로 글자명, 숫자 등의 문자기호를 기입하고 도면의 비고 등에 표시한다. 보기  : ㉯ ○나 ① ○1 Ⓐ ○A 등 같은 방에 같은 기구를 여러개 시설하는 경우는 통합하여 문자기로와 기구수를 기입하여도 좋다. 또한, 여기에 따르기 어려운 경우는 일반용 조명 백열등, HID 등의 적용 (3)을 준용한다. (4) 용량을 표시하는 경우는 램프의 크기(형)×램프 수로 표시한다. 또, 용량 앞에 F를 붙인다. 보기 : F40 F40×2 (5) 용량 외에 기구수를 표시하는 경우는 램프의 크기(형)×램프 수 − 기구수로 표시한다. 보기 : F40 − 2 F40×2 − 3 (6) 기구내 배선의 연결방법을 표시하는 경우는 다음과 같다. 보기  : (기호) F40-2 (기호) F40-3 (7) 기구의 대소 및 모양에 따라 표시하여도 좋다. 보기 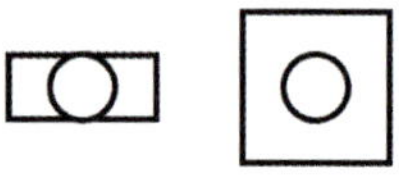 : (기호) (기호)
비상용 조명 (건축기준법에 따르는 것) − 백열등	●	(1) 일반용 조명 백열등의 비고를 준용한다. 다만, 기구의 종류를 표시하는 경우는 방기한다. (2) 일반용 조명 형광등에 조립하는 경우는 다음과 같다. (기호)
− 형광등	 (기호)	(1) 일반용 조명 백열등의 비고를 준용한다. 다만, 기구의 종류를 표시하는 경우는 방기한다. (2) 계단에 설치하는 통로유도등과 겸용인 것은  (기호)로 한다.
유도등	⊗	(1) 일반용 조명 백열등의 적요를 준용한다.

명칭	도면기호	비 고
(소방법에 따르는 것) – 백열등		(2) 객석 유도등인 경우는 필요에 따라 S를 방기한다. 
– 형광등		(1) 일반용 조명 백열등의 적요를 준용한다. (2) 기구의 종류를 표시하는 경우는 방기한다. 보기  : 중 (3) 통로 유도등인 경우는 필요에 따라 화살표를 기입한다. 보기   : (4) 계단에 설치하는 비상용 조명과 겸용인 것은  로 한다.
불멸 또는 비상용등 (선축 기준법, 소방법에 따르지 않는 것) – 백열등		(1) 벽붙이는 벽 옆을 칠한다. (2) 일반용 조명 백열등의 비고를 준용한다. 다만, 기구의 종류를 표시하는 경우는 방기한다.
– 형광등		(1) 벽붙이는 벽 옆을 칠한다.  (2) 일반용 조명 형광등의 비고를 준용한다. 다만, 기구의 종류를 표시하는 경우는 방기한다.

(나) 콘센트

명칭	도면기호	비 고
콘센트		(1) 기호는 벽붙이를 표시하고 옆벽을 칠한다. (2) 그림기호 는 로 표시하여도 좋다. (3) 천장에 부착하는 경우는 다음과 같다. (4) 바닥에 부착하는 경우는 다음과 같다. (5) 용량의 표시방법은 다음과 같다. a. 15[A]는 방기하지 않는다. b. 20[A] 이상은 암페어 수를 방기한다. 보기  : 20A (6) 2극 이상인 경우는 극수를 방기한다.

명칭	도면기호	비 고
		보기 : ⦿2 (7) 3극 이상인 것은 극수를 방기한다. 보기 : ⦿3P (8) 종류를 표시하는 경우는 다음과 같다. 빠짐 방지형 ⦿LK 걸림형 ⦿T 접지극붙이 ⦿E 접지단자붙이 ⦿ET 누전 차단기붙이 ⦿EL (9) 방수형은 WP를 방기한다. ⦿WP (10) 방폭형은 EX를 방기한다. ⦿EX (11) 타이머 붙이, 덮개붙이 등 특수한 것은 방기한다. (12) 의료용은 H를 방기한다. ⦿H (13) 전원 종별을 명확히 하고 싶은 경우는 그 뜻을 방기한다.
비상 콘센트 (소방법에 따르는 것)	⊙⊙	
점멸기	●	(1) 용량의 표시방법은 다음과 같다. a. 10[A]는 방기하지 않는다. b. 15[A] 이상은 선류값을 방기한다. 보기 : ●15A (2) 극수의 표시방법은 다음과 같다. a. 단극은 방기하지 않는다. b. 2극 또는 3로, 4로는 각각 2P 또는 3,4의 숫자를 방기한다. 보기 : ●2P ●3 (3) 플라스틱은 P를 방기한다. ●P (4) 파일럿 램프를 내장하는 것은 L을 방기한다. ●L (5) 따로 놓여진 파일럿 램프는 ○로 표시한다. 보기 : ○● (6) 방수형은 WP를 방기한다. ●WP (7) 방폭형은 EX를 방기한다.

명칭	도면기호	비 고
		●EX (8) 타이머 붙이는 T를 방기한다. ●T (9) 지동형, 덮개붙이 등 특수한 것은 방기한다. (10) 옥외등 등에 사용하는 자동 점멸기는 A 및 용량을 방기한다. 보기 : ●A(3A)
조광기	 ↗●	용량을 표시하는 경우는 방기한다. 보기  : ↗● 15A ※ 형광등은 용량 앞에 F를 방기한다.
리모컨 스위치	●	(1) 파일럿 램프붙이는 ○를 병기한다. 보기 : ○●R (2) 리모컨 스위치임이 명백한 경우는 R을 생략하여도 좋다.
셀렉터 스위치	⊛	(1) 점멸 회로수를 방기한다. 보기 : ⊛9 (2) 파일럿 램프붙이는 L을 방기한다. 보기 : ⊛9L
리모컨 릴레이	▲	리모컨 릴레이를 집합하여 부착하는 경우는 [▲▲▲]를 사용하고 릴레이수를 방기한다. 보기 : [▲▲▲] 10

(다) 개폐기 및 계기

명칭	도면기호	비 고
개폐기	[S]	(1) 상자들이인 경우는 상자의 재질 등을 방기한다. (2) 극수, 정격전류, 퓨즈 정격전류 등을 방기한다. 보기 : [S] 2P 30A f 15A (3) 전류계붙이는 [Ⓢ]를 사용하고 전류계의 정격전류를 방기한다. 보기 : [Ⓢ] 3P 30A f 15A A5
배선용 차단기	[B]	(1) 상자들이인 경우는 상자의 재질 등을 방기한다. (2) 극수, 프레임의 크기, 정격전류 등을 방기한다. 보기 : [B] 3P 225AF 150A (3) 모터브레이커를 표시하는 경우는 [B]를 사용한다. (4) [B]를 [S]MCB로서 표시하여도 좋다.

명칭	도면기호	비 고
누전차단기	E (□)	(1) 상자들이인 경우는 상자의 재질 등을 방기한다. (2) 과전류 소자붙이는 극수, 프레임의 크기, 정격전류, 정격 감도전류 등 과전류 소자 없음은 극수, 정격전류, 정격 감도전류 등을 방기한다. 과전류 소자분이는 보기 : E 2P 30AF 15A 30mA 과전류 소자없음의 보기 : E 2P 15A 30mA (3) 과전류 소자붙이는 BE를 사용하여도 좋다. (4) E를 S ELB로 표시하여도 좋다.
전자 개폐기용 누름버튼	⊙B	텀블러형 등인 경우도 이것을 사용한다. 파일럿 램프 붙이인 경우는 L을 방기한다.
압력스위치	⊙P	
플로트스위치	⊙F	
플로트리스 스위치 전극	⊙LF	전극수를 방기한다. 보기 : ⊙LF3
타임스위치	TS (□)	
전력량계	Wh (○)	(1) 필요에 따라 전기방식, 전압, 전류 등을 방기한다. (2) 그림기호 Wh(○)는 WH(○)로 표시하여도 좋다.
전력량계 (상자들이 또는 후드붙이)	Wh (□)	(1) 전력량계의 적요를 준용한다. (2) 집합 계기상자에 넣는 경우는 전력량계의 수를 방기한다. 보기 : Wh 12
변류기 (상자들이)	CT (□)	필요에 따라 전류를 방기한다.
전류 제한기	L (○)	(1) 필요에 따라 전류를 방기한다. (2) 상장들이인 경우는 그 뜻을 방기한다.
누전경보기	 ⊗G	필요에 따라 전류를 방기한다.
누전화재경보기 (소방법에 따르는 것)	⊗F	필요에 따라 전류를 방기한다.
지진감지기	EQ (○)	필요에 따라 전류를 방기한다. 보기 : EQ 100 170cm/s² EQ 100 170Gal

(라) 배전반·분전반·제어반

명칭	도면기호	비 고
배전반, 분전반 및 제어반	▭	(1) 종류를 구별하는 경우는 다음과 같다. 배전반 ⊠ 분전반 ◪ 제어반 ⧓ (2) 직류용은 그 뜻을 방기한다. (3) 재해방지 전원회로용 배전반 등인 경우는 2중 틀로 하고 필요에 따라 종별로 방기한다. 보기 : ⊠ 1종 ◪ 2종

찾아보기

123 • ABC

가

나

다

타

파

하

저 / 자 / 소 / 개

■ 이 종 호

충북대학교 안전공학과 박사
한국안전학회 편집위원
한국화재소방학회 편집위원
한국화재감식학회 편집이사
국가위기관리학회 기획이사
현) 미래창조과학부 우수연구실인증심사 위원
전북 소방특별조사 선정위원회 위원
전북 구조구급정책협의회 위원
원광대학교 소방행정학과 교수

▌소방전기공학▐

1판 1쇄 발행 2018년 3월 10일
1판 2쇄 발행 2021년 1월 10일

저 자 | 이종호
발 행 인 | 서철종
발 행 처 | 도서출판 지우북스
주 소 | 경기도 파주시 문발로 115 세종출판벤처타운 209호
전 화 | 031-915-6670(代)
팩 스 | 031-915-6671
이 메 일 | jwbooks@nate.com
홈페이지 | www.jwbooks.co.kr
출판등록 | 제406-251002017000032호

ISBN 979-11-88673-10-0

정가 28,000원